WULI FAXIAN QISILU

科学发现启思录 · 大学通识教育读本

物理发现
启思录（上）

张端明　编著

华中科技大学出版社
http://www.hustp.com
中国 · 武汉

内 容 提 要

本书分为三大部分:现代宇宙学素描、高能粒子物理学剪影和应用物理撷英,通过生动典型的物理发现案例,尤其以 21 世纪以来的重大发现为载体,介绍物理学发展的新内容、新态势,阐明基础研究与高新技术的相互促进、相互依存的密切关系——重大的基础研究突破往往导致新的技术跃进和产业提升,使读者感染到科学家在探求真理中所表现的崇高科学精神(求实精神、实证精神、探索精神、理性精神、创新精神、怀疑精神、独立精神和原理精神等),从而达到普及科学知识、传播科学思想和弘扬科学精神,陶冶性情,提升人文素养的目的。因此本书选材新颖、内容丰富、深入浅出、体例别致、文辞优美,是一本集科学普及、科学精神与人文素质教育三位一体的别具创意的优秀科学读物。

本书面向所有具有中学及以上文化水准的教师、学生和社会各界对科学发现感兴趣的读者,尤其适合于高等学校或者职业技术学院作为人文素质教育、科学精神教育的教材或参考书。

图书在版编目(CIP)数据

物理发现启思录:全 2 册/张端明编著.—武汉:华中科技大学出版社,2018.2
(科学发现启思录.大学通识教育读本)
ISBN 978-7-5680-3064-9

Ⅰ.①物…　Ⅱ.①张…　Ⅲ.①物理学-高等学校-教材　Ⅳ.①O4

中国版本图书馆 CIP 数据核字(2017)第 157939 号

物理发现启思录
Wuli Faxian Qisilu

张端明　编著

出版人/总策划:阮海洪
策划编辑:周晓方　杨　玲
责任编辑:包以健
封面设计:原色设计
责任校对:刘　竣
责任监印:周治超
出版发行:华中科技大学出版社(中国·武汉)　　电话:(027)81321913
　　　　　武汉市东湖新技术开发区华工科技园　　邮编:430223
录　　排:华中科技大学惠友文印中心
印　　刷:湖北恒泰印务有限公司
开　　本:787mm×1092mm　1/16
印　　张:40　插页:4
字　　数:958 千字
版　　次:2018 年 2 月第 1 版第 1 次印刷
定　　价:198.00 元(含上、下册)

引 言

　　现代科学的发展不断改变和更新人类文明的面貌。自文艺复兴近代自然科学开张名义问世以来，不但人类的物质文明日新月异突飞猛进，而且精神文明的全貌和内涵，例如社会科学文化方面，包括社会的文化、智慧的状况，教育、科学、文化、艺术、卫生、体育等，又如思想道德方面，包括社会的政治思想、道德面貌、社会风尚，以及人们的世界观、理想、情操、觉悟、信念、组织性和纪律性的状况，都发生着深刻的变革。物理学作为现代自然科学的带头羊，无论是以牛顿、伽利略、麦克斯韦、法拉第为代表的经典物理的创生，还是以相对论和量子力学为代表的现代物理的建立，都对于整个现代自然科学体系的形成和发展起着关键性的引领作用，对于物质文明中三次技术革命和产业革命的发生、发展扮演着催生婆的角色，更重要的是物理学家在漫长、艰巨的探索真理的过程中，表达出崇高的敢于坚持科学思想的勇气和不断探求真理的意识，体现人类文明丰富多彩的科学精神：求实精神、实证精神、探索精神、理性精神、创新精神、怀疑精神、独立精神和原理精神。

　　本书的定位是向所有具有中学及以上文化水准的干部、学生、工农兵，尤其是大学生们，介绍物理学发现的典型案例，尤其是物理学在近年来发展的最新案例，从而领略物理学在新世纪发展的基本态势和最新成果。作者希望通过对这些案例的阐述，让读者明白基础科学与技术、产业之间的密切关系，重大的基础研究突破往往能导致新的技术跃进和产业提升，反之高新技术的发展是基础科学，尤其是前沿的重大基础研究突破的必要物质条件；本书的最殷切的愿望是读者在欣赏物理学波澜壮阔、风光无限的迅猛发展的壮丽画面的同时，更应该为科学家在探索真理所表现的大无畏的科学精神所感染。读者会从具体的物理发现案例所体现的科学精神，深刻地了解什么是科学精神，我们应该怎样学习科学家的崇高品质，以鞭策和激励我们不断进取，努力学习，不断充实自己，为攀登一个又一个的科学高峰奋斗终身。

简言之，本书的宗旨是通过生动的典型物理发现案例，普及物理学发展的新内容、新态势，阐明基础研究与高新技术的相互促进、相互依存的密切关系，使读者感染到科学家在探求真理中所表现的崇高科学精神，从而达到普及科学思想和科学精神的目的。因此作为一种科学普及读物，本书尤其适合于高等学校或者职业技术学院作为人文素质教育、科学精神教育的参考书或教材。

本书的撰写体例大致与美国的《今日物理》、《科学》，英国的《自然》和我国的《科学》、《物理》相仿。质言之，本书在学术上要求很高，尽可能准确、简明，选取的物理发现案例，力求具有前沿性、代表性(照顾学科分布和中外均衡)。这个愿望能否达成，只有读者有资格判断。

本书分三部。

第一部，现代宇宙学素描，以近年来宇宙学发展的三个阶段，即大爆炸宇宙学、大爆炸标准模型和暴胀宇宙论的提出和发展为线索，介绍有关的天文学和天体物理的实验基础、理论发展取得的成果和遇到的困难和问题，从而导致一次次新的理论创新，从中我们应该得到宝贵科学精神的洗礼和科学研究的方法论和认识论上的启示。

第二部，高能粒子物理学剪影，从中微子的理论预言开始，描述其发现的漫长艰辛的历程，使读者充分领略科学发现中所体现的求实精神、实证精神、探索精神、理性精神、创新精神、怀疑精神、独立精神和宽容精神。并且以此为基本线索展示现代粒子物理学的迷人风姿、色彩斑斓的微观世界的曼妙剪影。第一部和第二部读者可以相互参照阅读，特别是第一部中所遇到的若干高能物理中的物理概念，在第二部中都有详尽、通俗和科学的定义。

第三部，应用物理撷英，将从现代物理学发展的基本态势分析出发，选取若干典型案例以展示如何从物理基础研究到催生高新技术兴起，直到相应高新技术产业集群问世和发展的基本发展轨迹，告诉读者一个普遍的真理，基础研究是科学原始创新永不衰竭的源泉，催生高新技术的兴起和发展，从而导致相应的高新技术产业集群问世和发展，不断改变和提升我们的物质文明和精神文明生活。严格说，应用物理是一个相当模糊的概念，很难准确定义。读者可以想象，横跨在基础物理研究和相应的高新技术产业集群出现之间广大的学术领域都是应用物理研究的范围。我们重点介绍了若干典型新材料：半导体材料、巨磁阻材料和隧道结材料、拓扑绝缘体和超导体材料、光学纳米材料、光学信息材料、软凝聚态物质材料和复杂材料体系等的性质和机理研究的新发展。

第十八章可视为全书的总结。该章通过对诺贝尔物理学奖的颁奖规律，获奖人的国籍分布、年龄分布、学科分布，以及与中国的关系等规律的分析，审视物理学发展的基本态势、研究中心的转移、各分支学科发展的不平衡，以及当前最有活力、发展最快的分支学科。在此章的阅读材料中，介绍了近年来光学的发展概况和超弦论的发展概况，可供读者参阅。

目 录

第一部 现代宇宙学素描

高能粒子物理学剪影——神秘失踪的中微子 第二部

目录

3

应用物理撷英　第三部

绪　　论

创新是引领发展的第一动力。科学创新是技术创新永不枯竭的源泉。科技创新最重要的源头是源头创新、自主创新，来自于扎扎实实的基础科学研究。物理学在自然科学中具有独特的不可替代的关键地位，是研究其他自然科学如化学、生命科学等的基础，是高新技术孕育的摇篮。物理学的三次革命触发了人类历史上的三次产业革命，它从全局和整体上给现代人类文明提供新思想的重要源泉。

本章导读

现代物理学作为带头的大科学，一方面不断分化产生新的分支学科，另一方面不断与其他学科融合、渗透，从而加速了自然科学内部互相融合、综合，促使众多的交叉学科蜂拥出现。一门又一门的交叉学科展现在人们面前：量子化学、量子生物学、天体物理、大气物理、海洋物理、生物物理、化学物理、射电天文学、耗散理论（包括在社会学中的应用）、高分子物理、介观与纳米物理、粒子宇宙学（以大爆炸模型为核心的现代宇宙学），等等。本书采用大物理学的概念，通过具体生动的物理发现案例，来揭示在物理学研究和革新中所体现人类文明的崇高的科学精神，希望读者继承敢于坚持科学思想的勇气和不断探求真理的意识，树立真正的科学精神：求实精神、实证精神、探索精神、理性精神、创新精神、怀疑精神、独立精神和原理精神。

本书宗旨　作者撰写本书的目的在于通过物理发现的许多生动案例阐明科学创新是技术创新永不枯竭的源泉。科技创新最重要的源头来自于扎扎实实的基础科学研究。物理学在自然科学中具有独特的不可替代的关键地位，是研究其他自然科学如化学、生命科学等的基础，物理学的每次突破都引起相应的技术革命和产业革命。更重要的是物理学研究所体现的科学精神是引领我们科技创新的强大动力,是提升民族创新能力的精神源泉。

钱学森之问和李约瑟问题　中华民族具有优良的文化传统。我国古代的四大发明更是值得骄傲的人类文明史辉煌的一章。我国古代在科学和技术上拥有很多发明和创造,这是毋庸置疑的事实。但是,我国儒家传统自古以来颇有重技术轻科学倾向。汉代大思想家、文学家杨雄说"雕虫小技,壮夫不为",就是这种倾向的典型代表。什么是雕虫小技?就是科学技术之类的杂学。影响所及,洋洋洒洒的五千万言的我国二十四史,居然没有一个科学家和技术工艺大师,因为其在科学技术方面的贡献而载入史册的。20世纪90年代以来,学术界浮躁之风盛行。打着"急用先学,学以致用"的幌子,公然宣扬基础不重要,至少无须过分强调,误人子弟的错误思潮甚嚣尘上。他们根本不知道技术的创新和突破正在于基础研究的飞跃。所谓自主创新,所谓跨越式的进步来自于何处?本书归根到底就是回答这个问题,用确凿的、生动的、丰富的科学史向读者阐明科学是技术创新永不枯竭的源泉。

我国著名科学家钱学森在临终发出的著名的钱学森之问:"为什么我们的学校总是培养不出杰出人才? 这么多年培养的学生,还没有哪一个的学术成就,能够跟民国时期培养的大师相比。"当然我们必须辩证地理解钱老的话。解放以后我们国家的教育事业应该说取得了极其伟大的成就,培养了大批德才兼备的社会主义建设者,使得我国的科学、技术和国民经济建设取得了举世瞩目的成绩。但是不可否认我们培养的人中非常杰出的人才,世界级的学术大师还是寥若晨星。

图 0.1　钱学森(1911—2009)

图 0.2　李约瑟(1900—1995)

著名的英国生物化学家,也是享誉全球的中国古代科学技术史开山型的大师李约瑟(Joseph Terence Montgomery Needham)在其编著的15卷《中国科学技术史》中正式提出此问题,其主题是:"尽管中国古代对人类科技发展做出了很多重要贡献,但为什么科学和工业革命没有在近代的中国发生?"

这两个问题本质上是密切相连的。要准确全面地回答这两个问题不是一件简单的事。其中自然应该有社会的、历史的原因,但是从文化基因上来看,我们固有文化中重人文轻科技,重技术轻科学等传统不能不说是其中重要的原因。我国古代有着辉煌灿烂的建筑技术,有着发达系统的天文观测记录,但是,始终没有逻辑严谨几何学诞生的迹象。这并不是一件偶然的事情。我们国家古代在科技方面,主导的是渐进性的、累积性的从技术到技术的创新,缺乏从原理上突破的源头创新、自主创新。当前在实现中国梦的伟大征程中,科学技术必须走向国民经济的主战场,必须为祖国的腾飞贡献自己的力量,关键在于创新。特别是源头创新、自主创新。为此,就必须脚踏实地,搞好基础科学的研究。厚积薄发,水到渠成。也只有在这种突破性的科技创新中世界级的学术大师才会应运而生;也只有在这种浓郁的创新气氛中,才能营造培养学术大师应运而生的软环境。

西方主流文化的科技观 我们试举例说明之。美国《纽约时报》主编哈特写了一本书,叫做《历史上最有影响的100人》,风行一时,影响很大。在这100人中,有37位科学家、学者,30名政治家,14名哲学家,11名宗教领袖,6名文学家和2名探险家。其中前10名,按排序依次为穆罕默德(Muhanmmad,伊斯兰教创造人)、牛顿(I. Newton)、耶稣(Jesus,基督教创始人)、释迦牟尼(Sakgamuni,佛教创始人)、圣保罗(San Paolo,基督教圣徒)、蔡伦(造纸发明者)、古登堡(J. Gutenberg,西方世界认为他在1440年发明印刷术,实际上印刷术是我国北宋人毕昇所发明,古登堡只是发展和改进了活字印刷)、成吉思汗、哥伦布(C. Columbus,新大陆的发现者)和爱因斯坦(A. Einstein)。耐人寻味的是,在这10人中,竟然有2名物理学家。这自然是哲人的真知灼见。

穆罕默德(阿拉伯文:محمد)是伊斯兰教的复兴者,也是伊斯兰教徒(穆斯林)公认的伊斯兰教先知。中国的穆斯林普遍尊称其为"穆圣",也被称作"马圣人"。按传统的穆斯林传记他约于570年出生于麦加,632年6月8日逝世于麦地那。他的全名是穆罕默德·本·阿卜杜拉·本·阿卜杜勒-穆塔利卜·本·哈希姆。穆斯林认为穆罕默德是亚伯拉罕诸教的最后一位先知。此外他还统一了阿拉伯的各部落,并以此奠定了后来阿拉伯帝国的基础。目前伊斯兰教是世界著名的三大宗教(基督教、佛教和伊斯兰教)之一。据统计现在全世界信仰伊斯兰教的人数约13亿。他们主要分布在北非、西亚、南亚、东南亚等地区。穆圣为了防止日后有人对他个人崇拜,禁止对他画像,同时伊斯兰教反对画像,因此目前没有穆罕默德的画像。我们用伊斯兰教教徽代替他的画像。

图0.3 伊斯兰教教徽

图0.4 艾萨克·牛顿爵士(1643—1727)

艾萨克·牛顿爵士是历史上曾出现过的最伟大、最有影响的科学家,同时也是物理学家、数学家和哲学家。他在1687年7月5日发表的不朽著作《自然哲学的数学原理》,阐明了近代物理最基本的规律——万有引力定律和三大运动定律,奠定了经典力学的体系,被认为是"人类智慧史上最伟大的一个成就",并成为现代工程技术的基础。牛顿为人类树立起"理性主义"的旗帜,开启了工业革命的大门。

耶稣是基督教里的核心人物,在基督教里被认为是犹太旧约里所指的救世主(弥赛亚)。大部分基督教教派相信他是神子和神的转世。而伊斯兰教则认为,耶稣是先知以及救世主。不过,犹太教则拒绝以上任何说法。耶稣生平见于基督教新约的四大福音书。

传统基督教神学观点认为耶稣生于伯利恒,而历史学观点则认为耶稣生于加利利的拿撒勒。耶稣被古罗马犹太行省执政官彼拉多判处在十字架上钉死,并且死里复活升入天国。目前全球基督徒人数 21 亿～23 亿,其中天主教徒(旧教)的人数为 10 亿 9 800 万,其他为基督教徒(新教)和东正教徒。

图 0.5　耶稣(公元前 4 年—公元 30 年)　　图 0.6　释迦牟尼佛像(约公元前 624 年—前 544 年)

释迦牟尼,原名悉达多·乔达摩(巴利文:Siddhattha Gotama),古印度释迦族人(生于尼泊尔南部),佛教创始人。成佛后的释迦牟尼,尊称为佛陀,意思是彻悟宇宙、人生真谛者,即"佛";民间信仰信徒也常称呼为佛祖。目前全世界佛教徒约 3 亿 8 000 万。

圣保罗(《圣经》中的人物),亦称为使徒保罗,天主教翻译作圣保禄,原名扫罗(Saul),因家乡为大数,所以根据当时的习俗也被称为大数的扫罗(Saul of Tarsus)。皈依基督教后改名为保罗。称圣是因为天主教廷将他封圣,但新教则通常称他为使徒保罗。他是神所拣选,外邦人的使徒,也被历史学家公认是对于早期教会发展贡献最大的使徒。他一生中至少进行了三次漫长的宣教之旅,足迹遍及小亚细亚、希腊、意大利各地,在外邦人中建立了许多教会,影响深远。其纪念圣日为 6 月 29 日,与圣彼得联合庆祝。

图 0.7　保罗(3—67 年)　　　图 0.8　蔡伦(61—121 年)　　　图 0.9　腾堡印刷术

蔡伦,中国四大发明中造纸术的改进者,是"人类有史以来最佳发明家"之一。

约翰内斯·古登堡是西方活字印刷术的发明人,他的发明导致了一次媒界革命,迅速地推动了西方科学和社会的发展。但实际上,我国毕昇早在数百年前就已经发明了胶泥活字印刷术。

毕昇(又作毕晟),活字版印刷术实际发明者。北宋淮南路蕲州蕲水县直河乡(今湖北省英山县草盘地镇五桂墩村)人。初为印刷铺工人,专事手工印刷。毕昇发明了胶泥活字印刷术,被认为是世界上最早的活字印刷技术。宋朝的沈括所著的《梦溪笔谈》记载了毕昇的活字印刷术。

图 0.10 毕昇画像(970—1051)

图 0.11 孛儿只斤·铁木真画像(1162—1227)

孛儿只斤·铁木真,蒙古帝国可汗,汗号"成吉思汗"。世界史上杰出的政治家、军事家。1271 年元朝建立后,忽必烈追尊成吉思汗为元朝皇帝,庙号太祖,谥号法天启运圣武皇帝。在位期间多次发动对外征服战争,征服地域西达西亚、中欧的黑海海滨,建立了横跨欧亚大陆的蒙古帝国,是古往今来疆域最辽阔的国家。

克里斯托弗·哥伦布(Christopher Columbus),意大利航海家,生于意大利热那亚,卒于西班牙巴利亚多利德。一生从事航海活动。相信大地球形说,认为从欧洲西航可达东方的印度。在西班牙国王支持下,先后 4 次出海远航(1492—1493,1493—1496,1498—1500,1502—1504)。开辟了横渡大西洋到美洲的航路。先后到达巴哈马群岛、古巴、海地、多米尼加、特立尼达等岛。在帕里亚湾南岸首次登上美洲大陆。考察了中美洲洪都拉斯到达连湾 2 000 多千米的海岸线;认识了巴拿马地峡;发现和利用了大西洋低纬度吹东风,较高纬度吹西风的风向变化。证实了大地确为球形。

图 0.12 克里斯托弗·哥伦布画像
(1451—1506)

图 0.13 阿尔伯特·爱因斯坦(1879—1955)

阿尔伯特·爱因斯坦(Albert Einstein),美籍德国犹太裔,理论物理学家,相对论的创立者,现代物理学奠基人。1921 年获诺贝尔物理学奖,1999 年被美国《时代周刊》评选为"世纪伟人"。他创立了狭义相对论和广义相对论,同时也是量子论的奠基人之一,现代物理学之父。没有爱因斯坦,就没有现代物理学的两大支柱——相对论和量子论。他的工作奠定了 20 世纪和新世纪高新技术产业繁荣发展的基础。

乍看起来,让人难以相信。难道那个虔诚的教徒牛顿,最大不过只做到英国钱币厂厂长这样的"芝麻官",其知名的著作也不过区区一本《自然哲学的数学原理》,影响竟然能超过罗马帝国的创始人——不可战胜的凯撒吗？更凌驾于威名远扬的亚历山大大帝、百战百胜的拿破仑之上？当年在瑞士伯尔尼专利局的小职员，那个卑微的犹太人爱因斯坦，他可曾想到，他薄薄的几页论文所创立的狭义和广义相对论，在经历了诺贝尔科学基金会的衮衮诸公的冷遇（他获得诺贝尔奖的工作——光电效应理论，相对于他的伟大智慧创造——相对论，不过是巍峨的喜马拉雅山旁的小土丘而已），法西斯物理学家的攻击和诽谤，美国的麦卡锡（J. McCarthy）之流反共狂人的迫害（美国联邦调查局收集了爱因斯坦的许多黑材料）以后，他被列入历史上最有影响的人中前 10 名，而且是 20 世纪唯一的入选者！在西方学者哈特看来（西方主流文化大多如是观）影响世界文明进步的最重要的10 个人中，居然有 4 个人是来自科学技术界。其中两名科学家为牛顿和爱因斯坦，两名技术家为蔡伦和古腾堡（正确地说应该是毕昇）。

马克思主义的科技观　追本溯源，牛顿的工作，不仅是近代科技的发轫，更是近代第一次科学革命、技术革命和产业革命的号角。从这种意义上说，没有牛顿确实就没有近代人类文明。作为近代科学的鼻祖，牛顿对于历史的巨大影响，是怎么样估计也不过分的。

希特勒（A. Hitler）、麦卡锡之流早已灰飞烟灭。尔曹名与身俱灭，不废江河万古流！我们还应看到，这不仅是爱因斯坦的光荣，更是以他为代表的 20 世纪科技革命的崇高荣誉。没有以爱因斯坦为代表的 20 世纪的杰出物理学家普朗克（M. K. E. L. Planck）、薛定谔（E. Schroedinger）、杨振宁、李政道、温伯格（S. Weiberg）等，就不会有以相对论和量子论为中心的新的物理革命，就不会有以信息技术、材料技术、空间技术、生物技术、海洋技术和能源技术等六大高新技术群为核心的现代技术革命和产业革命。从这种意义上说，没有爱因斯坦就没有 20 世纪高新科技，确实是千真万确的真理！

我们这样推崇牛顿、爱因斯坦，并非宣扬个人英雄史观。马克思主义一向认为科学技术是"最高意义的革命力量"。恩格斯（F. Engels）说：科学是一种在历史上起推动作用的、革命的力量。邓小平同志更鲜明地指出：科学技术是生产力，而且是第一生产力。人们对于科学技术界最杰出人物牛顿、爱因斯坦的崇高评价，实质上是对科学技术对于历史进步的巨大推动作用的实事求是的肯定。生产力是推动人类文明发展的决定性因素，科学技术作为第一生产力对于社会变革、文明昌盛毫无疑问是起着首要的作用。实质上人们对于科学的作用、科学家贡献的价值，往往不是高估了，而是视而不见，大大低估了。对于中国这样一个长期受封建思想禁锢的国家尤其如此。

物理学的独特地位　下面一个耐人寻味的问题是，在自然科学家中，不可否认的是最有影响、最有名气的往往是物理学家，如牛顿、爱因斯坦、伽利略等。这是什么原因呢？当然是物理学的独特的地位所决定的，也反映了对物理学在科学、技术乃至整个人类文明的发展中的巨大贡献的综合评价。

由于物理学研究的是物质的最普遍运动和物质的基本结构，其他的学科，比如化学研究的是物质的化学变化，生命科学研究的是生命的运动，社会科学则研究的是社会的运动，因此，对这些较为复杂运动的研究，必然包含对物理运动和物质基本结构的研究和认识，必然始于物理学的研究。从某种意义上说，物理学是其他自然科学研究的基础，也是新技术孕育的摇篮。

从古希腊开始，物理学家对于人类文明的影响都是全面性的。亚里士多德，古希腊斯吉塔拉人，他是世界古代史上最伟大的哲学家、科学家和教育家之一。他是柏拉图的学生、亚历山大的老师。公元前 335 年,他在雅典办了一所叫吕克昂的学校,被称为逍遥学派。马克思曾称亚里士多德是古希腊哲学家中最博学的人物,恩格斯称他是古代的黑格尔。亚里士多德是古希腊伟大的物理学家。人类文明史上第一本《物理学》,就是由他撰写的,他还撰写了《工具论》《形而上学》《伦理学》等名著,一生著述百卷,现存 47 种。其思想几乎整整统治西方思想界 2 000 余年。伟大的物理学家几乎都是伟大的哲人。牛顿的机械唯物论、马赫(E. Mach)的马赫主义(实证主义哲学)都对哲学界产生深刻的影响。

20 世纪物理学的诸多发展对于思想界更是掀起一阵阵的狂风巨浪。20 世纪初的著名"物理学危机"人们还记忆犹新。波动力学的建立,牛顿的经典决定论从微观世界被"驱逐"出去,相对论的兴起,摧毁了牛顿的绝对时空观。海森堡不等式(测不准关系)则从人生论方面对传统的理论提出挑战。总之,形而上学在这场"危机"中彻底破产了,辩证唯物论则经受了考验。在扬弃个别"陈旧的灰尘"以后,人类对于世界的认识更加深邃,更加熠熠生辉了。新思想、新思维应运而生。

例如,在非线性物理领域分形、混沌的研究中,人们在复杂系统表现上的随机性(统计规律)与内在的决定性机制之间巧妙地建立起沟通,以揭示复杂现象的本质。人们强烈地认识到,在决定论与随机论之间,在牛顿力学与统计力学(或量子论)之间横亘的那堵似乎不可逾越的高墙,冰消瓦解了。原来即使对两个自由度的典型的保守力学系统(如太阳-地球系统)的描述,也离不开统计规律。在混沌学的研究中,决定性与随机性并存。系统的动力学模型(一般用微分方程描述)是确定的、决定论的,但在运行中,由于对初始条件的极端敏感性以及系统内部非线性的干扰(这是更主要的),系统的行为表现出随机性。

混沌学,尤其是量子混沌的研究方兴未艾,许多内容还有待进一步深入探讨。但是,众多的科学家认为,混沌学也许把文明带进物理学(不妨说整个自然科学)的"第三次大突破"。我们现在一般认为,牛顿力学(从本质上说相对论也一样)是"第一次大突破",其认识论的特征是机械的决定论;量子论则是"第二次大突破",其认识论的特征是"统计随机性"。

这"第三次大突破",会不会像前两次一样,给我们带来强劲的"思想"春风,改变我们整个自然科学、社会科学的面貌呢?以目前情况而论,要作出肯定回答还为时过早。但可能性是存在的。

以广义相对论揭开其帷幕的现代宇宙学,尤其是伽莫夫(G. Gamow)等大爆炸学说、暴胀宇宙论的相继问世,给予传统"时空观"的冲击,更甚于狭义相对论。时间、空间、物质和真空,这些人们熟悉的概念,突然"生疏"起来,其中包蕴的丰富内涵,使人目不暇接。科学怪杰霍金的一本薄薄的《时间简史》,一下子风靡欧美各国,大有洛阳纸贵之势!淑女雅士手足无措,惊呼"如果不读这本书,就算不上一个现代文明人"!这与其说是对书内容的魔力赞叹,毋宁说是被书中所展现的崭新的思想的光彩(也许不一定全明白、"全懂")的颂歌!

总而言之,物理学中不断孕育的新思想,往往并不是只属于物理学本身。相反,物理学是一门"慷慨大度"的科学,它培育的"思想的蓓蕾",繁花似锦,开遍了自然科学的各个学科的园地;郁郁浓香,不断激发哲人们智慧的火花,改变人们对于整个自然界的根本看法。同时,物理学也是一门"兼容并蓄、有容乃大"的大科学。它不是"杨柳岸,晓风残月"浅斟低吟。它是猛士的"大风歌";历次科技革命,披坚执锐,一马当先的是它。它鸣奏的是"钧天乐":余响袅袅,留韵天上人间。它不断充实、丰富和推动人类文明向前发展。总而言之,物理学是从全局、整体上给现代人类文明提供新思想的最重要源泉之一。

有人说,数学是科学的皇后。那么从物理学的贡献和影响来看,称之为科学的无冕之王不是很恰当吗?数学由于其高度的抽象和概括性,对于自然科学最有广泛的影响;但也是由于抽象和概括性,也决定了其影响往往具有手法上的、局部性和间接性的特点。物理学必须面对真实的客观物质世界,这就决定其影响有更真切、更直接、更深刻、更全面的特点。从这种意义上说,我们称物理学为科技王国的宙斯(古希腊神话中的天父)有何不可?正是基于这样的原因作者曾经撰写过一部著作叫做《科技王国的宙斯——物理学与高新技术》。我们知道,宙斯(Zeus)是希腊神话中的主神,即"众神之父",他以雷电为武器,维持着天地间的秩序,公牛和鹰是他的标志。

图 0.14 宙斯

当然,我们这样说,丝毫没有贬低数学,或其他自然科学学科的意思。事实上,现代物理是不能脱离数学而存在的。离开定量分析,离开微积分、微分方程、泛函分析、群论、张量分析、微分拓扑,还能讲现代物理吗?粗泛地说,现代物理与数学的关系,犹如"神"、"形",即物理内容、思想是"神",其数学表达形式则是"形"。一个现代物理学家,必须"形、神"兼备。

作为科技王国的宙斯,物理学确实"人丁繁盛",由它衍生出许多新学科和新技术,犹如一株古老、高大的参天大树,枝叶繁盛,硕果累累。由于近代物理学发展速度加快,这种衍生现象更加司空见惯,屡见不鲜了。

随着越来越多新现象的发现,产生越来越多的物理新概念,同时赋予原有概念以新的含义和更深刻的内蕴,就这样在物理学向纵深发展的过程中,新分支学科应运而生。

从对物质结构的研究中,20世纪就相继出现原子、分子物理,原子核物理,基本粒子物理学。就一般物理理论分类,就有量子统计、量子电动力学(量子场论)、狭义相对论、广义相对论、量子引力(引力规范理论)、弱电统一理论(规范统一理论)等。

物理学的各个传统分支都有了飞速发展,各自又发展出许多新分支。例如光学、非线性光学等内容丰富、前景极广阔的新分支。20世纪40—50年代问世的固体物理学更是出现金属物理、非晶态物理、铁磁物理、铁电物理等。有的分支发展是这样的迅速,以至于"它们"要自立门户,与其母体"物理学"分庭抗礼了。例如,我国的光学学会与物理学会彼此就没有统属关系,都是国家一级学会。当然这都是从工作和学术交流方便进行设置的。至于半导体物理等,由于与技术学科结合紧密,则具有相当大的独立性。

计算机科学渊源很远,算盘和简单机械计算器就是现代计算机的雏形,但是第一部电子计算机却出自美国物理学家埃克特(J. P. Ecuart)和莫利希(J. M. Mauchly)之手。他们于1946年在芝加哥大学研制成功世界第一部电子计算机"ENIAC",这个庞然大物竟装置有18 000多个电子管。但它却是现代计算机科学诞生的标志。物理学家肖克莱(W. Shockley)在1949年发明晶体放大管,促使计算机第一次更新换代。现代计算机正在迈向光子计算机、量子计算机、神经网络计算机等智能计算机,物理学家在其中更是立下不朽的功劳。所谓光学计算机的根本原理就是在原子多稳态的发现,物理学的无序系统的研究和纳米科学的兴起,正是神经网络计算机和光子计算机研制的坚实基础。最近提出的量子计算机,更是量子物理的伟大成果。

现代物理学作为带头学科,主动与其他学科沟通,横向拓展、渗透,从而加速了自然科学内部互相融合、综合,促使众多的交叉学科的蜂拥出现。一门又一门的交叉学科展现在人们面前:量子化学、量子生物学、天体物理、大气物理、海洋物理、生物物理、化学物理、射电天文学、耗散理论(包括在社会学中的应用)、高分子物理、介观与纳米物理等。

现代自然科学一方面在加速分化,新学科不断涌现,另一方面学科之间融合、综合的趋势同时日益增强,因而造成一大批交叉学科的涌现,致使整个自然科学的整体功能日渐增强,呈现纵横交错的网络结构的态势。物理学在这个分化、综合的整体化的潮流中,扮演着主角的角色。可以毫不夸张地说,20世纪是物理学的世纪,20世纪的科学先驱是物理学,21世纪物理学的重要性依然如此。

物理学与三次产业革命 物理学也是技术革命和产业革命的火车头。牛顿力学和热力学的兴起,导致17—18世纪的第一次技术革命和产业革命。其主要标志是蒸汽机的应用和传统手工业(纺织业)、采矿业和钢铁业的机械化。从19世纪70年代开始的第二次技术革命和相应的产业革命,其原动力是法拉第-麦克斯韦电磁理论的建立;其主要内容就是电力技术的广泛应用:电动机、发电机、电报相继问世,一大批新型产业出现。

第三次技术革命和相应的产业革命,则由相对论和量子论掀起的物理革命为其先导。尤其在第二次世界大战之后,以新材料技术、生物技术、信息技术、能源技术、海洋技术和空间技术等六大新兴技术为主要内容的新技术革命更加迅猛地发展,其势头之大、波及面之广、影响之深刻和意义之深远,是历次技术革命无法比拟的。相应地,一大批新材料(微电子材料等)产业、生物工程产业、信息产业(光纤、计算机等)、空间技术产业、海洋技术产业、新能源产业(原子能发电)、激光产业等高新技术产业蜂拥出现。人类进入原子能时代、计算机时代和太空时代。人类文明的各个方面(生活方式、工作方式、社会组织等)经历前所未有的剧烈的变化。

综上所述,物理学作为大科学、带头学科,在人类文明进化的历史长河中,一直是科学新思想的重要源泉,对于自然科学,乃至社会科学的发展、重大变革起着难以估计的促进作用。正是物理学带头掀起历次科学革命、技术革命,从而带动相应的产业革命。正是物理学,作为摇篮"孕育"、"培育"了许许多多新的科学学科、交叉学科和边缘科学。正是物理学直接促成许许多多高、新技术的诞生。

诚然,物理学之于高、新技术,其缘分真是难分难解,犹如鸡与鸡蛋、火车头与车厢。

物理学发现所包含的丰富多彩的案例,所显示的崇高壮丽的科学精神,绝非一本小册子所能讲清楚的。本书供奉于读者的几束鲜花、几株蓓蕾,对于物理学广大、繁盛的园地,不过是洁光片羽,不过是惊鸿一瞥,大概也会给予人们坚实的信念:在新世纪中物理学的大科学、带头学科的角色依然不会改变,它所体现的一往无前、永不懈怠的科学创新精神永远是我们在缔造更加灿烂、更加美好的人类物质文明和精神文明的最可宝贵的精神财富。

关于钱学森之问和李约瑟问题

杨振宁:解答"钱学森之问"不能太着急

"一粒沙里有一个世界,一朵花里有一个天堂,把无穷无尽握于手掌,永恒宁非是刹那时光。"

"自然与自然规律为黑暗隐蔽!上帝说,让牛顿来!一切遂臻光明。"

93岁高龄的著名华人科学家、诺贝尔奖得主杨振宁,2015年4月18日受邀于中国美术馆,主讲"大师讲大美"系列学术讲坛。在半个小时的主题讲座中,杨振宁从科学家的角度,与听众分享了他眼中的美在科学和艺术中的异同。随后一个小时的公众提问交流中,话题显然挣脱了"美"的羁绊,热点话题频出。在以自己小时候的故事为引子,谈到如何鼓励孩子培养发展自己的兴趣,以及科普是个重要社会问题,重点还谈到他对"钱之问"的看法。他总的看法是,解答"钱之问"要有一个时间。

杨振宁说,"钱之问"是全中国十几亿人都要问的问题。在他看来,回答很简单:这需要一个过程。西方的科学发展到今天,有三四百年的传统,中国想要在三四十年里把三四百年的传统浓缩起来一下子发展,这是不可能的事情。换句话说,并不是说中国的科学发展没有前途,而是说要有一个时间,不能太着急。在杨振宁看来,中国科学的发展不是太慢,而是非常之快。

为什么说非常之快呢?他回忆了自己在西南联大时,当时中国的高等教育、科学教育才刚刚起步,教他们的老师都是像父辈杨武之一样在20世纪初出国留学归来的人。后来杨振宁到美国时已经达到了美国当时研究的最前沿,"可以说是一代或者两代的教育就可以教育出来一个像我这样的人,这是非常快的、难以想象的"。

"而且,西南联大当时不过1 000多个学生,可是所有人都有救亡的意识。在那么困难的时候,还能够坐下来学一些东西非常不容易,所以大家都十分珍惜每一分、每一秒,这是西南联大之所以成功的一个基本要素。"杨振宁说。(摘录自:《腾讯教育》)

"李约瑟问题"很耐人寻味

"李约瑟问题"很耐人寻味,中国是享誉世界的文明古国,在科学技术上也曾有过令人自豪的灿烂辉煌。除了世人瞩目的四大发明外,领先于世界的科技发明和发现还有1 000种之多。美国学者罗伯特·坦普尔在著名的《中国,文明的国度》一书中曾写道:"如果诺贝尔奖在中国的古代已经设立,各项奖金的得主,就会毫无争议地全都属于中国人。"然而,从17世纪中叶之后,中国的科学技术却如同江河日下,跌入窘境。据有关资料,从公元6世纪到17世纪初,在世界重大科技成果中,中国所占的比例一直在54%以上,而到了19世纪,骤降为只占0.4%。中国与西方为什么在科学技术上会一个大落,一个大起,拉开如此之大的距离,下面我们引述李约瑟本人对于他自己提出的问题的大致看法。

长期以来,西方学术界的主流思潮是把科学仅仅视为知识,在一个自主的封闭体系中去探讨科学的发生和发展，这就是所谓"内在论"或"内部主义"的思潮。但是，李约瑟通过对中国古代技术的长期研究，发现仅仅用内在论去研究李约瑟问题是远远不够的，需要从外部，即外在的影响如社会经济、人文思想方面去研究它们对于中国古代科学发展的影响。科学哲学中社会历史学派的代表人物库恩说过："把科学实体作为知识体系来考察，经常称之为'内部方法'，这仍然是主要的形式。把科学家的活动作为一个更大文化范围中的社会集团来考察，经常称之为'外部方法'，这是'内部方法'最新的对立面。怎样把这二者结合起来，也许就是这个学科现在所面临的最大挑战，而现在也已有了日益增多的解决迹象。"

李约瑟在《中国科学技术史》中不仅提出了问题，而且花费了多年时间与大量精力，一直努力地试图寻求这个难题的谜底。虽然他所寻求的答案还缺乏系统和深刻，就连他自己也不甚满意，但却为我们留下了探索的足迹，为这个问题的解答提供了有价值的思维成果。

李约瑟从科学方法的角度得到的答案：一是中国没有具备宜于科学成长的自然观；二是中国人太讲究实用，很多发现滞留在了经验阶段；三是中国的科举制度扼杀了人们对自然规律探索的兴趣，思想被束缚在古书和名利上，"学而优则仕"成了读书人的第一追求。李约瑟还特别提出了中国人不懂得用数字进行管理，这对中国儒家学术传统只注重道德而不注重定量经济管理是很好的批评。

李约瑟个人见解还认为中国科学技术难以得到发展，还是因为缺乏科学技术发展的竞争环境。中国实现首次统一后（可能指的是秦朝的统一），以李约瑟所谓的"封建官僚制度"的政府实行中央指导性政策。李约瑟所谓"封建"是指中央集权，所谓"官僚"是指皇帝直接管理官员，地方行政只对朝廷负责。官僚思想深刻地渗透到整个中国人的复杂思想中。甚至在民间传说中，也充满了这种思想。科举制度也鼓吹这种"封建官僚制度"。

这种制度产生了两种效应。正面效应加上科举制度的选拔，可以使中国非常有效地集中了大批聪明的、受过良好教育的人，他们的管理使得中国井然有序，并使中国发展了以整体理论、实用化研究方法的科技。比如中国古代天文学取得了很大成就，其数据至今仍有借鉴价值，再比如大运河的修建等。

但这种"封建官僚制度"的负面效应是，使得新观念很难被社会接受，新技术开发领域几乎没有竞争。在中国，商人阶级从未获得欧洲商人所获得的那种权利。中国有许多短语如"重农轻商"等，以及中国历代的"重农抑商"政策都表明了在那些年代的官僚政府的指导性政策。比如明朝末期的宋应星在参加科举失败后撰写《天工开物》，但他认为不会有官员读这本书。

在西方，发展了以还原论、公式化研究方法的科技。此种科技的兴起与商人阶级的兴起相联系，鼓励较强的技术开发竞争。在中国，反对此种科技的发展的阻力太大。西方式的科技发展却能冲破这些阻力，取得现在的成就。比如欧洲国家之间的竞争使得欧洲在中国火药的基础上发明并改良火药武器。在这方面，自秦朝以后的中国不但比不上相同时期的欧洲，甚至比不上春秋战国时期的中国。

另外他补充道：中国所处的地理环境也互相影响了政府的态度。中国独有的水利问题(尤其是黄河)令中国人从很早的时候起就得去修建水利网。而且必须从整体集中资源治理，才能有希望解决水患问题。水利网超出了任何一个封建领主的领地，这就可以解释为什么在中国，封建主义让位给中国官僚式的文明。

　　最后李约瑟做出结论："如果中国人有欧美的具体环境，而不是处于一个广大的、北面被沙漠切断，西面是寒冷的雪山，南面是丛林，东面是宽广的海洋的这样一个地区，那情况将会完全不同。那将是中国人，而不是欧洲人发明科学技术和资本主义。历史上伟大人物的名字将是中国人的名字，而不是伽利略、牛顿和哈维等人的名字。"李约瑟甚至说，如果那样，将是欧洲人学习中国的象形文字，以便学习科学技术，而不是中国人学习西方的按字母顺序排列的语言。(以上材料摘录自：百度百科)

阅读材料绪论-2

马克思主义的科技发展观

《习近平关于科技创新论述摘编》

　　创新驱动是形势所迫。我国经济总量已跃居世界第二位，社会生产力、综合国力、科技实力迈上了一个新的大台阶。同时，我国发展中不平衡、不协调、不可持续问题依然突出，人口、资源、环境压力越来越大。我国现代化涉及十几亿人，走全靠要素驱动的老路难以为继。物质资源必然越用越少，而科技和人才却会越用越多，因此我们必须及早转入创新驱动发展轨道，把科技创新潜力更好释放出来。

　　——《在十八届中央政治局第九次集体学习时的讲话》(2013年9月30日)

　　创新是一个民族进步的灵魂，是一个国家兴旺发达的不竭动力，也是中华民族最深沉的民族禀赋。在激烈的国际竞争中，惟创新者进，惟创新者强，惟创新者胜。

　　——《在欧美同学会成立一百周年庆祝大会上的讲话》(2013年10月21日)，《人民日报》2013年10月22日

　　一个地方、一个企业，要突破发展瓶颈、解决深层次矛盾和问题，根本出路在于创新，关键要靠科技力量。要加快构建以企业为主体、市场为导向、产学研相结合的技术创新体系，加强创新人才队伍建设，搭建创新服务平台，推动科技和经济紧密结合，努力实现优势领域、共性技术、关键技术的重大突破，推动中国制造向中国创造转变、中国速度向中国质量转变、中国产品向中国品牌转变。

　　——在河南考察时的讲话(2014年5月9日、10日)，《人民日报》2014年5月11日

　　纵观人类发展历史，创新始终是推动一个国家、一个民族向前发展的重要力量，也是推动整个人类社会向前发展的重要力量。创新是多方面的，包括理论创新、体制创新、制度创新、人才创新等，但科技创新地位和作用十分显要。我国是

一个发展中大国,目前正在大力推进经济发展方式转变和经济结构调整,正在为实现"两个一百年"奋斗目标而努力,必须把创新驱动发展战略实施好。这是一个重大战略,必须在贯彻落实党的十八大和十八届三中全会精神的过程中作为一项重大工作抓紧抓好。

——《在中央财经领导小组第七次会议上的讲话》(2014 年 8 月 18 日)

从生产要素相对优势看,过去,我们有源源不断的新生劳动力和农业富余劳动力,劳动力成本低是最大优势,引进技术和管理就能迅速变成生产力。现在,人口老龄化日趋发展,劳动年龄人口总量下降,农业富余劳动力减少,在许多领域我国科技创新与国际先进水平相比还有较大差距,能够拉动经济上水平的关键技术人家不给,这就使要素的规模驱动力减弱。随着要素质量不断提高,经济增长将更多依靠人力资本质量和技术进步,必须让创新成为驱动发展新引擎。

——《在中央经济工作会议上的讲话》(2014 年 12 月 9 日)

必须明确,说我国经济发展进入新常态,没有改变我国发展仍处于可以大有作为的重要战略机遇期的判断,改变的是重要战略机遇期的内涵和条件;没有改变我国经济发展总体向好的基本面,改变的是经济发展方式和经济结构。对发展条件的变化,我们必须准确认识、深入认识、全面认识,顺势而为、乘势而上,更加自觉地坚持以提高经济发展质量和效益为中心,大力推进经济结构战略性调整。要更加注重满足人民群众需要,更加注重市场和消费心理分析,更加注重引导社会预期,更加注重加强产权和知识产权保护,更加注重发挥企业家才能,更加注重加强教育和提升人力资本素质,更加注重建设生态文明,更加注重科技进步和全面创新。做到这些,关键在于全面深化改革、实施创新驱动发展战略、增强破解发展难题的力度,因此必须勇于推进改革创新,加快转变经济发展方式,切实转换经济发展动力,在新的历史起点上努力开创经济社会发展新局面。

——《在中央经济工作会议上的讲话》(2014 年 12 月 9 日)

如何发现和培育新的增长点?一是市场要活,二是创新要实,三是政策要宽。市场要活,就是要使市场在资源配置中起决定性作用,主要靠市场发现和培育新的增长点。在供求关系日益复杂、产业结构优化升级的背景下,涌现出很多新技术、新产业、新产品,往往不是政府发现和培育出来的,而是"放"出来的,是市场竞争的结果。技术是难点,但更难的是对市场需求的理解,这是一个需要探索和试错的过程。

创新要实,就是要推动全面创新,更多靠产业化的创新来培育和形成新的增长点。创新不是发表论文、申请到专利就大功告成了,创新必须落实到创造新的增长点上,把创新成果变成实实在在的产业活动。在中央财经领导小组会上,我集中讲了中央关于实施创新驱动发展战略的考虑。大家要增强对创新驱动发展的认识,全面研判世界科技创新和产业变革大势,从实际出发,确定创新的突破口,努力形成新的增长动力。

政策要宽,就是要营造有利于大众创业、市场主体创新的政策环境和制度环境。政府要加快转变职能,做好自己应该做的事,创造更好市场竞争环境,培育市场化的创新机制,在保护产权、维护公平、改善金融支持、强化激励机制、集聚优秀人才等方面积极作为。对看准的、确需支持的,政府可以采取一些合理的、差别化的激励政策,真正把市场机制公平竞争、优胜劣汰的作用发挥出来。

——《在中央经济工作会议上的讲话》(2014 年 12 月 9 日)

创新是引领发展的第一动力。抓创新就是抓发展,谋创新就是谋未来。适应和引领我国经济发展新常态,关键是要依靠科技创新转换发展动力。

——《在参加十二届全国人大三次会议上海代表团审议时的讲话》(2015 年 3 月 5 日)

综合国力竞争说到底是创新的竞争。要深入实施创新驱动发展战略,推动科技创新、产业创新、企业创新、市场创新、产品创新、业态创新、管理创新等,加快形成以创新为主要引领和支撑的经济体系和发展模式。

——在华东七省市党委主要负责同志座谈会上的讲话(2015 年 5 月 27 日),《人民日报》2015 年 5 月 29 日

当前,我国经济发展呈现速度变化、结构优化、动力转换三大特点。适应新常态、把握新常态、引领新常态,是当前和今后一个时期我国经济发展的大逻辑。要深刻认识我国经济发展新特点新要求,着力解决制约经济持续健康发展的重大问题。要大力推进经济结构性战略调整,把创新放在更加突出的位置,继续深化改革开放,为经济持续健康发展提供强大动力。

——在贵州调研时的讲话(2015 年 6 月 16 日—18 日),《人民日报》2015 年 6 月 19 日

创新发展注重的是解决发展动力问题。我国创新能力不强,科技发展水平总体不高,科技对经济社会发展的支撑能力不足,科技对经济增长的贡献率远低于发达国家水平,这是我国这个经济大个头的"阿喀琉斯之踵"。新一轮科技革命带来的是更加激烈的科技竞争,如果科技创新搞不上去,发展动力就不可能实现转换,我们在全球经济竞争中就会处于下风。为此,我们必须把创新作为引领发展的第一动力,把人才作为支撑发展的第一资源,把创新摆在国家发展全局的核心位置,不断推进理论创新、制度创新、科技创新、文化创新等各方面创新,让创新贯穿党和国家一切工作,让创新在全社会蔚然成风。

——《在党的十八届五中全会第二次全体会议上的讲话(节选)》(2015 年 10 月 29 日)

世界经济长远发展的动力源自创新。总结历史经验,我们会发现,体制机制变革释放出的活力和创造力,科技进步造就的新产业和新产品,是历次重大危机后世界经济走出困境、实现复苏的根本。

无论是在国内同中国企业家交流,还是访问不同国家,我都有一个强烈感受,那就是新一轮科技和产业革命正在创造历史性机遇,催生互联网＋、分享经济、3D 打印、智能制造等新理念、新业态,其中蕴含着巨大商机,正在创造巨大需求,用新技术改造传统产业的潜力也是巨大的。我们应该抓住机遇,把推动创新驱动和打造新增长源作为 20 国集团新的合作重点,重视供给端和需求端协同发力,加快新旧增长动力转换,共同创造新的有效和可持续的全球需求,引领世界经济发展方向。

——《创新增长路径,共享发展成果》(2015 年 11 月 15 日),《人民日报》
2015 年 11 月 16 日

要发挥创新引领发展第一动力作用,实施一批重大科技项目,加快突破核心关键技术,全面提升经济发展科技含量,提高劳动生产率和资本回报率。

——《在中央经济工作会议上的讲话》(2015 年 12 月 18 日)

要坚持创新驱动,推动产学研结合和技术成果转化,强化对创新的激励和创新成果应用,加大对新动力的扶持,培育良好创新环境。

——《在中央经济工作会议上的讲话》(2015 年 12 月 18 日)

(摘录自:《求是》杂志 2016 年第 1 期)

阅读材料绪论-3

科学与技术

一般人都将科技作为一个名词习以为常,连缀通用,没有细细地区分,科学和技术其实是具有迥然不同含义的两个概念。科学是什么? 简单来说,就是探求客观物质世界的构造及其运动的基本规律。更简单说,就是探求自然界和自然现象的真相。因此可以说,科学是探求真理的。而技术是什么呢? 就是将科学规律运用到人类社会生活和生产中去,换言之,技术的本质离不开应用。了解这一点十分重要,我们就会明白驱动科学和技术发展的动力是完全不一样的,前者的动力是人类对于大自然的好奇心和探索的激情,而后者的动力则是人类为了改善生活,发展生产的功利心。

当然,科学和技术彼此也是有着密切联系的两个概念。科学的诞生和发展,是技术革新和突破的永不枯竭的源泉;而科学的发展和突破,必须建立在坚实的基础支撑上,随着现代科学的发展,特别是大科学工程往往需要高技术设备和高技术手段才可能实现。技术的发展一方面可以在技术本身的范围内借助于渐进性的、累积性的方式得以实现,例如在车辆运行中不断减少摩擦力;但是,更重要的方面则是将科学上的新发现、新突破应用到有关领域,例如将原子能的发现应用到原子能发电站。因此,我们就不难理解科学的发现和进步,都是通过公开的方式,例如学术刊物和公众媒体毫无保留地向学术界公布;而技术的发现和进步不但不能毫无保留地向世人公布,而且需要保密,需要人类创造许多机制来保护其发现的知识产权,这就是专利制度的建立的基本原因。爱因斯坦的狭义相对论和广义相对论都是在 20 世纪初叶的德国学术杂志上发表的。但是技术成果,往往可以与商品、物质利益联系在一起,为了激发发展技术的动力,保障技术发明人的正当权益,其内容的发表必须受到一定的限制和约束。保护知识产权主要是针对技术成果而言的。

更确切地说科学与技术的关系如下。

(1) 科学是创造知识的研究活动,它所解决的主要是认识世界的问题,要回答"是什么"和"为什么";而技术则是发明和创造操作的办法、技巧以及相应的物质手段,回答的是"做什么"和"怎样做"。

（2）科学是进行发现，探索未知的活动，带有自由研究的性质；技术则是从事发明，综合利用各种知识进行创造和实践的活动。

（3）科学创造的主要是知识；技术则不同，除了以知识形态出现外，还同时具有一定的物质形态。

（4）科学对经济的作用是隐含的，不太确定，有时需较长时间才能发挥出来；技术对经济的作用则比较确定，关系更直接。

（1）请你谈谈对"钱学森之问"和"李约瑟问题"的看法。

（2）"钱学森之问"与"李约瑟问题"何以说是紧密相关的？解决这两个问题对我国科学技术事业的发展有何意义？

（3）为什么说创新是一个民族进步的灵魂？

（4）科技创新在我国经济发展进入新常态后，为什么具有越来越重要的地位？

（5）为什么说科学是技术发展的永不枯竭的源泉？

现代宇宙学素描

第一章　人类首次发现引力波

本章导读

2016 年 2 月人类发现引力波的典型案例，给读者介绍了科学家在 101 年中艰苦卓绝、漫长曲折探索引力波的过程，用生动通俗的笔调介绍了广义相对论、天体物理若干最前沿的进展，向读者阐明了基础研究与高新技术之间的密切关系。高新技术的进展为基础研究的探索增添了翅膀，科学家获得了探测宇宙探测未知世界越来越多、越来越强大的探索工具，引力波探测的成功应归功于激光干涉技术的飞速发展。本章的重点在于，从科学家探测引力波中所展示的高瞻远瞩、实事求是、不畏艰难、敢于碰硬的崇高科学精神世界中概括总结科学精神的主要内容和特征。

第一节　科学世界的春雷

2016 年新春伊始，2 月 11 日（我国农历正月初四）我国老百姓还沉浸在春节的节日欢乐中，美国科学家 11 日宣布，人类首次直接探测到了引力波。这是人类第一次能够"领略"到宇宙的"浩瀚宇宙的涟漪"。而引力波是爱因斯坦广义相对论实验验证中最后一块缺失的"拼图"，至今已有百年历史。实施此次引力波研究的是美国"激光干涉引力波天文台"（LIGO）的国际科学合作组织（LSC）。该组织包含来自美国和其他 14 个国家的 1 000 多名科学家。LSC 中的 90 多所大学和科研机构参与研发了探测器所使用的技术，并分析其产生的数据。我国清华大学也在其中。

图 1.1　激光干涉引力波天文台执行总监宣布发现引力波

这一引力波信号于世界协调时间 2015 年 9 月 14 日 9：51（北京时间当天下午 5：51分），分别由彼此相距 3 000 公里的路易斯安娜州列文斯顿（Livingston，Louisiana）和华盛顿州汉福德（Hanford，Washington）的激光干涉引力波观测台（LIGO）的一对探测器探测到。

LIGO 天文台是由美国国家科学基金资助，由加州理工学院和麻省理工学院构思、建造并运行的。这一发现是由 LIGO 国际科学合作组织（包含 GEO600 组织和澳大利亚干涉引力天文协会）以及 Virgo 科学组织使用来自两台 LIGO 探测器的数据后做出的。而参与室女座引力波探测器（Virgo）研究工作的 250 多名物理学家和工程师，分别隶属于 18个不同的欧洲的实验室，包括法国国家科学研究中心（CNRS）的 6 家研究所、意大利国立天体物理研究所（INFN）的 8 家研究所、荷兰国家核物理及高能物理研究所、匈牙利维格纳研究所、波兰引力研究组和安置室女座引力波探测器的欧洲引力天文台。

图 1.2　LIGO 观测器由美国路易斯安娜州的 Livingston 探测器和华盛顿州的 Hanford 探测器构成

基于观测到的信号，LIGO 的科学家们估算出两个并合黑洞的质量大约分别是太阳质量的 29 和 36 倍，并合发生于 13 亿年前。根据爱因斯坦的广义相对论，这一对黑洞在相互绕转过程中通过引力波辐射而损失能量，这一过程持续数十亿年，两者逐渐靠近，过程的最后几分钟快速演化。大约 3 倍于太阳质量的物质在短短 1 秒之内被转化成引力波，以超强爆发的形式辐射出去。相应的转化能量根据爱因斯坦著名的质能方程 $E=mc^2$可以容易估算，爆发极其猛烈、能量极其巨大。而两个黑洞几乎是以一半光速的超高速度碰撞在一起，并形成了一个质量更大的黑洞。辐射的引力波经过 13 亿年漫长的旅行，首先到达 Livingston 探测器,7 毫秒之后到达 Hanford 探测器。LIGO 观测到的引力波信号就是这样来的。

图 1.3　LIGO 探测到双黑洞碰撞产生的引力波,打开了一扇观察宇宙的新窗口(示意图)
(图片来源:LIGO 新闻发布会直播截图)

　　这一发现立刻轰动了世界,不仅全世界的科学家激动不已,而且波及普通的老百姓:工人、农民和学生。从科学上来说,这是一次里程碑式的重大成果,有史以来,科学家第一次观测到了时空中的涟漪——引力波,这一来自遥远宇宙的灾变性事件所产生的信号。这一探测证实了阿尔伯特·爱因斯坦在 1915 年的广义相对论的一个重要预言,从而从实验上完成了对爱因斯坦广义相对论的验证;并打开了一扇前所未有的探索宇宙的新窗口。我们人类开启了一场波澜壮阔的新征程:一场探索宇宙引力波奥秘——通过弯曲时空而产生的事物和现象——的征程。黑洞的碰撞和引力波的产生是这个征程的首当其冲的完美发现。不难想象,宇宙大爆炸所遗留的回响——引力波背景辐射(即原初引力波)的发现也是指日可待的事了。

　　从技术上说,无论从测量的精度和复杂性来说,这一发现是无与伦比的。一门新兴的探测技术——引力子探测术由此诞生。由于引力波(由引力子所构成)对真空是完全没有障碍的,传播中不会引起损耗,而对于通常物体,如固体、液体、气体或地球、星体、星系等则几乎是完全没有阻碍的。因此这门新技术的诞生对于未来的天体物理、宇宙学的发展具有不可估量的价值。首先引力波携带着波源的信息,而波源往往伴随剧烈的天体现象,暗藏许多难解的宇宙之谜:如超新星爆发、黑洞碰撞、大星系的并合,甚至宇宙大爆炸甚早期阶段的种种波澜壮阔的剧烈现象(如暴胀现象)。而引力波不会受到障碍而衰减,因此而产生信息的衰减和畸变。这样一来,我们将拥有极为敏感、保真度极高的探测宇宙深处,因而也是宇宙早期的强大工具。必须指出引力波的探测技术的基础乃是激光干涉,而激光干涉技术在 20 世纪 90 年代得到了长足的发展,其中美籍华裔科学家朱棣文的贡献功不可没。

　　对于一般读者来说,引力波和引力波的探测并非容易理解的事。主要的原因是它涉及极其玄奥的高科技前沿,极为抽象,涉及领域极为广阔。但是从科学图像出发,我们通俗浅显地介绍有关科学概念还是有可能的。

　　发人深思的是,此次 LIGO 项目的主要发起人基普·索恩(Kip Stephen Thorne)不仅是美国著名的理论物理学家,而且也是国际知名的科普专家。他曾指导热门科幻电影《星际穿越》与《超时空接触》,其科普著作《黑洞与时间弯曲——爱因斯坦的幽灵》名满天下。

图 1.4　诺贝尔物理学奖获得者朱棣文

图 1.5　基普·索恩(1940—)

基普·索恩和科学怪杰英国物理学家斯蒂芬·霍金(著名的科普著作《时间简史》的作者),以及美国天文学家、科普作家、科幻小说作家卡尔·萨根保持了长期的好友和同事关系。

20 世纪 70 年代,基普·索恩作为加州理工学院的费曼理论物理教授,和来自麻省理工学院的物理学教授雷纳·韦斯(Rainer Weiss)以及加州理工学院的物理学教授罗纳德·德雷弗(Ronald Drever)共同提出用激光干涉来探测引力波。实际上,这个点子是韦斯首先提出的,而后索恩加以合理改进。1970 年代末,索恩招募英国格拉斯哥大学的实验物理学家罗纳德·德雷弗来帮助他们设计新型的探测器。罗纳德·德雷弗有建造被称作迈克尔逊干涉仪的 L 型装置的经验。1985 年,他们向美国国家科学基金会(NSF)递交了 LIGO 计划的建议,要求建造一对干涉仪。他们认为这些探测器能够探测激光光路上大约 10^{-19} 米的扰动。

图 1.6　麻省理工学院荣誉教授雷纳·韦斯(1932—)

图 1.7　罗纳德·德雷弗

第二节　广义相对论与引力波的预言

什么是引力波呢? 简言之,是宇宙时空曲率的扰动以行进波的形式向外传递。目前流行的一种简单通俗的解释就是,宇宙时空类似于床垫,黑洞或恒星等巨大的天体类似于重重的铅球,行星则类似于小小的乒乓球。当铅球放置在床垫上时,会压出一个凹坑,从而迫使铅球周围的乒乓球向着它靠拢,看起来似乎是铅球和乒乓球相互吸引。因此时空

"床垫"的弯曲,等价于我们通常称之为物体之间的引力。当天体质量发生变化(例如旋转或运动)时,相当于铅球在床垫上滚动,导致的床垫变形以震动(波)的方式向外扩散,就形成了"引力波"。因此,有人把引力波诗意地称之为"时空的涟漪"。

图1.8 引力波示意图

关键的问题是,什么是宇宙时空呢?实际上我们在此不能不为我国古人的智慧所折服。在我国战国时代哲学家尸子就有"上下四方曰宇,往古来今曰宙"的说法(即宇的意思是无限空间,宙的意思是无限时间)。爱因斯坦的相对论认为宇宙就是时间和空间,简称时空。两者意思完全一样。

爱因斯坦的伟大贡献在于,他令人信服地指出时间和空间是相关的。他在1905年提出的狭义相对论论证了空间和时间实际上是密切相关的,而且彼此之间由洛仑兹变换公式联系。简单地说,物体运动越快,相应的时间流逝就越慢;而从运动的方向上来看,物体将变得越来越扁。爱因斯坦的这个观点得到了现代物理实验的证实(见阅读材料1-2)。爱因斯坦的时空观不仅是物理学观念的一个飞跃,而且在哲学上也是一个革命性的变革。在此以前人们一直从直观或直觉上,"理所当然"地认为时间和空间是完全互不相干的独立概念。

从爱因斯坦的观点来看,我们人类生活的物理空间,不是通常直觉认为的三维空间,而是四维空间,物理学家称为闵可夫斯基(Minkowski)视作的四维时空。这是为了纪念德国数学家闵可夫斯基在广义相对论的数学表述工作中的重要贡献。闵可夫斯基在1919年召开的第八十届德国自然科学家会议上有一段精辟的论述。他说,在广义相对论中,"时间和空间本身,各自都像影子般消失,只留下时间和空间的一个融合体作为独立不变的客观的实体存在"。用术语表示融合体就是连续统,用现代数学术语表示就是流形(manifold)。

因为四维时空的弯曲,我们无法直观地在纸面上显示出来。我们直观表示的是二维时空(即一维空间一维时间)的弯曲状况。至于四维时空的弯曲只有靠读者去想象了。

从广义相对论看来,质量大的物体,周围引力场强,实际上相应的二维时空弯曲程度越大,像一个凹下去的"洞"。就是说,时空曲率越大,意味着

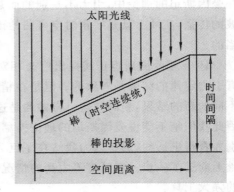

图1.9 二维时空流形

引力越强；平直时空（曲率为零）意味着不存在引力。这样一来在广义相对论中，实际上不存在引力，只有空间的弯曲或者曲率的变化。所有在牛顿理论中所谓的引力，在广义相对论中就变成了四维时空的弯曲变化。我们通常说，周围物体受到引力场的吸引，实际上是周围物体慢慢"滑进"凹洞。地球绕太阳旋转，按牛顿引力的说法，是地球受太阳的引力而做圆周运动，而按广义相对论的观点，地球是在真实的四维时空中做沿着短程线运动，这就是科学家通常说的引力几何化了。在图 1.10 中我们用一个二维时空说明这种情况。

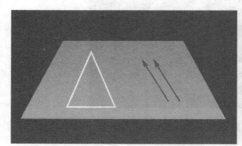

（a）平直空间，曲率为0

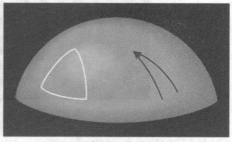

（b）凸曲面，其曲率为正

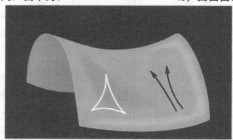

（c）凹曲面，其曲率为负

图 1.10　三种不同的弯曲空间

爱因斯坦的引力理论是建立在四维弯曲空间的几何学，就是广义相对论。爱因斯坦的相对论最重要的贡献之一，就是确认所有的相互作用都是以有限的速度传递的。例如电磁波就是以光速传播的，因此引力的传播也是以光速或者略低于光速传播。如果组成引力波的引力子的静止质量与光子一样为零，则传播速度为光速。但是引力子的静止质量迄今尚未测量，不能完全排除具有极微小的质量，故也可能稍低于光速。我们不要忘记在爱因斯坦的理论中，引力不是别的而是宇宙时空的弯曲，因此我们不要忘记，所谓引力波的传播，实质上就是宇宙时空弯曲的传播，因此形象地说引力波就是时空的涟漪是很恰当的。

1915 年爱因斯坦正式提出广义相对论，在精度不高的情况下，这个理论与牛顿的万有引力定律的结果是一致的。但是在精度更高的情况下，广义相对论有很多与牛顿理论不同的新的结果，新的预言。奇妙的是这些预言在其后的 100 年中都得到了实验的证实。因此我们绝不能说爱因斯坦的理论推翻了牛顿力学，千万要记住牛顿的名言：如果说我比别人看得更远些，那是因为我站在了巨人的肩上。爱因斯坦的理论只是在牛顿理论的基础上前进了一步。在精度不太高的情况下，在日常生活中牛顿理论依然是我们经常应用的强大工具。

广义相对论的最重要、最奇妙预言应该是引力波的存在。这个预言是爱因斯坦在其

图 1.11　广义相对论认为,任何有重量的物体都会引起宇宙时空的弯曲

广义相对论提出伊始,在 1916 年的论文中提出的,1918 年爱因斯坦还订正了论文中的个别计算错误。目前原始论文还保存在以色列的耶路撒冷希伯来大学。这个预言的证实居然要花费 101 年的时间却是出乎人的意料。这反映了科学探测的艰巨性和不可预测性。但是正如我们后面所要谈到的,引力波的存在通常强度极其微弱,在人类现有技术的条件下,是非常难得测量的,即使是在极为猛烈的天体现象中产生的引力源。关于发现它的漫长而曲折的旅程,我们将详细谈到。下面让我们介绍爱因斯坦的广义相对论的实验验证的大致情况。

图 1.12　耶路撒冷希伯来大学展示爱因斯坦预言引力波存在的历史文件

第三节　广义相对论的实验验证

一、水星近日点进动

太阳系的水星的轨道总是在发生漂移,就是说水星轨道上的近日点发生微小的摄动,其大小为沿轨道每 100 年 5 600.73″,这就是所谓"进动"现象。如图 1.13 所示。根据牛顿万有引力计算,其值为 5 557.62″/100 年,相差 43.11″/100 年。牛顿理论和实验存在歧异的这个问题,从 19 世纪下半叶以来,一直困扰着物理学家。1916 年,爱因斯坦用广义相对论计算得到这个偏差为 42.98″/100 年,与实验值近乎相同,几乎完美地解释了水星近日点进动现象。爱因斯坦本人说,当他计算出这个结果时,简直兴奋得睡不着觉。这是他本人颇为得意的成果。详细内容可参阅第八章第二节。

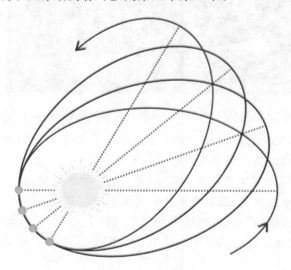

图 1.13　水星近日点进动的示意图

二、光线偏折和引力透镜

万有引力定律和广义相对论都预言光在传播中会受到物体质量的影响而发生偏折。太阳附近存在时空弯曲,背后恒星的光传递到地球的途中如果途经太阳附近就会发生偏转。如图 1.14 所示。但是爱因斯坦广义相对论预测光线偏转角度几乎是牛顿万有引力预言的 1 倍,前者是 1.75″,而后者预言的是 0.87″。谁是谁非只有凭借实验观测判断了。

最好的观测机会必须等待日全食的时候才会有。机会终于来了,1919 年 5 月 29 日有一次条件极好的日全食,英国著名天文学家爱丁顿领导的考察队分赴非洲几内亚湾的普林西比和南美洲巴西的索布拉进行观测,结果两个地方三套设备观测到的结果分别是 1.61″±0.30″、1.98″±0.12″ 和 1.55″±0.34″,与广义相对论的预测完全吻合。爱因斯坦因此名声大噪。这是对广义相对论的最早证实。有趣的是 1922 年,原来对于广义相对论持怀疑态度的美国天文学家坎普贝尔(Campbell)也在澳大利亚进行了日食观测,其结果依然有利于广义相对论。所有这些结果使得科学界完全信服爱因斯坦广义相对论关于"太阳的引力可能引起恒星光线偏折"的效应的正确性。

1990 年"哈勃"望远镜升空,以及人类发射的一系列空间望远镜拍摄到许多被称为"引力透镜"的现象,如爱因斯坦十字、爱因斯坦圆环等,都是广义相对论的实验铁证。

三、引力钟延缓

广义相对论预言,引力越大,时间的进程越慢。站在地面上的人相比于国际空间站的宇航员感受到的引力更大,那么地面上的人所经历的时间相比于宇航员走得更慢,长此以往将比他们更年轻!这种由于引力而导致的时间延缓现象称为引力钟延缓,也称为广义相对论时间延缓效应。我们注意狭义相对论指出,由于物体的运动也会造成时间进程的

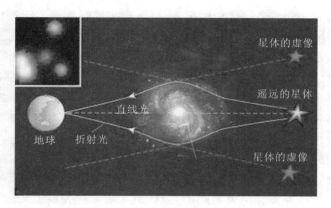

图 1.14　引力透镜效应的示意图

图 1.15　爱因斯坦十字

延缓,这种延缓效应称为狭义相对论时间延缓效应,其产生原因不同于引力钟延缓。

1971 年做过一次非常精确的测量,哈菲尔(J. C. Halele)和基丁(R. E. Keating)把 4 台铯原子钟分别放在民航客机上,在 10 000 米高空沿赤道飞行一周。一架飞机自西向东飞,一架飞机自东向西飞,然后与地面事先校准过的原子钟做比较。同时考虑狭义相对论效应和广义相对论效应,由东向西飞的理论值是飞机上的钟比地面上的快 275 ± 21 纳秒 (10^{-9}s),实验测量结果为快 273 ± 7 纳秒,由西向东飞的理论值是飞机上的钟比地面上的慢 40 ± 23 纳秒,实验测量结果为慢 59 ± 10 纳秒。其中广义相对论效应(即引力效应)理论为由东向西快 179 ± 18 纳秒,由西向东快 144 ± 14 纳秒,都是飞行时钟快于地面时钟。此处需要说明的是,由于飞机向东航行是与地球自转方向相同,所以相对地面静止的钟速度更快,导致狭义相对论效应(即运动学效应)更为显著,才使得总效应为飞行时钟慢于地面时钟。

四、引力红移

从大质量天体发出的光(电磁辐射),处于强引力场中,任何一种元素的光,其光振动周期要比同一种元素在地球上发出光的振动周期长,因此引起整个光谱线向红光波段偏移的现象(亦即整个光谱线向低频波段移动),这就是所谓引力红移现象。红移量一般很小,难以测量,只有在引力场特别强的情况下,引力造成的红移量才能被检测出来。20 世纪 60 年代,庞德(Robert Pound)、雷布卡(Glen Rebka)在哈佛大学的杰弗逊物理实验室采用穆斯堡尔效应的实验方法,定量地验证了引力红移。他们在实验室的塔顶,距离地面 22.56 米的高度,放置了这样的一个伽马射线辐射源,并在地面设置了探测器。他们将辐射源上下轻轻地晃动,同时记录探测器测得的信号的强度。通过这种办法,他们可以确定为了补偿重力造成的频率改变所需要的相对速度差,确定了相对速度差就可以知道频率改变了多少。

然后,他们将整个实验装置反过来,辐射源放置在地表,而探测器放在塔顶,并测量频率的改变。结合上下两个方向的实验数据,他们可以消除由几个不同因素造成的实验误差。上下两个方向的实验测量结果之间的差别很小,如果把光波原来的频率分成均匀的 1 015 份,频率的改变仅相当于占了其中的几份而已。但是这已经足够了,正是这个微小的差别体现了纯粹由引力造成的差别,这个实验在百分之十的精度内验证了爱因斯坦的理论预言。1964 年,他们又改进了这个实验,发现理论和实验在百分之一的精度之内吻合。

2010 年来自美国和德国的三位物理学家马勒(H. Muller)、彼得斯(A. Peters)和朱棣文通过物质波干涉实验,将引力红移效应的实验精度提高了 10 000 倍,从而更准确地验证了爱因斯坦广义相对论。

图 1.16　引力红移

五、黑洞

广义相对论表明,质量大到一定程度,引力将把大量物质集中于空间一点,产生极强的引力场,以致任何物质甚至光线在其视界之内都会被其吸引,无法逃脱。这种奇怪的天体被美国物理学家约翰·阿奇巴德·惠勒(John Archibald Wheeler)命名为"黑洞"。所谓视界就是临近黑洞的一个临界尺度距离,所有物质如果进入其内,都会被黑洞所吞噬。黑洞质量极其巨大,而体积却十分微小,密度异乎寻常的大,因而其引力场极为强大。太阳如果其半径缩小到 3 000 米以内,而地球缩小到其半径只有区区 0.89 厘米,都将变为黑洞。

一般认为,1964 年发现在银河系的中心附近出现神秘的 X 射线源。1971 年美国"自由号"人造卫星的观察表明,该 X 射线源是一个看不见的、质量约 10 倍于太阳的黑洞所发出的,它牵引着一颗超巨星。天文学家一致认为这个物体就是黑洞,它就是人类发现的第一个黑洞。以后又陆续报道有黑洞发现的消息,例如 2015 年 3 月 1 日,科学家称在一座发光类星体里发现了一片质量为太阳质量 120 亿倍的黑洞,并且该星体早在宇宙形成的早期就已经存在。科学家称,如此巨大的黑洞的形成无法用现有黑洞理论解释。又如 NASA 喷气推进实验室科学家保罗·戈德·史密斯宣称:"赫歇尔望远镜揭示了黑洞正在吞噬气体的壮观景象。"这个黑洞位于银河系中央的人马座 A*,也是一个距离我们较近的射电波源,其质量大约为太阳质量的 400 万倍,距离太阳系大约 26 000 光年。

此次发现的引力波,正如我们所看到的其波源为距离我们 13 亿光年两个黑洞的相互碰撞并合,毫无疑问也可以视为广义相对论所预言的神秘天体黑洞存在的证明。简言之,黑洞的发现可以视为预言其存在的广义相对论的实验证据。

图 1.17 银河系中央超大质量黑洞

六、引力拖曳效应

广义相对论认为,旋转的物体(特别是大质量物体)会使空间产生特殊的拖曳扭曲,正如在水中转动的球,顺着球旋转的方向会形成小小的波纹和漩涡。由此可见,地球的自转也会引起其周围空间的拖曳扭曲,从而使地球的自转轴发生 41/1000 弧秒的偏转。这个角度相当于从华盛顿观看一个放在洛杉矶的硬币产生的张角。应该说是非常非常小的了。

2004 年 4 月 20 日,美国航天局"引力探测-B"(GP-B)卫星从范登堡空军基地升空,以前所未有的精度,对广义相对论的两项重要预测进行验证。具体地说,就是时间和空间不仅会因地球等大质量物体的存在而弯曲,大质量物体的旋转还会拖动周围时空结构发生扭曲。这两项预测分别被称为"测地效应"和"惯性系拖曳效应"。

卫星在轨飞行了 17 个月,其后对测量数据进行了 5 年的分析。2011 年 5 月 4 日美国航天局发布消息称,GP-B 卫星已经完美地证实了广义相对论的这两项预测,尤其是引力拖曳效应。

通常讲广义相对论有 7 个重要的预测,在本节中我们看到其中 6 个已经以极高精度

图 1.18　引力拖曳效应示意图

的、极大可行性的、确凿无疑的实验观察所证实。但是,广义相对论最重要,看来也是最难以观测的预言就是引力波。在牛顿的万有引力理论中,引力波的存在是不可想象的,因此引力波的预言是万有引力独特的理论结果。换言之,在广义相对论的实验验证的拼图中,还应该欠缺最重要、最微妙、最令人感兴趣的一块拼图,就是引力波的发现。

第四节　引力波发现的曲折

爱因斯坦在 1916 年的论文中预言,自然界存在引力波,1918 年他还订正了论文中的个别计算错误。但是由于引力相互作用极其微弱,引力波的测量就难上加难了,长时间的探索劳而无功,以致爱因斯坦生前多次谈过,也许引力波永远也发现不了。那么引力波到底有多么微弱呢?

我们通常的物质,由原子而分子,由分子而构成宏观物体,都是借助于电磁相互作用而结合起来的。通常的精密测量仪器大多是利用电磁相互作用的。自然界存在四种基本相互作用力,如图 1.19 所示,最左边是引力相互作用,与之右相邻的表示的是弱相互作用,再右边是电磁相互作用,最右边表示的是强相互作用。科学家估算过,其相对强度的比例,如果以强相互作用作为 1 的话,则电磁相互作用的强度为 1% 左右,弱相互作用的强度为 $10^{-9} \sim 10^{-13}$,引力相互作用的相对强度则为 10^{-39}。形象地说,我们可观测宇宙的尺度大致是 1 000 亿光年左右,即便在宇宙中堆满番茄酱,想要吸收掉 1% 的引力波能量,则番茄酱墙需要大概 400 万亿光年那么厚。换言之,这个过程需要花上 400 万亿年。顺便说说,我们的宇宙年龄在 138 亿年左右。

无论引力或者引力波引起的效应多么微弱,但是既然引力波就是空间弯曲或者变形的传播,不难想象如果一串引力波迎面通过我们自身,我们多多少少会变高变瘦,或者变矮变胖。或者说,在引力波的作用下,任何物体会不断发生拉伸和压缩。必须注意,此次发现的引力波造成尺度为地球大小的空间真实的变形相对幅度为 10^{-21},绝对形变大约为 10^{-14} 米,刚好比质子大 10 倍。一个氢原子的直径大概是 10^{-15} 米。这在技术上要求,引

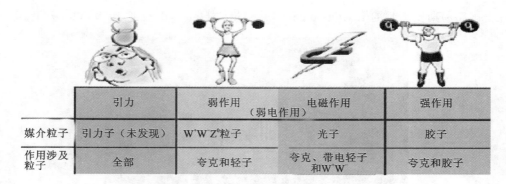

	引力	弱作用	电磁作用	强作用
			（弱电作用）	
媒介粒子	引力子（未发现）	$W^+W^-Z^0$粒子	光子	胶子
作用涉及粒子	全部	夸克和轻子	夸克、带电轻子和W^+W^-	夸克和胶子

图 1.19　四种相互作用强度的比较

力波探测器要能够检测到约 10^{-21} 量级的长度变化。这是极高、极难的技术标准。

　　长度测量最精密的仪器是迈克尔逊干涉仪。这种仪器的图在高中和大学的物理教科书上都有。所谓干涉仪就是利用波的干涉现象测量物体长度变化的仪器。在水面扔掷两块石头，产生两列向外传播的水波，它们彼此叠加（术语称为干涉），很快在水面上就会出现有规则的凹凸相间的水纹。美国物理学家迈克尔逊利用光波的干涉现象制成了迈克尔逊干涉仪用以测量长度变化。如果用单色性更好的激光代替普通光源，测量的精度会更高。如图 1.20 所示，就是测量引力波所使用的激光干涉仪。

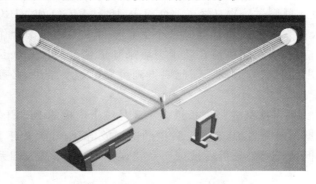

图 1.20　激光干涉仪示意图

　　20 世纪 70 年代基普·索恩作为加州理工学院的费曼理论物理教授，和来自麻省理工学院的物理学教授雷纳·韦斯（Rainer Weiss）以及加州理工学院的物理学教授罗纳德·德雷弗（Ronald Drever）共同提出用激光干涉来探测引力波。这个点子是韦斯首先提出的，而后索恩加以合理改进。20 世纪 70 年代末，索恩招募英国格拉斯哥大学的实验物理学家罗纳德·德雷弗 Ronald Drever 来帮助他们设计新型的探测器（德雷弗有建造被称作迈克尔逊干涉仪的 L 型装置的经验）。

　　1985 年，他们向国家科学基金会（NSF）递交了 LIGO 计划（激光干涉引力波天文台的建造计划）的建议，要求建造一对干涉仪。他们认为这些探测器能够探测激光光路上大约 10^{-19} 米的扰动。1990 年激光干涉引力波天文台（LIGO）获得批准可以建造，并在 1992 年确定了两座探测器的选址。探测器的建设于 1999 年完工，并于 2001 年开始收集数据。于是，加州理工学院和麻省理工学院开展合作，主导了两个激光干涉引力波观测台（LIGO）的建设。LIGO 呈现巨大的 L 形，每一边都有 4 000 米长。LIGO 探测器分别安装在美国路易斯安那州的 Livingston 和华盛顿州的 Hanford,彼此相距 3 000 公里。

图 1.21　LIGO 外观

测量引力波的仪器,在正常情况下没有引力波经过,LIGO 发出的激光相互抵消,将接收不到光信号;但如果引力波经过,情况就有所区别了。由于光速是不变的,引力波将导致激光跑过的路程被拉长或压缩,从而激光通过该边的时长就会发生变化。如果发现这种变化科学家们就意味着测量到了引力波。

问题的复杂性还在于,环境轻微震动或人为的信号漂移都会成为影响引力波测量的噪音。事实上 2010 年就闹过一次乌龙。当年 9 月 16 日 LIGO 和 VIRGO 似乎同时探测到一个信号,方向大概来自大犬座。当时这个消息使得 LIGO 科学合作组织的一般成员大为振奋。论文有待发表,新闻稿箭在弦上。后来知道这个事件是项目组的一个所谓三人特别小组特意发出的假信号数据。因此要得到可靠的观察结果,必须首先排除这种环境干扰,假信号的干扰。

2014 年还闹了另外一次乌龙。据报道当年 3 月位于南极的 BICEP2 设备似乎观测到了引力波存在的证据。研究者称,这是一种微弱的微波信号,可能来自于宇宙大爆炸时产生的原初引力波。但是经相关分析后被证明是错误的:该信号是太阳系星际尘埃粒子形成的产物。

此次观察是将 2010 年观察天文台的设备,经过升级换代,变得更为可靠,更为灵敏。经过重新改良更新的引力波天文台,称为高新激光干涉引力波天文台(advance LIGO),在 2015 年早些时候试运行,并且经过数个月的工作,证实技术可靠。仪器的精度比 5 年前提高了 10 倍。2015 年 9 月正式投入运行,而且加上好运气,终于在 2015 年 9 月 14 日探测到了引力波信号,两个探测器几乎同时探测到相同的信号,彼此相差 7 毫秒,最终将它命名为 GW150914。科学家经过 5 个月的复核和检查,才予以发表。

图 1.22 中显示两个 LIGO 探测器中都观测到的由该事件产生的引力波强度如何随时间和频率变化。两个图均显示了 GW150914 的频率在 0.2 秒的时间里"横扫"35 Hz 到 250 Hz。GW150914 先到达 L1,随后到达 H1,前后相差 7 毫秒——该时间差与光或者引力波在两个探测器之间传播的时间一致。之所以说运气好,其实 LIGO 探测到真正的引力波的机会并不多。由于 LIGO 的设置所满足的测量要求仅能用于测量邻近星系里中子星或黑洞并合产生的引力波,它每年能遇见的引力波事件概率估计就在 1/10 000 件到 1 件之间。这次发现引力波是人类第一次直接捕捉到引力波的效应,实质上,1974 年马萨

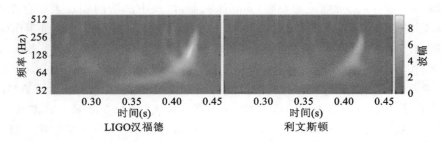

图 1.22　GW150914 引力波事件的实验记录

诸塞大学阿默斯特分校的罗素·胡尔斯(Russell Hulse)和约瑟夫·泰勒(Joseph Taylor)发现脉冲双星。它包含两个中子星,在互相绕转的同时逐渐向内接近,人们认为在这种相互靠近的过程中能量的损耗会以引力波的形式辐射出去。这个发现荣获 1993 年诺贝尔物理学奖,但是只能算引力波的间接证实。

爱因斯坦生前由于技术条件的限制,对于引力波的探测仅限于理论上的探索。关于引力波的实验探测最早始于 20 世纪 60 年代。1969 年 6 月波马里兰大学帕克分校的物理学家约瑟夫·韦伯(J. Weber)宣称利用自制的仪器——引力波共振测量棒发现了引力波。当引力波穿过这个测量棒的大铝块时,铝块就会产生振动,从而被探测到。这个宣布曾经轰动一时。我国中山大学和高能物理所在 70 年代都曾利用类似的共振棒设备探索引力波。但是经过科学家的仔细分析和检查证明韦伯的这个发现是不可靠的,利用类似的共振棒方法探测引力波,看来其精度远远达不到发现引力波的要求。图 1.23 所示为韦伯教授正在调试引力波探测器。

图 1.23　1965 年,韦伯教授在调试他的引力波探测器

第五节　引力波探测的国际竞争及其启示

引力波的探测在国际上已形成了你追我赶的国际竞争态势。在美国的 LIGO 计划开始之后,欧洲也开始实施引力波探测计划。目前,比较大型的探测器是由英国和德国合

作,在德国 Hannover 附近建造的 GEO 600 探测器,以及由法法国和意大利合作,在意大利 Pisa 附近建造的 VIRGO 探测器。GEO 600 探测器的臂长是 600 米,而 VIRGO 的臂长是 3 000 米。相比之下,VIRGO 的造价和性能都远高于 GEO 600(其臂长为 600 米),而和 LIGO 相当。

日本也开始建造大型的 KaGRA 引力波探测器。早年,在日本有一个 TAMA300 探测器,位于东京附近的三鹰市,在日本的国家天文台院内,臂长 300 米。日本科学家多年来一直致力于推动大型引力波探测,这个 KaGRA 项目终于在 2008 年立项。目前,这个探测器的建设已经基本完成,进入了调试阶段。

印度也开始加入了引力波探测的行列。LIGO 实验室和印度引力波物理学界已经达成协议,计划把 LIGO 的一部分实验设备运往印度,并在印度开设一个 LIGO-India 的引力波观测站。

我国从 2008 年起,也投身于引力波探索的热潮中。在中国科学院力学所国家微重力实验室胡文瑞院士的推动下,中国科学院多个研究所及院外科研单位共同成立了中国科学院空间引力波探测工作组,开始探索中国空间引力波探测的可行性。这一项目被列入中国科学院空间科学 2050 年规划。

2016 年早春,中国科学院召开媒体见面会,对外披露了我国引力波空间探测计划——"太极计划",其首席科学家胡文瑞透露,"太极计划"的设想是在 2030 年前后发射 3 颗卫星组成的引力波探测星组,用激光干涉方法进行中低频波段引力波的直接探测,目标是观测双黑洞并合和极大质量比天体并合时产生的引力波辐射,以及其他的宇宙引力波辐射过程。除此之外,中山大学罗俊院士也宣称将实施四阶段的探测引力波的"天琴计划"。第一阶段完成月球/卫星激光测距系统、大型激光陀螺仪等天琴计划地面辅助设施;第二阶段完成无拖曳控制、星载激光干涉仪等关键技术验证,以及空间等效原理实验检验;第三阶段完成高精度惯性传感、星间激光测距等关键技术验证,以及全球重力场测量;第四阶段完成所有空间引力波探测所需的关键技术,发射三颗地球高轨卫星进行引力波探测。

2014 年 5 月,我国还提出了地面探测计划。中国科学院高能物理所研究员张新民带领的团队提出在西藏阿里开展宇宙微波背景辐射 CMB 实验研究。他说,原初引力波太微弱,所以要选干扰尽可能少的区域,大气越稀薄、水汽含量越少,才越有希望看清原初引力波留下的痕迹。其探测原理不同于 LIGO,是测量宇宙微波背景辐射(CMB)的偏振(或极化)实验。其详情在此我们就不详细介绍了。

必须说明引力波源大体可分为两种,即天体物理起源和宇宙学起源。对应不同的波源,相应的探测方式也不一样。

天体物理起源的引力波包括以下三类情况。①中子星、恒星级黑洞等致密天体(几十个太阳质量)组成的致密双星系统的合并过程。这类引力波的频率处于 10 赫兹至 1 000 赫兹量级的高频段,相应的探测手段是地面激光干涉仪。此类实验最具代表性的就是 LIGO。②大质量黑洞并合过程的后期、银河系内的白矮双星系统。这类引力波的频率为 10^{-5} 赫兹至 1 赫兹,可通过空间卫星阵列构成的干涉仪来探测,如欧洲的 eLISA 计划。③超大质量黑洞(数百万到数亿太阳质量)并合。这类引力波的频率为 10^{-9} 赫兹至 10^{-6} 赫兹,探测手段是脉冲星计时,即利用地面上的大型射电望远镜,监视校准后的若干毫秒

物理发现
启思录

34

脉冲星。如果其附近有大质量黑洞并合时发出的引力波,这些毫秒脉冲星的脉冲频率会有变化。国际上20世纪70年代就开始这方面的研究,90年代已获得诺贝尔奖,我国在这方面有计划运行 FAST 实验。综上所述,天体物理过程产生的是高频引力波,相应的探测装置覆盖的频率范围在 10^{-9} 赫兹以上。

宇宙学起源的引力波我们称为原初引力波,就是在宇宙的早期剧烈的量子涨落会产生充满整个宇宙空间的引力波,其主要物理特征量为功率谱和能量谱。我们提到过测量宇宙微波背景辐射(CMB)的偏振是有的科学家认为的最好探索方式。迄今为止已经建造和正在规划中的地面 CMB 望远镜,集中在发展相对成熟的智利天文台和美国南极极点科考站两个台址、通过欧洲空间局造价数亿欧元的 Planck 卫星。我们在上面提到过,2014年3月,美国哈佛大学领导的 BICEP2 合作组宣布探测到原初引力波,就是测量 CMB 的 B 模式偏振信号。后来发现 BICEP2 的结果实际上并不可靠,非但没有削弱寻找原初引力波的激烈竞争,反而激发了 CMB 观测研究的新高潮。进一步提高探测器的灵敏度,实现全天覆盖提高信噪比,寻找"最干净"的天区降低银河系辐射干扰,迫在眉睫。

在引力波的探测中,中低频波段($10^{-4} \sim 1.0$ 赫兹)引力波,一直是各国探测的焦点。中频波段方面,其引力波源主要是中等质量的致密双星(黑洞、中子星、白矮星),以及宇宙大爆炸早期(10^{-34} 秒以后)产生的引力波——直言之,这一波段的探测最有可能发现宇宙起源奥秘。

引力波的探测是典型的现代物理研究的大科学工程,其中洋溢着科学精神和特点,有许多值得我们玩味、值得我们深思的地方,给予科学工作者以许多启示。

1. 坚韧不拔的科学探索精神和大无畏的敢为天下先的科学勇气

引力波的测量是典型的大科学型基础研究,美国国家自然科学基金会1992年启动 LIGO 项目是该基金会有史以来最大的一笔投资。该项目技术难度极大,以致爱因斯坦多次发出引力波大概是难以测量到的感叹。风险性极大,质疑和批评极多。但是美国国家自然科学基金会毅然决然批准了该项目的实施。美国人敢于承担风险,不怕失败,敢于创新,敢于为天下先的科学精神,是值得我们学习的。

2. 高瞻远瞩的基础研究与最新的高新技术的完美结合

当然,项目的决策决不能仅靠勇气和胆大。在 LIGO 项目的实施中,美国国家自然科学基金会之所以敢于拍板定案,原因还在于该项目的启动采用了最新的高新技术,激光干涉技术和超长的干涉仪臂长(4公里),大大地提高了测量的精度,至少提高了4到5个数量级。换言之,这些新技术的采用为项目的成功实现提供了可行性。实际上,在广义相对论的实验验证中,多种最新的高新技术如卫星技术、物质波干涉技术、最精密的原子钟技术等才使得实验验证工作顺利进行。

3. 科学家既需要理性的科学精神,同时也应具有浪漫的幻想情怀

在引力波的发现中充分体现了科学的理性精神,冷静、理智和谨慎。由于这种万无一失的科学精神,避免了两次乌龙事件;由于这种理性精神,才在相距3 000公里的两个地方安装了两台干涉仪,以避免误测;为了提高结果的可靠性,在发现了引力波信号后,又经过近5个月的反复分析排查确定正确无误之后才向世界公布结果。

但是,从引力波的发现我们清楚地看到科学家并非只是具备理性的逻辑预测和分析能力,往往还需具备浪漫的幻想情怀。我们应该记住恩格斯的一句名言,没有幻想甚至微

积分也不能发明。此次 LIGO 项目的主要发起人基普·索恩（Kip Stephen Thorne）不仅是著名的美国理论物理学家，而且也是国际知名的科普专家。他曾指导热门科幻电影《星际穿越》与《超时空接触》，其科普著作《黑洞与时间弯曲——爱因斯坦的幽灵》名满天下。索恩和科学怪杰英国物理学家斯蒂芬·霍金（著名的科普著作《时间简史》的作者），以及美国天文学家、科普作家、科幻小说作家卡尔·萨根保持了长期的好友和同事关系。

图 1.24　基普·索恩指导的科幻电影《星际穿越》的中文广告　　图 1.25　基普·索恩的科普著作《黑洞与时间弯曲——爱因斯坦的幽灵》中文译本

4. 综合性、多学科、坚实的高新技术基础

LIGO 项目具有现代大科学工程所有的显著特点。首先是综合性和多学科，其实施的过程中采用了多种高新技术如激光干涉、精密测量技术、高精度的传感技术、大数据的软件制作和分析技术等，其项目的发起人不仅有理论物理学家而且还有迈克尔逊干涉仪的实验专家。引力波的发现之所以迟在 21 世纪 20 年代，并非偶然。因为 20 世纪后半叶高新技术的飞跃发展，尤其是高精度的测量技术和传感技术的飞跃发展为引力波的发现奠定了坚实的高新技术基础。

阅读材料 1-1

关于 LIGO 项目立项过程

索恩等三人 1985 年向美国国家自然科学基金会（NSF）递交了 LIGO 计划的建议，要求建造一对干涉仪。他们认为这些探测器能够探测激光光路上 10～19 米的扰动。建造这个装置需要数以百万计美元。然而，从一开始，研究者完全不能确定他们是否能探测到什么东西。笼罩着 LIGO 的科学不确定性曾经是并且现在仍然是双重的。一方面，理论家不能预言他们希望 LIGO 能探测到的引力波的波长和频率，这引起了对于探测器最佳设计的争议。并且没有人知道引力波到达地球的概率是多少。例如，假如黑洞碰撞的情况很罕见，或许几个世纪才能检测到一个这样的事件。

还存在着技术上的问题。韦伯在 20 世纪 70 年代利用共振铝棒测量引力波,便遇到了经常震动他们实验室的微震的影响。震动造成了一个重大的问题,它们的频率——在 0 到 100 Hz 之间——与理论所预计的引力波出现最丰富的频带接近。

为了避免这些困难,NSF 建议,即使最初的设计不能发现引力波,那么计划应该具有升级的潜力。Weiss 说:"我们被 NSF 多次告知:不要建成一锤子买卖的项目。"这个项目计划在不同地点建造两套能足够容纳高功率激光、抗震光学系统和数套干涉仪的实验室。同时使用两个探测器能够对于可能的发现做双重检验。第一个干涉仪将使用通用器材建造。它们主要的功能将是检验实验所必需的精密电子和计算机系统。研究小组随后将安装更加精密的第二代干涉仪。

1989 年,NSF 正式资助这个项目。Frederick Bernthal 说:"LIGO 值得欣慰之处在于,你不会总是遇到花大钱的项目。"Bernthal 在 LIGO 计划编制的后期任 NSF 的副主任。他说:"即使你从没见过引力波,建造 LIGO 所需的最先进技术也会给人留下非常深刻的印象。"

LIGO 小组现在要让国会相信,这个项目值得投资。加州理工学院的物理学家 Robbie Vogt 曾经是 LIGO 的主任,他进行了长达一年游说活动。他的一次演讲引起了 Bob Livingston 和 Bennett Johnson 的注意。他们当时分别是路易斯安那州的众议员和参议员。他们被这个计划打动,并且希望借助于最新的科学以及相关的工作来繁荣他们州的经济。NSF 帮助选择了路易斯安那州 Livingston 这一比较合适的地点。那时,没有人想到树木倒下造成的影响。汉福德的探测器不必另外选址,政府拥有曾经用于制造核武器的空场地。

尽管得到了 NSF 的批准,一些科学家仍然担心计划的花费。许多人曾经,并且现在仍然不愿意公开批评这个由名牌大学和政府资助的项目。但是有些人当时道出了他们的担忧。"作为一个物理学家我对于这个实验非常着迷。并且希望看到它有足够的资金,"1991 年 3 月,Tyson 对众议院科学委员会说,"但是不能忽视数百名独立调查者的意见。"作为他证词的一部分,Tyson 提交了一份 60 多个物理学家和天文学家的评论意见,所有人都表达了对于这个项目的怀疑。但是 LIGO 项目已经启动,并且有路易斯安那州政治家的支持。国会于 1991 年秋批准了这个项目。

随着 LIGO 项目正式立项,研究者在过去的 10 年中设计和建造了两座观测站。它们都已经为寻找引力波做好了准备。但是最初的数据不会引人注目——立即探测到引力波的可能性仍然很小。

Barry Barish 是加州理工学院的高能物理学家、LIGO 的现任主任。他说,不管你期望 LIGO 发现什么,它都依赖于你选择的引力波产生模型。"并且现在有很多理论。"他补充说。自从 LIGO 计划首次被提出以来,对于可探测事件的频率和强度的估计不断下降。"他们最初对于可能的(引力波)源的数量估计过分乐观了。"新泽西普林斯顿大学的理论天体物理学家 Jerry Ostriker 说。Ostriker 长期以来是 LIGO 的批评者,他认为根据今天(对于引力波)的估计,即使是未来的庞大的探测器找到任何引力波的可能性都很小。

阅读材料 1-2

迈克尔逊干涉仪和激光干涉仪

（一）迈克尔逊干涉仪

迈克尔逊干涉仪（Michelson interferometer）是光学干涉仪中最常见的一种，其发明者是美国物理学家阿尔伯特·亚伯拉罕·迈克尔逊。迈克尔逊干涉仪的原理是一束入射光分为两束后各自被对应的平面镜反射回来，这两束光从而能够发生干涉。干涉中两束光的不同光程可以通过调节干涉臂长度以及改变介质的折射率来实现，从而能够形成不同的干涉图样。干涉条纹是等光程差点的轨迹，因此，要分析某种干涉产生的图样，必须求出相干光的光程差位置分布的函数。

若干涉条纹发生移动，一定是场点对应的光程差发生了变化，引起光程差变化的原因，可能是光线长度 L 发生变化，或是光路中某段介质的折射率 n 发生了变化，或是薄膜的厚度 e 发生了变化。

G_2 是一面镀上半透半反膜，G_1 为补偿板，M_1、M_2 为平面反射镜，M_1 是固定的，M_2 和精密丝相连，使其可以向前后移动，最小读数为 $4\sim10$ mm，可估计到 $5\sim10$ mm，M_1 和 M_2 后各有几个小螺丝可调节其方位。当 M_2 和 M_1' 严格平行时，M_2 会移动，表现为等倾干涉的圆环形条纹不断从中心"吐出"或向中心"吞进"。两平面镜之间的"空气间隙"距离增大时，中心就会"吐出"一个个条纹；反之则"吞进"。M_2 和 M_1' 不严格平行时，则表现为等厚干涉条纹，在 M_2 移动时，条纹不断移过视场中某一标记位置，M_2 平移距离 d 与条纹移动数 N 的关系满足：$d=N\lambda/2$，λ 为入射光波长。

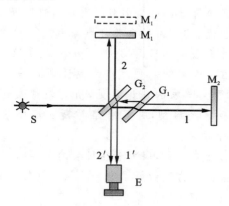

图 1.26　迈克尔逊干涉仪示意图

经 M_2 反射的光三次穿过 G_2 分光板，而经 M_1 反射的光通过 G_2 分光板只一次。G_1 补偿板的设置是为了消除这种不对称。在使用单色光源时，可以利用空气光程来补偿，不一定要补偿板；但在复色光源时，由于玻璃和空气的色散不同，补偿板则是不可或缺的。如果要观察白光的干涉条纹，臂基本上完全对称，也就是两相干光的光程差要非常小，这时候可以看到彩色条纹；假若 M_1 或 M_2 有略微的倾斜，就可以得到等厚的交线处（$d=0$）的干涉条纹为中心对称的彩色直条纹，中央条纹由于半波损失为暗条纹。

迈克尔逊和爱德华·威廉姆斯·莫雷使用这种干涉仪于1887年进行了著名的迈克尔逊-莫雷实验，并证实了以太的不存在，从而奠定了狭义相对论的重要实验基础。

（二）激光干涉仪

如果干涉仪使用激光光源，则称为激光干涉仪（laser interferometer）。

激光具有高强度、高度方向性、空间同调性、窄带宽和高度单色性等优点。目前常用来测量长度的干涉仪，主要是以迈克尔逊干涉仪为主，并以稳频氦氖激光为光源，构成一个具有干涉作用的测量系统。激光干涉仪可配合各种折射镜、反射镜等来做线性位置、速度、角度、真平度、真直度、平行度和垂直度等测量工作，并可作为精密工具机或测量仪器的校正工作。

激光干涉仪有单频的和双频的两种。

1）单频激光干涉仪

从激光器发出的光束，经扩束准直后由分光镜分为两路，并分别从固定反射镜和可动反射镜反射回来会合在分光镜上而产生干涉条纹。当可动反射镜移动时，干涉条纹的光强变化由接受器中的光电转换元件和电子线路等转换为电脉冲信号，经整形、放大后输入可逆计数器计算出总脉冲数，再由电子计算机按计算式[356-11]（式中λ为激光波长，N为电脉冲总数）算出可动反射镜的位移量L。使用单频激光干涉仪时，要求周围大气处于稳定状态，各种空气湍流都会引起直流电平变化而影响测量结果。

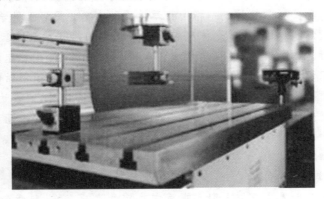

图1.27　激光干涉仪

2）双频激光干涉仪

在氦氖激光器上，加上一个约0.03特斯拉的轴向磁场。由于塞曼分裂效应和频率牵引效应，激光器产生1和2两个不同频率的左旋和右旋圆偏振光。经1/4波片后成为两个互相垂直的线偏振光，再经分光镜分为两路。一路经偏振片1后成为含有频率为f_1-f_2的参考光束。另一路经偏振分光镜后又分为两路：一路成为仅含有f_1的光束，另一路成为仅含有f_2的光束。当可动反射镜移动时，含有f_2的光束经可动反射镜反射后成为含有$f_2\pm\Delta f$的光束，Δf是可动反射镜移动时因多普勒效应产生的附加频率，正负号表示移动方向（多普勒效应是奥地利人 C.J. 多普勒提出的，即波的频率在波源或接受器运动时会产生变化）。这路光束和由固定反射镜反射回来仅含有 f_1 的光的光束经偏振片 2 后会合成为 $f_1-(f_2\pm\Delta f)$ 的测量光束。测量光束和上述参考光束经各自的光电转换元件、放大器、整形器后进入减法器相减，输出成为仅含有 $\pm\Delta f$ 的电脉冲信号。经可逆计数器计数后，由电子计算机进行当量换算（乘 1/2 激光波长）后即可得出可动反射镜的位移量。双频激光干涉仪是应用频率变化来测量位移的，这种位移信息载于 f_1 和 f_2 的频差上，对由光强变化引起的直流电平变化不敏感，所以抗干扰能力强。它常用于检定测长机、三坐标测量机、光刻机和加工中心等的坐标精度，也可用作测长机、高精度三坐标测量机等的测量系统。利用相应附件，还可进行高精度直线度测量、平面度测量和小角度测量。

阅读材料 1-3

关于科学精神的若干论述

（一）科学精神的特征

科学精神是科学的精髓，是判别科学与非科学的准绳，是科学知识的真理性、科学方法的有效性的根本保障。科学精神是人类在认识和改造世界的活动中逐渐形成和不断发展的一种自觉崇尚科学的精神状态。科学精神对于人们树立正确的世界观和方法论，具有决定性意义。

科学精神是人们在长期的科学实践活动中形成的共同信念、价值标准和行为规范的总称。科学精神就是指由科学性质所决定并贯穿于科学活动之中的基本的精神状态和思维方式，是体现在科学知识中的思想或理念。它一方面约束科学家的行为，是科学家在科学领域内取得成功的保证；另一方面，又逐渐地渗入大众的意识深层。是有坚持力、不怕困难、不辞辛劳、勇于创新的精神。

科学精神的特征：科学精神作为人类文明的崇高精神，它表达的是一种敢于坚持科学思想的勇气和不断探求真理的意识，它具有丰富的内涵和多方面特征。具体表现为求实精神、实证精神、探索精神、理性精神、创新精神、怀疑精神、独立精神和宽容精神。

1）求实精神

科学认为世界是不依人们主观意志决定的客观存在，科学活动要求人们从事各种物质创造活动时应该遵循实事求是的态度，要求正确认识客观世界的运动，因此，客观唯实、追求真理是科学精神的首要要求。科学精神，就是彻底的唯物主义精神，也即实事求是精神。"解放思想，客观唯实，追求真理"是科学精神的实质。科学认为世界的发展、变化是无穷尽的，因此，认识的任务也是无穷尽的。不断求知是科学精神的要求。科学要追求真理，不盲从潮流，不迷信权威，不把偶然性当必然性，不把局部看作全体。

2）实证精神

实证精神要求一切科学认识必须建立在充分可靠的经验基础上，以可检验的科学事实为出发点，运用公认为正确的研究方法完成科学理论的构建。实证精神是一种客观的态度,在思考和研究中尽力地排除主观因素的影响,尽可能精确地揭示出事物的本来面目。同时,这种客观性又必须满足普遍性的要求,即客观知识必须是能够重复检验的公共知识,而不是个体的体验。实证精神,就是尊重事实、诚实正直,并进行符合逻辑的思维,是科学的重要品质。

3)探索精神

探索精神是由作为科学研究对象的客观世界的无限性和复杂性所决定的。研究对象永无止境,科学永无止境,科学探索永无止境,思想解放亦永无止境。科学的最基本态度之一就是探索,科学的最基本精神之一就是批判。

科学研究不仅是一种智慧的劳作,也是一种精神的探险,单靠聪明的大脑是不够的,还需要坚韧精神,不怕失败、不怕困难、敢于向困难挑战的精神。科学精神是顽强执着、锲而不舍的探索精神,古往今来,任何一项科学发现和发明,都不是凭空出现的,都经历过实践、认识、再实践、再认识这样一个完整过程;都不是一帆风顺的,都经历过不断探索真理、不断追求真理、不断坚持真理这样一个艰难过程。马克思曾指出:"在科学的入口处,正像在地狱的入口处一样,必须提出这样的要求:这里必须根绝一切犹豫;这里任何怯懦都无济于事。"科学家正是凭着锲而不舍、不畏艰难险阻的精神,以非凡的勇气和毅力,孜孜不倦地探索着科学的奥秘,在科学的各个领域作出了杰出的贡献。

4)理性精神

理性精神是对理智的崇尚,是科学认识主体通过概念、判断、推理、分析、综合、归纳、演绎等逻辑性的思维活动所体现出来的。理性精神把自然界视为人的认识和改造的对象,它坚信客观世界是可以认识的,人可以凭借智慧和知识把握自然对象,甚至控制自然过程。要求人们尊重客观规律,探索客观规律,并把对客观规律的科学认识作为人们行动的指南。科学认识的过程和对象十分复杂,单凭直观、感觉是不能把握事物的本质和发展规律的。人们必须仰仗理性思维才能超越此岸世界并最终达到彼岸世界。提倡科学的理性,就要反对盲从和迷信。崇尚理性思考,绝非简单拒绝或否认人们的非理性的精神世界。人们具有丰富的精神世界,不仅追求理性和真理,而且追求情感、信仰,追求美和善、意义和价值。但是,如果失却了健全理性的导引或调节,人们就容易迷失方向,就会陷入迷茫,就会产生思想和行动的盲目性、自发性。

5)创新精神

如果说求实精神深刻反映了人们对客观规律的探索与尊重,那么创新精神则充分体现了人类特有的主观能动性。从实际出发,尊重客观规律,并不是要人们墨守成规。科学精神倡导创新思维和开拓精神,鼓励人们在尊重事实和规律的前提下,敢于"标新立异"。科学精神的本质要求是开拓创新。科学领域之所以不断有新发明、新发现、新创意、新开拓,之所以充满着生机和活力,就在于不断更新观念,大胆改革创新。因此,科学的生命在于发展、创新和革命,在于不断深化对自然界和人类社会规律的理解。科学的突破和创新往往受到旧思想的强烈反对,所以创新也包含着勇敢无畏精神。在科学研究中要敢于根据事实提出与以往不同的见解,科学史上重大的发现无不是一种创造思维的结果,比如,

"场"的概念的建立、"黑洞"的发现等。实践证明，思维的转变、思想的解放、观念的更新，往往会打开一条新的通道，进入一个全新的境界。一部科学史，就是一部在实践和认识上不断开拓创新的历史。

6）怀疑精神

怀疑精神是由求实精神引申而来，它要求人们凡事都要问一个"为什么"，追问它"究竟有什么根据"，而决不轻易相信一切结论，不迷信权威。合理怀疑是科学理性的天性，著名的科学方法论学者波普尔说：正是怀疑、问题激发我们去学习，去发展知识，去实践，去观察。在这个意义上可以说，科学的历史就是通过怀疑，提出问题并解答问题的历史。在科学理性面前，不存在终极真理，不存在认识上的独断和绝对"权威"。怀疑精神是破除轻信和迷信，冲破旧传统观念束缚的一把利剑。缺乏怀疑精神，容易导致盲目轻信。怀疑精神是批判精神的前导，批判精神是怀疑精神的延伸。没有合理的怀疑，就没有科学的批判；而没有科学的批判，就没有科学的建树。新思想是在对旧思想的否定中诞生的，真理是在同谬误的斗争中发展的。当然，科学的批判精神并不是形而上学的绝对否定，而是辩证的扬弃。科学精神体现了科学性与革命性、建设性与批判性的统一。

7）独立精神

独立精神是对从事科学活动的主体必备的基本要求。科学产生和发展在一定的社会环境中，所以要受到社会舆论、社会道德、社会政治等因素的影响。而科学研究作为一种理性活动，以追求真理为目标，只能实事求是，不能屈服于任何外界的压力，所以，对于科学家而言，必须具备独立精神；对于社会而言，则必须具备民主精神。民主是科学发育不可缺少的社会环境，民主是科学发展的必要条件；随声附和，或为了迎合某种需要而随意编织自己的见解是与科学精神决不相容的。

8）宽容精神

《大英百科全书》中宽容的定义：容许别人有行动和判断的自由，对不同于自己或传统的见解，具有耐心公正的容忍。科学中的宽容是一种积极的价值，其精神实质在于：承认给他人的观点以权利还是不够的，还必须认为他人的观点是有趣的和值得尊重的，即使我们认为它是错误的。科学的宽容精神突出表现在科学研究是一种自由的创造活动。真正的科学不承认任何教条、不执着于任何独断、不迷信任何权威、不崇拜任何偶像、不设定任何禁区，而要在所有领域中进行无止境的、无所畏惧的探索。爱因斯坦指出：科学本质上是一种自由创造，任何给科学设定框框的行为，都是不宽容的表现。著名的科学哲学家费耶阿本德从科学活动的分析中同样深刻地感受到科学的宽容精神：对一切给科学加以限制的企图都予以否定；主张科学研究是怎么都行。宽容精神蕴涵着平等精神并派生出怀疑意识和批判理性。

然而，我们认为，科学精神的核心特征在于求实、创新、怀疑、宽容等几个方面。其中最主要的是求实与创新。不求实就不是科学，不创新就不会发展。怀疑精神和宽容精神是派生出来的，而且两者不可偏废。单纯怀疑和单纯宽容都是不可取的，容易引向偏门。

（二）科学精神的三个层次

从结构来看科学精神具有以下三个层次。

1）认识论层次

主要表现为科学认识的逻辑一致性和实践的可检验性等规范，它们直接体现了科学的本质特征，构成了全部科学精神的基础。

2）社会关系层次

美国著名科学社会学家默顿揭示的四条规范——普遍性、公有性、无私利性和有条理的怀疑论就是这一层次上科学精神的基本内容。

3）价值观层次

科学通过求真可以达到求美、求善，科学把追求真善美的统一作为自己的最高价值准则，这是科学精神的最高层次。

（三）科学与伪科学的区别

科学可以通过严格的科学方式进行检验，在其有效范围内没有发现反例且具有可重复性。伪科学虽然宣称有科学依据，但其例证都不能通过科学实验的验证，甚至阻挠严格的科学验证。

伪科学经不住科学常识（及科学方法）的检验，可以通过下述特征进行辨别：

（1）没有实验证据就进行断言；

（2）在存在矛盾实例的情形下进行断言；

（3）不能进行重复性实验；

（4）断言不合逻辑；

（5）在存在多种可能解释的情况下仅取其一。

（四）关于科学精神的若干名言

（1）如果我们过于爽快地承认失败就可能使自己发觉不了我们非常接近于正确。——卡尔波普尔（奥地利）

（2）"难"也是如此，面对悬崖峭壁100年也看不出一条缝来，但用斧凿能进一寸得进一寸，能进一尺得进一尺，不断积累飞跃必来突破随之。——华罗庚（中国）

（3）我真想发明一种具有那么可怕的大规模破坏力的特质或机器，以至于战争将会因此而永远变为不可能的事情。——诺贝尔（瑞典）

（4）只有顺从自然才能驾驭自然。——培根（英国）

（5）真理的大海让未发现的一切事物躺卧在我的眼前任我去探寻。——牛顿（英国）

（6）谬误的好处是一时的，真理的好处是永久的，真理有弊病时这些弊病是很快就会消灭的，而谬误的弊病则与谬误始终相随。——狄德罗（法国）

（7）凡在小事上对真理持轻率态度的人在大事上也是不足信的。——爱因斯坦（美国）

（8）人的天职在勇于探索真理。——哥白尼（波兰）

（9）我不知道世上的人对我怎样评价。我却这样认为，我好像是在海上玩耍发现了一个光滑的石子儿时而发现一个美丽的贝壳并为之高兴的孩子。尽管

如此那真理的海洋还是神秘地展现在我们面前。——牛顿（英国）

（10）科学的灵感绝不是坐等可以等来的。如果说科学领域的发现有什么偶然的机遇的话，那么这种"偶然的机遇"只能给那些有准备的人，给那些善于独立思考的人，给那些具有锲而不舍的精神的人，而不会给懒汉。——华罗庚（中国）

（11）一个科学家应该考虑到后世的评论不必考虑当时的辱骂或称赞。——巴斯德（法国）

（12）我们在享受着他人的发明给我们带来的巨大益处，我们也必须乐于用自己的发明去为他人服务。——富兰克林（美国）

（13）我的人生哲学是工作，我要揭示大自然的奥妙为人类造福。——爱迪生（美国）

（14）我平生从来没有做出过一次偶然的发明。我的一切发明都是经过深思熟虑和严格试验的结果。——爱迪生（美国）

（15）发展独立思考和独立判断的一般能力应当始终放在首位而不应当把获得专业知识放在首位。如果一个人掌握了他的学科的基础理论并且学会了独立地思考和工作，他必定会找到他自己的道路，而且比起那种主要以获得细节知识为其培训内容的人来，他一定会更好地适应进步和变化。——爱因斯坦（美国）

（16）一切推理都必须从观察与实验得来。——伽利略（意大利）

（17）科学精神是推动社会进步的强大力量。——周海中（中国）

（18）真正的科学精神，是要从正确的批评和自我批评发展出来的。真正的科学成果，是要经得起事实考验的。——李四光（中国）

（19）要学会做科学中的粗活。要研究事实，对比事实，积聚事实。——巴甫洛夫（俄国）

（20）我的那些最重要的发现是受到失败的启示而作出的。——戴维（英国）

（21）感谢上帝没有把我造成一个灵巧的工匠。我的那些最重要的发现是受到失败的启发而获得的。——戴维（英国）

阅读材料 1-4

第二次发现引力波

2016 年 6 月 16 日凌晨 1:15，在美国圣迭戈参加再次召开的第 228 届美国天文学会的 LIGO 科学合作组（LSC）和 Virgo 合作组的科学家举行新闻发布会，报告他们再次探测到引力波信号的消息。这是 14 亿年前两个遥远的黑洞相互合并过程所产生的时空扰动，该事件的涟漪穿越宇宙，被地球上的人们探测到。此番再次探测到引力波信号证明引力波信号的探测并非罕见事件，有理由预期未来还将有更多探测案例的出现，从而真正开启一个崭新的引力波天文学时代。

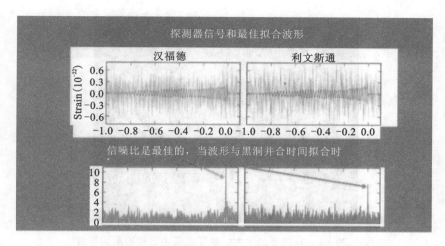

图 1.28　当日凌晨发布会现场发布的此次引力波事件的信号图

再次探测到的引力波信号编号为 GW151226，它是在 2015 年 12 月 26 日国际标准时 03:38:53 探测到的。信号显示，两个质量分别为大约 14 倍和 8 倍太阳质量的黑洞在合并之后形成了一个质量约为 21 倍太阳质量的黑洞，显示有大约 1 倍太阳质量的物质被以引力波的形式释放出去，项目研究人员称这次的信号是"来自爱因斯坦的圣诞礼物"。

在发布会一开始就由美国路易斯安那州的州立大学的 LIGO 科学合作组发言人加布艾拉·冈萨雷斯女士（Gabriela González）开门见山地宣布了再次探测到引力波的消息。这是他们自从今年 2 月份宣布首次探测到引力波信号以来再次宣布探测到引力波信号。

这张示意图（图 1.29）展示的是黑洞合并过程产生的时空涟漪——引力波，其正从合并发生区域向周围空间传播。此次 LIGO 探测到的黑洞合并事件牵涉到两个质量分别为 14 倍和 8 倍太阳质量的黑洞，它们合并之后形成了一个质量为 21 倍太阳质量的新黑洞。

图 1.29　LIGO 探测到两个正在合并过程中的黑洞的示意图

LIGO 的 X-射线研究大大扩展了已知质量的黑洞数量，如图 1.30 所示。LIGO 探测器已经确凿无疑地探测到了两次引力波事件，均对应两次独立的黑洞合并事件。在每一次事件中，LIGO 都精确测定了参与事件黑洞各自的质量

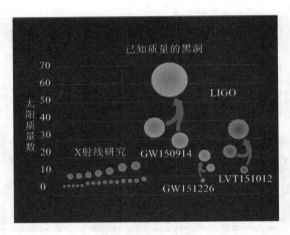

图 1.30 LIGO 的研究大大扩展了质量为已知的黑洞数量

以及合并后黑洞的质量。图 1.31 中的虚线标出的是 LIGO 探测到的一次疑似事件,其由于信号太过微弱而未能得到确认。

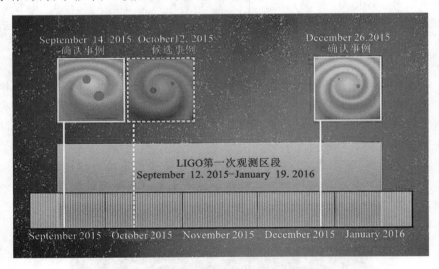

图 1.31 LIGO 观察到的三次引力波事件

LIGO 科学合作组发言人加布艾拉·冈萨雷斯女士表示:"我们的计划并非仅仅是探测到首次引力波信号,也并非想要去证明爱因斯坦是正确的还是错误的,我们想要做的是创建一个天文台。"她说:"此时此刻,我们才可以说,LIGO 的目标已经真正达成了。"

实际上,LIGO 测量到三次引力波事件,如图 1.31 所示,其中有两次确认探测结果以及一次疑似结果,后者由于信号太过微弱而未能得到确认。这三次事件编号和具体日期为:GW150914(Sept. 14. 2015)、LVT151012(Oct. 12. 2015),以及 GW151226(Dec. 26. 2015)。所有三次事件都是在为期 4 个月的"先进 LIGO"设施首次试运行阶段探测到的。引力波探测将让我们得以窥探宇宙的黑暗一面。引力波天文学将成为 21 世纪的天文学。

此次新发现的引力波信号源自大约 14 亿年前的一次黑洞合并事件,两个参与合并事件的黑洞质量大约分别为 14 倍和 8 倍太阳质量,它们不断相互绕转并最终合并。信号显示这两个黑洞合并之后形成了一个质量约为 21 倍太阳质量的新黑洞,这就意味着在一瞬间有大约和一个太阳质量相当的能量被转化为引力波的形式释放了出去。

　　图 1.32 为南半球天球示意图,其中左边标出的位置是 LIGO 探测器在 2015 年 12 月 26 日探测到的引力波信号在天空中的大致来源方位,右边标出的位置是 LIGO 探测器在 2015 年 9 月 14 日探测到的引力波信号在天空中的大致来源方位。

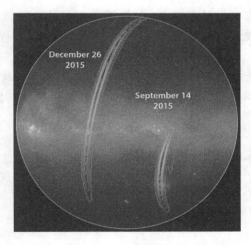

图 1.32　两次引力波事件来源的大体方位

　　与 LIGO 的第一次探测相比(当时探测到的信号来自两个大约 30 倍太阳质量的黑洞),此次探测到的信号频率更高并且持续的时间也更长。在首次引力波探测信号中,科学家们只观测到两个黑洞碰撞合并之前的最后一圈或是两圈绕转过程,而此次科学家们一共追踪到两个黑洞合并之前的最后 27 圈相互绕转。

　　此次,研究组同样有机会对参与合并黑洞的自旋情况进行观测,结果显示至少那个质量较大的成员黑洞存在自旋,属于新发现。如果仅从首次引力波探测信号来看,参与合并的两个黑洞似乎是不存在自旋的。

　　随着 LIGO 发现越来越多的引力波事件案例,科学家们也将拥有更多样本,用于对爱因斯坦的广义相对论中所包含的相关预言进行更加精确的检验。尽管绝大多数科学家相信广义相对论肯定将能够顺利通过任何检测——毕竟此前已经有那么多的检验都证明了它的正确性,但是科学家们还是非常希望能够发现与理论预言的任何偏离,因为这可能就意味着发现更深层次科学原理的机会,这或许将能够帮助科学家们最终实现引力与量子力学之间的统一。

　　科学家希望 LIGO 已经取得的这两次发现将只不过是一个长期和高产科学实验设施的"小试身手"。正如项目组成员玛卡所说的那样:"为这个项目,科学家们已经奋斗了三代人,未来还将至少有三代科学家继续开展这项工作。我们正身处在这中间位置,真是美妙极了!"

最后要提一句,除了意大利和法国的 VIRGO,日本的 KAGRA,还有计划在印度修建的第三个 LIGO 探测器外,中国也提出了空间太极计划、探测中低频波段引力波和中山大学发起的天琴计划探测引力波,越来越多的国家和科学家正在共同参与到引力波的研究中来。

（1）探测引力波具有极大的风险性,但根据广义相对论的预言,引力波是应该存在的,换言之,发现引力波是具有可能性的。LIGO 计划的立项是如何恰当地评估了项目的可行性与风险性?

（2）引力波的发现是基于激光干涉测量微小形变技术的飞跃发展才成为可能性的。请就你所知道的物理知识,谈谈 LIGO 计划采取了哪些技术措施提高了测量引力波的可行性。

（3）引力波的探测给予我们哪些启示?

（4）引力波的发现体现了哪些科学精神?

（5）LIGO 计划属于典型的大科学工程,从中你可以概括现代大科学工程有哪些特点?

第二章　近代物理学的建立与宇宙学萌芽

本章、第三章和第四章,将比较系统地阐述天体物理和粒子宇宙学(现代宇宙学)中的物理发现和突破的典型事例,并从中提取有益的人文启示和崇高的科学精神。本章将勾勒近代物理学建立和宇宙学发轫的概貌,使得读者明了:什么是科学、什么是臆测;什么是推测和假设、什么是经过实验证实的科学理论;科学、神学与伪科学的根本分野,进一步从具体的、生动的科学史案例中,领悟到科学精神是如何锻造成的。本章还介绍了天体物理的一些基本概念,以便读者阅读其后各章。

本章导读

第一节　宇宙创生的传说

宇宙的创生、地球的演化、生命的起源和物质的基元这四个基本问题,随着人类文明的诞生,就一直是人类关注的永恒主题。现在人们知道,其中宇宙的创生和物质的基元这两个问题是紧密地联系在一起的。在过去的 100 年中,一门严谨、具有实验支持的新科学——粒子宇宙学的大厦已经巍然屹立,充满魅力。在第一章我们已经接触到许多现代宇宙学的有趣内容,但是现代宇宙学是建立在严密的理论逻辑系统基础上,并且具有坚实的实验基础。换言之,它是一门严谨的科学。现在宇宙学的发展经历了三个阶段:人类关于宇宙学的史前种种传说和神话;牛顿力学建立后人类理性探索宇宙的发端;广义相对论提出以后现代宇宙学发轫,尤其是 20 世纪 50 年代大爆炸学说提出以后,随着天文观测资料日益丰富可靠,以暴胀宇宙论为核心的现代宇宙学大厦迅速构建起来。本节简要介绍宇宙创生的种种传说和人类理性探索宇宙起源的早期阶段。

对于宇宙起源的探索始于人类文明的黎明。面对浩茫无际的苍穹,关于宇宙的创世和演化,我们的先民百思不得其解,于是许多神话和传说应运而生,并流传至今。这些神话和传说实际上就是史前时代的宇宙学。其中天才的臆测与神话般的幻想往往交织在一起。迷离怪诞的神话却常常透露出人类各个民族的先民探索宇宙起源永恒之谜的智慧之光。

我国古代伟大的诗人屈原在其充满浪漫主义玫瑰色彩的名著《天问》中发问道:"遂古之初,谁能道之?"意思是说,宇宙有无起源? 如果有,它又是怎样起源的? 谁能说得清楚呢?

我们的先民每当仰望星空,皎洁的月亮、闪烁的繁星,跟屈原一样,同样的问题便油然而生:"遂古之初,谁能道之?"这样的喟叹,历代文人墨客所在皆有。唐人张若虚曾问道:"江畔何人初见月? 江月何年初照人? 人生代代无穷已,江月年年只相似。"

图 2.1　江畔何人初见月? 江月何年初照人?

我们的先民,无论中国的古代贤哲,还是西方的古代学人,概莫能外,对神秘的宇宙充满了极大的兴趣,对宇宙的创生和构造,给我们留下了极其丰富的神话和传说。在阅读材料 2-1 中,我们将挂一漏万地介绍中国、古埃及、古巴比伦、古印度、古希腊等关于宇宙创生的种种传说供读者参考。

第二节　古代希腊和古代中国关于宇宙结构的探索

人类走出蒙昧时代,进入文明社会以后,便开始对宇宙结构及其创生进行理性探索。从今天来看,这些探索也许是粗浅的,幼稚的。由于古人缺乏实证研究的起码条件,因而不可避免地毛病百出。但是,我们无论如何,不可轻视这些探索,正如我们学习行走,开始时总不免跌跌撞撞,终于可以在跑道上风驰电掣。这些探索闪耀着人类智慧的光芒,鼓舞着我们勇敢地踏上科学探索宇宙的伟大征途。与神话和传说不同,这些探索是基于人类当时对于宇宙和天体粗略的、直观的观察,通过理性的逻辑思考而进行的。这些探索虽然谈不上真正的科学理论,但是已是真正科学的萌芽了。驱动相关探索的动力,不是别的,正是人类对于宇宙奥秘强烈的好奇心。从本质上来说,这种无功利的探索精神和好奇心也是现代科学发展的强大动力。

一、亚里士多德的地心说

古希腊学者对于宇宙的看法独具慧眼。古希腊的伊奥尼亚学派的代表人物泰勒斯(Thales)相信,宇宙的本源是水,大地呈球面形状,周围被与海水相连的天穹包围,天体沿着天穹移动。他的两个学生阿那克西曼德和赫拉克利特(Heraclitus)则认为,万物皆源于火。这个学派对宇宙的认识,抛弃了神的束缚,这是十分难能可贵的。而毕达哥拉斯(Pythagoras)大胆提出"数生万物",认为整个宇宙是"数"及其关系的和谐的体系,球形便是最美的几何体。由数生点,点生面,面生体,再由立体产生感觉和一切物体,产生世界的四种基本元素:水、火、土和空气。他进一步设想,"天盖"是由 27 层绕地球转动的同心"球壳"构成,并推测,"大地"是球形的,而太阳,月亮,行星,都围绕地球作均匀的圆周运动,大地处于宇宙中央。

图 2.2　毕达哥拉斯(公元前 384—前 322)

"古代最伟大的思想家"(马克思语)亚里士多德(Aristotle)认为,运行的天体是物质的实体,大地确为球形,是宇宙的中心。他还巧妙地设计了著名的 9 层水晶球天的天球模型。这 9 层天是原动力天、恒星天、土星天、木星天、火星天、太阳天、金星天、水星天和月亮天。

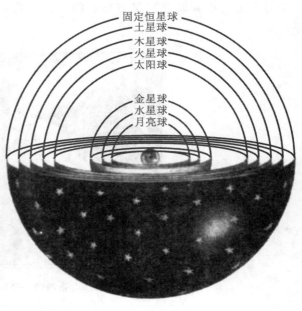

固定恒星球
土星球
木星球
火星球
太阳球

金星球
水星球
月亮球

图 2.3　亚里士多德和他的 9 层水晶球天的天球模型

二、我国的"浑天说"和"盖天说"

关于宇宙结构,我国自古以来有"浑天说"与"盖天说"两种说法。在秦汉之前,盖天说比较盛行。自古以来,人们看见苍天笼罩着大地,产生了天圆地方的盖天说,而春秋时的曾参就曾提出疑问:"天圆而地方,则是四角之不掩也。"后来盖天说又认为天不与地相接,而像圆顶凉亭那样由八根柱子支撑着。诗人屈原在诗作《天问》中曾问道"斡维焉系,天极焉加,八柱何当,东南何亏",就是这种形象的生动表述。公元前1世纪成书的《周髀算经》中提出"天象盖笠、地法复盘"的新盖天说,认为天在上,地在下,天地相盖,二者都是圆拱形,中间相距8万里,日月星辰随天盖旋转,近见远不见,形成了昼夜四季变化。

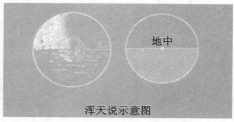

图 2.4　盖天说与浑天说示意图

所谓浑天说认为"浑天如鸡子"、"地如鸡中黄",以著名天文学家张衡为代表。浑天说认为,天球一半在地上,一半在地下。日月星辰有时看不见是因为它们随天球转到地下面去了;天球绕轴转一圈就是一昼夜,地面上的人就看见天上的星星转了一周天。这种看法成功地解释了昼夜的交替、天体的东升西落和其他许多问题。同浑天说一致的浑仪又能很准确地测定天体位置,浑象(与浑仪一起,为汉晋时期的司天仪器)能演示天象的变化,这一切对历法的推算既有用又方便。浑天说是我国天文学思想中长期占统治地位的体系。

图 2.5　张衡(78—139)

三、托勒密的宇宙结构学说

伟大的希腊学者托勒密于公元2世纪,提出了自己的宇宙结构学说,发展了亚里士多德的"地心说",在欧洲的天文学演化中长期居于统治地位。他利用当时积累的观测天象资料,撰写8卷本的著作《伟大论》。他把亚里士多德的9层天扩大为11层,把原动力天改为晶莹天,又往外添加了最高天和净火天,如图2.7所示。

图 2.6　克罗狄斯·托勒密(约公元90—168)

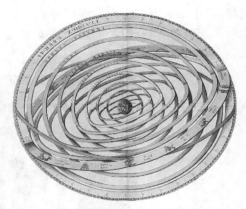

图 2.7　托勒密的11层天球的构造示意图

托勒密设想,各行星都绕着一个较小的圆周运动,而每个圆的圆心则在以地球为中心的圆周上运动。他把绕地球的那个圆叫"均轮",每个小圆叫"本轮"。同时假设地球并不恰好在均轮的中心,而偏开一定的距离,均轮是一些偏心圆;日月行星除作上述轨道运行外,还与众恒星一起,每天绕地球转动一周。托勒密的模型极其复杂,他把地球的三种运动(自转,公转和地轴的回转)都强加给每一个天体,以致设计出80多个"本轮"和"均轮"。尽管未反映宇宙的实际结构,却也可以较为完满地解释了当时观测到的行星运动情况,在航海上具有实用价值。

第三节　近代宇宙学的黎明——星云说

文艺复兴以后,随着以牛顿力学为代表的经典力学的兴起,哥白尼、第谷和开普勒等人观察天文的资料不断丰富和精密,为人类探索宇宙奥秘提供了客观的可能性。以康德和拉普拉斯为代表的"星云说"的提出,是现代宇宙学诞生的最初萌芽。

14、15世纪欧洲工商业的发展促使各国航海业蓬勃兴起。远洋航行需要丰富的天文和地理知识,从实际中积累起来的观测资料,推动了天文学的发展。

15世纪末16世纪初,杰出的波兰天文学家哥白尼,在潜心研究30余年的基础之上,勇敢地对"地心说"提出挑战。提出了著名的哥白尼"日心说"。在其煌煌巨著《天体运行论》中明确宣布,地球不是宇宙的中心,它和土星、木星、火星、金星、水星一样,是一边自转一边公转的行星,公转的中心就是太阳。在哥白尼的学说中,比较地心说而言行星的运行,能够得到更简洁、更准确的描写。必须指出,由于当时观测的限制,所谓宇宙结构都是指今天我们所熟知的太阳系。哥白尼的历史功绩在于,确认地球不是宇宙的中心,而是行星之一,从而掀起了一场天文学上根本性的革命,是人类探求(客观真理)宇宙奥秘道路上的里程碑。

　　丹麦天文学家第谷用肉眼坚持天文观测,积累了极其丰富的观测资料。其助手和接班人,德国人开普勒通过对第谷的记录做仔细的数学分析,对行星的运行规律归纳为三大定律,为牛顿的万有引力发现奠定了坚实的观测基础。他的工作证实了哥白尼的日心说大致是正确的,只是行星的运动轨道不是严格的圆形而是椭圆形的,太阳位于椭圆的焦点之一。

图 2.8　尼古拉·哥白尼(1473—1543)

　　人类进入 17 世纪,出现了一位被誉为"人类历史上最伟大的科学家,思想家之一"的牛顿,他奠定了经典力学的基础。牛顿发现万有引力定律是他在自然科学中最辉煌的成就之一。该定律把天体力学和地面上的物体力学统一起来,实现了物理学史上第一次大的综合。牛顿揭示了维系天体运动的原因,那就是万有引力支配着太阳系,使宇宙中所有的行星保持运动。实际上,我们发现万有引力也支配着宇宙的演化。但是牛顿的万有引力是静态的瞬时传递的,其相应的宇宙观必然是静态的。现代的天文观察表明,宇宙是在不断变化和演变的,是动态的,看来,牛顿力学难以成为现代宇宙学的动力学基础。

图 2.9　开普勒(1571—1630)

图 2.10　牛顿(1643—1727)和他的不朽著作

近代宇宙学的黎明开始于 1755 年。这年,德国哲学家康德(Immanual Kant)发表了《宇宙发展史概论》。康德的这本经典名著试图利用牛顿力学解释太阳系,乃至宇宙的起源(他大致认为太阳系就意味着宇宙)。康德提出著名的星云说以解释太阳系的起源。他认为,当初在宇宙中弥漫着许多微粒构成的星云物质,由于力的作用,星云中较大的微粒吸收较小的微粒凝聚成团块,而后继续吸收其他微粒,团块不断增大,最后,其中最大的团块形成了太阳,其他的团块则形成行星。康德的星云说,利用经典力学在星云观测的基础上对太阳系的起源和演化,力求给出合理的科学解释。这是人类历史上建立科学宇宙论的第一次尝试。尽管它对太阳系的演化的勾画还是初步的,但是它的许多合理内核,它的基本构想,依然留存在现代宇宙学(尤其是太阳系演化的学说)中。

康德的学说经过法国伟大的力学家和物理学家拉普拉斯(Pierre-Simon Laplace)的丰富和发展,从数学、力学角度充实了星云说。他在 1796 年的著作《宇宙体系论》中提出了关于行星起源的星云假说。必须指出,康德的星云说是从哲学角度提出的,而拉普拉斯则把"星云说"变成了精密的科学。因此,人们常常把他们两人的星云说称为"康德-拉普拉斯星云说"。

图 2.11　康德(1724—1804)(左)和拉普拉斯(1749—1827)(右)

恩格斯高度评价康德的星云说,称许它是"从哥白尼以来天文学取得的最大进步",在 18 世纪僵化的自然观上"打开了第一个缺口"。康德曾经意味深长地说道:"给我物质,我就用它造出一个宇宙来!"这句话正好是星云说体现的唯物主义精神的生动写照。既然宇宙能够再造,那么它就不可能是永恒不变的,探索宇宙演化过程的序幕就此拉开。

图 2.12　康德和拉普拉斯的星云说示意图(按自上而下的顺序演化)

人类对于宇宙的认识走出神话和传说的阶段,进入文明时代,开始对宇宙的结构和起源进行思辨分析和理性的讨论。当然,由于观测条件的限制和自然科学发展的限制,在爱因斯坦广义相对论之前，真正的宇宙学尚未建立。

阅读材料 2-1

关于宇宙创生的种种传说

（一）《圣经》中的创世纪

基督教徒的经典《圣经》，记录了远古时代希伯来人的许多神话传说。其中"创世纪"中说道："最初，上帝创造天地，地是混沌苍茫，深渊的表面一片黑暗，上帝的灵运行在水面上。上帝说要有光，于是就有了光。上帝认为光是好的，便把光和暗分开，称光为'昼'，称暗为'夜'，过了晚上便是早晨，这是第一日。……就这样，上帝用 7 日时间创造了天地、空气、山川水土和各类生物，包括人类的祖先。"

图 2.13　《圣经》中上帝创世纪插图

（二）盘古开天地的传说

在我国，关于盘古开天辟地传说的文字记载，最早见诸于三国时期，由吴国人徐整所著的《三五历记》中，至今回味起来还是饶有趣味的。你看："天地浑浊如鸡子（即鸡蛋），盘古生其中。万八千岁，天地开辟。阳清为天，阴浊为地，盘古生在其中，一日九变。神于天，于地圣。天日高一丈，地日厚一丈，盘古日长一丈。如此万八千岁，天数极高，地数极深，盘古极长。故天去地九千里。"这是多么动人的传说！

这里描绘的古人心目中的宇宙及其演化的状况，实质上跟我们现在对宇宙的认识有相通之处：宇宙即空间和时间。"天地"即空间，天地的演化：由太初的浑浊状态（鸡子）"一日九变"，"天日高一丈，地日厚一丈"迅速胀大开来，直到时间"万八千岁"，范围"天去地九千里"，悠长且广袤。

在距今 2 300 余年前，楚国的三闾大夫，大诗人屈原写下的不朽诗作《天问》，充满了诗人对宇宙特别是宇宙的起源的探索和思考，至今仍震撼人心。

在湖南资江县桃花港的地方，他峨冠宽服，面对江水潺湲，波光粼粼，凝视坐

图 2.14 盘古开天辟地

落在东岸的凤凰山腰的楚王宫庙两壁绘制的彩画,其中三皇五帝、先皇贤哲的肖像,山灵水怪、天象山川的神奇胜迹栩栩如生。诗人激越地问道:

关于远古的开头,谁个能够传授?

那时天地未分,能根据什么来考究?

那时是浑浑沌沌,谁个能够弄清?

有什么回旋浮动,如何可以分明?

无底的黑暗生出光明,这样为的何故?

阴阳二气,渗合而生,它们的来历又在何处?

穹隆的天盖共有九重,是谁动手经营?

……

(原文:"曰:遂古之初,谁能道之?上下未形,何由考之?冥昭瞢暗,谁能极之?冯翼惟像,何以识之?明明暗暗,惟时何为?阴阳三合,何本何化?圆则九重,孰营度之?惟兹何功,孰初作之?"此处用郭沫若的译文。)

屈原,在这里就是秉持着盖天说,认为巨大的天穹,宛如半球状的盖子,明月星辰都依附于其上,天球绕着一个固定的极——所谓"天极"不断旋转。"天圆地方",大地则是四方的,大地的四周,每边耸立着两个天柱,支撑着巨大的天球。

神思驰骋的屈原寻根问底,继续问道:

这天盖的伞把子,

到底插在什么地方?

绳子,究竟拴在什么地方,

来扯着这个帐篷?

八方有八个擎天柱,

指的究竟是什么山?

东南方是海水所在,

擎天柱岂不会完蛋?

关于宇宙起源于"宇宙蛋"的神话,也是广泛见于东西方的古籍。前文提到

图 2.15　屈原及屈原吟颂"天问"所在的凤凰山

的盘古开天辟地的故事这样说："天地浑浊如鸡子,盘古生于其中。"汉代著名天文学家张衡甚至说,目前的宇宙结构还是"浑天如鸡子,天体圆如弹丸,地如鸡中黄,孤居于内"。我国浑天学派都持这种看法。

（三）古印度和古希腊人关于宇宙诞生的传说

印度西北部喜马偕尔邦的坎格拉人汤特里教派（印度教）流传下来的关于"宇宙蛋"的绘画颇为传神（参见图 2.16）。左图为神圣的音节 O—M,由 a—u—m 三个音组成,分别代表三界（地、气、天）,印度教的三个神（梵天、毗瑟孥、湿婆）,三卷《吠陀经》文（梨俱吠陀、夜柔吠陀、娑摩吠陀）。这是创世之初,神发出的充满神奇力量的咒语,据说体现宇宙的本质。

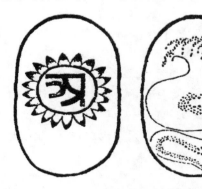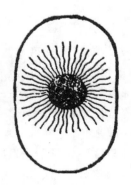

图 2.16　印度教汤特里教派的"宇宙蛋"绘画

中图为蛇神阿难塔纳,象征着创造宇宙结构的原动力,维系宇宙结构靠它,它也可能破坏整个宇宙。右图则为光焰四射的太阳。太阳的光辉普照大地,赋予世界万物以生命。

古希腊哲学家赫拉克利特（Heraclitus）曾经猜测："万物都生于火,亦复归于火。每当火熄灭时,万物就生成了。最初,火最浓厚的部分浓缩起来,形成土。然后,当土为火熔解时,便产生水。而当水蒸发时,空气便产生了。整个宇宙和一切物体最后又在一场总的焚烧中,重新为火烧毁。"

万物都生于火。读过但丁《神曲》的人,大概不会忘记对于炼狱的恐怖景象的描写吧。在那幽暗的地狱,升腾着永不熄灭的火焰。生前为非作歹的恶人在这炼狱中,饱受各种酷刑的煎熬……但宇宙创生时的大爆炸,比起这一切,不知可怕多少倍!

图 2.17 但丁《神曲》炼狱篇

图 2.18 太阳神阿蒙·赖

(四)古埃及和古巴比伦的"创世纪"神话

古代埃及人的"创世记"颇富于人情味。古埃及人认为,世界是由太阳神阿蒙·赖创造的。阿蒙·赖有三个孩子:两个儿子,一个叫舒,另一个叫克布,一个女儿叫努特。克布和努特时常吵闹,舒为了把他们分开,便把努特高高举起,又让克布卧倒。于是,努特化为天,克布变成地,舒则变化为空气。我们的宇宙原来诞生于太阳神的一次家庭纠纷。

古代巴比伦人以史诗的形式,将创世记的神话记录在 7 块泥板上。我们从泥板上的楔形文字中,可看到距今已有 3 800 余年的古巴比伦人的众神之王马都克开环顾辟地的故事。海妖基阿玛总是迫害众神,马都克将基阿玛杀死,并且将他的身体撕成两半,一半被掷向上方,变成了天,另一半摔到下方,便化为地和海洋。

古印度人曾认为,宇宙是由地、水、火和风构成的。

宇宙创生之谜的探索始于神话王国。人类探索宇宙创生之谜的道路是漫长而曲折的,可说是步履维艰,踽踽而行。我们感到惊奇的是,在这些神话和传说中,包含关于宇宙本质的许多天才的臆测。例如:宇宙来源于一次无与伦比的骤然变化;宇宙的范围是自小变大的,这与我们现代对于宇宙的认识竟然"甚为一致"。

阅读材料 2-2

古代天文观测和历法的发展

在正文中,我们只谈到先民为了探索宇宙的奥秘而导致了关于天文学、天体物理和宇宙学理性探索的最早尝试。实际上天象的观测不仅仅是由于人类的好奇心,背后还有计时、测量和农业耕作的实际需要。换言之也有人类功利心的一面的驱使。

历法主要是农业文明的产物,最初是因为农业生产的需要而创制的。公元前3 000年,生活在两河流域的苏美尔人根据自然变换的规律,制定了时间上最早的历法,即太阴历。苏美尔人以月亮的阴晴圆缺作为计时标准,把一年分为12个月,共354天。公元前2 000年左右,古埃及人根据计算尼罗河泛滥的周期,制定出了太阳历,这是公历最早的源头。中国的历法起源也很早,形成了独特的阴阳历法。在世界历史上,不同时期和不同的地区,还采用过各种不同的历法,比如伊斯兰教历、中国的农历、藏历等。

所谓历法,简单说就是根据天象变化的自然规律,计量较长的时间间隔,判断气候的变化,预示季节来临的法则。中国古代天文学史,在一定意义上来说,就是一部历法改革史。纵观中国古代历法,所包含的内容十分丰富,大致说来包括推算朔望、24节气、安置闰月,以及对日月食和行星位置的计算等。

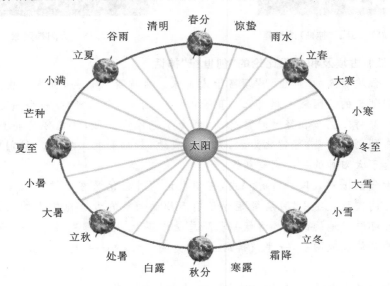

图 2.19 我国 24 节气与地球绕日运行位置

在我国,根据传说,在黄帝时代就已经有了历法,但不足为凭。帝尧时代有粗疏历法的传说,可能还稍有根据,据成书于春秋时代的典籍《尚书·尧典》所载帝尧曾经组织了一批天文官员到东、南、西、北四方去观测星象,用来编制历法、预报季节,但有关历法的材料至今尚未发现。成书年代不晚于春秋时代(公元前8世纪至公元前5世纪)的《夏小正》按12个月的顺序分别记述了当月星象、气象、物候,以及应该从事的农业和其他活动。例如,此书中记载道,"正月,鞠则见,初昏参中,斗柄悬在下。三月,参则伏。四月,昴则见,初昏南门正。五月,参则见,初昏大火中",等等。我们清晰地看到我们的古人是如何从天文观测中确定历法,以指导农业生产。图2.20显示的是位于河南省登封的古观象台。

至于公历,即现在国际通用的历法,又称格列历,通称阳历。"阳历"又名"太阳历",系以地球绕行太阳一周为一年,为西方各国所通用,故又名"西历"。所谓

图 2.20 登封古观象台

"格列历"系根据公元前 46 年,罗马皇帝儒略•恺撒所颁发的儒略历修订而成,为了提高历法精度,消除累积误差,罗马教皇格列高利十三世,于公元 1582 年组织一批天文学家,专门研究如何对儒略历进行修订。我国从辛亥革命后即自民国元年采用阳历,故又名曰"国历"。为与我国旧有之历法相对称,故又名曰"新历"。1949 年正式规定公元纪年。

古埃及的民用历法是所谓的 Annus Vagus("徘徊年",Wandering Year),每年 365 天,分为 3 个季度 12 个月,每月 3 周,每周 10 天,另有额外的 5 天在年末(也有说是年初)作为节庆时间。民用历法的基础为尼罗河的水位,由此划分出Akhet(洪水)、Proyet(生长,相当于冬季)与 Shomu(收获,相当于夏季)三个季度。这是由于尼罗河泛滥可以让土壤更为肥沃,对于埃及的民生有着至关重要的意义。从这个角度来看,与其说古埃及历法是太阳历或天狼星历,倒不如说是尼罗河历。月份表示只是某季度第几月而已,如Ⅰ Akhet 是每年第一个月,ⅡProyet 是第 4 个月。日期也只是用某月第几天的方式表示。

先民每日计时最早就是利用天象观测。日晷就是古代的钟表,其本义是指太阳的影子。现代的"日晷"指的是人类古代利用日影测得时刻的一种计时仪器,又称"日规"。其原理就是利用太阳的投影方向来测定并划分时刻,通常由晷针和晷面组成。利用日晷计时的方法是人类在天文计时领域的重大发明,这项发明被人类沿用达几千年之久。

人类使用日晷的历史非常遥远,古巴比伦在远古时期的 6 000 年前就开始使用了,中国则始于 3 000 年前的周朝。

图 2.21　古埃及历法

图 2.22　日晷

　　（1）关于宇宙创生的神话和传说与人类对宇宙理性探索之间有何关联？有何本质的不同？

　　（2）为何说近代宇宙学黎明在 1755 年？康德和拉普拉斯的星云说有何重大的科学意义？

　　（3）从古代先民对于宇宙创生的理性探索与历法的诞生，谈谈科学和技术的共生关系及其区别。

第三章　观测宇宙的梯级结构壮丽图景

　　现代宇宙学是建立在实证观测基础上的严密的科学体系。本章首先介绍在天文学和宇宙学经常使用的几个特殊的长度单位，以方便后面叙述相关的实证研究。本章重点在于展示现代科学所揭示的宇宙全貌。与一般人认为的其寿命和范围应为无限大相反，我们观测的宇宙的寿命和范围都是有限的，其结构呈现梯级结构的形式，而且是在不断演变中。换言之我们观测的宇宙与所有的系统一样，都是有创生、发育、衰竭，直至走向最后终结的。至于这幅无比壮丽、无比复杂的图景是如何得到的，在后面的章节会详尽展开。

本章导读

第一节　"量天尺"——测量天体距离的常用单位

　　我们在对宇宙的创生进行真正的科学探索之前，首先俯览现代科学所观察到的宇宙全貌。我们发现，随着探测技术的不断发展，宇宙的视野在不断扩大，展示在人类面前的是一幅无比壮丽、无比复杂的图景。图3.1为前中央工艺美术学院院长常沙娜女士与杰出的理论物理学家李政道先生合作，以其擅长的飞天笔法，来表现人类对于物质和宇宙奥秘探索的激情。我们要研究宇宙的创生和演化，首先必须了解今日之宇宙的面貌。就像哲人所说："尝试探究你所看见的一切，探索宇宙存在的原因。"

　　现代天文学的观测表明，我们的宇宙是一个极其庞大的结构复杂的系统。我们观测的宇宙呈现梯级结构形式,正如微观世界也呈现梯级结构形式一样,由分子而原子,由原子而强子,由强子而夸克。我们的宇宙的梯级形式的第一级就是太阳系。因此领略宇宙的壮丽景色的探胜之旅将从太阳系出发。

在开始宇宙探胜之前,首先介绍几个量天尺(空间量度单位):光年、天文单位和秒差距。引入这几个新距离单位,原因是宇宙的空间尺度过于庞大,利用普通的长度单位度量,数值太大,需要太多的0,书写和阅读都不方便。

图 3.1　常沙娜教授画作《创天》

图 3.2　利用引力透镜发现的迄今观测中最遥远的星系 MACS0647-JD 照片(图中小框中所示昏暗天体)

所谓"光年"就是光在 1 年时间跑过的距离。我们都知道,光在 1 秒内大致要跑 30 万公里,就是说要绕地球 7 圈半。折合为公里,可得

1 光年＝299 776 公里/秒(光速)×31 558 000 秒(1 年)＝9.46×10^{12}公里

就是说,大约 10 万亿公里,或 1 亿亿米。这自然是一个庞大的数字。

光芒万丈的太阳距离地球约 1 亿 5 000 万公里。如果我们乘坐"动车组"火车,以平均每小时 210 公里的速度昼夜行驶,足足需要 800 年。但是光从太阳传播到地球,不过 8 分钟而已。换言之,我们看到的太阳,并不是"现在"的太阳,而是在"现在"8 分钟之前的太阳。因此,我们必须记住,通常说的某星系离我们几亿光年,实际上意味着我们观测到的该星系的光是几亿年前该星系所发射的,因此现在看到的该星系,实质上是几亿年前该星系的景象。有人说,宇宙观测在某种意义上说,相当于"宇宙考古学"。

2012 年 11 月,科学家通过哈勃与斯皮策两大空间望远镜联合观测,发现距离地球133 亿光年的超远古星系 MACS0647-JD,是迄今发现的宇宙最遥远天体,如图 3.2 所示。这就意味着该天体发出的光在宇宙空间中旅行了近 133 亿年才抵达地球(红移值高达11)。由于宇宙膨胀,现在这个星系的实际距离约为 322 亿光年。它的宽度大约只有 600光年,为银河系的 1/250。关于红移的概念我们在第四章第二节会谈到。一般说来,红移值越大,距离我们越遥远。

就凭这一发现,我们至少知道宇宙的年龄超过 133 亿年。宇宙实际年龄,大致为 138亿年。这次观测来自哈勃空间望远镜执行的一项星系集群透镜探测与超新星调查计划(CLASH)。所谓引力透镜,是光线通过大质量星系集群扭曲时空所产生的,这种扭曲是

产生于巨大的引力,类似于普通望远镜的透镜效应。

这是一次偶然的发现,据观察人员声称,来自 MACS0647-JD 天体的远古光线在距离我们约 80 亿光年的大质量星系群 MACS J0647.7+7015 周围受到引力透镜效应的作用。研究小组通过哈勃空间望远镜观测到 MACS0647-JD 天体的图像,由于引力透镜效应显得更加明亮。这个遥远星系的宽度大约为 600 光年,可能是宇宙中原始星系形成的第一阶段。

"天文单位"(英文:Astronomical Unit,简写 AU)也是天文学上常用的一个长度单位,最初在历史上定义为地球跟太阳的平均距离,为天文常数之一,约等于 1.496 亿千米。2012 年 9 月份在中国北京举行的国际天文学大会(IAU)上重新精确测定了天文学上最重要的距离,将其值准确定义为:149 597 870 700 米。

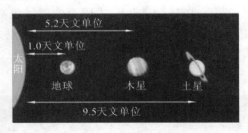

图 3.3　天文单位示意图

在太阳系中,例如,金星在水星之外约 0.33 天文单位,而土星与木星的距离是 4.3 天文单位,海王星在天王星之外 10.5 天文单位。一般来说,距离太阳越远的行星或环带,与前一个的距离就会更远。

"秒差距"(英文 Parsec,缩写 pc)是天文学上的又一种常用的长度单位。秒差距是一种最古老的,同时也是最标准的测量恒星距离的方法。首先提出这一方法的是伽利略,它是建立在三角视差的基础上的。简言之,1 秒差距就是从地球公转轨道的平均半径(1个天文单位,AU)为底边所对应的三角形内角称为视差。当这个角的大小为 1 秒时,这个三角形(由于 1 秒的角的所对应的两条边的长度差异完全可以忽略,因此,这个三角形可以想象成直角三角形,也可以想象成等腰三角形)的一条边的长度(地球到这个恒星的距离)就称为 1 秒差距。如图 3.4 所示。

简单地说,1 秒差距等于 3.261 64 光年,或 206 265 天文单位,或 30.856 8 万亿千米。在测量遥远星系时,秒差距单位太小,常用千秒差距(kpc)和百万秒差距(Mpc)为单位。

了解了天文学上常用的三种天文长度单位后,我们就从地球开始进行探测宇宙的奇妙航行。奇妙航行的第一站就是地球所在的太阳系。

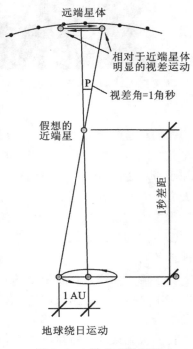

图 3.4　1 秒差距说明图

第二节　宇宙梯级结构的第一级——银河系

一、我们生活的太阳系

太阳系(Solar System)就是我们现在所在的恒星系统。它是以太阳为中心,和所有受到太阳引力约束的天体的集合体:8颗大行星(水星、金星、地球、火星、木星、土星、天王星和海王星)、至少165颗已知的卫星,和数以亿计的太阳系小天体。这些小天体包括小行星、柯伊伯带的天体、彗星和星际尘埃。广义上,太阳系的领域包括太阳、4颗像地球的内行星、由许多小岩石组成的小行星带、4颗充满气体的巨大外行星、充满冰冻小岩石、被称为柯伊伯带的第二个小天体区。在柯伊伯带之外还有黄道离散盘面、太阳圈和依然属于假设的奥尔特云。

最左侧是太阳,向右依序为水星、金星、地球、火星、木星、土星、天王星、海王星与矮行星冥王星

图3.5　太阳系八大行星

我们注意到,冥王星原来一直被称为9大行星,但2006年8月24日国际天文学联合会将其"开除"出大行星行列,认定为矮行星。所谓矮行星,或称"侏儒行星",体积介于行星和小行星之间,围绕太阳运转。2006年8月24日在捷克首都布拉格举行的第26届国际天文学大会中确认了矮行星的称谓与定义,决议文对矮行星的描述如下:

①以轨道绕着恒星(如太阳)的天体;

②有足够的质量以自身的重力克服固体引力,使其达到流体静力学平衡的形状(几乎是球形的);

③未能清除在近似轨道上的其他小天体;

④不是行星的卫星,或是其他非恒星的天体外形,但是也不能大到足够让其内部发生核子融合。

目前被确认的矮行星有5个:谷神星(Ceres)、冥王星(Pluto)、阋神星(Eris)、鸟神星(Makemake)、妊神星(Haumea)。

太阳系的主角是位居中心的太阳,它是太阳系中唯一自己发光的恒星。拥有太阳系内已知质量的99.86%,大约为$2×10^{30}$ kg,而地球的质量不过$6×10^{24}$ kg,并以引力主宰着太阳系。木星和土星,是太阳系内最大的两颗行星,又占了剩余质量的90%以上。

我们的太阳系有多大？估计太阳的引力可以控制 2.5 万～2.8 万光年的范围。奥尔特云向外延伸的程度，大概不会超过 50 000 天文单位。尽管发现的塞德娜，范围在柯伊伯带和奥尔特云之间，仍然有数万天文单位半径的区域是未曾被探测的。水星和太阳之间的区域也仍在持续的研究中。在太阳系的未知空间仍可能有所发现。

2016 年 1 月 20 日，美国科学家宣布，在太阳系发现一颗未为人知绰号为"第 9 大行星"的巨型行星。《天文学杂志》研究员巴蒂金（KonstantinBatygin）和布朗（MikeBrown）表示，他们通过数学模型和电脑模拟发现这颗行星，虽然没有直接观察到。该星体质量约是地球的 10 倍，轨道与太阳平均距离比海王星的远 20 倍，这颗新行星绕太阳运行一周需 1 万至 2 万年时间。这颗行星的质量约为冥王星的 5 000 倍。科学家认为这颗行星属气态，类似天王星和海王星，将是真正的第 9 大行星。但是由于这颗行星没有被直接观测到，它的发现还有待进一步的证实。

我们继续宇宙探胜之旅，由银河系、本星系、本超星系直至宇宙的边际（婴儿时期的宇宙），看到的是宇宙呈现梯级结构形式，一个比一个更大的天体结构令人叹为观止！感到造化的无比玄妙！

二、银河系概貌

我们航行的第二站是银河系。银河系（the Milky Way 或 Galaxy）是太阳系所在的恒星系统，包括 1 200 亿颗恒星和大量的星团、星云，还有各种类型的星际气体和星际尘埃。它的直径约为 100 000 多光年，中心厚度约为 12 000 光年，形状很像一个扁平的大铁饼，总质量是太阳质量的 1 400 亿倍，其中 90％集中在恒星，只有 10％弥散于星际物质。银河系是一个旋涡星系，具有旋涡结构，即有一个银心和两个旋臂，旋臂相距 4 500 光年。太阳位于银河一个支臂猎户臂上，至银河中心的距离大约是 26 000 光年。太阳绕银心一圈要花 2 亿多年。如图 3.6 所示。2003 年 1 月，英国科学家发现，银河系外围可能镶嵌着一个由数十亿颗恒星组成的巨大的环。2015 年 3 月，科学家发现银河系体积比之前认为的要大 50％。

自从伽利略·伽利雷（Galileo Galilei）首先用望远镜观察银河，人们已知道，银河是由许多像太阳一样的恒星组成的天体系统。伽利略是天文观测学的鼻祖，正像人们所说："哥伦布发现了新大陆，伽利略发现了新宇宙。"

但是在古代，晴朗的夜空，美丽的银河，光辉灿烂，横亘在天球中央，勾起人们无穷的遐思和梦幻。在中国和西方，银河系都是神话和诗歌吟诵的主题。唐代大诗人李贺的著名诗句："天河夜转漂回星，银浦流云学水声。玉宫桂树花未落，仙妾采香垂佩璎。"写得何等瑰丽多彩，灵气活现！银河在英语中是 milky way，意即牛奶路。20 世纪 30 年代，一个颇负盛名的翻译家直译银河为牛奶路，被鲁迅先生嘲笑。实际上在希腊神话中，横贯天际璀璨夺目的银河，乃是古希腊神话中万神之王宙斯的妻子、天后朱诺的乳汁形成的。

三、河外星系的发现

近代宇宙学奠基人之一的康德，在 1755 年指出，银河系在宇宙中决不是孤立集团。广漠的天空，必定有大大小小的天体系统星罗棋布，宛如无垠的海洋中漂浮的岛屿，成群成团，数不胜数。这就是所谓宇宙岛，或称岛宇宙。我们的银河系是其中一个，其他的星

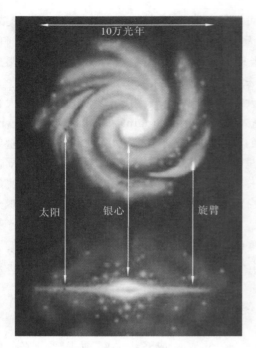

图 3.6　银河系及其旋臂

图 3.7　伽利略·伽利雷(1564—1642)

图 3.8　银河系

系则称银河外星系。

　　如图 3.10 所示,大小麦哲伦星云是著名河外星系之一。据说是葡萄牙航海家麦哲伦(Fernando de Magellan)在第一次环绕地球的航程中,和他的船员有在南半球的星空首次观测到,其实是不规则矮星系,也是银河系的卫星星系。大麦哲伦星系距离我们只有 18 万光年,这个大小约为 1.5 万光年的星系,是银河系最大的卫星星系。大麦哲伦星系(LMC)是银河系众多卫星星系中,质量最大的一个。距离地球约 179 000 光年,位于剑鱼座方向,平均直径约为 15 000 光年。我们后面还要谈到的超新星 1987A 就是在此星系中爆发的。

　　小麦哲伦星云,位于杜鹃座,距离我们大约 21 万光年远,是银河系的已知卫星星系中第四近邻的星系,仅次于大犬座和天马座矮星系以及大麦哲伦星云。

图 3.9 宙斯及其妻子天后朱诺神像

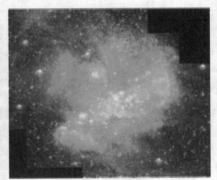

(a) 大麦哲伦星云   (b) 小麦哲伦星云

图 3.10 大小麦哲伦星云

四、哈勃的星系类体系分类法

法国物理学家郎伯特(J. Lambert)在 1761 年提出阶梯宇宙结构模型。他在其名著《宇宙论书简》中写道,太阳系是宇宙结构的第一级,星系中的庞大星团是第二级系统,银河系是第三级天体系统,许许多多像银河系一样的星系构成第四级,如此等等,以至无穷。

天文学家现在业已查明,宇宙中大约分布着数以百亿计的像银河系一样的星系。美国天文学家埃德温·哈勃提出的星系类体系迄今仍为人们广泛应用。哈勃观测了许多星系后,试图依照形态加以分类。他在 1926 年提出第一种分类法,如图 3.11 所示。

又经过一再修正,最后形成如图 3.12 所示分类法。1926 年提出的分类法只有椭圆星系(E0—E7 型)、旋涡星系(S 型)和棒旋涡星系(SB 型)的分类,但从 E 型到 S 型的连贯性不佳,因此 1936 年又加入透镜状星系(SO 型)。之后,又在 1950 年把旋涡星系和棒旋涡星系依照核球的大小、旋涡的卷绕方式分别细分 a,b,c 型,不规则星系也细分为 Irr 型,llrr 型,ll 型。

大体而言,星系划分为椭圆星系、旋涡星系、棒旋涡星系和不规则星系几大类。椭圆星系是卵状的,其大小可达银河系的 3 倍。像银河系这样的旋涡星系都有若干条旋臂,它们沿着一个半圆弧往外甩出去。棒旋涡星系有棒状的核,并从棒的末端弯出两条旋臂。

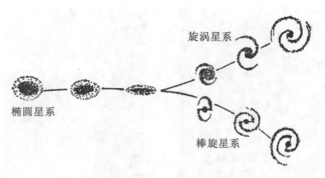

图 3.11　最初哈勃的星系分类图

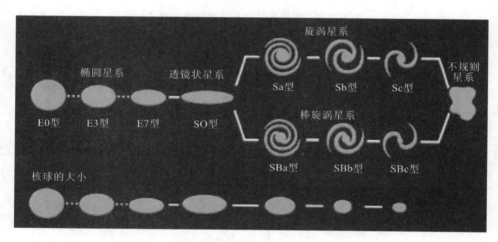

图 3.12　修正的哈勃星系分类图

不规则星系外形不规则,没有明显的核和旋臂,没有盘状对称结构或者看不出有旋转对称性的星系,所包含的恒星数目也较少。

银河系是典型的旋涡星系。最大的旋涡星系的质量可达太阳系的 4 000 亿倍,小的则不过 10 亿个太阳系而已。所谓不规则星系,其实就是小的旋涡系。因为质量太小,以致无法保持旋盘和旋臂的稳定规则形状,外貌显得"蓬松",如图 3.13 所示。

椭圆星系是河外星系的一种,呈圆球形或椭球形。中心区最亮,亮度向边缘递减,对距离较近的,用大型望远镜可以分辨出外围的成员恒星。其外形呈正圆形或椭圆形,可分为 E0 到 E7 的 8 种次形。

在椭圆星系中,几乎所有的恒星都有数十亿年的年龄,且几乎不含低温气体,没有恒星形成。最大的椭圆星系可拥有 1 万亿个恒星,小的则不足 100 万个。如图 3.14 所示。

棒旋涡星系是旋涡星系的核心有明亮的恒星涌出聚集成短棒,并横越过星系的中心;其旋臂看似由短棒的末端涌现至星系之中。而在普通的螺旋星系,恒星都是由核心直接涌出的;在全天的亮星系中,棒旋涡星系约占 15％。当统计到较暗的星系时,棒旋涡星系的比例提高到 25％,如图 3.15 所示。

不规则星系是指外形不规则,没有明显的核和旋臂,没有盘状对称结构或者看不出有旋转对称性的星系,如图 3.16 所示。不规则星系的直径在 0.65 万～2.9 万光年之间。

图 3.13　旋涡星系(哈勃深空图片)

图 3.14　巨椭圆星系 1316

图 3.15　NGC 1 300 棒旋涡星系(哈勃太空
望远镜影像)

图 3.16　不规则星系

在全天最亮星系中,不规则星系只占 5%。但在星系总数中它们占四分之一。多数的不规则星系可能曾经是旋涡星系或椭圆星系,但是因为重力的作用而破坏、变形。

第三节　宇宙梯级结构的第二级——星系群

一、本星系群

我们奇妙的星空之旅第一站是太阳系,经过一次巨大的跳跃,到达第二站银河系,然后是航行的第三站本星系群。本星系群是包括地球所处之银河系在内的一群星系。这组星系群包含大约超过 50 个星系,其重心位于银河系和仙女座星系中的某处。本星系群中的全部星系覆盖一块直径大约 1 000 万光年的区域。本星系群的总质量为太阳的 6 500 亿倍,银河系和仙女星系二者质量之和占了绝大部分。本星系群是一个典型的疏散群,没有向中心集聚的趋势。但其中的三五个成员聚合为次群,至少有以银河系和仙女星系为中心的两个次群。本星系群又属于范围更大的室女座超星系团。

从天象观测仙女星系和银河系的演化规律来看,在数十亿年后的遥远未来,这两个相隔距离有250万光年的星系将会合二为一。本星系群的其他的星系或许也会相互接近并合为一体。换言之,随着数十亿年的时光流逝,本星系群的所有星系会互相合并,最终形成一个巨大的星系。星系的旋转运动会随着合并的发生慢慢消失,最终会出现一个巨大的椭圆星系。在宇宙中存在许多类似于本星系群的天体结构,我们称为星系群或者星系团。

图 3.17　本星系群

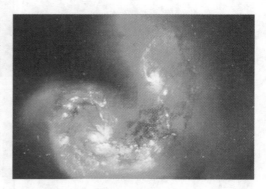

图 3.18　迄今发现的最远的星系团 Ibg-2377

二、星系团和星系群

星系团是比星系更大的天体系统,一般把超过100个星系的天体系统称做星系团,100个以下的称为星系群。星系团和星系群没有本质的区别,只是数量和规模上的差别而已,它们都是以相互的引力关系而聚集在一起的。因此星系团和星系群在宇宙结构中属于同一梯级层次。

各星系团的大小相差不是很大,就直径来说最多相差一个数量级,一般为1 600万光年上下,星系团内成员星系之间的距离,大体上是百万光年或稍多些。已观测到的星系团总数在1万个以上,离得最远的超过70亿光年。

第四节　宇宙梯级结构的第三级——超星系团

一、本超星系团和超星系团

航行的第四站是本超星系团。本超星系团(Local Supercluster,简称 LSC 或 LS)是个不规则的超星系团,其核心部分包含银河系和仙女座星系所属的本星系群在内,至少有100个星系团聚集在直径1亿1千万光年的空间内,是在可观测宇宙中数以百万计的超星系团中的一个。本超星系团的核心浓密部分,直径约为2亿光年,周围呈纤维状延伸,其长度有5亿光年。

近10年天文观察资料表明,类似于本超星系团这样的庞大超星系团,在观测的宇宙中,至少超过100万个以上。在后发星座方向,约4亿光年的遥远处,便存在一个巨大的超星系团,包含的星系比本超星系团还要多 10 倍以上。仔细的观察清楚显示,超星系团呈细胞脉络状或蜂窝状,其结构在不断膨胀。超星系团是迄今发现的最大的宇宙结构,如图 3.19 所示。

图 3.19　本超星系团分布略图

图 3.20　以色列天文学家使用射电望远镜阵列
探测极早期星系

二、探测婴儿时期的宇宙

我们且窥探婴儿时期的宇宙,2012 年 9 月的两项天文学观察成果可以作为线索。第一项是由美国马里兰州约翰-霍普金斯大学的科学家率领的国际科研团队通过美国宇航局的哈勃太空望远镜和斯必泽(Spitzer)太空望远镜发现一个遥远和古老的星系——MACS 1149-JD,该星系距离地球有 132 亿光年,是目前知道的离我们第二遥远的星系。其星光实际上是在宇宙形成的最早期阶段发出的。科学家说:"我们估计这个星系的形成时间仅比宇宙大爆炸晚不到 2 亿年。"由此可推断宇宙大爆炸发生在大约 138 亿年前。

第二项成果是以色列特拉维夫大学的天体物理学家用一种新的方法"窥探"到"婴儿时期"的宇宙。他们使用射电望远镜去直接搜寻氢原子发出的射电信号,因为在早期宇宙中氢原子丰度非常高。参与研究的巴卡纳教授表示,中性氢原子发射特征性的 21 厘米谱线,这些原子反射恒星的辐射,从而可以被射电望远镜探测到。这些辐射在天空中呈现一种特定的模式,这是早期星系的清晰信号。根据这一方法,可以让我们了解宇宙诞生仅仅1.8 亿年时的情景。

目前有 5 个国际小组正在建造射电望远镜,用来探测这种辐射,目前他们的关注点在大爆炸之后大约 5 亿年的时段。巴卡纳表示,人们还可以制造专门设备,用来检测来自宇宙更早期的信号。他希望这一领域的研究将使在宇宙诞生之后,直到当代宇宙之间的这段时期显露(曙光)端倪,并让人们有机会去检验现有的有关早期宇宙的预测。到目前为止,科学家已经发现了 100 多个在宇宙诞生大约 6.5 亿至 8.5 亿年后形成的星系。而MACS 1149-JD 星系的发现,以及通过探测氢原子辐射来了解早期宇宙的情景,无疑是这方面的重大突破。这种新方法与哈勃空间望远镜等对遥远星系的观察相结合,是探测早期宇宙星系的有效途径。

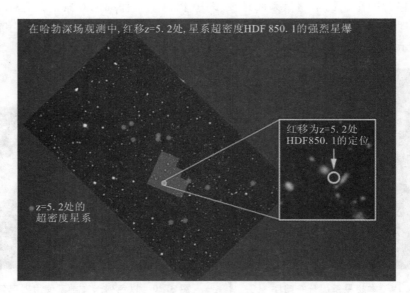

图 3.21　哈勃空间望远镜可以窥见远古时期的遥远星系

三、宇宙的梯级型结构和宇宙学原理

最新的观测资料表明,我们观测的宇宙是有限的,距离我们最远的宇宙边缘离我们大约为 138 亿光年。我们的星际旅行表明:宇宙呈现梯级型结构——三级宇宙模式,即

第一级:星系(如银河系)→第二级:星系群或星系团(如本星系:室女星系团)→第三级:超星系团(如本超星系团)。

其中星系群或星系团虽归于同一等级,但一般来说,前者不过包含几十个星系,后者则指包含较多星系的天体系统,其中可达几千个星系。

超星系团尽管庞大,数目众多,但就整个观测宇宙来说,也只占空间的十分之一。其余浩瀚的太空竟然没有星星分布,空空如也。

我们在奇妙的旅行中看,宇宙中物质的分布在小范围内(以 1 亿光年作为尺度)是极不均匀的,其结构呈团块状。这就是我们看到的星系、超星系等呈团聚状密集的物质分布,与星系之间所谓星际空间极其稀薄的物质分布。这种状况我们称为物质分布在小范围的极不均匀。

但是,我们如果将"眼光"放得更远一些,以 10 亿光年作为尺度纵观宇宙,那么奇怪的事情发生了。第一,就会发现宇宙中物质的分布几乎是处处均匀的,质量偏差大致在 10%～20%,如果衡量的尺子更长一些,偏差还要小;第二,无论以宇宙空间的哪一点作为起点,各个方向上质量分布都是均匀的。

我们把这个天文观察的结论,叫做宇宙结构在大范围上是均匀的和各向同性的。在宇宙学的研究中,早就将这个结论作为假设,称为宇宙学原理,应用在宇宙演化的研究中。现在看来,这个假设是有充分的天文观察根据的。这也是研究成果具有可靠性的前提。

（1）有人说我们观测的宇宙无论从时间和空间上都是无限延长的，你觉得这种说法符合事实吗？

（2）什么是宇宙学原理？它符合目前的天文学观测资料吗？

（3）我们观测宇宙呈现几级梯级形的结构？法国物理学家郎伯特（J. Lambert）在1761年提出了这个假说，现在得到实验观测证实吗？为什么有人说宇宙的结构是三级梯级形，有人说是四级梯级形？你的看法如何？

（4）宇宙物质分布在大尺度上是均匀的，其中指的大尺度为多大？此处谈的宇宙学原理是理论假设还是实验观察的结果？宇宙的物质分布在小尺度上分布如何？

第四章　现代宇宙学的发轫
——爱因斯坦的宇宙学方程

　　现代宇宙学的理论基石就是爱因斯坦的宇宙学方程。这个方程是在满足宇宙学原理的前提下,根据广义相对论原理建立起来的。它揭开了现代宇宙学探索的序幕。尽管现代宇宙学,经由爱因斯坦等人 20 世纪二三十年代的初步理论探索,到伽莫夫的原始大爆炸学说,到暴胀宇宙论,依靠日益丰富和精密的天文学观察资料,不断完善和发展,但是其基石始终是爱因斯坦的宇宙学方程,也可以说是爱因斯坦的广义相对论。相关的实验观测最重要的是哈勃发现宇宙的膨胀、近 20 年发现的宇宙膨胀的加速和大爆炸学说预言的微波背景辐射的发现。这些实验观测给予现代宇宙学以强固的实验基础。本章主要介绍爱因斯坦的宇宙学方程建立的有关背景。

本章导读

第一节　现代宇宙学的基石——爱因斯坦的宇宙学方程

一、爱因斯坦的宇宙学方程

　　"什么是宇宙? 宇宙就是时空。"爱因斯坦这个观念已成为现代宇宙说的基石之一。

　　现代宇宙学的奠基人是阿尔伯特·爱因斯坦(A. Einstein)。1917 年,爱因斯坦发表论文《根据广义相对论对宇宙学所作的考察》,提出人类历史上第一个宇宙学的自洽的统一动力学模型。广义相对论描述了万有引力的规律。爱因斯坦跟牛顿一样认为,宇宙的演化由引力所支配。广义相对论最富于魅力的想法是,引力只不过是四维物理空间(三维空间一维时间)弯曲程度的表现罢了,就是我们第一章所谈到的闵可夫斯基物理空间,实际上指时空,即时间和空间的"连续统",即流形。像他多次以一篇论文开创一个领域一样,这篇论文宣告了相对论诞生。虽然时间已经过去上百年了,但是,这篇论文所引进的许多观念至今仍富有生命力。必须指出,在不太高的精度内,广义相对论与牛顿的引力理论所描述的结果是一致的。但是在更高的精度上广义相对论与牛顿理论就有区别了。

在牛顿引力理论中引力的传播是瞬时的,换言之,无需花费时间。因此任何建立在牛顿引力基础上的宇宙学模型是不可能反映宇宙随时间的演化图像,相应的宇宙必然是一个永恒不变的宇宙图像。此外,在牛顿的经典体系中,宇宙在空间上是无限的。最重要的是,在牛顿理论中时间和空间是完全没有关系的两个物理存在。如是要建立一个无限宇宙这一物理体系的动力学——无限自洽的宇宙模型,是不可能完成的任务。

在探索宇宙中,爱因斯坦首先指出无限宇宙与牛顿理论二者之间存在着难以克服的内在矛盾。因此,在爱因斯坦的探索中,继承了狭义相对论的主要成果,时间和空间是相互关联的,在四维时空进行探讨。参阅第一章图 1.9 二维时空流形、图 1.10 三种不同的弯曲空间。广义相对论最核心的内容是,引力不是别的,只是表示四维空间的弯曲程度。换言之,质量大的物体,周围引力场强,实际上相应空间弯曲程度越大,像一个凹下去的"洞"。我们通常说,周围物体受到引力场的吸引,实际上是周围物体慢慢"滑进"凹洞。从这个观点看来广义相对论可以说是一种特殊的关于引力的四维时空的几何学。换言之,曲面上的几何学完全不同于欧几里德几何学。爱因斯坦的引力理论是建立在四维弯曲空间的几何学,就是广义相对论。取代牛顿万有引力公式的是所谓广义相对论动力学方程。通俗地说,可以简单地表示为:

$$空间的曲率=物质的质量分布(用能量—动量张量描述)。$$

这个方程的物理意义尽管简单,但是运算起来却是极为复杂的,要牵扯到微分几何、流形、张量分析等。爱因斯坦的宇宙学方程就是将这个方程运用到宇宙系统。为了简单起见,爱因斯坦假定在宇宙中物质的分布满足所谓宇宙学原理,即在大尺度内其分布是均匀的,并且各向同性。当初宇宙学原理是作为一个纯粹的理论假说提出的。但是,幸运的是最新的天文观测资料证明,这个假说在很高的精度上被证实。参见第三章第四节最后三段和思考题 4。

就这样,爱因斯坦摒弃了牛顿理论和传统的无限空间观念。或者更学究气地说,放弃了传统的宇宙空间三维欧几里得几何的无限性。很快,他得到了他的方程的动力学解,即他的宇宙模型。在这个模型中,宇宙就其空间广延来说是一个闭合的连续区。这个连续区的体积是有限的,但它是一个弯曲的封闭体,因而是没有边界的。但是在这个模型中,宇宙是动态的,即可能是膨胀的,如果宇宙物质的平均密度小;也可能是收缩的,如果宇宙物质的平均密度大。从当时的观测资料来看,很可能是膨胀的。不难想象,由此得到的直接推论是宇宙有起始点。

这一回,即使爱因斯坦也未能免俗。他不相信动态宇宙模型的物理图象,更不相信宇宙会演化。因此,他对于自己给出的宇宙学方程的"解",无所措手足,难以置信。怎么办呢?爱因斯坦竟然对他的方程"动起手术",无端加上一项,所谓宇宙学项(sea-gull term),这一项具有斥力性质,其作用在于与引力平衡,从而"抑制"由于引力起因的宇宙演化。爱因斯坦从这个"修正"的宇宙动力学方程得到一个"静态"解。这个所谓静态模型认为宇宙是无界而有限的,就是说,宇宙是一个弯曲的封闭体,体积有限,但没有边界。爱因斯坦的静态模型认为宇宙万古如斯,绝不变化,很合乎习俗的看法。

虽说静态宇宙模型的构造是如愿以偿了,但爱因斯坦对所付出的代价却耿耿于怀,他在那年给好友英费尔特(Ehrenfest)的信中说自己对广义相对论作这样的修改"有被送进疯人院的危险"。几年后,在给威尔(Weyl)的一张明信片中他又写道:"如果宇宙不是准静态的,那就不需要宇宙学项。"关于宇宙学项的故事我们后面还要继续。

图 4.1   阿尔伯特·爱因斯坦(1879—1955)

二、各种宇宙学理论模型

实际上,在 1917 年爱因斯坦广义相对论发表以后,许多科学家很快就在宇宙学原理成立的条件下,解出了爱因斯坦的宇宙学动力学方程。当年爱因斯坦就给出了他的所谓"静态解"。同年,荷兰数学家和天文学家威廉·德西特(W. de Sitter,荷兰人)则得到了另一个解——所谓德西特宇宙模型。爱因斯坦觉得宇宙半径是不变的,并且宇宙是静止的,大小不变。德西特则认为,宇宙的线度增长得越来越少,同时弯曲宇宙像一个正在长大的气泡不断膨胀。

前苏联科学家亚历山大·弗里德曼(A. Friedman)在 1922 年根据爱因斯坦方程得到所谓标准解,或称弗里德曼模型。这个模型告诉我们,"宇宙"始原于一个"点"。这个"点"集中宇宙全部质量,其密度当然是无穷大。这种"点"就是数学中的奇点,然后宇宙开始均匀膨胀。

照弗里德曼看来,宇宙的物质总量有一个临界值。如果宇宙物质总量少于临界值,则宇宙的膨胀会永远持续下去。这种宇宙叫"开放"型宇宙。宇宙中物质若大于此临界值,则物质的引力会足够强,以致造成物理空间很大的弯曲,从而促使膨胀停止。这种类型的宇宙叫"封闭"型宇宙。有趣的是,哈勃的天文观测证实了这一点。而后来爱因斯坦修正了他的观点,转到德西特的观点上来。

照封闭型宇宙的演化规律,膨胀停止后,宇宙会转而收缩,星系团要越来越靠近,以致挤压在一起,最后竟会使分子、原子乃至基本粒子的结构都"破碎","夸克"或"亚夸克"都挤在一起(即所谓坍塌),宇宙又回复到超致密状态,甚至于集聚到一个原始奇点。

但是,我们的宇宙到底是"开放的",还是"封闭的"呢?弗里德曼没有作出肯定的结

图 4.2　威廉·德西特(1872—1934)

图 4.3　亚历山大·弗里德曼(1888—1925)

论。因为,这需要取决于对宇宙质量的估算,但这是一种极困难的工作。

　　总而言之宇宙向何处去? 弗里德曼早就告诉我们,无非三种结局:如果宇宙物质质量的平均密度大于临界密度,宇宙会不断收缩,则宇宙会最后又坍塌为一点,这就是图 4.4 中淡黑线所表明的(闭合宇宙);如果平均质量密度小于临界密度,则宇宙会不断地膨胀(开放宇宙);如果平均质量密度等于临界密度,则宇宙会无限缓慢地膨胀。哈勃的发现表明,我们的宇宙的结局可能是第二种结局。

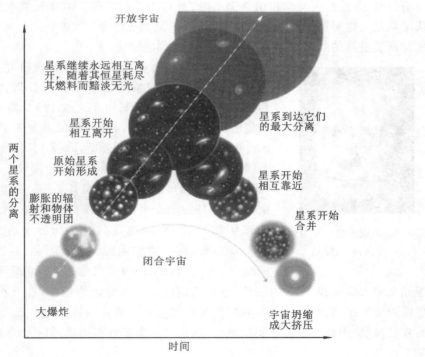

图 4.4　宇宙之命运三种结局

　　动态宇宙模型,尤其是弗里德曼模型的基本要素,实际上今天仍然是现代宇宙学的基本出发点。但是,"天不变,道亦不变"的传统习俗的力量太强大了。直至 20 世纪 20 年代,绝大部分人都笃信我们的宇宙在大范围内不会有什么演化,就是说,应该是"静态"的。

　　但是,什么叫"封闭"? 什么叫"有限无界"呢? 这些概念对于一般人来说却是太新奇了。

举一个例子,假设有一种扁平动物生活在二维曲面上,它们只有平面概念,没有三维立体概念。对于这些动物,整个平面是无限而无界的,但平面上的圆就是有限而有界(圆)的了。

我们把这些动物放在二维球面上,对于这些只有二维感觉的小生命来说,球面就是有限但无界的。它们无法找到边界,同时却发现这个"球面宇宙"是"封闭的"。后面这一点,从三维空间来看,是不言而喻了。

照爱因斯坦来看,我们的宇宙在四维空间中,其三维空间的广延是"闭合的",整个宇宙是有限而无界的。照一个"四维超人"看来,我们这些三维感觉的人的行为,就跟我们眼中的二维动物一样。我们沿着"三维球面"走,也许可以绕行球面多圈,却无法找到球面的边界。

三、哈勃的发现宣告静态宇宙模型的破产

从理论上是无法判断宇宙到底是静态还是动态的。判断的根本标准是天文观测。划时代的发现很快就到来了。1929 年,美国伟大的天文学家哈勃(Edwin Powell Hubble)发现我们周围的星系都在远离我们而去,即宇宙在膨胀,这就是所谓的哈勃定律。

哈勃对 20 世纪天文学作出许多贡献,被尊为一代宗师。其中最重大贡献有二:一是确认星系是与银河系相当的恒星系统,开创了星系天文学,建立了大尺度宇宙的新概念;二是发现了星系的红移-距离关系,促使现代宇宙学的诞生。

图 4.5　美国天文学家哈勃
(1889—1953)

1914 年,哈勃在叶凯士天文台开始研究星云的本质,提出有一些星云是银河系的气团,有多种发现。1919 年他退伍到威尔逊山天文台(现属海尔天文台)专心研究河外星系。威尔逊山天文台位于美国加利福尼亚州帕萨迪纳附近的威尔逊山,距离洛杉矶约 32 公里,海拔 1 742 米,是 1904 年在美国天文学家乔治·埃勒里·海耳的领导下,由卡耐基华盛顿研究所建立的,首任台长是海耳。第一次世界大战刚刚结束时,德西特的动态宇宙的工作传到美国不久。威尔逊山在 1908 年和 1917 年分别安装了当时世界上最大的 1 524 毫米和 2 540 毫米的反射望远镜。风云际会,适逢其时。1923—1924 年,哈勃用威尔逊山天文台的 2 540 毫米反射望远镜拍摄了仙女座大星云和 M33 的照片,把它们的边缘部分分解为恒星,在分析一批造父变星的亮度以后断定,这些造父变星和它们所在的星云距离我们远达几十万光年,远超过银河系的直径尺度,因而一定位于银河系外,这是第一次发现银河系外巨大的天体系统——河外星系。

哈勃是怎样知道距离越远的星系正以越来越快的速度远离我们呢?原来他是根据星系光谱中的红移现象得出这一判断的(参见本章第二节)。自 1909 年起,美国天文学家斯里弗尔(V. Slipher)在劳维尔天文台用 609.6 毫米折射天文望远镜着手研究仙女座大星云 M31,这是天幕中最亮和最大的旋涡星云。到了 1914 年,他积累了 15 个星云的光谱线资料,发现大多数星云都有红移现象。到了 1922 年,积累光谱资料的旋涡星云数目达到 41 个,可以肯定其中 36 个有很大红移。1926 年,他发表了对河外星系的形态分类法,后

称哈勃分类。

总之,在 20 世纪初斯里弗发现旋涡星云光谱中谱线红移现象的基础上,哈勃与助手赫马森合作,对遥远星系的距离与红移进行了大量测量工作,发现远方星系的谱线均有红移,而且距离越远的星系,红移越大,于是得出重要的结论:星系看起来都在远离我们而去,且距离越远,远离的速度越快。

1929 年他通过对已测得距离的 20 多个星系的统计分析,得出结论,并在美国《科学院院刊》上发表题为《河外星云的速度—距离关系》的论文,宣称他发现星系退行的速率与星系距离的比值是一常数,两者间存在着线性关系。即:

$$v = \mathrm{H_d} r$$

其中:v 表示星系的视向退行速度;星系的距离为 r。这就是著名的哈勃定律,式中的比例系数 $\mathrm{H_d}$ 称为哈勃常数。

这个定律表明,宇宙确实在膨胀,而且距离越远的星系正以越来越快的速度远离我们。哈勃定律的发现有力地推动了现代宇宙学的发展。

哈勃定律表明如果是在宇宙中普遍适用的,则其必然的推论是宇宙在时间和空间上有一个起点。我们做一个简单的算术题。

根据 20 世纪 80 年代的实验数据,哈勃常数约为 74.98 千米/秒·mpc。其物理意义是,如果宇宙中星系之间的平均距离为 100 万秒差距,约 1.5×10^{14} 千米,如果时间能倒流的话,则两相邻星系间的退行趋近速度为 74.98 千米/秒。

$$\frac{1.5 \times 10^{14} \text{千米}}{74.98 \text{千米/秒}} = 2 \times 10^{12} \text{秒} = 200 \text{亿年}$$

就是说在 200 亿年前,宇宙中所有的星系都聚合在同一"点"上。换言之,其时整个宇宙的大小就只那么一"点点"。这个简单的计算告诉我们,宇宙的年龄约为 200 亿年。

我们的宇宙有"起点",由这一"点"发育成为今天茫茫宇宙。从某种意义上说,这"点"可称为"宇宙蛋"呢。我们的宇宙大约是在 200 亿年前"创生"的,就是说,年龄约为 200 亿年,光从宇宙最远处传到地球需要 200 亿年,即传播距离为 200 亿光年。考虑到宇宙在膨胀,我们宇宙的线度应该是 960 亿光年左右。必须说明,根据最新的观察,宇宙的膨胀在最初的不断减速以后,最近几十亿年之间,在不断加速,最新的精确估算,我们观测宇宙的确实年龄为 138.2 亿年。我们前面的估算之所以发生误差,原因不仅仅发生在哈勃常数的测量不够准确,而且哈勃常数实际上是一个近似的常数,它实际上在不断地变化,而近年来在不断地增加。

我们前面提到,基于哈勃的发现,比利时天文学家勒梅特从膨胀宇宙论出发,提示"爆炸宇宙的演化学说"。他认为,整个宇宙最初聚集在一个"原始原子"里。后来发生猛烈爆炸,碎片向四面八方散开,形成今天宇宙。但当时没有成熟的恒星聚合理论,核物理的发展刚刚开始,因此模型的实验根据和理论推演都不令人满意,没有引起人们重视。但这毕竟是现代伽莫夫大爆炸学说的前驱。

1948 年,天才横溢、多才多艺的美籍俄裔物理学家伽莫夫(G. Gamow),偕同他的同事阿尔弗(R. A. Alpher)和赫尔曼(R. Herman)根据当时已掌握的原子核理论的知识,结合膨胀宇宙的事实,提出了影响深远的"大爆炸"模型。这无异于现代宇宙学的第一声春雷,左右了现代宇宙学研究的潮流。这实际上是现代宇宙学春天的第一只燕子。

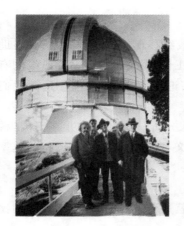

图 4.6　爱因斯坦参观威尔逊山天文台

当哈勃得意洋洋地将膨胀宇宙的天文观测结果展示给爱因斯坦看时,这位常常被称作"孤独的人"的伟大的科学家后悔不已地说道:"我平生最大的错误就是不该在我的方程中无端地加上宇宙学项。"

哈勃定律宣告了宇宙静态模型是错误的。实际上,很长一段时间在现代实验精度之内,没有察觉"宇宙学项"Λ 的任何物理效应。

但是爱因斯坦是否完全错了呢?1998 年通过哈勃(E. P. Hubble)空间望远镜和 10 米的柯克望远镜,两个国际研究协作组发现,在爱因斯坦宇宙演化方程中的"宇宙学项"Λ＞0,宇宙的膨胀在加速,这又赋予"宇宙学项"Λ 的研究以新的含义。我们已经说过,这里的宇宙学项 Λ 是对暗能量的一种描述,当然,这与爱因斯坦所认定的稳态宇宙的初衷毫无关系。有关问题我们后面还会谈到。

第二节　多普勒效应与哈勃定律

什么叫红移?为什么红移可以判断宇宙在膨胀?我们且从多普勒效应谈起。

一、多普勒红移效应与宇宙的膨胀

什么叫红移呢?研究红移有什么意义呢?话要从多普勒效应说起。多普勒(C. Doppler)是当时属于奥匈帝国的布拉格的一位数学教授。他在 1842 年发现,当发声器离开听众而去时,音调变得低沉,反之,音调则变得尖厉。这叫声波的多普勒效应。后来人们发现所有的波,包括机械波和电磁波(光波)等等,都遵循多普勒效应。

荷兰气象学家拜斯-巴洛特(C. H. D. Buys-Ballot)在1845 年做了一个有趣的实验。他让一队喇叭手站在疾驶而

图 4.7　多普勒(1803—1853)

去的火车敞篷车上,果然测量出喇叭声的声调有变化。这个实验是在荷兰乌德勒支市近郊做的。这在我们乘坐火车旅行,每遇到迎面驶来的另一列车时,时常发现火车的鸣叫会变得更加尖利,屡见不鲜。我们知道声波的频率高声音就尖利,声波的频率低声音就低沉。换言之,当声波的接收器与波源的距离越来越远时,波的频率会变得较低,声波就变得更低沉;光波就会向红光波段移动,即所谓红移。

在可见光中,红光频率最低,蓝光最高。由此可见,如果星系光谱线向红光端漂移,表明该星系远离我们而去,称为红移。反之,光谱线向蓝光端漂移,则表明星系向我们移近,称为蓝移,如图 4.9 所示。

如果说,爱因斯坦的宇宙学方程奠定了现代宇宙学强固的发展基石,那么,哈勃的伟

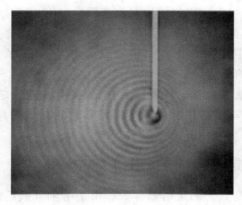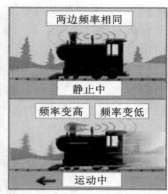

图 4.8　多普勒效应示意图

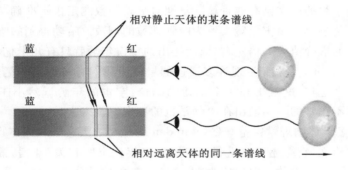

相对静止天体的某条谱线

蓝　　　　　红

蓝　　　　　红

相对远离天体的同一条谱线

图 4.9　红移与蓝移

大发现就揭开了观察宇宙学的帷幕。两者相辅相成，演出了现代宇宙学壮丽的大剧。由于哈勃的发现，现代宇宙学的发展便具有强固的观测基础，为这门学科发展成为目前这样一门精密的学科创造了实验条件。

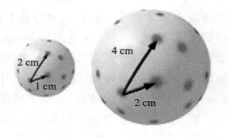

图 4.10　膨胀的球体与红色小斑点

哈勃的发现告诉我们什么呢？首先是宇宙是在不断地膨胀中，并且宇宙是有起点的。这里产生一个问题：所有的星系离我们地球越远，退行速度就越快，是否意味着地球是宇宙的中心？否！

　　设想有一个气球，用颜色在其表面涂上均匀分布的小斑点，把它吹胀。此时呆在任何一个小斑点上的蚂蚁都会看到所有其他斑点都在"逃离"它所在的斑点，并且离它越远的斑点，其退行速度也越快，此时没有一个斑点处于中心。这就彻底否定了任何地心说复燃的可能性。在图 4.10 中，我们也可以直观地看到，为什么宇宙在膨胀时会有哈勃定律出现。图示"气球宇宙"由小到大体积倍增的情况。气球上的点子(星系)互相退离的速度与它们相隔的距离成正比。

　　哈勃定律还证实宇宙学原理实质上是宇宙膨胀的必然结果。如果我们考虑到宇宙在大范围其结构是均匀的，各向同性的，哈勃定律就是非常自然的。均匀性要求宇宙各处的膨胀也是均匀的，就是说，任何两个星系的相对速度必然正比于它们之间的距离。

反过来说,哈勃定律的发现,也可以视为宇宙的结构在大范围内(1亿光年以上)是均匀的这个重要性质的间接证明。后者被英国天文学家米尔恩(E. A. Milne)称之为宇宙学原理。这个结论对于现代人来说,是太自然了。为什么宇宙的这一部分,或某一特定方向,会具有不同于其他部分或其他方向的质量分布呢?

自从哥白尼以来,人们已变得不那么骄傲了。托勒密时代,人类自视为天之骄子,处于宇宙中心的特殊位置的极端狂妄感已不复存在了。宇宙学原理,作为朴素的真理,为人们普遍接受。

二、哈勃常数的精确测量确定了宇宙在加速膨胀

要判断宇宙膨胀的规律,关键问题是如何测定哈勃常数。由于哈勃常数已成为近代宇宙学中最重要也最基本的常数之一,近年来,对它的研究已成为十分活跃的课题。正式发表的有关哈勃常数的论文已有数百篇。早期对哈勃常数测定极不准确,数值偏大,因而导致判断宇宙年龄过小。宇宙年龄大致为哈勃常数的倒数。哈勃得到的哈勃常数的数值竟然比现在得到的准确值大8倍左右,因而给出的宇宙年龄就只有几十亿年。大家知道,地球存在将近50亿年,后来又发现许多遥远的星体距我们有将近100亿光年,就是说它们存在至少有100亿年,这就得到一个荒谬的结论:宇宙的年龄竟然小于其中的天体年龄。这自然是极不正常的。问题出在哈勃常数的测定误差太大。

1989年,著名天体物理学家范登堡(Van den Bergh)为天文学和天体物理评论杂志撰写了一篇权威性论文,它综述了截止到20世纪80年代末所有关于哈勃常数的测量和研究结果,最后认为,哈勃常数的取值应为 $H_d = 67 \pm 8$,单位是公里/(秒·百万秒差距)。就在2012年10月3日,美国航天局宣布,依据该局斯皮策太空望远镜观测结果,美国天文学家发布了号称迄今最精确的哈勃常数。卡内基科学学会天文台天文学家温迪·弗里德曼等人在美国期刊《天体物理学杂志》上报告说,他们根据观测结果推算,哈勃常数为74.3加减2.1公里/(秒·百万秒差距),即一个星系与地球的距离每增加百万秒差距,其远离地球的速度每秒就增加74.3加减2.1公里。这一数据将宇宙膨胀率的不确定性降低到3%,从宇宙测量角度而言,算得上精度的巨大飞跃。

但是这期间最重要的发现是在1998年,三位科学家宣称,宇宙的膨胀速度不是恒定不变的,更不是越来越慢,而是不断加速即越来越快。这可是一个石破惊天的发现!这个结果的出现直接撼动了整个天体物理学和宇宙学界。为什么这个发现引起这么大的震动呢?

首先哈勃定律发现以后,人们一直认为宇宙的膨胀会越来越慢,原因是根据万有引力定律,宇宙大爆炸所产生的冲力在引力的作用和牵制下,星系天体的退行速度应该逐渐趋缓直至稳定平衡。可是这一颠覆性的发现,说明宇宙之中存在着一种与引力作用方向相反(反引力作用力——斥力)、至今人类还没有发现的神秘力量!物理学界把产生这种神秘作用的物质或者能量,称之为"暗能量"。正是这种"暗能量"推动星系天体快速膨胀退行。从此以后,物理学界普遍认为,这种神秘物质——暗能量在宇宙中真实地存在着,它是与我们以前遇到的普通物质完全不同的一种新的神秘的物质形态,大致占宇宙物质总量的四分之三,并且一直在探索它的物理本质和分布状况,成为天体物理和宇宙学的研究热点。

暗能量的发现者是美国加州大学伯克利分校天体物理学家萨尔·波尔马特(Saul Perlmutter)、美国与澳大利亚双重国籍物理学家布莱恩·施密特(Brian P. Schmidt)以及美国科学家亚当·里斯(Adam G. Riess)。由于这一重大发现,他们荣获 2011 年诺贝尔物理学奖,其中一半奖金归属萨尔·波尔马特,另外一半奖金由布莱恩·斯密特和亚当·里斯平分。

图 4.11 萨尔·波尔马特(1959—)(左)、亚当·里斯(1969—)(中)和布莱恩·施密特(1967—)(右)

历史的发展常常具有戏剧性,此次获得诺贝尔物理学奖的波尔马特、施密特和里斯的观测表明宇宙在加速膨胀,宇宙确实存在一种使得宇宙膨胀不断加速的斥力,当初用"宇宙学项"来代表加速膨胀的斥力作用确实是应该的。三位科学家的研究,确认了最初由爱因斯坦提出关于宇宙动力学方程的这种理论,科学的发展在这一历史时刻向世界证明了爱因斯坦的"倔强"是有合理的因素的。

宇宙加速膨胀的发现,尤其是哈勃常数的更精密的测定,使得我们能够比较准确地确定宇宙创生的时间。在 20 世纪 80 年代,人们根据当时的观测资料普遍认为宇宙的年龄大致为 150 亿年,但是,根据最新的观测资料和更准确的哈勃常数,当前科学界普遍公认宇宙诞生的年龄大致为 138 亿年,关于如何判断宇宙年龄以及暗能量的问题,我们在后续章节里面还会详细讨论。

总而言之,峰回路转。20 世纪 90 年代以来,人们发现宇宙的膨胀不是越来越慢,而是越来越快,其效应跟爱因斯坦的"宇宙学项"Λ 一样。人们确信,这种效应是宇宙中存在一种人们前所未知的新的物质形态——暗能量。暗能量具有排斥的效应,这一点同爱因斯坦的"宇宙学项"Λ 完全一样,其物理本质至今尚待查明。我们应该指出,暗能量的存在加速了宇宙的膨胀。

有趣的是,尽管暗能量的本质是什么,物理学家还是一头雾水,莫衷一是。但是,对它的最粗略的但也是比较准确的描述,却是爱因斯坦的"宇宙学项"。如果爱因斯坦活到现在,他还会为他的懊悔而懊悔吗? 换言之,伟大的爱因斯坦的错误似乎也是"伟大的"。

话虽如此,但人们不要忘记爱因斯坦是现代宇宙学的奠基人。他给出的宇宙学的动力学方程,实际上制定了宇宙万物运行的法则。然而,传统俗见在他眼前布下的迷雾,使他在探索宇宙奥秘的征途中趑趄不前了。天才的科学巨匠尚且如此,可见探索宇宙奥秘的步履将是多么的艰难和曲折!

三、超新星哈勃图——观察宇宙膨胀的强有力工具

关于哈勃常数的确定,从 20 世纪末到现在,随着多种新型太空望远镜的发射,尤其是天文学家找到了第二个量天尺——超新星,更为精确更为可靠了。有关情况下两节还会详

细介绍。我们在此只考虑相应的超新星的哈勃图。这里的超新星就是测量的"标准烛光"。

　　Ia 超新星的哈勃图（更确切地说是星等-红移关系）现在成为研究宇宙膨胀历史的最强有力的工具：其线性部分用于确定哈勃常数；弯曲部分可以研究膨胀的演化，如加速，甚至构成宇宙的不同物质及能量组分。利用 Ia 超新星可用作"标准烛光"的性质还可研究其母星系的本动。高红移 Ia 超新星的光变曲线还可用于检验宇宙膨胀理论。可以预计由于宇宙膨胀而引起的时间膨胀效应将会表现在高红移超新星光变曲线上。观测数据表明红移 z 处的 Ia 超新星光变曲线宽度为 z＝0 处的 $(1+z)$ 倍。这为膨胀宇宙理论提供了又一个有力的支持。某些 II 型超新星也可用于确定距离。

　　例如，图 4.12 是佩尔穆特（Saul Perlmutter）等人 1998 年发表的超新星哈勃图，其中横坐标是红移，纵坐标是星等（亮度越暗，星等越大）。几条曲线是不同宇宙学理论模型预言。可以看到，实验数据大体上落在几条曲线上下，但都与理论有所偏离。最终更准确、更严谨的宇宙模型归根结底取决于与观察实验数据更吻合。

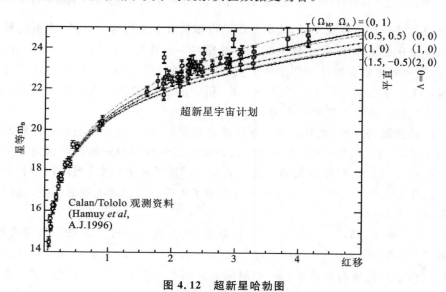

图 4.12　超新星哈勃图

　　总而言之，超新星使得天文学家对宇宙演化的规律有了更准确的认识。我们特别指出，索尔·佩尔穆特（Saul Perlmutter）领导着其中一个团队，即 1988 年启动的"超新星宇宙学项目"（Supernova Cosmology Project）。布莱恩·施密特领导着另一个团队，即 1994 年启动的"高红移超新星研究组"（High-z Supernova Search Team）展开竞争，亚当·里斯在其中起到了至关重要的作用。两个研究团队通过寻找遥远空间中爆发的超新星，展开了绘制宇宙"地图"的竞赛。通过确定这些超新星的距离和它们离我们而去的速度，科学家希望能够揭开宇宙的最终命运。他们本来以为，自己会发现宇宙膨胀正在减速的迹象，这种减速将决定宇宙会终结于烈火还是寒冰。结果，他们发现了完全相反的事实——宇宙膨胀正在加速。看来观测宇宙的宿命是将终结于无限冰冷的黑暗……

　　超新星哈勃图是哈勃定律研究的最新成果。哈勃定律结合最新的宇宙观测资料告诉我们：宇宙是在演化的，大体上是均匀膨胀的；膨胀的规律是早期不断减速，而最近几十亿年却在不断加速；宇宙无论在空间和时间上都是有起点的，宇宙的寿命约为 138 亿年。

第三节　宇宙测量的标尺与宇宙加速膨胀的发现

如果追问,天文学家是如何测量到宇宙膨胀的规律,尤其是近几十亿年来宇宙的加速膨胀呢? 首先是因为,天文学家拥有宇宙测量的标尺——造父变星;更重要的是天文学家在 20 世纪末叶发现了一种新的宇宙标尺——超新星,用于空间范围尺度较大的宇宙学观测。事实上,在以前的天文观测中,涉及的宇宙尺度较小,科学家拥有的宇宙标尺是造父变星。换言之,人类跨入 21 世纪以后,由于天文学家拥有得天独厚的两个量天尺——造父变星与超新星,使得我们的宇宙观测资料的精度和可靠性得到了保证,从而为宇宙学研究奠定了坚实的实验基础。那么什么是宇宙标尺呢? 通俗地说,就是我们测量宇宙空间距离的尺子。为了说明宇宙标尺的含义,先从标准烛光谈起。

一、标准烛光的亮度与距离

我们已经知道:哈勃定律揭示了宇宙在膨胀的惊人事实;对于微波背景各向异性观测的分析表明,宇宙在加速膨胀。在对这些观测资料的分析中,我们遗漏了对两个宇宙标尺——造父变星与超新星的介绍。没有标尺,就无从准确地确定星系之间的绝对距离。幸运的是,"上帝"眷顾科学家们,赐予他们两个天然的测量标尺,从而导致自哈勃的发现以来宇宙观测研究的许多重大突破。

什么叫标尺? 为什么造父变星与超新星是天文学家观测星系之间运动的天然利器呢? 造父变星是哈勃定律发现以后的几十年(就是 20 世纪早期和中晚期)科学家常常利用的宇宙标尺。但是,造父变星辐射的能量(亮度)有限,如果在太遥远的距离我们就难以观测了。因此,它只能作为尺度较小的宇宙空间的距离测量之用。超新星爆发的巨大能量和亮度弥补了它留下的空白,我们能观测到宇宙边缘超新星爆发的信号。因此,它可以作为测量大尺度的宇宙空间距离之用。

为什么造父变星与超新星可以作为宇宙空间距离的标尺呢? 我们首先介绍一个普通光学现象——标准烛光。具有稳定亮度的标准烛光,是测量空间距离所必需的。如图4.13所示。

来自于日常生活的体验,我们观察蜡烛的亮度,实际上取决于蜡烛辐射的光能和蜡烛与眼睛之间的距离。所谓蜡烛的亮度,从科学上来说,就是眼睛所接受的蜡烛辐射的光能,不难看出,它与蜡烛(光源)和眼睛(光的接收器)之间的距离的平方成反比。如果我们选取的蜡烛辐射的光能已经确定都是相同的,则这种蜡烛称为标准烛光。对于标准烛光来说,亮度与距离的平方成反比,这个关系使我们可以从观察到的亮度确定蜡烛与我们之间的距离。在天文的观测上,情况要复杂一些,比如星际空间物质对光能有吸收效应,但大致情况两者是完全类似的。问题在于宇宙空间存在类似的标准烛光吗? 我们如何选取天文观测中的标准烛光呢? 对于天文学家,幸运的是存在类似的标准烛光,而且对于近距离的测量有一个亮度较小的标准烛光——造父变星;对于大尺度的空间距离测量还有一个亮度很强的标准烛光——超新星。

图 4.13　标准烛光的亮度与距离关系的示意图

二、第一个宇宙标尺——造父变星

在 20 世纪初，美国天文学家汉丽埃塔·斯万·勒维特（Henrietta Swan Leavitt）首先找到了亮度较小的标准烛光，就是造父变星（Cepheid variable stars）。实际上她发现了一种测量遥远恒星距离的方法。当时，女性天文学家没有接触大型望远镜的资格，但她们被天文台雇佣来从事分析照相底板的繁重工作。汉丽埃塔·斯万·勒维特研究了上千颗被称为造父变星的脉动变星，发现越明亮的造父变星，脉动的周期也越长。利用这种所谓周光关系的信息，勒维特能够计算出造父变星自身的亮度。

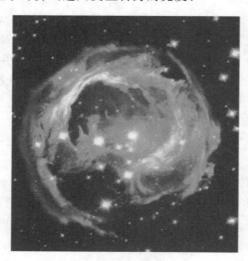

图 4.14　造父变星

只要有一颗造父变星的距离是已知的，其他造父变星的距离就可以推算出来——恒星的光显得越暗，它的距离就越远。一种可靠的标准烛光就这样诞生了，直到今天，它们仍是宇宙距离标尺上的第一个标记。利用这些造父变星，天文学家很快就得出结论——银河系只是宇宙中许多星系中普普通通的一个。

造父变星是变星的一种,所谓变星指光度在不断变化的星体。大多数造父变星在光度极大时为 F 型星(中等温度的热星);在光度极小时为 G 型星(像太阳那样比较冷的星)。典型星是仙王座 δ。1784 年约翰-古德利发现了它的高光度周期性的光变现象,1908—1912 年哈佛天文台的勒维特在研究大麦哲伦星云和小麦哲伦星云时发现了上述造父变星的周期-光度关系。

　　例如,仙王座 δ 星最亮时为 3.7 星等,最暗时只有 4.4 星等,这种变化很有规律,周期为 5 天 8 小时 47 分 28 秒。这称作光变周期。这类星的光变周期有长有短,但大多在 1 至 50 天之间,而且以 5 至 6 天为最多。由于我国古代将"仙王座 δ"称作"造父一",所以我国天文学家便把此类变星都叫做造父变星。人们熟悉的北极星也是一颗造父变星。

图 4.15　勒维特(1868—1921)

图 4.16　造父驾驭周穆王 8 骏马西行图

　　造父是我国西周历史人物,是西周善御者,为赵国和秦国的始祖。传说他在桃林一带得到 8 匹骏马,调训好后献给周穆王。周穆王配备了上好的马车,让造父为他驾驶,经常外出打猎、游玩,有一次西行至昆仑山,见到西王母,乐而忘归,而正在这时听到徐国徐偃王造反的消息,周穆王非常着急,在此关键时刻,造父驾车日驰千里,使周穆王迅速返回了镐京,及时发兵打败了徐偃王,平定了叛乱。造父星是为了纪念他而命名的。

　　美国著名天文学家哈勃就是利用仙女座星系中的造父变星,测定了仙女座星系的距离,随后巴德又对其进行了修正,证实了它是一个河外星系。随着越来越多河外星系的发现,人们终于明白我们所在的银河系实际上是宇宙中无数个星系中的极普通的一员。自汉丽埃塔·斯万·勒维特发现造父变星的秘密以来,天文学家在越来越远的距离上找到了许多其他的造父变星,作为新的标尺。但是,造父变星辐射的能量有限,随着探测的距离越来越远,达到数十亿光年以外,造父变星已经无法看见,必须寻找新的宇宙标尺。这个新标尺便是超新星。

三、第二个宇宙标尺——超新星

　　超新星(supernova)是天文学家找到的第二个标准"烛光",或者说"量天尺"。

　　超新星是某些恒星在演化接近末期时经历的一种剧烈爆炸。人类在历史上用肉眼直接观测到并记录下来的超新星,只有 6 颗。我国古代对超新星的纪事既丰富又系统,从公元前 1 400 年的商代到 17 世纪末的清代,我国史书记载了 12 颗超新星。其中记载的1054 年爆发的超新星,又被国际上命名为中国超新星。

图 4.17　M1 金牛座蟹状星云（中国超新星爆发遗迹）

图 4.18　钱德拉塞卡（1910—1995）

　　2016 年 1 月，中国科学家观测到最强超新星的亮度为太阳的 5 700 亿倍。世界上的专业和业余天文学家每年能发现几百颗超新星（2005 年 367 颗，2006 年 551 颗，2007 年 572 颗），例如 2005 年发现的最后一颗超新星为 SN 2005 nc，表示它是 2005 年发现的第 367 颗超新星。

　　超新星爆炸都极其明亮，爆炸过程中所突发的电磁辐射经常能够照亮其所在的整个星系，并可持续几周至几个月才会逐渐衰减变为不可见。在这段期间内一颗超新星所辐射的能量可以与太阳在其一生中辐射能量的总和相媲美。恒星通过爆炸会将其大部分甚至几乎所有物质以可高至十分之一光速的速度向外抛散，并向周围的星际物质辐射激波。这种激波会导致形成一个由膨胀的气体和尘埃构成的壳状结构，这被称为超新星遗迹。

　　超新星有几种不同类型，其形成机制大致分两种：一种是由于衰老的大质量恒星核无法再通过热核反应产生能量，以抵抗引力坍缩而变为一个中子星或黑洞，引力坍缩所释放的引力势能会加热并驱散恒星的外层物质。对于白矮星及其伴星构成的双星系统，当白矮星超过 1.38 倍太阳质量（钱德拉塞卡极限）时，其强大的引力会从它的伴星身上抢夺气体，系统无法维持，白矮星内部会变得足够炽热，启动一场失控的核聚变反应，整个恒星系统产生剧烈爆发，形成所谓一类特殊的恒星爆炸——Ia 型超新星。在短短几个星期之内，单单一颗这样的超新星发出的光足以与整个星系相抗衡。这类超新星是白矮星（white dwarf）爆炸的结果——这种超致密老年恒星像太阳一样重，却只有地球这么大。这种爆炸是白矮星生命循环中的最后一步。

　　附带说明，印度裔美国籍物理学家和天体物理学家苏布拉马尼扬·钱德拉塞卡（Subrahmanyan Chandrasekhar），在恒星内部结构理论、恒星和行星大气的辐射转移理论、星系动力学、等离子体天体物理学、宇宙磁流体力学和相对论天体物理学等方面都有重要贡献。1983 年因在星体结构和进化的研究方面的成就而获诺贝尔物理学奖。他算过白矮星的最高质量，即钱德拉塞卡极限。所谓"钱德拉塞卡极限"是指一颗白矮星能拥有的最大质量，任何超过这一质量的恒星将以中子星或黑洞的形式结束它们的命运。

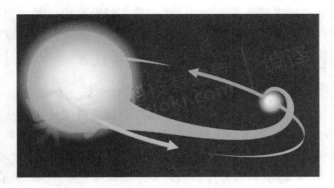

图 4.19　白矮星从其伴星掠夺气体物质

　　由于地面和太空中越来越多、越来越先进的望远镜投入运行，以及功能越来越强大的计算机，在 20 世纪 90 年代对超新星的观测开启了全新的可能性，让天文学家有能力为宇宙学拼图填上更多空缺的内容。其中最关键的技术进步，就是光敏数码成像传感器 CCD 的发明——发明者威廉·波义耳（Willard Boyle）和乔治·史密斯（George Smith）因为这项发明获得了 2009 年诺贝尔物理学奖。

　　为了清楚起见，我们稍加介绍超新星爆发。超新星爆发是濒于死亡的大质量恒星发出的能量巨大的壮丽爆发景象，发出的亮度是几十亿颗恒星亮度的总和。天文学家发现，测定超新星的亮度，可以用来判断宇宙膨胀的速率。在宇宙减速膨胀中诞生的星体，其发出的光到达地球时，该星体和地球之间的距离由于膨胀减速的原因要比预计的近，因而地球上的观测者会发现其光要比预计的更亮。（图 4.20 为超新星的爆炸）

　　至于超新星为什么可以作为标准烛光，原因是白矮星发生超新星爆炸时大多都比较接近钱德拉塞卡质量，因此其爆炸时的亮度大致相同。这样，Ia 型超新星就有可能作为"标准烛光"来使用：假定所有超新星的"绝对亮度"也就是本身的亮度相等，那么根据观测到的一颗 Ia 超新星的视亮度，就可以推测它到达我们所在的地球的距离。

图 4.20　超新星爆发

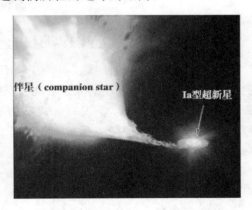

伴星（companion star）

Ia型超新星

图 4.21　当白矮星超过 1.38 倍太阳
质量时形成 Ia 型超新星

　　另一方面，我们还可以观测到这些超新星的光谱，从中测出超新星的"红移"。比如，一条原来为 615 纳米的谱线，经过红移后变为 1 230 纳米，那么我们就说这个超新星的红移 z＝1，因为观测到的谱线长度是原来的(1＋z)倍。如果我们把测到的超新星的红移和距离一一对应起来，我们就可以画出所谓哈勃图，不同的宇宙学模型的哈勃图是不一样的，因此用这种办法，可以测出宇宙到底是什么样的。在第四章第二节的图 4.12 就是这样作出来的。

科学家发现暗能量，超新星也功不可没。1997 年哈勃太空望远镜拍摄到一颗超新星，编号为"1997ff"(图 4.22)。美国马里兰州太空望远镜研究所和劳伦斯伯克利国家实验室的天文学家通过对该超新星光线的相对强度进行的研究表明，"1997ff"爆发于 110 亿年前，是迄今发现的最遥远的超新星，当时宇宙的年纪只有现在的四分之一，宇宙的膨胀很可能经历了一个先减速、后加速的过程。科学家为爱因斯坦的"暗能量"理论找到了第一个直接证据。

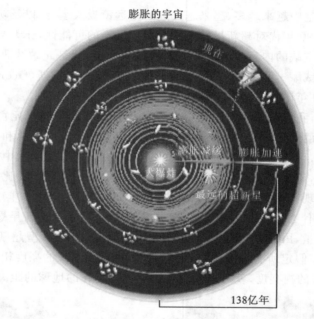

图 4.22　哈勃太空望远镜拍摄到的"1997ff"

经过大量的分析和计算表明，"1997ff"的亮度是预计正常亮度的两倍，比距离更近、更年轻的超新星爆炸发出的光还要亮。科学家据此判定，这颗超新星爆发于宇宙的减速膨胀阶段。科学家指出，新发现和此前的观测结论相结合，证实了宇宙膨胀先减速后加速，同时也证明宇宙中确实存在"暗能量"。暗能量的问题我们在后面还要详细讨论，其物理本质有待科学家的进一步研究和讨论。

总之，最新的天文观测资料表明，宇宙在存在期间内(138 亿年)其演化的大致规律可以用图 4.23 表示。

2011 年瑞典皇家科学院宣布佩尔穆特、施密特和里斯因为"通过观测遥远超新星发现宇宙的加速膨胀"而获得诺贝尔物理学奖。科学家从相关的研究得到宇宙的物质组分为普通强子物质占 4%，暗能量占 73%，暗物质占 23%，如图 4.24 所示。图 4.25 则为颁奖的现场。

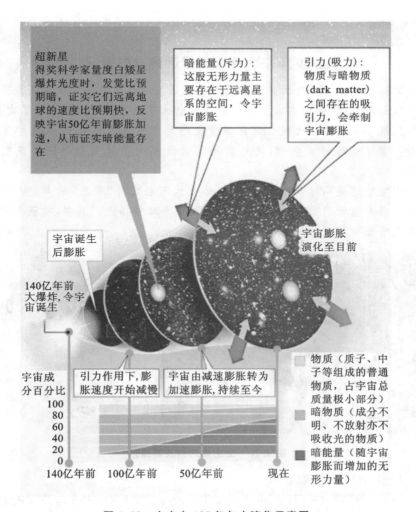

超新星
得奖科学家量度白矮星爆炸光度时，发觉比预期暗，证实它们远离地球的速度比预期快，反映宇宙50亿年前膨胀加速，从而证实暗能量存在

暗能量(斥力)：这股无形力量主要存在于远离星系的空间，令宇宙膨胀

引力(吸力)：物质与暗物质（dark matter）之间存在的吸引力，会牵制宇宙膨胀

宇宙诞生后膨胀

宇宙膨胀演化至目前

140亿年前大爆炸，令宇宙诞生

宇宙成分百分比

引力作用下，膨胀速度开始减慢

宇宙由减速膨胀转为加速膨胀，持续至今

100
80
60
40
20
0
140亿年前　100亿年前　50亿年前　现在

物质（质子、中子等组成的普通物质，占宇宙总质量极小部分）

暗物质（成分不明、不放射亦不吸收光的物质）

暗能量（随宇宙膨胀而增加的无形力量）

图 4.23　宇宙在 138 亿年中演化示意图

物质
matter

dark energy
暗能量

dark matter
暗物质

图 4.24　观察宇宙的组分示意图

图 4.25　2011 年瑞典皇家科学院宣布佩尔穆特、施密特和里斯因为"通过观测遥远超新星发现宇宙的加速膨胀"而获得诺贝尔物理学奖的场面

阅读材料 4-1

近 30 年来太空天文望远镜发射概况

太空望远镜一直是天文学家的梦想。因为通过地面望远镜观测太空总会受到大气层的影响,因而在太空设立望远镜意味着把人类的眼睛放到了太空,盲点将降到最小。地球的大气层对许多波段的天文观测影响甚大,天文学家便设想若能将望远镜移到太空中,便可以不受大气层的干扰从而得到更精确的天文资料。

太空望远镜从地球上发射,安放于在大气层之外"朦胧"的太空。凭借其惊人的视野与敏锐的"洞察力",宇宙的奥秘正不断被揭开。其中,收获最为丰富的典型是哈勃望远镜。

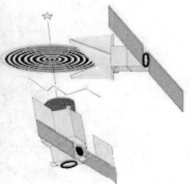

图 4.26　太空望远镜及其原理

（一）哈勃太空望远镜

哈勃太空望远镜(Hubble Space Telescope,缩写为 HST),是以天文学家哈勃命名,在轨道上环绕着地球的望远镜。于 1990 年 4 月 24 日发射之后,已经成为有史以来最大、最精确的天文望远镜。它上面的广角行星相机可拍摄到几十到上百个恒星照片,其清晰度是地面天文望远镜的 10 倍以上,其观测能力等于从华盛顿看到 1.6 万千米外悉尼的一只萤火虫。

哈勃太空望远镜所收集的图像和信息,经人造卫星和地面数据传输网络,最后到达美国的太空望远镜科学研究中心的哈勃太空望远镜接收地面控制中心(美国马里兰州的霍普金斯大学内),利用这些极其珍贵的太空图像和宇宙资料,科学家们取得了一系列突破性的成就。沉寂多年的天文学领域,正发生着天翻地覆的变化。

哈勃太空望远镜自运行 26 年来,重要发现很多,我们下面仅介绍与宇宙学有关的发现。哈勃太空望远镜自运行 26 年来,在天文观察中取得了丰硕的成果。其观察资料数量之多、之精密都是史无前例的。

图 4.27　哈勃太空望远镜的雄姿

1）哈勃太空望远镜的观测首次证实暗物质的存在

天文学家基于哈勃太空望远镜的观测数据研究土星与星系群碰撞时,找到了暗物质存在的有力证据。他们对星系群 1E0657-56 进行了观测,该星系群也被称为"子弹星系群",他们发现两组星系在重力拉伸作用下暗物质和正常宇宙物质被分离开了,这项研究首次证实了暗物质的存在,这种无形物质是无法通过望远镜进行探测的。暗物质构成了宇宙的主要质量,并构成了宇宙的底层结构。暗物质能与宇宙正常物质(比如气体和灰尘)发生重力交互作用,促进宇宙正常物质形成恒星和星系。

图 4.28　首次证实暗物质的存在

哈勃太空望远镜取得的观测资料,结合其他的观测例如超新星红移,帮助科学家发现宇宙在近 50 年加速膨胀。普遍认为暗能量是加速膨胀的原因,暗物质在宇宙大爆炸开始的几十亿年,对于宇宙的膨胀扮演减速的角色。随着宇宙膨胀其分布密度降低,而暗能量则变化较小,因此在与引力的拔河竞争中,最后超越了暗物质,促进宇宙以更快的速度进行膨胀。

2）精确地估算出宇宙的年龄

哈勃太空望远镜的观测结果帮助我们通过以下两种方法精确地计算出宇宙的年龄:第一种方法是依赖测量宇宙膨胀的比率,结果显示宇宙的年龄大概是

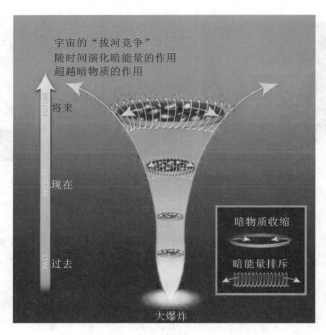

图 4.29　观测到加速宇宙

图 4.30　宇宙的年龄（年老昏暗的白矮星光）

图 4.31　探测到冥王星的卫星

138 亿年；第二种方法是通过测量叫做白矮星的年老昏暗恒星所释放出的光线，该方法证实宇宙存在至少 120 亿～130 亿年。图 4.31 为最近用哈勃太空望远镜发现的冥王星的卫星。

3）发现汉妮天体（Hanny's Voorwerp）

类星体令人难以捉摸，非常神秘。自从 1963 年发现以后，天文学家就一直致力于探测类星体是如何辐射巨大的能量。类星体并不比太阳系大，但是其亮度却与拥有数千亿颗恒星的星系相当。2011 年科学家用哈勃太空望远镜揭开了一个神秘天体的面纱——汉妮天体，它是一个死亡的类星体。荷兰大学教师汉妮·范·阿克尔（Hanny van Arkel）在 2007 年参与"星系动物园"在线项目时发现一个死亡的类星体,距地球约 6.5 亿光年,被称为汉妮天体。图 4.32 为哈勃太空望远镜拍摄到汉妮天体的精细照片。汉妮天体是一团巨大的炙热气体。天文学家推测,汉妮天体所发出的光,来自于一个名为 IC2497 的相邻星系的辐射。

图 4.32　哈勃太空望远镜拍摄的汉妮天体

4)观测到巨大星系的形成过程

哈勃太空望远镜提供了星系如何演变为现今所观测到的巨大星系的过程,它拍摄到遥远宇宙星系一系列独特的观测照片,许多星系存在仅 7 亿年,这项观测提供了宇宙以可见光、紫外线和近红外线视角下的景象。

图 4.33　完整的星系形成过程

5）探测到超大质量的黑洞

哈勃太空望远镜探测到星系的浓密中心区域，并强有力地证实超大质量黑洞位于星系中心位置。超大质量黑洞紧裹着数百万至数十亿颗太阳的质量。这里拥有许多重力，使其能吞并周围的任何物质。这种复杂的"吞并机制"并不能直接观测到，这是由于甚至光线也难逃重力的束缚。但是哈勃太空望远镜能够直接进行探测，它帮助天文学家通过测量黑洞周边物质旋转速度测量出几个超大质量黑洞的质量，如图4.34所示。

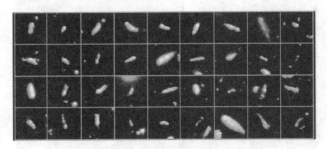

图 4.34　超大质量黑洞"称重"

6）观测到宇宙中最强烈的爆炸

科学家曾猜测地球大气层臭氧层中可燃烧强大的光线束和其他放射物质，但幸运的是像如此强烈的辐射不会发生在地球上，只存在于较遥远的宇宙区域。如图4.35所示，这种强烈的爆炸称为伽马射线爆，它可能是自宇宙大爆炸之后最强烈的爆炸事件。哈勃太空望远镜显示放射物质在遥远星系中短暂的闪光，这里的恒星形成概率非常高，该望远镜的观测结果证实强大的光线束源自超大质量恒星的崩溃。

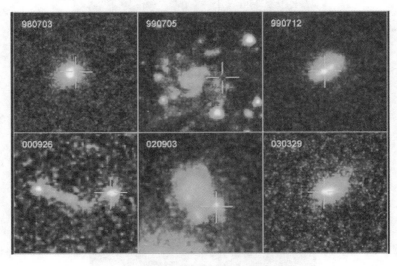

图 4.35　宇宙中最强烈的爆炸

7）观测到在恒星周围的灰尘盘中行星的形成

天文学家通过哈勃太空望远镜证明了行星可形成于恒星周围的灰尘盘，对它的观测结果显示之前已探测到一颗行星位于恒星 Epsilon Eridani 旁，并以地球视角的 30 度进行环绕，同样恒星的灰尘盘也有相同的倾斜角度。虽然天文学家长期推断行星形成于这样的灰尘盘，但这是经观测而证实的研究。

图 4.36　行星诞生于恒星灰尘盘

这颗类似太阳的恒星在生命的最后历程中，向太空喷射最外层的气态层，这一气态层开始燃烧，释放出红色、蓝色和绿色，它被称为"行星状星云"。图 4.36 为艺术家想象的行星诞生的场景，而图 4.37 则为 2006 年 12 月所观测到的超新星 1987A 的爆发，实际上意味着一个巨大恒星的绚丽死亡。

图 4.37　恒星绚丽地死亡（2006 年 12 月 1987A 超新星）

（二）辉耀星空的太空望远镜

自从哈勃太空望远镜发射以后，科学家还陆续发射了红外线太空望远镜、空间干涉望远镜、地外行星搜寻者、斯皮策太空望远镜、康普顿伽马射线太空望远镜、钱德拉 X 射线太空望远镜、费米伽马射线太空望远镜、COBE 卫星、WMAP 探测器、普朗克空间探测器、开普勒探测器等。这些望远镜和探测器宛如火树银花辉耀在星空上，为人类提供了越来越多、越来越精密的天文观测资料和宇宙的奥秘。在此，我们只介绍其中比较典型的几种太空望远镜。

1）红外线太空望远镜

IRAS望远镜于1983年升空，其后1995年欧洲红外线太空望远镜（the Infrared Space Observatory，ISO空间红外线望远镜）于1995年发射升空。2003年8月25日斯皮策太空望远镜（Space Infrared Telescope Facility）发射升空，是人类史上最大的红外线波段太空望远镜，取代了原来的IRAS望远镜。红外线望远镜在外层空间、处于极低温的条件下进行观测时，红外波段的宇宙"面容"纤毫毕现，较之于地面观测将清晰百万倍。其观测波段为3微米到180微米波长，由于地球大气层会吸收部分的红外线，而且地球本身也会因黑体辐射而发出红外线，所以在地球表面无法获得红外波段的天文资料。

图4.38　斯皮策太空望远镜及其发现的星云

2）空间干涉望远镜

空间干涉望远镜于2005年3月被送入预定轨道。进入轨道空间后将释放排列成长达9米的望远镜阵。运用光学干涉技术，其最终的空间分辨率可优于哈勃太空望远镜近千倍。建造空间干涉望远镜，要求极高的技术水平，它的应用将使天文学家分辨遥远恒星的能力迈上一个新的台阶。

3）钱德拉X射线太空望远镜

美国哥伦比亚号航天飞机1999年7月23日升空，把钱德拉X射线太空望远镜（Chandra X-ray Observatory）送到了太空。这一空间天文望远镜将帮助天文学家搜寻宇宙中的黑洞和暗物质，从而更深入地了解宇宙的起源和演化过程。

钱德拉X射线太空望远镜的造价高达15.5亿美元之巨，加上航天飞机发射和在轨运行费用，项目总成本高达28亿美元。它是迄今为止人类建造的最为先进、也最为复杂的太空望远镜，被誉为"X射线领域内的哈勃"。

图4.40为2014年该望远镜所拍摄的行星状星云濒死恒星X射线图像。作为恒星晚年的产物，行星状星云寿命约数万年，行星状星云一直都是天体物理学家们研究恒星末期的最佳场所，不过由于其昏暗、亮度极低、形态极端复杂多变，没有一个是肉眼可观察到的。

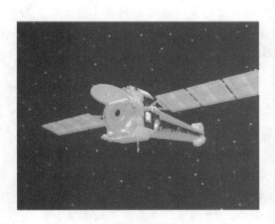

图 4.39 钱德拉 X 射线太空望远镜

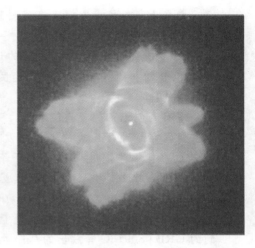

图 4.40 行星状星云濒死恒星 X 射线图像

4）费米伽马射线太空望远镜

费米伽马射线太空望远镜于 2008 年 6 月发射升空。这台世界上最强大的望远镜是通过高能伽马射线观察宇宙，最初这个天文台被称作"伽马射线广域空间望远镜"（Gamma-ray Large Area Space Telescope），发射前就已经预定，在发射后两个月内为这台望远镜重新命名并征集公众和科学家意见，进行选择。当这台望远镜建成后开始正常运行时，NASA 宣布给它重新命名为费米伽玛射线太空望远镜，以纪念高能物理学的先驱者恩里科·费米（Enrico Fermi）。

图 4.41 费米（1901—1954）和费米伽马射线太空望远镜

该望远镜发射以来，已取得多方面的成果。重要的成果如下。

验证爱因斯坦光速理论。2009 年 10 月 29 日消息，据美国太空网报道，美国航天局费米伽马射线太空望远镜在一年来的观测中，发现了最新的高能光线，从而证明了爱因斯坦关于光速理论的正确性。

2009 年 5 月 10 日，费米伽马射线太空望远镜和其他探测卫星观测到一次所谓的"短伽马射线爆发"，被命名为"GRB 090510"（GRB：伽马射线爆的英文缩写）。天文学家认为这种爆炸发生在中子星相撞时。进一步研究表明爆炸发生在 73 亿光年外的星系中。

费米伽马射线太空望远镜观测到了 2.1 秒的剧烈爆炸,放射出很多伽马射线量子,形成两股巨大能量流,其中一股的能量比另一股的高出近 100 万倍。经过 70 多亿光年的旅行,它们之间的速度仅有 0.9 秒的差别。这个结果表明,在 10 亿亿分之一秒内,两股量子的速度都是一致的。证实爱因斯坦的相对论是正确无误的!

观察到创记录的超高能爆炸。费米伽马射线太空望远镜的次级装置伽马射线监视器在超过 250 次的爆炸中发现了低能量伽马射线。该望远镜则观测到 12 次的高能爆炸,其中 3 次还创下了新的记录。

GRB 090510 是观测到的最远爆炸,释放出的物质以光速的 99.99995% 运行。2009 年 9 月份观测到的 GRB 090902B 是放射出的伽马射线能量最高的爆炸,释放出相当于 334 亿伏特的电量,是可见光能量的 130 亿倍!2015 年观测到的 GRB 080916C 释放出的总能量最多,相当于诞生了 9 000 个超新星!

5)普朗克宇宙背景辐射探测器(简称普朗克探测器)和赫歇尔空间望远镜

欧洲航天局(ESA)于 2009 年 5 月 14 日发射普朗克探测器(Planck)和赫歇尔空间望远镜(Herschel)。赫歇尔空间望远镜工作在远红外波段,口径 3.5 米,超过哈勃,是最大的空间望远镜。因携带的制冷剂有限,赫歇尔空间望远镜在第 2 拉格朗日点工作 3 到 4 年,项目耗资 10 亿欧元。

图 4.42　普朗克探测器和赫歇尔空间望远镜及其发射

赫歇尔空间望远镜实质上是一个太空望远镜,是人类有史以来发射的最大的远红外线望远镜,宽 4 米,高 7.5 米,其镜面以轻质金刚砂为材料,直径达到 3.5 米,约是哈勃望远镜镜面直径的 1.5 倍。它以英国天文学家威廉·赫歇尔(Friedrich Wilhelm Herschel)的名字命名。赫歇尔是恒星天文学的创始人,被誉为恒星天文学之父。

赫歇尔空间望远镜携带约 2 000 升超流体氦,可以起到冷却望远镜的作用,使望远镜的内部工作温度接近绝对零度(零下 273.15 摄氏度),因而尽可能地降低仪器本身的辐射,达到最优的观测效果。赫歇尔空间望远镜凭借先进的仪器,可探测更多的远红外线范围内的星体——银河系内和银河系之外的。它还能够对宇宙尘埃和气体进行观测,探索银河系之外恒星的形成,发现宇宙形成的奥秘。赫歇尔空间望远镜主要用于研究星体与星系的形成过程。

普朗克探测器高度只有 1.5 米,以德国物理学家马克斯·普朗克(Max Karl

图 4.43　赫歇尔(1750—1848)和普朗克(1858—1947)

Ernst Ludwig Planck)的名字命名,携带了一系列敏锐度极高的仪器,主要用于对宇宙微波背景辐射进行深入探测。普朗克是德国著名的物理学家,为现代量子理论的创始人。

　　为了保证观测的精确,普朗克探测器的最低工作温度仅比绝对零度高出0.1摄氏度。另外,普朗克探测器还将对宇宙中主要的微波散射源进行测绘,推断暗物质的密度,从而拓展天体物理学的研究领域,帮助天文学家加深对宇宙结构和构成的了解。

　　中国参与了赫歇尔空间望远镜核心设备的研制,正式成为其国际合作伙伴。图 4.44 就是该望远镜拍摄的有史以来的第一张宇宙全景图。

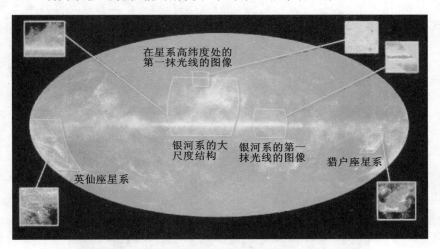

图 4.44　赫歇尔空间望远镜拍摄的第一张宇宙全景图

(三) 开普勒空间望远镜及地外行星的寻找

　　2009 年 3 月 6 日,美国国家航天局(NASA)从佛罗里达州卡纳维拉尔角空军基地发射开普勒空间望远镜(Kepler),耗资 6 亿美元,预计花 3.5 年的时间,在绕行太阳的轨道上,观测 10 万颗恒星的光度,检测是否有行星凌星的现象(以凌日的方法检测行星),目的在于寻找地外行星。为了纪念德国天文学家约翰内斯·开普勒,这个望远镜被称为开普勒空间望远镜。由于行星本身不发光而且质量较小,因此一般不能直接观察到。哈勃太空望远镜曾经找到过第一颗地外行星。实际上,也可以说是寻找宇宙中的智慧生命。只有行星,尤其是类地行星,即大小、质量和温度与地球的相去不远的行星,才最有可能存在生命,智慧生命。这是读者最为关心的问题之一。2013 年 5 月,在搜寻太阳系外类地行星方面功能最为强大的美国航天局开普勒空间望远镜发生重大故障,基本停止了正常的观测工作。在经过数个月的努力后,美国航天局于 2013 年 8 月 15 日宣布放弃修复开普勒空间望远镜。开普勒空间望远镜由此结束搜寻太阳系外类地行星的主要任务,但它仍可能被用于其他科研工作。

下面,我们稍为详细地介绍开普勒空间望远镜的具体成果。开普勒空间望远镜最初发现的行星都是短周期行星。随着观测的持续,更多长周期的候选行星有望被发现。截止到 2011 年 12 月,总共有 2 326 颗候选行星被发现。其中:207 颗与地球大小相似,680 颗大小超过地球,1 181 颗为海王星大小,203 颗为木星大小,55 颗则比木星更大。此外,48 颗候选行星被发现位于可居住区。开普勒空间望远镜团队估计,大约有 5.4% 的恒星拥有地球大小的候选行星,而 17% 的恒星则有多颗行星。时至今日,所有这些数目都翻了几番。

开普勒空间望远镜的任务是寻找类地行星,例如,开普勒空间望远镜最早发现的第一批围绕恒星 Kepler-9 运转的两颗行星——Kepler-9b 和 Kepler-9c,如图 4.45 所示。Kepler-9b 和 Kepler-9c 是开普勒空间望远镜探索任务的第一个多星球星系。这些像土星大小的星球围绕着它们的母星运转,运转的周期大约分别为 19 天和 38 天。后来证实还有第三颗比地球质量大得多的行星也存在于这个星系中。

图 4.45　Kepler-9b 和 Kepler-9c

开普勒空间望远镜找到的与地球最相似的行星是 Kepler-10b。该行星是一个类似于我们地球的岩石星球。其半径大约是地球的 1.4 倍,质量是地球的 4.6 倍,密度上类似于铁质哑铃,围绕其母星运转周期不足一天。考虑到它与其母星极为贴近,许多人认为 Kepler-10b 更像一颗超级水星,而不是地球。

开普勒空间望远镜找到的与我们地球相隔最近的行星是 Kepler-22b。这颗星球距离地球 600 光年,而且半径为地球的 2.4 倍。它围绕着一颗太阳一样的

图 4.46　Kepler-10b

恒星运转,公转周期大约为 290 天,比我们地球的一年稍短。目前尚未查明其构成,但是如果它有大气的话,很可能上面存在巨大的海洋和生命。

图 4.47　Kepler-22b

　　开普勒空间望远镜观察到的有史以来"最小太阳系"Kepler-42。这个星系的恒星是红矮星,周围环绕着三颗比地球还小的岩石星球,最小的大约只有火星大小。所有行星的公转周期都不足两天,这就意味着它们全都太热而无法存在任何生命。

图 4.48　Kepler-42

据美国宇航局网站（NASA）消息，北京时间 2015 年 7 月 24 日凌晨，天文学家确认发现首颗位于"宜居带"上体积最接近地球大小的行星（代号为 Kepler-452b），这是人类在寻找另一颗地球的道路上的重要里程碑。这个行星跟地球的相似指数为 0.98，是至今为止发现的最接近地球的"孪生星球"，有可能拥有大气层和流动水。Kepler-452b 的发现使已确认系外类地行星的数量增加到 1 030 颗，所谓系外类地行星的含义是太阳系外类似于地球的行星。

人类在幻想中构建了辉煌的外星文明，想象力扩展到了其他星体。自从 20 世纪 30 年代以来，火星人或者外星人的小说电影不计其数。但在现实中，寻找外星生命最大的成绩还只是发现"火星上曾经有液态水"类似的成果，连是否有过微生物都不确定。至于地球以外发现的有机物，也只是甲烷之类，完全可以由非生命过程发生。就目前的证据而言，生命只在我们这颗行星上存在，只进化出来过一次，都使用同一套化学机制。我们地球人难道就是宇宙中唯一的高级智慧生命吗？我们真是感到寂寞非常啊！

宇宙中固然可能存在与地球生命完全不同的生命形式，但从与我们相似的角度找起，是非常自然的。环境与地球越相似的行星，就越有可能孕育生命（所以我们对火星考察这么热衷），最关键的两点就是：位于"宜居带"内，温度适宜；由岩石组成，呈固态而不是气态（这与行星的大小直接相关）。

在人类已经发现的几千颗太阳系外候选行星中，大多数并不符合以上条件，像 Kepler-452b 这样的已经足够令科学家激动了，他们觉得这已经跟地球很像，可以提供很多有意思的研究线索，帮助更好地判断宇宙中到底有多少宜居行星。天文学家表示，当前人类对于类地行星观测和地外生命研究，关系到未来人类是否可以移民外星球等现实命运问题。同样，有助于解答人类的命运问题：宇宙中是否有其他适于生存的星球，生命如何起源，人类的存在是否是独特的，是否有其他的生命等。

图 4.49　幻想中的火星人

类似的后续的计划发射任务还有：凌日外行星勘测者（Transiting Exoplanet Survey Satellite，TESS）和太空干涉测量任务（Space Interferometry Mission）。

欧洲航天局(ESA)类似项目是 2016 年发射的"达尔文"(Darwin)。最大的项目是 NASA 的地外行星搜寻者(Terrestrial Planet Finder),处于计划起草阶段。

　　总而言之,近 30 年来天文观测手段正以一日千里的态势迅速发展,观察资料的丰富、精密、全面、系统,在以前任何时候都是无法想象的。我们现在拥有的天象资料和宇宙演化的信息是以往人类文明所拥有总量的不知多少倍。这就是现代宇宙学高速发展的实验基础和观测背景。没有坚实的科学的理论基础,没有理论物理学家和宇宙学家的艰苦探索和天才观测,现代宇宙学的发展是难以想象的。但是,如果没有可靠的科学观察资料,宇宙学的发展就变成空中楼阁,无源之水,无本之木。

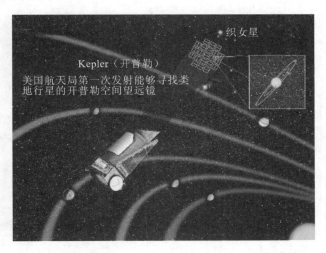

图 4.50　开普勒空间望远镜及其使命——寻找类地行星

　　(1) 为什么说爱因斯坦的宇宙学方程是现代宇宙学的基石?为什么在牛顿的引力理论框架内不可能建立一个自洽的宇宙学理论?

　　(2) 宇宙学原理是爱因斯坦的宇宙学方程可解的前提条件,但是这个原理与现在的天文学观测资料相吻合吗?在这样前提下,根据爱因斯坦的宇宙学方程所得到的各种宇宙模型可以分为几大类型?判断不同宇宙模型正确性的最重要因素是什么?

　　(3) 在实验室中,为什么可以由标准烛光的亮度判断光接收器与烛光的距离?具体来说,这个亮度与距离成什么样的数量关系?

　　(4) 在天文测量中,有哪两类星体可以作为天文测量的标准烛光(或者说是量天尺)?测量近距离的标准烛光是什么星体?测量大尺度范围的标准烛光是什么星体?这两类星体可以作为天文测量的标准烛光的原理是什么?

　　(5) 哈勃定律的内容是什么?在测量宇宙演化中,它扮演什么重要的角色?这个定律是实验观察的结果,还是理论探索的结果?

（6）为什么说哈勃定律告诉我们,观测宇宙无论是在时间还是空间上都是有起点的? 为什么说它推翻了牛顿的绝对时间和绝对空间的概念? 为什么说它给予了爱因斯坦的宇宙模型——时空有限的演化模型的主要内容以实验支持?

（7）近30年来,太空望远镜的陆续发射为宇宙学的发展以强力支持,宇宙学迅速发展成为一门精密的科学。这一事实说明了科学与实践有什么关系? 理论研究和实验有什么关系?

（8）你对探寻太空中的智慧生命感兴趣吗? 请你谈谈最近在天文学观测和星际探测中有哪些关于地外生命发现的进展。

第五章　大爆炸标准模型及它所描述的宇宙演化图像

爱因斯坦的理论预言：我们观测的宇宙在时间和空间上都有起点，尤其在这一预言完美地由哈勃定律的实验观察所证实的基础上，伽莫夫等人在 20 世纪 50 年代提出了著名的大爆炸模型。该模型汲取了 20 世纪中叶原子核物理和高能粒子物理的研究成果，发展为大爆炸标准模型，比较完美地描述了宇宙演化的图像，尤其是早期演化的图像。这个标准模型的最重要预言即宇宙中存在微波背景辐射，在 20 世纪 60 年代得到了证实，并且在 90 年代得到了进一步完美的验证，从而使它成为广大科学界所公认的精密科学理论。本章的基本要点是大爆炸标准模型的内容、微波背景辐射的发现及重要意义。本章涉及的高能物理知识，读者可以参阅本书的有关粒子物理部分。

本章导读

第一节　伽莫夫的大爆炸模型

哈勃的伟大发现告诉科学家，我们的宇宙在时空上应该有一个起点。这一点也是爱因斯坦的宇宙学模型所预测的。关键的问题在于，宇宙的起点是什么样子？换言之，宇宙创生时的状况是什么样子？这一点爱因斯坦的宇宙学方程就无能为力了。从数学上来说，宇宙创生的状况是这个方程的初始条件。因此，以后的宇宙学研究重点就是宇宙是如何创生的。我们很快就会知道，人们现在的理论工具光有广义相对论是不够的，还必须汲取对微观世界研究的最新成果——原子核和高能粒子物理的最新成果。因此，现代宇宙学,尤其是早期宇宙学和甚早期宇宙学,又有一个学术名称——粒子宇宙学。

现代宇宙学理论的提出,很快就出现两种宇宙起源模型——冷宇宙与热宇宙模型。天文学的观察支持热宇宙模型。在热宇宙模型中,20世纪50年代伽莫夫等人提出的大爆炸模型一枝独秀。由于它预言的微波背景辐射的发现,一度遭到冷遇的伽莫夫学说得到了强劲的发展。在20世纪六七十年代,逐渐发展为大爆炸的标准学说。

一、宇宙起源的冷宇宙模型

从20世纪30年代起,天文学家中的大多数人形成一种信念:宇宙有一个明确的开端,宇宙便始于斯,经过膨胀后才具有今天的模样,而对于宇宙"开端"时的情境,流行的则是宇宙起源的"冷宇宙"模型。持这种观点的人认为,宇宙的源物质为中子同时还要数目相等的轻子。宇宙"创生"时源物质的温度极低,秩序井然"排练",即熵取极小。当宇宙膨胀时,中子衰变为质子、电子和电子型中微子,即

$$n \rightarrow p + e + \nu e$$

反应产生的质子,又与中子聚合为氘核,然后经过一系列聚变,最后都变成氦,即 α 粒子。冷宇宙模型,又称稳态宇宙模型。

图 5.1 霍伊尔(1915—2001)

福雷德·霍伊尔(P. Hoyle)爵士是著名的英国天文学家,对20世纪天文学贡献甚多,尤其是恒星聚合理论。该理论表明,恒星的能量来自于恒星内部氢元素等轻元素所发生的核子聚合过程。他最著名工作是提出他的宇宙稳态理论。

按照"冷宇宙模型"进行推断,在今天的宇宙里的天体中含量最丰富(或称丰度最大)的元素应该是氦。然而,非常遗憾的是观察的结果却不是这样,宇宙中丰度最大的元素却是氢。看来问题还没有这么简单。

二、宇宙起源的热宇宙模型

1927年,比利时教士和天文学家勒梅特(G. Lematire)重新得到爱因斯坦引力场方程的弗里德曼解。即宇宙可能膨胀、可能收缩,视宇宙中物质的分布状况而定。当时正好传来哈勃的观察结果,勒梅特指出哈勃观测到的宇宙膨胀现象正是爱因斯坦引力场方程所预言的。1932年他进一步提出"原始原子"爆炸起源的理论,这是伽莫夫大爆炸宇宙学的前身。他认为:过去的宇宙必定比今天的宇宙占有较小的空间尺度;并且宇宙在时间和空间上都应有一个起始之点。空间的起始之点称为"原始原子"。但是这个模型太简单,无法与天文观测相对照。

美籍俄裔物理学家乔治·伽莫夫(George Gamov),是主张热宇宙模型的代表人物。20世纪40年代,伽莫夫指派他的学生拉尔夫·阿尔弗(Alpher,Ralph Asher)研究了大爆炸中元素合成的理论。在阿尔弗1948年提交的博士论文中,伽莫夫说服了汉斯·贝特(Hans Bethe)把他的名字署在了论文上,又把自己的名字署在最后,这样,三个人名字的谐音恰好组成前三个希腊字母 α、β、γ。于是这份标志宇宙大爆炸模型的论文以阿尔弗、贝特、伽莫夫三人的名义,在1948年4月1日愚人节那天发表,称为 αβγ(Alpher,Bethe,

Gamov)理论。其实,贝特并没有参加他们的实际工作,但为什么伽莫夫坚持要署上他的大名呢?原来,伽莫夫认为,在他们的理论中,借用了贝特的核反应理论,所以就把贝特的名字加上去了。他们关于氦丰度的计算,主要依据贝特等人的核反应理论。理论的预言与观测值如此吻合,这在天文学上是十分难得的。贝特是有名的核物理学家,1967年诺贝尔物理学奖获得者。伽莫夫的这个做法颇有绅士风度,值得我们学习。

图 5.2 勒梅特(1894—1966)   图 5.3 伽莫夫(G. Gamov)(1904—1968)

伽莫夫等假定,宇宙开始时其原物质全部为中子,处于极高温度(或熵极大)状态下,在 150 亿年前左右,一次高热大爆炸揭开了宇宙漫长的膨胀过程的序幕。

多么大胆的构想!多么使人难以接受的假设!我们这个星光灿烂的宇宙,诞生于一次高温大爆炸!

我们来考察伽莫夫学说在初期是如何演化的。阿尔弗、赫尔曼在 1953 年偕同福林(S. W. Follin)对伽莫夫模型进行修正,认为原物质有一半对一半的中子和质子,还有大约数目为中子与质子 10 亿倍的轻子(即电子和中微子)或光子。它们处于 10^{11} K(相当于 1 000 万电子伏能量的温度)中。

在这样的假定下,他们根据核反应理论进行严格估算,宇宙的星系物质中,有 22%～28% 的重量应该是氦 4(^{4}He)。其余绝大部分是氢(^{1}H),还有极少量的氘(D)、锂 7(^{7}Li)和同位素氦 3(^{3}He)。1965 年,瓦戈纳(R. Wagoner)、福勒(W. Fowler)和霍伊尔各自独立对这个问题进行更细致的计算,也得到类似的结论。

三、"冷宇宙"模型与"热宇宙"模型的初战

看来,伽莫夫提出的热宇宙模型和当时流行的冷宇宙模型泾渭分明,前者熵取极大,后者熵取极小,而且关于元素丰度的预示也截然不同、针锋相对。到底谁对呢?抑或都不正确呢?

几乎同时,天体物理学家对太阳系及银河系、相邻星系内的恒星和气状星云进行仔细观察,发现氦与氢的含量的比例都近似相同,你看:

银河系　　　　　　氦丰度　　0.29
猎户座星云　　　　氦丰度　　0.30
大麦哲伦星云　　　氦丰度　　0.29
NGC40　　　　　　氦丰度　　0.27

NGC7679　　　　氦丰度　　　0.29

这难道是偶然的巧合吗？天平看来倾向热宇宙模型了。不仅如此，"小宇宙"——原子核理论的研究传来的信息，似乎也在频频为大爆炸学说擂鼓助威！

应该指出的是，稳态宇宙论的主将霍伊尔尽管笃信稳态宇宙论的基本观点，但却在1964—1965年间不厌其烦地计算大爆炸初期可能产生的氦的数量，得到的结果是，氦的丰度为36%。尤其难能可贵的是，霍伊尔承认这个结果为大爆炸理论送去了春风！

我们由衷地赞颂霍伊尔爵士高贵的品质。多么严肃求实的科学态度，多么高尚大度的"绅士风度"！温伯格觉得"令人惊奇"。我们难道不应拍手称绝么？回顾往事，我们不禁想起与"太阳元素"——氦有关的另一段科学佳话。这些佳话，看来在阳光普照的地方都会永远流传。

说起来那是1868年的事。法国科学院收到洛克耶（Lockyer, Sir Joseph Norman）发现氦的报告。无独有偶的是，在同一天也收到法国天文学家詹森（J. Jansen）在印度洋的全日食观测中，在日珥光谱发现氦的报告。天下还有这样凑巧的事吗？荣誉应归于谁呢？两位科学家都品德高尚，互相谦让。

为了表彰他们的杰出贡献，推崇其高尚的风范，法国科学院特地铸造金质奖章，正面镂刻着这两位天文学家的头像，背面雕刻着太阳神阿波罗驾着4匹骏马拉的车，下面写着"1868年日珥光谱分析"。

荣誉属于洛克耶、詹森和霍伊尔等人！科学需要无私贡献，需要执着和求实，需要宽容、公正和大胆探索。

四、大爆炸学说的最初遭遇

热宇宙学说很好地说明了宇宙中元素丰度的分布，初战告捷。接着又经受起宇宙星球元素考古的考验。限于实验资料的不足，当时大爆炸学说断言，我们宇宙的年龄为100亿—200亿年。地球和当时可观测的星体中的"考古"资料则宣称，有的元素产生的年代最早可逆推到110亿—180亿年前。

按照原子核合成理论，在原子核合成的时候，铀235（^{235}U）与铀238（^{238}U）的比较，约略大于1。今日在自然界的铀矿中，其相应的丰度比为7×10^5∶1。^{235}U的半衰期为5亿年，^{238}U的半衰期为45亿年。逆推过去不难算出，它们形成的年代距现代有80亿年。如果根据海因巴赫（K. L. Heinbach）和许拉姆（D. N. Schramm）更为精确的锇-铼（Re-Os）标时法，则可定出这些铀形成的时代，距今已有110亿—180亿年。他们研究的结果发表在1979年的《天文快讯》上。

根据天文学观测资料，结合恒星演化理论，德马克（P. Demague）和麦克努（R. D. Meclure）断言，某些古老的星体，年龄有120亿—160亿年。

德国贝塞尔大学天文研究所的塔曼（C. A. Tamman）等人在1982年，综合大、小宇宙"考古"的结果，宣称宇宙年龄大于120亿年。简直跟大爆炸学说的预言一模一样。你能说，这又是纯属巧合吗？

正如我们在第四章所知道的，宇宙年龄主要取决哈勃常数的测定。1986年在北京召开的国际天文联合会第124次观测宇宙讨论会认定，宇宙年龄在140亿—200亿年之间。但是进入20世纪90年代以后，却发生"宇宙年龄危机"，即由于哈勃空间望远镜等的投入应用,许多观测小组测定哈勃常数值增大,相应宇宙年龄减少为 80 亿—120 亿年。但人们从球状星团的所谓赫罗图推算,此类星团和银河系的年龄为 130 亿—182 亿年。这就产生宇宙年龄小于其中星团的谬论。直至 1998 年,这个问题还在深入讨论中,直到哈勃天文望远镜升空,问题终于得到解决。2012 年的最新天文观测资料确定,宇宙的年龄大致为 138 亿年。

有了宇宙膨胀和氦丰度作为大爆炸学说的实验依据,我们似乎不可小看大爆炸学说了。看来这既不是标新立异的"天外奇谈",也不是学者们的文字游戏。但是且慢,在 20 世纪 60 年代以前,科学界的主流看法对于宇宙学并不认可,甚至有许多人认为一个严肃的科学工作者不会真正地相信有关的说法,不过是茶余饭后的玄谈,至多算是哲学家的探索罢了。

因此不足为怪,伽莫夫的理论最初遭受冷遇,在此必须强调指出,所谓"大爆炸"学说,演变至今日,是经历了几个大的演变阶段。我们希望读者在阅读本书时,弄清楚今日之大爆炸学说与伽莫夫的理论尽管都包含共同的合理要素,但是其具体内容有很大的变化。事实上,本书重点介绍的就是:今日大爆炸学说中包含哪些伽莫夫模型中的合理要素;原始模型中有哪些问题与观测不相符合而需要修正;修正后的大爆炸模型与现在观测资料的吻合情况,等等。

伽莫夫理论最核心的观点是宇宙起源于大爆炸,至今仍是现代宇宙学的基本观点。然而很不幸,这种大胆的理论假说太"离经叛道"了,甚至于不合乎普通常识,受到了天文学家和理论物理学家的普遍冷遇。就是光顾过他们文章的人也提出种种诘难,有人甚至宣称,人类根本没有资格,也没有能力提出宇宙起源的问题,因为本质上他们也是物质始原的问题。至少现在还不到探索这个问题的时候。

在这种气氛下,伽莫夫等人的论文发表伊始,就淹没在文献的海洋中,而且至 1953 年阿尔弗修改其模型以后,整整 12 年很少有人沿着"大爆炸模型"的思路前进。科学界的绝大部分人不知道,或者忘记了伽莫夫等在原始论文中的一个重要理论预言:在大爆炸以后,其流风余韵长留至今的,还应有一个微波背景辐射,温度是 5 K(后来重新计算,应为 3.5 K)!

必须指出,伽莫夫在许多科学领域都作出重大贡献。在原子核物理方面,1928 年提出 α 衰变理论,1936 年提出 β 衰变的伽莫夫-特勒(Teller)选择定则。在宇宙论中,1948 年后与勒梅特一起最早提出了天体物理学的"大爆炸"理论,指出宇宙起源于原始的热核爆炸,化学元素依次产生于大爆炸后的中子俘获过程。在生物学方面,提出遗传密码的概念,对此后遗传理论的迅速发展起了很大促进作用。

他也是一位杰出的科普作家,正式出版 25 部著作,其中 18 部是科普作品,多部作品风靡全球,《从一到无穷大》《物理世界奇遇记》等是他最著名的代表作,启迪了无数年轻人的科学梦想。伽莫夫还著有关于物理学、天体演化和宇宙学等方面的科普著作,于 1956 年获联合国科教文组织卡林格奖。

大爆炸学说引起人们的重视,是在 1964 年发现微波背景辐射以后。

第二节　奇怪的微波背景从何而来

一、风乍起，吹皱一池春水

原来在 20 世纪 40 年代，伽莫夫等基于爱因斯坦的宇宙学动力学方程，提出了热大爆炸宇宙学模型。热大爆炸宇宙学模型认为，宇宙最初开始于高温高密的原始物质，温度超过几十亿摄氏度。随着宇宙膨胀，温度逐渐下降，形成了现在的星系等天体。这个模型预言在大爆炸后宇宙中应该遗留微米段的电磁波辐射，充满宇宙各个空间，几乎处处均匀，各个方向分布几乎都相同。这就是所谓微波背景辐射的预言。下面我们会看到，微波背景辐射是在宇宙创生 30 万—40 万年时，与物质气体脱耦的光辐射场，经宇宙膨胀而红移，最后到达地球。按照伽莫夫的原始论文的计算，背景辐射的等效温度为 5 K，后来经过更精密的计算应为 3.5 K，由于当时大爆炸学说受到普遍的冷漠，几乎很少人知道有这个预言。

大爆炸学说的第一阵春风来自于美国的新泽西州。这阵春风为宇宙学带来了大发展的机遇，打破了学术界对于宇宙学研究的冷遇，可谓"风乍起，吹皱一池春水"。简单来说，1964 年美国无线电工程师阿诺·彭齐亚斯和罗伯特·威尔逊偶然中发现在宇宙中弥漫一种奇怪的各向均匀的微波辐射，但不知其来源。几经周折，他们才知道原来这是压根儿他们都不知道的，宇宙大爆炸所遗留的微波背景辐射。就这样戏剧性地证实了大爆炸学说的预言。

事情的由来是，1964 年，美国贝尔电话实验室在新泽西州荷尔姆德的克劳福特山上耸立起一具奇特的天线。7 米长的喇叭耳天线，宛如巨型"招风耳"。射电天文学家彭齐斯（A. A. Penzias）和威尔逊（R. W. Wilson）利用这具天线，研制出"回声"卫星通信系统。该系统具有约 6.1 米长的角状反射器，噪声极低。

为了进一步减少噪声，彭齐斯和威尔逊对系统的电路元件，诸如天线、接收器和波导管等，不断改进，尽量排除地面干扰。他们希望借助"巨型招风耳"谛听天宇中各种"噪声"。

他们将天线对准高银纬区，即银河平面以外的区域，测量银河系中无线电波中的噪声。1964 年 5 月，最初的结果就使他们大吃一惊！在波长 7.35 厘米处发现一种微弱的电磁辐射。令人不可思议的是，尽管该系统极其灵敏，方向选择性极佳，但在持续几个月的观察中，居然没有发现这种来自天宇中各个地方的均匀辐射有任何变化。

或者是天线本身的电噪声吧？他们检查天线金属板的接缝后，没有发现问题。在天线上栖居着一对鸽子，莫非是它们作祟？彭齐斯看到这对鸽子在天线喉部"涂上一层白色电介质"（即鸽粪）。可是在赶去鸽子，清扫鸽粪以后，噪声依然如故。

十分清楚，这种"噪声"不是来自任何特定的天体。太空本身就"沉浸"在这种辐射中，而且处处均匀，各向同性。波长在 1 毫米～1 米之间的电磁波叫微波，这种波长为 7.35 厘米的电磁辐射当然属于微波，现在人们称这种弥漫于太空各个角落的辐射为"微波背景辐射"。直到 1965 年的春天，彭齐斯和威尔逊才弄清楚这些情况。

人们早已明白,温度高于绝对零度以上的任何物体都会发出电磁"噪声"。在一个给定的封闭箱子里,如果波长不变,电磁噪声的强度只与箱壁温度有关,温度越高,噪声强度越大。彭齐斯和威尔逊测定,他们发现的背景辐射,其强度如果用等效温度描述,相当于在 $2.5\ \mathrm{K} \sim 4.5\ \mathrm{K}$ 之间,或平均在 $3.5\ \mathrm{K}$ 处。

图 5.4　彭齐斯和威尔逊的巨型"招风耳"天线

　　从"回声"卫星反射的这种射电噪声异常微弱。但是由于它弥漫在太空各处,累积起来,相应的总能量却非常大。它从何而来? 彭齐斯和威尔逊百思不得其解。因此迟迟未将其发现公布于世。

二、聆听到宇宙大爆炸的回声

　　无独有偶的是,美国普林斯顿大学的实验物理学家迪克(Dicke, Robert Henry)在1964年也安装了一具小型低噪声天线。他相信大爆炸学说,认为宇宙早期既然经历了一个高热、高密度的阶段,就应该有一种辐射遗留下来。他率领罗尔(P. G. Roll)和威金森(D. T. Wilkinson),利用帕尔玛实验室中这具天线,搜寻他们相信理应存在的大爆炸的"回声"。应该说明,迪克是大爆炸学说的信奉者。迪克教授甚至早在1946年,就从一般热宇宙模型出发,预言过宇宙中存在背景辐射。但这些工作没有受到重视。

　　其实在1946年,他领导的麻省理工学院辐射实验室的一个小组,在 1.00、1.25 和 1.50 厘米等波长,测量到的地球外辐射(当时确定等效温度小于 20 K),就是他现在苦苦觅踪的背景辐射。当时迪克研究的是大气的吸收问题,他没有把这个结果跟自己预言的背景辐射联系起来。迪克小组1964年着手搜索背景辐射时,完全是在重新独立计算的基础上进行的。令人难以置信的是,他们居然不记得18年前迪克本人的预言,当然更未注意16年前伽莫夫等人的开创性工作。

　　可惜的是,彭齐斯和威尔逊根本就不知道这些工作,他们压根儿不知道什么大爆炸。他们做梦也不会想到,离帕尔玛实验室不过约 10 公里之遥的普林斯顿大学的学术大厅里,皮尔斯正在报告他的所谓背景辐射的预言哩!

　　正当彭齐斯和威尔逊茫然不知所措之际,喜从天降。彭齐斯偶然从与麻省理工学院

图 5.5 宇宙微波背景辐射示意图

的射电天文学家伯克(B. Bucke)的通话中,知悉伯克的朋友、卡内基研究所的特纳(K. Turner),在普林斯顿大学听到的皮尔斯报告的内容。当即彭齐斯和威尔逊就向迪克教授发出了邀请信。

贝尔实验室的人员与普林斯顿大学的同人进行互访,这是一次工程师与科学家之间的互动。彭齐斯和威尔逊明白了,他们发现的微波噪声,正是大爆炸理论早就预言的背景辐射。他们感到惊讶的是,迪克教授正在安装的天线,除了排除噪声干扰设备等个别部件外,其结构竟与他们的"喇叭耳"一模一样!

在迪克启发下,普林斯顿大学的青年理论工作者皮尔斯(P. J. E. Peebles)根据大爆炸学说,从宇宙目前氦与氢的丰度出发,估算出早期宇宙确实留下一种背景辐射,等效温度约为 10 K。他将其结果在普林斯顿大学作了学术报告。与此同时,泽尔多维奇、霍伊尔和泰勒(R. J. Tayler)分别在苏联和英国也得到类似的结果。

1965 年,皮尔斯、霍伊尔、瓦戈纳和福勒对背景辐射进行更细致的计算,断定等效温应为 3 K。罗尔与威金森等则对于从 0.33 厘米到 73.5 厘米波段的微波进行更精确的测量,确定其等效温度确实在 2.5 K 到 3.5 K 之间。两者符合得入丝入扣。

彭齐斯和威尔逊在这一年的《天体物理杂志》上发表了两篇通信,通信的标题是《在 4 080兆赫上额外天线噪声温度的测量》。此文附注中写道:"本期同时发表的迪克、皮尔斯、罗尔与威金森的通信,是观察到的额外噪声温度的一个可能解释。"这些平淡话语宣告,宇宙诞生伊始间那雄奇瑰玮的大爆炸的场面的帷幕拉开了。

彭齐斯和威尔逊荣获 1978 年度诺贝尔物理奖。瑞典科学院在颁奖决定中说:"彭齐斯与威尔逊的发现是一项带根本意义的发现,它使我们能够获取很久以前、在宇宙创生时期的宇宙过程的信息。"

三、教训是什么——为什么背景辐射发现得这么迟

人们在欣喜之余不禁要问:为什么背景辐射发现得这么迟? 温伯格问道:"为什么它是偶然发现的呢?""为什么在 1965 年以前,人们一直没有系统地搜索这种辐射呢?"诚然,如果没有太多的成见,太多的误会,太多的隔阂,人们在 20 世纪 50 年代中期,甚至在 40

图 5.6　迪克(1916—)

图 5.7　彭齐斯(1933—)(左)和威尔逊(1936—)(右)

年代中期,就有充分可能发现背景辐射。

1948 年,伽莫夫等人提出大爆炸模型,预言早期宇宙遗留等效温度为 5 K 的微波背景辐射。1953 年,伽莫夫在丹麦科学院报的一篇论文中再次提到这个预言,认为等效温度为 7 K。

对于这个历史性的发现,迪克教授是最早的探索者,但几次狭路相逢,居然失之交臂,何其不幸啊!公正地说,迪克在微波背景辐射的发现中起到了重要的作用,首先是设计并制作探测背景辐射的设备,然后对彭齐斯和 R. W. 威尔逊的工作有所启发和帮助。

在整个 20 世纪 50 年代,没有一个射电天文学家接受大爆炸的预言,去搜寻背景辐射。物理学界也几乎把它忘得一干二净。总结这一段曲折的历史,温伯格痛心疾首地说:"在物理学中,事情往往如此——我们的过错并不在于我们过于认真,而在于我们没有足够地认真对待理论。我们常常难于认识,我们在桌子上玩弄的这些数字和方程到底与现实世界有什么关系。"

在这段时期内,伽莫夫等人为什么不向实验工作者大声疾呼,请他们接受理论的挑战,探测大爆炸的"回声"呢?1967 年,伽莫夫老实承认,他和阿尔弗、赫尔曼当时根本没有想到,背景辐射是可以测量的。我们不要忘记,爱因斯坦晚年在回顾他的著名的质能公式时,也感叹地说,我没有想到有生之年会看到这个公式的应用。想想原子弹、氢弹,想想原子能发电站吧。甚至最近发现爱因斯坦预言的引力波,他本人也多次认为根本发现不了,原因是引力波太微弱了。

前苏联学者倒是有过认真测量背景辐射的打算。但是被美国学者欧姆(E. A. Ohm)在 1961 年的一篇文章中的一个含混用语引入歧途,而终于打消初念。

对于这段曲折,实验工作者固然难辞其咎,理论家也有责任,自己不熟悉实验,又缺乏与实验工作者主动合作的精神。话虽如此,但也应承认大爆炸理论本身当初太粗糙,容易使人钻空子,缺乏说服力也是一个原因。其中的教训是值得我们深省的。

彭齐斯和威尔逊的喇叭耳,就是众多星空哨兵中的一员。它现在捕捉到的宇宙微波背景辐射光子,在大爆炸中颇为活泼。它们在早期宇宙的元素生成和演化中扮演重要角色。只是到了宇宙温度下降到 3 000 K 左右,光子才不再与其他粒子相互作用了,用术语叫做解耦。按照现在最新的研究来看,这个解耦发生的时间大概在宇宙诞生后的 38 万年。这些解耦光子从此"寻寻觅觅""飘飘荡荡"在宇宙中"游荡"了至少 138 亿年。

在某种意义上说,彭齐斯和威尔逊无意中谛听到的射电噪声,不就是大爆炸的流韵遗响吗？大爆炸的壮剧余音缭绕在天上人间 138 亿年，至今仍然是那样激越飞扬，扣人心弦！

背景辐射很微弱，宇宙空间中这些退耦光子，大爆炸的残骸与化石，每升中不过 55 万个。但比较太空中每千升只有 1 个核子，"化石光子"的绝对数字却很可观。

哈勃定律、微波背景辐射和宇宙中氢氦比例都是伽莫夫理论的实验证据。尤其是微波背景辐射的发现使得大爆炸学说一下子由灰姑娘变成白雪公主，科学界的潮流开始改变，许多主流的科学家纷纷投入大爆炸学说的研究。我们也许应该指出，彭齐斯和威尔逊的发现只是在几个特定的微波区段辐射，落在大爆炸学说背景辐射的谱线上。在 20 世纪 90 年代，数以百计的真正过硬的天文观测得到的微波辐射实验点，完全落在整个微波背景辐射谱线上。这才完全证实了大爆炸学说的理论预言。

第三节　大爆炸标准模型早期演化的物理图像

现在介绍大爆炸标准模型提供的物理图像。20 世纪六七十年代，高能物理学迅速发展，为大爆炸学说的修正、充实奠定了科学基础，逐步形成所谓大爆炸标准模型。这个模型吸取了高能物理学的最新研究成果，在天文学观察的基础上提供了宇宙创世纪的宏伟画卷。

伽莫夫的"大爆炸"学说经过了几个阶段的演化，逐步形成所谓宇宙学的标准模型。伽莫夫、贝特和阿尔弗等人在 1948 年美国《物理评论》73 卷所发表的论文，提出原始大爆炸学说，即所谓 $\alpha\beta\gamma$ 理论。论文认为宇宙诞生于高温高压的"大爆炸"，并且给出了早期宇宙中子与质子如何聚合为氦，并且继续演化形成星系等的趋势，给出了宇宙诞生的一幅"风俗画"。我们今天知道，其主要结果是正确的，但有严重缺点。原因在于 20 世纪四五十年代，人们对于小宇宙的研究太肤浅。我们不要忘记，伽莫夫等人是"大爆炸学说"的奠基人。随着粒子物理研究的长足进展，人们对于小宇宙的认识不断深入，这里给出的宇宙诞生的图画还要修改。所谓暴胀宇宙论就是一个成功的修正方案。本节介绍的标准模型不涉及暴胀宇宙论。

还要说明一点的是，大爆炸学说（Big bang）这个术语并非伽莫夫的首创。其冠名权来自于大爆炸学说的批评者——霍伊尔爵士。这个术语原来是含有讽刺的意味。习惯成自然，目前学术界采用这个术语讽刺意味完全没有了。不过，我们有必要事先指出，这个学说只是指出我们观测宇宙来自于高温、高密和高压的奇异始源状态，并不是真正在宇宙的起始发生过什么大爆炸。

一、标准模型中的"史前时代"——亚夸克驰骋于宇宙之中

据标准模型说，大爆炸开始于普朗克时间 10^{-43} 秒。以前的事情，我们不得而知，在此，我们只能对其状况进行若干合理的推测。普朗克时间以前，现有的物理理论不能应用，我们称之为量子引力时代。我们可以合理推测，宇宙中只存在一种超大统一的力——量子引力。由于引力的量子理论尚未成功建立起来，其规律也无从知道。因而这个时期

宇宙的情况,对于我们来说,还是"未知之数"。有的科学家猜测,此时有可能存在"亚夸克"(subquarks)之类的物质。究竟如何,无法知道。关于大爆炸以前的问题,目前有人根据超弦论进行初步的探讨,但是我们恐怕都只能姑妄言之,姑妄听之。这个时期也可以称为"史前时代",或者说神话时代。这就像在人类远古时代,没有文字记载,是所谓传说时代。

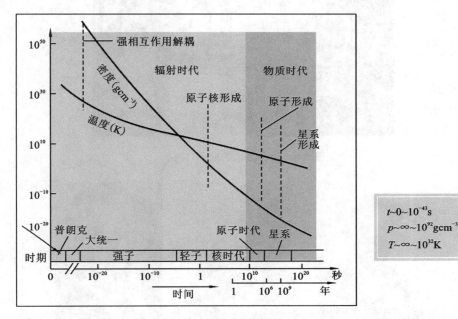

图 5.8　宇宙演化的普朗克时期

标准模型展示的第一组早期宇宙的画面,是所谓普朗克时期的素描,时间在 $0 \sim 10^{-43}$ 秒左右。实际上普朗克时代是宇宙的"神话时代",下面所说的所有情况都是科学家的推测而已。我们所知道的是大爆炸后 10^{-43} 秒(称为普朗克时间)宇宙的情况。宇宙的温度高达 10^{32} K,就是 1 亿亿亿亿摄氏度的高温。宇宙的典型线度只有 10^{-33} 厘米。因而宇宙处于难以思辨的高密度状态,密度高达 10^{92}(克/立方厘米)!这可以说是大爆炸学说的一个基本假定。其正确性由大爆炸学说与许多天文观测吻合而加以判定。图 5.8 中横坐标表示宇宙年龄,纵坐标为宇宙介质的温度。

在这个奇妙的时刻,每个粒子的平均能量高达 10^{19} GeV。因此,此刻的宇宙有如一个巨大的粒子加速器。世界上最大的粒子加速器,欧洲核子中心(CENR)大型强子对撞机至多把粒子的能量加速到 14 000 GeV(即 14 万亿电子伏特),可以把粒子的速度加速到光速的 99.9999991%。但是普朗克时间每个粒子的平均能量比对撞机加速的最大能量要大 $10^{14} \sim 10^{15}$ 倍。可见,此刻的宇宙是多少宏伟而理想的粒子物理实验场地啊!

美国物理学家格拉肖(S. L. Glashow)和乔治(H. Geogi)在 1974 年提出一种叫做 SU(5)的大统一理论。这个理论预言,在粒子能量达到 10^{14} GeV 时,或当粒子靠近到 10^{-28} 厘米时,我们熟悉的强相互作用、电磁相互作用和弱相互作用,便合三为一,叫做大统一力。1979 年格拉肖与 S. 温伯格、A. 萨拉姆共同获得诺贝尔物理学奖。

什么叫合三为一呢? 在 19 世纪以前人们不知道电力和磁力的内在联系,普遍认为是

图 5.9 世界最大的粒子对撞机

图 5.10 格拉肖(1932—)(左)、温伯格(1933—)(中)和萨拉姆(1926—1996)(右)

完全不相干的两种独立相互作用。迈克尔·法拉第(Michael Faraday)的电磁定律和詹姆斯·克拉克·麦克斯韦(James Clerk Maxwell)的电磁场理论建立起来以后,大家就将它们称为电磁力,或者电磁相互作用。这是人类历史上第一个相互作用的统一理论。

图 5.11 法拉第(1791—1867)(左)和麦克斯韦(1831—1879)(右)

1966—1967 年,美国物理学家 S. 温伯格(Steven Weinberg)与 A. 萨拉姆(Abdus Salam 巴基斯坦裔)提出当能量达到 100 GeV 左右,电磁相互作用和弱相互作用的强度会逐渐接近,以至于两种相互作用并合为一种统一的相互作用,称为弱电相互作用。这是人类历史上第二个成功的统一相互作用。他们两人为此而获得诺贝尔物理学奖。

格拉肖等的大统一理论预言,当粒子能量达到 10^{14} GeV 时,或当粒子靠近到 10^{-28} 厘米时,我们熟悉的强相互作用、电磁相互作用和弱相互作用,便统一为一种相互作用,即大统一理论。这种理论几乎为大多数物理学家所深信,但目前尚缺乏足够的实验证据。大家相信,一个修正的更巧妙的大统一新理论终将被实验证实。在大爆炸宇宙模型中,科学家毫不犹豫地沿用了大统一理论的主要物理图像和结论。

许多人猜测,当能量进一步提高到 10^{19} GeV 或粒子靠近到 10^{-33} 厘米时,万有引力的强度也达到其他相互作用一样的强度,量子引力效应起作用了。此刻将 4 种力通通都统一起来,并合为一种叫做量子引力。这是一种超大统一理论。目前有许多理论方案,但尚缺乏实验证据。对于普朗克时代宇宙的情况,物理学家往往借用量子引力假说加以推测和悬想。

在图 5.12 中,最左一列数值表示的是大爆炸后的时间,最右一列数值表示的是粒子的平均能量,中间一列的数值表示的是宇宙介质的温度。图中 4 条线,左起第一条线表示引力,第二条表示弱相互作用力,第三条表示电磁相互作用力,第四条表示强相互作用力。从图 5.12 可以清楚地看到,随着粒子能量的下降,宇宙介质温度的下降,首先是引力从量子引力中分出来,然后强相互作用从大统一力中分出来,最后电磁相互作用与弱相互作用分离开来。这就是我们现在看到的 4 种相互作用:弱相互作用、电磁相互作用、强相互作用和引力相互作用。

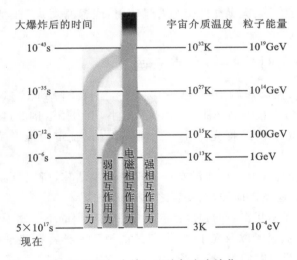

图 5.12 大统一理论与宇宙演化

量子引力的性质人们还不太清楚。所以,在 10^{-43} 秒以前的宇宙的情况,即使对于想象力丰富的科学家来说,也只好语焉不详。不过,我们可以设想,此刻物质的主要成分是亚夸克。还有许多传递超引力的场量子,例如引力子、引力微子等,驰骋于宇宙之中。

在此刻宇宙中难以想象的高压,"压碎"了原子,"压碎"了中子、质子等强子,也"压碎"了夸克和轻子,甚至光子、胶子等规范粒子也有能被"压碎",统统都变为亚夸克。

我们都知道,夸克目前以自由状态存在是不可能的,就是说不能直接观察到。据说是"囚禁"起来了。"空山不见人,但闻人语声",夸克的芳姿,难以露面呵!至于下一个物质层次——亚夸克,就我们来看,更是笼罩着疑云怪雾,内中情况大多只是推测而已。有关情况在超弦论或者引力圈量理论中可以得到说明。

可是你看,在极早期宇宙,10^{-43}秒(或用科学术语普朗克时间)以前,整个宇宙是这些神秘的亚夸克的自由天地呢!据有的科学家说,此刻亚夸克与超引力辐射场粒子——引力子和引力微子的相互作用是非常强的,以至于我们可以认为,引力辐射(引力场)与亚夸克处于热平衡状况。

在临近普朗克时间的某个时刻(大爆炸后 $10^{-43} \sim 10^{-34}$ s),观察宇宙的"粒子场"中发生第一次"粒子"与"汤"的分离。引力子在 10^{32} K 高温下"退耦"了。就是说,引力辐射与其他粒子的相互之间不再处于热平衡状态,或者不再发生耦合(实际上有微不足道的耦合)作用。宇宙进入大统一理论时代。此时宇宙存在两种力:引力和大统一力。

形象地说,此后的宇宙对于引力辐射是"透明"的了,它们几乎可以自由自在地在宇宙中遨游。

自此以后,随着宇宙的膨胀,引力辐射的有效温度反比于宇宙的典型长度而下降。如果上述推测是正确的话,今日的太空必定充满引力辐射。据温伯格计算,引力背景辐射的等效温度约 1 K。

引力辐射保存宇宙历史的最早时刻的信息。遗憾的是,由于引力辐射与物质的相互作用,比起中微子与物质的相互作用甚至还要弱 $10^{28} \sim 10^{32}$ 倍!许多人看来探测引力背景辐射,只会是极其遥远的事情。但是 2016 年春天,美国科学家宣布发现引力波,其波源为两个黑洞的碰撞。由此看来大爆炸的引力背景辐射,或者说大爆炸的原初引力波的发现,再也不是遥远的事。

二、大统一理论时代——夸克王国

大统一理论时代,大爆炸后 10^{-43} 秒～10^{-34} 秒,温度下降到 10^{27} K,宇宙质量密度为 $10^{82} \sim 10^{72}$ gcm^{-3},宇宙也在不断膨胀,压力不断减小,引力子退耦的过程完成了。亚夸克聚合为夸克、轻子和光子的过程完成了。此时,可以说宇宙由亚夸克时代进入夸克时代了。

亚夸克时代发生的事,由于目前没有可靠理论可供估算,所以上面所说的情况,到底有几分可信成分,目前还不得而知,姑妄言之,姑妄听之罢。

从 10^{-34} 秒开始,强相互作用的强度已与弱电相互作用的不一样了。此时粒子能量平均约为 10^{14} GeV,夸克、轻子以及光子、胶子和其他规范粒子皆在热平衡状态下彼此耦合极强。物理学家往往戏称它们为"粒子汤"。

在小宇宙中,能域在 $1 \sim 10^{15}$ GeV 之间,称为"大沙漠"。这样命名的原因是:在这个广大能域,发现的新物理现象甚少。大致可以清楚的是,宇宙年龄在 10^{-9} 秒时,宇宙温度降到 10^{15} K。到 10^{-4} 秒时,温度下降到 10^{12} K,绝大部分正反夸克湮灭了。

三、强子时代——电磁力与弱力分离

此时宇宙演化进入新时代——强子时代。根据莫斯科列别捷夫物理研究所的克尔日尼奇(D. K. Kirzhnits)和林德(A. D. Linde)的看法,在 10^{-10} s、10^{15} K 附近,电磁相互作用与弱相互作用分开了,弱相互作用不再是长程力。

物理学家把这种情况形象地比喻为"颜色"与"味道"分开了。自此以后,"夸克"就"禁

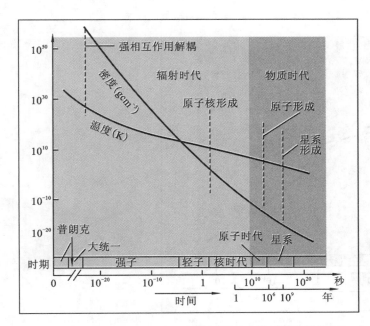

图 5.13　大统一理论时代

闭"到"强子袋"中,而且似乎难得有出头之日。所以其庐山真面目,人们只能凭想象罢了。

尽管有许多人想,会不会有少数"化石粒子"——夸克逃脱禁闭的厄运,至今还在宇宙空间游荡?近 20 年来,似乎常常传来一些振奋人心的消息,说是捕捉到"自由夸克"的踪迹了。美国实验物理学家费尔班克(W. M. Fairbank)领导的一个小组孜孜不倦地寻找它们。然而,经过仔细考究,这些"佳音"都是靠不住的。现在,绝大多数人相信,自宇宙鸿蒙时夸克聚合为强子以后,就不曾有一个"自由夸克"跑出来!

多么长的"囚禁",多么长的"徒刑",足足有 138 亿年!

这段时期的特点是,中子与质子等强子生成了。有的天体物理学家认为,有相当一部分物质在高压下形成所谓"原始黑洞"。

1971 年,英国科学怪杰斯蒂芬·威廉·霍金(S. W. Hawking)指出:现存的黑洞有的很大,质量相当于一个星系;有的很小,叫微型黑洞,只有一个原子大小。霍金认为,太空中每立方光年中,微型黑洞多达 300 多个,其中绝大部分是产生于强子时代。

霍金是英国剑桥大学应用数学及理论物理学系教授,当代最重要的广义相对论和宇宙论家,是当今享有国际盛誉的伟人之一。他因研究量子引力和量子宇宙论而闻名于世。20 世纪 70 年代他与彭罗斯一起证明了著名的奇性定理:在大爆炸中奇点不可避免,而黑洞越变越大。但在量子物理的框架里,他指出,黑洞因辐射而越变越小,大爆炸的奇点不断被量子效应所抹平,而且整个宇宙正是起始于此。他还证明了黑洞的面积定理,即随着时间的增加黑洞的面积不减。霍金是著名的科普作家,其代表作为《时间简史》、《时间简史续编》、《果壳中的宇宙》等。

我们已经讲过,黑洞不能辐射光或其他物质。但是如果与其他天体相撞,却产生极高的热量,吸收天体的物质而"自肥"。有些人想象力丰富极了,他们说,《圣经》中记载的多玛城的毁灭,就是被一个微型黑洞所击中。

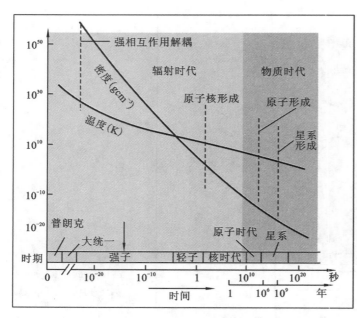

$$t\sim10^{-34}s\sim10^{-4}s$$
$$p\sim10^{13}gcm^{-3}\sim10^{72}gcm^{-3}$$
$$T\sim10^{12}K\sim10^{27}K$$

图 5.14　强子时代（重子时代）

图 5.15　霍金（1942—）

四、轻子时代——中微子自由了

在宇宙年龄 $10^{-4}\sim10^2$ 秒,宇宙进入所谓轻子时代,温度下降到 $10^{12}\sim10^9$ K。宇宙里包含光子、介子、反介子、电子、正电子、中微子(ν_e,ν_u,…)和反中微子($\bar{\nu}_e$,$\bar{\nu}_u$,…)等等,以及中子、质子等强子。它们处于热平衡状态中。

此时,正、反粒子继续湮没。在 10^{12} K 处,正、反 ν 子开始湮没,同时中微子与其他粒子"退耦",很快宇宙中 ν 子消失殆尽($\sim5\times10^{11}$ K 处)。在 5×10^9 K 附近,正、负电子湮没殆尽。

原来,在 10^{18} K 处,核子数目大体与光子数目相等,也许核子数目稍多于反核子(这个问题以后要专门讨论)。由于正、反核湮没的结果,只剩下数目甚少的中子和质子,加之中子会衰变为质子,所以到 4 秒(T≈5×10^9 K),中子与质子的比为 1∶5。

轻子时期大约要延续到 200 秒。宇宙尺度已经膨胀到有 1 光年(约 10 万亿公里)大了,温度下降到 10^9 K。宇宙中物质的平均密度为 $10^{13}\sim10^1$ gcm^{-3}。太空中主要是光子、中微子等无静止质量的粒子,它们到处自由游荡。相比之下,湮灭后残留的电子和 ν 子等有静质量的轻子数目不大,但是它们跟质子和中子的数目比,大约是 10 亿比 1。

大体说来,自强子时代开始,我们可以用广义相对论、统计热力学、原子核物理学和粒子物理学等成熟理论,比较准确地描绘宇宙演化图景。可以说,自此以后,宇宙进入"信史时代"。以前,多多少少是"传说"成分居多。

到现在为止,光子、中微子,也许还要加上引力子等辐射粒子的平均能量密度,大大超

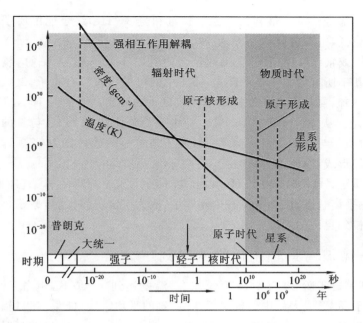

图 5.16　轻子时代

过核子、ν子等辐射粒子的平均能量密度。我们称宇宙在此以前处于辐射时代,此刻宇宙居民的主体是光子、中微子、反中微子等。

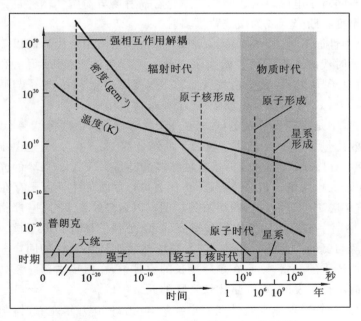

图 5.17　核时代

五、核时代——宇宙诞生 3 分钟后

宇宙诞生 3 分钟后,宇宙进入核时代(10^2s~10^3yr)。温度下降到 10^9~6×10^4 K,密度为 10^1~10^{-16} gcm^{-3},平均能量约为 0.1 MeV。进入核时代时温度只是太阳中心温度

的 70 倍,电子与正电子绝大部分消失。最初的轻原子核氚和氦 3(^{3}He)终于能由质子和中子聚合而成。由于温度较低,氘不会被热光子"劈裂"。

最后氦 3(^{3}He)与中子,或氚(^{3}H)与质子会迅速聚合为氦(^{4}He)。很容易估算,核反应的结果是,在几分钟内,几乎所有的中子被消耗光,宇宙中的可见物质只有质子、氦核和电子。由于宇宙的膨胀和冷却,氦核无法通过核反应生成更重的元素。当 $t = 10^3$ s,$T = 3×10^8$ K,宇宙元素丰度确定。从 10^{10} K 到 10^9 K,^{4}He 的生成百分比约为 25%(与氢的丰度百分比)。核合成开始时质子与中子数目比为 7:1,质子与氦核的数目比为 12:1,这个时代宇宙的轻元素核已经形成,因此称为核时代。

此刻宇宙的成分是由质子、^{4}He(少量 D、^{3}He)以及电子所组成的等离子体。它们与光子辐射场相耦合,处于热平衡状态,成分中没有中性原子,因为宇宙仍然太热,原子核的"束缚力"依然不能把电子拉到自己的周围。

六、原子时代——微波背景辐射记录的时刻

温度继续下降,大概到宇宙年龄 30 万~40 万年左右,温度达到 4 000 K,相当于0.4 eV 的能量。宇宙的"等离子汤"形成大量中性氢原子。氢、氦的平均密度(能量)超过辐射能量密度。宇宙进入一个新时代——以物质为主的时代,在此以前宇宙的成分以辐射为主,总称辐射时代。以物质为主的时代的第一阶段称为原子时代:10^3 yr~10^6 yr。宇宙的中性原子气体与光子辐射场此时解耦。跟以前中微子、引力子的情况一样,光子与物质粒子的热平衡脱离了。宇宙空间对于电磁辐射透明化了。此后辐射场与物质气体各自独立演化,辐射场将自由膨胀,温度不断降低成为微波背景辐射。

这个以物质为主(即以中性原子为主)的时代,又叫复合时代(物质相时代),而以前的宇宙处于辐射相时代。原子时代的宇宙物质开始在宇宙中占主导地位,高温使得氢和氦处于电离状态,大量的自由电子导致光子的自由程极短。当温度降至几千 K,电子与原子核结合形成原子。当 $T≈4\,500$ K,宇宙主要由原子、光子和暗物质构成。

需要说明的一点是,如果不是高能光子太多,本来在 $1.5×10^5$ K 处,中性氢就会形成,因为此时高能光子平均等效能量为 13 eV,已小于氢原子的结合能 13.6 eV。但是由于光子数几乎比质子数多 10^9 倍,在 $1.5×10^5$ K 处,仍然有足够多的能量大于 13.6 eV 的光子存在,它们能够把中性氢原子的束缚电子敲掉,以致不可能有可以察觉的中性原子存在。

一般说来,我们称宇宙年龄 10^{-35} 秒以前,叫宇宙甚早期。以后延续到 3 分钟(严格说是 5 分钟),叫宇宙早期。早期宇宙的后期发生的最重要的事,是强子聚合为原子核。大爆炸标准模型成功地预言氢与氦的丰度比。1965 年,人类居然聆听到大爆炸的回声——背景辐射。至于宇宙中比锂还重的元素,则是在尔后漫长的岁月中,在恒星内部一系列核聚变所产生的。在超新星的可怕爆发时,有大量比铁还重的元素生成。

我们现在更加清楚,微波背景辐射原来就是在宇宙年龄 30 万~40 万年左右时,与物质气体脱耦的辐射场,经宇宙膨胀而红移,最后到达地球。背景辐射实际上反映脱耦时宇宙的物质分布特征,正像星光反映光子离开的时候星体表面的特征一样。

历史考古学揭开了许多历史或远古时代的秘密。"天体考古学"居然揭开宇宙起源、宇宙早期的许许多多的情况。

温伯格感触万端地在 1976 年写道,人类能够说出,"宇宙在最初的一秒、一分或一年

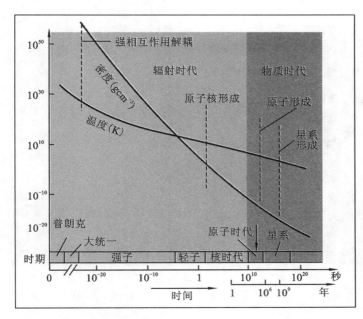

图 5.18　原子时代

终了时是什么样子(指温度、密度和化学组成),是一件了不起的事情","令人振奋的是,我们现在总算多少有点把握地说一说这些事情了"。

第四节　早期宇宙学与星系时代

宇宙自诞生 30 万~40 万年以后,一直延续到现在,称为星系时代。在这个时代暗物质、引力作用的不稳定性等,造成物质分布的不均匀性。由于引力收缩,物质气体逐渐成团,演化为绚丽多姿的星系团、星系、恒星,而后又有太阳系的形成、地球的诞生、生命的出现、人类的繁衍。

星系与大尺度结构形成,宇宙在宏观上开始表现不均匀性,类星体和第一代恒星开始出现。宇宙中温度不断降低,直到平均温度 10 K 左右;宇宙密度不断减小,直到 3×10^{-28} gcm^{-3}。严格说,星系时代不属于我们关心的重点,但是星系早期的形成与大爆炸学说相关,因此我们也简单地介绍宇宙中星系的形成。

一、宇宙早期的演化

实际上,宇宙早期的演化与甚早期宇宙模型(包括标准模型及其修正理论暴胀模型)的内容影响不是太大。那就是说,本节所介绍的宇宙早期演化的图像并不依赖于甚早期宇宙模型。因为甚早期宇宙模型的差别只是其中包不包括暴胀阶段而已。

1. 宇宙星系梯级模式的形成

宇宙中充满大大小小的星系,蔚为壮观。所谓星系指两个或两个以上的星体围绕一

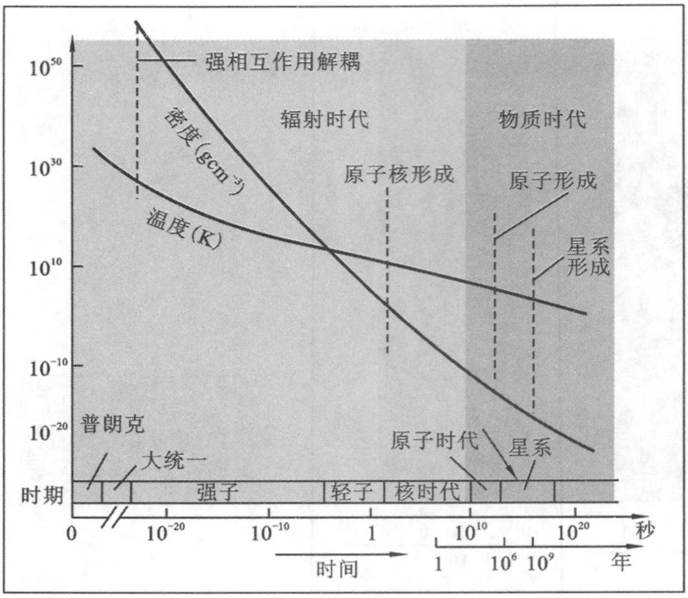

$t\sim10^6$yr$\sim10^9$yr
$p\sim3\times10^{-28}$gcm$^{-3}\sim10^{-21}$gcm^{-3}
$T\sim10$K$\sim10^3$K

图 5.19　星系时代

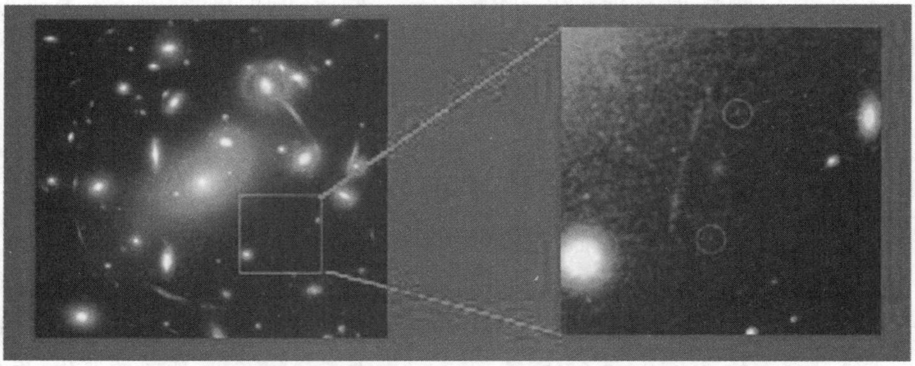

图 5.20　哈勃望远镜观测到的第一代星系团 Abell2218

个中心做旋转运动而形成的一种物质的存在体。

按照康德的说法，星系是从原始星云中产生出来的，而原始星云又是从什么地方产生出来的呢？他没有讲。刚刚从原始气云凝结出来的星系胚胎是什么样子，目前天文学家尚不清楚，因为在第一代明亮的恒星形成以前，这些遥远的暗弱气体是很容易逃过目前最强大的望远镜的追踪的。

随着时间的推移，原始星系云开始收缩和冷却，一步步分裂为更小更密的碎片，由这些碎片中的一些碎片最终诞生出第一代恒星。第一代恒星比太阳要重得多，明亮得多，寿命也短得多。在大约 1 000 万年内便耗尽了自己的燃料，然后通过爆发形式把自己内部合成的重元素抛回星际空间，进入第二代、第三代恒星形成和演化的循环。上述演化过程的结果是星系越年轻，重元素的含量应越少，而颜色则应偏蓝。天文观测表明情况的确如此。

图 5.21 物质慢慢聚集形成原始星系

除了化学组成变化以外,星系的形态也随时间而变化。早期星系的密度比现在高得多,相邻星系在引力作用下彼此靠近,产生潮汐形变甚至合并为一的可能性也就高得多。20 世纪 80 年代发射的红外天文卫星发现了一批极亮的年轻星系,其中约 65% 表现出潮汐形变或合并的特征:有的星系拖出一条"尾巴",有的星系长出两支"角",有的双星系之间有"桥"相通。

幸亏由于星系离我们十分遥远和光速的有限性,我们可以通过考察距离不同(因此年龄不同)的星系来研究它们的演化历程。例如:仙女座大星云离我们 200 万光年,我们今天看到的实际上是它 200 万年前的面貌。同样,当我们观察距离 5 000 万光年的室女座星系团中的星系时,它的光是 5 000 万年前发出的。借助大型望远镜,我们可以看到处于宇宙深处的更年轻的星系。

观察表明,大约在 130 亿年前出现的早期星系的数目发生了戏剧性的变化。大星系形成于小星系间的碰撞和合并之中,宇宙最早期星系形成的等级理论是合理的。

2. 早期宇宙组分的起伏导致星系的形成

美国加州大学天文学家理查德·伯文斯和加斯·伊凌沃斯利用哈勃太空望远镜对宇宙"大爆炸"发生后 9 亿年间星系的形成情况进行了研究。通过对太空中 3 块暗色斑块的观测,他们发现在 130 亿年前原始星系中确有最明亮的星系形成。这是至今人类获得的最遥远的红外和光学信号之一,它们帮助人们观察到星系形成最早期阶段的情况。

据报道,"大爆炸"后 9 亿年间有数以百计的明亮星系,而在"大爆炸"后 2 亿年间只有 1 个。伊凌沃斯说:"在'大爆炸'后的 7 亿年间,并没有更大、更明亮的星系,而在随后的 2 亿年中却出现了许多,因此在这个时期,肯定有许多小星系在发生合并。"

人们观察到的星系比今天我们所在的银河系和附近其他巨型星系要小许多。如果银河系是位年长者,那么观察到的星系则是姗姗学步的儿童。这些小星系有的难以直接观察到,但威尔金森微波各向异性探测器不久前准确探测到了它们的存在。

宇宙的组分在其早期必然是高度均匀的(详见暴胀宇宙论有关内容),其间的起伏低于十万分之一。这个微小的起伏极可能起源于量子涨落。正是它们构成原始扰动,形成今天我们所观察到的宇宙所有结构。

图 5.22　130 亿年前出现的早期星系

原始扰动诱发局部地区气体的物质密度增加,形成星团和恒星。在早期宇宙中物质密度较高的地区形成了星系,因此星系的诞生与早期宇宙的物理息息相关。威尔金森微波各向异性探测器的观测证实了上述说法。

科学家根据图 5.22 判定,宇宙中第一批恒星可能在"大爆炸"后 2 亿年就开始发出光芒,比此前所认为的要早几亿年。微波背景辐射中存在着细微的温度波动,这些波动中保存着"大爆炸"后约 38 万年时宇宙的原始结构,现今宇宙中的星系等正是在这些结构基础上形成的。

图 5.23　威尔金森探测器观测到的微波各向异性分布

目前全世界范围内安装了数以百计的凯克望远镜和哈勃天空望远镜,对星系演变进行密集的观测,其中以夏威夷和美国航空航天局的望远镜为中坚力量。2012 年 10 月美国航空航天局公布了关于星系演化的研究报告,指出目前一半的宇宙都出现了年龄格局的变化。

3. 星系演化大致规律

天文学家认为盘状星系附近的宇宙空间在 8 亿年前就已经进入目前的形态。如今,星系的形成主要是因为恒星有规律地聚集成盘形,就像仙女座星系、银河系一样,而这些星系的自转也导致其内部的其他恒星的运动状态发生一定规律性的改变。NASA 科学家观测到遥远的蓝色星系跟对别的星系进行研究的结果不太相同,因为其内部的恒星的运动十分杂乱无章。不过蓝色星系正在逐步地形成有规律的涡旋运动。

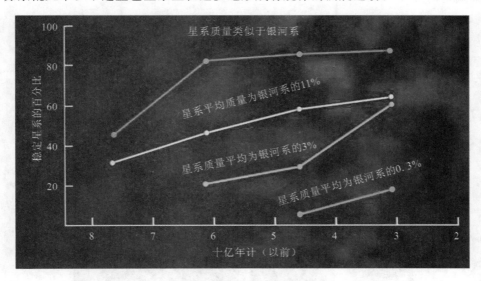

图 5.24　星系演化趋势图

　　图 5.24 中横坐标表示时间,其单位为 10 亿年前;纵坐标表示稳定星系的百分比。图中 4 条曲线,最下面一条表示星系的平均质量只有银河系的 0.3％,次下的曲线表示星系的平均质量只有银河系的 3％,再上一条曲线表示星系的平均质量只有银河系的 11％,最上面一条曲线表示星系的平均质量与银河系相当。

　　从中可以看出,对于任何给定的时间,越庞大的星系所表示的曲线就位于此图更上的地方,其意义就是在相同演化的时间内,星系中较为稳定的百分比越大;反之,平均质量较小的星系,较为稳定的百分比越小,就是说,所表现的运动越是杂乱无章,有可能沿着不同方向在运动,而且旋转的速度不一致。我们研究的这些遥远的蓝色星系正在逐渐形成旋转的盘状星系,就像我们的银河系。

　　一般说来,星系的形成有着强烈的成群成团的倾向。星系经常是在一个非常紧密的集团里一起产生。人们认为星系离得如此近是由于引力的相互作用。如果确实如此的话,则每个星系的相对质量可由星系的运动来估计:质量愈大的星系,运动得愈慢;质量最小的星系运动得最快。

　　4. 星系结构的基本类型

　　不同类型的星系,一般相应有不同的演化特点或者演化阶段。因此,我们首先简要介绍不同类型的星系的特点。在宇宙中业已发现数亿个星系,已发现的最遥远星系有 133 亿年。根据哈勃对星系的分类,星系分为四种基本结构类型:椭圆星系、旋涡星系、棒旋星系和不规则星系。

　　椭圆星系看起来很像球状星团,不过规模可比球状星团大得多,并且所含的星数也更为众多。椭圆星系的形状可从球形变化到椭球形。椭球的长轴可比短轴长到 5 倍。椭圆星系是由于自转而被拉扁的,所以自转愈快,椭球拉得愈长。

　　椭圆星系的哈勃分类如图 5.25 所示,字母 E(英文椭圆星系的字首)后面的数码表示椭率的级别。E0 星系显示有圆形的盘面。随着椭率的升高,E 后面的数码亦增加,一直到任意确定的最大值 7。

E0 NGC3379（M105）　　　　E2 NGC221（M32）

E5 NGC4621（M59）　　　　E7 NGC3115

图 5.25　椭圆星系从圆球到椭球的形状变化

旋涡星系则姿态万千，比较美观。标准旋涡星系如图 5.26(a)所示。其特点是它在绕着核心旋转，其旋臂从核心螺旋地伸向空间。哈勃将旋涡星系分为三个次型：Sa，Sb，Sc，其划分的依据乃是旋臂物质相对于核心物质的数量，以及旋臂的展开程度。

棒旋星系如图 5.26(b)所示，这是由于它们有一个由许多恒星组成的"棒"贯穿核部而得名。旋臂从棒的两端延伸出来，有时会围绕核心形成一个环。不过标准旋涡星系的数量比较多些，就哈勃研究过的 600 个星系来说，17%是椭圆星系，50%是标准旋涡星系，30%是棒旋星系，而不规则星系只占 3%。

至于不规则星系，它没有固定的形状，两个著名的麦哲伦星云往往被当成这一类型的代表。不过，也有天文学家认为大麦哲伦星云应该属于棒旋星系。

在旋涡星系生存期间，产生超新星和其他抛射气体的恒星会补充一些形成恒星的星际材料。如果初始的星际物质接近纯氧，则这些抛射气体的恒星便会"污染"星际气体。在恒星的生存期间，氢已聚变为氦，氦再依次变为碳、氧和更重的元素。在恒星又把气体抛射回空间时，这些重元素也就被带了出来。所以，旋涡星系中最初形成的一批恒星，含有的金属元素的百分率很低，而较迟形成的恒星则含有金属元素的百分率比较高，最后形成的恒星含有金属元素的百分率最高。

星系的演化是一个复杂的问题，在此不能详细介绍。我们只是指出，如果各星系是由质量相等的气团形成的，则所有的星系应该具有相同的质量；若形成星系的气团具有不同的角动量，则形成的星系也会是各不相同的。在巨大的非旋转气团吸缩期间，气体的密度保持均匀，所有形成恒星也应有均匀的速率和花费比较短的时间。所有的气体都应凝聚

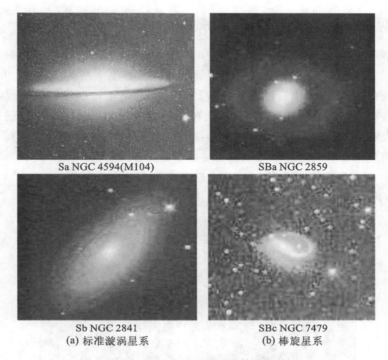

Sa NGC 4594(M104)	SBa NGC 2859
Sb NGC 2841	SBc NGC 7479
(a) 标准漩涡星系	(b) 棒旋星系

图 5.26　标准旋涡星系和棒旋星系

成恒星,所有的恒星都应具有大致相同的年龄,换句话说,椭圆星系是由非旋转气团产生的,早期形成的蓝巨星早已演化成白矮星。不再有气体去形成新的恒星。于是蓝巨星也就不能继续产生。

另一种情况是,如果当初的气团是旋转的,也就是具有相当的角动量,则气团收缩时会愈转愈快,以保持角动量守恒。随着旋转的加快,气体可能被甩出去而形成赤道隆起,尔后再变成一个星云圆盘,和原始太阳周围的星云圆盘一样,星云圆盘的形成使气体的密度降低,因而恒星的产生速率也随之降低。由于愈转愈快,也就有更多的气体被甩出而脱离正在形成的星系,从而使之质量减少。这一见解在银河系演化的各个阶段都有证据。

由此看来,原始气团角动量的大小是决定气体形成哪种类型的星系——E0,E1,E2,Sa,Sb,或 Sc——的主要因素。

第五节　暗物质与宇宙早期的演化

最近的研究表明,在宇宙的早期演化中暗物质具有重要的作用,主要是它们构成了宇宙的骨架,或者说宇宙的网络结构。有趣的是,我们银河系的未来演化与暗物质关系甚大。我们基于这样的认识,预言了银河系未来的命运。

一、罕见的"宇宙骨架"与暗物质

最近的研究表明,在宇宙星系的形成中暗物质扮演着重要的角色。首先,早在20世纪30年代科学家就发现许多星系按对其观测的物质分布应该是不稳定的。换言之,从星系的稳定性的角度来看,其中有许多物质应该是隐藏起来了,或者更确切地说,我们没有观察到。这些物质当时称为迷失的物质,现在我们称之为暗物质。暗物质的问题是当前宇宙学的重大难点,本书将专辟一节讨论暗物质的发现、分布和物理含义的探讨。现在仅介绍它们在构建宇宙的"骨架"——宇宙桥方面的最新发现。

2012年科学家发现罕见的"宇宙骨架"连接着两个巨大的星团——Abell 223星团与Abell 222星团,推测其中存在关于暗物质的踪迹。如图5.27所示。

图 5.27　Abell 223 星团与 Abell 222 星团间的巨大"宇宙桥"

研究人员认为细长的宇宙丝酷似一种神奇的黏合剂,将宇宙间的星团紧紧连接在一起,人们确信其中隐藏了暗物质。科学家们认为暗物质存在类似"胶水"的属性,连接在多个星系或者星系团之间,扮演着一种大尺度结构的角色。由于暗物质不发出任何辐射,我们很难直接观测到它们的存在。

"暗物质桥梁"具有较大的跨度,庞大的体量,"隐藏"于宇宙空间中,可以扰动弥散在宇宙空间中的引力波,并造成周围恒星群光线的扭曲变化,这就是所谓引力透镜现象。我们可以通过探测这种诡异而微小的效应来推测"暗物质桥梁"的存在。研究人员发现尺度巨大的宇宙桥梁由暗物质构成,这是一种极为神秘的物质形式。德国慕尼黑大学的天文学家约尔格·迪特里希(Jörg Dietrich)说:"在此之前,我们已经通过引力透镜效应发现了由暗物质构成的宇宙桥梁的存在,探测到令人信服的暗物质细丝结构。"

研究人员通过位于夏威夷莫纳克亚山上的望远镜阵列,对来自于Abell 223星团与Abell 222星团背后的光线进行分析,发现其中存在着4万个星系,最终查明在两个星系团之间隐藏的暗物质细丝的蜘丝马迹——宇宙桥。似乎表明,由暗物质构成的宇宙细丝可以被认为是一种"胶水"的假设是有道理的。正是这种"胶水",将宇宙中的星系团联系在一起。遗憾的是,直到现在还没有其他的巨型暗物质细丝结构被直接观测到。

到目前为止,我们对暗物质印象的大部分研究都是基于计算机的模拟结果。科学家们希望进一步探讨关于神奇的"宇宙网络"或者类似的神秘结构。

二、宇宙网络——暗物质的观测

踏破铁鞋无觅处,得来全不费工夫。从 2004 年开始,澳大利亚国家科学院科学家罗伯特·布劳恩(Robert Braun)和美国约翰·霍普金斯大学的天文学家大卫·斯尔克(David Thilker)利用位于荷兰的韦斯特博克综合孔径射电望远镜(WSRT)进行观测,经过多年的分析和研究,在我们银河系所处的本星系团中发现了奇怪的大尺度丝状结构。这个丝状结构是在仙女座大星系与三角座星系之间的星际空间内的一条"氢桥",全长达到了 78.2 万光年。

仙女座大星系与三角座星系都是银河系所处的本星系团的著名星系,前者由于其壮丽的景色是经典的观测对象,后者则为本星系团中的第三大星系。在仙女座大星系与三角座星系之间存在神秘链状物质中性氢原子团块——"氢桥"。这些物质存在于环绕在星系周围的"星系晕"中,但是有些团块却不太寻常,颇像是两个星系之间的桥梁。"星系晕"是螺旋星系外围笼罩的一层球状分布的稀疏物质,其中不乏恒星和气体等。由于存在观测灵敏度的问题,尽管研究人员探测到了微弱的团块状的中性氢,但细节太模糊无法分辨,许多研究人员怀疑这些看似链状的"氢桥"是否有真实物质实体存在,认为有必要进一步复核。

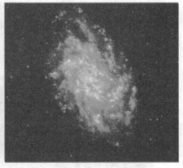

图 5.28　仙女座大星系(左)与三角座星系(右)

美国科学家费利克斯·洛克曼(Felix Lockman)在西弗吉尼亚州的绿岸射电望远镜阵列工作,该阵列拥有单座直径达 100 米的碟形天线,是目前世界上最大的完全可操纵的碟形天线。洛克曼及其团队利用绿岸射电望远镜进行了更详细的探测,将"氢桥"射电图像的空间分辨率提高 5 倍,确认在仙女座大星系与三角座星系之间确是存在神秘的大尺度"氢桥",由中性氢构成。布劳恩对此感到非常高兴,因为这证明了这座巨大的桥并不是虚构的,是一个令人惊讶的发现,他对此评论道:这是一个重要的确认,证明了中性氢在大尺度结构上的存在,使我们对后续研究充满了信心。

研究人员认为这座巨型"氢桥"可能完全跨越仙女座大星系与三角座星系,跨度达到 78.2 万光年,其中完全充满了中性氢。洛克曼的研究团队将重点放在"氢桥"两处区域,跨度大约为 6 500 万光年,他们估计每个区域中的中性氢可达到 10 万个太阳质量。位于星系与星系之间的星际空间,存在于此的中性氢将受到宇宙辐射的作用,中性氢在射线的

图 5.29　绿岸射电望远镜

照射下,其电子会分离,并形成电离态的氢。

因此,科学家们估计这座数十万光年的"氢桥"将不可避免地进入电离过程,事实上,它可能主要由电离态的氢构成,因为电离态的氢不会发出射电波,也不会被我们探测到,而中性氢是会发出射电波。布劳恩估计整个"氢桥"结构的质量将达到 5 亿个太阳质量,并且随着时间的推移将存在更多的电离态氢。换言之,这个"氢桥"目前属于我们可以观测的普通重子物质构成,因此才能被幸运地直接观察到。但是,这种机遇是稍纵即逝的,原因是迅速的电离将使它们转变为电离态氢,就不会发出射电波,被我们的望远镜所接收。直截了当地说,它们就会转变为暗物质。

图 5.30　位于仙女座大星系与三角座星系之间的"氢桥"

根据目前的宇宙学研究结果,重子物质一部分存在于恒星和星系之中,另一部分以弥散的形式存在于星际介质之间,通常以丝状结构出现而传播,其真实情况以前一直是一个谜,"氢桥"的发现揭开了这个谜。

三、"氢桥"的发现

"氢桥"的发现使科学家确立了如此信念,所谓暗物质,这些"失踪的重子物质"可能存在于星系周围的空间,其密度比星系中物质的要小。但是我们从未见过这些物质。布劳恩认为,失踪的重子物质应该是存在于仙女座大星系与三角座星系之间的巨型"氢桥",如果该结论被证实是正确的话,那么这是我们第一次接触到难以捉摸的失踪重子物质,科学家将其称为温热星系间介质(WHIM)。

普林斯顿大学的物理学家耶利米(Jeremiah Ostriker)专门研究宇宙中物质的分布,他认为存在于仙女座大星系和三角座星系之间的"氢桥"就是温热星系间介质的证据。通过计算机的进一步模拟,科学家发现温热星系间介质形成的"宇宙桥梁"应该存在于多个或者所有的单个星系之中,甚至在星系团之间也存在此结构。

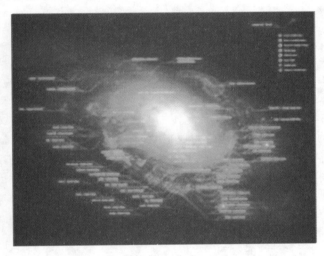

图 5.31　环绕着在星系外围的巨大"星系晕"

图 5.32　科学家认为可以利用"氢桥"作为恒星际航行的燃料补给

有迹象表明在 M81 和 M82 星系以及 NGC 3077 星系中也观测到了类似的"氢桥",研究人员推测这些细细的蜿蜒状的"氢流"是古老星系碰撞的残余物质。因此,仙女座大星系(M31)与三角座星系(M33)之间的"氢桥"可能是由星系碰撞产生的。

根据最新的计算机模拟结果,两个星系曾经在数十亿年前近距离靠近,因而导致了碰撞的发生,存在于星系内的气体被拖拽了出来,并重新"陷入"两个星系的引力拉锯中,于是形成了连接在两者之间的"氢桥"。如果"氢桥"最终被证实存在,那么这对未来进行恒星际旅行的人类来说是一个好消息,或许可以利用这些氢作为宇宙飞船的燃料。

　　难道庞大的星系会产生碰撞么?答案是肯定的。2012 年 5 月 31 日,基于哈勃望远镜的长期观测,美国宇航局(NASA)的天文学家宣布,预计将在未来 40 亿年内两大巨无霸星系——银河系和邻近的仙女座大星系将发生超级碰撞。两大星系将并合为一个更大的星系。幸运的是,我们的地球和太阳系不会面临毁灭的险境。请参阅本章阅读材料 5-2。

阅读材料 5-1

射电天文学的兴起

　　背景辐射的发现使得天文学家和宇宙学家意识到,一种新的天文学观察手段——射电天文学诞生了。从此以后,除了通常的光学天文望远镜以外,人们充分认识到,这种巡视宇宙空间的新哨兵——射电天文望远镜在天文观测上具有不可替代的作用。所谓射电,是指射电波段的电磁波,一般只有波长约 1 毫米到 30 米左右的电磁波射电望远镜才能接受。

　　1937 年,美国贝尔电话实验室电信工程师杨斯基(K. G. Jansky)在一篇论文中宣布,他利用特制的天线,发现波长在约 10 米处的天电噪声,其方向指向天空中的固定点,很可能就是银河系的中心。自此以后,一门新的学科诞生了,它叫射电天文学。射电天文学与光学天文学一样,在天文观测中扮演重要的角色。彭齐斯和威尔逊的喇叭耳就是射电天文学通常使用的工具。

　　射电天文学的崛起,大大扩展了人类的视野。在地球的各个角落,各种类型的巨大射电天文望远镜拔起而起。图 5.33(a)和(b)是澳大利亚、新西兰、南非三国拟联合建造的世界最大射电天文望远镜——"平方公里阵列"射电天文望远镜的效果图。计划于 2016 年开工,2024 年完工,将包括 3 000 座碟形天线,每座直径 15 米,总面积达 1 平方公里,建造费用达到 20 亿美元。其精度将比现有射电天文望远镜高 50 倍,速度提升 10 000 倍。研究者希望该望远镜可以帮助解决天体物理学中的重大问题。同时,该望远镜也可以帮助人类更好地理解第一个黑洞及恒星何时产生。

　　图 5.34 所示为我国贵州建成的世界上最大单口径射电望远镜,已于 2016 年 9 月 25 日启用,其球面口径为 500 米,反射面总面积约为 25 万平方米,探测灵敏度比此前世界上最先进的美国阿雷西博望远镜提高近 2.5 倍,将我国空间测控能力由月球延伸到太阳系边缘,把深空通信数据下行速率提高几十倍,并在今后 30 年的时间里保持世界一流的地位,极大拓展了人类探测宇宙天体的能力。

　　图 5.35 所示一直为此前世界上最大的综合孔径射电望远镜,位于美国新墨西哥州圣阿古斯丁平原,简称甚大阵,常用 VLA 表示。1981 年建成,属美国国

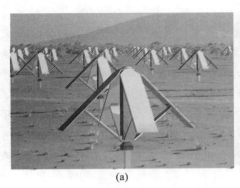

(a)   (b)

图 5.33　拟建的"平方公里阵列"射电天文望远镜效果图

图 5.34　贵州世界最大单口径射电望远镜

图 5.35　世界上最大的综合孔径射电望远镜甚大阵

立射电天文台。它由 27 面直径 25 米的抛物面天线组成，Y 形排列，每臂长 2.1 千米。有 3 种组合模式，最长基线为 36 千米。可在 6 个波段工作，并可作圆偏振（左旋和右旋）和线偏振测量。在厘米波段，最高空间分辨率达角秒量级，与地面光学望远镜的分辨率相当；灵敏度比世界上其他射电望远镜高一个量级；成像时间 8～10 小时。

由于射电望远镜的启动,再结合太空技术的发展,一系列惊人的发现联翩而至:硕大无朋的类星体、超新星的剧烈爆发、银河系的瑰丽旋臂结构、河外星系梦幻般的诸多奥秘、黑洞的神秘候选者、广漠太空中的星际分子,以及据说是宇宙之匙的宇宙弦……

原来在浩瀚无垠的宇宙中,千姿百态的形形色色天体,无论是发光还是不发光的,无一例外都发出电磁波,这就是宇宙射电波。其波长有长有短,强度有强有弱,时断时续,若有若无,宛如雄浑的宇宙大合奏。射电望远镜像天空中的哨兵,日夜巡视天幕上的星星,搜索宇宙的种种奇观,聆听着动人的星星音乐……

阅读材料 5-2

银河系未来演变的预测

目前仙女座大星系(也称为 M31)距离我们约 250 万光年。观察表明,在仙女座大星系和银河系两个星系隐藏于其中和周围的看不见的暗物质的引力作用下,M31 和银河系正处于无情对撞的路线上。根据其现在的运动态势,计算机模拟显示,我们的太阳系可能会被抛到远离新星系核心的边缘区域。两个星系撞击后还需要约 20 亿年才能完成融合,并成为一个本地宇宙中常见的单一(巨)椭圆星系。

图 5.36 为科学家描绘的未来银河系和 M31 对撞的路线图,而图 5.37 则为模拟所显示的未来银河系和 M31 合并各个阶段的地球夜空的景象。

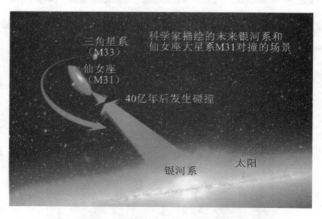

图 5.36 科学家描绘的未来银河系和 M31 相撞的路线图

更微妙的是,M31 的伴星系——三角星系 M33,也将参与这个碰撞事件,并可能在未来并入银河-仙女星系联合体。虽然宇宙在加速膨胀,靠得很近的星系却还会继续相撞。因为它们被其周围暗物质的引力绑定在一起。哈勃望远镜的深空图像显示,在宇宙过去尺度较小时,这类星系碰撞-合并事件是非常普遍的。

这项科学研究的团队的领导兼主要研究者是马里兰州巴尔的摩市太空望远镜科研所(STScI)的 R. P. van der Marel。下面显示科学家模拟碰撞时各个阶段我们地球的星空图。此类事件在宇宙中相当普遍,我们可以从这些模拟图中看到并合过程的大致情况。

图 5.37 未来银河系和 M31 合并各个阶段的夜空

从图 5.38 至图 5.45 的 8 幅画面中,可以清晰地看到,从当今的夜空图像,到 20 亿年、37.5 亿年、38.5 亿年、39 亿年、40 亿年、51 亿年,直到 70 亿年后的地球夜空所显示的星系合并的景象。

第一幅画面显示当今的夜空:银河系高挂头顶,M31 仅是银道面盘的远方小点,如图 5.38 所示。

图 5.38 当今的夜空

第二幅画面显示 20 亿年后的夜空:M31 已经很接近,是夜空中壮观的存在,如图 5.39 显示。

第三幅画面显示的是 37.5 亿年后的夜空:两个星系即将相撞,M31 在占据了夜空的一大片,两个星系都因为潮汐力而变得扭曲,并开始壮观的星暴。如图 5.40 所示。

第四幅画面显示的是 38.5 亿年后的夜空:两个巨型星系迎头相撞,M31 已

图 5.39　20 亿年后的夜空

图 5.40　37.5 亿年后的夜空

经看不见全貌，只有部分旋臂。如图 5.41 所示。

图 5.41　38.5 亿年后的夜空

第五幅画面显示的是 39 亿年后的夜空：两个星系正在对穿，两个星系盘面都看不清了（太阳也不在原先的轨道上了），夜空中充满了星暴和美丽的星云。如图 5.42 所示。

图 5.42　39 亿年后的夜空

　　第六幅画面显示的是 40 亿年后的夜空：第一次对穿而过后的两个星系，整体形状还在，但盘面都已经变形。如图 5.43 所示。

图 5.43　40 亿年后的夜空

　　第七幅画面显示的是 51 亿年后的夜空：两个星系已经多次对撞，大部分气体已经转换为恒星，明亮的星云已经不多；两个星系核正在接近，并都没有气体盘遮掩了。如图 5.44 所示。

图 5.44　51 亿年后的夜空

第八幅画面显示的是70亿年后的夜空：合并已经基本完成，现在是一个类似M87的巨椭圆星系了，主要成员是红巨星和红矮星。如图5.45所示。

图5.45　70亿年后的夜空

以上图片均转引自文章 NASA's Hubble Shows Milky Way is Destined for Head-on Collision with Andromeda Galaxy，作者 Roeland van der Marel，J. D. Harrington，Ray Villard。

思考与提示

（1）为什么说单独的爱因斯坦宇宙学方程不能确定宇宙的演化规律？这个方程是初始或者边界条件与冷宇宙模型和热宇宙模型有何关联？

（2）冷宇宙模型和热宇宙模型的竞争中，有哪些重要观测和实验数据支持热宇宙模型，尤其是大爆炸标准模型？霍伊尔的研究作风有哪些体现了高贵的科学精神？

（3）从标准大爆炸模型的建立，你可以归纳出现代科学研究有哪些最重要的规律？

（4）20世纪50年代，微波背景的发现无论是在理论上还是在实验储备上都存在极大的现实可能性。但是为什么这个发现迟迟拖到了1964年呢？请分析其中的经验和教训。

（5）请简单勾勒大爆炸标准模型的基本线索和基本内容。

（6）从微波背景的发现，谈谈科学发现与高新技术的应用有何关系。

（7）射电天文望远镜和光学天文望远镜观察对象有何不同？射电天文学的兴起对于天文观测和宇宙学的发展有何作用？

（8）从科学家预言今后几十亿年内，银河系、仙女座大星系及其伴星系——三角星系的碰撞并合规律，我们还能说"天不变，道亦不变"吗？从中可以得到什么哲学感悟？

第六章　大爆炸标准学说面临的主要问题

大爆炸标准学说对于完美解释天文学观测资料和观察宇宙的演化图像取得了重大成就。然而其中面临的问题也不少,诸如重子数不对称问题、磁单极子过多的问题、扰动问题,以及暗物质、暗能量和球状星系的年龄问题等。然而最突出的问题,要算所谓自然性问题,亦即视界问题和平坦性问题。本章将详尽地逐一分析这些问题,充分地暴露大爆炸标准学说面临的主要矛盾,以便寻找解决这些矛盾的新途径,创建更完善的宇宙创生的新学说。在新学说中必须能同样完美地描述标准模型所展示的物理图像,同时应该能基本解决标准模型所面临的主要问题。

本章导读

第一节　视　界　问　题

我们将会看到,标准大爆炸模型存在的主要问题有重子数不对称问题、磁单极子过多的问题、扰动问题,以及暗物质、暗能量和球状星系的年龄问题等。然而最突出的问题,要算所谓自然性问题,亦即视界问题和平坦性问题,这两个问题实际上是联系在一起的。因为这些问题涉及的物理知识面很广,下面逐一予以介绍。

我们首先考察所谓视界问题,考察问题从何产生。指出标准模型中极早期宇宙存在 10^{72} 个相互没有因果关系的区域,这一点与今天观察到的宇宙中物质的分布高度均匀是完全不相容的。所谓视界问题与扰动性问题、平坦性问题和自然性问题在本质上是相同的。我们还将指出，暗物质分布与视界问题实际上密切相关。

一、极早期宇宙存在 10^{72} 个相互没有因果关系的区域

什么叫视界呢？用一句通俗的话说，就是指宇宙中彼此间能够有因果关系的区域的大小。视界的存在，原因在于宇宙在膨胀和光速传播速度的有限性。

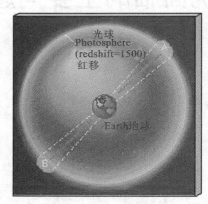

图 6.1　光子在目前宇宙视界上相对两点间的运行时间超过宇宙年龄

学究地讲，视界问题从本质上来说，来源于任何信息的传递速度不可能超过光速的前提。对于一个存在有限时间的宇宙而言，这个前提决定了两个具有因果联系的时空区域之间的间隔具有一个上界，这个上界被称作粒子视界。从这个意义上看，所观测到的微波背景辐射的各向同性与这个推论存在矛盾：如果早期宇宙直到"最终的散射"时期之前一直都被物质或辐射主导，那时的粒子视界将只对应着天空中大约 2 度的范围，从而无法解释为何在一个如此广的范围内都具有几乎相同的辐射温度以及如此相似的物理性质。

我们通俗解说，狭义相对论的最重要原理就是，任何物理作用，任何信息，都不可能比光信号传播得更快。举一个例子，假如有一个法力无比的灵怪心血来潮，摇动光焰万丈的太阳。以太阳为中心，这一幕奇怪的景观，在时间 t，只有在 $r=ct$ 半径之内的地方才可能看到。换言之，对于太阳光而言，其产生物理效应的范围至多不能超过 $r=ct$，在这个范围内叫做相应的因果联系的区域。

当 $t=8$ 分，$ct=150\,000\,000$ 千米，此时在地球上的人有可能领略此情此景。在 8 分钟以内，地球上发生的任何事情，都不会与此灵怪摇日有关，即与此事无因果关系。

设在大爆炸瞬间有光信号发生，由于宇宙年龄至今不过 $100\sim200$ 光年。约莫就是我们观测宇宙的尺度大小。就是说，目前宇宙的视界，实际上就是我们宇宙的"边界"。当然在考虑宇宙边界的时候，除了光的传播之外，还应考虑空间本身的膨胀。

因此，在大爆炸后的漫长岁月中，宇宙中各个地方在原则上可以由引力或电磁作用等彼此联系着，它们彼此相互影响。一句话，照这样看来，整个宇宙是一个彼此有因果联系的区域。

设想天外有天，在视界以外，离我们更远的地方有许多星系。这些星系的光线，任何信息，甚至任何影响，将永远不会到达我们这里。不管我们怎样改造天文望远镜，或者采用什么最奇妙的测试仪器，都永远"看不到"、"感知"不到它们。视界外的区域中发生的事，跟我们不会有任何因果关系，它们对我们毫无影响。

在早期宇宙情况就不同了。在标准模型中，我们今天观察的宇宙，在大爆炸后 10^{-35} 秒，其典型尺度（或不那么确切地说为直径）大致为 1 厘米。这时视界的线度约为

$$2\times\text{光速}\times\text{时间}=2\times(3\times10^{10}\text{厘米}/\text{秒})\times10^{-35}\text{秒}=6\times10^{-25}\text{厘米}$$

这意味着，宇宙的线度在那个时候比视界大 24 个数量级。

仔细寻思，问题出来了。在那时宇宙实质上由 10^{72} 个相互没有因果关系的区域所构

成。宇宙中这些区域不可能相互影响。我们从天空中两个相反的方向所观察到的微波背景辐射，相应的辐射源的平均距离，在辐射发射的时候，超过视界的90倍！

然而，正像我们在前面已经谈到的，我们的宇宙的物质分布，在大范围（超星系团线度的2倍，即10亿光年以上），是高度均匀的，和各向同性的。但是，自从1965年发现微波背景辐射以来，人们又发射了许多测量卫星，发现宇宙各处的背景等效温差相差不到万分之一度，微波背景辐射的涨落（各向异性）也只有10万分之一的量级。多个实验通过测量这种各向异性的典型角度大小，发现宇宙在空间上是近乎平直的。这个矛盾就是所谓视界问题。这个问题发生在宇宙极早期的时候。这个问题的正确表述应该是，在标准模型中极早期宇宙的时候，宇宙的线度比视界大几十的数量级，就是说其时的宇宙中包含几十个数量级的因果区域，是如何演化成今天物质分布在大范围内是高度均匀和各向同性的呢？

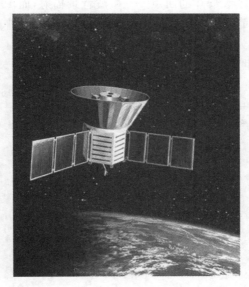

图 6.2　宇宙背景探测者卫星(COBE)雄姿

二、今日宇宙物质的分布是高度均匀的

1989年NASA发射了宇宙背景探测者卫星（COBE），并在1990年取得初步测量结果，显示大爆炸理论对微波背景辐射所做的预言与实验观测相符合。COBE测得的微波背景辐射余温为2.726 K，并在1992年首次测量了微波背景辐射的涨落（各向异性），其结果显示这种各向异性在十万分之一的量级。

COBE的工作是由约翰·马瑟（John C. Mather）和乔治·斯穆特（George Fitzgerald Smoot III）领导的，由于取得巨大成果和工作的重要意义他们被授予2006年的诺贝尔物理学奖，以表彰他们发现了宇宙微波背景辐射的黑体形式和各向异性。马瑟是马里兰州美国国家航空航天局（NASA）戈达德航天中心（Goddard Space Flight Center）的高级天体物理学家，斯穆特是美国伯克利加州大学物理学教授。

图6.4和图6.5显示的是COBE卫星探测的主要结果。COBE卫星仅仅9分钟就发回第一张亮度分布谱，特性与2.74 K黑体谱惊人地相符，图6.4中方块为所测数据点，曲

图 6.3　约翰·马瑟(1945—)(左)和乔治·斯穆特(1945—)(右)

线是该温度的黑体辐射理论曲线（Mather et al.，APJ 354（1990）L37）。这个结果确凿无疑地表明，他们真正发现了大爆炸的回声——微波背景辐射，而 1964 年，彭齐亚斯和威尔逊的发现只不过是这个回声的个别插曲而已。黑体辐射假设是普朗克当年提出的一个理论假设，物理学家一般认为绝对黑体在现实世界中是不存在的。COBE 的发现表明，这样的绝对黑体在现实物理世界中是存在的，就是我们观测宇宙自身。

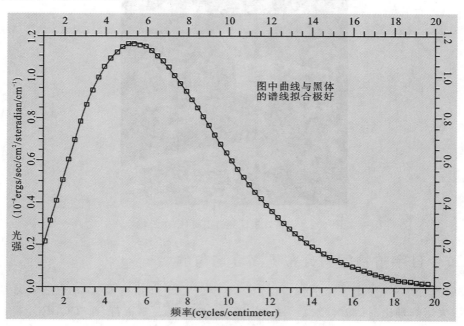

图 6.4　COBE 测试的亮度随频率的分布图

　　图 6.5 显示的是 COBE 测试的微波背景辐射各向异性分布图。该图表明温度存在十万分之一的各向异性，以浅灰色、深棕色表示高、低微小温差。等效温度的这种微小各向异性是可以预料的，来自于量子涨落。

　　图 6.5 清楚表明，宇宙大尺度结构的均匀性的微小起伏，其根源在于宇宙膨胀过程中的量子涨落。在数量上，十万分之一的不均匀量在宇宙学中记作 Q。其实 20 世纪 70 年代的宇宙学研究已经估算出微波背景辐射的 Q 值只有出现在十万分之一的量级上，才能形成今天的宇宙。如果 Q 小一个数量级，为百万分之一，就将严重阻碍、延迟星系与恒星

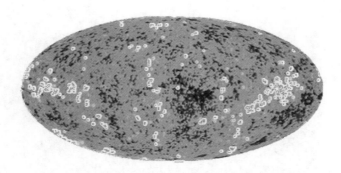

图 6.5　COBE 测试的微波背景辐射各向异性分布图

的形成;反之,如果 Q 大一个数量级,为万分之一或更多——那么星系的密度就会过大,导致星球、星系相撞,乃至过早地塌缩成大量黑洞,而非现在的星系团。无论怎样,Q 都必须稳定在一个非常小的变化范围内才能形成丰富、稳定、持久的恒星,并伴随有行星系统,就像我们栖居的地球一样。

图 6.6　准备发射升空的望远镜

　　从 1997 年至 2003 年间科学家实施了三次毫米波段气球观天计划。目的在于以高空气球飞行测量部分天区宇宙微波背景辐射。该计划首度以巨大的、高传真放大影像观测宇宙微波背景温度各向异性的实验,使用一架飞行在 42 000 米高的望远镜,让大气层对微波的吸收降至极低。虽然仅能扫描天空中极小的一块区域,但与卫星探测比较,成本降低了非常多。第一次的飞行实验于 1997 年在北美洲完成。后续在 1998 和 2003 年的两次飞行都在南极洲的麦可墨得基地开始,利用极地涡旋的风在南极盘旋了两个星期之久。

　　与当时相类似的其他实验(Saskatoon,TOCO,MAXIMA 等)相结合,并考虑测量精密的哈勃常数,毫米波段气球观天计划在 1997 和 1998 年确定了到高精度与最后散射表面的角直径距离。该计划的数据表明宇宙的形状是平坦的,并支持宇宙存在暗能量的超新星证据。

　　上述研究表明,我们观测的宇宙在今天微波背景辐射是十分均匀的,基本上是各向同性的。换言之,我们的宇宙构造在今日可以说在大尺度上是十分平坦、均匀的。如此高的均匀性是如何演化得来的呢?均匀性问题是站在今天宇宙的角度上提出的。

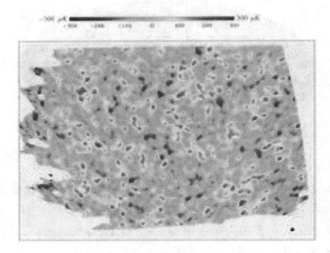

图 6.7 毫米波段气球观天计划测量的宇宙微波背景的各向异性

在标准模型中,这个结论很难理解。试问,当初原本没有因果联系的 10^{72} 个区域,如何会演化为我们宇宙今天这个样子:在大范围内性质几乎处处相同? 视界问题,归根结底就是宇宙结构在大范围均匀性问题。

譬如说,在地球上不同地方一天内诞生好几万婴儿,一般说,他们彼此之间没有血缘关系。20 年以后,他们都成人了。如果我们一旦发现,他们的面貌、身材、性情、爱好居然全都一模一样,难道不会大吃一惊吗?

要知道,年年岁岁花相似,岁岁年年人不同啊! 但是,这样的事竟然发生了。

平坦性问题与视界问题具有相关性。观察表明,今日之宇宙是非常平坦的,或者说是相当平直的。它的意思是,宇宙今日的平坦度 Ω 非常接近 1。如果标准大爆炸学说是正确的话,在宇宙创生时的平坦度偏离 1 的话,经过几十亿年的演化宇宙将会进入热寂或大挤压状态。问题在于,任何一个偏离临界密度的微小扰动都会随着时间逐渐放大,除非当初的平坦度就为 1,这是非常难以想象的。事实上,即使是在太初核合成时期,宇宙的能量密度也必须在偏离临界密度不超过 10^{-14} 倍的范围内,否则将不会形成像我们今天看到的这样。这就是所谓平坦性问题。不难明白,视界问题与平坦问题在本质上是同一个问题。

三、扰动性问题

什么是扰动性问题? 这个问题实际上与平坦性问题也密切相关。我们知道,宇宙结构在小范围内是极不均匀地呈块团状结构。物质分布以恒星、星系、星系团和超星系团的形式出现。换言之,宇宙的物质分布在小范围内是极不均匀的。1972 年,前苏联物理学家雅可夫-泽尔多维奇(yakov zeldovich)指出,在宇宙中,如果有一个强度为

$$\frac{\Delta\rho}{\rho} \approx 10^{-4}$$

的密度扰动谱,就能解释宇宙结构在大范围内的均匀性和小范围内的不均匀性。上式中 ρ 为宇宙物质分布的平均密度,$\Delta\rho$ 则为平均密度的绝对扰动值。

与此同时，美国阿默斯特的麻省大学的哈里逊（E. R. Harrison）也得到类似的结论。他们都推测，宇宙介质在引力自作用下，由于动力学的不稳定性，会导致在小范围（用泽尔多维奇的话就是 100 万秒差距内。1 秒差距等于 3.26 光年）结构块状化，这或许可以解释星系和星系团的起源。1967 年，对星系的观测表明宇宙膨胀速度出现异常。泽尔多维奇认为，异常是因为量子论的测不准原理（Uncertainty Principle）引起的。遗憾的是，他所得到的这种真空"零点能量"，不知比起观察到的实际影响高出多少倍。

图 6.8　泽尔多维奇（1914—1987）

值得指出的是，1970 年代初他与前苏联物理学家拉希德·苏尼亚耶夫发现了苏尼亚耶夫-泽尔多维奇效应（SZ 效应），并且已经在某些星系团中观测到。该效应可以用于检测宇宙中的物质分布、确定哈勃常数的数值和星系团中热等离子体的质量等。现在利用亚毫米波望远镜能够探测到 SZ 效应中说明问题的扭曲现象，还将有助于宇宙学家们找到对其他方法来说太远或太暗而无法发现的星系星团。这些观察结果反过来有助于宇宙学家发现星团的演化过程，而且有可能利用 SZ 效应发现宇宙中暗物质的位置。

第二节　暗物质问题

一、宇宙物质分布和暗物质的估算

宇宙物质的分布决定宇宙未来的命运。从天文观察来看，宇宙是一个相当平直的空间。由此我们判定，今日宇宙物质分布应当是处于所谓临界密度。但是，从所谓普通物质的分布来看，其密度大大小于临界密度。科学家把其他没有看到的物质称为所谓"迷失的物质"。"迷失的物质"从今天来看，又分为暗物质和暗能量。暗能量的发现是在 20 世纪末期，其主要作用是驱使宇宙加速膨胀。

我们回忆，弗里德曼模型告诉我们，宇宙演化的总趋势取决于宇宙的能量密度到底是多少。通俗地说，宇宙中全部物质的质量有多少？或者不那么确切地说，宇宙有多"重"？宇宙的命运与临界质量有关。宇宙物质分布处于临界质量时，为平直空间。

我们已经知道，由爱因斯坦的宇宙动力学方程，得到所谓临界质量密度

$$\rho_0 = \frac{3H^2}{8\pi G} \approx 10^{-29} \text{克/立方厘米}$$

其中 H 是哈勃常数,G 是万有引力常数。宇宙空间的平坦度的定义是

$$\Omega = \frac{\rho}{\rho_0}$$

即宇宙的平均物质密度与临界密度之比,其中 ρ 为宇宙的平均物质密度分布。如果 $\Omega > 1$,则宇宙将是封闭的,反之,则将是开放的。$\Omega = 1$,则称宇宙是平直的。相应的宇宙范式如图 6.9 和表 6.1 所示。宇宙的整体几何形状取决于平坦度 Ω 值大于、等于还是小于 1,分别相应为具有正曲率的封闭宇宙、具有负曲率的双曲面宇宙和具有零曲率的平坦宇宙。

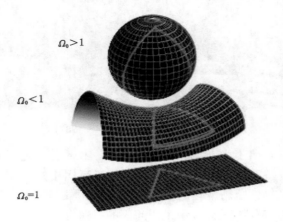

图 6.9 宇宙演变范式图示

表 6.1 平坦度与宇宙演化的类型

宇宙类型	平坦度 Ω	空间几何	体积	时间上的演化
封闭	>1	正弯曲(球面)	有限	膨胀与再塌缩
开放	<1	负弯曲(双曲面)	无限	永远膨胀
平直	=1	0 弯曲(欧几里得几何)	无限	永远膨胀,但膨胀率近于零

二、宇宙物质分布估算的基础

总之,宇宙未来命运取决于其演变的模式,而演变的模式又取决于宇宙的平均质量密度,可以更形象地如图 6.10 所示。其中,横坐标表示宇宙年龄,纵坐标表示宇宙尺度。最上面的曲线表示开放宇宙,中间的曲线为临界状态宇宙,下面的曲线为封闭宇宙。可见,宇宙之命运取决于宇宙中物质分布的平均质量的多少。观察表明我们今日之宇宙是一个相当平直的空间,那就是说,我们宇宙的物质密度分布应当为临界密度 $\rho = \rho_0$。这一点就是我们估算现在宇宙物质分布的总的出发点。

我们考察宇宙现有的物质质量密度分布远小于临界密度。这是怎么回事呢?

我们首先考察普通重子物质,从银河系开始。如将其中 2 000 亿个恒星质量分布到银河系空间内,平均密度只有 10^{-24} 克/立方厘米,约每立方厘米 1 个氢原子。估算恒星质量方法很多,如利用双星轨道和距离、利用双谱分光、利用 γ 谱线和引力红移、利用演化状

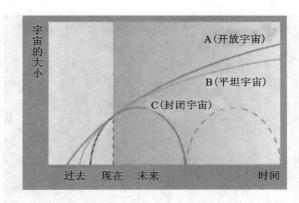

图 6.10　宇宙演化三种模式

态、利用分光法等。我们且不追究这些方法的详情。

　　粗糙地估算，星系团的总质量平均在 10^4 M_S 量级。这里 M_S 表示太阳的质量，星系的平均质量为 10^{11} M_S，一般采用光度测量估算。照此推算，宇宙物质分布的平均密度为

$$\rho' = 5 \times 10^{-31} \text{克/立方厘米}$$

$$(M_S = 2 \times 10^{33} \text{克})$$

　　天体物理学家在广阔的星系际空间搜索，发现并非空无一物。在星系团内每立方厘米含氢原子不超过 0.003 个，而在星系际空间每立方厘米不超过 10^{-4} 个氢原子，相应的物质密度

$$\rho_H < 10^{-34} \text{克/立方厘米}$$

即使加上发现的星际分子：氢分子和 50 余种有机分子，仍然微不足道。

　　科学家还计算诸如宇宙射线、引力波和中微子背景辐射和微波背景辐射对于宇宙总质量的贡献。如果中微子静止质量为零（现在发现中微子有极小的静止质量，但也不足以引起我们结论的改变），则它们对宇宙质量的贡献数量级仍然只有

$$\rho'' \approx 10^{-35} \text{克/立方厘米}$$

这就是说，从观测来看，普通重子物质大致只有宇宙总物质的不到 5%。

　　现在天文观察估算出的普通物质、暗物质和暗能量的分布比例，就是基于它们之和等于临界密度这个大前提。

三、宇宙中暗物质的初步观测和估算

　　1933 年瑞士天文学家弗里兹·扎维奇（Fritz Zwicky）用力学和光度学方法观察后发座星系团（Coma cluster），发现该大型星系团中的星系具有极高的运动速度，除非星系团的质量是当时观察数值的 100 倍以上，否则星系团根本无法束缚住这些星系。后发座星系团是一个巨大的星系团，拥有 1 000 个以上被确认的星系。这个星系团与地球的平均距离是 9 900 万秒差距（3 亿 2 100 万光年）。之后几十年的观测分析证实了这一点。当时认为该星系的动力学质量大于其光学质量 20 余倍。

　　后来发现星系的动力学质量大于其光学质量的现象甚为普遍，例如英仙座星系团为 100 倍。又如，室女座星系团中心区是活动强烈的巨型椭圆星系 M87，一个直径 100 万光年的发射 X 射线的星云，其中气体温度高达 3 000 万摄氏度。如此高温的气体，如靠自

图 6.11　弗里兹·扎维奇(1898—1974)

图 6.12　后发座星系团

引力束缚,M87 的质量(动力学质量)应比从前估计高 30 倍。

　　换言之,该星系团中大部分的物质是看不到的,他称这些质量为"遗失的质量",1975年美国天文学家鲁宾(V. Rubin)宣布一惊人发现:漩涡星系里的所有恒星几乎以同样的速度绕星系中心旋转。按牛顿的经典引力理论,离星系中心越远的恒星,旋转速度应该越慢。如果我们承认牛顿引力是正确的,那就意味着星系中存在大量的遗失的物质,即我们称为的暗物质;意味着所有的旋转星系里都存在一个巨大的暗物质晕,呈球状的暗物质"海洋"。

　　这些大量物质,甚至于超过星系 90% 以上的物质质量未被我们观察到,"迷失"不见了。原因是什么?这是因为它们本身不发光,或者没有辐射其他的电磁波,人们无法观察到它。现在我们知道,这类物质确实存在,科学家称之为暗物质。

　　因此,从现在的观察和理论估算,宇宙的普通重子物质平均密度约为

$$\rho \approx 5 \times 10^{-31} 克/立方厘米$$

　　下面我们估算宇宙中普通物质总质量。我们知道宇宙正在膨胀并且冷却,根据大爆炸理论,过去的宇宙比现在的更小、密度更高。宇宙的年龄为 138 亿年,宇宙的线度为

图 6.13　物质的电脑模拟图

930 亿光年。至于有人问："138 亿年的宇宙怎么看得到 930 亿光年大小的宇宙？"我们在后面要专门讨论这个问题。为简单起见，假定宇宙为 465 亿光年的球体。则宇宙普通物质的总质量容易得到为

$$\frac{5 \times 10^{-31} \text{克}}{\text{立方厘米}} \times (4.4 \times 10^{28} \text{厘米})^3 \approx 4 \times 10^{54} \text{克}$$

即 4 亿亿亿亿亿亿亿吨！如果我们考虑星际物质和暗物质，一般认为 Ω 约等于 $0.1 \sim 0.3$。科学家基于观测，最新估算暗物质占宇宙物质总量的 22%。

第三节　暗能量的问题

宇宙物质中 70% 的质量是以暗能量的形式存在的，暗能量并不直接与普通的粒子相关。存在暗能量的主要证据是 20 世纪 90 年代后期发现的宇宙加速膨胀。暗能量的确切性质，是物理学尚未解决的最深奥问题之一。对暗能量的研究是物理学和天体物理学中最激动人心的前沿之一。有趣的是爱因斯坦在 20 世纪 20 年代提出宇宙演化基本方程式，加进了一个所谓宇宙项的常数，其目的是要构造一个稳态的宇宙，必须外加一个排斥力。宇宙膨胀的发现，曾经使爱因斯坦后悔不已，不应该加一项没有根据的宇宙常数。但是宇宙的加速膨胀，就意味着存在强大的排斥力。对排斥力最朴素的描写，就是爱因斯坦的宇宙常数。在现代物理学的量子场论中，人们早就观察到一个有意义的事实，就是真空场（即宇宙中能量最低状态）其实不空，具有非常复杂的物理性质。其基本的特性之一就是具有排斥力。换言之，真空场和暗能量具有某种共同性质，但是从数量上进行研究，如果把暗能量视同为真空场，数量级竟然相差几十倍。这就是说，暗能量的问题远远没有解决。

我们指出，暗能量的存在实际上是与本章第一节所讨论的视界问题息息相关的，暗能量的存在也可以说是自然性问题的必然结果。

一、宇宙加速膨胀是暗能量存在的证据

科学家认真考虑暗能量的问题是在 20 世纪 90 年代。哈勃空间望远镜（HST）在宇宙

学的一系列重要发现中,起到了独特作用。20 世纪 90 年代,两个独立的观察小组对 Ia 型超新星红移的研究,已确定宇宙的膨胀规律。关于 Ia 型超新星红移,实际上是天文学家在确定遥远星系的距离时使用的一种"标准烛光"。历经几年艰苦搜寻,两个研究组观测了几十颗遥远的 Ia 型超新星,1998 年发表观测结果,使他们大为惊讶,完全推翻了他们原来的设想,宇宙近几十亿年正在加速膨胀!这种加速膨胀,表明宇宙中存在一种反引力,促使物质之间相互排斥。我们提到真空场的能量会产生相互排斥力。科学家就将引起宇宙加速膨胀的能量称为暗能量(参阅本书第四章第三节中宇宙加速膨胀的发现与宇宙标尺有关部分)。索尔·佩尔穆特、布莱恩·施密特和亚当·里斯由于这一重要发现而荣获 2011 年度诺贝尔物理学奖。

图 6.14　WMAP 在太空中

我们回顾探索暗能量的主要历程。威尔金森微波各向异性探测器(Wilkinson Microwave Anisotropy Probe,简称 WMAP)是美国宇航局的人造卫星(图 6.14),目的是探测宇宙中大爆炸后残留的辐射热,WMAP 的目标是找出宇宙微波背景辐射的温度之间的微小差异,以帮助测试有关宇宙问题的各种理论。它是 COBE 的继承者,是中级探索者卫星系列之一。WMAP 以宇宙背景辐射的先驱研究者大卫·威尔金森命名。2001 年 6 月 30 日,WMAP 搭载德尔塔 Ⅱ 型火箭在佛罗里达州卡纳维拉尔角的肯尼迪航天中心发射升空。对宇宙中各类物质分布最精确的测量是由 WMAP 给出的。卫星所测量的宇宙微波各向异性的分布(见图 6.15),给出了质量分布:宇宙中,普通物质(重子)占 4.6%,暗物质占 23%,暗能量占 72%。最新的测量结果与此大致相同。

2001 年 4 月,HST 发现离地球约 100 亿光年远的 Ia 型超新星,观测数据表明宇宙在早期是减速膨胀,直到最近的几十亿年才开始加速膨胀。这一重要发现说明,宇宙只在最近的几十亿年其暗能量的斥力才超过引力。天文学家的解释是:宇宙在大爆炸发生后,开始是物质的引力强于暗能量的斥力,减速膨胀;只在最近几十亿年其暗能量的斥力才超过引力,开始加速膨胀,而且将永远加速膨胀下去。紧随其后,探测宇宙微波背景辐射的空间望远镜 WMAP 的观测结果表明,宇宙在构成上暗能量占 73%,暗物质占 23%,普通物质占 4%,进一步证实了暗能量的存在。2012 年的观测数据稍微有点变化,占据的比例分

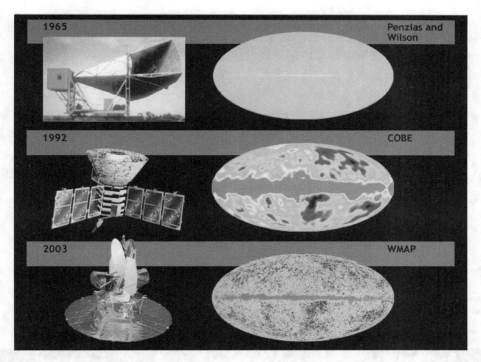

图 6.15　微波背景辐射三次观测结果（WMAP 所测量的宇宙微波各向异性的分布为最下图）

别为 70％、22％和 5％。

实际上，关于暗能量的比例科学家是根据宇宙目前加速膨胀的规律反推过去算出的，更精确的比例则是探测宇宙微波背景辐射的空间望远镜 WMAP 的观测结果。在大爆炸的标准模型中，原来是没有暗物质和暗能量的地位的，因此科学家发现暗物质和暗能量就成为理论模型所要面临的理论挑战。在观察宇宙目前十分接近平直空间的实验背景下，我们自然可以比较有把握地假定，目前宇宙总的物质分布平均密度应该等于临界密度分布。普通重子物质的分布可以借助光学望远镜、射电望远镜以及引力透镜效应，容易测量出来，结果不到临界密度的 5％。于是自然得到暗物质和暗能量的总的平均密度。暗物质的分布主要是借助于引力透镜效应和其他引力效应。这样一来在对标准模型进行了充实修正解释，在新的标准模型理论中暗能量和暗物质就不再成为模型的问题了。

我们小结关于微波背景辐射的三次观测所得到的物理结果。图 6.15 中的下图就是 WMAP 观测的微波背景辐射全景图。上图是 1965 年彭齐斯等人的观测结果，可以看到当时的数据非常零碎，中图是 COBE 的观测结果，但是角分辨率只为 7 度，不够精确。下图中 WMAP 观测的角分辨率为 13 分，就精密多了。给出的资料更为完备，更为可靠。实际上，WMAP 共给出 5 个波段的全天图：W-band（相当于 94 GHz）、V-band（相当于 61 GHz）、Q-band（相当于 41 GHz）、Ka-band（相当于 33 GHz）和 K-band（相当于 23 GHz）。

1989 年 11 月 18 日，COBE 卫星被送入太空，很快就探测到黑体辐射光谱曲线，这条曲线最终被证明完全符合黑体辐射特征，它的波长对应于绝对温度 2.7 度（零下 270.46 摄氏度）的光谱。这项发现被认为是对大爆炸学说的不容怀疑的实验证据。

在分析了 COBE 的数据之后，斯穆特发现了宇宙微波背景辐射的各向异性。1992

年,他向世界宣布,他发现了"涟波辐射":宇宙微波背景辐射温差为 10 万分之几。这表明宇宙早期存在微波的不均匀性,当然这也反映了当时物质密度的微扰幅度,我们不要忘记这正好是泽尔多维奇基于理论分析所得到的结论,即要得到观测宇宙目前这种团块结构,所必需的物质密度的微小涨落。这种涨落是基于量子涨落而造成的。

正是大爆炸之后质量分布的各向异性,导致宇宙中小尺度团块结构的形成和星系的发展。换言之,观测证明了像星系、星体这样的结构是如何从各向均匀的大爆炸中产生的。这是迄今为止大爆炸最强有力的证据。斯穆特等人的观察结果如图 6.16 和图 6.17 所示。

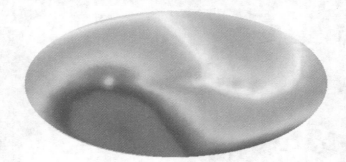

图 6.16 微波背景辐射的各向异性

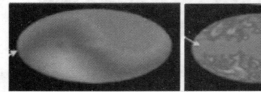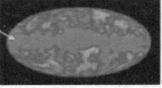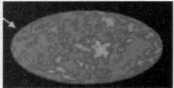

图 6.17 微波背景辐射的涨落

在图 6.16 中,微波背景辐射显示出各向异性,朝向太阳运动的方向与背向的温度分别变化 10^{-3}。图中棕色表示 2.724 K,灰色表示 2.732 K。在 1964 年人们初次探测到微波背景辐射时,认为是各向同性的,原因是当时探测的精度不够。现在的探测精度大大提高,才发现这种幅度很小的各向异性。

图 6.17 所显示的是所谓微波背景辐射的偶极不对称,来自于太阳运动多普勒效应对背景辐射的影响。有此效应可以测定太阳以 400 km/s 速度向为狮子座(Leo)方向运动。扣除微波背景辐射的偶极不对称和银河系尘埃辐射的影响后,微波背景辐射表现出大小为 10 万分之一的温度变化,这种细微的温度变化表明宇宙早期存在微小的不均匀性,正是这种不均匀性导致了星系的形成。COBE 的这些测量结果使得大爆炸模型再也没有人怀疑了。

马瑟和斯穆特等人实现了对微波背景辐射的精确测量,标志着宇宙学进入了"精确研究"时代。著名科学家霍金评论说,COBE 项目的研究成果堪称 20 世纪最重要的科学成就。

在 COBE 项目的基础上,耗资 1.45 亿美元的美国"威尔金森微波各向异性探测器"(Wilkinson Microwave Anisotropy Probe,简称 WMAP)2001 年 6 月 30 日进入太空,对宇宙微波背景辐射进行了更精确的观测。WMAP 是 NASA 的人造卫星,其目标是找出宇宙微波背景辐射的温度之间的微小差异。WMAP 是 COBE 的继承者,以宇宙背景辐射的先驱研究者大卫·威尔金森命名。

二、探测暗能量的新的科研计划

关于暗能量的寻找,目前还处于探索阶段。暗能量本质是什么?少数科学家还认为暗能量可能不存在,其物理效应可能是别的原因引起的,是否在宇观尺度上存在着新的物理学?总而言之,暗能量或许是 21 世纪科学所面临的最大挑战之一。目前两个研究组提出了探索暗能量的新的研究计划:寻找更多、更可信的直接实验证据。一组提出天空制图者计划,用大望远镜观测南天的遥远的 Ia 型超新星;另一组提出发射一颗专用于研究遥远的 Ia 型超新星和暗能量的卫星。暗能量的作用是推动宇宙加速膨胀,见图 6.18。

近年来,名叫 Boomerang 和 Maxima 的两个气球在高空测量了微波背景辐射上的温度各向异性。理论上假定了扰动的幂律谱后,今天观测到温度的各向异性分布应当可以算出。当然,这分布依赖于宇宙平坦度 Ω_0 等若干参量。利用观测结果与理论的比较,这些参量的取值可以被定出。用这样的测量和理论分析,研究者才较令人信服地取得了宇宙的总密度。若把等效真空平坦度 Ω_λ 包括在内,它是

$$\Omega_0 = \Omega_{m0} + \Omega_\lambda = 1.0 \pm 0.005$$

其中 Ω_{m0} 是实物平坦度。等效真空平坦度 Ω_λ 实际上包括了暗物质和暗能量的贡献。

因此,照目前观测值来看,我们的宇宙很可能是处于临界状态。其归宿不难推知,一个无限冰冷、无限稀薄的死寂世界。难道这就是我们这个花团锦簇世界的归宿?它来自炽热无比的原始火球,归结于死寂和冰冷?

在可信度极大的情况下,目前测量的 $\Omega \approx 1$,这点是断然无疑的。根据标准大爆炸模型,只要 Ω 微微偏离 1,随着宇宙膨胀,偏离会急剧增长。这是什么意思呢?

设以目前 $\Omega \approx 0.1 \sim 2$,逆推回去,在大爆炸后 1 秒末,$\Omega = 1 \pm 10^{-16}$。追溯到宇宙年龄 10^{-35} 秒,则 $\Omega = 1 \pm 10^{-51}$。就是说,宇宙空间偏离平坦的程度只有 10^{-51}。如果翻译为牛顿力学的语言就是,在宇宙的普朗克时间 10^{-43} 秒,宇宙的物质的动能与势能应完全相等,相差只不过在小数点后 50 几位! 这是完全不可想象的。

人们要问:如果宇宙在现在非严格平坦,那么在其甚早期为什么以如此惊人的程度接近于完全平坦?其原因何在?标准模型将宇宙早期十分接近完全平坦作为初始条件接受下来,这实际等于说,不管事情多么离奇,情况本就如此,何需再问。如果要问,无可奉告。

首先指出标准模型的这个缺陷的,是普林斯顿大学的迪克和皮尔斯,他们把这个缺陷称为平坦性问题。在 1979 年,他们宣称,甚早期宇宙的平坦性问题,在标准大爆炸模型的框架中,是难以得到令人信服的解释的。可见问题之严重。

三、暗能量本质的探索与自然性问题

视界问题和前面讲到的平坦性问题密切相关,有的科学家统称为标准模型的自然性问题。它们反映标准模型理论的内在不协调性。探索解决这些矛盾的途径正是导致暴胀宇宙论创立的直接契机。现在我们明白,所谓自然性问题,实际上告诉我们现在宇宙的平坦度应该严格等于 1。换言之,宇宙的物质分布密度应该等于临界质量密度。正是基于这一点,我们才从现在的天文测量得出,今日宇宙中普通物质占 4%,暗物质占 23%,而暗

能量则占 73%。这就是为什么我们讲暗能量与平坦性问题是紧密连在一起的。图 6.19 表示根据观测资料,计算机模拟得到的图像。

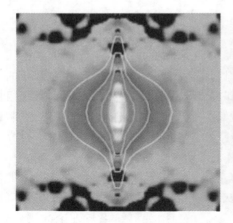
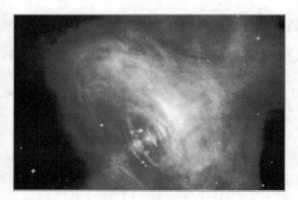

图 6.18　暗能量的作用——推动宇宙加速膨胀　　　图 6.19　暗能量

　　我们正是从宇宙的加速膨胀推论出宇宙中存在着压强为负的"暗能量"。大概只有关于暗能量的本质这一点是科学家的共识,关于暗能量本质的研究有一句笑话:"有多少暗能量专家,就有多少暗能量模型。"目前比较有代表性的模型包括精质(quintessence)模型、幽灵(phantom)模型等,我国科学家也分别提出了精灵(quintom)模型和全息(holographic)模型。

第四节　反物质问题

　　本节我们讨论标准大爆炸模型中的反物质问题。

　　在阅读材料 6-2 中,我们比较详细地介绍了什么是反物质。由反粒子、反原子、反分子直到反物质,步步深入。从朴素的正反物质对称的观点来看,有两个十分令人惊讶的矛盾摆在我们面前。一个矛盾是今天宇宙中正反物质的分布严重不对称,天然的反物质几乎为零。另一个更加令人难以理解的问题是,在标准模型中如果追溯过去,在极早期宇宙中正反粒子的不对称竟然只有 10^{-9}。这个微小的不对称从何而来? 这是科学家在理论上必须解决的问题。

一、观察宇宙中正反物质分布严重不对称

　　物质的这种新的形态——反粒子、反物质——的存在,展示了小宇宙的一种新的不寻常的对称性。人们一般称之为正-反粒子对称,有时更学究地称为电荷共轭对称——C 对称。从小宇宙的各个基本动力学方程来看,粒子与反粒子的地位完全平等。如果有一个由反物质构成的"反人",他遇到我们称为"正粒子"的粒子,叫什么呢? 叫"反粒子"。这就是所谓 C 对称。

　　从大宇宙的动力学演化方程来看,正、反粒子也是完全等价的。这样,至少从原则上

来说,在标准模型的框架内,似乎正、反粒子(物质)应该一样多。

正物质与反物质如果撞在一起,就会"湮灭"得无影无踪,同时"爆发"巨大的能量,辐射无数高能 γ 光子。1 千克物质与 1 千克反物质相撞,湮灭后"释放"的能量,可以转换为 5 亿度电。换言之,我国最大的水电站,三峡水电站满负荷工作 1 昼夜,发出的电能也只有这么多!

真是"金风玉露一相逢,便胜却人间无数"! 不过,这不是无量数的柔情蜜意,而是石破天惊的怒吼,摧枯拉朽的爆发!

于是,一系列猜想臆测出来了。或许在茫茫太空的深处,隐藏着一个"反世界"吧! 那里的原子是由反质子、反中子和反电子构成……

有人猜测 1908 年 6 月 30 日,在西伯利亚通古斯河中游莽原茂林的上空的神秘大爆炸,或许是来自反世界的"不速之客"——飞船与地球相撞,然后引起一次猛烈的湮灭过程……

超新星爆发是星空中最壮观的景象之一。一个本来暗淡的小星,突然光度增加到太阳的千万倍,乃至一亿倍,在漆黑的夜空中,像一座灯塔,光芒四射,宛如宇宙中蔚为奇观的焰火。曾经有人猜测是正反物质的湮灭过程……

甚至于射电源星云的猛烈爆发、类星体的巨大能量(它们爆发时,最大的辐射功率竟超过 1 000 个正常星系)等等,都有人猜测是正反物质的湮灭过程。

天文学家曾经发现一颗奇异的双尾彗星——阿伦达·罗兰,它有一根尾巴短而细,竟然是朝着太阳的。按照通常的说法,彗尾在所谓太阳风的作用下,应该背向太阳。后来发现,具有这样反常尾巴的彗星,远不止阿伦达·罗兰一颗。

有人又遐想不已:这条反常尾巴是反物质构成的,因此有这反常现象的出现……

遗憾的是,这些大胆的设想,尽管十分诱人,却都站不住脚。在我们所观测的宇宙中,所谓反物质,真是"凤毛麟角",少到极点。即令曾经有过大量密集的反物质存在,大概在某个时刻,它们靠拢"正常"物质时,老早就"湮灭"——"熔化"得无影无踪了。

关于超新星的爆发、彗星的反常尾巴,已有为大家接受的理论解释。总而言之我们仔细分析现有的实验资料,就可发现反物质在我们观测所及,确实寥若晨星。

太阳系似乎不是反物质的藏身之地。我们已经讲过,在太阳大气的最上层——日冕不断喷射由正离子和电子构成的热等离子体气体,温度很高,有 100 多万摄氏度,速度很快,每秒 300～800 公里。这就是所谓的太阳风。

由于太阳的自转和太阳磁场的影响,太阳风实际是高速等离子旋风。它随着太阳活动激烈程度的变化,时大时小,不断"吹向"星际空间,影响涉及太阳系所有的地方,概莫能外。

如果太阳系内某处有大量反物质存在,太阳风与反物质相遇,就会产生强烈的 γ 辐射,其强度要高于我们目前的观测值的 5 到 6 个数量级。换言之,我们对空间 γ 辐射的观测,否定了太阳系内有反物质集聚的任何想法。

在星系团的星系际热气体会发出 X 射线,我们并未在其中观察到正、反物质湮灭时所辐射的 γ 射线。由此推知,反物质在星系团气体中的含量,至多不超过万分之一(0.01%)。

宇宙射线是奥地利物理学家赫斯(V. F. Hess)在 1911 年用气球把静电探测器带到高

空所发现的来自宇宙深处的神秘射线。宇宙射线中绝大部分是质子和 α 粒子,但也几乎包括元素周期表上所有元素的核。这些神秘的天外来客的来历尽管还未完全弄清楚。但大体上可认为,它们大部分来源于银河系,少部分来自超新星、脉冲星等,河外星系和类星体也是可能的来源地之一。

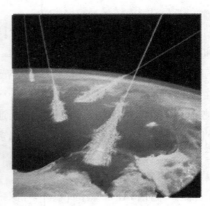

图 6.20　赫斯(1883—1964)和宇宙射线

但从宇宙线的成分来看,反粒子几乎没有,表明它们来自的地方:银河系、超新星等,其中反物质的含量也在其物质总量的 1% 以下。

射电天文学发现所谓法拉第现象(效应),就是由河外星系的射电源所辐射的电磁波。由于星际磁场的影响,其偏振面有旋光现象,即旋光效应。

如果在河外星系大量聚集反物质,这种效应原本会抵消的。法拉第效应的发现,说明河外星系确无反物质聚集。这也暗示我们,在观测宇宙中,"反世界"是没有希望找到了。总之,观察宇宙中并没有发现隐藏一个庞大的"反世界"。

二、极早期宇宙正反粒子的不对称竟然只有 10^{-9}

首先从简单的论证出发,就可以判断,追溯到大爆炸后 $10^{-36} \sim 10^{-35}$ 秒,宇宙中正反粒子的不对称竟然只有 10^{-9}。我们下面估算这个数字是如何得来的。

现在标准模型的框架内考察我们宇宙正反物质不对称的情况。关于普通重子物质在宇宙中的分布,目前粗略的估算认为:每立方米的空间平均有一个重子,那么每立方厘米的空间平均有 10^{-6} 个重子;而反重子数目几乎为零。宇宙现在的尺度约为 10^{28} 厘米的数量级。就数量级而言,宇宙中现有的重子数的数量级为

$$(10^{28})^3 \times 10^{-6} \times 1 = 10^{78} 个$$

按照标准模型,追溯到大爆炸后 $10^{-36} \sim 10^{-35}$ 秒,宇宙的线度约为 1 厘米。大体可以认为,当时宇宙中的重子与反重子数目的差就等于现在宇宙中重子的总数。因为,不管当时存在多少重子和反重子,和当时存在的所有反重子等量的重子都会湮灭掉。

另一方面,根据大爆炸标准模型,粒子数密度与温度 T 有关系

$$n = \frac{1.2}{\pi^2} N'(T) T^3$$

式中 $N'(T)$ 是粒子的内部自由度,

$$N'(T) = N_B(T) + \frac{3}{4} N_F(T)$$

$N_B(T)$ 为玻色子的内部自由度，$N_F(T)$ 为费米子的自由度。考虑到光子、引力子、夸克、胶子等的各种自由度：色、味、自旋，$N' \approx 1\,000$。由此看来，当 $t = 10^{-35}$ 秒，$T \approx 10^{28}$ K 时，粒子密度

$$n \approx \frac{1.2}{3.14^2} \times 1\,000 \times (10^{28})^3 \times \frac{4}{3} \times 3.16 \approx 10^{87} \text{个/立方厘米}$$

而此时重子数与反重子数目差密度在数值上等于宇宙中现有的总重子数

$$n' \approx \frac{10^{84}}{10^6 \text{ 立方厘米}} = 10^{78} \text{个/立方厘米}$$

就是说，如果重子数为 10^{87} 个，反重子数就为 $(10^{87} - 10^{78})$ 个。或者说，每 10^9 个重子伴随 $10^9 - 1$ 个反重子。

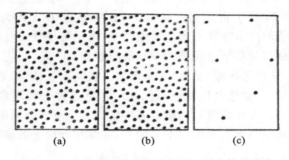

图 6.21　观测宇宙物质与反物质不对称性的产生

(a)开始时，重子(•)与反重子(∘)数目相等；(b)$10^{-32} \sim 10^{-4}$ 秒，重子数略多于反重子 10^{-9}；

(c)10^{-3} 秒到现在，宇宙余下 10 亿分之一的重子

这样看来，在极早期宇宙中，重子不对称的程度很小，不过 10^{-9} 而已。10 亿个重子，就有 10 亿差一个反重子伴随。尽管如此，早期宇宙的 10^{-9} 的微小不对称，造成今日观测宇宙中正反物质分布的巨大不对称。现在面临的巨大问号是在大爆炸学说的框架内，如何解释早期宇宙的 10^{-9} 的微小不对称，它从何而来？

在宇宙年龄 10^{-3} 秒，宇宙温度下降到 10^{18} K，重子与反重子之间湮灭过程便急剧进行。绝大部分的重子与反重子，都"湮没得"无影无踪。在重子中，只有 10 亿分之一是"净多余"的，由于找不到配对的反重子发生"火拼"，它们"大难不死"，劫后余生，一直保存到今天。

不管多么令人难以置信，宇宙所有的天体：恒星、星云超新星、类星体等，几乎全部都是由这些劫后余生的幸运儿构成的。包括我们这个美好的蔚蓝色的地球上所有的一切：高山大泽、树鸟花卉，乃至人类本身。

所有这一切，都只是由于极早期宇宙曾经有那么一点点重子比反重子的不对称罢了。于是反物质问题便转化为宇宙极早期 10^{-9} 的不对称。

三、10^{-9} 的不对称到底从何而来

这 10^{-9} 的不对称到底从何而来？

第一种说法是，这种不对称由"初始条件"给定。就是说，混沌初开，乾坤伊始，本来如此。对于"冷宇宙"或"稳态宇宙"论，这种说法勉强说得过去。对于大爆炸理论，这种说法就太不自然了。

第二种说法是,宇宙在整体上来说,物质与反物质是对称的,数量一样多。但在我们生活的这个区域,占优势的是正物质,在另一些我们观察所不及的区域,反物质占优势。

我们试看,1933年12月12日,狄拉克在荣获诺贝尔奖金时的演讲是怎样说的吧:

"如果我们采纳迄今在大自然的基本规律中所揭示出来的正负电荷之间完全对称的观点,那么,我们应该看到下述情况纯属偶然:地球,也可能在太阳系中,电子和正质子在数量上占优势,十分可能。对某些星球来说,情况并非如此,它们主要由正电子及负质子构成。事实上,可能各种星球各占一半。"

阿尔文(H. Alfven)和克莱因(O. Klein)很早就提出这样的模型,其中物质世界与反物质世界靠磁场与引力场分开。这个模型不能解释微波背景辐射,没有受到人们重视。

奥姆勒斯(R. L. Omnes)1969年在《物理评论快报》上撰文,提出了一个在大爆炸学说基础上的正、反物质对称的宇宙模型。他认为,在宇宙温度大约为 4×10^{10} K(相当于 0.3 MeV)时,宇宙介质的高温等离子汤会发生相变,重子与反重子互相排斥,从而在不同区域分别出现重子过剩与反重子过剩的两种状态(或"相")。

随着宇宙的膨胀,这两个区域(世界)不断增大。奥姆斯勒认为,是由于两区域接触的地方湮灭所释放的能量,会驱使两区域逐渐远离。他称这种分离现象是由于一种类似水力学的分离机制产生的。现在两世界间横亘着线度为 10^{22} 厘米的隔离区。

奥姆勒斯的想法是相当吸引人的。不幸的是,实验和理论上的检验,都说明这个理论站不住脚。

如果奥姆勒斯的理论正确,在他的理论中出现的聚接过程(Coalescence process)所释放的湮灭能量应大于背景辐射的20倍。即使释放的能量减少到1/200倍,我们看到的背景辐射也不是今天观测到的这个样子了。

苏联人泽尔多维奇和诺维可夫(L. Novikov)在1975年从理论上批评奥姆勒斯的模型。他们援引波格丹诺娃(L. Bogdanova)和夏皮罗(L. Shapiro)在1974年的计算,指出在核子与反核子之间,引力始终占优势。即使在高于300 MeV的温度时有排斥产生,也是在等离子体中的自由夸克之间出现的。自由夸克之间的相互作用遵从量子色动力学,不会导致使"物质"与"反物质"分离的相变发生。

奥姆勒斯的理论从根本上被驳倒了。

第三种解释,看来是最自然、也最为可取的了。主张这种方案的科学家认为,大爆炸之初,正、反粒子是对称的,这一点很合大家的"品味"。至于现在观测到的正、反物质的巨大不对称,是尔后动力学的演化的结果。如图6.19所示。

然而,具体的动力学机制到底怎么样,那就"仁者见仁,智者见智"了。众说纷纭,百家争鸣,好在有一点倒是共同的:几乎所有理论的出发点都是"基本粒子"层次。

于是,在探索反物质问题的漫长道路中,我们终于走到暴胀宇宙论的门槛。我们发现,反物质问题的解决在暴胀宇宙论的框架中颇有希望。

第五节　磁单极子问题

在标准模型中,还存在一个更为奇怪的问题——磁单极子问题。之所以说更为奇怪,是因为与反物质问题不一样，反物质目前科学家已经寻找到了，而且还可以在加速器中制造。但是截至目前科学家并未确凿地发现磁单极子。在 2012 年，科学家意外地在实物中发现磁单极子，但似乎并非微观世界中自然存在的粒子。因此，磁单极子存在的问题本身在科学界就是一个问题。

一、小宇宙中的参天巨人——磁单极子

首先，我们必须了解什么叫磁单极子（Magnetic monopole）。爱动脑筋的读者一定对"电"与"磁"的对称性问题感到兴趣。为什么自然界中存在单独的电荷（正电荷和负电荷），而没有单独的"磁荷"存在呢？

所谓"磁荷"就是"磁极"，或磁力产生的源。磁极永远是南（S）、北（N）两极相伴出现的。你如果将磁体一分为二，那么两个半边各自又出现南、北两个磁极。这样不断"分"下去，即使是一个单独的基本粒子，如质子、中子等，都相当于一个"磁偶极子"，即有两个极的微型磁体。

真的没有单独的磁荷存在吗？人们对此一直是怀疑的。我国汉代王充在其名著《论衡》中说："顿牟缀介，磁石引针。"就是将电现象与磁现象相提并论。在西方。早在 1269 年，佩列格利纳斯就讨论过单独磁荷存在的可能性。正是他首先提出"磁极"的概念。

磁学的先驱之一，吉尔伯特（W. Gilbert）更深入地讨论了磁极问题。在欧洲，人们对于地磁场不了解所造成的神秘感，使许多人相信，地球的北极有一座大磁山。有人相信，罗盘磁针指向北方，是由于明亮的北极星传来指向力。由于吉尔伯特的工作，此类"神话"一扫而空。

图 6.22　中国罗盘——司南

1862 年前后，麦克斯韦的经典电磁理论问世了。他的方程是那样完美和富于美学的和谐。人们在欣赏和赞叹他的成就的同时，往往忘记了，麦克斯韦曾多次考虑，既然存在电荷，在方程中存在电荷项，是否在方程中要加入"磁荷"项，或自由磁荷所产生的"磁流"项。这就是所谓电与磁对称的观点。

由于冷酷的实验事实表明：没有发现带一种"磁荷"的粒子存在的迹象，即现在术语的磁单极子，麦克斯韦终于没有加上磁单极子项。在他的方程里，电与磁既是统一的、和谐

图6.23 密立根(1868—1953)

的,但又是不对称。

现代实验资料以极高精度证明麦克斯韦理论的正确性。麦氏方程组中,电与磁的明显不对称性,归根结底,反映了自然界中有自由电荷存在,却无自由磁荷存在的现实。

但对自然界磁荷自由存在的信念,在科学界并未完全泯灭。难道上帝不喜欢和谐对称么? 1931年,灵智飞扬的狄拉克质问道:"如果自然界不采用这种(指电与磁的完全对称性)可能性,则是令人惊异的。"

狄拉克从一个新的角度,重新提出磁单极问题。自从1913—1917年,美国密立根(R. A. Millikan)教授利用油滴实验准确测定油滴所带的最小电荷,即基本电荷(现在知道,就是1个电子电荷)

$$e=1.6\times10^{-19}库仑$$

人们一直为这个问题苦恼:为什么自然界的所有的电荷都是基本电荷的整数倍,即

$$q=ne \quad (n\text{ 为整数})$$

这个问题叫电荷的量子化问题。狄拉克将此与磁单极子问题联系起来。

他用量子力学证明了,只要宇宙中有一个磁单极子存在,电荷的量子化条件马上就可以得到。他在麦氏方程中添上自由磁荷项后,得到电荷与磁荷的关系

$$eg=n\cdot hc/2 \quad (n\text{ 为整数})$$

式中g为磁荷,h为普朗克常数,c为光速。

当$n=1$,得到所谓基本磁荷

$$g=\frac{hc}{2e}=68.5e$$

就是说,基本磁荷(磁单极子的磁荷)约为电荷的70倍。这个数值很大,狄拉克因此预言,磁单极子穿过物质时,很容易引起电离,从而与物质中的离子结合成为束缚态。这或许是难以见到它的"庐山真面目"的缘故罢。

这道理也很简单。两磁荷之间的相互作用与两电荷之间的相互作用的强度比为

$$\frac{g^2}{e^2}\approx4692.25$$

就是说,前者约为后者的5×10^3倍,是一种超强相互作用。它引起的过程不同于通常的磁现象,它比自然界存在的将中子和质子束缚在原子核内的强相互作用甚至还要强300余倍!

狄拉克没有预言磁单极子的质量。其后40余年,人们从一般常识出发,多半默认磁单极子的质量大致跟中子、质子等强子差不多。狄拉克"请来"磁单极子这种美妙的粒子,使麦氏方程组获得电、磁的完全对称性。但是,磁单极子到底是狄拉克"神来之笔"下的幻想之物,还是像正电子一样,由于稀少、难于探索,而一直"藏在深闺人未识"呢?

二、大多理论物理学家确信磁单极子存在

人们记得安德逊发现正电子,鲍威尔(C. F. Powell)发现π介子,都是从天外来

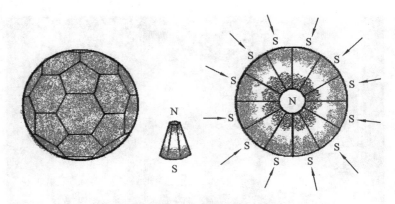

图 6.24 科学家设想的磁单极子

客——宇宙射线中找到其踪迹。人们又在宇宙射线中开始紧张搜索,想尽了各种方法寻找磁单极子,可是没有找到。"上穷碧落下黄泉,两处茫茫都不见。"

彷徨增加了,怀疑增加了。也许压根儿就没有"磁单极子"存在吧?也许狄拉克的预言这回是放空炮了罢?狄拉克本人在苦苦等待 40 年的磁单极子的佳音福祉后大失所望,在 80 岁高龄的 1981 年,写信给萨拉姆说:"现在我是属于那些不相信磁单极子存在的人之列的。"

然而,更多的人却相信,磁单极子是实有其物的。物理学大师费米(E. Fermi)在理论上考察磁单极子以后,得出结论:"它的存在是可能的。"

1974 年,前苏联科学家波利亚科夫(A. polyakov)和荷兰科学怪杰杰拉德·特·胡夫特(G. T. Hooft)从近代非阿贝尔规范场理论出发,提出关于磁单极子的新思想。他们对狄拉克理论一些不令人满意的地方,如奇异弦(即磁单极子的磁势,在空间的一条曲线上其值无穷大)等等,进行了合理的处理。波利亚科夫和胡夫特证明,在 SU(2)的规范理论中,或者进一步推广到 SU(5)大统一理论中,真空自发破缺必然导致磁单极的出现。以大统一理论为基础的宇宙理论的构造需要真空自发破缺机制,而这个机制必然导致磁单极子的存在。关于什么是真空自发破缺,以及近年来科学界寻找磁单极子的概况请参阅阅读材料 6-3。

有趣的是,天然磁单极子没有发现,却意外地在特殊的人工材料中发现了磁单极子的存在。德国亥姆霍兹联合研究中心的研究人员在德国德累斯顿大学、圣安德鲁斯大学、拉普拉塔大学及英国牛津大学同事的协作下,首次观测到了磁单极子的存在,以及这些磁单极子在一种实际材料中出现的过程。该研究成果发表在 2009 年 9 月 3 日出版的《科学》杂志上。以德国为主的欧洲科学家首次观测到了磁单极子的存在。他们在柏林研究反应堆中进行了一次中子散射实验,研究结晶为烧录石晶格的钛酸镝单晶体。观察到材料内部的磁矩已重新组织成所谓的"自旋式意大利面条"。研究人员对晶体施加一个

图 6.25 胡夫特(1946—)

磁场,以促成单极子的分离。结果在 0.6 K~2 K 温度条件下,在其两端出现了磁单极子。

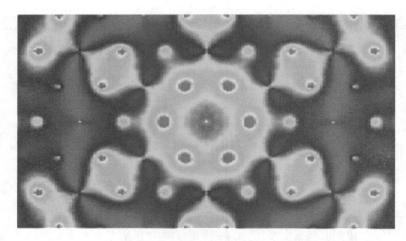

图 6.26　科学家拍摄到的人工材料中存在的磁单极子

　　研究人员也在热容量测量中发现了由这些磁单极子组成的气体的特征。这进一步证实了磁单极子的存在。但是这个实验只是证明在特殊的条件下磁矩的重组使材料可以显现磁单极子的作用，并非在自然条件下存在磁单极子。

　　西班牙巴塞罗那自治大学研究人员，在 2015 年 9 月声称已经创造了第一个实验虫洞，连接电磁场两个区域。他们使用超导材料和磁表面，创建一个球体，从外面无法探测到内部磁场。球体由磁铁外部层和由一种超导材料制成的内层，而连接球体一侧到另外一侧的球体中心是由轧制铁磁薄片构成的圆柱体。

　　使用这种结构，从一端发出的电磁场进入"球形虫洞"后出现在另一端，就像一个孤立的磁单极子状磁场，这是自然界不存在的东西。同一个团队在 2014 年建造从一端到另一端运送磁场的磁性纤维。然而，该纤维是可侦测的，而虫洞是任何磁场都无法侦测的三维物体。如图 6.27 所示。这是一个宏观的人造磁单极。

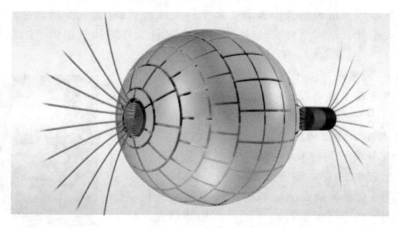

图 6.27　世界第一磁"虫洞"产生磁单极子

　　总而言之，从目前的实验资料来看，自然界存在的磁单极子尚未找到。因此，虽不能说，宇宙中压根儿就不曾存在"磁单极子"这种粒子，至少可以断言，其数目必定十分稀少。加上它们行踪古怪，难怪人们"千呼万唤不出来，踏破铁鞋无觅处"！但是在标准大爆炸模型中,磁单极子应该存在,而且数量不会太少。

人们在焦思灼虑之中,意外发现在暴胀宇宙论中,所谓磁单极子问题竟然不存在了。

啊,暴胀宇宙论……

暗物质及其科学探测

在此,我们比较深入地讨论暗物质的问题。首先说明暗物质是什么。然后阐述暗物质存在的科学证据。我们发现,暗物质主要是借助引力透镜效应发现的。在观察中看到的所谓爱因斯坦圆环和爱因斯坦十字等奇幻的天文学图像,就是暗物质存在的铁证。

图 6.28 哈勃太空望远镜拍摄的暗物质环

(一) 暗物质是什么

暗物质在 20—21 世纪之交被天体物理学家和宇宙学家普遍承认。现在重点讨论暗物质问题。大致说来,现代宇宙学的观察认为,宇宙中普通物质大约占总质量的 5%,是我们最熟悉的物质,如质子、中子和电子,它们组成了恒星、行星、人类以及所有我们看见的物体。暗物质则是我们直接观察不到的一种物质,其存在是由于它们具有可观察的引力效应被我们间接观察到的。它们在引力作用下,也可以形成星系大小的团状物体,对于宇宙星系的存在和运行具有重大作用。暗物质也应该是由有质量的粒子构成,它们约占宇宙质量的四分之一。

一般认为,暗物质分为两类,即热暗物质和冷暗物质。常见的一种热暗物质的代表是中微子。我们知道中微子有三种,质量极其微小,但数量巨大,估计它最多只占暗物质总量的不到 10%。暗物质成分的主要候选粒子是超引力理论预言的最轻超伴子和轴子(axion)。其质量被认为是质子质量的 100 倍。冷暗物质中现在大家最关注的是弱相互作用重粒子(WIMP),它们只参加弱相互作用,但质量较大。我们关注的轴子、最轻超伴子和弱相互作用重粒子等目前都还只是理论物理学家的假设,其存在尚待证实。

暗物质还有一种分类法。科学家推测有两类暗物质，一类是重子型（中子和质子等）的暗物质，另一类是非重子型的暗物质。他们都不发光，或者几乎不发光。目前重子型暗物质可能还有白矮星、黑洞和一些特殊条件下的星际气体。此类暗物质在暗物质总量中为数很少。

暗物质的存在是毋庸置疑的，其实验证据和可信度要比暗能量坚实得多。在天文学和宇宙学上可以把暗物质当做一种实实在在的对象来研究，而不是一种科学的假设。但其具体物理实体到底是什么，尚待进一步研究。

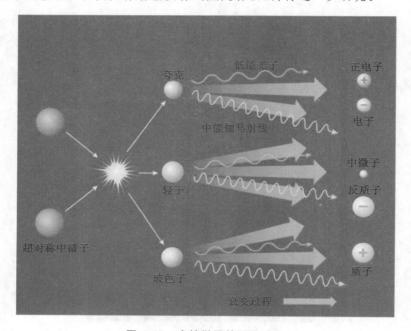

图 6.29　中性微子的湮没过程

暗物质的物理实体推测主要有中性微子（neutralino）、轴子（axion）、卡鲁扎-克莱茵（kaluza-Klein）粒子等。中性微子实际上是超标准模型中中微子的超伴子，是所有超对称粒子中最稳定的，其质量估计为 10 GeV 到 10TeV 之间，与普通物质的相互作用非常微弱，因此极难发现。它又称弱相互作用重粒子（Weakly Interacting Massive Particle）。轴子是 1977 年佩西（R. Peccei）和奎因（H. Quinn）预言的一种粒子，没有电荷，质量在 10^{-6} 电子伏到 1 电子伏之间，与普通物质的作用也极其微弱。他们提出这种新粒子是为了解决宇宙中物质与反物质不对称的问题，学术上称为 CP 破坏。理论物理学家认为在超强的磁场条件下，轴子和光子相互转换，从而提供了未来探测它的途径。卡鲁扎-克莱茵粒子是加入了额外维度的标准模型理论所提出的一种新粒子，WMAP 卫星给出它的质量大致为 0.5TeV 到 1TeV。人们认为湮灭产生的正电子可能提供检测它的途径。

（二）暗物质观测的主要途径——引力透镜效应

暗物质的观测主要是依靠引力的透镜效应。根据广义相对论，引力透镜效应就是当背景光源发出的光在引力场（比如星系、星系团及黑洞）附近经过时，光线会像通过透镜一样发生弯曲。光线弯曲的程度主要取决于引力场的强弱。分析背景光源的扭曲，可以帮助研究中间做为"透镜"的引力场的性质。根据强弱的不同，引力透镜现象可以分为强引力透镜效应和弱引力透镜效应。

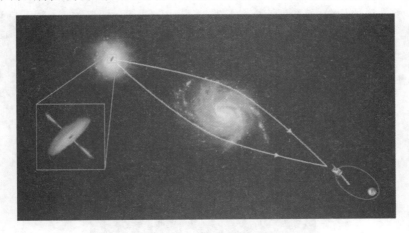

图 6.30　引力微透镜效应示意图

1979 年，天文学家观测到类星体 Q0597＋561 发出的光在它前方的一个星系的引力作用下弯曲，形成了一个一模一样的类星体的像。这是人类第一次观察到引力透镜效应。当银河系中一个暗天体正好在一较远恒星（如麦哲伦云中的一颗恒星）前经过，使得它的像短暂增亮，就是较小规模的引力透镜效应。单个恒星造成的这种引力透镜有时叫做"微透镜（Microlensing）"。1993 年，天文学家利用微透镜效应观测到银河系中存在一种暗物质，称做 MACHOs（massive compact halo objects，致密暗天体）。

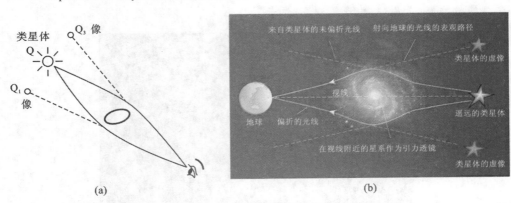

图 6.31　引力透镜成像原理图

（三）爱因斯坦环——暗物质存在的证据

引力透镜效应分为强透镜效应和弱透镜效应两种。在强透镜区域一般可以形成多个背景源的像，甚至圆弧（又称"爱因斯坦环"，Einstein Ring），而弱透镜区域则只产生比较小的扭曲。强透镜方法通过对爱因斯坦环的曲率和多个像的位置的分析，可以估计测量透镜天体质量。弱透镜方法通过对大量背景源像的统计分析,可以估算大尺度范围天体质量分布,并被认为是现在宇宙学中最好的测量暗物质的方法。

图 1.15 和图 6.32 分别是爱因斯坦十字和爱因斯坦圆环图像。我们观察星系,所看到的图像是一个环绕在星系周围的一个巨大圆环——爱因斯坦环。20世纪 70 年代,天文观察证实确实存在这一效应。对这效应的定量分析表明,星系之间确实有大量不发光的物质——暗物质存在。

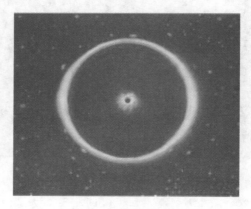

图 6.32　爱因斯坦圆环

近年来,对子弹星系团(bullet cluster)的观察表明,暗物质的确存在,由光学和射电天文望远镜进行观察,可以由图像判断出普通物质的分布情况,而由引力透镜进行观察,则可以得到暗物质的分布情况。

如图 6.33 所示,子弹星系团是两个星系团碰撞的产物。其中普通物质——高温气体(粉色,X 射线波段)——会碰撞、损失能量、运动速度变慢。星系团中的暗物质(蓝色,引力透镜观测)间相互作用很弱,可以彼此穿过。

图 6.33　子弹星系团

如图 6.34 所示,背景中的旋涡星系是一种很常见的星系,靠近旋涡中心的地方旋转速度加快,远离旋涡的地方,旋转速度变慢。图中在下面的线条,是由牛顿引力定律给出的理论曲线,它显示离中心越远,速度缓慢下降。而图中在上面的线条,是真实观测得到的数据曲线,它显示在真实情况下,离中心很远的地方,速度仍然可以保持不变。两者的差异表明存在暗物质。这种情况不仅仅在旋涡星系,在几乎所有其他类型的星系中都能看到。

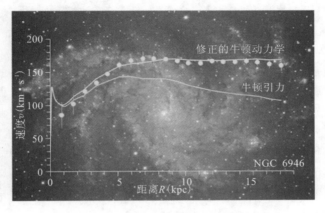

图 6.34　子弹星系团暗物质分布图

2010 年 11 月,借助哈勃太空望远镜和宇宙引力透镜效应,天文学家绘制了巨大星系团"阿贝尔 1689"(Abell 1689)中暗物质分布图。该星系团就是我们前面说过的俗称"后发座星系"。阿贝尔 1689 星系团距离地球 22 亿光年,含有大约 1 000 个星系和 10 000 亿颗恒星。

图 6.35　巨大星系团 Abell 1689 的暗物质分布图

(四) 天上人间追寻暗物质

寻找暗物质是当代天文学和宇宙学的热点。世界各国运用各种探测方法在地球上和宇宙空间寻找暗物质。首先是寻找 WIMP 粒子。

实际上,对 Ia 型超新星红移的精确测量,表明宇宙在加速膨胀。这是 20 世纪 90 年代后半叶最重大的天文发现之一。分析表明,宇宙普通物质和暗物质的平均密度大约是临界密度的 0.3 倍,而目前光学望远镜和射电望远镜直接观察到的普通物质的密度不到临界密度的 10%。这是暗物质,尤其是暗能量存在的最有力的证据。目前暗物质的存在已有坚实的实验基础。

目前,暗物质的探测在国际上十分热门,大致有超过 10 个暗物质直接探测实验,采用不同的探测技术。主要技术有利用低温半导体(Ge,Si)、常温闪烁体(NaI,CsI)和液态的稀有元素(Xe,Ar),分布在各个国家的地下实验室中。种种迹象表明:人类已经在解释暗物质本性的边沿。在此不想涉及暗物质探测的具体技术细节,只是对其中的最主要方案进行大致描述。

目前暗物质探测的最热门粒子是中性微子。因为如能找到中性微子,不仅是探测暗物质的突破,而且也是对风行 20 余年的超对称理论以强有力的支持。探测的基本原理是中性微子与普通物质存在类似弱相互作用,因此,它在与普通物质的原子核碰撞时,会发生种种光、电、热等信号,图 6.36 表示的是中性微子在穿过普通物质时发生的物理过程。目前,观察它的领先的探测方案有两类:如低温暗物质搜寻计划(CDMS)实验探测声子和电离信号;氙暗物质(XENON)实验探测闪烁信号和电离信号,根据两种信号的比例来区别本底和暗物质。

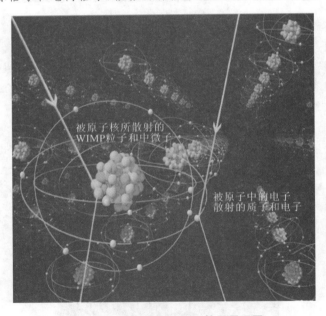

图 6.36　间接探测 WIMP 粒子原理图

图 6.36 显示 WIMP 偶尔会撞上一个原子核。这一碰撞会散射原子核,进而使之和周围的原子核发生碰撞。由此科学家可以探测到这些相互作用所释放出的热量和闪光,从而间接证实 WIMP 粒子的存在。

目前探测暗物质的重要的国际科研计划还有"康普顿空间望远镜"携带"高能伽马射线实验望远镜"(图 6.37)和费米伽马射线空间望远镜(图 6.38)等实验。实验的原理是通过探测中性微子湮灭产生的伽马射线来证明暗物质的存在。至于南极冰原上的"南极 μ 子和中微子探测器阵列"和冰立方实验则是探测高能中微子,等等(参见本书的第二部第 13 章第三节)。

2007 年是探测暗物质的丰收年,5 月,天文学家在名为 Cl0024+17 的富星

图 6.37　康普顿伽马射线空间望远镜

图 6.38　费米伽马射线空间望远镜

系团中发现暗物质"鬼环"(爱因斯坦环),它是迄今为止暗物质存在最强有力的证据之一。该星系团离地球约 50 亿光年,环的直径约为 260 万光年。鬼环的形成正是由于星系团中的暗物质具有强大引力,产生所谓引力透镜效应。

　　对一系列遥远星系的微小引力透镜效应所进行的研究,不仅为暗能量的强度,而且为暗物质在宇宙中的分布和爱因斯坦广义相对论的有效性,提供了独立的证据。暗物质足够引起更多遥远星系产生微弱的透镜效应。弱引力透镜效应给出了物质在空间分布的重要信息,特别是可以有效地给出不可见暗物质的分布信息,同时也可以对暗能量的存在和影响给出信息。

　　哈勃空间望远镜"宇宙演化巡天"(COSMOS)是加州理工学院的斯科维尔(Nick Scoville)博士联合全世界 70 位天文学家共同发起的一项庞大的研究项目,他们利用世界上最大的望远镜(哈勃、斯必泽空间望远镜),以及钱德拉 X 射线天文台、XMM-牛顿、NASA 星系演化探索者(GALEX)、昴星望远镜、VLA、VLT、英国红外望远镜(UKIRT)、加拿大-法国-夏威夷联合望远镜,等等,总共探测了 200 多万个星系。其中哈勃空间望远镜的贡献是在环绕地球 640 圈期间用高级巡天相机(ACS)拍摄了 579 个点,覆盖了 1.64 平方度的天区,这也是迄今为止哈勃拍摄的最大天区。图 6.39 为该巡天计划所测得的相应巡天区域内

图 6.39　COSMOS 巡天区域内暗物质的分布

暗物质的分布。

　　该计划拍摄 44.6 万个星系的观测资料,是迄今完成最为密集的星系巡天,荷兰 Leiden 大学的 Tim Schrabback 博士领导的多国天文学家团队正致力于寻找遥远星系的星光受到前景天体的引力透镜作用后产生的微小变形。我们知道,大质量星系团产生强引力透镜效应,而弱引力透镜效应主要是由较小的星系团引起的。

　　在图 6.40 中,第一个平面表示 30 亿年前,红移最小;第二个平面表示 70 亿年前,红移次之;第三个平面表示 90 亿年前,红移最大。将观察资料与红移资料结合起来,天文学家可以追寻更远的距离(意味着更为久远的过去)物质的分布,包括暗物质的分布。

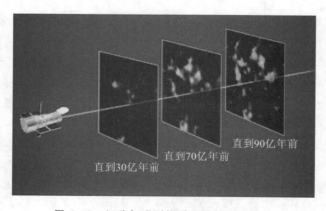

图 6.40　红移与观测物质集团的距离关系

　　为了提供更为精确的分析,44.6 万个星系中有 19.4 万个的星系红移资料由夏威夷莫纳克亚的昴星望远镜提供,可用于绘制远至红移为 5 的所有星系的分布图,红移 5 相当于光行时间约 120 亿光年。

　　然后,与当今模拟宇宙物质分布的最佳计算机模型"千年巡天"(Millennium

Survey)的结果进行比较,这样就意味着我们可拥有双重检验以测量数据内禀的统计误差。

结果,Schrabback 的团队得到了受到弱引力透镜效应影响的星系形状的最精确测量,这样的资料和精确的红移资料综合到一起可以进行更进一步的研究。未来更深度的星系巡天计划,例如暗能量巡天,或是"可见光和红外巡天望远镜"(VISTA),它们和欧洲南方天文台的 VLT 巡天望远镜一起,也将应用于测量弱引力透镜效应。此外,欧洲空间局计划于 2017 年或 2018 年发射的"欧几里得空间计划",也是值得期待的项目。

COSMOS 巡天的主要目的是研究宇宙物质的大尺度分布,并探究它们如何影响星系的形成和演化。2007 年第一批公诸于世的巡天资料被用来绘制第一幅宇宙暗物质分布的三维图,这在宇宙学和物质探源上具有重大意义。

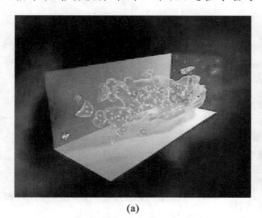 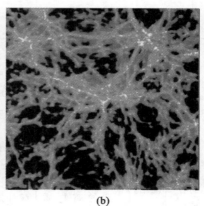

(a)　　　　　　　　　　　　　(b)

图 6.41　宇宙暗物质分布的三维图

在这些宇宙暗物质大尺度三维分布图中,显示了在宇宙年龄 35 亿—65 亿年,暗物质慢慢地聚集成团,证实了宇宙学中大尺度结构形成的理论。暗物质尽管看不见,其总量却为普通物质的 5 倍。在某种意义上说,暗物质可以视为宇宙的骨架,而普通看得见的物质,如星系等,却只能算作是填充骨架的肌肉。我们清楚地看到,暗物质分布图随时间的演化将为普通物质如何在暗物质的主导下,先形成丝网状,逐渐成团化,最后演化为星系和超星系的梯级式结构,即今天宇宙的大尺度结构。

2009 年 3 月 HST 发现了暗物质的进一步证据,科学家利用 HST 的先进巡天照相机(The Advanced Camera for Survey,ACS)观测英仙座星系团,发现其中心区的 29 个矮椭圆星系的图像中,有 17 个是新的。其形状平滑、规则、完整。进一步的分析表明,这些星系的质量是不被其周围较大星系的强大潮汐力所撕碎的最小临界质量,但比星系中的发光物质的质量却大得多。由此看来,这些矮椭圆星系是深埋在大的暗物质晕中。

（五）中国锦屏地下实验室加入到暗物质的探索行列

中国科学家积极加入到探索暗物质的行列。国家 973 项目"暗物质的理论研究及实验预研"已于 2010 年 3 月份正式启动,参加单位有:中科院理论所、高能所、紫金山天文台,以及上海交通大学等,内容是在理论研究、直接探测、间接探测等领域对暗物质展开研究。

2010 年 12 月"中国锦屏地下实验室"在四川省雅砻江锦屏水电站正式投入使用,该实验室为暗物质直接探测实验而准备的地下实验室,位于距离成都 350 千米,西昌 70 千米的锦屏山,于 2008 年开通了两条最大埋深 2 500 米地隧道。

将目前国际上声称已探测到暗物质的实验列于表 6.2,供参考。

表 6.2　声称已探测到暗物质粒子的实验

实　验	CDMS	DAMA	CoGeNT	PAMELA
实验名称含义	Cryogenic Dark Matter Search	DArk MAtter	Coherent Germanium Neutrino Technology	Payload Antimatter Matter Exploration and Light-nuclei Astrophysics
实验地点	明尼苏达 Soudan 矿井	Gran Sasso 地下实验室(意大利)	Soudan 矿井	附于俄国卫星
实验看到了什么	2 个反冲事例	反冲事例数的年度变化	反冲事例	正电子数超额
为什么说信号可信	直接测量,预期的暗物质信号	统计显著性	对超低能反冲事例灵敏	直接测量,预期的暗物质湮灭信号
为什么信号可能不是真的	没有统计显著性	被其他实验明显排除	也可能是普通核事例	天体物理的来源也可以解释
什么实验将继续此实验观测	超级 CDMS,NENON	XENON, MAJORANA	XENON, MAJORANA	阿尔法磁谱仪

　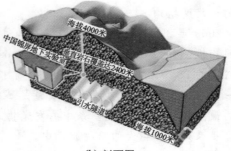

(a) 隧道　　　　　　　　　(b) 剖面图

图 6.42　中国锦屏地下实验室

反物质及对其探测

反物质是英国物理学大师狄拉克(P. A. M. Dirac)在 20 世纪 30 年代用笔尖预言的新的物质形态,迅速被实验所发现。按照狄拉克的设想,宇宙中正反物质的总量应该相等,但是实际上在宇宙中正反物质的含量极不对称。这就是所谓大爆炸学说中的反物质问题。为了说清楚问题,我们且把问题的来龙去脉梳理清楚。

图 6.43　薛定谔(1887—1961)(左)和海森堡(1901—1976)(右)

(一)狄拉克预言正电子的存在

20 世纪 20 年代中期,量子力学在凯歌中行进。量子力学的基本方程——埃尔温·薛定谔(E. Schrodinger)方程以及沃纳·卡尔·海森堡(Werner Heisenberg)矩阵方程已经建立起来了,但是美中不足的是,这些理论都是非相对论性的。他们建立的方程不满足相对论的要求,就是说,在所谓相对论洛仑兹(H. A. Lorentz)变换下,方程所描述的规律会发生变化。用更通俗的话说,这意味着用洛仑兹变换联系的不同的惯性系,物理系统的动力学规律会不一致。薛定谔方程以及海森堡矩阵方程在低速运动的情况下问题不大,方程所描述的物理系统的变化规律与实际基本吻合,但在高速运动的情况下不考虑相对论效应不能不说是一个重大缺点。

除此之外,这些方程在处理带电粒子(如电子、质子等)之间的电磁相互作用,是当作库仑力来处理的。我们知道,所谓库仑定律描述电磁作用,就像牛顿引力定律描述引力作用一样,作用力的传递是"瞬间"实现的,完全不花费时间,这当然属于经典"超距"论,与相对论的基本原理相违背。相互作用的传递,与任何信号的传递一样,都是需要时间的。

把狭义相对论与量子力学结合起来的最早尝试是美国戈登(E. U. Gordon)和克莱因(O. A. Klein),其时在 1926—1927 年。但是由于他们的方程本身的一些问题,如存在负几率(有 −0.3 的"机会",意义何在),再加上当时没有发现方程对应的微观粒子,戈登-克莱因方程并未引起人们的重视。

1928 年,英国物理学大师狄拉克时年 26 岁,刚荣获剑桥大学物理学博士不久,已发表《量子力学的基本方程》、《量子代数学》等蜚声科坛的论文多篇,于

1928年又建立了满足相对论要求的量子力学方程，即今天广为人知的狄拉克方程。这个方程奇妙之处在于，电子只要满足相对论要求，必然具有自旋，必然有一个很小的磁矩——自旋。更加奇怪的是，方程除一个解就是我们熟知的电子以外，还有一个所谓"负能解"。负能有什么意义呢？难以理解。

图6.44　狄拉克(1902—1984)

1928年12月，狄拉克提出所谓"空穴"(hole)理论解释。狄氏称，"真空"应理解成负值的能级完全被电子占据的状态。这种真空态中处于负能级的电子观察不到，而且永远也不能观察到。因此这种真空又称狄氏海洋。但是，如果我们用足够能量的γ光子，如其能量超过2×0.51兆电子伏的光子碰撞(电子质量为0.51兆电子伏)，就能"产生"1个普通电子和1个"空穴"。真空中的"空穴"，怪哉！"无中之有"吗？

这里"无"空穴代表电子占据负能级的状态。但是，难道"有"空穴代表电性与电子相反(即带正电)的某种粒子占据正能级的状态么？当时知道的带正电的粒子只有质子，因此狄拉克认为"空穴"就是质子。1931年，德国大数学家、物理学家魏尔(C. H. H. Weyl)与美国年轻物理学家奥本海默(J. R. Oppenheimer，后来成为"原子弹之父")分别指出，"空穴"质量应该与电子质量相同，不可能是质子。

1931年9月，狄拉克从善如流，因而大胆预言，所谓"空穴"乃是尚未发现的一种新粒子，其质量、自旋等性质与电子完全相同、惟独带正电的新粒子，他命名为反电子。他进而断言，质子也有反粒子存在。

(二)安德森发现正电子

狄拉克悲观地预计，反电子的发现要等待24年！谁知不到一年，1932年8月，美国物理学家C. D. 安德森(Carl David Anderson)利用云雾室拍摄宇宙线照片，发现反电子。他在《科学》上发表的论文最后写道："为了解释这些结果，似乎必须引进一种正电荷粒子，它具有与电子质量相当的质量……"1933年5月安德森称这种新粒子为正电子("正"是正负电荷的正)，英文"positron"，就是positive(正)与electron(电子)的缩写。这样，狄拉克提出自然界中还存在正反粒子对称，或电荷共轭(C)对称的理论得到实验证实。尽管安氏当时并不知道狄氏预言。

1933年，奥地利物理学家薛定谔和狄拉克因提出薛定谔波动力学方程和狄

图 6.45 安德森(1883—1964)及其实验室

拉克相对论性的波动力学方程——狄拉克方程,共同分享了当年的诺贝尔物理学奖。幸运的安德森在 1936 年因发现正电子而获得诺贝尔物理学奖。

(三)所有反亚原子粒子的发现

1955 年,张伯伦(O. Chamberlain)和西格雷(E. Segre)发现反质子。1953 年,莱因斯和柯万探测到反中微子 $\bar{v}_e$。1956 年,柯克(B. Cork)等在反质子-质子的电荷交换碰撞中,证实存在反中子,如此等等。

值得一提的是,我国著名物理学家王淦昌于 1959 年 7 月在苏联乌克兰的基辅举行的第九届国际高能物理会议上,宣布他领导的杜布纳联合研究所的一个小组"找到了"反粒子家庭的一个新的成员——反 Σ 负超子,记作 $\overline{\Sigma^-}$。这是人类发现的第一个带电的反超子。

有趣的是,紧接在 1959 年 8 月,意大利的三个科学家就宣布发现新粒子的伙伴,反 Σ 正超子,$\overline{\Sigma^+}$。

图 6.46 王淦昌(1907—1998)

人们发现所有的粒子都有相应的反粒子。如电子—正电子,质子—反质子,中子—反中子,中微子—反中微子,等等。当然,也有少数中性粒子的反粒子就是其自身,如 γ 光子,π^0 个子,等等。

(四)反原子和反物质的发现

随着亚原子粒子发现越来越多,其相应的反粒子也相继发现,人们终于领悟到所谓电荷共轭原理是极其普遍的原理。所有的亚原子都存在相应的反粒子(一般是电荷相反),这些反粒子可以构造反原子、反分子,形成一个反物质世界。

1995 年 5 月,欧洲核子中心利用氙原子与反质子对撞,成功产生 9 个反氢原子,这是世界上首次人工合成反物质。

1997 年 4 月,美国天文学家宣布他们利用伽马射线探测卫星发现,在银河系上方约 3 500 光年处有一个不断喷射反物质的反物质源,它喷射出的反物质形成了一个高达 2 940 光年的"反物质喷泉"。

2010 年 11 月下旬,阿尔法国际合作组宣布,反氢原子研究成功。他们声称将 38 个反氢原子俘获在阱中长达 170 ms 之久,从而为对反氢原子的光谱特性的研究提供了坚实的实验条件,尤其是确保了充分的测量时间。几周以后,CERN 的 ASACUSA 合作组宣布在制备反氢原子束流方面获得重要突破。此前人们还只能说"看到"反粒子,现在凭着自己的智慧"创造出"反物质,并且逐步探索和研究反物质的特性。

正电子是世界上第一个被理论预言并迅即在实验中发现的粒子,也是庞大的反粒子世界中第一个飞向我们眼帘的使者。可以毫不夸张地说,正是狄拉克用笔尖发现魅力无穷的"反世界"。无怪乎,英国皇家学会将这一发现誉为"20世纪最重大的发现之一"。物理学大师海森堡则宣称:"我认为反物质的发现也许是我们世纪中所有跃进中最大的跃迁。"

在天文学史上,23 岁的英国大学生亚当斯(J. C. Adams)与法国的青年助教勒威耶(U. J. J. Leverrier)在 1845—1846 年,借助于牛顿力学预言太阳系中还应存在第八个行星,并经过德国天文台的卡勒(Karrer)的观察发现海王星的佳话,流传至今 150 余年,人们百谈不厌。相形之下,比起"笔尖下发现海王星",更加动人、更有价值的狄拉氏"在笔尖下发现反世界"的故事,反倒不大为一般人知道,岂非冤哉枉也? 莫非是"阳春白雪,和者盖寡",自古而然?

阅读材料 6-3

磁单极子的寻找

(一)真空自发破缺与磁单极子

真空自发破缺机制是近代物理(粒子物理、固体理论等)中一个十分重要的概念,它不断可能产生磁单极子,而且也是暴胀宇宙论的核心概念。

我们在此指出,宇宙的真空对称性经自发破缺后会变成许多真空。空间分割为一个个的区域,同一区域的真空态是一样的,不同的区域就是不同的真空态。两区域的交界形成面状缺陷。在每一个交界处可能有叫做"扭结"一类的点缺陷出现,这就是磁单极子。磁单极子与区域壁一类面状缺陷关系十分密切。

波利亚科夫和胡夫特的论文发表以后,一时间,一股磁单极热席卷物理学界。杨振宁和吴大峻(哈佛大学教授)关于磁单极子的工作尤其出色。他们把磁单极子、规范场和一种深奥的数学理论"纤维丛"(fibre bundle)联系在一起,为磁单极子的存在提供了深邃的理论基础。

杨振宁跟现代微分几何大师陈省身说到,他对于磁单极、规范场居然会跟纤维丛此类玄而又玄、极少人懂的数学概念发生联系,感到"既惊奇,又困惑,因为

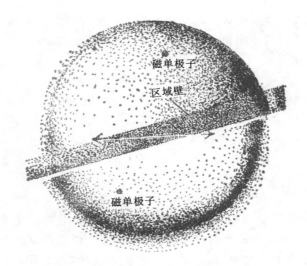

图 6.47 磁单极子与区域壁缺陷

他们数学家能无中生有地幻想出这些概念"。陈省身回答说:"这些概念并不是幻想出来的,它是自然的,而又是真实的。"

图 6.48 杨振宁(1922—)(左)和吴大峻(右)

各种磁单极子理论,如烂漫山花在科苑竞相开放。这些理论对磁单极子的质量进行估计。按波利亚科夫和胡夫特的理论,如果用中间玻色子质量 m_W 表示,磁单极子的质量为

$$m_N = \alpha^{-1} m_W \approx (5 \sim 10)\,\text{TeV} \quad \left(\alpha = \frac{1}{137}\right)$$

即质子质量的 5 000 到 10 000 倍。在小宇宙中,这已算庞然大物了。

根据普里斯克尔(J. R. Preskill)等人于 1979 年提出的所谓重磁单极子理论,磁单极子的质量异乎寻常地大,约有 $10^{16}\,\text{GeV}$,就是质子质量的一亿亿倍,相当于 10^{-8} 克。在小宇宙中有这样的参天巨人,真使人难以思虑!

我们下面估计在宇宙中残留的磁单极子的数目,或数密度,在大统一框架中,在爆炸后 $10^{-36} \sim 10^{-35}$ 秒,温度下降到 $10^{28}\,\text{K}$,相当于 $10^{15}\,\text{GeV}$ 的能量,真空对称发生自发破缺,大量的磁单极子突然"诞生"了。

磁单极子出现在不同真空态区域的交界处。由此推定,其数目大致与这些区域的数目相当,至少在数量级上是一致的。

每个区域的体积实质上就是视界所界定的空间。我们在视界问题一节，已经知道此时宇宙的体积约 1 立方厘米，而视界范围为 10^{-26} 厘米。不难算出，区域的相应体积为

$$(10^{-26} 厘米)^3 = 10^{-78} 立方厘米$$

在这样大的体积内，产生的磁单极子的数目其数量级也为 1。宇宙中产生的磁单极的总数为

$$\frac{1}{10^{-78}} = 10^{78} 个$$

或者说，此时宇宙磁单极子的密度数为

$$n_{\mathrm{m}} \approx 10^{78} 个/立方厘米$$

读者当记得，这个数字正好就是重子与反重子数的密度差。如果这些大爆炸的残骸——磁单极子数的密度差，如果这些大爆炸的残骸——磁单极子全部"健在"，那么今日宇宙中，每个重子都对应有一个磁单极子。

有人认为，两种磁单极子，N 极和 S 极单极子，会像正、负电子一样，绝大部分会湮灭掉。即令如此，今日的磁单极子数目依然很大，其密度大约是

$$n_{\mathrm{m}} \approx 10^{-19} \sim 10^{-16} 个/立方厘米$$

如果这样估计不错，由于磁单极子的质量极大，在宇宙中它们的总质量大约比重子至少大 10 万倍，比目前公认的宇宙物质的总质量的上限至少大 1 000 倍。这当然是不可想象的事情。

卡兰（C. Callan）和鲁巴可夫（G. Rubakov）认为，早期宇宙的磁单极子比上面估计的少得多。波利亚科夫讨论过色磁单极子（Colored monopoles）方案，他认为，跟在低温（低能）下"夸克禁闭"相反，磁单极子在温度 ~1 GeV（10^{13} K）处有一个"相变"高于这个温度，磁单极子"禁闭"机制起作用了。其中起作用是所谓胶子弦。1980 年，林德、丹尼尔等人也进行过类似的讨论。

波利亚科夫估计，目前残存的磁单极数目比原来估计的要少 $10^{4\,000}$ 倍。这实质上意味着，宇宙中的磁单极子等于零。但是，大多数人坚持认为，磁单极子作为"大爆炸"的奇怪产物，理应存在，而且是确实存在的。

（二）从宇宙射线中和利用加速器寻找磁单极子

我们来检查从宇宙射线中和利用加速器搜捕磁单极子的战况罢。

1976 年，布鲁曼（A. Bludman）和拉德曼（M. Ruderman）对星系际的磁场进行详尽分析，认为如果磁单极子的密度足够大，它将由于被星系际的磁场加速，而使磁场的能量消耗殆尽，从而使银河系的磁场受到破坏。由此估计，磁单极子的密度至多为

$$n_{\mathrm{M}} < 10^{-26} 个/立方厘米$$

1970 年，阿斯博恩（W. Z. Osborne）根据高能磁单极子由微波背景辐射散射，由宇宙射线的资料，确定目前宇宙中磁单极子的密度

$$n_{\mathrm{M}} < 10^{-24} 个/立方厘米 \quad （若其质量为 10^3 \text{ GeV}）$$

$$n_{\mathrm{M}} < 10^{-26} 个/立方厘米 \quad （若其质量为 2.5 \times 10^3 \text{ GeV}）$$

一般来说，即使根据实验资料估计，结果仍然视磁单极子的质量实际多大而定。

撒开"术语"的迷雾,事实很简单:我们没有找到一个"活生生"的磁单极子。当然,间或也有好消息传来。

1975 年,澳大利亚的普赖斯(P. Price)、塞克(E. Sirk)、平斯基(L. S. Pinsky)和奥斯博恩宣称,他们把测量仪器放在高空气球的吊篮中,在高空从宇宙射线中,捕捉到一个磁单极子。

1982 年,美国斯坦福大学的凯布雷拉(Cabrera)声称利用超导干涉器,花了200 多个日日夜夜,记录到一个磁单极子,同时还确定了它的磁荷。据说与理论完全吻合。

难道真的是"众里寻它千百度,蓦然回首,那人却在灯火阑珊处"么? 这些发现,曾深深激动科学界。

按布鲁曼等人的分析,普赖斯等人的发现,颇值得怀疑。尽管他们于 1975 年、1978 年两度声称,他们的测量表明,发现磁单极子。

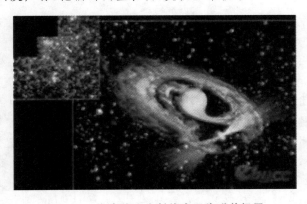

图 6.49　在高能宇宙射线中寻找磁单极子

凯布雷拉等人的结果,虽使人兴奋一时,但经不住推敲。首先,如果凯布雷拉测量正确,则磁单极子的密度至多要比目前天文学家公布的数值高出 15 个数量级。

其次,凯布雷拉的实验设计确实巧具慧心。笨重的磁单极子运动速度很慢,不会超过光速的十分之一,极易"钻入"地球表面。我们在实验室中,即使用 1 000 吨的最强大的电磁铁,也只能使磁单极子的运动方位偏转 10^{-8} 度。所以探测极不容易,只有用所谓动态感应探测器才有可能探测。凯布雷拉探测器即属此类。

令人沮丧的是,人们重复凯布雷拉实验,而且进一步扩大搜索的范围,改进实验方法,却是音讯杳然,影踪全无。

人们想到,目前加速器的最大能量不过 10 000 GeV。磁单极子的质量理论估计最小为 10 000 GeV,最大为 10^{16} GeV。看来不大可能产生磁单极子。宇宙射线中粒子最大能量为 10^{11} GeV,不可能找到重磁单极子,但有可能含有轻磁单极子。

在太阳系内,由于流星的引力较小,可能为磁单极子提供一个安全的"避风港"。太阳也可能是磁单极子"源"。有人估计,太阳中包含有 10^{26} 个磁单极子,

每秒钟发射 10^9 个。月亮、陨石都可能藏有磁单极子。中子星从理论上看,也是相当好的磁单极子"源"。

为了捕获磁单极子,人们发展了一整套探测技术。例如:利用磁单极子穿过导电环中会产生感生电流,设计了超导量子干涉仪(凯氏法即属此类);利用磁单极子穿过物质,会引起电离,伴随光子发射,设计了"电离法"装置等。真是"尽人间之智慧,穷造化之工巧"!

然而,结果令人沮丧,人们自然怀疑凯布雷拉测量的结果。一个科学实验,如果不能重复,怎么能取信于人呢?

阅读材料 6-4**阅读材料 6-4**

球状星团问题

在本章中,对于大爆炸标准模型存在的主要问题进行了详细论述。我们发现,将模型论述稍加改变,关于暗物质和暗能量的问题在该模型内是可以得到解决的,或者可以找到解决问题的途径,姑且不论。关于视界问题、均匀性和平坦性问题、反物质问题、磁单极子问题等看来在该模型内难以解决。但是我们没有谈及球状星团问题。因为这个问题的出现较迟,发生在 20 世纪 90 年代中期。什么是球状星团问题呢?

球状星团在星系中很常见,如图 6.50 所示,在银河系中已知的大约有 150 个。大的星系会拥有较多的球状星团,例如在仙女座星系就有多达 500 个,一些巨大的椭圆星系,像 M87 拥有的球状星团可能多达 1 000 个。这些球状星团环绕星系公转的半径可以达到 40 000 秒差距(大约 131 000 光年)或更远的距离。在星系中的球状星团很可能拥有星系中最早诞生的恒星,因此球状星团的年龄,几乎就是宇宙年龄的上限,这个上限是宇宙论的一个重大限制。

图 6.50　球状星团

在 20 世纪 90 年代的中期,天文学家遭遇到球状星团的年龄比宇宙论模型所允许的还要老的窘境。人们进行了和球状星团的星族观测相符的计算机模拟,其结果显示这些球状星团的年龄竟然高达 150 亿年,这与大爆炸理论所预言的宇宙的年龄为 138 亿年严重不符。这就是所谓球状星团问题。但是,更深入

物理发现 启思录

186

的研究表明，这个问题的出现跟大爆炸标准模型本身无关，而发生在恒星演化模型不够完善和宇宙学参数的测量欠妥上。

20 世纪 90 年代后期，人们提出了更完善的恒星演化模型，计算机模拟考虑了恒星风引起的质量损失效应；同时通过更好的巡天观测，例如柯比（COBE）卫星对宇宙学参数的测量，这一矛盾也基本得到了解决，最新得出的球状星团年龄要比原先的结果小很多。目前这一问题已经得到解决。例如，测量球状星团中温度最低的白矮星，典型的结果是球状星团的年龄约为 127 亿年，都比宇宙的年龄要小。因此，在建立更完善的大爆炸模型时无需考虑球状星团的问题。

（1）大爆炸标准模型中，视界问题是什么？平坦性问题是什么？为什么说视界问题与平坦性问题其实是一个问题？

（2）大爆炸标准模型中，自然性问题是什么？为什么说自然性问题、平坦性问题与视界问题密切相关？

（3）何为单极子问题？你相信单极子存在吗？

（4）大爆炸标准模型存在哪些主要问题？这些问题的存在是否否定了标准模型？

（5）为什么有的科学家说，发现理论存在问题是一件好事。科学家正是在解决这些问题中推动科学理论的进步。请对大爆炸学说的发展谈谈自己的看法。

（6）暗物质和暗能量的存在，首先是由什么科学事实得到启发，得到证实的？

（7）从技术条件和学术储备来说，微波背景辐射极有可能在 20 世纪 40—50 年代发现，但实际上迟至 1964 年才发现，其中可以汲取什么教训？

第七章　大爆炸学说的最新发展
——暴胀宇宙论

大爆炸标准模型满足了大部分天文学观测和宇宙演化的理论需要，但也暴露出来若干问题，如视界问题、均匀性和平坦性问题、反物质问题、暗能量和暗物质问题、磁单极子问题，以及球状星团问题等。暴胀模型的提出比较圆满地解决上述问题，是大爆炸宇宙学说的最新发展，甚至把宇宙论发展到精密科学的新阶段。必须指出，暴胀宇宙论只是对标准模型在极早期的演化进行了修正和改良，主要是认为在极早期宇宙演化中，空间经历了暴胀演化阶段，其他的内容完全继承了大爆炸标准学说。本章旨在描述暴胀宇宙论的主要特征和暴胀产生的物理机制，介绍典型的各种暴胀宇宙论的流派，指出上述在标准模型中存在的问题是如何在其中得到比较完满解决的。通过本章的学习，读者将会领悟到现在科学发展的主要模式，即在现有的科学理论中发现矛盾，发现问题，然后寻找解决矛盾和问题的途径，从而逐渐建立和充实新的科学理论。

本章导读

第一节　暴胀宇宙论的提出

在第六章，我们详尽分析了大爆炸标准模型存在的主要问题，指出视界问题、均匀性和平坦性问题、反物质问题、磁单极子问题等看来在该模型内难以解决。因此，摆在宇宙学家面前的迫切任务是，在标准模型的基础上发展更完善的宇宙演化理论，以解决上述问题。这个更完善的理论很快就提出来了,这就是暴胀宇宙论(inflationary universe)。

暴胀宇宙论的主要特征是,在宇宙演化的极早期存在一个无比剧烈的非常暴胀时期。不同的暴胀模型只是在于这个暴胀具体规律和机制有所不同。我们必须记住暴胀宇宙论与标准模型除了在宇宙极早期有所不同以外,在物理图像和机制上是完全相同的。我们的叙述从标准模型存在的问题开始。

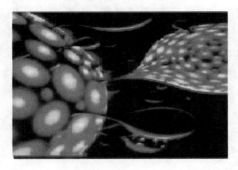  

图 7.1　暴胀宇宙论中宇宙一创生就急剧膨胀　　　图 7.2　古斯(1947—)(左)和
　　　　　　　　　　　　　　　　　　　　　　　　　　　　　威尔茨克(1951—)(右)

一、暴胀宇宙论的提出

1979—1981 年,美国科学家阿兰·哈维·古斯(Alan Harvey Guth)、温伯格和威尔茨克(Frank Wilczek)三人提出"暴胀宇宙学"理论。这个学说认为,在大爆炸后不到 10^{-35} 秒的瞬间,宇宙迅速地膨胀,故称为"暴胀"。暴胀持续了大约 10^{-32} 秒。在如此短的时刻内,宇宙的体积却增大了 10^{43} 倍! 这是大爆炸学说的一个重大突破。这些问题大部分在暴胀宇宙论中可以得到比较圆满的解决,有的看到了解决的可能性。暴胀宇宙论目前已有许多不同的模型、不同的流派,但都离不开在极早期宇宙中经历一个异乎寻常的暴胀阶段。

1982 年夏天,风和日丽,众贤毕至,在纳菲尔德(Nuffield)召开了一次关于极早期宇宙的讨论会。美国华盛顿大学的巴丁(J. M. Bardeen)、波士顿大学的皮索扬(So-Yang Pi)、芝加哥大学的特纳(M. S. turner)、英国剑桥大学的霍金、莫斯科朗道理论物理研究所的斯塔宾斯基(A. A. Starobinsky)以及居斯、斯忒哈特等人济济一堂,妙语生风。

天体物理学界的诸贤尽管对于暴胀论各个方面都各抒己见,争论热烈。但是有一点却"英雄所见略同":在暴胀论框架内,扰动性问题可以自然而然地得到解决。出路在何处? 暴胀宇宙论!

真是"踏破铁鞋无觅处,得来全不费功夫!"

实际上 1983 年夏天,旅美俄裔女物理学家林德(A. Linde)又提出混沌暴胀论(the chao's inflationary theory),1989 年拉(D. La)和斯忒哈德则提出扩充暴胀宇宙论(the Extended inflationary cosmology),进一步发展和完善暴胀宇宙论。这里特别要指出,古斯在暴胀宇宙论的发展中起到了独特的作用。他是美国理论物理学家、宇宙学家,麻省理工学院教授,宇宙学中暴胀模型的创立者。古斯由于对暴胀的研究而获得 1996 年的爱丁顿奖章和 2002 年的狄拉克奖章。

二、何谓"暴胀"

暴胀宇宙论的最主要特征——在宇宙创生的极早期要经历一个剧烈膨胀阶段,这就是所谓暴胀(inflation)。就暴胀的英文本意就是膨胀,但是在经济学中却是通货膨胀的意思。实际上就是表示这种膨胀是极其猛烈而快速的。为了使读者对此有一个感性的概念,我们在此举一个案例。在国民党统治时期,国民政府肆意滥发纸币,结果造成长期恶性通货膨胀。从抗日战争爆发到国民政府崩溃(1937—1949)的 12 年间,纸币发行量累计增加了 1 400 多亿倍,致使同期物价上涨了 85 000 多亿倍! 货币购买力一落再落,最后几乎变成废纸。有人曾经做过这样的统计,以 100 法币购买力为例,在 1937 年可买 2 头牛,1938 年买 1 头牛,1939 年买 1 头猪,1941 年买 1 袋面粉,1943 年买 1 只鸡,1945 年买 1 条鱼,1946 年买 2 个鸡蛋,1947 年买 1 个煤球,1948 年 8 月国民党货币改革时买 3 粒大米。

图 7.3 通货膨胀漫画

第二节 暴胀产生的根源——真空自发破缺

暴胀的根源产生于真空自发破缺机制。该机制是凝聚态物理科学家在 20 世纪 60 年代提出的,对于解决元激发、准粒子问题起到了关键作用。很快高能物理学家在粒子物理的标准模型中引入了该机制,作为所有基本粒子质量产生的根源。因此,2013 年诺贝尔物理学奖就授予了该机制主要的提出者比利时物理学家弗朗索瓦·恩格勒特和英国物理学家彼得·希格斯。在习惯上科学家称该机制为希格斯机制。宇宙学家在暴胀宇宙论中应用了凝聚态物理学和高能物理学所熟悉的物理机制——真空自发破缺,认为该机制是暴胀产生的根源。这雄辩地表明,真空自发破缺在许多物理学的领域都有广泛的表现,是一种极其普遍、极其重要的物理现象。这是物质世界统一性的一个标志。

我们在此将比较详尽地介绍,什么是希格斯真空自发破缺机制,真空自发破缺如何产生暴胀。我们由此可以看到,物理学的整体是统一的。

一、真空自发破缺机制的提出

什么是真空？什么是自发破缺？首先，简单地介绍真空自发破缺的概念，它属于对称性的自发破缺的特例。

先谈什么是真空。真空就其本意，就是空虚、了无一物的地方。所谓形而上学的绝对空无一物的地方，现代科学已证明是不存在的。现代的"真空"概念，实际上就是物理"系统"的能量最低的状态。真空破缺实际上是指真空具有的对称性被破坏了。对称性破缺的途径有两种：一种是明显地破坏，下面会加以解释；另一种就是自发破坏，这是在现代物理中普遍遇到的一种机制。通俗地说，人的两只手应该说是左右对称的，如果砍断一只，则对称明显地被破坏了。如果有一只手被遮住了，表面上看来，左右对称被破坏了，但本质上只是对称性隐藏起来。所谓自发破缺，就是指对称性被隐藏起来，即隐藏对称性（Hidden symmetry）。

自发对称破缺的概念最早是南部阳一郎于 1960 年在固体物理的研究中提出来的。"自发对称破缺"（Spontaneous symmetry breaking）这个名字是巴克（M. Barker）和格拉肖在 1962 年发表于《物理评论》上的一篇文章中定名的。南部阳一郎（Nambu Yōichirō）是著名美籍日裔理论物理学家，他将固体物理中的自发对称破缺概念首先介绍到粒子物理学中来，对物理学的贡献很多，因发现亚原子物理学中的自发对称性破缺机制，荣获 2008 年诺贝尔物理学奖。

实际上 1964 年，分别有三个研究小组几乎同时独立研究出希格斯机制，其中一组为弗朗索瓦·恩格勒（Englert，François）和罗伯特·布绕特（Brout，Robert），另一组为彼得·希格斯，第三组为杰拉德·古拉尼（Guralnik，Gerald）、卡尔·哈庚（Hagen，C. R.）和汤姆·基博尔（Kibble，T. W. B）。恩格勒是比利时理论物理学者，主要研究领域为统计力学、粒子物理学、宇宙学，对粒子物理学做出重要贡献。其中布绕特已去世。这三个小组的论文都发表在 1964 年的《物理评论快报》上。

图 7.4　南部阳一郎（1921—）　　　图 7.5　恩格勒（1932—）（左）和希格斯（1929—）（右）

古拉尼于 1965 年、希格斯于 1966 年又分别更进一步发表论文探讨这模型的性质。这些论文表明，假若将规范不变性理论与自发对称性破缺的概念以某种特别方式连接在一起，则规范玻色子必然会获得质量。1967 年，史蒂文·温伯格与阿卜杜勒·萨拉姆首先应用希格斯机制来打破电弱对称性，并且表述希格斯机制怎样能够并入稍后成为标准模型一部分的谢尔登·格拉肖的电弱理论。

二、真空自发破缺的物理图像

对称性自发破缺,是南部阳一郎、基博尔等在研究铁磁性理论(亦称磁性理论)中发现的,又称隐藏对称性(hidden symmetry)。举一个例子,一个磁化的铁棒,其自由能,无论对于 N 极还是 S 极都是相同的。其磁化强度曲线,如图 7.6 所示。试看高温下能量与磁化能量的曲线。在三维空间中,曲线实际上是相对纵轴具有转动对称性的曲面。平衡态,即能量最低态处于磁化强度为零处,W 形或 U 形曲线的凹部。此时系统具有明显的转动对称性。

在高温时,磁化曲线相应于图 7.6(a),此图环绕能量轴线是完全对称的。但在低温时,磁化曲线相应于图 7.6(b),磁化曲线呈现 W 形(这是典型的自发破缺)。此时平衡态可能处于 W 形的两个凹部,或在右侧,或在左侧。但对实际系统两者必居其一。假定平衡态处于左侧,此时系统的自由能曲线在 S 极与 N 极之间依然保持对称。就磁化规律、磁化曲线(面)而言,转动不变性并未破坏,但是对于实际平衡态(左侧)却不存在什么对称性。

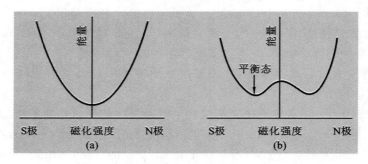

图 7.6　铁磁体磁化曲线
(a)高温磁化强度曲线;(b)低温磁化强度曲线

形象地说,设想有"居民"生活于此平衡态处,他们由于"身在庐山",根本未觉察到任何转动对称性——曲线的真面目。但是,对于旁观者,能够窥见曲线(面)的"全貌",自然会说"曲线(面)的真面貌依然风度如故,保持转动的对称性。于是,就现实的平衡态的"居民"而言,"对称性"只是隐藏起来了。

为了进一步领会对称性自发破缺的概念,下面举两个通俗的例子。

1971 年,萨拉姆在《欧洲核子中心公报》上撰文,举了一个生动地描述对称性自发破缺的例子:

"设想有一个豪华的宴会,来宾围绕圆桌而坐。从一只鸟的观点来看,这场面是完全对称的。宾客们传递餐巾,每个人从左边或右边邻座传来餐巾的机会应该是均等的(意即具有左、右对称性)。但是一旦有人决定,只接从左边邻座传来的餐巾,其他人也只得效法,那么对称性就自发破缺了。"(参看图 7.7)

也许富宾尼(S. Fubini)在 1974 年国际高能物理学术会议上引用法国哲学家布里丹(J. Buridan)的寓言,说明自发破缺更为生动、更为风趣,也更为贴切了:"处于两食槽之间的驴子,看到食槽中的食物都是一样多,它拿不定主意到哪个食槽进食。驴子拿不定主意就是对称性。使驴子作出选择需要外界的影响。驴子的任何选择,都使对称性自发破缺。这个外界影响就是希格斯场。"

图 7.7　萨拉姆的宴会中传餐巾

　　布里丹在这里已经切入正题。此处希格斯场就是使真空对称性发生自发破缺的外界条件。它相当于在磁性理论中的磁化强度。希格斯场的自相互作用产生的"自能"，即场的势能，相应于磁性理论中的自由能。当然，希格斯场的具体选择，依具体规范对称（群），以及我们最终目的而定。自发破缺机制在超导、磁性理论中早有成功应用。

　　图 7.7 和图 7.8 都是转引自南部阳一郎所著《夸克》一书。图 7.8 显示超导中库柏对的形成，也是一种自发破缺所形成的凝聚。总之，这里提到的磁化强度能量、希格斯场、超导库柏对与萨拉姆传递餐巾一样，都起着使对称性发生破坏的作用，在术语上称为对称性自发破缺。这里的希格斯场是模拟真空场的，因此真空自发破缺是广义的对称性自发破缺的一种。由于宇宙学中真空介质利用希格斯场描写，因此在宇宙学上真空自发破缺机制，又称希格斯自发破缺机制（Higgs mechanism）。

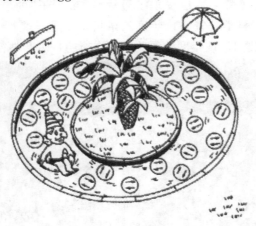

图 7.8　库柏对液体平滑地流动

　　希格斯机制在物理世界中具有极其重要的意义。从物质质量的产生（因而宇宙的创生）直到超导的产生，固体物理中许多元激发的产生，希格斯机制都扮演着关键的角色。1964 年英国物理学家彼得·希格斯（Peter Higgs）提出了希格斯机制。在此机制中，所谓希格斯场引起自发对称性破缺,并且赋予中子、质子一类的费米子和中间玻色子等的质量。希格斯粒子是希格斯场的场量子化激发,它通过自相互作用而获得质量。实际上,希格斯机制赋予我们看到万事万物以质量,也是现代粒子物理标准模型的关键部分之一。

由于现代量子力学告诉我们,所有的物理场都具有波粒二象性,任何微观物理场都具有相应的场量子,如电磁场相应的场量子是光子,胶子场相应的场量子是胶子,中子场相应的场量子是中子,电子场相应的场量子是电子,等等。反之亦然,中子相应具有中子场,质子相应具有质子场,等等。因此希格斯场相应的场量子,叫做希格斯粒子。从宇宙学上来说,希格斯场是描写宇宙的一种奇怪的背景场——希格斯场描写宇宙的能量密度。希格斯场是标量场,这意味着,相应的场量子——希格斯粒子的自旋为零。希格斯场就是使真空自发破缺的一种机制。但是自然界中果然存在希格斯粒子吗?因为物理学家认为所有的微观粒子的质量都是通过希格斯机制得到的,无怪有人开玩笑说,希格斯粒子是上帝粒子。

那么宇宙万物之源的希格斯粒子果真存在吗?

三、希格斯粒子的发现

希格斯机制中所预言的希格斯粒子,到底在自然界中存在与否,自然为人们所关注。它实际上是高能物理的标准模型所预言的 64 种基本粒子有待发现的最后一种。近期实验物理学家一直在紧张地寻找它的踪迹。2012 年 7 月欧洲核子研究中心宣布,其所属的两座各自独立的实验室都发现了这种亚原子粒子,质量范围在 125 至 126 吉电子伏特之间。两家实验室都宣布,数据结果的统计确定性为 5 西格玛,或 5 标准差。5 西格玛换算成统计误差率,大约为 0.00006%。为了谨慎起见,科学家认为尚待进一步积累数据,减少统计误差,才能说确凿无疑。作风严谨的科学家终于在充分积累实验数据的基础上,于 2013 年 3 月正式宣布,确凿无疑地发现了号称"上帝粒子"的希格斯粒子。顺理成章,2013 年 10 月 8 日,瑞典科学院宣布该年度的诺贝尔物理学奖授予恩格勒和希格斯。12 月 10 日,诺贝尔去世纪念日,该年度的颁奖仪式在斯德哥尔摩举行(图 7.9)。

图 7.9　2013 年诺贝尔奖颁奖仪式现场

总而言之,希格斯粒子的发现给规范对称性,尤其是真空自发破缺理论的发展,注入了强大的动力。希格斯粒子的发现对暴胀宇宙模型给予强大的支持。

第三节　暴胀宇宙论的物理图像

一、暴胀宇宙论的物理图像

　　在通常(古斯)暴胀宇宙论中,宇宙真空,宇宙的背景介质,用一个等效的希格斯势能描写,如图 7.10 所示。其中横坐标 ϕ 表示希格斯场,而纵坐标 $U(\phi)$ 则表示希格斯场相应的能量。

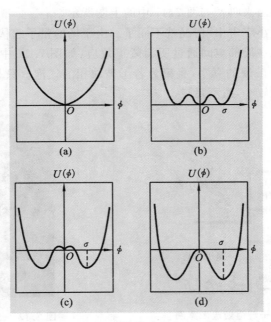

图 7.10　宇宙介质的希格斯场随温度的演变

(a)$T \gg T_c$:$\phi = 0$ 是能量最低态,它是对称真空;

(b)$T = T_c$:$\phi = 0$ 的对称真空与 $\phi = \delta$ 的对称破缺真空能量相等;

(c)$T \ll T_c$:$\phi = \delta$ 是能量最低态,它是对称破缺真空,$\phi = 0$ 的对称真空是亚稳状态;

(d)$T = 0$:$\phi = 0$ 的对称真空是不稳态,$\phi = \delta$ 的对称破缺真空才是物理的真空

　　在大爆炸后 $10^{-45} \sim 10^{-34}$ 秒这段时期,暴胀宇宙所揭示的宇宙演化场景,与标准模型完全一致。宇宙介质相应的希格斯位势如图 7.10(a)所示。此时宇宙介质处于对称相,真空具有完整的对称性,宇宙空间的尺度跟标准模型一样,以 $\sqrt{t}$(t 为宇宙寿命)的规律膨胀。

　　到了 10^{-34} 秒左右,宇宙介质温度 T 降到 10^{28} K。此时等效希格斯位势如图 7.10(b)所示,呈现 W 形,真空已处自发破缺状态,出现能量相同的两个真空——对称真空和对称破缺的真空。就是说,此时宇宙发生相变,对称真空产生自发破缺。

对称真空处于 $\phi=0$ 处,宇宙此时实际上处于这个真空,我们称为物理真空。$\phi=\delta$ 所对应的真空,叫做对称破缺真空。两真空间横亘着势垒,就是说要由物理真空过渡到对称破缺真空,要消耗能量克服势垒。

$T\approx10^{28}$ K 时对称自发破缺发生。此时两真空能量相等,这个温度叫做自发破缺相变的临界温度,即图 7.10 中的 T_c。

随着宇宙的膨胀,宇宙介质的温度 T 继续下降,对称真空的能量渐渐高于对称破缺真空的能量,横亘其间的势垒变得又高又宽。从热力学观点来看,对称真空是亚稳态,而对称破缺真空由于能量较低,是稳定状态。如果没有势垒隔着,宇宙应自发地过渡到破缺真空。

但是,这种现象并未马上发生。原因在于有势垒,而且从经典力学的观点来看,这种过渡完全不可能。我们设想,一个人掉到三四米深且四壁光滑的井中,即使井外就是比井底更深的凹地,他能跳出来吗? 如图 7.11 中的上图所示。

在量子理论中,或小宇宙中,情况就不同了。由于场的量子起伏,或粒子的波、粒二象性,会有一些宇宙介质在局部空间通过所谓隧道效应(如图 7.11 中的下图所示),穿过能量势垒,过渡到对称性破缺的真空,凝聚为若干破缺相的气泡。只是在开始时,由于势垒又高又宽,隧道效应比较小,微不足道。

图 7.11 量子隧道效应示意图

图 7.12 土行孙破土穿山

这种情况有点像神话小说《封神榜》中的一则故事。有一个个儿不高、神通广大的神人,叫土行孙,他会"土遁",就是能像穿山甲一样,破土穿山。但是如果他穿过的山峦既高峻又庞大,大概也不是轻而易举的罢。如图 7.12 所示。

对称真空的能量密度很高,高达每立方厘米 10^{100} 尔格。能量越高,状态越不稳定,所以对称真空又称假真空(false vacuum)。由于有势垒阻隔,隧道效应引起的对称自发破缺的相变进行得极为缓慢,假真空可以存在一段时间,所以它是一个亚稳定状态。

温度从 10^{28} K 下降到 10^{27} K,宇宙介质暂处于假真空,能量密度仍然高于 10^{95} 尔格/立方厘米,是一个原子核的能量密度的 10^{59} 倍。此时破缺真空的能量已经低于假真空的很多了,出现所谓过冷现象,过冷温度有可能达到 10^{23} K。

过冷现象在凝聚态物理中十分普遍。例如,如果快速冷却水,我们可以得到冰点下 20 多摄氏度的过冷水。我们知道水在 0 摄氏度时开始结冰,但并不是所有的时候都是这样,即使温度已经低于冰点,在有些情况下水仍然不结冰,当然,大气压设为标准大气压。

图 7.13 "过冷现象"和"瞬间结冰"

造成这个现象的原因是,水要结冰需要先在水中至少存在一个小冰"核"(nucleus),然后在核的基础上才能开始结晶成冰。如果没有结晶核,就好像结冰过程的开关没有被打开,水只好继续降温。这时如果外界给一个刺激,就好像打开一个开关一样,瞬间结冰,那过程相当有趣。

话说回来,这时对称真空与破缺真空之间的势垒已经又低又窄,加上两真空的能量差已经很大,破缺真空能量低是不稳定状态(又称真真空),因而隧道效应或量子起伏现象开始迅速和剧烈地进行。

按哈佛大学的柯勒曼(S. R. Coleman)的说法,此时宇宙介质(希格斯场)借助于隧道效应,随机地穿过势垒在对称破缺的真空中,集核形成破缺相的"气泡"(bubbles)。相变进行很快,气泡以接近于光速的速度急剧膨胀。

图 7.14 集核形成破缺相的"气泡"

由于假真空能量密度较高,在相变——气泡形成时,有大量假真空的能量("潜能")释放出来。关于相变后处于对称破缺相的"泡"就是在潜能的驱动下逐渐扩大的。此时,气泡的膨胀是以指数规律急剧进行。这就是所谓爆炸。

二、剧烈暴胀机制素描

至于尚未相变而处于过冷对称相的背景部分则以指数规律膨胀。这个背景部分我们称为区域。剧烈膨胀的机制可作如下定性说明。

由于假真空能量密度较高,真真空能量密度较低,气泡扩大。这从力学观念来说,就是由于真真空的压力大于假真空的压力。一般认为,真真空的压力为零,故假真空有"负压力"。进一步地研究表明,这个负压力值等于能量密度的数值。

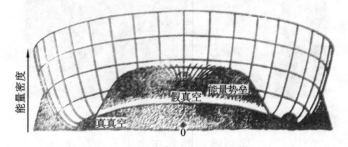

图 7.15 真真空与假真空的能量密度曲线

由于气体媒质彼此间具有吸引力区域中气体的膨胀不断延缓。在广义相对论中,这个吸引力可以用下面的等式表达:

吸引力 ≈ 能量密度 + 3 × 压力(负号)

对于假真空,压力的贡献超过能量密度的贡献(事实上,对于深度过冷的宇宙介质,物质场的能量密度可稀释到可忽视的程度,而以真空能为主)。简言之,压力产生于真空能。因而,对于假真空,非但没有吸引力延缓其膨胀,而且有一个负压力加速其膨胀。

定量来说,此时区域的膨胀规律是,其尺度 R 按指数规律膨胀,即

$$R = R_0 \exp[Ht]$$

式中 R_0 为相变时区域的范围,H 为哈勃常数,此时

$$H \equiv \sqrt{\frac{8\pi G}{3} U(0)}$$

其中 $U(0)$ 为真空能,G 为万有引力常数。从此式可得,如果相变由 10^{-34} 秒开始,10^{-32} 秒结束,则

$$R \approx R_0 \cdot e^{100} \approx 10^{43} \cdot R_0$$

就是说,区域的体积扩大为 10^{129} 倍,这真是可怕的膨胀!难怪人们称这个阶段为暴胀阶段。

一般人设想,对称破缺的泡最后会充满区域各处,发生合并,泡壁破裂所放出的潜能重新加热宇宙,相变宣告结束。潜能释放,在水凝结为冰时也会看到。此时巨大的潜能使宇宙介质重新加热,几乎又达到相变开始时的温度,即 10^{27} K。

实际上,相变过程可能稍长于 10^{32} 秒,因此,区域膨胀至少使其线度增加 10^{50} 倍,这就是暴胀模型得名的由来。宇宙演化的这一个阶段,按术语又称处于德西特(de sitter)相。必须强调,暴胀是宇宙空间自身的演化,此时暴胀的速度大大高于光速。但这一点并不违反狭义相对论,后者要求任何信号在真空中的传播速度不能超过光速,是指信号在空间的传播速度,而现在的暴胀则是空间本身的膨胀,与狭义相对论无关。

这个时候暴胀停止,区域将继续地膨胀,但速率慢下来了,又恢复到以原来的 $R \approx \sqrt{t}$ 的"标准速率"膨胀了。观测的宇宙就完全处在这样一个区域内。

从上面的描述看来,暴胀宇宙论的主要特点是,宇宙在 10^{-34} 秒开始有一个暴胀阶段,延续时间不长,不过 10^{-32} 秒或稍长一点,但宇宙的范围却一下子暴胀了 10^{50} 倍以上!而按标准模型,在这一段时间,宇宙的尺度最多只会膨胀 10 倍而已。

图 7.16　暴胀宇宙示意图

三、区域与观察宇宙和视界问题的解决

还应提及的一点是,我们在此提出一个比"宇宙"这个概念范围更大、外延更广的概念"区域"。实际上意味着我们将讨论的对象,已由"空泛的宇宙"转到"我们观测的宇宙"。这点似乎是无关紧要的"改变",其实关涉到认识论上的一些重大争论。以后我们还要回到这个问题上来。在图 7.16 中黑色背景表示暗能量(宇宙学常数),球状中的斑点表示观察宇宙,图下亮色部分表示希格斯标量场,其中存在假真空,也有真真空。

用古斯和斯忒哈特在 1986 年的话,形象地总结暴胀宇宙论的独特地方就是,认为观测宇宙镶嵌在一个大得多的空间区域内,该空间区域在大爆炸后的瞬间经历了一个异乎寻常的暴胀阶段。

由于有了"异乎寻常的暴胀阶段",标准模型原来存在的视界问题和均匀性问题就可迎刃而解了。

标准模型和暴胀论都认为,大爆炸后 10^{-32} 秒,宇宙的尺度约为 10 厘米。由此逆推到 $10^{-35} \sim 10^{34}$ 秒,按标准模型,宇宙的尺寸为 1 厘米,而按暴胀论,则不过 10^{-49} 厘米(暴胀前)。我们记得,这个时候,视界半径是 10^{-24} 厘米。就是说,宇宙的尺度大大小于视界。

这样一来,观测宇宙自"诞生"的时刻起,其中各个部分都有因果联系。就是说,今日的宇宙自"诞生"起,完全有充分时间使其各部分均一化,达到一个共同温度,处于热平衡状态。同时,在宇宙暴胀论中,由于宇宙一开始并未大爆炸,故它是在一个较小的区域开始演进的。这样就有了足够的时间来达到热平衡,故微波辐射有一个很高的均匀性。原来观察到的在天空中各个角落传来的背景辐射,它们的"源"原来都拥挤地聚集在一起,在宇宙极早期有极其密切的相互作用和相互影响。

上述物理图像既可以解释 20 世纪 80 年代末期 COBE 卫星的观察结果（微波背景辐射的高度均匀性），也可以说明 COBE 卫星，尤其是 21 世纪初威尔金森宇宙探测卫星探测的结果，所显示的极其微小的非均匀性和各向异性，大约不到 10 万分之 1 的起伏。这种起伏正是以后演化中产生星系和星系团的种子，其起源可以利用量子起伏得到自然、完美的解释。暴胀宇宙揭示了宇宙在空间和时间的结构上比我们先前期望的更加丰富多彩。

这样一来，视界问题或均匀性问题就自然不成其问题了。

对暴胀宇宙论来说，平坦性问题可以一笔勾销。事实上，由于有一个爆炸阶段，不管在暴胀前宇宙的平坦度 Ω 为多少，它都会很快趋于 1。这一点极易理解。设想有一弹性极好的气球，如果不断迅速、急剧地充气，气球迅速膨胀，其表面会变得越来越平坦，越来越光滑。这就取消了原来对爆炸之初的宇宙的平坦度 Ω 必须严格等于 1 的要求。

因此，暴胀论有一个直接推论，或者也可以说一个预言，即今天宇宙的平坦度 $\Omega=1$。我们曾经说过，对于普通强子物质观测值不到 5%。而从引力透镜和动力学研究表明，目前普通强子物质和暗物质总量的平坦度应该小于 0.3。宇宙加速膨胀的发现表明宇宙中还存在另外一种特殊物质——暗能量。看来对 Ω 值作更可靠的测定，将是对暴胀宇宙论的一个严峻考验。实际上，暗能量的发现就是假定平坦度唯一的前提下推算出总量的。换言之，也可以作为暴胀宇宙论的一个支撑。由此可见，在暴胀宇宙论框架内，视界问题、平坦性问题或者所谓自然性问题都不成其为问题。当然，暴胀固然可消除原来对于宇宙极早期必须是严格平坦的假设，但却要求今日宇宙必然是严格平坦。暗能量和暗物质问题在暴胀宇宙中，不但不是问题，反倒成为支持该理论的重要依据之一。

古斯的暴胀宇宙论问世伊始，立即以其"迷人的风姿"风靡学界，吸引着人们。然而，即令是绝代佳人，也不免美玉微瑕。人们仔细考究，发现暴胀模型着实缺点不少呢。

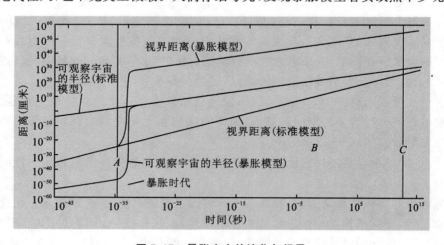

图 7.17　暴胀宇宙的演化与视界

更严重的问题在相变中。其中有两个问题。其一，正如古斯、温伯格在 1983 年指出的，背景区域膨胀太快，是以指数律暴胀，而破缺相的气泡膨胀太慢，是以 $\overline{R} \approx t^{\frac{1}{2}}$ 的规律膨胀。因而，这些"泡泡"团，非但不会像人们预计的那样，并合在一起，充满整个区域，反而会越来越稀疏地分散在背景区域。这样，对称破缺的相变何日终结？相变不会终结，上述宇宙的演化岂非痴人说梦，凭空编造么？其二，对称破缺的"气"仍是杂乱无章地随机集核产生的。气泡都是处于彼此分离的团（Clusters）中，每个团由团中最大的泡所支配。团内所有的能量几乎全部集中在最大的泡的表面上。在泡与泡合并时，泡壁会释放巨大的潜能，从而引起宇宙结构的巨大不均匀性。换句话说，出现了更为严重的均匀性问题。

我们本来以为，在探索宇宙起源的漫长征途中，已经看到曙光，谁知迎接我们的，又是一片阴霾和迷雾。真是"路漫漫其修远兮"！

第四节　新暴胀宇宙论

鉴于旧暴胀宇宙论的一些严重缺陷，林德、美国宾夕法尼亚大学的奥尔布莱希德（A. Albrecht）和斯戴哈特两个研究组，各自独立地提出新暴胀宇宙论。这种理论保持原来模型中所有成功之处，却几乎避免它的所有问题。在攀登探索宇宙之源的险峻山峰中，人们又越过一座峻岭。真是踏遍青山人未老，风景这边独好！

为醒目起见，我们将大爆炸宇宙模型的发展作一简单概括如下。

从伽莫夫原始大爆炸模型—标准大爆炸模型—暴胀宇宙论（旧暴胀宇宙论与新暴胀宇宙论），新暴胀宇宙论与原来的旧暴胀宇宙论基本物理图像大体一致，即宇宙在极早期都经历了一个剧烈的膨胀阶段。但新理论更完善，与实验观测更吻合。该模型采用的是所谓相变慢滚动机制。于是，在该模型中自然性问题就不存在了。

一、新暴胀宇宙论的提出

新暴胀宇宙论的显著特点是，采用所谓相变慢滚动机制。假真空处于相当平坦位势顶面上，其周围不存在与真真空阻隔的势垒。类似的希格斯势能曲线是哈佛大学的柯勒曼和温伯格早在1973年就采用过的。大致演化过程如图7.18所示。

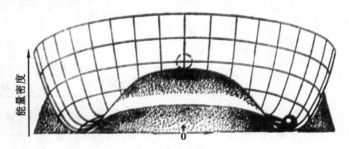

图 7.18　新暴胀宇宙论的能量密度曲线

在新暴胀宇宙论中，随着宇宙的膨胀，宇宙介质温度下降，甚至低于 T_c，此时理应发生真空自发破缺。但是，冷却速度大大高于相变速度，跟旧暴胀论的情况一样，宇宙的介质大都过冷到相变温度以下，直到 10^{21} K 左右，对称性仍未破缺。

能量密度曲线在希格斯场为零值（假真空）附近是颇为平坦的，如图7.18所示。所以尽管由于量子起伏和势起伏，介质所处区域会偏离假真空，希格斯场会逐渐增加，开始由对称相（假真空）向破缺相的真真空转变，但是这个相变进行极为缓慢。

这种情况,就像一个小球处在类似于这种能量密度曲线形状的平缓山坡,自然滚动缓慢。所以人们称这种相变机制叫做缓慢滚动机制。在宇宙的早期阶段,能量密度曲线几乎不变,同时,"区域"则不断暴胀,大约每隔 10^{-34} 秒,其尺度就增加一倍。

当希格斯场到达曲线较陡的部分时,膨胀会停止暴胀,变成正常膨胀。此时,区域膨胀到暴胀前的 10^{50} 倍以上,可达到 10^{26} 厘米以上。此时我们观测宇宙的尺度不过 10 厘米,只是区域的"沧海之一粟"罢了。暴胀前视界与区域的尺度大体相等,约为 10^{-24} 厘米。这样自然性问题就避免了。

暴胀以后,粒子的密度稀释到几乎为零的程度,所以区域内的能量大体就等于希格斯势能(真空能)。当希格斯场到达曲线凹部时,它就会在真真空值附近迅速振荡起来,形成了希格斯粒子的高密度态。希格斯粒子不稳定,很快衰变为更轻的粒子。于是,区域就变成处于热平衡的基本粒子的热气体。在这个时期,希格斯场释放大量潜能,重新加热宇宙,宇宙的温度大概会重新上升到相变温度的 $\frac{1}{10} \sim \frac{1}{2}$。人们称宇宙介质在这个重新加热时期处于振荡相。宇宙温度又达到约 10^{28} K。以后宇宙的演化就跟标准模型描绘的一致。新暴胀模型极早期宇宙演化情况可归纳如表 7.1 所示。

表 7.1　新暴胀宇宙论的概况一览表

温度	时间	场论	宇宙学
∞	0		
10^{32} K(10^{19} GeV)	10^{-43} 秒(普朗克时间)	量子引力	
10^{28} K(10^{15} GeV)	$10^{-35} \sim 10^{-34}$ 秒	真真空 $\phi = 0$ 大统一理论	$R(t) \approx \sqrt{t}$ (标准模型)
10^{21} K	$10^{-35} \sim 10^{-34}$ 秒	慢滚动相(暴胀) 加速相(暴胀)振荡相	$R(t) \approx e^{Ht}$ 德西特时期 $R(t) \approx e^{Ht}$ 德西特时期 重加热时期
$10^{27} \sim 10^{28}$ K	10^{-32} 秒	真真空 $\phi = 0$ (对称破缺)	$R(t) \approx \sqrt{t}$ 标准模型

这里叙述的相变过程过于简单化了。实际上,也许存在许多种希格斯场,因此,可能存在许多不同的对称破缺态,正如在晶体中晶轴有许多可能的取向一样。每种对称破缺态由一种取非零值的希格斯场确定。

二、原始宇宙—区域—观测宇宙

我们现在注意,在此处讨论的观测宇宙就是指我们所处的宇宙。观测宇宙只是区域中的一个极小部分,原始宇宙中又包含无量数的区域。随机的热起伏和量子起伏使希格斯场随机地达到非零值。"原始宇宙"(注意:不同于我们观测宇宙)的各个"区域"分别进入不同的对称破缺态,或者说,处于不同的真空态中。这就是说,原始宇宙有许多不同的真空状态存在。我们所处的观测宇宙是镶嵌在其中一个区域中。

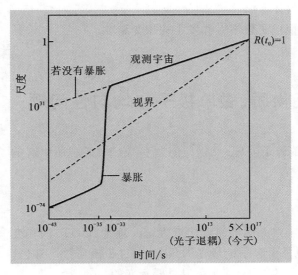

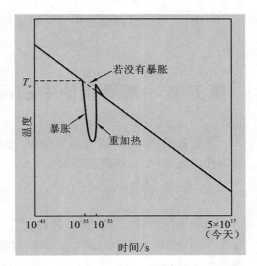

图 7.19　暴胀对尺度的影响　　　　　图 7.20　暴胀对温度的影响

图 7.19 表示暴胀对于宇宙尺度演化的影响,其中纵坐标表示尺度因子的对数,其中标度 1 即为今天宇宙的尺度,横坐标表示宇宙演化的时间。图中的实线画的是暴胀模型的演化曲线,而虚线则代表没有暴胀的标准模型,在图中暴胀从大爆炸后 10^{-35} 秒开始,持续了 10^{-33} 秒。宇宙的尺度的对数增加了 43 倍,即宇宙尺度增加了 10^{43} 倍,大致相当 e^{100} 倍。我们注意,图中视界的直线在暴胀以后就处于演化曲线的下方。实际上,暴胀宇宙中温度的演化也有其特点,图 7.20 就是表示暴胀对温度的影响。其中纵坐标表示宇宙的温度,我们可以清楚地看到在相变前的暴胀中,因真空处于过冷态,宇宙气体的温度骤然下降。当真空相变完成时,释放出相变潜热,使气体重新加热,其温度重新回到相变前的温度附近。除相变区外,宇宙温度的演化跟经典标准模型相同。

三、新暴胀模型的特点

我们再来分析新暴胀模型有何特点,从而看看它是如何避免原来理论存在的问题的。

第一,旧暴胀论中处于对称破缺的单个气泡,现在代之以"区域"。慢滚动转变的区域,被其他区域所包围,而不是被假真空所包围。区域本身没有变为球形的趋势,故不采用气泡这个术语。每个区域在相变的慢滚动阶段,都在暴胀,原则上都可以形成一个巨大的性质均一的空间,其中装下我们的观察宇宙绰绰有余。

由此可见,原来理论中由于泡膨胀慢而不会并合,因而相变不会终结的矛盾不存在了。视界问题和均匀性问题也避免了。

第二,当温度降到 10^{21} K,宇宙介质处于过冷对称相,从亚稳态变成了不稳定态。相变由这个温度真正开始,自此以后,希格斯场在接近于不变的位势曲线上慢慢滑行,同时,区域指数般地暴胀。

一句话,暴胀是与进行相变的同时完成的。

第三,宇宙介质进入振荡相后,很快进入 $\phi = \sigma$(某常数值)对称破缺的相,从而使相变完成。与此同时,相变潜热的大量释放,使宇宙重新加热到 $T_e \approx 10^{28}$ K。希格斯场(粒子)

辐射(衰变),在宇宙中形成基本粒子的热气体。

一句话,再加热时期使宇宙重新达到使重子数不对称发生的相变温度。

第五节　新暴胀论中的反物质、磁单极子和均匀性问题

下面我们来看,在新暴胀宇宙中,磁单极子问题、反物质问题和"泡壁"破裂所引起的均匀性问题,是如何得到解决的。

一、反物质问题

先看反物质问题。在再加热阶段后,宇宙介质的温度接近大统一理论(GUT)的相变温度 T_c。大统一理论最激动人心,同时也是引起争论最多的预言,莫过于重子数不守恒。通俗地说,原来认为像质子一类是绝对稳定的粒子,其实是迟早要衰变的。

质子衰变的根本原因,大统一理论认为是夸克会衰变为轻子。如下夸克 d 就会衰变为电子和一种大统一理论中特有的超重规范粒子 $X(m_x \approx 10^{14}\ \mathrm{GeV})$

$$d \rightarrow e^- + X$$

从而使质子会衰变为一个正电子加上一个介子 M,即

$$质子 \rightarrow e^+ + M$$

这样,即令在大爆炸开始,比如说,正、负物质(正、反粒子)是相等的,此时,超高能碰撞产生的超重 X 规范介子与其反粒子 $\overline{X}$ 数目相等,如图 6.21 所示。在此以后,温度已下降,不能再产生 X 和 $\overline{X}$ 粒子了。

在 10^{-32} 秒,温度重新加热到 10^{28} K。从 10^{-32} 秒到 10^{-4} 秒,X 粒子衰变为质量较小的粒子,从而造成宇宙中物质(重子)略多于反物质(反重子)的所谓不对称性。并且在"原则上",可以定量给出不对称性约为 10^{-9}。

这就是说,在每 10 亿对重子与反重子对中,大概只剩下一个没有配对"反重子"伙伴的重子余剩出来。

自此以后,这种轻微的不对称性就永远保留在膨胀的宇宙中。但配对的重子和反重子,在宇宙温度降到 10^{18} K 左右,将成对湮灭,只有过剩的重子留存下来。我们的宇宙,所有的星系、星系团、星系际物质,乃至于人类的摇篮——地球,我们人类本身,都是由这点点不对称性所产生的。

在此需要说明的是,1967 年,苏联的"氢弹之父"安德烈 · 萨哈洛夫(Andrei Sakharov)指出,从重子—反重子对称的宇宙,演化为重子数不(守恒)对称的宇宙所需的 3 个因素是:

(1) 存在改变重子数的作用;

(2) 电荷共轭 C 与宇称 P 的组合 CP 都不守恒;

(3) 存在对热平衡的偏离。

简单的大统一理论,已预言重子数不守恒过程如质子衰变,满足条件(1)不成问题。

至于条件(2),早在 1964 年,克朗宁(J. W. Cronin)和菲奇(V. L. Fitch)在长寿命的 K

介质子的衰变过程中,发现 CP 和 C 不守恒,所以条件(2)是可能满足的。克朗宁和菲奇由于这个发现,在 16 年后,即 1980 年获得诺贝尔物理奖。

图 7.21　萨哈洛夫(1921—1989)

图 7.22　克朗宁(1931—)(左)和菲奇(1923—)(右)

至于第(3)个条件,是 X 和 $\overline{X}$ 自由衰变所必需的。实际上只要 X 的衰变速率与宇宙膨胀的速率相等,温度低于 10^{18} K 就可以了。这个条件当然也可以满足。

在暴胀宇宙的框架中,确实给出物质与反物质不对称的一个合理、自然的解释。但是要作出定量的描述,得到 10^{-9} 这个数据,目前理论的结果尚不够明确、肯定。斯拉姆(D. N. Schramm)在 1983 年对这个问题进行过细致分析。无论如何,反物质问题的解决,已出现曙光。

有趣的是,大统一的力造成我们这个世界的物质与反物质的不对称,创造了我们这个世界。但是,也正是它正在驱使我们世界毁灭。

不要忘记,我们这个绚丽多彩的宇宙,都是由原子构成的,原子又是由质子、中子和电子构成的。大统一理论预言,质子要衰变,必然导致原子解体,使世界化为乌有。

当然,我们在震惊之余,不必恐慌。质子固然不稳定,但寿命看来至少在 10^{31} 年以上。我们宇宙的年龄迄今还不到 10^{10} 年,质子的寿命比宇宙的年龄还要长 1 万亿亿倍!

我们不禁想起,德国哲人康德 1775 在其名著《宇宙发展史概论》中有一段精彩的论述:“这个大自然的火凤凰之所以自焚,就是为了要从它的灰烬中恢复青春得到重生。”

据说,火凤凰是阿拉伯神话中的异鸟,生活于阿拉伯半岛的大沙漠中,它寿命极长,往往几百岁而不死。它们临终之时,栖居于香木构成的巢之中,自焚而死。然而,死去的神鸟在灰烬中又神奇地复活,使青春得到重生。我们的宇宙,在某种意义上也是一只火凤凰啊!

图 7.23　传说中的火凤凰

二、磁单极子问题

再来看看,新暴胀模型是如何巧妙地避开磁单极子问题,以及在旧暴胀模型中由"气泡"壁破裂引起的不均匀问题。

我们讲过,在新暴胀宇宙论中,"原始宇宙"被分割为许多区域。每个区域都具有特定的真实真空,或者说特殊的对称破缺相。如同在晶体中,一个晶轴有许多可能的取向。可以认为,液体分子的"取向"是转动对称的,但一旦凝结为晶体时,分子便沿着其本身的结晶轴方向作有序排列,转动对称性发生破缺。所谓特定破缺相,相当于此处分子沿一个特定方向排列。宇宙中存在多种希格斯场,当它们取非零值时,便形成不同"取向"的对称破缺相。

我们所处的宇宙,处于其中一个区域的一隅。区域的范围大约比我们观测宇宙大 10^{25} 倍。我们观测的宇宙的尺度,现在约为 9×10^{10} 光年。而我们所在的区域的边缘却远在 2×10^{35} 光年的地方。不过我们还需记住,我们的视界却跟宇宙尺度大体相等。就是说,在我们所在的区域,除观测宇宙外其他的地方,跟我们没有任何因果关系,其中任何信息,我们永远不会察觉到。所谓原始宇宙的结构大致如图 7.24 所示。

各个区域之间,由所谓区域壁隔开。每堵壁的内部都是大统一理论的对称相。质子和中子穿过这样一堵壁就会衰变。相邻的区域,由于区域壁有随时间逐渐变直的趋势,可以平滑地进行并合。在约 10^{35} 年以后,较小的区域(也可能包括我们所在的区域)将会消失,大的区域会变得更大。

这里所说的区域,除了没有球形化的趋势,跟旧暴胀论的"泡"实际上并无二致。但在旧暴胀论中,我们观测的宇宙中有许多"泡",而新理论中,观测的宇宙只不过是一个区域中的微不足道的小角落而已。

区域壁是原始宇宙结构的面状缺陷,磁单极子则是结构的点状缺陷。在每一个区域的内部,结构是基本均匀的,是没有缺陷的。人们只有在区域交界的地方,偶然发现一个磁单极子(点缺陷),发现物质密度和速率的不连续性。

由于区域是这样广大,而我们观测的宇宙相形之下又是如此渺小,无怪乎我们找不到磁单极子。在我们的宇宙中,存在磁单极子的几率只不过是 10^{-25}。

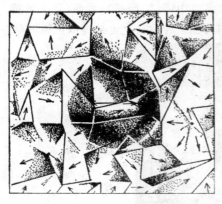

图 7.24　新暴胀宇宙中原始宇宙区域蜂窝状结构

既然区域内部是一个无比广阔的均匀空间,我们观测的宇宙自然就不存在在旧理论中"泡泡"壁破裂所造成的各种不均匀性。

到目前为止,标准模型中的许多难题,如视界问题、平坦性问题、均匀性问题、反物质问题,以及磁单极子问题,等等,在新暴胀宇宙论中似乎都已冰消瓦解,一切都顺利异常,真乃是"春风得意马蹄疾"。

对于大爆炸伊始的种种状况,或者文绉绉地说,对于宇宙演化的初始条件,尽管我们知之甚少,可是使我们十分满意的地方就是,在暴胀宇宙论中,宇宙演化的规律,以及演化到今天宇宙的样子,居然跟这些条件没有什么关系。图 7.25 形象地描绘了大爆炸宇宙学说告诉我们的宇宙演化的过程。

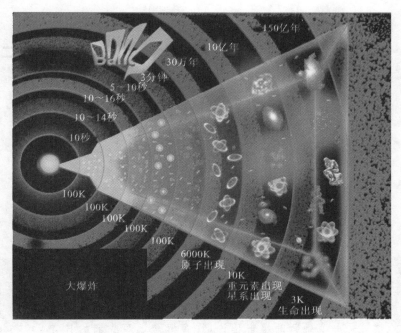

图 7.25　宇宙大爆炸之后的演化过程

当然,遗憾的是,暴胀宇宙论的彩笔,给我们描绘的原始宇宙无与伦比的壮丽结构,不管是多么神奇、多么诱人、多么令人信服,看来我们永远无法证实。对于在因果关系之外的一切,叫我们怎么理解呢?

我们要问:除了这点小小遗憾之外,宇宙之谜是否大体揭露了呢?用霍金的话说,"理论物理学是否已达到它的终结呢"?

(1) 在新暴胀宇宙论中,反物质问题是如何基本上解决的?还留有深入研究的余地吗?

(2) 在新暴胀宇宙论中,磁单极子问题是如何解决的?

(3) 在新暴胀宇宙论中,均匀性问题是如何解决的?

(4) 暴胀宇宙论与标准大爆炸模型有何主要的异同?

(5) 在暴胀宇宙论中,区域的含义是什么?我们观测的宇宙与区域有何关系?我们观测的宇宙与原始宇宙的概念有何不同?

(6) 暴胀宇宙论与新暴胀宇宙论中宇宙演化有何关键的不同?

第八章　现代宇宙学的若干思考

本章导读

我们已经基本上比较完整地介绍了大爆炸学说,包括标准模型和最新发展的暴胀宇宙论,领略了宇宙起源的壮丽图像。但是大爆炸学说是一个崭新的宇宙理论,许多概念远离我们的日常生活和科学常识太远,因而往往难以避免许多错误的认识。本章旨在咀嚼其中一些非同凡响的概念,我们观测的宇宙有多大、宇宙膨胀的动力、宇宙之外还有什么、大爆炸以前的宇宙状况、生命的起源和宇宙的创生有何关系、暗能量和暗物质在宇宙早期演化关系的进一步研究,等等,使读者清晰地看到,以新暴胀宇宙论为代表的现代宇宙学已经成为一门精密的科学。这些思考将使读者进一步领略其中深藏的韵味和奥秘。同时也应该为我们的宇宙的构造和演化如此巧妙、如此精确,似乎在一只无形的造化之手的引导下,导致产生了我们智慧的人类本身,并为此感到万分幸运,无比感恩。

第一节　宇宙到底有多大

宇宙的寿命大约 138 亿年。在这 138 亿年中,宇宙在不断膨胀。宇宙有多大?这个看似简单的问题,实质上与宇宙膨胀的本质相关。有人简单地回答,宇宙的线度是 138 亿光年或者 2×138 亿光年。否!

错误就在于没有考虑宇宙本身的膨胀。我们仔细考察这个问题,考虑到宇宙的膨胀,正确的答案应该是可观测宇宙的"直径"大约为 930 亿光年。我们看看这个数字是如何得到的。

一、最遥远的星系与宇宙的线度

大爆炸学说告诉我们,观测宇宙的年龄约为 138 亿年,我们现在观察的最遥远的星系已有 133 亿年,以色列特拉维夫大学的天体物理学家们声称,已经发展出一种方法,可以探测到那些存在于宇宙婴儿时期的星系和恒星,了解宇宙诞生仅仅 1.8 亿年时的情景。这个方法是使用射电望远镜搜寻氢原子发出的射电信号,在早期宇宙中的中性氢原子非常丰富。

研究表明,中性氢原子发射特征性的 21 厘米谱线,这些原子反射恒星的辐射,从而可以被射电望远镜探测到。这些辐射在天空中呈现一种特定的模式,这是早期星系的清晰信号,当时的星系尺度仅相当于今天的 100 万分之一。

图 8.1　射电望远镜捕获来自早期宇宙的中性氢原子的 21 厘米发射谱线

通常我们说,这些遥远的星系距离我们有 130 多亿光年,是什么意思呢?是指我们的探测器接收到这些天体发出的电磁波或辐射线,就是说,电磁波经过约为 138 亿年到达我们地球。我们接收到的是 138 亿年前该星系发出的电波。因此,我们说,宇宙至少已存在 138 亿年左右是确凿无疑的。但是,能不能说这些星系"现在"离我们是 130 多亿年呢?否!

问题在于,如果我们有足够强的无线电磁波向这些星系发射,在 130 多亿年后肯定到不了这些星系。原因是什么?是我们的宇宙空间在不断地膨胀。如图 8.2 所示。

为什么我们不用通常的气球充气形容宇宙的膨胀呢?在宇宙膨胀时,其中任意两点间的距离就像气球表面每个图案之间的距离就会变大一样。这个类比很确切。不幸的是,许多人往往误解这一类比,以为我们的地球就是这个气球的中心。大谬不然!此图用正方体类比也许产生误解的可能性要少一点。

归根结底,这是一个二维的实验。在一张白纸上画许多的点,然后在一张透明片上把刚才的画放大再画一遍。将两者重叠起来,并且任取一点作为参考点。无论这个点在哪儿,每个点上的观测者都会看到其他点在离他/她而去。这正是宇宙中的每个星系所正在发生的。

我们不妨想象,宇宙的膨胀也类似于一个葡萄干面包的膨化。当面包(宇宙空间)膨

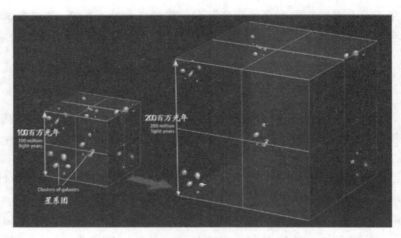

图 8.2　宇宙膨胀是宇宙空间自身的膨胀

胀的时候,每颗葡萄干(星系)都会看到其他的葡萄干在远离自己而去。而这些葡萄干自身并没有改变,变化的是它们所处的空间。同时,每颗葡萄干也都是等价的,因为所有葡萄干都在远离它。

这样你就不难想象,为什么通常说离我们 138 亿年的遥远星系,如果现在用足够强的电磁波辐照 138 亿年后,肯定到达不了这些遥远的星系了。因为电磁波来的时候用了 138 亿年,但是回去的时候由于空间本身膨胀了,回去的时间肯定不止 138 亿年,因此回去的路程肯定不止 138 亿光年。那么要多长时间呢? 如果考虑宇宙膨胀的速率(哈勃常数的大小),这是一个简单的微积分问题。

换言之,如果有人问宇宙现在有多大? 或者问宇宙现在的线度是多少? 你就不能回答说是 138 亿光年,或者 2×138 亿光年。

我们知道,微波背景辐射就是在宇宙大爆炸后 38 万年所遗留的电磁辐射。正是通过对宇宙微波背景的观测,宇宙学家已经知道宇宙的年龄为 138 亿年。而由于光传播的速度是有限的,地球上的观测者因此只能看到在这一时间段内传播到地球上的光。那么是不是因为我们在各个方向都能看到 138 亿光年远的宇宙,于是可观测宇宙的大小就是这个数值的两倍吗?

不是。在宇宙微波背景中我们所看到的物质是在 138 亿年之前发出的这些辐射,但在那以后这些物质就凝聚成了星系。由于宇宙膨胀,现在这些星系距离我们大约 465 亿光年。这一“距离”指的是现在这些星系和我们之间的距离,而不是它们发出光线时到我们的距离。所以,考虑到宇宙的膨胀,正确的答案应该是可观测宇宙的“直径”大约为 930 亿光年。这一结论似乎违背了爱因斯坦的相对论,即光速是物体在空间中运动的极限速度。但是这并不适用于空间自身的膨胀。普适的速度极限在极端情况下会有个别的例外,宇宙的膨胀就是其中之一。

二、估算观察宇宙的线度关键在于确定宇宙膨胀的规律

实际上,估算现在宇宙线度是一个很好的思考题。你只要把哈勃定律与光速不变定律联立起来,就容易想到,平均而言,在 138 亿年内,宇宙的膨胀可以视为匀加速膨胀,那

么中学生就可以很容易算出来了。如果要细致地考虑膨胀规律的变化情况,科学家必须将哈勃常数在此期间的变化规律搞清楚。以后的问题也只是一个简单的积分运算了。

索尔·佩尔穆特 1988 年启动"超新星宇宙学研究项目",布莱恩·施密特 1994 年启动"高红移超新星研究项目",研究结果表明:宇宙正在膨胀。宇宙的膨胀始于 140 亿年前的大爆炸,但在最初几十亿年里,宇宙膨胀的速度是越来越慢的。但最终大约 50 亿年前它开始加速膨胀,这种加速被认为是由暗能量驱动的。这种暗能量起初只占宇宙的一小部分,但随着物质在宇宙膨胀过程中逐渐稀释,暗能量变得越来越显著。如图 8.3 所示。

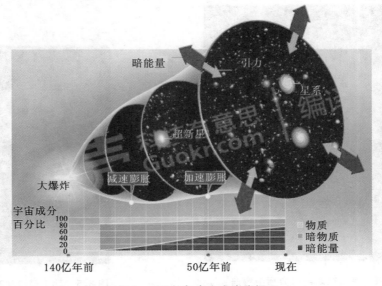

图 8.3　138 亿年来宇宙膨胀概况

第二节　宇宙膨胀的动力从何而来

我们进而研究关于宇宙膨胀的深层次问题:宇宙膨胀的动力、宇宙之外还有什么、大爆炸以前的宇宙状况。首先讨论宇宙膨胀的动力从何而来。

许多人纳闷,宇宙的膨胀动力从何而来? 是不是像气球的膨胀一样,要外力充气呢? 否。宇宙的膨胀完全是其自身演化的结果,因为宇宙是自我独立的封闭系统,所以它可以不需要借助任何外在机制而实现自我膨胀。

爱因斯坦的相对论为审视宇宙提供了一条新的途径。它认为引力不再是一种力,而是时空的弯曲。引力场中的物质和能量会按照弯曲时空的"命令"运动。相对论预言,时空的弯曲也会使得光线的路径弯曲。实际上这就是引力透镜的原理。爱因斯坦 1912 年提出这个原理,1915 年爱因斯坦的广义相对论发表,并预言星光在穿过太阳附近时所产生的偏折角度为 1.75 角秒。实际上牛顿的引力理论也预言有一个比较小的偏折,大约只有这个数字的一半。

1919 年的日全食给了科学家直接的证据。1919 年 5 月 29 日的日食,始于智利和秘鲁的接壤处,越过南美,经过大西洋,然后到非洲的中部。都离赤道不远。英国著名的天文学家、物理学家,亚瑟·斯坦利·爱丁顿爵士(Arthur Stanley Eddington)和英国天文学家戴森(Dyson)分别领导两支日食观测队,一支到南美洲巴西的索贝瑞尔(Sobral),由戴森亲自领队;一支到非洲西岸的普林西比岛(Principe),由爱丁顿领导。观察的结果,经过加权平均接近于爱因斯坦的预言。1922 年澳大利亚的日食观测结果得到了 1.72 ± 0.11 角秒偏折。

图 8.4　星光在太阳引力场中弯曲

图 8.5　爱丁顿(1882—1944)

这只是爱因斯坦广义相对论众多实验验证中的头一批。由此广义相对论也成为了现代宇宙学的一大基石。我们已经知道,最近天文观察所发现的众多爱因斯坦环、爱因斯坦十字等都是引力透镜效应的极好实验证据。正如德西特所证明的,空间是一个有机的整体,可以在不需要嵌入高维空间的情况下弯曲、收缩和膨胀。

"大爆炸"模型这个名称是原来并不赞成这个理论的英国霍伊尔爵士提出的。他的本意是嘲笑这个理论,但现在约定俗成,大家在使用这个名词时丝毫没有贬义的意味。正如我们指出过的,这里的"大爆炸"并不是通常意义下的任何一种爆炸。威尔金森各向异性宇宙探测计划 WMAP 的首席科学家查尔斯·贝内特(Charles Bennett)说:"在物理学和科学中,'大爆炸'和爆炸毫不相关。"在图 8.6 中,左上图表示"大爆炸"瞬间,左下图表示"大爆炸"后的 30 万年所发出的星光,右图表示接收的微波背景辐射。

天文学家已经知道,宇宙正在不断地变大、冷却,密度也在不断降低,这也正是宇宙膨胀的必然结果。如果我们把宇宙的历史向后推,那么以前的宇宙就会比现在天文学家看到的要更小、温度更高、密度更大。

当可见的宇宙只有目前的一半的时候,物质的密度就会是现在的 8 倍,宇宙微波背景的温度就会是现在的 2 倍。当可见的宇宙只有现在的 100 分之 1 的时候,宇宙微波背景的温度就是现在的 100 倍。当可见的宇宙只有现在的 1 亿分之 1 的时候,背景辐射的温度可以达到 2.73 亿开。此时宇宙中物质的密度将和目前地球表面空气的密度相仿。这

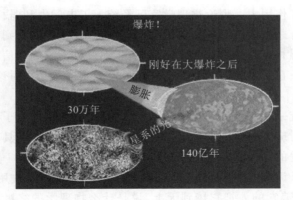

图 8.6　WMAP 探测到大爆炸后 30 万年所遗留的微波背景辐射

一温度可以把宇宙中的气体完全电离成高速运动的质子和电子。

"'大爆炸'对于这个理论而言并不是一个非常精确的名字,"贝内特解释说,"这一理论所描述的是宇宙的膨胀和冷却,而不是一次爆炸。"

但"大爆炸"不是在空间中的一次爆炸吗？它的名字会让人联想到诸如爆竹这样的化学爆炸现象,而一旦有了这些先入为主的印象,就很难把大爆炸想象成其他东西。事实上,"大爆炸"更接近物质、能量、时间以及空间自身的创生和伸展。

更确切地讲,"膨胀宇宙理论"是一个更贴切的名字,因为它就是一个关于宇宙如何膨胀的理论。

第三节　宇宙之外还有什么

一、回答这个问题现在只能靠合理的推测和悬想

关于现代宇宙学说,人们更多的疑问就是大爆炸之前有什么？宇宙之外还有什么？这实际上是人们长期关于宇宙在时间和空间上都是无限的固有观念所必然导致的疑问。

在大爆炸学说中,这两个疑问无法解答,也没人知道答案。这里只能谈谈若干推测和悬想。也许在大爆炸之前什么都不存在,也许如美国哈佛大学的阿维·洛布(Avi Loeb)所说,我们的宇宙"始于循环大爆炸。但是目前还没有观测数据能证实这一以及其他的假说"。使用已知的物理定律,宇宙学家可以把宇宙反推到大爆炸之后的 10^{-43} 秒,即普朗克时期,但只能到此为止。因此现在的科学无法回答这个问题。

当前,物理学大厦的两个支柱：一个是描述微观世界的量子力学；另一个是描述大尺度宇宙的广义相对论。它们在各自的领域都非常有效。但奇怪的是两者彼此不可调和,不可兼容。至今为止,一个严谨的量子引力理论没有建立起来。但是,只有量子引力理论才能把宇宙反推到大爆炸的源头,才能研究窥探普朗克时刻以前的事情。

二、关于大爆炸发生前宇宙状况的推测

在经过几个世纪的研究之后,物理学家已经知道了 4 种基本作用力：引力、电磁力、强

相互作用力和弱相互作用力。理论物理学家已经统一了电磁力和弱相互作用力。当宇宙的年龄只有 100 亿分之 1 秒的时候，"弱电"力分解成了现在我们看到的两种力。

统一弱电力和强相互作用力的尝试还没成功，不过科学家们相信，在更早期的宇宙所有的基本力都是统一在一起的。但引力——到目前为止依然是相对论的领地——则是个麻烦。

超弦理论试图统一相对论和量子力学。它认为，所有的基本粒子都是振动的能量环，被称为"弦"。无论对应于一个电子还是一个顶夸克，每一种"弦"都具有特定的振动频率。超弦理论是一种优美的理论，其中量子力学和广义相对论和谐地统一起来，没有任何内在的矛盾。但是它被人诟病的主要问题是，它预言了太多太多的无法用实验证实的新粒子和新现象。因此，赞美它的人把它捧到天上，说是什么物理学的终极理论，攻击它的人则视为纯粹的数学游戏。请参阅第十八章阅读材料 18.3。

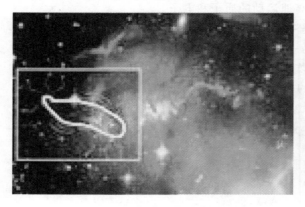
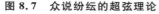

图 8.7　众说纷纭的超弦理论

图 8.8　欧洲核子中心入口处

在近期内，超弦理论也许有一个可检验的预言。超弦理论认为存在一种"超对称"，即每种已知的基本粒子都具有不可见的伴随粒子。计划在 2016 年底重启的欧洲核子中心的大型强子对撞机预期可以达到能用来检验超对称的能标。如果能够检测到任何粒子超对称伴侣，那将是对超弦理论的重大支持，意味着物理学的重大突破。

宇宙的外面是什么？在传统的大爆炸学说中，回答是不知道。但在暴胀宇宙论中，就我们所知，原始宇宙—区域—观察宇宙是不同的结构层次。如果问观察宇宙的外面是什么？这个问题是可以回答的。首先观察宇宙只是区域中的极小一部分，而原始宇宙可能包含无限多的区域。大体而言，就一个区域来说，可能遵从同样的科学规律，而另外的区域则可能遵从不一样的科学规律。换言之，在暴胀宇宙论中宇宙是无限的这一古老命题似乎焕发青春。

第四节　人择原理和造化之手

生命的起源（尤其是智慧生物的起源）与宇宙的创生似乎是难以分割的两个问题。科学家现在越来越相信，正因为我们观测的宇宙具有许多难以思索的特性，才允许类似人类的智慧物种存在，才能意识到"宇宙"这个概念。反之，大自然借助于巧妙的造化之手，构建了我们观察的宇宙，构建了我们人类认识的这个宇宙。没有人类，也无所谓宇宙。这就是所谓人择原理。

一、人是从大爆炸中来——人择原理

杨振宁先生说，人是从大爆炸中来。诚哉斯言也！生命的起源与宇宙的创生历来是人类最关注的两大基本命题。宇宙学提出了一个新原理——人择原理（Anthropic Cosmological Principle），似乎把两个命题之间的内在联系揭示出来了。概而言之，即谓正是人类的存在，才能解释我们这个宇宙的种种特性，包括各个基本自然常数。因为宇宙若不是这个样子，就不会有我们这样的智慧生命来谈论它。

为什么我们的宇宙是这样的？而人择原理的答案是："某程度上是因为这样的宇宙才允许类似人类的智慧物种存在，才可能有生物意识到有宇宙这个概念。"我们的宇宙（包括那些基本的物理常数）是这样就是为了让人出现。宇宙（同时也包括那些基本的物理常数）是这个样子，所以我们适应这个样子才生存下来。比如宇宙是鞋，鞋就是为了脚（观测者）才做成的。

1973 年英国天体物理学家、英国皇家学会院士布兰登·卡特（Brandon Carter）在哥白尼诞辰 500 周年时提出了人择原理。这个原理说："虽然我们所处的位置不一定是中心，但不可避免的，在某种程度上处于特殊的地位。"我们认为，它并非提出人类在宇宙中的特殊地位，而只是向我们指出，在认识观察宇宙中必须考虑人类的特殊地位。

引人注目的宇宙学家约翰·巴罗（John D. Barrow）和物理学家弗兰克·提普勒（Frank J. Tipler）都赞同人择原理的说法。同时，理论物理学家斯蒂芬·威廉·霍金也在《时间简史》一书中提到了人择原理，他把它称作"人存原理"。

这个原理颇有哲学的意味。若从杨振宁的话——"物理的尽头是哲学，哲学的尽头是宗教"说起，要寻找物理和哲学之间的交接点，宇宙学当为首选。因为这里涉及最根本的哲理问题，从科学的角度来探讨"宇宙从何而来，天地从何而来，人类从何而来"这样一些自然哲理乃至终极真谛问题。

图 8.9　卡特（1942—）

图 8.10　巴罗（1952—）

二、宇宙演化中蕴含不可思议的玄机

首先考察一下宇宙的大结构。我们已经知道,宇宙大尺度结构的种子起源于宇宙膨胀过程中的量子涨落。其实早在 20 世纪 70 年代的宇宙学研究已经估算出宇宙的微波背景辐射不均匀的起伏 Q 值应该为十万分之一的量级,才能形成今天的宇宙。如果 Q 小一个数量级,为一百万分之一,就将严重阻碍、延迟星系与恒星的形成;反之,如果 Q 大一个数量级,为万分之一或更多,那么星系的密度就会过大,导致星球、星系相撞,乃至过早地塌缩成大量黑洞,而非现在的星系团。无论怎样,Q 都必须稳定在一个非常小的变化范围内才能形成丰富、稳定、持久的恒星,并伴随有行星系统,就像我们栖居的地球一样。在数量上,十万分之一的不均匀量在宇宙学中记作 Q。

图 8.11　马瑟(左)和斯穆特(右)

20 世纪 90 年代,马瑟团队在 1996 年根据 COBE 上 FIRAS 仪器的全部观测数据,得到微波背景辐射(CMB)等效温度更准确测定值为 (2.728 ± 0.004) 开。大爆炸 38 万年时所遗留给我们的背景辐射,宇宙从这一"婴儿"状态且膨胀且冷却,直至今日测得的 CMB 谱正是大爆炸的余晖,已被宇宙的膨胀冷却到了微波波段。微波背景辐射是"上苍"赐给人类的第一缕光!正如所料,CMB 确实具有很高程度的均匀性和各向同性。

由于 COBE 的测量精度很高,从而能够进一步地探寻、计算微波背景辐射在不同方向的微小温差。1992 年,马瑟所领导的团队经过复杂、精确的计算,剔除 COBE 处于银河系测量的系统误差,向世界宣布发现了"涟波辐射":宇宙微波背景辐射在单一均匀温度的背景下存在十万分之几开的温差!简言之,发现宇宙背景辐射存在 10^{-5} 开量级上的微小差异,即十万分之一的各向异性。

要知道,万有引力会使物质不断聚集,引力势能转化为物质的动能,正如水力发电站打开闸门,水的重力势能转化为水流的动能一样,导致物质聚集的地方温度局部升高。正是这十万分之一的微小差异栽种了宇宙物质不均匀的种子,宇宙大尺度结构由此生成。

如图 6.16 所示,微波背景辐射(CMB)的精确计算结果表明温度存在十万分之一的各向异性,以红、蓝色分别表达高、低微小温差。留下 CMB 的时间为大爆炸后 38 万年,此时宇宙温度冷却至 3 000 开(绝对温标 K)。相应的热躁动,已不足以阻止原子核俘获电子而形成中性原子。电磁波中的光子能量已足够低,而对物质原子奈何不得,不再能使原子电离,而成为无自由电子散射光子。这就是通常说的光子与物质脱耦,宇宙才透明——放晴了!这是人类可以看到的宇宙婴儿的最早光子图像。

此后宇宙物质在万有引力作用下逐渐演化为恒星、星系,直到宇宙年龄的 10^9 年,目前星系在宇宙中的分布才大体初见分晓。当前对宇宙星系演化进程的最新解读来自美国"威尔金森微波各向异性探测器"(WMAP)(图 8.12),近几年的探测数据表明,最古老的恒星、星系诞生于大爆炸后的 4 亿~5 亿年。

图 8.12　美国"威尔金森微波各向异性探测器"

耐人寻味的是,上述宇宙演化历程,是在宇宙快速膨胀时逐渐减速的过程中完成的,其中所发生的各种反应,必须与宇宙快速且减速膨胀导致的物理环境的变化相同步,以至每一步反应都与膨胀的过程配合得恰到好处,这种配合有时完全彻底,有时恰如其分,演绎出许多与今天宇宙物质世界息息相关的情节故事。让我们回眸波澜壮阔的大爆炸过程,描述其中几个科学界基本公认的具体场景,共同体味内中奥秘。

总之,在宇宙星系大结构的演化中,种种复杂的物理条件、化学条件、时间因素协调得异乎寻常的精准。真是"增之一分则肥,减之一分则瘦"天设地造、奥妙无穷!你难道不觉得其中颇有人择原理的意味吗?

我们的宇宙在大尺度上是具有高度的均匀性的,但是在小尺度上又有足够的起伏,以形成今天的星系结构,最后导致生命的起源,智慧生物——人的出现,这一切我们不由得惊叹结构的精妙和不可思议。

三、是否有造化之手的精确控制

宇宙起源有一只无形控制的造化之手么?宇宙的起源曾经如何精确控制,使其展现了两个方面的特点:变得既均匀平坦,又有如今的大尺度结构?

"暴胀理论"中暴胀阶段是抚平宇宙初始"皱纹"的奇妙之手。在宇宙起始的量子扰动之后,随即在 $10^{-35}\sim10^{-32}$ 秒的大致时间内出现过一个瞬间的剧烈暴胀,使宇宙的尺度不可思议地突然增大,例如增大了 10^{43} 倍!这样的暴胀把宇宙初始的皱纹抚平了,随后才是快速而又减速的膨胀,于是呈现出宇宙基本上均匀平坦的特征。

但是另一方面,我们明明看到如今宇宙中布满恒星、星系、星系团、超星系团,乃至宇宙大尺度结构,这又作何解释呢!这是由于量子起伏所造成的。十万分之一的各向异性,播下宇宙大尺度结构的种子。你难道没有感觉到在冥冥之中有一只无形的神秘之手在精准地控制这一切演化吗？

我们再来看看，在大爆炸后的最初 3～5 分钟，中子和质子如何形成宇宙间最早的原子核，而后又经历了怎样奇特而艰难的历程，才形成宇宙中今天观察到的氦丰度（即氦核占宇宙总质量的百分比）1：4＝25％。你同样会感觉到那只神秘之手在起作用。

目前宇宙中的化学元素不是与生俱来，而是在宇宙演化的过程中生成的。最简单的稳定元素是氢和氦，氢核仅有一个质子，氢核就是质子；氦核则由 2 个质子和 2 个中子组成，是宇宙最初核聚变的产物。它们是在热大爆炸后 100 秒到 3 分钟内聚合而成的。氦元素应运而生。

在大爆炸之后的 1 秒左右，温度大约为 100 亿摄氏度（10^{10} 开），炽热的"宇宙汤"中包含着自由运动的质子、中子和电子等各种粒子，那时即使质子和中子相撞合成氘核，也会立即被高能光子打碎——被光分裂（光致分裂）而重新变为质子、中子。

但是我们注意，中子是不稳定的，它的半衰期仅 615 秒，也就是约 10 分钟的时间，如果不能及时合成氦核，就会自动衰变为质子，那样的话，我们的宇宙就与氦核失之交臂，没有氦核，稍重的元素将不复存在！

幸运的是，我们的宇宙耐心等待约 3 分钟，当温度冷却至 10 亿摄氏度时，光子能量已远小于氘核结合能，质子和中子可以顺利合成为氘核（由一个质子和一个中子结合而成），氘核与氘核又可进一步结合成氦核。如此这般，在宇宙冷却的几分钟内不失时机地将尚未衰变为质子的所有中子都顺利地"塞"入氦核，无一漏网，使氢核聚变为氦核的核反应进行得完全彻底。

设想如果冷却的时间超过 10 分钟，中子就会衰变，今日之化学元素就不可能演化而成。你不能不佩服宇宙的演化是何等的具有"灵性"。

宇宙大爆炸后 3 分钟，中子数：质子数＝1：7（＝2：14）。设核合成完成时，比例为 2 的中子全部进入氦核，与同比例的质子结合则氦核数：氢核数＝1：12，对应的质量比为 1：3。大致可以说，当时宇宙中质量组分很简单，就是 1 份氦和 3 份氢的等离子体，电子等轻子质量可忽略不计。因此氦丰度（即氦核占宇宙总质量的百分比）为 1：4＝25％，与当今宇宙氦丰度的实测数据相吻合。你看宇宙中的氦竟然是大爆炸后最初几分钟的遗骸。

宇宙在热大爆炸的头几分钟不失时机地将所有尚未衰变的中子与质子核合成为氦核，于是有了元素周期表的前两种元素氢和氦。其他化学元素的合成则一直要等待 4 亿～5 亿年，直至星际演化过程中生成第一代恒星。大质量恒星的一生中（主要在红巨星阶段）逐级点燃各种热核聚变反应，制造出原子序数越来越大的核素，从这个意义上说，恒星是绝好的化学元素发生器！铁以上的重元素以及部分碳、氧、硅、硫、镁等则在不同类型超新星爆发的极高温环境中生成，并被撒落于太空中。因此，有氦才有构成生命的各种元素，才成全了如今的物质世界。

在以上的演化图景中，我们要强调两个被忽略的细节。这两个精密调节的细节非常微妙，简直使人不可思议。难道真有不可思议的造化之手么？

第一个细节是，中子衰变与弱力有关，通常定义强力的大小为 1，弱力则为其万分之一。正因为弱力的强度刚刚合适，使中子的半衰期约 10 分钟，而宇宙且膨胀且冷却仅需 3 分钟，所有未衰变的中子均能幸运地进入（聚合）氦核，才为今天的各样物质元素奠定了

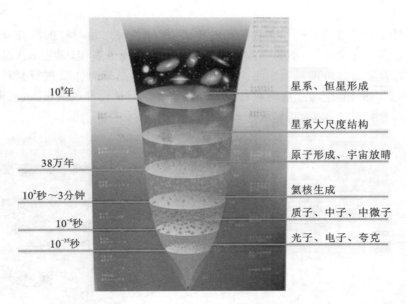

图 8.13　宇宙演化历程梗概图

图中标注（从上到下）：

- 10^9年　星系、恒星形成
- 星系大尺度结构
- 38万年　原子形成、宇宙放晴
- 10^2秒～3分钟　氦核生成
- 10^{-6}秒　质子、中子、中微子
- 10^{-35}秒　光子、电子、夸克

基础。如果弱力再弱一点，半衰期将延长，中子衰变不力致使质子减少，中子与质子相遇的机会就少了，以致来不及在宇宙温度降低之前合成足够的氦；倘若反之，弱力再强一点，中子快速衰变成质子，那么中子太少了，氦丰度就减少，生命所需的丰富元素就来源短缺。美丽而丰富多彩的今日之宇宙也就不可能形成了。

第二个细节更微妙。中子和质子质量的比值是一个很古怪的数字：1.00137841870，中子比质子稍稍重千分之一左右。而这个稍稍重一点非常关键，它导致宇宙创生最初 3 分钟内氦核生成时中子数与质子数之比为恰到好处的 1∶7，由此才成就了上述的氦丰度！当时宇宙诞生一百万分之一秒，温度约为 1 万亿摄氏度（10^{12} 开），粒子反应中产生的大量中微子扮演着维系粒子热平衡的重要角色，正如宇宙放晴（光子解耦）时光子与物质交换能量，处于严格的热平衡状态一样。

炽热的宇宙汤中有足够的能量，中子和质子的数目达到热平衡，其比例按玻尔兹曼能量分布。可是温度继续下降的时候，质子生成就要优先了，因为生成质子所需的能量略少。它与中子千分之一的质量差就适时、适量地起作用了！同时，在弱力作用下，中子又不可避免地衰变为质子，导致中子对质子的比例逐渐下降。

随着宇宙的膨胀，宇宙诞生后 1 秒时温度降至 100 亿摄氏度（10^{10} 开），中微子（中微子是中性的基本粒子之一，在粒子物理和核物理过程中都伴随中微子的大量产生）的能量降低到对周围粒子奈何不得，于是中微子与基本粒子脱耦，退出热传导舞台，此时质子比较轻，生成就更加优先，乃至我们的宇宙适时地演绎出 1∶7 的中子与质子数之比！

氦丰度是伽莫夫的原始大爆炸模型就预言过的，而后才有观察的数据，两者相吻合成为宇宙大爆炸的另一证据。但是，如果没有两个细节，宇宙的氦丰度和化学元素的分布就完全不同于今日之宇宙了。是谁在精准控制这一切细节呢？许多科学家说就是人择原理。

21 世纪物理学的一个重大发展是对称性和对称性破缺，是支配我们物理世界的根本规律。

　　什么是对称性？自然界中存在着各种对称美,例如各种六角对称的雪花,形态各异,竟如人脸一样无一完全相同,不禁令人赞叹! 若将大自然视为杰作,则艺术作品中崇尚对称美与自然界钟爱对称可谓同源而生。在数学上,对称性是指对体系进行某种数学变换时,其性质不变。例如,空间点反演对称就是当把所有空间坐标都改变正、负号时,系统的性质不变。大家看看图 8.14 就知道什么是自然界中的对称图形。

图 8.14　自然界中对称性图案

　　至于物理系统中还有一种与几何对称无关的内禀对称性,它几乎就是规律性与和谐的同义词。例如,所有的基本粒子都具有反粒子,这个由狄拉克发现的电荷共轭对称性就是其中一例。

　　关于对称性破缺,我们在暴胀宇宙这一章中进行了详细的阐述,特别是所谓对称性自发破缺。我们知道:正是由于真空自发破缺,暴胀宇宙中的暴胀才能得以生成;正是由于自发破缺,才有所谓希格斯粒子,等等。自发破缺实际上只是把对称性隐藏起来了,还有一种就是明显的破缺,比如一个很端正的人的左脸颊长痣,此人大体看来还是对称的,但是对称受到这个痣的一小点破坏。

　　问题在于大爆炸之初的宇宙存在正反物质(重子和反重子)对称性的一百亿分之一的"破缺",就是说,当时每 100 亿个重子数只对应有 100 个亿减 1 个反重子数。演化至今,才形成我们今日之宇宙——正物质宇宙。

　　2008 年诺贝尔物理奖颁发给美国和日本的 3 名科学家在"对称性破缺"研究中的杰出贡献之前,也许很少有地球人知道物质还有正、反之分! 更不会意识到我们的宇宙能够存活其实非常偶然,非常幸运!

　　当年的诺贝尔物理学奖的颁奖词是这样的,美国芝加哥大学恩里科·费米研究所的南部阳一郎(Yoichiro Nambu)"发现亚原子物理中的对称性自发破缺机制",而日本高能加速器研究组织的小林诚(Makoto Kobayashi)和日本京都大学汤川理论物理研究所的益川敏英(Toshihide Maskawa)"发现破缺对称性的起源并预言自然界中至少存在三代夸克"。

图 8.15　2008 年诺贝尔物理学奖与自发对称破缺

四、感谢造化给予我们的恩赐

简言之,我们的正物质宇宙是某种末态——宇宙暴胀的极高温状态尾声时出现"自发对称破缺"的结果,那时出现了违反重子数守恒的过程(中子、质子均为重子,其重子数均为 1)。据测算,宇宙中物质粒子的数量只要比反物质粒子多出一百亿分之一,就足以造就我们的今日宇宙! 否则就不是"失之毫厘,谬之千里",而是"失之毫厘,谬之千万里"! 这里,"造物主"刻意点拨,让优美的对称规律运行时自发地出现如此微量偏离,宇宙天平向(正)物质一方倾斜,才有我们今天的宇宙天地! 难道你还不相信人择原理?

图 8.16　我们生活的摇篮——蔚蓝色的地球

"人从大爆炸中来!"这是活生生的现实。是的,组成我们身体的是细胞,细胞通过 DNA 等信息方式成为活体,成就生命,但是细胞难道不是由原子组成的吗?! 原子里是核和电子,核里是中子、质子,中子、质子里是夸克,夸克远在宇宙早期极高温时即由某种"自发对称破缺"所造就,谁能否定夸克正在人体内在强力束缚下涌动? 人生短暂,但造就生命的基本"材料"何其古老,可追溯到 138 亿年前的大爆炸。

但幸运的是,同样由原子组成,我们却不同于一草一木,竟能拥有生命和智慧,不仅能感受自己,还能感受周围世界。让我们仰望星空,探索宇宙的奥秘,感悟人生的真谛,是何等的幸运和难得! 大千世界,天设地造,我们能幸运地生活在蔚蓝色的地球,应该具备敬畏自然的谦卑之心和博爱情怀! 应该感谢造化给予我们的恩赐。

第五节　宇宙学演变为精密科学

　　以新暴胀宇宙论为代表的现代宇宙学目前已演变为精密科学。首先 WMAP 的观测数据已确凿无疑地佐证了该理论,而且在许多方面理论的预言与实验观察结果十分吻合。

一、WMAP 的观测数据佐证了暴胀理论

　　WMAP 的观测数据已经佐证了暴胀理论,即宇宙经历了一个超高速膨胀的阶段。因此,宇宙(原始宇宙)很可能要比我们目前所能观测到的(观测宇宙)还要大得多得多。

　　这就有必要区分宇宙自身(大爆炸创生出的一切)和"可观测宇宙"(我们所能看到的一切)。通过对宇宙微波背景的观测,宇宙学家已经知道宇宙的年龄为 138 亿年。而由于光传播的速度是有限的,地球上的观测者因此只能看到在这一时间段内传播到地球上的光。那么是不是因为我们在各个方向都能看到 137 亿光年远的宇宙,于是可观测宇宙的大小就是这个数值的两倍呢?

　　不是。在宇宙微波背景中我们所看到的物质是在 138 亿年之前发出的这些辐射,但在那以后这些物质就凝聚成了星系。由于宇宙膨胀,现在这些星系距离我们大约 465 亿光年。这一"距离"指的是现在这些星系和我们之间的距离,而不是它们发出光线时到我们的距离。所以,可观测宇宙的"直径"大约为 930 亿光年。这一结论似乎违背了爱因斯坦的相对论,即光速是物体在空间中运动的极限速度。但是这并不适用于空间自身的膨胀。普适的速度极限在极端情况下会有个别的例外,宇宙的膨胀就是其中之一。

　　可观测的宇宙有一个边界,科学家将其称为"视界"。那么在视界外面是什么?"随着时间的流逝和宇宙的膨胀,会有越来越多的宇宙进入我们的视界。"美国空间望远镜研究所的亚当·里斯(Adam Riess)说。他还说,宇宙学家认为在我们可探测视界之外的宇宙"和我们的没什么两样"。

　　物理宇宙学,这一尚不足百年的科学分支,在过去的几年中取得了重大的成功。这包括了精确地给出宇宙年龄以及发现宇宙加速膨胀。不过宇宙学家们从来没有说,我们目前宇宙模型是完整的。美国劳伦斯伯克利国家实验室的索尔·珀尔马特(Saul Perlmutter)将大爆炸模型称为是"一个有效的假说……一个取得惊人成功的初稿"。

　　下一代的探测器和实验——无论是地球上的,例如大型强子对撞机,还是空间中的,例如 WMAP 的后继者"普朗克"空间望远镜——将会使得科学家能有机会来检验我们目前对宇宙的认识。超对称乃至弦理论真的成立吗?到底是什么驱动了宇宙加速膨胀?

　　如果说过去只是开场,那么让我们一起期待更多的"意料之外"吧。

二、宇宙起源的"天书"居然演变成精密科学

　　爱因斯坦的名言"宇宙最不可思议的是,它竟是可理解的"发人深省。爱因斯坦提出广义相对论和宇宙学动力学方程不到 100 年,随着宇宙学的发展,穷当代测量与计算技术之极,人类观测宇宙已经达到出乎意料的精准程度,以至于天文观察和宇宙学竟成为一门

精密科学。回想三四十年前,理论物理学家中有人常常开玩笑,天文学和宇宙学是理论物理学家的天堂。言外之意是这门学科是描述性的科学,思辨性的科学,至多是半定量的科学。理论预测与实验观察结果相差一个数量级,往往还称为"吻合"得不错。抚今追昔,难怪爱因斯坦发出这样的感触。

大爆炸学说的提出,尤其是暴胀宇宙论的提出和发展使宇宙学逐渐成为比较严谨的科学,以至于人们由此能够逐渐解读宇宙起源这本"天书"! 当然,这门学科方兴未艾,还有太多的处女地等待我们开辟,太多的疑问等待我们去解读。但是,近年来宇宙学的发展使我们具备充足的理由和前进的勇气,去完善、去探索新的未知领域,去咀嚼、去欣赏我们已取得的成就。回顾是为了更好地前进。宇宙学所展现的奇妙的内禀精神和最不可思议的妙境,永远吸引着我们大步向前。

图 8.17 宇宙奇观

三、宇宙学迈向黄金时代

20 世纪早期和中期是粒子物理的黄金时期。杨振宁先生说,20 世纪二三十年代是粒子物理的黄金时代,这样想想,当时科学巨人爱因斯坦、普朗克、玻尔、狄拉克、海森堡、薛定谔等创建量子力学、量子场论,发现亚原子物理中种种奇观,就不得不对杨先生的话首肯了。杨先生还说,20 世纪六七十年代是粒子物理的白银时代。我们记得,正是在这个时期,杨振宁、李政道、温伯格、盖尔曼、费曼、丁肇中、莱德曼等创建杨-米尔斯规范理论、提出夸克模型、建立弱电统一理论、建立量子色动力学,直到建立粒子物理的标准模型。大致而言,20 世纪的物理学主流是粒子物理。

但是,从 20 世纪 50 年代以来天文学和宇宙学的发展令人惊叹。本书只是其中的一种极为粗浅、极为片面的记录。我们以为,最能说明这个发展的是诺贝尔物理学奖。我们试看以下获奖情况。

1936 年奥地利物理学家赫斯(Victor Francis Hess)因为发现宇宙线(1911—1912 年)而获得诺贝尔物理学奖。

1964 年查尔斯·汤斯(Charles H. Townes)因为开创分子谱线天文学而获得诺贝尔物理学奖。

1967 年美国物理学家贝特(Hans Bethe)因为提出太阳的能源机制(1938 年)而获得诺贝尔物理学奖。

1970 年瑞典科学家阿尔文(Hannes Alfvén)因他的"太阳磁流体力学"的出色成果而获得诺贝尔物理学奖。

1974 年,英国剑桥大学的赖尔(Martin Ryle)教授因发明综合孔径射电望远镜、休伊什因发现脉冲星并证认其为中子星而共享诺贝尔物理奖。

1978 年彭齐亚斯(Arno Allan Penzias)和威尔逊(Robert Woodrow Wilson)因发现宇宙微波背景辐射(1963 年)获得诺贝尔物理学奖。

1983 年美国天文学家钱德拉塞卡因为"白矮星质量上限"这一研究成果,在他 73 岁高龄时获得诺贝尔物理学奖。

1983 年核物理学家福勒(William Fowler)因为宇宙元素形成的理论研究获得诺贝尔物理学奖。

1993 年赫尔斯(Russell A. Hulse)和泰勒(Joseph H. Taylor)两位教授又因发现射电脉冲双星而共同获得诺贝尔物理学奖。

2002 年美国天文学家里卡尔多·贾科尼(Riccardo Giacconi)由于对 X 射线天文学的突出贡献、美国物理学家戴维斯(Raymond Davis)和日本东京大学的小柴昌俊(Masatoshi Koshiba)教授因为成功地探测到中微子而荣获诺贝尔物理学奖。

2006 年,美国宇航局戈达德空间飞行中心的马瑟(John C. Mather)和加利福尼亚大学伯克利研究中心的斯穆特(George Fitzgerald Smoot Ⅲ),因为发现宇宙微波背景辐射黑体谱和各向异性的空间分布而共同获得了诺贝尔物理学奖。

2011 年美国的索尔·佩尔穆特(Saul Perlmutter)、美国/澳大利亚双重国籍的布赖恩·施密特(Brian Paul Schmidt)和美国的亚当·里斯(Adam Guy Riess),因为发现宇宙加速膨胀而共同获得了诺贝尔物理学奖。

从 20 世纪 60 年代以后,天文学和宇宙学研究方面得奖的人数逐渐增多,到了新世纪,竟有 4 项研究成果获得诺贝尔物理学奖,这是否意味着天文学和宇宙学的研究已经渐入佳境,逐渐迈向它们的黄金时代呢? 我们觉得,这是十分可能的。当然,天文学和宇宙学的研究是离不开基础科学和高新技术的发展,没有雄厚坚实的物理学基础,没有不断发展、完善的新的观察手段,新的突破是难以想象的。宇宙学的观察手段是与凝聚态物理、材料科学、信息科学的长足发展分不开的;而大爆炸学说和暴胀宇宙论的建立和发展的基础正是广义相对论和粒子物理的标准模型。

第六节　宇宙学发展的未来方向

一、航向虽已指明,但坚冰尚未完全打破

宇宙学作为一门学科,远远未达到终结,最多不过锋刃初试罢了。自 1964 年发现微波背景辐射以来,潮流确实改观了。原来视"宇宙学"鄙不足道的学界士人,现在对它刮目相待了。宇宙学以丰富可靠的观察资料作为基础,已具备逻辑严整、自洽的理论体系,但是,由于其面临的研究对象极其庞大而复杂,学科诞生的年月甚短,观察手段的发展和完

善有待更进一步,甚至于相关学科的发展还不够成熟,都对宇宙学的发展产生影响。宇宙论的许多论点还显得粗糙,许多结论还显得勉强,许多论据还显得理由不充足。

图 8.18　宇宙学发展航向已指明,"坚冰"待打破

与其说,以暴胀宇宙论为主要内容的现代宇宙学解决了许多问题,倒不如说,借助暴胀论,我们得以发现更多问题,学会更恰当地提出问题。航向虽已指明,但坚冰尚未完全打破,前面的征途还十分艰巨而漫长。

目前暴胀论中存在的首要问题是反物质分布不对称的问题。暴胀模型虽然定性地可以解释正、反物质不对称的起源,但是,难以得到与今日观测相符的定量结果。

二、反物质分布不对称的起源难以得到定量说明

简单的 SU(5)大统一理论是暴胀论的重要组成部分,其中的自发破缺是导致暴胀的关键因素,该理论所预言的质子衰变,也是解释正、反物质不对称的理论基础。问题是简单的大统一理论一直未得到实验的证实。这几乎要动摇暴胀论的根本了。

简单的大统一理论的最重要的预言是,质子会衰变,但其寿命很长,约小于

$$\tau \leqslant 1.4 \times 10^{32} \text{ 年}$$

而 SO(10)的简单大统一理论预言质子寿命长一点,即

$$\tau > 4.0 \times 10^{32} \text{ 年}$$

现有的实验结果给出的质子寿命为大于 10^{33} 年,因此,这两种大统一理论都有待实验证实。目前人们希望在地下实验室利用百万吨的探测器同时进行长基线中微子振荡测量、CP 破坏的测量,可以进行大气、太阳和超新星中微子等的测量,以及测量质子的衰变。

皮之不存,毛将焉附?无论如何,暴胀论至少还得修改,原封不动是不行了。但其精华所在,暴胀的概念看来应在新的更合理更严密的理论中占据一席之地。我们看到,正是暴胀的概念为早期宇宙的演化提供一个简单优美的图景。因此,问题在于如何为暴胀的概念提供一个简单优美的理论。

三、超对称宇宙学是可能的发展方向之一

一个有希望的研究途径是利用超对称大统一理论建立起超对称宇宙学。在这方面辛勤耕耘的有斯雷里基(M. Sredniki)、金斯巴(P. Ginsparg)、兰诺坡诺斯、塔伐基斯(K. Tamvakis)和奥列弗(K. A. Olive)等。林德等在 1983 年提出超对称暴胀宇宙论,其中以

图 8.19　意大利的 Gran Sasso 地下实验室

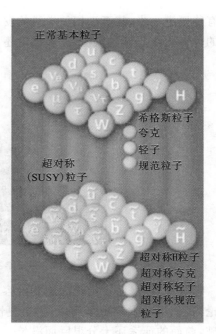

图 8.20　超对称理论示意图

超过对称破缺相变诱发暴胀。所谓超对称理论（super-symmetry）是 1973 年时有人提出来一个巧妙的数学结构，如图 8.20 所示。按照这一理论，费米子和玻色子都填入同一线性表示中，通过规范作用可以互相转化。其特点是所有的微观粒子都对应有配偶粒子。超对称理论形式十分美妙，可惜这些配偶粒子至今都没有找到。

利用超对称理论来挽救大统一理论不失为一条出路。超对称大统一理论预言的质子寿命，比大统一预言的要长得多，这与目前实验资料不矛盾。超对称暴胀模型的一个显著优点是，无须调节相变机制的参数，很容易得到暴胀图景。

四、"混沌暴胀"宇宙论的生命力

1983 年，林德提出所谓"混沌暴胀"（chaoticinflation）的新模型。她认为，我们的"宇宙是在混沌中产生，混沌中膨胀起来"。这种理论的主要特点是，宇宙的暴胀与具体模型，如 SU(5)大统一模型、超对称 SU(5)大统一模型完全没有关系。这个理论放弃了高温相变为早期宇宙的暴胀提供动力的观点。

混沌暴胀论认为，原始宇宙遍布许多类型的希格斯场，每类希格斯场的性质取决于其势能的最小值的数值。乾坤初开之际，每类希格斯场都来不及达到其最小值，都不是均一的。因而，宇宙的各个部分，希格斯场都取不同的数值。就是说，希格斯场是完全无序（混沌）分布的。

随着宇宙的膨胀和冷却，希格斯场非常缓慢地下降，直到达到最小值为止。这种情况极其相似于暴胀论中的慢滚动相变机制。当原始宇宙某一部分中的普通物质的能量等于希格斯场的能量（真空能）时，这一部分的指数型暴胀开始，直到希格斯场达到最小值时为止。

显然，如果某一区域的标量（希格斯）场当初离其最小值处越远，暴胀过程就越长，该区域的范围便膨胀得越大,反之则越小。用简单的标量场理论——ϕ^4理论估算,原始宇宙的体积会膨胀 $e^{1\,000\,000}$ 倍! 我们观测的宇宙只不过是僻壤处一个区域的小角度,它只是从普朗克长度约为 10^{-33} 厘米那样大小的一个点膨胀起来的。

当希格斯场下降到最小值时,区域达到真实真空态,希格斯场围绕最小值来回振荡,就好像玻璃珠子在半圆形的碗底来回振荡一样。这种情况,可以当作一个希格斯粒子的高密度状态。

希格斯粒子不稳定,会迅速衰变为更轻的粒子,同时辐射大量热量。当振荡停止时,宇宙(或区域)便充满热基本粒子。至此以后,演化便按照标准模型描述的样子进行。

总之,混沌模型看来比原来的暴胀模型要简单、自然得多。暴胀模型的所有吸引人的地方,混沌模型全部继承下来,这个模型是颇有生命力的。

WMAP 研究的结果是大爆炸宇宙学又一次里程碑式的进步,并且还是物质探源漫漫征途中的一次跃进。它表明宇宙大爆炸的演化确实获得了实验验证。但是,这个发现告诉我们物质探源远远未达到终结,宇宙中绝大部分的物质形态:23%的暗物质和73%的暗能量,我们不是不甚了解,就是完全陌生。暗能量作为宇宙中所占比例最多的东西反而是人类最迟也是最难了解的,至今仅知道它存在着,但还不清楚它的性质。关于暗物质和暗能量的存在和寻找的问题在前面章节已经详细介绍过了,这里只是重点指出暗能量和暗物质在宇宙大尺度的演化中扮演的角色。

阅读材料 8-1

暗物质和暗能量在宇宙中扮演的角色

在现代宇宙论的发展中,我们越来越清楚地意识到,暗物质和暗能量在宇宙的大尺度演化中扮演异常重要的角色。暗物质颇像人体的骨骼一样,构成了今日宇宙之框架。而暗能量则对宇宙的膨胀起着加速作用。

(一)暗物质在宇宙大尺度演化中的角色

图 8.21 是 70 位研究人员费时 4 年于 2007 年 1 月绘制的三维暗物质蓝图,从地球上看,其覆盖范围相当于 8 个月亮并排所占据的天空范围。其中暗物质的轮廓化隐形为有形主要依靠引力透镜。图中 HDM 表示普通物质,CDM 表示暗物质,Ω_0 为平坦度。

图 8.21 表明,暗物质并不是无所不在,它只在某些地方聚集成团状;将星系的图片与之重叠,我们看到星系与暗物质的位置基本吻合。可见,有暗物质的地方,就有恒星和星系,没有暗物质的地方,就什么都没有。暗物质似乎相当于一个隐形的、但必不可少的背景,星系(包括银河系)在其中移动。在此分布图上,我们看到的是暗物质在 25 亿～75 亿年前的样子,大致像一碗面糊。

一般来说,离我们越近,暗物质就越是聚集在一起,像一个个的"面包丁"。分布图显示,暗物质的形态随着时间而发生着变化,为我们了解暗物质的现状提供了一条线索。参加绘图工作的马赛天文物理实验室的让-保罗·克乃伯(Jean-Paul Kneib)说,这种"面包丁"的形状自 25 亿年以来就没有很大改变。

综合数据合理地推测,可以把初生的宇宙设想成一个盛汤的大碗,汤里含有

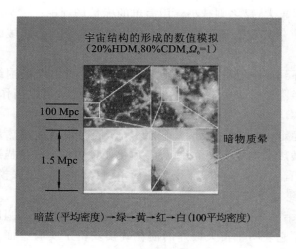

图 8.21 宇宙结构的模拟图

暗物质和普通物质······在这个碗里出现了两种相抗的现象:一方面是膨胀,试图把碗撑大;另一方面是引力,促使物质凝聚成块。结果,宇宙中的某些地方没有任何暗物质和可见物质,而它们在另外一些地方却异常密集:暗物质聚集在一起,星系则挂靠在暗物质上,就像挂在钩子上的画。

有的科学家认为,在宇宙进入以物质为主的时代以前,暗物质就是以网络状的形式存在于宇宙之中。普通物质在尔后的成团化趋势就是依附暗物质的网络逐渐形成现在的星系。暗物质颇像人体的骨骼一样,构成了今日宇宙之框架。

总之,暗物质的密度涨落应该在宇宙大尺度结构的形成中起主要作用。暗物质只有弱作用和引力作用。由于暗物质与辐射场之间没有耦合,因此暗物质的凝聚可以在辐射与正常物质脱耦前发生,暗物质的密度涨落也不会影响微波背景辐射的各向同性。

科学家推测,宇宙大尺度结构(自上而下),冷暗物质 (CDM) 起主要作用,原因是相应的粒子质量较大、速度较慢;而宇宙小尺度结构(自下而上),两种暗物质都起作用。

宇宙开始包含均匀分布的暗物质和正常物质。大爆炸后数千年暗物质开始成团。暗物质确定宇宙中物质的总体分布和大尺度结构。正常物质在引力作用下向高密度区域聚集,形成星系和星系团。

暗物质的存在是早在 40 年前科学家就预言了的,因为包括太阳系、银河系在内的许多天体结构在动力学上是不稳定的,除非还有许多我们看不见的物质在其中起到维持稳定的作用。我们已经讲过目前暗物质主要分为两大类,即重子型和非重子型。一般认为黑洞、白矮星等不发光的天体也是暗物质,但是其质量占暗物质总质量很小比例。

图 8.22 显示的是暗物质的模拟分布结果,系根据 COBE 观测的微波背景辐射的微小起伏得到,正好反映暗物质在宇宙中的不均匀分布。

(二)暗能量在宇宙大尺度演化中的角色

关于暗能量的发现,我们已经谈过了。一般认为,它占宇宙物质总量的

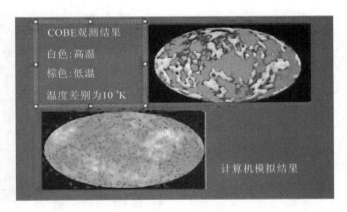

图 8.22　暗物质分布模拟图

73％，其性质目前公认的有两点：一是其基本特征是具有负压，在宇宙空间中几乎均匀分布或完全不结团；二是宇宙的运动都是旋涡型的，所以暗能量总是以一种旋涡运动的形式出现，形成所谓暗能量旋涡场。如图 8.23 所示。

近两年来的观察发现，暗能量的存在应该是没有问题的。科学家宣称，其存在的可信度与希格斯粒子相同，即 99.9999％。这与日内瓦欧洲粒子物理研究所的科学家 2013 年发现的希格斯玻色子的置信度一样。2010 年 8 月，美国宇航局的科学家确认，在暗能量的作用下，宇宙的确是无限膨胀的，同时宇航局也对外表示，此后将不对宇宙是否存在暗能量这一问题进行研究。他们通过哈勃望远镜，观察在 130 亿光年外的 Abell 1689 星系团，发现异乎寻常的强大的引力透镜效应。再次佐证了宇宙的确存在暗能量。

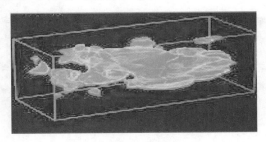

图 8.23　暗能量示意图

2012 年 9 月，英国朴茨茅斯大学和德国慕尼黑大学的科学家对一个有关项目进行为期 2 年的研究后得出结论，暗能量存在的可能性高达 99.996％。

正如我们指出的，暗能量在宇宙中普遍存在，其负压强对宇宙的膨胀起着加速作用。但是在 50 亿年前，普通物质和暗物质的引力对宇宙膨胀起着延缓作用，而且其效应大于暗能量的加速作用。因此，宇宙膨胀的速度一直在减缓。在 50 亿年以来，暗能量的负压强的加速作用逐渐超过普通物质和暗物质的延缓作用，原因是后者的质量密度分布随着膨胀而不断减小，而暗能量的密度变化不大（因而往往可以粗糙地用爱因斯坦宇宙常数描写），并且膨胀的速度越来越快。

图 8.24 美国宇航局确认暗能量存在,宇宙仍在无限膨胀

（1）指出在宇宙演化中有哪些物理参数的调节十分精密和巧妙？

（2）何谓人择原理？人择原理所基于的物理事实是什么？你相信人择原理吗？请从哲学上谈谈你对人择原理的看法。

（3）宇宙现在的线度有多大？你可以简单地用数学估算宇宙的线度吗？

（4）宇宙暴胀的动力是什么？你可以谈谈你自己的看法吗？

（5）从常规的理性逻辑推测,你可以谈谈暴胀发生之前的宇宙状况吗？我们观测宇宙之外是什么？

（6）你觉得现代宇宙学理论还有哪些问题？如何解决？现代宇宙学向何处去？

物理发现
启思录

230

第二部

高能粒子物理学剪影
——神秘失踪的中微子

第九章　色彩斑斓的微观世界

用最简洁的笔触介绍现代基本粒子理论中的标准模型的物理图像。首先,叙述了基本粒子概念的历史演化和现在基本粒子的定义。用通俗但又是科学的语言,介绍了主导微观世界的三种基本相互作用的基础理论:描绘强相互作用的量子色动力学(QCD)、描写弱相互作用和电磁相互作用的统一理论——弱电统一理论的基本物理图像。然后,介绍了标准模型所预言的 62 种基本粒子:夸克、轻子、传递相互作用的媒介粒子(胶子、光子、中间玻色子和引力子)和希格斯粒子。从中可以了解,微观世界和观测宇宙一样,也是呈现梯级式的层状结构:原子—原子核—强子—夸克—轻子。

本章导读

第一节　宇宙的最小砖石——基本粒子

一、中微子——我们描写的主角

本书的第二部将以一种奇怪的微观粒子为线索介绍高能粒子物理学的基本轮廓。

中微子不带电,彼此之间没任何作用,既无强相互作用,也无电磁引力,因此,通常的仪器对它根本无法检测。但它有一个极其独特的本领这就是:中微子不论穿越地球还是太阳等简直就像旷野行军,如入无人之境,没有任何阻碍。人们估算,中微子穿过 1 000

亿个地球，才可能跟其中的原子核碰撞一次。即令宇宙全部由实心铅所构成，它们从宇宙的这一头进去，从另一头出来，至多不过有 5％的机会被"挡住"。无怪乎人们赐予它们一个佳号：幽灵粒子。

后来该粒子取名为"中微子"(neutrino)，意大利语原义为小的中性粒子，以有别于中子(neutron)，后者原义为大的中性粒子。据说中微子的称呼，是费米接受蓬蒂科尔沃(B. Pontecorvo)的建议后正式提出的。原来，中微子的存在是泡里为了解决 β 衰变中有"能量丢失"的问题，提出的一种可能存在的假设粒子，这些看不见的粒子带走了这些丢失的能量。当时许多人不相信泡里的理论，他们说，这真有点像找不到丢了的钱，就干脆另造账目一样！因此，中微子名字第一次为人们所提到，就是在一次激烈学术争论中，它的身世不同凡响。

现在人们知道，中微子只通过弱相互作用与物质耦合，它们与遇到的电子或原子核相互作用极其微弱。因此要捕捉一个中微子异常艰难。它们不带电，因此不能用探测带电粒子的方法来记录其径迹。它们与物质的相互作用太微弱，以致中微子穿过 1 000 亿个地球，才跟其中的原子核碰撞一次。

中微子自其理论预测、科学发现、奇异的行为（弱宇称不守恒和中微子振荡），以及其静止质量的发现在科学界一次一次掀起惊天巨浪，充满了戏剧色彩。这是我们选择它作为我们关注的主角的原因。2012 年中国科学家宣布，在大亚湾的实验基地发现中微子的第三种振荡模式，意味着打开了中微子物理研究的新方向。这个重大的发现不仅是高能物理研究的新成就，而且可望在广泛的高新技术应用领域（如中微子通信）具有深远的前景。

中微子也许是微观世界中最奇特、最富于浪漫色彩的基本粒子了。有位俄罗斯的女诗人吟颂道："我爱那被人们满怀着希望预言的、在喜悦中诞生、在温柔中受洗礼的中微子。我爱那能穿透一切的天之骄子——中微子，它能够微笑着穿过银河，哪怕用混凝土来把银河浇注。我爱中微子！"确实，中微子有着不平凡的"身世"。可以毫不夸张地说，中微子就是笔尖下冒出来的幽灵粒子。

为了介绍中微子的不平凡"生平"，我们首先要明白什么是基本粒子。

我们眺望周围世界，一切都是那样美好：灿烂的星空，皎洁的月光，鲜艳的花朵，啁啾的小鸟。同时大自然的变幻又是那样神秘莫测，那么绚丽纷繁：四季的更替，雷电的咆哮，陨石雨的辉煌，物种的代谢。自古以来，这一切都激发着先民难以遏制的好奇心和永难满足的求知欲：

我们的宇宙（天地等）是从哪里来的？是如何演化的？

我们的大地（地球）构造如何？为何有那么多沧海桑田的变化？

生命如何起源？人类如何起源？怎样进化为今天的人类？

二、什么是基本粒子

对于上述问题的追索与探求，导致宇宙学、天文学、天体物理、地学、生命科学、人类学等学科的诞生与发展。但是，最基本、最重要的问题是：

我们周围的物质世界是如何构成的？到底构成物质世界的"砖石"中，有没有最小的"砖石"（即再也不能剖分它们）存在？

一种意见是,没有。我国古代名家学派代表、战国时代的哲学家公孙龙说:"一尺之棰,日取其半,万世不竭。"《庄子·天下》就是说,一尺长的棒子,每天截掉一半,永生永世也不能截完。这种意见,实质上认为物质是无限可分的。

另一种意见是,存在最小的砖石。世界上万物均由这些不可分割的"微粒"构成。用我们战国时代著名哲人惠施(庄子的好朋友)的话就是"至小无内,谓之小一"《庄子·天下》。即最小的物质单元没有内部结构,叫做"小一"。古希腊哲学家德谟克利特(Democrtus)继承他的老师留基伯(Leukippos)的思想,创立了著名的"原子论"。原子(atom),希腊文的原意是不能再分。

图 9.1　惠施(左)(公元前约 370—前 310)和德谟克利特(右)(公元前 460—公元前 370)

德氏原子论认为,自然界存在土、水、气和火 4 种元素,相应于 4 种形状、大小都不同的原子(如火原子是球形的)。这些原子的不同组合与运动,似乎可以合理地解释许多自然现象,如水的蒸发、香气的弥散,乃至宇宙的形成,等等。

大约比希腊原子论稍后,我国古代大思想家墨子在《经说》中关于"小一"、"原子"的思想,说得更明确,更生动了。他称这些最小砖石为"端",宣称"端,体之无厚而最前者也"。又说原子具有"非半"的性质。即是说"端"是不能剖分的物质的始原质点,其本身是没有大小的。这不就是惠施的"小一"、德氏的"原子"么?不就是今日的基本粒子的定义么?

"基本粒子"一词,就是拉丁语"elementary particle",其原义,就是始原、不可分、最小和最简单的物质单元的意思,实际上是"原子"、"小一"和"端"的同义词。不过随着岁月的流逝,科学的发展,"小一"和"端"没有被采用为科学名词,而"原子"一词已演化为一个特定的物质层次,其本义渐渐隐没在历史的风尘中,而原来的"小一"、"端"和"原子"的角色,倒是由"基本粒子"一词来承担了。

但岁月的流逝,尤其是近代科学的兴起,使人们变得比较聪明起来。人们感到上述两种观念似乎都有道理,但都有所不足。

就人类认识能力而言,对物质微观的认识是无限的,而且就微观结构来说呈现"梯级结构"模式。用著名的英国物理学家戴维斯(R. Davis)的话来说:"物质是由分子构成的,分子是由原子构成的,原子是由电子和原子核构成的,原子核是由中子与质子构成的。"

现代科学家认为微观物质结构的不同层次可以形象地如图 9.2 所示。

现在我们知道,中子与质子等是由"夸克"(quark)构成的。许多人相信,随着实验手段的改进,有可能发现更为基本的微观层次。这种认识的深化和递进,是永远不会有终结

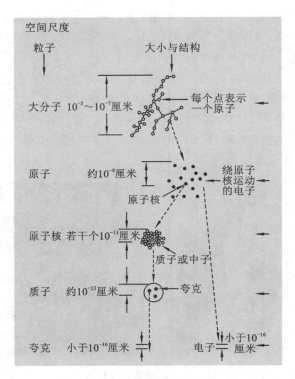

空间尺度

粒子　　　　　　大小与结构

大分子　$10^{-5}\sim10^{-7}$厘米　　　每个点表示一个原子

原子　　约10^{-8}厘米　　　绕原子核运动的电子

原子核

原子核　若干个10^{-13}厘米

质子或中子

质子　　约10^{-13}厘米　　　夸克

夸克　　小于10^{-16}厘米　　　电子　小于10^{-16}厘米

图 9.2　物质的微观结构不同层次

的。这不就是惠施所说的"万世不竭"么？

　　然而，就一个时代，限于实验手段和其他种种局限性，人类的认识是有阶段性的。在这个意义上说，每个时代都会有为数不多的真正基本粒子，浑然一体，不可再分，是一切物质的建筑砖石。

　　如果说"原子"作为基本粒子的桂冠，直到 19 世纪末才卸下来，持续 2 000 余年，而中子和质子一类强子有此桂冠都不过半个世纪而已。今日基本粒子的桂冠由谁戴着的呢？

　　答曰："主要是两类：中微子与电子一类的轻子（lepton）与夸克，如图 9.3 所示。也许还包括光子、胶子等一类的媒介粒子，术语叫规范粒子（gaugingparticle）。"这些粒子的具体性质我们以后还会介绍。至于还有许多理论预言，但尚未发现的粒子，我们都置而

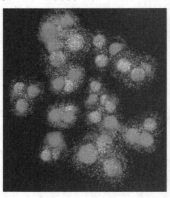
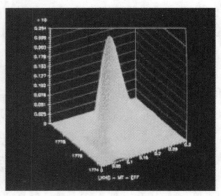

图 9.3　夸克及探测轻子质量的数据图

不论。

粒子物理，或对于"始原"粒子的探索，始终是自然科学尤其是物理学最重要、最富于挑战性的领域。20世纪与21世纪之交评选有史以来最伟大的物理学家，经过世界范围的认真评选，上榜名单是：爱因斯坦、牛顿、伽利略、麦克斯韦、卢瑟福、狄拉克、玻尔、海森堡、薛定谔、费曼（次序是作者任意排定的）。大家可以看到，其中至少有7个人与粒子物理学有关，或者就是现在粒子物理学的鼻祖。基本粒子物理学在物理学乃至整个自然科学中所占的地位，由此可见一斑。这7个人中有5个人在图9.4中可以看到：爱因斯坦、玻尔、薛定谔、狄拉克、海森堡。

图 9.4　1927 年第五届索尔维会议参加者的合影

第二节　基本粒子王国的三代骑士

基本粒子的桂冠并不容易戴上。首先它不能再剖分了；其次内部未发现结构；最后应该没有大小，或更确切地说，用现代仪器测量，无法测出其尺度，可以作为类点粒子（1ike-particle，即其大小可视为质点一类的粒子）处理。

因此，判断一个粒子是否可以对其进行基本粒子的加冕大典，必须核查它是否可剖分，内部有无结构，其大小如何？

分子不是基本粒子，因为用加热或其他方法，很容易使它分裂为原子。可以测出最大分子的尺度有 $10^{-9} \sim 10^{-8}$ 米。

原子，尽管最初给它命名的希腊人并无科学的实证根据，完全是哲学思辨的智慧结果。但是十分幸运，"基本粒子"的桂冠它居然已戴了 2 400 余年。尽管几经沉浮，有亚里士多德（Aristotle）、柏拉图（Plato）的异议，也有伊壁鸠鲁（Epicurus）的执着宣扬；有漫长的中世纪的冷落和摧残，也有 17 世纪法国思想家伽桑狄（P. Gassendi）复兴原子论的义举。牛顿（I. Newton）和英国科学家玻意耳（R. Boyle）赋予原子论以真正近代科学底蕴。经过法国人拉瓦锡（A. L. Lavoisier）、俄国人罗蒙诺索夫（M. V. Lomonosov），以及里希特（J. B. Richter）和普鲁斯特（J. I. Proust）的辛勤耕耘，原子论完成了科学的洗礼，真正的科学的原子论终于在 1803 年 10 月 21 日诞生了。

这一天,英国科学家道尔顿(J. Dalton)在曼彻斯特的一次学术会议上,宣读论文《论水对气体的吸收作用》,首次公布科学原子论的内容,其中还包括人类历史上第一张原子量表。他傲然讲道:"探索物质的终极质点,即原子的相对重量,到现在为止还是一个全新的问题。我近来从事这方面的研究,并获得相当成功。"

这是作为基本粒子的"原子们"大放异彩的时代,原子的确实存在性、不可分割性以及不变性得到公认。

19世纪伊始,人们知道的元素有28种,到了1869年,人们发现的元素已跃升为63种,就是说,自然界存在63种原子(此时尚没有发现同位素),原子论在化学研究中成果累累,令人炫目。

但是,门捷列夫(D. I. Mendeleyev)元素周期表发现:元素性质随原子量的增大周期性地变化,分明暗示原子具有内部结构,而且呈现周期性变化,大大动摇了原子的基本粒子"宝座"。

图9.5　玻意耳(Robert Boyle,1627—1691)(左)和
拉瓦锡(A. L. Lavoisier,1743—1794)(右)　　　　　图9.6　门捷列夫

1869年,英国科学家希托夫(J. Hittof)在他制造的玻璃管的阴极,发现绿色荧光(即阴极射线)。1897年,英国卡文迪许(H. Cavendish)实验室主任汤姆逊(J. J. Thonson)经过精密实验,首先判定射线带的是负电荷,然后将带电粒子的荷质比(电荷与其质量的比值)与氢离子的荷质比相比较,前者比后者要大2 000倍。就是说,带负电粒子的质量只有氢子的1/2 000。这种粒子现在称为电子。原子的基本粒子桂冠自此坠落下去。

图9.7　汤姆逊和卡文迪许实验室

电子是我们发现的物理新层次的第一个粒子。实际上,用一束光或另一个原子轰击

原子时,它就会分裂为原子核与电子。在历史上,正是年轻的物理学家卢瑟福(E. Rutherford)利用粒子(氦原子核)作为"大炮",轰击铝箔,发现绝大部分粒子都毫无阻碍地穿过箔片,只是飞行方向略有偏移,散射角不过 1° 而已,但有少数粒子有大角度偏转,有的甚至于偏转 180°,即似乎反被弹射回来(术语叫背向散射)。由此他明白,原子中有一个集中其绝大部分质量的原子核,因而才会有背向散射;原子核一定占据原子体积很小部分,否则大角度散射与背向散射的事例就会很多了。当时学术界公认他为继法拉第之后最伟大的实验物理学家。但他却因为"对元素蜕变以及放射化学的研究",荣获 1908 年诺贝尔化学奖。

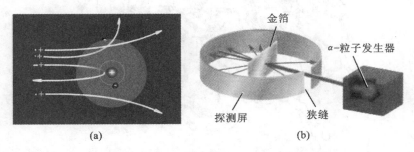

图 9.8 卢瑟福实验原理(a)和装置(b)示意图

现在已弄清楚,原子核的直径只有原子的万分之一,大约 10^{-12} 米直径原子的体积放大到直径为 1 000 米的大圆球,核只不过是果核那么大罢了。

原子核也非基本的。人们利用高能粒子,或高能光子(即 γ 射线)轰击原子核也会分裂为中子和质子。后者现在称为光致裂变。前者则是通常裂变的主要方式。

事实上,从历史上看,1938—1939 年间,居里夫人的长女,约里奥·居里夫人(LJoliot-Curie)及其助手萨维奇(P. P. Savic),利用中子轰击铀,使其裂变。德国科学家哈恩(O. Halm)、施特拉斯曼(P. Strassmarm)、奥地利杰出女物理学家梅特勒(L. Meitner)也进行类似的实验。精细化学分析(包括利用传统载体法和放射化学分析法)表明,铀核吸收中子后分裂成几大块,如钡(Ba)、镧(La)和铈(Ce)等。在裂变时,有大量能量释放这就是原子弹和原子能发电站能源的来源。

大概有半个世纪之久,物理学家一直把中子、质子视为基本粒子,20 世纪 60 年代初,类似的"基本粒子"数目甚至增加到 50 余种。但是,很快人们发现,中子、质子以及此类称为强子(hadron)的"基本粒子"都是有结构的,均为现在我们称为夸克的粒子构成。在 20 世纪 60 年代前后,物理学家对所有"基本粒子"利用加速器和现代检测仪器进行了一场最严格"甄别"审查。只有电子、中微子等轻子经受住考验,既无法将它们粉碎,也未发现任何证据,表明它们由更基本成分构成。

这样一来,几十顶基本粒子的桂冠,纷纷从中子、质子等一类强子头上坠落下来。只有轻子们头上的鲜艳桂冠依然耀人眼目。尤其是电子头上的桂冠自 1897 年被发现以来,整整一个世纪过去了,依然不可动摇,可谓老牌基本粒子。

当然,新贵骄子"夸克们"风头正健,基本粒子的桂冠自然"非君莫属"。目前已发现的轻子和夸克有 12 种。英格兰脍炙人口的英雄史诗"亚瑟王的 12 个圆桌骑士",一直引人入胜。新时代粒子王国正好也是 12 位骑士(参看图 9.9):上夸克(u)、下夸克(d)、粲夸克

(c)、奇异夸克(s)、顶夸克(t)、底夸克(b)，以及电子(e)、电子型中微子(ν_e)、μ 子(μ)、μ 子型中微子(ν_μ)、τ 子(ν^-)、τ 子型中微子(ν_τ)。关于这些粒子下面将会介绍。

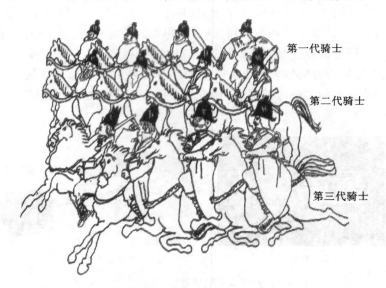

第一代骑士

第二代骑士

第三代骑士

图 9.9　基本粒子王国的三代骑士

第三节　粒子间的相互作用——微观世界的经纬

　　什么叫轻子？什么叫强子？什么叫三代轻子中的"代"？要回答这些问题，必须首先了解微观世界的经纬——基本粒子之间相互作用的分类和性质。

　　物质世界纷繁的变化、天体的演化、星星的颤动、沧海桑田、花谢花飞、鸣鸟飞禽、咆哮猛兽，千头万绪，但归根结底，取决于物质间的相互作用。天鹅绒般红地毯，婆娑而舞的芭蕾，那动人心弦的舞姿是由音乐的韵律导引的。一台精彩的芭蕾，离不开音乐大师们动人的乐章。我们井然有序的物质世界，梯级式的宇宙构造：星系—星系团—超星系团，层级式的微观结构：分子—原子—亚原子粒子—基本粒子，等等，到底什么是"把这一切编织在一起"的"经纬"呢？相互作用。

　　时至今日，物质世界的基本相互作用只发现 4 种：引力、电磁力、弱相互作用和强相互作用。前两种力人们早就发现，并且很熟悉了。万有引力与电磁力都是我们肉眼所及的宏观世界，随时可以查知其存在。日常生活与天体（宇宙）运行中，引力所起的作用是尽人皆知的了。尤其是在日、月、星辰的运行，宇宙的演化中，引力扮演主要角色。在日常生活中，与人类衣、食、住、行密切相关的一切，电磁相互作用则起着更为重要的作用。电动机、发电机以及电灯、电话、电视、因特网等电子设备中，其基本原理都导源于电磁作用。

　　在微观世界，基本粒子大多数都带电，因此它们之间有电磁相互作用，亦如每个粒子就是一小颗电荷和小块磁铁，遵循的原理跟我们在课本上学过的电磁原理并没有什么不同。但由于质量很小，基本粒子之间的引力相互作用，比较电磁力或其他的作用是微不足道的。实际上在微观世界完全可以忽略不计。

强相互作用与弱相互作用均为 20 世纪所发现。它们迟迟未被人们发现,原因在于它们的作用范围异常小。强相互作用的作用范围不过 10^{-15} 米,而弱相互作用的作用范围更小,只有 $10^{-18}\sim10^{-16}$ 米,因此两者又称短程力。引力与电磁力的作用强度,都是随作用距离的平方而减少的,比短程力减弱的趋势要慢得多,故两者称为长程力。在宏观世界,我们可以容易地察觉到它们的存在。但是强相互作用与弱相互作用的作用力程很短,在宏观世界察觉不到。

如果将 4 种作用都在 10^{-15} 米处比较它们的强度的话,则强相互作用最强,我们用 1 表示其相对强度,电磁作用、弱相互作用和引力的相对强度为 $10^{-2}:10^{-13}:10^{-39}$。$10^{-15}$ 米大致与中子、质子的大小,也可以说与原子核的尺寸数量级相当。不难想象强相互作用在原子核物理与粒子物理中要起主要作用。事实上,原子核之所以如此坚固,就是由于强相互作用的束缚。

原子与分子尺寸约为 10^{-10} 米,即超过强相互作用有效范围的 10 万倍,因此讨论原子、分子的运动变化规律时无需计及强相互作用,遑论弱相互作用了。

弱相互作用力程比强相互作用更短,而且微弱得多,不到强相互作用强度的百亿分之一。但在粒子物理中,它扮演的角色却是万万不可忽视的。有的基本粒子,例如轻子(电子、中微子等)就不受强相互作用力影响,却受弱相互作用力影响。至于中微子(ν_e、ν_μ 和 ν_τ)及其反粒子(反粒子的意义我们后面还要谈到)更是只受弱力作用。以后我们欣赏中微子种种奇特的"表演",就会对于弱力的韵律的微妙之处有更深的认识。中子和原子核的放射性的衰变[我们不会忘记贝克勒尔(A. H. Becquerel)、居里夫妇(P. & M. Cude)等的伟大发现],以及基本粒子的衰变,都是通过弱相互作用发生的。因此从某种意义上说,弱相互作用比强相互作用还具有普遍性。

图 9.10　贝克勒尔(Antoine Henri Becquerel,1852—1908)(左)和居里夫妇(右)

图 9.11 形象地表示了 4 种相互作用力的强度的相对比较。表 9.1 则总结了以上 4 种基本力的大致情况。当然,20 世纪多次传来发现其他力,如超弱力等,但都经不起时间与事实的检验。可见,尽管宇宙大舞台上,物质运动形态千变万化,但"支配"或"控制"其变化的节拍和经纬,就只有 4 种基本相互作用。19 世纪以前,人们认为电力和磁力是完全不同的两种作用力,但法拉第和麦克斯韦的研究表明,在本质上它们是一种力,现在称为电磁力。这是人类第一次成功地将表面上看来不同的两种力统一起来。自从 20 世纪 20 年代以来,以爱因斯坦为代表的许多科学家,一直致力于实现这样一个梦想:各种不同

的力能统一在一个普遍的理论中。最早的设想是统一引力与电磁力,但一直没有成功。20 世纪 60 年代,关于电磁力与弱力的统一理论成功建立,并经受了实验检验。换言之,电磁力和弱力实际上是同一种力——弱电力(electroweak force)的不同表现而已。我们以后还要谈到弱电统一理论。至于表 9.1 中的规范粒子就是传递相互作用力媒介粒子,详情以后还要谈到。

图 9.11　4 种相互作用力(从左至右依次表示引力、弱相互作用、电磁作用和强相互作用)

表 9.1　4 种基本力

性质 ＼ 类型	引力	弱力	电磁力	强力(核力)
力程(有效作用范围)	延伸到极远,可视为无穷远	大致限于 $10^{-18}\sim10^{-16}$ 米	延伸到极远,可视为无穷远	大致限于 10^{-15} 米
相对强度(10^{-15} 米处)	10^{-39}	10^{-13}	10^{-2}	1
由此力引起的典型强子的衰变时间		10^{-10} 秒	10^{-20} 秒	10^{-23} 秒
传递此力的粒子(规范粒子)	引力子(没有发现)	中间玻色子 W^+、W^-、Z^0	光子 γ	胶子
规范粒子种类	不知道	3 种	1 种	8 种
规范粒子质量	不知道	约 90 Gev	静止质量为 0	静止质量为 0

第四节　亚原子粒子与夸克

在 20 世纪 30 年代初,发现所有的原子核均由中子和质子组成,加上电子和光子,当时人们称这 4 种粒子为基本粒子。后来人们认识到,原子核中的粒子——中子和质子(统称核子)之间存在一种以前人们不知道的力——后来称为核力,其强度极大,大致是电磁力的 100 倍,但力程短。每个核子只能影响邻近的核子。它们起着束缚、维持核稳定的作用。

在核中,就是这样依靠强而力程短的核力,与弱但力程长的电斥力(就是原子核中的质子之间相互排斥的电磁力)相抗衡。谢天谢地,大部分原子核中,两者势均力敌,旗鼓相当,因此原子核是稳定的。核中的中子,由于不带电,既不产生电斥力,也不受电斥力影响,但是能增加核力的束缚。换言之,在电斥力与核力的对峙中,中子起着制衡的关键作用。

图 9.12　并非多余的小宇宙"砖石"——中子

可见没有中子,就不会有稳定的大自然,尤其是纷繁多样的中、重元素无从存在。我们今天就不会安详地沐浴大自然和煦的阳光,欣赏如此美丽动人的景色,领悟丰富多彩的人生。

中子除不带电以外,其他所有性质均与质子一样,质量略大于质子。质子与电子是稳定的,中子在核中也是稳定的或基本稳定的。但是离开核的自由中子却是不稳定的,其寿命大约 15 分钟。这里寿命的意思是统计意义上的,即在此期间有 50% 的概率衰变。实际上,自由中子是除电子与质子以外寿命最长的粒子。

中子在原子核电斥力与核力的抗衡中,起着至为关键的作用。在这场搏击中,中子强化核力,有助原子核的稳定,维系大自然的祥和与繁荣。中子的"参战",导致在这场至关紧要的拳击赛中,核力不至于居下风。由此可见,中子决非上帝在构造宇宙中多余的"砖石",或科学筵席上贫困沦落的"乞丐",而是科学大厦中尊贵、重要的"贵宾"。

1935 年日本物理学家汤川秀树提出"介子论",认为所有的核子之间的相互作用是借助一种他称为介子的粒子传递的,并且估算出其质量为电子的 200 多倍。1947 年,科学家在宇宙射线中发现 π 介子,质量与汤川估计的大致相同,证明了汤川理论的合理性。1949 年汤川秀树由于其核力理论荣获诺贝尔物理学奖。π 介子与核子、电子之类的费米子不一样,是玻色子(boson),其自旋为 1,有 π^+、π^-、π^0 种。它的发现也是具有重要意义的,介子论在定性解释核力的产生机制方面,扮演着极为重要的角色。

图 9.13　汤川秀树(1907—1981)

但是,自此以后,一批不速之客联翩而至。它们的存在是物理学家原来完全未估计到的。其数量之多,行为之古怪,使得人们瞠目结舌,只得连声说:奇怪! 原来简洁的基本粒子图像完全破坏了。新的危机发生了。这些新粒子包含两大类:比 π 介子重,但比核子轻的 K 介子,如 K^0、$\overline{K^0}$(中性 K 介子的反粒子)、K^+、K^-;还有一类比核子更重的粒子,人们后来称之为超子,如 Λ、Σ^+、Σ^0、Σ^-、Ξ、Ξ^-、Ξ^+、超子等。这些粒子的反粒子以后也相继发现。核子和超子质量一般比较大,统称为重子(baryon)。其中 Λ 超子和 Σ 超子、中性 K 介子,是英国人罗切斯特(C. D. Rocheste)和巴特勒(C. C. Butler)于 1947 年在宇宙射线中发现的,而带电的 K 介子则是 1949 年由英国布利斯托尔大学的鲍威尔(Cecil Frank Powell)在上述工作基础上发现的。Ξ^{+} 超子是美国加利福尼亚小组在 1954 年发现的。所有的超子寿命都很短,在 $10^{-11}\sim10^{-10}$ 秒之间,其质量则为 2 183～2 585 倍电子质量。

物理学家像发现新大陆的哥伦布一样,好奇地观察"新大陆"的子民们——这批新粒子的古怪行为:它们毫无例外地都是在强相互作用过程中产生的,而且都成双成对出现(即所谓并协产生),如

$$\pi(\text{介子})+p(\text{质子})\rightarrow\Lambda+K^{0}$$

但是其衰变则一律通过弱相互作用过程。其寿命均为 $10^{-11}\sim10^{-10}$ 秒,正好说明这一点。它们的寿命虽然短暂,但比较它们产生时的相互作用过程却长 10^{14} 倍!

20 世纪 40—50 年代,物理学家对于这些问题伤透脑筋,为此赐予这些不速之客以佳名:奇异粒子(stranger particle)。其中的超子与核子性质相近(都是费米子等),看来像有血缘关系。原子核内可以取代核子而容纳超子,相应的核叫超核。例如中性的 Λ 超子就可以取代 1～2 个中子,形成所谓超 Λ 核。

1960 年,人们知道的轻子、介子与重子的数目将近 30 种了。大自然的无限慷慨,令人不知所措,平添许多淡淡的哀愁。

还有没有更多的基本粒子?这不断膨胀的清单,何时是"了"呢?

正当物理学家为奇异粒子煞费苦心的时候,不料更多的寿命更短的粒子——共振态粒子像流星雨一样,倾盆而下。

原来早在 20 世纪 50 年代初,费米、斯泰因伯格(J. Skinberg)在芝加哥大学就观察到这种粒子的迹象:π 介子与核子碰撞,其碰撞几率(碰撞几率就是碰撞的机会或碰撞的频率,也称碰撞截面)随冗介子能量有明显上升。袁家骝与灵顿鲍(J. Lindenbaum)进一步提高 π 的能量,几率上升,呈现险峻的峰值后就下降了。这种现象颇像振荡器的辐射频率与发射天线的调谐频率发生共振时,电磁波的强度急剧上升的情况。此时是 π 介子动能与质子—π 介子之间的位能发生共振。实际上,π 介子在极短时间滞留在质子周围,形成新的复合粒子,但在很短的时间,又衰变为质子与 π 介子。人们后来称这个短命粒子为 Δ^{++}。

依量子理论,一般容易计算出共振粒子的质量与寿命。质量就是 π^{+} 与 p 的质心能量,Δ^{++} 的质量为 1 236 兆电子伏。至于寿命可根据共振峰的宽度估算,一般宽度小(尖锐、峻峭)则寿命长,反之则寿命短。Γ 的宽度约为 115 兆电子伏,相当于寿命 $\tau=5.7\times10^{-24}$ 秒。袁家骝等发现的 Δ^{++} 是人类发现的第一个共振态粒子。共振态粒子的典型寿命是 10^{-24} 秒。

20 世纪 50 年代末,人们改进了寻找强相互作用过程中的共振粒子的方法,加上加速器能量不断提高和技术的改进,以及分析、测量仪器的精度提高和改良,共振态粒子大量涌现,使人目不暇接。强子的数目正在成倍增长……

最初发现的共振态粒子是两个粒子的复合体,后来发现还有更复杂的复合体。到 20 世纪 60 年代末,共振态粒子早就突破 100 种。到了 20 世纪 80 年代初,共振态粒子已有

300 多种,其中介子共振态粒子有 100 多种,重子共振态粒子有 200 多种。目前共振态粒子的种类有多少? 恐怕超过 400 种大关了吧。

20 世纪 60 年以后还发现几个寿命在 10^{-19} 秒以上的粒子:寿命为 10^{-19} 秒的 η 介子,以及寿命为 0.82×10^{-10} 秒的 Ω 超子。这一类长寿命粒子,包括轻子、重子、光子大约 30 来种,但共振态粒子就有约 400 种。

难道会有 500 种基本粒子吗? 20 世纪 50 年代开始就有人发出疑问并提出,各种各样的基本粒子的结构模型,如费米-杨振宁模型、坂田昌一(Shoichi Sakata)模型、核子的 π 原子模型、超子的哥德哈伯(M. L. Goldhaber)模型、福里斯(D. H. Frisch)对称模型、施温格(J. Schwinger)双重模型等。

更准确地说,人们怀疑强子是否够资格戴上基本粒子的桂冠,对于强子的基本粒子的资格致命的冲击来自于加速器。现在人们已经明白,在这些粒子中,只有电子、μ 子和中微子等是现代科学无法分析其内部结构,算得上是真正的基本粒子。而其余的几百种粒子都参与强相互作用,因此称为强子,其实它们是由更基本的粒子所构成的。这些更基本的粒子我们称为夸克。我们需要记住的是夸克是不能以自由的状态存在的,这种现象叫夸克禁闭。研究夸克的性质必须借助于对强子的测量和研究。通常所谓亚原子粒子指轻子和强子,是可以观测的。如图 9.14 所示。

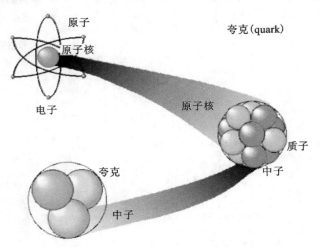

图 9.14 由夸克—核子—原子核 3 个层次的结构

第五节　色味俱全的基本粒子王国

一、标准模型中的基本粒子大家族

1994 年 4 月 6 日美国费米实验室发现 t 夸克(顶夸克),4 月 26 日宣布,是已知最重的基本粒子,质量达到 171 GeV,差不多是中子质量的 170 多倍。至此,人们在理论上(基本粒子的标准模型)预言的 3 代 6 种夸克全部发现了。我们知道,所有的强子均由 6 种夸克构成,如图 9.15 所示。6 种夸克构成 3 代,呈现"代模式"结构的形式。其中第一代为 u 夸克(上夸克)和 d 夸克(底夸克),第二代为粲夸克(c 夸克)和奇异夸克(s 夸克),第 3 代夸克为顶夸克(t 夸克)和底夸克(b 夸克)。最有趣的是后来人们发现,轻子也有 6 种:电子、电子型中微子、μ 子与 μ 子型中微子、τ 子与 τ 子型中微子。轻子也分 3 代,与夸克的 3 代模式相同,如表 9.2 所示。

表 9.2　3 代夸克结构

	第一代	第二代	第三代
夸克	$\begin{pmatrix} u \\ d \end{pmatrix}$	$\begin{pmatrix} c \\ s \end{pmatrix}$	$\begin{pmatrix} t \\ b \end{pmatrix}$
轻子	$\begin{pmatrix} \nu_e \\ e^- \end{pmatrix}$	$\begin{pmatrix} \nu_\mu \\ \mu^- \end{pmatrix}$	$\begin{pmatrix} \nu_\tau \\ \tau^- \end{pmatrix}$

基本粒子的标准模型所预言的全部粒子可以形象地如图 9.15 所示,在这个图中,将 3 代夸克和 3 代轻子显示出来,而且将强相互作用的媒介粒子胶子 g、弱电相互作用的媒介粒子中间玻色子 W± 和光子 γ,和在第一部我们提到过的希格斯粒子 H(Higgs boson)都显示出来了。

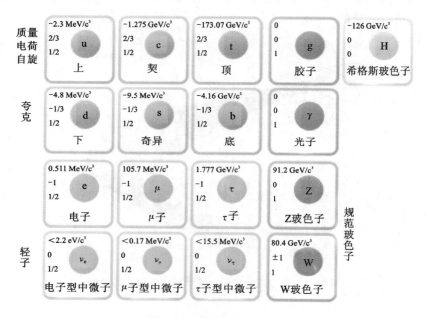

图 9.15　基本粒子大家族

此图包含了基本粒子标准模型中预言的 62 种粒子:轻子(12 种＝6 味×正反粒子)、夸克(36 种＝6 味×3 色×正反粒子)、规范传播相互作用的粒子(8 种胶子、1 种光子、3 种中间玻色子、1 种尚待发现的引力子)、希格斯玻色子(1 种)。

上面说的 3 代轻子和夸克,实际上又可以称为有 3 种味道(flavor)的轻子和夸克。这里的味道当然不是我们通常所说的酸甜苦辣,而是说在弱相互作用和电磁相互作用中显示不同性质的 3 种轻子和夸克。为了显示微观世界由原子而原子核,而强子,而夸克 3 个微观层次的数量级大小,读者可参阅图 9.16。同时建议读者将微观世界的梯次层次结构与大宇宙的梯次层次结构进行比较,也许可以领悟到大小宇宙的结构统一性。

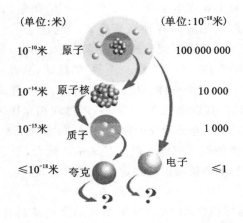

（单位：米）　　　　　　　　　　（单位：10^{-18}米）

10^{-10}米　原子　　　　　　　　100 000 000

10^{-14}米　原子核　　　　　　　　10 000

10^{-15}米　质子　　　　　　　　　1 000

$\leqslant 10^{-18}$米　夸克　　　电子　　　$\leqslant 1$

图 9.16　微观世界各个层次的尺度数量级

二、三代轻子的发现

现在谈谈轻子的准确物理概念。轻子的真实含义为只参加弱相互作用和电磁相互作用的基本粒子。当然，从轻子（lepton）本意来说，lepton 是由希腊文 leptos 而来，有小、细和轻的意思，又有最不值钱的硬币之意。就是说，物理学家开始认为轻子就是质量较小的粒子。电子是人们发现的第一种轻子。

1936 年，经过 3 年努力安德逊和尼德迈耶尔利用云雾室在宇宙线中发现一种带负电粒子。因为其质量很大，是电子的两百多倍，但比中子和质子的质量又小很多。有趣的是，其质量与日本物理学家汤川秀数（Hideki Yukawa）预言的一种传递核力（强相互作用）的媒介粒子的质量相近，人们都误以为那就是汤川预言的粒子。但经过测量发现，这种粒子的寿命很长，约 2 微秒（2×10^{-6}秒），完全不参加核力作用，当然也就不会是汤川预言的"介子"。换言之，这种粒子是物理学家以前不知道，而且谁也没有想到的不速之客。这种新粒子后来定名为 μ 子（记作 μ^-），其物理性质与电子完全一样，仅质量稍大一点，于是有人又称它们为重电子。这里补充一句，汤川预言的介子在第二次世界大战之后科学家发现了。现在称为 π 介子。π 介子与 μ 子质量相当，但性质完全不同。π 介子与中子和质子一样，都参与强相互作用，属于强子。强子除包括介子、核子以外，还包括质量更大的一类亚原子粒子——超子。

一个电子与一个质子结合为氢原子。如果用 μ 子换上电子，会形成特别的原子——μ氢原子。我国已故高能物理学家张文裕在 1948 年首先发现这种特别的原子。

电子与 μ 子质量较小，是最早发现的两种轻子。然而世界上的事无奇不有。1975 年美国斯坦福加速中心（SLAC）的马丁·佩尔（Martin LPerl）领导的研究组（简称 SLAC/LBL）利用 SPEAR 正负电子对撞机发现第三种带电的轻子，质量为质子的 1.9 倍。根据拉比迪斯（P. Rapidis）建议，新粒子用希腊字母 τ^- 表示，取意为第三之义，即第三种带电的轻子。1977 年，欧洲科学家在德国正负电子对撞机上进一步提供 τ^- 存在的证据，打消了人们前此存在的种种疑虑。

必须指出，美籍华裔科学家蔡永时（Y. S. Tsai）对于重轻子的发现做出过出色贡献。他在 1971 年撰文，题为《在 $e^+ e^- \rightarrow L^+ L^-$ 过程中重轻子的衰变的相关性》，他预言有重轻子存在的可能性,质量应为 1.8 吉电子伏(后来发现 τ^- 的质量为 1.777 吉电子伏),并指出发现该子的可能途径,以及相应的各种衰变模式。他建立了一整套的相关理论体系。其时蔡永时也在 SLAC 工作,其建议完全被佩尔等接受、采用。于是以后在 τ^- 轻子的研究中,几乎无人引用蔡的文章。所谓"无 τ^- 不蔡"的佳话,从此流传天下。

τ^- 的性质,几乎与 e^-、μ^- 完全一样。使人吃惊的是,其质量却是异常的大,几乎是质子的 2 倍,电子的 4 000 倍! 其寿命只有 10^{-13} 秒,通过弱相互作用衰变,如

$$\tau^- \rightarrow e^- + \bar{\nu}_e(\text{电子型反中微子}) + \nu_\tau(\tau \text{子型反中微子})$$

就其性质,应归于 e^-、μ^- 类的轻子家族。但质量又是如此大,于是便有"超重轻子"这样自相矛盾的称呼。但是,此类不合逻辑但已约定俗成的表述,在物理学或在科学中又何止一例呢!

我国北京正负电子对撞机(BEPL)对轻子质量的测量是具有领先世界水平的杰出工作。自 1991 年 11 月起,我国学者郑志鹏等与美国学者合作,利用对撞机对 τ 轻子的质量进行了测量,其结果为

$$m_\tau = 1\,776 \pm 0.5(\text{统计误差}) \pm 0.2(\text{统计误差})(\text{兆电子伏})$$

这个值比原来国际上公认的数值下降了 7.2 兆电子伏,即降低了两个标准误差,精度大约提高了 5~6 倍。这一结果澄清了当时学术界的一些分歧,被李政道先生誉为当时 1~2 年间高能物理学界的最大进展。

最奇怪的是,这三类轻子都会衰变,并具有对应的中微子。例如:最早发现的在中子 β 衰变中释放的便是电子型中微子,

$$n \rightarrow p + e^- + \bar{\nu}_e(\text{电子型反中微子})$$

同样,μ 子也有自己的"伴侣",其对应中微子称为 μ 子型中微子,τ 子对应的中微子称为 τ 子型中微子。中微子的反粒子称为反中微子。关于反粒子的概念我们下节要仔细谈到。一般称电子 e^- 及其反粒子 e^+,加上相应的中微子称为轻子族的第一代(generation);μ^- 及其反粒子 μ^+,加上相应的中微子为第二代;τ^- 及其反粒子 τ^+,加上相应的中微子为第三代。它们的性质极类似,不参与强相互作用,都有自旋,其值为 1/2,是费米子,遵从泡里不相容原理。奇怪的是,其质量一代比一代大,而且大许多。更加奇怪的是,每个轻子还有一个窈窕玲珑的伴侣——中微子。3 代轻子族又称 3 味轻子族。味在这里是表示粒子参与弱相互作用和电磁相互作用时所表现的特征行为。

强子在 20 世纪 60 年代以前,被认为是基本粒子,但是由于高能物理实验的不断进步,尤其是深度非弹性的电子散射实验,导致夸克模型的出现和实验确证,现在人们知道所有的强子都是由 6 种夸克构成的。

三、弱电统一理论

细心的读者会发现前面我们提到弱电相互作用。什么是弱电相互作用呢? 简单来说,就是在更高的能域(大约是 100 GeV 以上),通常的弱相互作用和电磁相互作用的强度逐渐趋近,以至合二为一,变为或者说统一为一种相互作用,科学家称为弱电相互作用。换言之,此时不再有分别的弱相互作用和电磁相互作用。

我们知道,爱因斯坦曾经长期致力于将引力与电磁相互作用统一起来的研究,可惜的是他的"统一场论"一直未能成功。东方不亮西方亮。从 20 世纪 60 年代初开始,许多物

理学家的注意力指向了将弱相互作用和电磁相互作用统一起来的尝试，其中格拉肖（Glashow，Sheldon Lee）的工作最令人注目。格拉肖是施温格的研究生，其博士论文就是有关弱作用的。他利用了物理学家刚刚掌握的数学工具——描写自然界对称性的群论（Group Theory）进行探讨。他试用较复杂的 $SU(2) \otimes U(1)$ 对称性（群）（我们暂且不要理会这些群的具体含义，它牵涉到复杂的高深数学），取得了初步的成果。在他的理论中包含光子和中间玻色子 W^+、W^-（当时许多理论物理学家如李政道都从不同的角度预言存在这些粒子），又添加一个不带电的 Z^0 的中间玻色子。但是由此也闯下了大祸。

图 9.17　格拉肖（1932—）

　　问题之一是，必然会出现此前从未发现的"中性流"过程（不发生电荷交换的过程），如

$$\nu_e(\text{中微子}) + n(\text{中子}) \rightarrow \nu_e + n$$

而以前观察到的标准弱过程，只有

$$\nu_e + n \rightarrow e^-(\text{电子}) + p(\text{质子})$$

其中粒子的电荷发生变换，这种过程称为带电流过程。

　　更加严重的问题是从他选择的规范群 $SU(2) \otimes U(1)$，中间玻色子 W^+、W^-、Z^0 应该没有静止质量。因为所有的规范群都必须遵从规范对称性，要求相应的规范传播粒子的静止质量必须为 0。但是现实的物理实验表明，传递相应具有相互作用的中间玻色子 W^+、W^-、Z^0 应该有很大质量。这样一来，格拉肖的理论就不能正确地描述相应的物理现象。自 1961 年以后，人们对于格拉肖的理论都敬而远之。有趣的是，在 1961 年萨拉姆曾对格拉肖的工作给予严厉批评，并指出其中好几处数学上的"硬伤"。但是 1964 年萨拉姆试图挽救格拉肖的理论没有成功。然而到 1967—1968 年，温伯格和萨拉姆分别独立地利用了物理学家刚刚获得的强大的理论武器——对称性自发破缺机制，终于使格拉肖的理论起死回生。

　　在格拉肖的理论中，加进了对称性自发破缺机制，就能使规范粒子获得质量，同时又能使规范对称性得到保留就好了。我们已经知道对称性自发破缺机制，又称为隐藏对称性。科学家终于做到既保全规范对称性不变，同时又使规范粒子获得质量。

　　1973 年，CERN 的"巨人"气泡室发现几例中性流事件，并且很快得到美国费米实验室、布鲁克海文与阿贡（Argonne）实验室的实验结果的支持。这是 W-S 理论的巨大成功。从此弱电统一理论更是"春风得意马蹄疾，一朝看尽洛阳花"了。

　　欧洲核子中心（CERN）的鲁比亚（C. Rubbia）与范德梅尔（S-vanderMeer）在 1982 年建造的质子—反质子对撞机，能量为 600 GeV，在 1982 年 10—12 月，发现 W^+、W^- 事例 140 000 起。最后几经周折，包括计算机处理中的问题，最后确证 5 起事例：其中 4 起相应 W^+ 粒子，1 起相应 W^- 粒子。真是比黄金还要宝贵的 5 个事例呀。他们于 1983 年 1 月 25 日宣布他们的发现。至于 Z^0 粒子呢？他们直到 1983 年 5 月 4 日，才发现与 Z^0 有关的第一个事例，经过 5 个月紧张工作，积累事例几万起。在 1983 年 10 月，他们宣布发现 Z^0 粒子。按照他们的测量，W^+、W^- 的质量大约为 81 GeV，而 Z^0 的质量为 93 GeV，其寿命约为 10^{-24} 秒。现在人们采用的数据是 $m_W = 80$ GeV，$m_Z = 91$ GeV。

于是人们终于可以肯定,继麦克斯韦电磁论(统一电力与磁力)以后人类历史上的第二个成功的统一场论——温伯格、萨拉姆和格拉肖的电磁相互作用和弱相互作用的统一理论(弱电统一理论)终于成功地建立起来了。这是物理学发展史上的重要里程碑。科学家称统一以后的电磁相互作用和弱相互作用为弱电相互作用。温伯格、萨拉姆、格拉肖三人也因此荣获 1979 年诺贝尔物理学奖。

图 9.18　弱电统一理论终于建立起来了

S.格拉肖(左)　　A.萨拉姆(中)　　S.温伯格(右)

图 9.19　1979 年诺贝尔物理学奖现场

四、基本粒子相互作用的味和色

味物理是描述粒子在弱和电磁相互作用下粒子的特性。对于夸克来说,除了味物理之外,它们还参与强相互作用,而对于轻子来说,它们只参与弱电相互作用。简言之,所有参与弱电相互作用的理论称为量子味动力学(quantum flaver dynamics,QFD)。在 QFD 中,参与弱电相互作用的夸克和轻子有 6 种味道。所谓 QFD,指的就是温伯格、萨拉姆和格拉肖所建立的弱电统一理论。描写相应对称性的规范群是 $SU(2) \otimes U(1)$。但此处的 $SU(2)$ 就是我们早就介绍过的弱同位旋升格而来的。因为原来的 $SU(2)$ 只有近似整体对称性,现在却是局域对称性理论了,但是原来的"功能"还保留。大厦中的居民是三代夸克与轻子,每一代都是它的基本表示("表示"为群论的术语,大意是具体群中具有对称性的某种特殊组合)。大厦中另一些居民就是 4 个规范粒子:光子 γ 和 W^+、W^-、与 Z^0。从弱电统一理论来看,6 种夸克和轻子分别对应 6 种味道。

形象地说,在低能下,W 与 Z 粒子由于质量与过程能量相比较大,因此传递相互作用时就会被自己的质量"拖住",以致作用很弱,与电磁相互作用有显著的差异。在图 9.20 中山的高度相当于作用的强度,时间相当相应的能量大小。电磁作用和弱相互作用的强度都是随能量增高而变化,在极高能量处(或两粒子距离极小处)弱作用强度急剧增加,一直到与电磁作用强度相等,合二为一。这相当破晓时

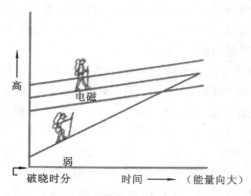

图 9.20　电磁作用与弱作用的统一示意图

分两登山客，一个攀山极快，一个较慢，最后在某处会合。相当于弱相互作用与电磁相互作用并合为一个统一的相互作用——弱电相互作用。在极高能下（如 10^{15} GeV），比较而言 W 与 Z 的质量可以忽略不计，几乎跟静止质量为 0 的 γ 光子行为一样。

描写强相互作用的理论，称为色动力学。也就是"颜色"的动力学。这里的"颜色"也不是我们通常所说的红橙黄绿蓝靛紫，而是表示在强相互作用下夸克的特质。现在我们知道夸克在强相互作用下有红、绿、蓝三种颜色。总之，夸克有味（相对于强相互作用），也有色（相对于强相互作用）；轻子无色（不参与强相互作用），但是有味（相对于弱相互作用）。本书介绍的主角是中微子，属于轻子，不参与强相互作用，因此是无色的。强相互作用则与色相关。因此我们必须再一次强调，这里的颜色和味道并非我们通常指的颜色和味道，指的是强相互作用和弱电相互作用的独特秉性。描写强相互作用的量子色动力学（Quantum Chromodynamics，QCD），描写相应对称性的规范群是 SU(3)，是 1973 年美国物理学家戴维·格罗斯（David J. Gross）、戴维·波利策（H. David Politzer）和弗兰克·维尔切克（Frank Wilczek）提出的。这个理论有一个非常奇特的性质，就是渐进自由（asypototic freedom）。瑞典皇家科学院 2004 年 10 月 5 日宣布，将当年的诺贝尔物理学奖授予格罗斯、波利策和维尔切克，以表彰他们发现强相互作用理论中的渐近自由的开创性发现。关于什么是渐进自由，欲知详情，请参看本章阅读材料 9-2。

图 9.21　格罗斯(1941—)(左)、波利策(1949—)(中)和维尔切克(1951—)(右)

描写强相互作用的 QCD 的媒介粒子叫做胶子，总共有 8 种胶子。1979—1986 年，欧洲核子中心大型正负电子对撞实验凭一明显的三重喷流结构显示了胶子的存在；其第三喷流被认定为一个产生了的夸克发出胶子。

图 9.22　胶子将两个上夸克和一个下夸克束缚形成一个质子

弱电统一理论与量子色动力学都属于所谓非阿贝尔规范对称理论，是一种数学结构比较复杂的量子理论。实际上，早在量子理论出现之初，在具体计算中往往会出现无穷大。例如,1930 年,美国物理学家奥本海默在计算狄拉克方程中所谓自能时,就发现出现无穷大。这在物理上是不允许的,会限制理论的应用,使理论根本无法进行精确计算。20世纪 40 年代,物理学家找到一种系统处理这些无穷大(又称发散困难)的方法,叫做重整化理论。经过重整化以后,无穷大消失了,得到的计算结果是有限值,并且与实验观察相吻合,美国与日本的科学家为发明这个方案甚至荣获诺贝尔物理学奖呢。当然这种方法是针对比较简单的电磁作用的量子理论——量子电动力学(QED)理论的。

自此之后,物理学家对于一个理论的好坏,有一个先入为主的判断标准,看是否能重整化,否则就入另册,至少认为是没多大用的。非阿贝尔规范理论的另一个优点就是可以严格重整化,因此 QCD 是可重整的。天才物理学家荷兰特胡夫特(G. t Hooft)和他的导师维尔特曼(M. Velinan)在 1971 年证明了非阿贝尔规范理论是可以重整化的,经过自发破缺后,依然可以重整。就是说,自发破缺并未破坏 W-S 理论(弱电统一理论)的可重整性。当然也包括而后建立的 QCD 理论也是可以重整的。

特胡夫特是一个奇才。他的论文短小凝练,异常艰深,往往要花费许多精力才能明白其中的深义。这个消息使世界高能物理学界雀跃不已。哈佛大学的科尔曼教授击节赞叹道:"特胡夫特的突破,使温伯格与萨拉姆的青蛙摇身一变,成了大家赞美的王子!"

维尔特曼是荷兰理论物理学家,20 世纪 70 年代任教于乌特勒(Utrech)大学,对弱电理论的重整化十分感兴趣。他发现理论中出现的许多无穷大项可以相消,但无法证明所有的无穷大项不能全部消去。他在 1968 年发展一套所谓"学院计算机程序"。利用该程序,借助于符号就可以将量子场论中所有复杂的表达式,简化为代数计算,简洁地将许多结果表达出来。1969 年春天,特胡夫特时年龄 22 岁,刚大学毕业,要求学习高能物理,很快被录取为维尔特曼的博士生。在维尔特曼建议下,以弱电统一论的重整化问题作为其博士论文。特胡夫特要求课题越难越好。特胡夫特发明了一种维度正规化的数学方案,以极快速度完成可重整化的证明,维尔特曼简直目瞪口呆。经过学生反复说明,特别是通过维尔特曼的"学院计算机程序"验算部分结果以后,他才相信这个世界难题都被这个青年攻克了。1971 年,特胡夫特的论文在《欧洲物理快报》上发表。

但是,祸不单行,好事却也每每成双!——青蛙王子在凯歌行走,——身价顿时百倍的 W-S 理论接连又取得接二连三的重大收获。于是,"弱电统一宫"又添华彩,青蛙王子频传凯歌。

要知道,温伯格开始读特胡夫特的文章并不信服。文章的形式及表述的技巧温氏不熟悉。当他的朋友,韩国科学家李(Benjami L.)将特胡夫特的文章"翻译"成通常熟悉的形式时,温伯格才弄懂,并相信其正确性。1999 年维尔特曼与特胡夫特荣获诺贝尔物理学奖。理由是,他们的工作奠定了粒子物理学的坚实数学基础,尤其是他们证明有关理论是可以用于物理量的精确计算的。许多计算结果已为美国和欧洲加速器实验室证实。总之,他们的工作在阐明物理学中电磁相互作用的量子结构有极大贡献。

原来 W-S 理论发表伊始,除重整化问题之外,经过重整后的弱电理论,不仅消除原来"发散"的致命的问题,而且可以用于精确计算,这一结果可以与实验结果比较。例如理论所预言的中性流(Neutralcurrent)在 1973 年 7 月为欧洲核子中心的科学家所发现。

电子的发现与基本粒子探测设备(现代超级照相机)

　　电子是人们发现的第一种基本粒子,其发现应归功于英国物理学家汤姆逊(图 9.7),说来奇怪,他并不擅长实验操作,他的一位早期助手在回忆中说:"汤姆逊的手指很笨拙,我觉得没有必要鼓励他去操作仪器。"他的天才在于他能够在任何时候都清楚:下一步要解决的问题在哪儿。对理论家和实验家来说,这是至关重要的才干。他是在研究所谓阴极射线的放电中,发现阴极射线就是流动的电子。

　　什么是阴极射线呢? 原来在 19 世纪中叶,科学家将玻璃管中的两块金属板用导线和强电源相连接,接到电源的正极的板称为阳极,接到电源的负极的板称为阴极。当玻璃板内的气体几乎抽为真空时,管内大部分的光消了,仅仅在阴极附近管壁有浅绿色的辉光,看起来似乎有什么东西从阴极飞出来,穿过几乎是真空的空间,打到玻璃壁上,然后再会聚于阳极,几年后,尤金·戈德斯坦(Eugen Goldstein,1850—1930)把这种神秘的现象命名为阴极射线。实验装置如图9.23所示。

　　在图 9.23 中,A 是低压电源,提供阴极 C 加热的能量。B 是高压电源,为覆磷的阳极 P 提供电压。M 是蒙片,其电位与阴极相同,其图像显示在屏幕上磷不发光的部位。对这种神秘现象天才实验物理学家赫兹(H. Hertz,1857—1894)认为是一种类似于光的波动,而英国物理学家威廉·克鲁克斯(W. Crookes,1832—1919)则认为射线是由气体分子组成的。汤姆逊在阴极射线管加一磁铁场,发现

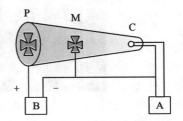

图 9.23　克鲁克斯管示意图

磁铁可以使玻璃管壁上的辉光位置发生改变,证实法国物理学家佩兰(J. B. Perrin,1870—1942)和戈德斯坦的发现,阴极射线偏向带正电的金属板,因而应该带负电。汤姆逊进一步给带电粒子施加电场和磁场,再测量阴极射线的偏离程度,由牛顿力学和当时已经知道的电磁学定律可以推断,阴极射线的速度为 2.7×10^7 m/s,粒子的质荷比为 1.4×10^{-14} kg/C。现在测量结果为 0.56857×10^{-11} kg/C。汤姆逊由此断定阴极射线粒子是所有物质普遍的基本成分,这个结论影响深远。

　　1899 年科学家(包括汤姆逊)证明,在光电效应中或从白炽金属表面发射出的带负电荷的粒子,其粒子的质荷比与阴极射线的也相同。汤姆逊并没有对他提出的基本粒子取一个专门名称。而在早些年,英裔爱尔兰物理和天文学家乔治·约翰斯通·斯托尼(G. J. Stoney,1826—1911)曾建议,当原子变成带电的离子时,它所获得或丢失的电单位应当称为电子。在汤姆逊 1897 年的实验之后约 10 年,他的基本粒子的实在性已经得到广泛的承认,各地的物理学家开始称它为电子。

　　我们注意,电子的发现实际上是由于电子具有电荷以及流动的电子具有磁

性。现代基本粒子的探测手段当然已经大大完善，但是其原理要借助电磁相互作用。这一点与电子的发现在原理上基本一致。我们现在是如何观察基本粒子的呢？基本粒子的运动轨迹和速度（能量）如何确定？粒子的类型如何鉴别？尤其是要发现一种非常罕见的粒子，往往在几亿个事例中，才能"出现"一两次，这岂不是难于大海捞针么？诚然如此。

因此，不足为奇，在加速器技术蓬勃发展的同时，复杂、精巧和昂贵的粒子探测技术——微观世界的超级摄像机也日臻完善。

早期的探测手段比较简单。核乳胶就是一种特殊的浓厚的照相乳胶，显影时能显示出带电粒子飞过乳胶的径迹。威尔逊（C. T. R. Wilson）云室，其中充满气体（如氩气）和蒸气（如酒精蒸气）的混合物。当混合物处于过饱和状态时，如果有带电粒子通过，就会有细小水珠凝结在粒子路径。威尔逊因此获得1927年诺贝尔物理学奖。介子、正电子等重要粒子都是在乳胶、云室中发现的。在图9.24中，右图为威尔逊云室的外观图。

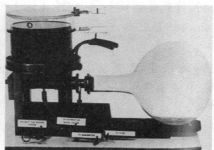

图 9.24 威尔逊及威尔逊云室

1952年，格拉塞（D. A. Glaser）在云室中用过热的液体，如液氢、液氘或氟利昂等代替气体——蒸气混合物，发明了气泡室。人们利用带电粒子在液体中留下的细泡，更加方便，得到信息更多。

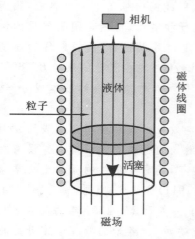

图 9.25 气泡室原理图

1968年，夏帕克（G. Charpok）等在欧洲核子中心研制成功世界第一台多丝正比室，实际上是现代电子学探测器的发轫。目前，在大多数实验应用中，传统的气泡室已逐渐为电子学探测器所代替。

大多数探测器采用漂移室或由漂移室演变而来的器件。现代漂移室被精细地分割成许多子单元，许多细长的丝相互平行地布列在气体中，当带电粒子通过气体时，其径迹上留下被电离的气体分子和电子。电子被丝上的电压所吸引，到达丝上，即给丝产生一个电脉冲。这些电脉冲被收集，并经过放大，记录在磁盘上。分析这些数据，尤其是测量电子漂移到丝上所需的

正高压	————————
负高压	————————
正高压	————————
负高压	———●———— 信号在该丝上出现
正高压	————————
负高压	————————
正高压	————————

图 9.26　多丝正比室外观及原理图

时间,即可精确判断粒子径迹的准确位置。

　　现代加速器与对撞机的探测系统,通常具有分层的层次结构,一层套着一层。每一层用于探测粒子作用过程的某一方面。

　　一般说来,探测系统无论我们装置得怎么紧凑、巧妙,其结构都十分复杂,体积庞大,且耗资昂贵。

　　CDF 与 DO 探测器是物理学家在 Tevatron 上用来观测质子和反质子之间对撞的两个探测器。这里 Tevatron 为费米国家实验室质子与反质子的对撞装置。它接收从主注入器来的 150 GeV 的质子与反质子,并将其几乎加速到 1 000 GeV。质子与反质子按相反的方向在

图 9.27　CDF 与 DO 探测器
位置示意图

Tevatron 里运转,速度每小时仅比光速慢 312.8 公里。质子与反质子束流在 Tevatron 隧道中的 CDF 和 DO 探测器的中心部分发生对撞,爆发式地产生新粒子。探测器大如三层楼房,每个探测器都有许多探测分系统,这些分系统识别来自几乎在光速发生对撞所产生的不同类型的粒子。通过分析这些"碎片",探究物质的结构、空间和时间。质子、反质子在 CDF 和 DO 探测器中心每秒发生 200 多万次的对撞,产生大量的新粒子。对于有趣的事例,探测器记录每个粒子的飞行轨道、能量、动量和电荷。物理学家倒班工作,一天 24 小时地监测探测器的运行情况。

图 9.28　CDF 探测器(左)和 DO 探测器(右)

至于欧洲核子中心最近建成的大型强子对撞机(LHC),分别设有 5 个探测器在碰撞点的地穴中。其中超环面仪器(ATLAS)和紧凑 μ 子线圈(CMS)是通用型的粒子探测器。其他 3 个〔(LHC)底夸克探测器(LHC b)、大型离子对撞器(ALICE),以及全截面弹性散射探测器(TOTEM)〕则是较小型的特殊目标探测器。LHC 也可以用来加速对撞重离子。其中 ALICE 探测器、ATLAS 探测器和 LHC b 夸克探测器分别如图 9.29~图 9.31 所示。

图 9.29　ALICE 探测器

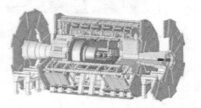

图 9.30　ATLAS 探测器

中子和中性 π 介子等亚原子粒子,不带电不参与电磁相互作用,但是它们的质量都很大,因此,它们的运动轨迹会由于与其他粒子的碰撞而发生偏折,比较容易观察。尤其是中子的发现,一波三折,情节相当有趣,但与本书主题关系不大,就不详细介绍了。

中微子不带电,其质量几乎为零,传统的探测器对它几乎不起作用,这就是为什么发现它那样困难,研究它那样费时的原因。(本段内容摘录自

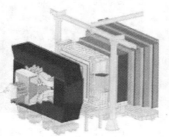

图 9.31　LHC b 夸克探测器

作者所著《小宇宙探微》湖北教育出版社 2013 年第一版)

阅读材料 9-2

在强相互作用的渐进自由

(一)量子色动力学基本物理图像

20 世纪 70 年代伊始,哈佛大学和普林斯顿大学的物理学家从 SU(3)的局域非阿贝尔规范对称性,得到了夸克之间相互作用,即强相互作用的具体规律。他们认为,在 1964 年盖尔曼、格林伯格(Oscar Wallace Greenberg)等引进的夸克的色,就是夸克相互作用的"源",就像电荷是电磁力的"源"一样。我们知道,盖尔曼、格林伯格提出每种(味)夸克都具有三原色红、绿、蓝,就是 SU(3)对称性中可以相互变换的基本对象(用术语说就是 SU(3)群的基本表示)。盖尔曼、格林伯格的原意不过是引入了夸克的 1 种自由度——"颜色"(color)的概念。这里的"颜色"并不是视觉感受到的颜色,而是 1 种新引入的量子数的代名词,与电子带电荷相类似,夸克带颜色荷。这样,每味夸克就有 3 种颜色分别是红、绿和蓝。

从规范理论可以知道,SU(3)群对应 8 种无静止质量的规范粒子,我们前面

称之为胶子（gluon）的粒子。实际强相互作用的本质就是带色的夸克与带色的胶子作用（或称耦合），但是与电子和光子相互作用不同的是，一般来说，前者的颜色在作用以后会发生变化，而后者则电子仍然保持电子的电荷不变（注意光子是不带电的）（参见图9.32）。图9.32（a）表示电子 e^- 与光子 γ 发生作用，依然放出电子 e^-（电荷不变）。图9.32(b)表示如果红色夸克 q_R 与胶子发生作用，放出绿色夸克 q_G，则胶子的颜色应为（G $\overline{R}$）复色，其中 R 代表红色，$\overline{R}$ 为补红色，即（R＋$\overline{R}$）＝无色。这里借用了美术里的原色和补色的概念。夸克的颜色为 R、G（绿色）、B（蓝色），而反夸克的颜色则为 $\overline{R}$、$\overline{G}$、$\overline{B}$。

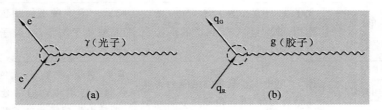

图 9.32　夸克与胶子作用和电子与光子作用比较

（a）电子与光子耦合，电子电荷不变；

（b）夸克与胶子耦合，夸克的颜色一般会发生变化，原因是胶子带色

容易推广图 9.32(b)的结果，会发现胶子的颜色应为复色：（R $\overline{G}$）、（R $\overline{B}$）、（R $\overline{R}$）、（G $\overline{R}$）、（G $\overline{B}$）、（G $\overline{G}$）、（B $\overline{R}$）、（B $\overline{G}$）、（B $\overline{B}$），共 9 种。注意，如胶子（R $\overline{G}$），含义为一个红夸克与一个反绿夸克结合，形成为无静止质量的复色胶子。但其中复色（R $\overline{R}$）、（G $\overline{G}$）与（B $\overline{B}$）并非独立的，它们之间有关系

$$G\overline{G}＋R\overline{R}＋B\overline{B}＝无色（白色）$$

实际上无色阳光经过分光镜后，我们不是可以看到散开的等量三原色红、蓝、绿光吗？因此，带色的胶子独立的只有 8 种。如果粒子无色，术语称它们为色单态，就不会与带色的粒子发生作用。夸克之间的作用与味无关，即不管你是 u（上）、d（下）或 s（奇异），只有色相同作用就是相同的，这种情况又称"味盲"。夸克与胶子的作用，一般会改变夸克颜色，但却不会改变夸克的味道。

我们发现 QCD 比 QED 要复杂得多（参见表 9.3）。原因就是 QCD 系一种复杂的非线性理论。而 QED（量子电动力学）则是较为简单的线性理论。光子不带电，光子与光子之间是不会发生作用的，而胶子则带色，色则是强相互作用的源（或称强荷），因此胶子间是存在相互作用，这叫自作用或自耦合。在非线性的广义相对论中也存在，不过那是引力的自作用。

我们现在看到，建立在杨-米尔斯理论基础上的 QCD 实际上是一个严密有效的理论体系，而且是一个色调丰富、色彩缤纷的世界，其中如果计及反粒子的话，有 6 种原色，16 种复合色。这是一个迷人的世界，但是只要想到这些"色"都是强相互作用的源，我们也就自然想象得到，在这个色彩斑斓的世界中的相互作用，比起通常的电磁相互作用，不知会复杂多少倍，不知会有多少神奇的新鲜事从中传播开来。

物理发现 启思录

表 9.3　QCD 与 QED 的比较

理论 性质	QED	QCD
参与相关作用的粒子	电子(e^-)、μ子(μ^-)、τ子(τ^-)及反粒子 e^+、μ^+、τ^+及带电夸克	U_R、U_G、U_B、d_R、d_G、d_B、S_R、S_G、S_B 及反粒子 $\overline{U}_R$、$\overline{U}_G$、$\overline{U}_B$、$\overline{d}_R$、$\overline{d}_G$、$\overline{d}_B$、$\overline{S}_R$、$\overline{S}_G$、$\overline{S}_B$
相关作用的源或荷	电荷,有正电荷、负电荷两种	色荷,三原色 R、G、B 及其补色 $\overline{R}$、$\overline{G}$、$\overline{B}$;复色 8 种及补复色 8 种
相应的规范粒子	光子 γ(只有 1 种),不带电,无自作用,静质量为零,光子的反粒子就是其自己	胶子 g(有 8 种不同颜色),有自作用,静质量为零,反胶子 $\overline{g}$ 亦有 8 种,其颜色与胶子相补
相应的复合粒子	原子(电中性),剩余的电磁力将原子结合为分子(即范德瓦尔斯分子力为原子中电磁力的剩余力)	介子、重子(色单态、无色),剩余的强相互作用将它们结合为原子核(即核力为核子中的强相互作用的剩余力)

（二）红外奴役与渐近自由

QCD 中最古怪的新鲜事莫过于红外奴役与紫外渐近自由了。早在 20 世纪 60 年代物理学家从实验中已经知道,在深度电子对核子的非弹性碰撞时,在很高能量时电子轰击到核子中的一个夸克。受轰击的夸克从其他夸克旁边呼啸而过,几乎不受其他夸克的影响。这是非常奇怪的事。在中子和质子一类的亚原子粒子中,两个夸克或者一个夸克一个电子,如果相隔很近时,几乎没有相互作用,这种现象就是渐进自由。通常人们总是看到两个带电的粒子,距离越小,作用力总是越强。

"紫外"这里是借用光学的名词,在光谱中,紫光相应能量(频率)较高的光子,红光则相应能量(频率)较低的光子。紫外渐近自由,意指两个夸克在高能碰撞,或者说,彼此相距很近($\sqrt{\Delta E}$ 相当于 $\frac{1}{\Delta r}$),Δr 为距离,ΔE 为碰撞能量),其相互"作用"(或影响)越来越小,几乎趋近于零,变成几乎是"自由"夸克了。

对这种情况,有一位美国物理学家将渐近自由比喻成一对古怪情人。当他们暌违远离时,彼此思恋不已,真是望穿秋水,渴望一见。当他们一见面,往往又使"小性子",互不搭理,似乎对方压根儿就不存在似的。《红楼梦》中的贾宝玉与林黛玉不就是这样的吗? 这正像古诗所说的"东边日出西边雨,道是无晴却有晴"。

夸克模型分别由默里·盖尔曼与乔治·茨威格于 1964 年独立地提出,夸克一词原指一种德国奶酪或海鸥的叫声。原始夸克模型认为只有 3 种(味)夸克:u、d、s,后来陆续发现 c(粲夸克)、b(底夸克)和 t(顶夸克),一共有 6 种(味)。所有参与强相互作用的粒子,即所谓强子(hadron),均由夸克构成:其中自旋为半整数的重子(baryon)由 3 个夸克构成,而所有自旋为整数的介子(meson)则由一个夸克和一个反夸克构成。夸克模型最令人不可思议的是,认为夸克的电荷为

图 9.33　夸克犹如一对古怪恋人

分数值。请参阅表 9.4。问题是自由夸克到底存在吗？

表 9.4　基本粒子表

类型	电荷(e)	三代实物粒子(费米子,自旋1/2)			规范玻色子(整数自旋)	电荷(e)
		第一代	第二代	第三代	弱电相互作用	
轻子	0	电子型中微子 ν_e,质量小于 4.3 电子伏	μ 子型中微子 ν_μ,质量小于 0.27 兆电子伏(下限可能在 0.03～0.1 电子伏之中)	τ 子型中微子,质量小于 31 兆电子伏	W$^+$,质量 80 吉电子伏	+1
					W$^-$,质量 80 吉电子伏	−1
	−1	电子 e,质量 0.511 兆电子伏	μ 子 μ^-,质量 105.7 兆电子伏	τ 子 τ^-,质量 1 777.1 兆电子伏	Z^0,质量 91.200 吉电子伏	0
					γ,质量 0	0
夸克	$+\frac{2}{3}$	上夸克 u,质量 5 兆电子伏	粲夸克 c,质量 1 300兆电子伏	顶夸克 t,质量 174 000 兆电子伏	弱电相互作用 8 色胶子(R $\overline{R}$)、(G $\overline{G}$)、(R $\overline{G}$)、(G R)、(B $\overline{G}$)、(R $\overline{B}$)、(G $\overline{B}$)、(B $\overline{R}$),质量 0	0
	$-\frac{1}{3}$	下夸克 d,质量 10 兆电子伏	奇异夸克 s,质量 200 兆电子伏	底夸克 b,质量 4 300 兆电子伏		
说明		我们世界实际上是由第一代(最轻的)实物粒子构成,第二代与第三代实物粒子均系由加速器中与宇宙线中发现			所有相互作用都是由规范玻色子所传递	

　　夸克模型问世以后,寻找自由夸克——携带分数电荷的粒子立刻成为一种时髦。人们甚至从密立根(R. A. Millikan)在 1913 年发表的关于用油滴法测量基本电荷的论文中,找到有分数电荷(2/3 基本电荷)存在的根据。在那篇著名论文的附注中,作者声称似乎发现有一油滴携带的电量为基本电荷的 70%。美国斯坦福大学的费尔班克(W. Fairbank)利用改进的油滴实验,寻找分数电荷粒子 10 余年,也屡次宣布发现分数电荷。但别人用类似方法都不能重复其结果。实际上,人们上至月球采回的样品,下到地层深处,到处寻找。遗憾的是,40 余

年的漫长搜寻,其结果是否定的。真是"上穷碧落下黄泉,两处茫茫皆不见"。

在自然界不存在其电荷为分数电荷的自由夸克一事,这种现象物理学家称之曰"夸克禁闭"(quarks confinement),也叫红外奴役。就是说夸克被囚禁在强子之中,永世不能目睹天日。自从宇宙诞生至今138亿年,夸克一直被囚禁着,这大概是世界上最长的徒刑了。这种情况从实验来说,可以等价表示红外(即较低能、远距离时)奴役(受到限制,像奴隶一样被役使),就是说强子中的夸克不能从强子中逃逸出来,变成自由夸克。

其实何止夸克,胶子以及大自然中所有带色的粒子都一概被囚禁、奴役,我们称之曰"色囚禁"。这一事实,使人难以理解,也是盖尔曼当初提出夸克模型时犹豫不决的原因。

可惜QCD对于色禁闭至今无法从理论上严格予以证明,或给出令人信服的合理解释。由于数学上的困难,只能近似地(如在格点规范下)证明这一点,或者提出种种不那么严格的解释(如弦模型、袋模型等)。有人认为这种禁闭是绝对的,即无限期的、无论如何都无法解除的。也有人认为囚禁是相对的,或许有朝一日,在足够大的能量下,夸克会解放出来。这就是新世纪以来,大家翘首以望欧洲强子对撞机可能送给我们好消息。

"夸克禁闭"被许多物理学家认为,这是留给21世纪头等的难题。有人(如李政道等)认为,当前物理学头上这团乌云,或许会给物理学带来一场暴风雨似的革命!

图9.34为2010年欧洲核子中心大型强子对撞机ALICE研究组,根据实验结果所模拟得到的高密度、高温、行为特征颇似炽热液体的夸克-胶子等离子体。人们普遍认为,它们应该存在于极早期宇宙。换言之,这些工作表明,在极高的能量下也许夸克会从禁闭中解放出来,与胶子一起构成所谓夸克-胶子等离子体。

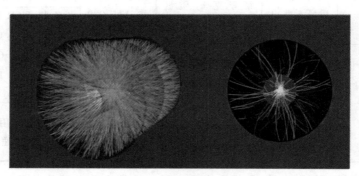

图9.34 宇宙极早期的夸克-胶子等离子体模拟示意图

虽然人们未直接观察到夸克和胶子,但是近年来随着实验技术的长足进步,人们实际上已证实确实有夸克三色,看到了夸克的碎裂,胶子的"喷注"(jet)。雾里观花,纵然免不了有些"终隔一层"的距离感,反而增添鲜花的娇柔和鲜妍,色彩纵然不免朦胧和闪烁,然而那分明的真切感和神秘感,却更激起人们对于自己智慧的洞察力的赞美和讴歌。理论的预言,一步步地证实了,即使原来对QCD

不信任的人，现在对于这个完全基于人类对于美与对称性建立的理论也信服了。

思考与提示

（1）什么是基本粒子？此处基本的含义是什么？我国古人说"自小无内"你的看法如何？

（2）观测宇宙与微观世界都呈现梯级式的层状结构，有人由此推论微观世界的层状结构会有无限多个层次向下延伸，因此叫夸克为"层子"，你自己的看法如何？由此会得到什么哲学结论？

（3）在强相互作用理论 QCD 中，有两个结果：一是渐进自由；二是红外奴役，又叫夸克禁闭（尚待理论严格证明）。其具体物理含义如何？这两个结论得到了实验的严格证明吗？请将结论与现在的实验事实进行比较。

（4）在通常能域下，弱相互作用与电磁相互作用的特征有哪些不同？传递这两种相互作用的规范传播粒子各叫什么？其静止质量各为多大？在能量达到什么数量级的时候这两种相互作用会趋于统一？原因何在？弱电统一理论是人类历史上第几个相互作用的统一理论？

（5）希格斯玻色子在标准模型中有何重要作用？在弱电对称理论 $SU(2)\otimes U(1)$ 的建立过程中格拉肖遇到了什么难以克服的困难？后来，这些困难是如何克服的？

第十章 笔尖下冒出的幽灵粒子
——中微子

中微子是泡里从 β 衰变的"能量失窃案"中,通过慎密的理论分析预言的一种基本粒子。由于中微子不参与电磁相互作用和强相互作用,而弱相互作用又极其微弱,科学家在寻找其踪迹的漫漫征程中,几经挫折,花费了 30 余年的时间,最终才发现了它。本章用较多的篇幅,介绍了中微子之父——泡里的传奇的一生,以浓笔重彩展示了他的诸多物理学贡献。同时,我们也指出了其在科学生涯中几次重大的失误。本章的内容对读者建立正确的科学方法论和权威观会有许多启示。

本章导读

第一节 β 衰变中"能量失窃案"震动学术界

一、放射性的发现与 β 衰变

现在要聚焦我们故事的主角中微子了。故事还得从 19 世纪末发现 β 衰变谈起。1896 年,法国科学家亨利·贝克勒尔(A. H. Becquerel)选择的材料为铀和钾的双硫酸盐。他让这两样材料曝露于阳光,然后用黑纸把曝光过的材料和感光底片包在一起。经过一段时间冲洗底片,显示出铀晶体的影像。显然,发磷光的材料所发出的辐射能穿过不透光的纸张。刚开始时他以为是铀会吸收太阳的能量,然后发出 X 射线。在 1896 年 2 月 26 日和 2 月 27 日,巴黎上空多云,贝克勒尔原本打算将包好的铀和感光底片晒太阳,只好送回抽屉。到了 3 月 1 日他冲洗底片,本来以为只能看到模糊的影像,想不到却看到非常清晰的影像,使他大为惊讶。铀不需要外来的能源如阳光也能发射辐射,因此他发现了放射性。所谓放射性就是材料自发地发出辐射。实际上,贝克勒尔的发现揭开了原子核世界的神秘面纱。1903 年,贝克勒尔因为这一发现获得诺贝尔物理学奖。

图 10.1　贝克勒尔(Antoine Henri Becquerel,1852—1908)(左)
和卢瑟福(Ernest Rutherford 1871—1937)(右)

　　1897 年,卢瑟福(E. Rutherford)和约瑟夫·汤姆孙(J. J. Thomson)通过在磁场中研究铀的放射线偏转,发现铀的放射线有带正电、带负电和不带电三种,分别被称为 α 射线,β 射线和 γ 射线,相应的发出 β 射线衰变过程也就被命名为 β 衰变。其中 α 射线和 β 射线在磁场中呈现相反方向的偏转,而 γ 射线则不受磁场的影响。我们现在知道,所谓 α 粒子就是原子核中放出的氦 4(^{4}He)的原子核(由两个中子和两个质子构成),射线带正电(见图 10.2 左)。γ 射线是能量极高的光子束。所谓 β 射线主要由电子构成,带负电(见图10.2 右)。人们开始认为 β 射线中只有自由电子。

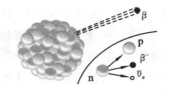

图 10.2　α 衰变(左)和 β 衰变(右)

　　我们注意图 10.2(右),β 射线在本质上来说就是在原子核中的中子发生衰变,

$$n \rightarrow p + e^- \quad (中子 \rightarrow 质子 + 电子)$$

　　其中质子留存在发生衰变的原子核中,放出自由电子。在 20 世纪 30 年代以前,科学家一直是这样解释 β 衰变的物理图像。

二、β 衰变的"能量失窃案"

　　随着实验技术的提高,特别是对于 β 衰变反应前的中子动量和动能的测量,以及反应后自由电子动能谱测量的精度不断提高,问题便出来了。早在 1922 年,德国科学家梅特涅(L. Meitner)发现,β 衰变中,有一部分"能量"失踪了。而在 1914 年,查得威克发现 β 粒子(电子)的能量是连续分布的。原来在 β 衰变中,发射性原子核发射出的电子,并不像 α 粒子或者 γ 射线那样,以确定的动能出现,而是具有连续的能量谱,其能量范围从 0 到该原子核的最大特征值(参见图 10.3)。这是怎么回事呢?

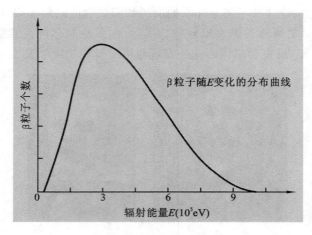

图 10.3　β衰变能谱图

　　问题在富于传奇色彩的英国物理学家艾利斯(C. D. Ellis)于 20 世纪 30 年代伊始,在研究 β 衰变时,采用更精密的测量技术,变得更加严重了。原来他将 β 衰变的反应后的总能量与反应前的总能量相比较时,电子从原子核中带走的能量,似乎比它们可能带走的要少;并且每次带走的能量也不相同。就是说,对于 β 衰变而言,反应前后的能量不相等。难道实验有什么问题? 重复实验,结果依然如故。艾利斯在第一次世界大战中曾被德军俘虏,其物理学知识是同为难友的查德威克在监牢中亲授。我们知道查德威克发现了中子,是诺贝尔物理学奖的获得者。自然是名师出高徒。艾利斯因祸得福,从此成为著名高能物理学家。β 衰变中"能量失窃案"震动学术界,议论纷纷。

　　简言之,所谓天然的 β 衰变,是原子核内的中子放出电子,衰变成一个质子的现象。当人们想进一步弄清 β 衰变时,物理学竟在微观领域遇上了一场生死存亡的挑战。按照物理学中最重要的能量守恒定律,在 β 衰变过程中,原子核内部中子衰变成质子而失去的能量,应该等于它所放出的电子带走的能量。然而,实验结果表明,电子所带走的能量,总比原子核应该放出的能量少得多。直接观测的 β 衰变过程表明,电子具有从零到某一上限的不同动能。这说明原子核所失去的能量并不恒等,有多有少。物理学家们为此提出了种种假设,但都无法解释这桩怪事。

　　在众说纷纭中,当时执哥本哈根学派牛耳的玻尔宣称,道理很简单,在 β 衰变一类微观过程中,能量守恒定律不再严格成立了,只是在统计意义上成立。实际上,早在第一届索尔维会议上,玻尔早就设想现今的能量守恒原理,只在某种统计意义下有效,著名的科学家能斯脱、克拉摩斯和斯奈特都有类似的想法。在 1930 年 5 月 8 日玻尔在法拉第讲座上第一次公开提出在 β 衰变中的能量不守恒。实际上,据 1929 年玻尔与卢瑟福、泡里等的通信,透露玻尔准备开始论战,想在微观上和宏观上都推翻能量守恒定律。玻尔说:"我不得不说我对你的文章一点也不满意。"

三、泡里的中微子假说

　　泡里认为玻尔的说法不对。他大胆提出中微子假说。他于 1930 年 12 月 4 日写信给梅特涅和盖革说:"假如当 β 衰变时有一中性粒子与电子一起放射,则连续的 β 光谱将是可以理解的。"1931 年,他在美国加州理工学院的一次演讲会上,再次提到这个"中性粒子"假说。1931 年 6 月,泡里在帕萨迪纳由美国物理学会和美国科学促进协会联合组织的关于"核结构问题的目前状况"的专题研讨会上,作了"超精细结构"的演讲。对那次会议泡里曾经回忆道:"我第一次公开报告我对穿透性很强的中性粒子的想法……然而,我觉得一切仍然非常不确定,我也没有让我的演讲印出来。"第二天,泡里第一次上了《纽约时报》:"当瑞士苏黎世工学院的 W.泡里博士假设他命名为'中子'的粒子或实体存在时,处于原子心脏的一位新居民今天被介绍到物理学世界中来了。"

泡里预言的神秘中性粒子不带电,只参与弱相互作用,无静止质量,运动速度永远跟光一样快,这一点像光子;但自旋为 1/2,这一点又像电子。泡里说,失踪的能量被它们带走了。按照泡里假说,在 β 衰变中,能量守恒定律依然成立。在原子核衰变时,与电子一道逸出还有一种至今未发现的粒子。因此总能量是在电子、原子核与未知粒子三者之间任意分配,就像火药的能量在出自火枪的散弹(数量很多)之间任意分配一样。他大胆提出在 β 衰变中有一种迄今未发现的粒子参与分配能量,不仅能够遵从能量守恒定律,而且能够圆满地解释在 β 衰变中自由电子的动能呈现连续光滑分布(β 电子能量谱)的实验事实。按照泡里的假说,自旋为 1/2 是费米子(关于自旋和费米子的概念在本节最后会谈到)。

图 10.4　泡里(左)和海森堡(右)

图 10.5　费米(1901—1954)

为了解释这一现象,1930 年,W.泡里提出了 β 衰变放出中性微粒的假说。伟大的理论物理学家费米马上就在与泡里的通信中给予支持。1932 年费米在 7 月 7 日巴黎的一次学术会议上,声称 β 衰变的衰变,可以利用泡里的新假说给予 β 衰变的能量谱的连续分布一个简单的解释。泡里在 1933 年 4 月根据费米的建议将他假定的粒子称为中微子,泡里一再声称我完全信仰能量守恒定律。1933 年,E.费米在泡里假设的基础上提出了 β 衰变的电子中微子理论。这个理论认为:中子和质子可以看作是同一种粒子(核子)的两个不同的量子状态,它们之间的相互转变,相当于核子从一个量子态跃迁到另一个量子态,在跃迁过程中放出电子和中微子(在学术上这个理论称为"同位旋(Isospin)"理论)。β 粒子是核子的不同状态之间跃迁的产物,事先并不存在于核内。所以,引起 β 衰变的是电子-中微子场同原子核的相互作用,这种作用属于弱相互作用。这个理论成功地解释了 β 谱的形状,给出了 β 衰变的定量的描述。

1936 年 7 月,玻尔发表论文《量子理论中的守恒定律》表明他放弃能量不守恒的论述,批评了与他有类似想法的狄拉克,郑重其事地宣告:"人们可以注意到,守恒定律的严格有效性在原子核发射β射线问题中受到严重怀疑的基本理由,基本上都消除了。这是因为迅速增加的有关β射线现象的实验证据,与费米理论对泡里中微子作出的非同一般的发展中得到的结论,非常相符。"

争论终于停止了。就守恒原理而论,在β衰变中似乎再没有什么新的东西了。但是,20年之后,关于β衰变中的宇称不守恒的争论更为激烈,这已经是后话了。

问题在于,这种神秘的粒子中微子就像"巴格达窃贼"一样,"带走"一部分能量后,消失在浓黑的夜幕中。可是人们,包括像艾利斯此类精明的物理学家在设计精巧的实验中,怎么会让这些"窃贼"在人们不知因而不觉中安然漏网呢?泡里解释,这是因为这种粒子不带电,既不参与强相互作用,也不参加电磁相互作用,通常的测试仪器对它根本无法检测,后来该粒子取名为"中微子"(neutrino),意大利语原义为小的中性粒子,以有别于中子(neutron),后者原义为大的中性粒子。据说中微子的称呼,是费米接受蓬蒂科尔沃(B. Pontecorvo)的建议后正式提出的。原来,中微子第一次为人们所提到,就是在一次激烈学术争论中。它的身世不同凡响。当时许多人不相信泡里的理论,他们想,这真有点像找不到丢了的钱,就干脆另造账目一样!

这里还有一个问题,为什么当时的科学家未能察觉中微子的存在呢?原因是中微子只通过弱相互作用与物质耦合,它们与遇到的电子或原子核相互作用极其微弱。要捕捉一个中微子给怀疑的人来看,异常艰难。它们不带电,因此不能用探测带电粒子的方法,记录其径迹。它们与物质的相互作用太微弱,人们估算,中微子穿过1 000亿个地球,才跟其中的原子核碰撞一次。即令宇宙全部由实心铅所构成,它们从宇宙的这一头进去,从另一头出来,至多不过有5%的机会被"挡住"。

这样,中微子穿过地球、太阳等天体,简直就像旷野行军,如入无人之境。无怪乎人们赐予它们一个佳号:幽灵粒子。

四、物理学家预言的中微子有哪些特性

中微子有自旋,像电子一样是费米子,自旋值为1/2。什么是自旋?什么是费米子呢?

从某种意义上说,基本粒子仿佛是一个个的陀螺,都在绕轴自转,这就是我们所说的"自旋",其实就是粒子固有的动量矩。自旋通常用普朗克恒量 h 作单位,有的粒子的自旋是 h 的整数倍,如 0,1,2……我们叫玻色子。另外的粒子的自旋值则为 h 的半整数倍,如 1/2,3/2……称为费米子。

为了避免误解,应该指出自旋并非宏观体的机械自转。基本粒子不具有"通常的表面",无从绕轴转动。如果自旋确是机械转动,那么电子的"赤道"的转速将超过光速,这违反爱因斯坦的狭义相对论的基本原理,任何物体的速度不可能超过光速。

其实,自旋是严格"量子化"的,只可能取一些确定的跳跃值:整数或半整数。这跟机械转动可以连续变化(稍微转快一点或转慢一点)完全不同。轻子和重子都是费米子。费米子有一个特点,就是在一个费米子系统中,决不可能存在两个完全相同(动量、自旋方向等)的费米子。打一个比方,就像电影院中的座位(相当于状态),一个座位只能坐一个人。这个规律称为叫泡里原理。玻色子就不受泡里原理的限制。介子是玻色子,玻色子就没有这个限制。泡里原理是泡里在1925年提出的,泡里时年25岁,这是泡里对物理学的重

图 10.6　泡里原理：一个状态只能容纳一个费米子

大贡献。泡里一生天才焕发，光明磊落，敢于挑战权威，敢于质疑所谓经典。他不仅做为中微子之父名垂千史，而且也做为物理学的良心在科学界广受尊重。玻尔曾经这样评价泡里："每个人都渴望听到泡里永远很强烈和很幽默地表示出来的对于新发现和新想法的反应，以及他对新开辟的前景的爱与憎。即使暂时可能感到不愉快，我们也永远是从泡里的评论中获益匪浅的；如果他感到必须改变自己的观点，他就极其庄重地当众承认，因此，当新的发展受到他的赞赏时，那就是一种巨大的安慰。同时，当关于他的性格的那些轶事变成一种美谈时，他就越来越变成理论物理学界的一种良知了。"

第二节　漫长的中微子追踪之路

一、中国科学家王淦昌在发现中微子和中子中的开创性工作

从泡里提出中微子假说（1931 年），直到科学家真正捕捉到中微子竟然花费了 31 年，这是泡里做梦也没有想到的。在此如果不提及我国著名科学家王淦昌在中微子发现中的开创性的工作，那是不公道的。

20 世纪 30 年代初，王淦昌在柏林大学，师从科坛女杰迈特纳攻读博士学位。其论文题目正是与 β 衰变有关的。回国之后，在抗日战争烽火连天的岁月中，1941 年他任教的浙江大学迁校到贵州遵义，王淦昌密切关注国际上研究动态，终于撰成论文《关于检测中微子的一个建议》。限于国内的困难局面，不仅他的构想无法在国内实现，甚至其论文也由于经费短缺、印刷困难，也无法在当时的中国《物理学报》上及时发表。最后发表在 1942 年 1 月的美国《物理评论》上。以后艾伦等的实验证明了王淦昌实验方案完全可行。由于旧中国国家贫弱，王淦昌尽管天才焕发，远见卓识，只好与中微子的发现绝缘了。

图 10.7　王淦昌（1907—1998）

王淦昌的工作是杜布纳联合研究所自成立至今所取得的最重大的成果（杨振宁认为

是该所加速器所做的惟一值得称赞的工作),也是新中国在基本粒子研究中里程碑式的成就。王淦昌作为新中国核工业的奠基人,在我国原子弹、氢弹的研究中是先驱之一。王淦昌先生是激光核聚变方案的先驱者,这种方案目前是国际科学界实现可控核聚变的主要研究途径之一。关于王淦昌先生在中微子和反超粒子发现中的情况,详见第十八章第四节。

二、中微子终于捕捉归案

泡里在 1930 年提出中微子假说,在 1930 年 12 月,泡里给一个研讨会的信中就曾提出,并呼吁:"研究放射性的女士们、先生们,建议你们审议我的意见。"他由此开始了漫长的追踪这种幽灵粒子的征途。一直到第二次世界大战后的 1955 年,踪迹全无。对于这种神秘粒子的探求和神往,不仅是科学家的执着愿望,甚至成为诗人的歌咏对象。美国小说家约翰·阿普代克(JohnUpchike)在《宇宙的时刻》中歌咏道:

> 中微子啊多么小,
> 无电荷来无质量,
> 完全不受谁影响。
> 　　对它们
> 地球只是只大笨球,
> 穿过它犹如散步,
> 像仆人来往客厅,
> 如日光透过玻璃。
> ……

盖尔曼(M. Gell-Marm)认为诗中第三句的"完全"改为"几乎"就更妥了。在这首几乎是惟一关于亚核粒子的诗中,你可以感到诗人的对大自然的迷恋、热情,以及对大自然探索的执着。

但是由于中微子太难捕捉,物理学家许久未能发现其踪影,尽管泡里对其特征已有充分描述。在长时期的追索而始终不见中微子踪影后,泡里失望了,在一封信中,泡里痛心疾首地追悔道:"我犯下了一个物理学家犯下的最大的过错,居然预测存在一种实验物理学家无从验证的粒子。"

泡里过于悲观了,1952 年美国年轻物理学家杰姆斯·阿仑与罗德拜克(CW. Rodback)利用王淦昌先生的实验方案在世界上第一个比较确切地证实中微子存在。他们是用氩气体样品飞行时间做了 ^{37}A 的轨道电子俘获实验:

$$^{37}A + e^- [k 壳层] \rightarrow ^{37}Cl + \nu_e 占 93\%$$

$$^{37}A + e^- [L 壳层] \rightarrow ^{37}Cl + \nu_e 占 7\%$$

这个实验在世界上第一次发现单能的反冲核。^{37}Cl 反冲能量的实验值与理论预言研究完全符合。预言 ^{37}Cl 的飞行速度为(0.711±0.04)厘米/微秒,测得速度峰值为 0.74 厘米/微秒。

图 10.8　雷蒙德·戴维斯(1914—)

在上述实验发表了一个多月之后,雷蒙德·戴维斯(Raymond Davis Jr.)发表了他的 ^{7}Be 的 K 电子俘获实验结果。他测到 ^{7}Li 的反冲能量为 (55.9 ± 1.0)ev，理论预言为 (57.3 ± 0.5)ev，实验值与理论值很好相符。现在人们一般只提到戴维斯的实验，实际上阿仑的工作更具有开创性。戴维斯与日本科学家小俊（Masatoshi Koshiba，1926—）因在宇宙中微子探测方面所作的贡献，以及里卡尔多·贾科尼（Riccardo Giacconi，1931—）因发现宇宙 X 射线源，共同分享了 2002 年度诺贝尔物理学奖。

在美国新墨西哥州洛斯阿拉莫斯科学实验室，由柯万（G. L. Cown）和雷尼斯（F. Reines）领导的物理学家小组，从 1953 年开始利用南加州萨凡河上的一座核反应堆，通过核裂变产生的强中微子束来做粒子源，把它吸收到靶上来验证中微子。此反应堆每秒可产生 10^{18} 个反中微子，即每秒通过 1 平方厘米的中微子竟达 5 万亿之多。为了抓获中微子，他选用氢核做靶核。将 200 升醋酸镉溶液，装入两个高 7.6 厘米、长 15.9 厘米、宽 0.8 厘米的容器，夹在 3 个液体闪烁计数器中。闪烁液体在射线作用下，能发出萤火。靶为水中的质子，其反应过程为：

$$\overline{\nu}_e+（反电子型中微子）+p（质子）\rightarrow n（中子）+e^+（反电子）$$

经过 5 年的努力，1956 年，他测到最大反中微子的信号率为每小时 (2.88 ± 0.22) 个反中微子。即每小时俘获 3 个中微子。实验结果与理论符合得很好。1956 年 6 月 15 日，泡里收到雷尼斯和柯万的电报："现谨奉告：通过观察质子的逆 β 衰变，我们已经确定地从裂变碎片中观测到中微子，测量所得到的截面面积和预期值符合得很好。"泡里当晚高兴地复了电："得到电，甚感，知道如何等待的人会等到每一事物。泡里。"实验物理学家经过长期艰苦、深入的一系列研究，最终确认了中微子的存在。可惜，对发现中微子有巨大贡献的柯万过早逝世，无缘诺贝尔物理学奖。

图 10.9　洛斯阿拉莫斯科学实验室

可以说，尽管绝大部分的中微子都"安然"脱网了。但是感谢上帝，终究有少数幽灵粒子总算被抓住了。泡里先生真是洞若神明，在笔尖下侦破 β 衰变能量失窃案，准确地查明了巴格达窃贼——中微子的踪迹。经过 26 年，"窃贼"被验明正身归案了（严格说是反中微子）。现在我们要问既然中微子这样难得捕获，为什么最后还是抓到了它们呢？原因是科学家估计中微子的数量极其庞大，在数量级上大致与光子相当，这样尽管抓获一个中微子的几率非常非常小，但是在庞大的中微子群中，如果安装上适当的探测设备，还是有可能抓住其中一些中微子的。

与此同时,戴维斯在长岛的布鲁克海文实验室验证,中微子与反中微子有无区别,会不会像光子、π^0介子一样,其反粒子就是其自身。精密的实验表明,中微子与反中微子是不同的粒子。

三、两种中微子理论的提出和第二种 μ 子型中微子的发现

1958 年,美国人凡伯格(C. Feinberg)分析了当时有关中微子的实验,其中包括我国学者肖健在 20 世纪 40 年代末有关 μ 子衰变谱的工作。肖健先生首先正式提出有两种中微子(ν_e、ν_μ 电子型与 μ 子型)的假说。此前日本著名物理学家坂田昌一亦有类似的说法。

1962 年,美国物理学家莱德曼(L. M. Lederman)、许瓦兹(M. Sehwarz)和斯坦伯格(J. Steinberg)在长岛的布鲁克海文实验室 33 吉电子伏的加速器上证实 ν_e 与 ν_μ 确实是两类不同粒子。莱德曼等因"中微子束方法及通过发现 μ 中微子验证轻子的二重态结构"而荣获 1988 年诺贝尔物理学奖。

图 10.10　布鲁克海文实验室

图 10.11　莱德曼(1922—)(左)、许瓦兹(1932—)(中)和斯坦伯格(1921—)(右)

四、第三种中微子(τ 子型中微子)的发现

1975 年美国物理学家佩尔(M. L. Perl)等在斯坦福直线加速中心发现重轻子 τ^-,并于 1995 年因此与莱因斯(F. Reines)共同获得 1995 年诺贝尔物理学奖。于是,人们发现了第三种轻子。由于此前人们已经发现电子对应电子型中微子,μ 子对应 μ 子型中微子,自然立即推测应该存在相应的第三类中微子——陶中微子 ν_τ(τ 子型中微子)。

关于第三类中微子陶中微子 ν_τ 存在的第一个实验迹象来自于在 τ 子衰变时有一部分能量和动量迷失,与当初发现电子型中微子完全相似,在 2000 年夏天美国费米国家实验

图 10.12　佩尔（1927—）（左）和莱因斯（1918—）（右）

室 DONUT 协作组第一次检验到陶中微子 ν_τ。它和希格斯粒子是目前高能物理中标准模型预言中最后发现的两个粒子。费米实验室的大型正电子对撞机的实验资料与理论推算结果完全吻合，表明人们确实直接观测到第三类中微子了。

图 10.13　斯坦福直线加速器中心及其正负电子非对称环（SPEAR）

至此，与 3 代轻子 e^-、μ^-、τ^- 对应，我们又发现与之对应的 3 代中微子 ν_e、ν_μ 与 ν_τ。当然，相应的反粒子 e^+、μ^+ 与 τ^+ 也有同样对应关系。至今轻子大家族，共计 12 种就完全团圆了。

第三节　中微子之父泡里传奇

一、物理学的良心还是毒舌

　　沃尔夫冈·泡里（Wolfgang Pauli），奥地利物理学家。泡里是 20 世纪最伟大、最有天才的理论物理学家之一，由于他天才焕发，有真知灼见，被人们誉为物理学的良心。又由于他心直口快，毫不留情，许多人又称他为比上帝还苛刻的人，或毒舌评委。1945 年，由于发现"不相容原理"，荣获诺贝尔物理学奖。他最突出的贡献是对自旋的研究。

　　泡里是 1900 年出生于奥地利维也纳的化学家，全名是沃尔夫冈·约瑟夫·泡里。其教父为著名的物理学家恩斯特·马赫。他的父亲是一位卓越而富有独创精神的学者，曾任维也纳大学生物化学教授。泡里幼年时聪颖，数学和物理特别好，14 岁学会了微积分，在中学时他自学完大学物理课程。他进入慕尼黑大学,博士导师为阿诺·索末菲(Arnold Sommerfeld)。

图 10.14　泡里(1900—1958)

图 10.15　阿诺·索末菲(1868—1951)

索末菲是当时有名的物理学家,多次获诺贝尔物理学奖的提名,他的学生中著名的有维尔纳·海森堡、沃尔夫冈·泡里、彼得·德拜、汉斯·贝特、威尔汉·楞次、赫伯特·克勒默、莱纳斯·鲍林等,其中有 6 位获诺贝尔奖。泡里在 18 岁时发表论文《引力场中的能量分布》,初露头角;次年发表两篇论文指出韦耳引力理论的一个谬误;1921 年,以一篇氢分子模型的论文获得博士学位。同年,索末菲请泡里写一篇审查《数学科学百科全书》(一种德语百科全书)中关于相对论的文章。泡里在获得他的博士学位两个月后完成了这篇文章,它一共有 237 页。爱因斯坦对这篇文章高度赞扬并将它作为书出版,直到今天这篇文章依然是相对论最经典的参考。爱因斯坦说任何该领域的专家都不会相信,此文出自一个仅 21 岁的青年之手。

此后一年泡里在哥廷根大学马克斯·玻恩手下做助手,然后于 1965 年他又在哥本哈根后来的尼尔斯·玻尔理论物理研究所工作。从 1923 年到 1928 年他在汉堡大学教书,在这段时间他建立了许多现代量子力学理论中重要的工具,尤其他提出了泡里不相容原理和非相对论的自旋理论。

1928 年泡里被任命为瑞士苏黎世联邦理工学院理论物理教授。1929 年 5 月泡里退出罗马天主教会,同年 12 月结婚,但他的婚姻并不美好,两人不到一年就于 1930 年离婚了。

在 1931 年泡里提出中微子假说后的 11 个月,他发生严重的精神崩溃。他拜访了同他一样住在苏黎世附近的心理医生卡尔·古斯塔夫·容格,从此他与容格成为终身的好友。

1931 年泡里赴密歇根大学任客座教授,1935 年赴普林斯顿高等研究院。1934 年泡里再婚,这次婚姻一直持续到他逝世。1935 年他被授予洛伦兹勋章。

1938 年德国占领奥地利后泡里成为了德国人,第二次世界大战于 1939 年爆发后他的处境就困难了。1940 年他赴美国普林斯顿任理论物理教授。他任此职直到二战结束。1946 年他返回苏黎世前加入美国国籍。1945 年泡里获得诺贝尔物理学奖,提名泡里的是爱因斯坦,理由是"由于他 1925 年所做出的重要贡献,发现泡里不相容原理"。

1958 年泡里由于预言了中微子的存在,获得马克斯·普朗克奖章,同年他患胰腺癌。1958 年 12 月 15 日泡里逝世,终年 58 岁。

泡里一生硕果累累,尤其在量子力学方面,做了许多非常重要的贡献。泡里跟薛定谔、海森堡、狄拉克等物理大师一样,是量子力学的重要奠基人之一。但是泡里很少发表论文,他比较喜欢与同行(比如与他往来非常密切的尼尔斯·玻尔和沃纳·海森堡)交换长篇的信件。他的许多主意从未被发表过,而只有在他的书信中出现。他的收信人总是将他的信拷贝后给其他同行们看。泡里显然并不是很关心他的发现,因此后来没有归功于他。以下是他研究出来的、应归功于他的最重要的成果。

1924 年泡里提出了一个新的量子自由度(或量子数)——自旋,有两个可能的值,以解释观测到的分子光谱和发展中的量子力学之间的矛盾。他还提出了泡里不相容原理,这可能是他最重要的成果了。这个原理指出任何两个电子无法同时存在于同一个量子状态。泡里提出的新自由度这个想法源自于自旋和拉尔夫·克罗尼格。一年后乔治·尤金·乌伦贝克和塞缪尔·高德斯密特证实电子自旋就是泡里所提出的新的自由度。

1926 年海森堡发表了量子力学的矩阵理论后不久泡里就使用这个理论推导出了氢原子的光谱。这个结果对于验证海森堡理论的可信度非常重要。

1927 年他引入了 2×2 泡里矩阵作为自旋操作符号的基础,由此解决了非相对论自旋的理论问题。泡里的成果引发了保罗·狄拉克发现描述相对论电子的狄拉克方程式。虽然狄拉克说,他发明这些相同的矩阵是自己独立进行的,没有受泡里的影响。

关于中微子假说,泡里并没有得到诺贝尔物理学奖。这是因为泡里于 1958 年去世,中微子刚刚发现,对于中微子的研究还很不深入,尤其对于中微子在高能物理和宇宙学中的特殊地位完全不了解。相信读者在看完本书后对于这个问题会有一个明确的看法:中微子假说是泡里对物理学的伟大贡献,中微子假说完全应该得到诺贝尔物理学奖。当然中微子当初提出只是为了解释 β 衰变的连续光谱。正如在 1930 年 12 月 4 日,泡里在给莉泽·迈特纳(Lise Meitner)的一封信中指出的那样,他提出的新的中性粒子的假说(质量极小)可以解释 β 衰变的连续光谱。

这里稍微介绍被爱因斯坦称为比居里夫人还要聪明的迈特纳女士。她一生对物理学贡献巨大,却与诺贝尔奖无缘。尤其是现在关于裂变的功绩几乎完全记在哈恩头上。这是不公平的。1944 年,为了表彰哈恩于 1938 年首次用中子轰击铀使铀裂变,哈恩独自一人获得了诺贝尔奖金。人们惊奇地发现,作为哈恩助手,与哈恩一起做裂变实验的弗里茨·斯特拉斯曼(Fritz·Strassmann,1902—1980)却没有与之分享。更没有人为也曾是哈恩助手的莉泽·迈特纳对裂变作出的贡献,呼吁诺贝尔奖金应当由哈恩、斯特拉斯曼和迈特纳共享! 实际上,在发表论文时,哈恩排名第一,完全是由于当时对于妇女的歧视,迈特纳的贡献如果说不是超过哈恩的话,至少不亚于哈恩。

图 10.16　莉泽·迈特纳
(1878—1968)

1934 年恩里科·费米将该假说引入他的衰变理论,建立了称之为费米中微子的普适相互作用理论。关于这个理论尽管比较抽象难懂,但是鉴于它在研究弱相互作用中的开拓性的历史作用和科学地位,我们将在下面的章节中比较详尽地介绍。

1940 年泡里证明带半数的自旋的粒子是费米子,带整数的自旋的粒子是玻色子。

在物理上泡里对人对己都是一个完美主义者。因此他获得了"物理学良心"的称号，他的同行非常尊重他的评论。他可以严厉批评任何理论，最著名的评价是"完全错误"（德语：Ganz falsch）。不过有一次他对这样的一篇论文的评价是"这论文不只不正确，它甚至连错误都算不上"，成为了在物理学家中流行的一句笑话。另一个故事说有一次海森堡给泡里写信报道他的新理论，泡里的回信上只有一个方框，下面写着一行小字："我的画画得同提香一样好，只是缺乏细节。"

"泡里效应"的名气，还是来源于他快人快语，性格直率毫无顾忌，以致物理学界广为传说他具有毒舌：泡里批评起人来六亲不认。他的好朋友荷兰物理学家艾伦菲斯特曾给他起过一个外号，叫做"上帝的鞭子"。在他们第一次见面时，艾伦菲斯特说："我喜欢你的物理胜过你本人。"对此泡里马上反击："和你在一起，我的感觉恰好相反。"

有一次，泡里听了意大利物理学家塞格雷（1959 年诺贝尔物理奖得主）的报告后，发表感想："我从来没有听过像你这么糟糕的报告。"比他小 5 岁，熟知这位大哥脾气的塞格雷故意一言不发。泡里见他不搭话，就回身对同行的瑞士物理化学家布瑞斯彻说："如果你来作报告，情况会更加糟糕。当然，你上次在苏黎世的开幕式报告除外。"这最后一句就算是泡里的夸奖了。

但是泡里为青年人、大学生和中学生所最熟悉科研成果是他发现的泡里原理（Pauli's exclusion principle 又称泡里原理、不相容原理）：指在一个量子状态中，不能容纳运动状态完全相同的两个和两个以上的电子。后来这个原理扩展到在一个量子状态中，不能容纳两个和两个以上的费米子。泡里原理是泡里于在 1925 年春在汉堡大学任教时提出的，时年他 25 岁。

这个理论的正确性及其产生的广泛深远的影响在尔后的 20 年中在物理学界才得以确认。不相容原理被称为量子力学的主要支柱之一，是自然界的基本定律，它使得当时所知的许多有关原子结构的知识变得条理化。人们可以利用泡里引入的第 4 个、表示电子自旋的量子数，把各种元素的电子按壳层和支壳层排列起来，并根据元素性质主要取决于最外层的电子数（价电子数）这一理论，对门捷列夫元素周期律给以科学的解释。因而 1945 年获诺贝尔物理学奖。

二、泡里和他敬重的三个半物理学家

中微子之父泡里是 20 世纪最富于传奇色彩的的物理学家，其行为处事像中微子一样不可思议，但是仔细考究起来，却颇有值得人们深思的地方。科学家的奇闻轶事在大多数情况下，几经转述，变得更具有寓言或象征性的含义，会给年轻人以启迪和鼓励。

泡里一生恃才傲物，不可一世，但是是否也有让他敬重的物理学家呢？有！有人说总共只有三个半，他们是海森堡、爱因斯坦、玻尔和索末菲。但是泡里的敬重与众不同，表现完全令人叫绝。据说，泡里的敬重的定义是：极度敬重，即从不批评；比较敬重，即偶尔批评；有点敬重，即偶尔表扬；正常朋友，即狠狠批评。

先说半个，就是海森堡（W. Heisenberg）。这位大名鼎鼎的德国物理学家，是量子力学的主要创始人，"哥本哈根学派"的代表人物，1932 年诺贝尔物理学奖获得者。他的《量子论的物理学基础》是量子力学领域的一部经典著作。鉴于他的重要影响，在美国学者麦克·哈特所著的《影响人类历史进程的 100 名人排行榜》中，海森堡名列第 46 位。

他其实是泡里的师弟（年龄也比泡里略小），其导师就是索末菲。早在1924年，在这位师弟尚未完成任何重大工作时，泡里就已对他刮目相看。当时人们正被复杂元素的光谱问题搞得焦头烂额，泡里在给玻尔的一封信中将几乎所有物理学家都损了一通，说他们的招数可以分为两类：一类是先用半量子数算一遍，如果不行就改用整量子数；另一类是先用整量子数算一遍，如果不行就改用半量子数。但他特意加了一个注释："我不把海森堡包括在内，他更有头脑。"泡里的遗孀在泡里去世后接受一位科学史学家采访时，也曾回忆说泡里对海森堡的物理直觉有很深的敬意，认为那种直觉"盖过了所有的反对理由"。

当然，泡里与海森堡也闹过别扭，在20世纪50年代，他们两人曾合作发展过一种非线性旋量理论（那是海森堡版的"统一场论"）。但泡里后来不仅退出了合作，而且对海森堡进行了公开而尖刻的批评。杨振宁曾回忆过1958年夏天他们在日内瓦国际高能物理会议上的争论，他说："这是我从来没有见到过的，两个重要的物理学家当众这样不留情面地互相攻击。"但是，在同年秋天，泡里却告诉海森堡："你必须把这项工作推进下去，你总是有正确的直觉。"当然，那段时间泡里的情绪和健康都已不太稳定（那年的12月15日，他就离开了人世），对他那段时间的言论也许不宜做太多解读。不过在与泡里年纪相仿的物理学家中，从没有第二个人从他那里得到过如此高的评价，因此海森堡这"半个人"的地位应该是很稳固的——或者说是"测得准"的。

图 10.17　海森堡（1901—1976）

图 10.18　爱因斯坦（1879—1955）

泡里最敬重的人是爱因斯坦（A. Einstein）。爱因斯坦是三个完整的人之首。当然，泡里有时也调侃爱因斯坦。例如，在爱因斯坦发表了反对哥本哈根诠释的EPR论文之后，泡里在给海森堡的信中曾经调侃道："假如一个大学生在低年级时提出了这样的反对意见，我会认为他很有头脑，也很有前途。"

但总的说来，泡里对爱因斯坦这位20世纪最伟大的物理学家是充满敬意的。从下面两封信我们可以看到泡里对爱因斯坦发自内心的敬重，在这些绝无半分调侃的文字中流露得非常清晰。一封信是当泡里和爱因斯坦晚年曾在美国普林斯顿高等研究院共事时，泡里对爱因斯坦的回信。1945年，当泡里获得诺贝尔物理学奖时，在普林斯顿的同事们举办的一个庆祝会上，爱因斯坦出人意料地发表了简短的祝贺。泡里对来自爱因斯坦的这份祝贺极为珍视。几年后，爱因斯坦70岁生日时，泡里在给爱因斯坦的信中这样写道：您的70岁生日给了我一个愉快的机会，在向您表示由衷祝贺的同时，告诉您我是多么感激您在普林斯顿给予我的私人友情，以及您1945年12月在研究院庆祝会上的讲话给我留下的记忆有多么难忘。

　　第二封信是爱因斯坦去世后,泡里在给玻恩(M. Born)的信中再次提到了爱因斯坦的那次讲话。他说:这样一位亲切的、父亲般的朋友从此不在了,我永远也不会忘记 1945 年当我获得诺贝尔奖之后,他在普林斯顿所作的有关我的讲话,那就像一位国王在退位时将我选为了如长子般的继承人。

图 10.19　玻尔(左)与泡里(右)玩陀螺

图 10.20　玻尔(1885—1962)

　　在让泡里敬重的三个完整的人当中,丹麦物理学家玻尔(N. Bohr)与他具有特别的非凡友谊。大家知道玻尔是丹麦物理学家,哥本哈根学派的创始人,曾获 1922 年诺贝尔物理学奖。他通过引入量子化条件,提出玻尔模型来解释氢原子光谱,提出对应原理、互补原理和哥本哈根诠释来解释量子力学,对 20 世纪物理学的发展影响深远。几乎无可争议的是,他是一位极富感召力的领袖人物。大多数年轻物理学家对玻尔都非常敬重,其中包括那位以狂傲著称的朗道。朗道不仅敬重玻尔,而且还很谦虚地向他请教,问有什么秘诀能把这么多有才华的年轻人聚集在自己的周围? 玻尔的回答是:我只是不怕在他们面前暴露自己的愚蠢。作为哥本哈根学派的铁杆成员,泡里跟玻尔的关系也是非常密切的。1922 年,玻尔在哥廷根做了一系列演讲,由此结识了海森堡和泡里。演讲后泡里在给玻尔的信中表示:"非常感谢您在哥廷根时那样亲切地让我了解到最广泛的问题,那对我来说有着无可估量的益处。"20 多年后,在回忆自己的科学生涯时,泡里再次表达了对玻尔的敬意,他说:"我科学生涯的一个新阶段始于我第一次遇见尼尔斯·玻尔。"

图 10.21　哥本哈根学派大本营——玻尔研究所

图 10.22　泡里(右)与导师索末菲(左)

由于泡里对玻尔的敬意,泡里本人也时常表现得像一位试图博取疼爱的孩子。1924年底,在讨论元素光谱时,泡里给玻尔的信件中居然出现了这样的文字:"如果我的胡思乱想居然真能使您又亲自关心起多电子原子的问题来,那我就将是世界上最快乐的人了。"世上能让泡里以如此语气写信的人,恐怕只有玻尔了。

在对量子力学的正统解释的观点上,泡里和玻尔在观点上可以说是同气相求,与爱因斯坦绝然不同。但有时玻尔也免不了要受泡里的批评。例如在对 β 衰变的连续能谱的物理解释上,玻尔不赞成泡里的中微子假说,而提出所谓短命的 BKS 理论,放弃了严格意义上的能量守恒定律,而遭到了泡里的批评。在美国物理学家康普顿(A. Compton)等人用实验否决了 BKS 理论后,玻尔在给同事的信里承认,泡里"长期以来就是对我们的'哥本哈根叛乱'不表同情的"。

玻尔对泡里十分器重。玻尔曾这样表达过很多人对泡里的欣赏态度:"确实,每个人都渴望听到泡里永远很强烈和很幽默地表示出来的对于新发现和新想法的反应,以及他对新开辟的前景的爱与憎。即使暂时可能感到不愉快,我们也永远是从泡里的评论中获益非浅的;如果他感到必须改变自己的观点,他就极其庄重地当众承认,因此,当新的发展受到他的赞赏时,那就是一种巨大的安慰。同时,当关于他的性格的那些轶事变成一种美谈时,他就越来越变成理论物理学界的一种良知了。"

在与泡里有深交的物理学家之中,泡里的导师索末菲(A. Sommerfeld)是唯一从未受过泡里批评的,因而可以说是让泡里"极度敬重"的前辈。事实上,泡里不仅从未批评过索末菲,甚至终其一生都在索末菲面前谨守着弟子礼仪。哪怕他在早已成为极有声望的物理学家之后,只要索末菲走进他的屋子,泡里就会立刻站起,甚至鞠躬行礼。他的这种乖顺的举止常常让习惯了受严厉批评的他的弟子们"没事偷着乐"。对此,奥地利物理学家韦斯科夫(V. Weisskopf)在其自传中有过很有趣的记述:有一个人泡里对他的反应是不同的。当阿诺德·索末菲——泡里以前的导师——来到苏黎世访问时,一切就都变成了"是,枢密顾问先生,是,那是最有趣的,虽然我也许会倾向于稍稍不同的表述。我可不可以这样来表述?"对于太经常成为他霸气牺牲品的我们来说,看到这样一个规规矩矩、富有礼貌、恭恭敬敬的泡里是一件很爽的事情。

为了表示对于索末菲的敬重,在索末菲 70 岁生日临近时,泡里开始撰写一篇索末菲感兴趣的文章。为了让文章能恰好完成于索末菲生日当天,泡里将完稿日期推延了几天。但擅自推延索末菲喜欢的文章是有风险的,万一老爷子生气怎么办?于是他给索末菲写了一封安慰信:您紧皱的眉头总是让我深感敬畏,自从 1918 年我第一次见到您以来,一个深藏的秘密无疑就是,为什么只有您能成功地让我感到敬畏,这个秘密毫无疑问是很多人都想从您那儿细细挖掘的,尤其是我后来的老板,包括玻尔先生。但不管怎么说,在索末菲的学生之中,有 6 人获得过诺贝尔奖,几十人成为第一流的教授,他们的名字足可铺成一条 20 世纪物理学的星光大道。索末菲本人虽从未得过诺贝尔奖,却是一位无冕之王,是物理史上最伟大的教师之一,他在让泡里敬重的物理学家中拔得头筹是实至名归的。

第四节　泡里的失误

一、泡里对于电子自旋的假设判断失误

泡里具有一种不同凡响的敏锐反应能力,对物理学有着超凡的直觉。但他不是圣人,一生与所有的伟大物理学家一样,有许多失误,甚至是造成不可弥补损失的重大失误。泡里最大的失误发生在电子自旋的假设上。其后果是使得他的学生克罗尼格失去了一次作出重大发现的机会,对于克罗尼格来说当然是十分不幸的。美籍荷兰物理学家克罗尼格迷信泡里的判断,使自己上了一次大当,导致终生的遗憾。

原来,1925 年 1 月 16 日,泡里在一篇题为《原子内的电子群与光谱的复杂结构》的论文中,第一次正式提出了后来使他于 1945 年获诺贝尔奖的"泡里不相容原理"。这一原理指出,在一个原子中不能有两个或更多的电子处在完全相同的状态,也就是说用来表征微观粒子运动状态的 4 个特定数字(又称量子数)不能一一相同。后来进一步的研究表明,这个原理对于所有的基本粒子都适用,被公认为自然界的基本规律之一。

但是,有一个问题泡里并没有搞清楚。那就是为了完全确定一个电子所占据的定态,在描述原子中一个电子已有的 3 个量子数外,还应加上泡里本人提出的第 4 个量子数。问题在于第 4 个量子数的物理本质是什么? 泡里冥思苦想,感到玄妙莫测,甚至有时神情沮丧地坐在公园长凳上发愣。这简直是极稀罕的事情。前面的 3 个量子数都有在经典物理中对应物理量,例如电子轨道、角动量大小及其空间方位,唯独第 4 个量子数不同,这个表征微观粒子运动状态的量,在经典物理学中没有相似的量与之对应。当时有不少物理学家在研究这个问题,但都没有得出什么值得肯定的结果。泡里没有办法,只能含糊地说这是"一种经典方法无法描述的、电子的量子理论特性中的双值性"。理论中遇到困难,这是常有的事,但这次困难的解决竟是意外地由两位毫无名气的年轻人于 1925 年 10 月完成的。

二、乌伦贝克和高德斯密特的幸运发现

这两位年轻人都是荷兰物理学家埃伦菲斯特的学生,一位是 G. 乌伦贝克(G. E. Uhlenbeck),另一位是 S. 高德斯密特(S. Goudsmit)。

1925 年,高德斯密特向乌伦贝克介绍了 A. 朗德、W. 海森堡、泡里,以及他自己所做的工作,其中包括泡里于当年年初提出的每个电子的第 4 个量子数。高德斯密特把这 4 个量子数用 $n, 1, m_l, m_s$ 表示,代替了泡里的表示法。他还注意到,第 4 个量子数 m_s 与玻尔原子模型在定性上毫无关联。乌伦贝克推测既然原来的 3 个量子数分别对应电子的一个自由度,那么第 4 个量子数应该对应于电子的另一个自由度,这就是说电子应该旋转! 并将这一想法告知高德斯密特,后者把乌伦贝克的设想作了一番推论,哪知推论的结果竟与玻尔理论十分适合! 这一下两个年轻人可兴奋起来了,说不定他们将会作出某种重大发现呢! 但是,他们也担心,这么多权威尤其是泡里,从没提到过电子的自旋,所以也说不

定他们自己是在想入非非，到头来被人嘲笑。

幸好他们的老师埃伦菲斯特对他们的想法十分感兴趣，但也拿不定把握，就把这件事写信告诉了洛伦兹。洛伦兹对这两位年轻人的想法也表现出兴趣，但经过计算，他向他们指出了一些困难，如果电子自旋，那么电子表面的速度将是光速的10倍！仅这一点就已经说明电子自旋的想法完全不符合经典的电动力学。乌伦贝克丧失了信心，也没打算发表自己的文章。但出乎他意料的是埃伦菲斯特竟已经把乌伦贝克写的文章投寄出去了。面

图 10.23　高德斯密特（1902—1978）（左）
和乌伦贝克（1900—?）（右）

对惊讶的学生，老师平静地安慰他："你们还非常的年轻，做点蠢事也没什么关系！"后来，由于不少物理学家的努力，电子自旋这个概念终于被大家接受了，而且作为基本粒子的基本特征它已成为物理学里的一个重要概念。乌伦贝克和高德斯密特因此也成了有名气的物理学家。E. 赛格雷曾评论说："遗憾的是，他们并没有因此得到完全应得到的诺贝尔奖金。"

乌伦贝克和高德斯密特的成就，与克罗尼格的不幸有什么关系呢？原来，克罗尼格在几乎与乌伦贝克同时也提出了电子自旋的想法，但十分不幸的是他把自己的想法告诉了洞察力惊人的泡里，而这一次泡里又恰好犯了他一生中很少出现的一次错误。泡里认为电子自旋是一种毫无根据的假设，因而劝他不要在这方面耗费精力。克罗尼格相信了泡里的话，就再也没有进一步去继续发展他原来的设想。克罗尼格哪会想到，"上帝的鞭子"也会打错了地方！等他知道了这一点，已经迟了。

那么，泡里为什么要反对电子自旋这样一个模型呢？实际上，原因在洛伦兹的计算结果中可以找到。从经典对应来说，电子自旋正如泡里自己所说的，是用"经典方法无法描述的"。电子自旋是一种纯粹的量子效应，完全不同于普通粒子的旋转。泡里过分偏爱严密性，而电子自旋这种模型是当然无法具备他所要求的那种精密、完美、谐和的性质。严密性当然是必然的，但如果因为偏爱严密性而取消了模型，那可就像俄罗斯谚语说的那样，泼小孩洗澡水把小孩也泼出去了。

三、泡里对杨-米尔斯规范场理论的错误批评

杨-米尔斯规范场理论可以说是现代理论物理中最重要的基石，描述强相互作用的量子色动力学，将电磁相互作用与弱相互作用统一起来的量子味动力学（温伯格-萨达姆理论），甚至于大统一模型等重要的理论尝试，其基本理论框架都是杨-米尔斯规范场理论。这个理论的提出者是杨振宁先生及其合作者米尔斯。米尔斯当时是杨振宁先生在布鲁克海文国家实验室的年轻的同事，是一个刚毕业的博士生。最初在 1954 年 11 月，美国《物理评论》上发表。一般人不大了解的是，这个工作原来与泡里先生结下不解之缘。

20 世纪 50 年代，泡里与海森堡一起正在从事所谓统一旋量理论的探索，直到 1959 年泡里放弃为止。他甚至可以说是有关领域研究的先驱者之一。但是当杨振宁开始研究该理论时，泡里是大泼冷水的。

当 1954 年初，杨振宁开始研究规范场的时候，他们对研究结果究竟会有什么意义，并

不清楚。杨振宁和米尔斯当初研究的对象是针对强相互作用,甚至连重要的粒子的质量问题也无从回答。杨振宁与米尔斯(R. Mills)在 1954 年发表一篇划时代的重要文章。他们的研究工作是在海森堡的自旋理论基础上进行的。大家知道海森堡提出中子和质子在强相互作用中,同一个粒子有不同表现,就像普通的自旋有向上和向下两个分量一样。海森堡称中子和质子为同位旋空间(不同于普通空间的一种抽象空间)向上或向下分量。由于电磁作用等的原因,中子和质子在现实空间中并不完全相同,一个带电,一个中性。两者质量略有差异。在数学上可以用破缺的 SU(2)理论来描写。

杨-米尔斯的理论也是 SU(2)理论,但是其对称性是完全精确的,洋溢着精彩绝伦的数学美。什么叫非阿贝尔性?就是理论中的场量的相位因子乘积次序在不同的地方不能交换:

$$\alpha(x_1) \cdot \alpha(x_2) \neq \alpha(x_2) \cdot \alpha(x_1)$$

图 10.24 奥本海默(J. Robert Oppenheimer, 1904—1967)

这种规范对称性,就叫局域的非阿贝尔规范性。杨振宁称其理论中描写交换相互作用的场量称为 $B\mu$ 场。式中 x_1、x_2 表示不同的时空点。

故事发生在 1954 年 2 月末,奥本海默请杨振宁回普林斯顿大学讲学,当他刚开始讲的时候,泡里就发言质问 $B\mu$ 场的质量是什么,而杨振宁回答说不知道。接着,泡里又打断他的话题,问了同一个问题,杨振宁回答仍是说我们研究过,但还没有肯定的结论。

泡里不满地说,这只能是一种托词。第二天,泡里还给杨振宁写了一张便条:

亲爱的杨:

很遗憾,你那样讲,使我会后实在无法和你讨论。

祝好!

诚挚的泡里 2 月 24 日

原文本是一种否定的意思,说明泡里那时对所谓规范场已有所研究,而且抓住了问题的关键。他由于未能解决粒子的质量问题而停止深入研究,与规范场无缘,而杨振宁他们则明知带电规范粒子不可能没有质量,还是继续给出了规范场的方程式。

虽然此时,杨振宁清楚地了解,他和米尔斯在最初的论文中,利用 SU(2)阿贝尔规范理论是不可能解释实验事实的。因此,他与李政道联名发表了否定自己和米尔斯论文出发点的论文。事实上,他们当时如果选择 SU(3)群描写强相互作用就对了。

20 世纪 70 年代初,一批美国年轻的物理学家,将他们的方程式略加推广,应用在描写夸克间的相互作用——量子色动力学作用上,就完全正确了。无论如何,杨-米尔斯规范场理论毕竟是首先发表的非阿贝尔规范理论动力学的理论探索,尽管不能直接应用到强相互作用上,但是其基本内核却保存在量子色动力学、量子味动力学等理论物理的最重要成果上。因而,没有杨-米尔斯规范场理论,也就不会有现代高能物理的标准模型。无疑他们的工作是很有价值的。

当时实验未发现无静止质量的强相互作用的媒介粒子,使得杨-米尔斯的工作似乎变成无的放矢的"唯美主义"杰作。大家在欣赏以后,渐渐把它忘记了,作为学术档案束之高阁,整整 10 年。完美主义者泡里对杨-米尔斯理论当时采取的嘲讽打击的态度无疑是过分了。泡里此次的失误与在自旋的发现的问题上的失误,原因都是一个,要求新生的理论完美无缺,一下子就能够阐述所有现实提出的问题,应该允许新理论新事物有一个逐渐成熟和完美的过程。

泡里在 1958 年正值 58 岁盛年,因病去世。临终时泡里深感遗憾,认为自己一生没有像他心目中的偶像——爱因斯坦一样独立做出划时代的伟大工作。我们在感叹之余,在回顾泡里光芒四射的一生的时候,对其精益求精、自强不息的伟大精神,顶礼膜拜。

阅读材料 10-1

科学权威对科学发展的作用

科学权威是指对科学发展作出了独创性的贡献,其科学成果对科学、经济与社会影响十分深刻并拥有一定权力的科学家。在科学研究中,他们具有超越一般科学家的智慧和敏锐性。他们的科学成果得到科学共同体中科学家一致公认。

(一) 科学权威的形成及其角色表现

约翰·齐曼指出,科学界和其他人类团体一样,是高度组织化的(约翰·齐曼.知识的力量——科学的社会范畴[M].上海:上海科学技术出版社,1985.)。科尔兄弟对美国物理学界的社会分层问题所作的详细的研究结果表明(乔纳森·科尔,斯蒂芬·科尔.科学界的社会分层[M].北京:华夏出版社,1989.):

(1) 科学界是由一小群有才智的精英统治着的,所有主要的承认形式——奖励、有声望的职位和知名度——都被一小部分科学家垄断;

(2) 大部分科学家的工作对科学发展的贡献很小。

这一小群有才智的精英就是科学权威。科学权威的形成与科学界的社会分层紧密相连。科学界的社会分层是以声望作为区分的客观标准。科学家的声望形成首先是以科学家对科学做出独创性贡献为基础,其科研成果能通过重复实验的严格检查,其次是得到科学共同体中科学家们的承认。默顿说过:"承认是科学王国的基本通货。"(刘珺珺.科学社会学[M].上海:上海人民出版社,1990.)科学在发展过程中已形成了一套奖励系统,它用来把承认和尊敬给予那些为科学做出了独创性贡献的科学家。科学家的独创性成果只有公之于世(一般是发表科学论文、申请专利),进入科学的交流系统,经过同行评议后才能获得社会认可,确认其独创性贡献,从而奠定其科学权威地位。科学权威大多数都在各自的领域中做出了高质量的研究工作,对科学的进步作出了有价值的学术贡献,从而奠定了他们成为科学权威的基础。如牛顿在科学领域内的发现和理论,使天文学、物理学和数学发生了一场革命。这些学科在以后 150 年中的发展几乎并没有超过牛顿的概念。作为当时最伟大的科学家,牛顿的名字成了科学权威的象征。作为社会成员之一,科学权威在科学共同体中扮演着重要的角色,是科学知识的拥有者和科学知识的运用者。更重要的是,科学权威是新科学成果、新科学理论的评价者,是科学知识的普及者。导师也是科学权威的角色表现之一:权威导师由于其所处的地位及拥有的各种有利条件,从而易于发现和培养出优秀的人才,即"名师出高徒"。

(二)科学权威的积极作用

科学权威的建立,如同在科学海洋里的灯塔之于正在航行的轮船一样。在科学探索过程中,科学权威的形成,是所在学科逐步走向成熟的重要标志之一。科学权威可带领和指导广大研究者不断向科学的深度与广度探索,在研究探索过程中,这种"权威"角色对科技进步和推动学科发展有着重要作用。科学权威的产生使其所在的科学共同体在社会系统中的地位和影响得以提高,从而使该科学共同体在社会系统中能发挥更大的作用。科学群体形成的这种权威结构是一个科学群体得以维系、协调和巩固的保证。科学权威维持着科学中的意见一致和标准一律。在科学共同体中,任何人都可以提出自己新的观点或对原有见解提出有根据的批评。但是,科学共同体必须对这些思想和理论进行取舍。同时,科学中的普遍主义及民主精神要求在科学评价系统中以统一的尺度来考察所有科学家做出的成果,以普遍的标准衡量所有科学家的工作质量。这种一致性的取得,是一个社会过程。在这一过程中,科学权威起着重要的作用。正如丁肇中教授所说,在科学中是多数人服从少数人,也就是多数科学家服从于少数权威确立的价值。

科学权威……来维持科学共同体的功能,保持科学创新在科学共同体内部的提出与传播,保证科学传统的延续。科学权威在科学交流中起着学术信息和思想传播的"桥梁"的作用,在研究者群体之间建立了一种间接的信息交流关系。在跨学科的信息传播中,科学权威对信息、思想和技术从一个领域向另一个领域转移起了重大的作用。不同科学领域的权威之间往往存在着联系,这样他们就提供了思想传播的渠道。而这种思想交叉融合是科学创新的一个很重要的源泉。

科学权威促进科学的社会化与科学的社会控制的过程中社会对科学的信仰与认可。这种接收和认可是以科学权威的存在为前提的,也是科学贡献得到社会认同的结果。除此之外,这也是一个社会控制的过程,可减少对科学价值的背叛。

在教育方面,科学权威作为导师对学生的影响是多方面的,包括提高成就的标准,提高科学的修养,加强他们工作的信心,提供良好的研究条件及交流环境,使其较早地进入科学界上层社会等,这些对于青年学者取得成就具有重要意义。创造性的研究是一种非常精巧的艺术,它不仅仅需要智力、想象和恒心,而且需要自我批评、敢于怀疑的精神,具有能够敏锐地发现问题并作出适当的解答等素质,这些从一个伟大导师那里都可以学到,这对于一个年轻科学家的成长是很有帮助的。伟大的实验物理学家卢瑟福是最能说明问题的"名师"权威之一。诺贝尔奖获得者费米认为,卢瑟福将不仅因为他个人的直接贡献,而且还因为他作为伟大导师,而被铭记在科学史上。由于他直接培养并沿着他指导的研究方向进行研究而获诺贝尔奖的科学家,达 11 人之多,另外还有几人由于他的影响的间接作用而获诺贝尔奖。

（三）科学权威也可能存在一些消极的影响

　　一个科学权威如果把自己绝对化，看不见或看不起别人的成果或贡献，甚至采取学阀的作风，那么，他就可能压制科学新发现，阻碍科学新生力量的成长，从而给科学发展带来不利的影响：阻碍了科学的新发现和新思想的传播。科学权威在协调科学研究中，一般来说有助于科学的原创性，但也可能对科学进步产生制约，阻碍科学创新。例如，1884 年瑞典化学家阿伦纽斯提出的电离学说是化学发展中的一次带有革命性的重要发现。但是，电离学说从刚刚诞生起就遭到了化学权威们的嘲讽、责难和打击，包括门捷列夫在内的许多化学权威认为，电离学说违背了经典电化学理论，因而是被看成是"奇谈怪论"（宋新民主编.科学史上的重大争论集[M].南京：江苏科学技术出版社,1986.）。

　　人们容易对科学权威盲目崇拜，对科学成果的承认和评价演变为对人的承认，不利于对科学成果的公正评价，致使一些有新意的学术成果难以脱颖而出。如果科学权威退化为科学社会中的统治集团，更多地承担科学研究之外的义务，在这种情况下，科学权威对社会资源尤其是稀缺资源有着一种控制的能力，其直接的后果就是导致科学群体内在研究成果等级体制，不利于科学的健康发展。

　　由于科学权威还影响科学共同体对科学理论的正常取舍，对其盲目崇拜而忽视科学研究中的客观标准，往往可能导致科学研究的错误方向。如 17 世纪关于"光的本质"问题的波动说与粒子说之争，两种学说虽然各有千秋，但在以后的100 多年中，由牛顿支持的微粒说占了明显的优势。部分原因是"牛顿的崇高威望深深地影响着人们"。为光的波动学说作出了成功理论解释的托马斯·扬曾身有感触地说："尽管我仰慕牛顿的大名，但我并不因此非得认为他是百无一失的！我……遗憾地看到，他也会弄错，而他的权威也许有时阻碍了科学的发展。"

　　科学权威的消极作用还表现为对科学人才的压制。一些科学权威出于种种原因对科学新人不仅不扶持，而且还打击压制，这是科学权威消极作用的重要表现。1836 年，29 岁的罗朗提出了有机物的一元学说，把有机物视为具有结构的一个整体。这一学说一问世，就遭到了化学界的激烈反对和攻击，因为这一学说与当时流行的贝采里乌斯二元说相抵触，遭到了化学界的一致批判，连他的老师杜马也不例外。然而，在罗朗的假说得到越来越多的实验包括自己的实验证实以后，杜马的态度开始发生转变，不过，他的转变明显表现为争夺科学发现的优先权，他把罗朗提出的一元说改为"类型理论"，并大造舆论说是他创立的，罗朗不过是助手而已。杜马这种不光彩的做法使罗朗备受打击，罗朗有一句颇为精妙的嘲讽："如果这理论被证明是错误的，我就成了它的创立者；如果这个理论被证明是正确的，我的老师就成了它的创立者。"1938 年，杜马再次运用个人的声望和权威，无情地把罗朗排挤到边远地区的学校教书。虽然 1946 年罗朗返回了巴黎，但因为杜马的影响罗朗已经无法找到满意的科学研究职位，只能当化验员。一个伟大的化学家逐渐远离了化学前沿，罗朗活到 47 岁便早逝了。

　　为充分发挥科学权威对科学发展的促进作用，消除其负面影响，科学权威应提高自己的道德修养，树立正确的名利观，提高鉴别成果的能力，正确对待荣誉。

要尊重他人的劳动成果，虚怀若谷；要有伯乐精神，积极扶植和支持年轻人才，推荐和提拔卓有贡献的青年科学家，对他们的成果作出及时的鉴定、宣传和推广，以促进科学事业的不断繁荣。应正确对待学术争论，要允许不同意见的存在，决不能以压制人才、打击异己的手段来维持自己在科学界已经取得的地位。此外，建立一个客观而公正的科学评价体制也十分重要。客观、公正的科学评价体制是减少甚至避免科学史上的憾事的重要保证，有助于发现科学新成果和科学人才。对于有争议的科学成果，应该组织更大范围的讨论，尽可能进一步明确其内含的科学成分，暂时无法作出判断的，也不能一棍子打死。在进行科学评价时，应要求那些参与评价新成就的权威们，要冷静、客观、全面地看待每一项科学发现或发明，要善意地对待科学新成果发展过程中难免的缺点和弱点。

同时，对于广大的科技工作者，必须树立正确的科学权威观。尊重科学权威既往的对于科学事业的重大贡献，学习他们一往无前科学探索的精神；同时一定要坚持科学的客观标准，以科学实践为判断是非的唯一标准，发扬"吾爱吾师吾尤爱真理"的大无畏科学精神，坚持科学创新的探索工作。

（摘录自豆丁网林永进的文章，我们进行了适当浓缩和改写。）

（1）什么是 β 衰变的"能量失踪案"？在解释"能量失踪案"中玻尔提出了怎样的看法？泡里为什么不同意玻尔的观点？

（2）基于对 β 衰变的"能量失踪案"中实验数据的分析，泡里提出了中微子假说。在这个假说中，泡里对于这种假设的粒子的物理性质进行了怎样的描述？

（3）中微子的发现为什么会经历如此艰辛、如此漫长的征途？现在发现了多少种中微子？

（4）从你对泡里生平的了解，谈谈这位科学家有哪些宝贵的科学精神和人文品质？

（5）作为一个伟大的物理学家泡里也有许多失误，请你谈谈我们应该怎样正确地看待权威（包括科学权威）。

WULI FAXIAN QISILU

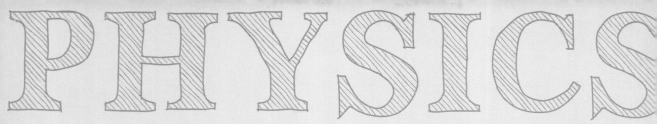

科学发现启思录·大学通识教育读本

物理发现
启思录（下）

张端明　编著

华中科技大学出版社
http://www.hustp.com
中国·武汉

内 容 提 要

本书分为三大部分:现代宇宙学素描、高能粒子物理学剪影和应用物理撷英,通过生动典型的物理发现案例,尤其以 21 世纪以来的重大发现为载体,介绍物理学发展的新内容、新态势,阐明基础研究与高新技术的相互促进、相互依存的密切关系——重大的基础研究突破往往导致新的技术跃进和产业提升,使读者感染到科学家在探求真理中所表现的崇高科学精神(求实精神、实证精神、探索精神、理性精神、创新精神、怀疑精神、独立精神和原理精神等),从而达到普及科学知识、传播科学思想和弘扬科学精神,陶冶性情,提升人文素养的目的。因此本书选材新颖、内容丰富、深入浅出、体例别致、文辞优美,是一本集科学普及、科学精神与人文素质教育三位一体的别具创意的优秀科学读物。

本书面向所有具有中学及以上文化水准的教师、学生和社会各界对科学发现感兴趣的读者,尤其适合于高等学校或者职业技术学院作为人文素质教育、科学精神教育的教材或参考书。

图书在版编目(CIP)数据

物理发现启思录:全 2 册/张端明编著.—武汉:华中科技大学出版社,2018.2
(科学发现启思录.大学通识教育读本)
ISBN 978-7-5680-3064-9

Ⅰ.①物… Ⅱ.①张… Ⅲ.①物理学-高等学校-教材 Ⅳ.①O4

中国版本图书馆 CIP 数据核字(2017)第 157939 号

物理发现启思录
Wuli Faxian Qisilu

张端明　编著

出版人/总策划:阮海洪
策划编辑:周晓方　杨　玲
责任编辑:包以健
封面设计:原色设计
责任校对:刘　竣
责任监印:周治超
出版发行:华中科技大学出版社(中国·武汉)　　电话:(027)81321913
　　　　　武汉市东湖新技术开发区华工科技园　　邮编:430223
录　　排:华中科技大学惠友文印中心
印　　刷:湖北恒泰印务有限公司
开　　本:787mm×1092mm　1/16
印　　张:40　插页:4
字　　数:958 千字
版　　次:2018 年 2 月第 1 版第 1 次印刷
定　　价:198.00 元(含上、下册)

引言

现代科学的发展不断改变和更新人类文明的面貌。自文艺复兴近代自然科学开张名义问世以来，不但人类的物质文明日新月异突飞猛进，而且精神文明的全貌和内涵，例如社会科学文化方面，包括社会的文化、智慧的状况，教育、科学、文化、艺术、卫生、体育等，又如思想道德方面，包括社会的政治思想、道德面貌、社会风尚，以及人们的世界观、理想、情操、觉悟、信念、组织性和纪律性的状况，都发生着深刻的变革。物理学作为现代自然科学的带头羊，无论是以牛顿、伽利略、麦克斯韦、法拉第为代表的经典物理的创生，还是以相对论和量子力学为代表的现代物理的建立，都对于整个现代自然科学体系的形成和发展起着关键性的引领作用，对于物质文明中三次技术革命和产业革命的发生、发展扮演着催生婆的角色，更重要的是物理学家在漫长、艰巨的探索真理的过程中，表达出崇高的敢于坚持科学思想的勇气和不断探求真理的意识，体现人类文明丰富多彩的科学精神：求实精神、实证精神、探索精神、理性精神、创新精神、怀疑精神、独立精神和原理精神。

本书的定位是向所有具有中学及以上文化水准的干部、学生、工农兵，尤其是大学生们，介绍物理学发现的典型案例，尤其是物理学在近年来发展的最新案例，从而领略物理学在新世纪发展的基本态势和最新成果。作者希望通过对这些案例的阐述，让读者明白基础科学与技术、产业之间的密切关系，重大的基础研究突破往往能导致新的技术跃进和产业提升，反之高新技术的发展是基础科学，尤其是前沿的重大基础研究突破的必要物质条件；本书的最殷切的愿望是读者在欣赏物理学波澜壮阔、风光无限的迅猛发展的壮丽画面的同时，更应该为科学家在探索真理所表现的大无畏的科学精神所感染。读者会从具体的物理发现案例所体现的科学精神，深刻地了解什么是科学精神，我们应该怎样学习科学家的崇高品质，以鞭策和激励我们不断进取，努力学习，不断充实自己，为攀登一个又一个的科学高峰奋斗终身。

简言之，本书的宗旨是通过生动的典型物理发现案例，普及物理学发展的新内容、新态势，阐明基础研究与高新技术的相互促进、相互依存的密切关系，使读者感染到科学家在探求真理中所表现的崇高科学精神，从而达到普及科学思想和科学精神的目的。因此作为一种科学普及读物，本书尤其适合于高等学校或者职业技术学院作为人文素质教育、科学精神教育的参考书或教材。

本书的撰写体例大致与美国的《今日物理》、《科学》，英国的《自然》和我国的《科学》、《物理》相仿。质言之，本书在学术上要求很高，尽可能准确、简明，选取的物理发现案例，力求具有前沿性、代表性（照顾学科分布和中外均衡）。这个愿望能否达成，只有读者有资格判断。

本书分三部。

第一部，现代宇宙学素描，以近年来宇宙学发展的三个阶段，即大爆炸宇宙学、大爆炸标准模型和暴胀宇宙论的提出和发展为线索，介绍有关的天文学和天体物理的实验基础、理论发展取得的成果和遇到的困难和问题，从而导致一次次新的理论创新，从中我们应该得到宝贵科学精神的洗礼和科学研究的方法论和认识论上的启示。

第二部，高能粒子物理学剪影，从中微子的理论预言开始，描述其发现的漫长艰辛的历程，使读者充分领略科学发现中所体现的求实精神、实证精神、探索精神、理性精神、创新精神、怀疑精神、独立精神和宽容精神。并且以此为基本线索展示现代粒子物理学的迷人风姿、色彩斑斓的微观世界的曼妙剪影。第一部和第二部读者可以相互参照阅读，特别是第一部中所遇到的若干高能物理中的物理概念，在第二部中都有详尽、通俗和科学的定义。

第三部，应用物理撷英，将从现代物理学发展的基本态势分析出发，选取若干典型案例以展示如何从物理基础研究到催生高新技术兴起，直到相应高新技术产业集群问世和发展的基本发展轨迹，告诉读者一个普遍的真理，基础研究是科学原始创新永不衰竭的源泉，催生高新技术的兴起和发展，从而导致相应的高新技术产业集群问世和发展，不断改变和提升我们的物质文明和精神文明生活。严格说，应用物理是一个相当模糊的概念，很难准确定义。读者可以想象，横跨在基础物理研究和相应的高新技术产业集群出现之间广大的学术领域都是应用物理研究的范围。我们重点介绍了若干典型新材料：半导体材料、巨磁阻材料和隧道结材料、拓扑绝缘体和超导体材料、光学纳米材料、光学信息材料、软凝聚态物质材料和复杂材料体系等的性质和机理研究的新发展。

第十八章可视为全书的总结。该章通过对诺贝尔物理学奖的颁奖规律，获奖人的国籍分布、年龄分布、学科分布，以及与中国的关系等规律的分析，审视物理学发展的基本态势、研究中心的转移、各分支学科发展的不平衡，以及当前最有活力、发展最快的分支学科。在此章的阅读材料中，介绍了近年来光学的发展概况和超弦论的发展概况，可供读者参阅。

目录

现代宇宙学素描 　第一部

高能粒子物理学剪影——神秘失踪的中微子　第二部

应用物理撷英

第十一章　中微子教父费米及其弱相互作用理论

本章导读

　　本章重点叙述了费米在中微子假说的基础上,建立了费米普适弱相互作用理论,发现了自然界的一种新的相互作用——弱相互作用,打开了弱电统一理论的大门。同时,介绍了伟大理论物理学家和实验物理学家的费米对现代物理的发展,以及在反法西斯斗争中对于曼哈顿工程的巨大的贡献。建议有心的读者仔细阅读两个阅读材料,从中可以看到华裔科学家杨振宁、李政道、吴健雄和丁肇中对于弱相互作用理论乃至整个基本粒子物理学的贡献。介绍了对称性理论,提供了物理学发展的新思路;比较准确地阐述了 P 对称、T 对称和 C 对称的物理含义。

第一节　费米普适弱相互作用的中微子理论

一、费米普适弱相互作用理论

　　如果说泡里是中微子之父的话,那么使得中微子理论被科学界接受,成为理论物理学界瞩目的中心之一,那就是费米。正是由于费米提出了其普适弱相互作用的中微子理论,成功地解释了弱相互作用的许多问题,才使得中微子假说在未被实验直接证实之前,大多数科学家都相信其存在。我们知道费米的弱相互作用理论也是温伯格-萨拉姆弱电统一理论的先驱。换言之,在现代基本粒子的标准模型中,正是费米将中微子假说引入到该模型,成为该模型不可或缺的有机组成部分。从这个意义上来说,费米可以说是中微子的教父。

图 10.3 是 C. D. Ellis 和 W. A. Wooster1927 年在英国皇家协会会刊上发表的经典文献中截取的。现在实验技术更为精密,可以得到更精确的能谱曲线,但是在本质上包含的信息与此图是一样的。所谓中微子假说首要的实验迹象来自于此图。在 20 世纪 20 年代,量子能级的存在已是科学界众所周知的事实。但此图的 β 电子的能谱确是连续的,这是为什么?

第二个疑问是现在人们知道在原子核中并不存在电子,电子从何而来?泡里为了解决第一个疑问,提出中微子假说,当时在科学界是极为大胆的假说。因为在 20 世纪 30 年代人们知道亚原子粒子,只有电子和质子。中微子假说在当时被认为是破坏了亚原子世界的单纯性,费米毅然决然立刻支持泡里的中微子假说,并且利用该假说解决了第二个疑问。

按照费米和泡里的说法,原子核的 β 衰变可以简化写成:

$$n \rightarrow p + e + \overline{\nu_e}(\text{反中微子})$$

中微子不带电所以在一般的质谱仪中观测不到,电子和中微子分享了衰变能。观察到的电子极少接近于最大的能量,如图 10.3 所示。这样就避免了电子是从原子核中辐射出来的这个疑问。费米假定电子和中微子是在衰变中产生的,就像质子是在原子和原子核从激发态到基态衰变时产生的一样。我们注意到在 β 衰变中,参与反应的 4 个粒子都是费米子(自旋为 1/2),因此后来人们称类似的相互作用为 4 费米子相互作用。

费米并不是简单地说明 β 衰变是如何发生的,他在中微子假说的基础上给出了电子能谱的表达式和衰变概率的数学表达式,这些工作发表在 1934 年德国《物理杂志》上。衰变概率与粒子的寿命是成反比的,因此,这些表达式完全可以与实验测量进行对比。换言之,费米给出了 β 衰变的第一个成功的理论。

最早观察到的弱相互作用现象是原子核的 β 衰变。后来又观察到介子、重子和轻子通过弱作用的衰变和中微子散射等弱作用过程。弱作用的力程(作用的有效范围)在 4 种作用中是最短的,在低能过程中可以近似地看作是参与弱作用过程的粒子在同一点的作用。分析实验的经过发现,费米子在一点的弱作用(称为费米作用),是两个费米子弱作用流的耦合(实际上,相当于 4 费米子),所谓弱作用流相当于电磁作用的电流。耦合常数 G 与质子质量二次方的乘积是无量纲的,约为电磁作用的精细结构常数的 1/1 000。这个比例反映了两种作用在低能下强度的差别。费米将其在 β 衰变的成功理论推广到所有的弱相互作用过程,建立了所谓费米普适弱相互作用理论。现在人们知道,这个理论不能作为一个基础理论。真正的弱相互作用基础理论就是我们在第九章中谈到的弱电统一理论。但是,费米的理论在低能弱相互作用的情况下,计算的结果与弱电统一理论是吻合的。反之,弱电统一理论低能等效形式仍与费米普适弱相互作用理论的形式相同。

二、费米理论的物理图像与弱相互作用的发现

费米明确指出,有很多相互作用哈密顿函数形式可导致 β 衰变过程。为了简单起见,他类比电磁场与电流相互作用,选择了极矢量形式。后来 E. P. 维格纳(Wigner)指出:以电子和中微子波函数乘积出现而又符合相对论要求的相互作用有 5 种。这 5 种相互作用以及它们的任何线性组合都可以被任意选用而不影响费米原计算的主要结果。G. 伽莫

夫（Gamow）和 E. 泰勒（Teller）发现别的相互作用形式（轴矢量及张量）对允许跃迁产生不同的选择规则。实验表明，β 衰变相互作用实际上是费米的（矢量）和伽莫夫-泰勒的（轴矢量）两种形式的混合。这样延伸的费米理论成功地解释了各级禁戒跃迁的谱形状和半衰期，E 电子衰变和轨道电子捕获 μ 子衰变及负 μ 子同质子的反应等诸多实验事实。

在 β 衰变理论中，费米还引入了一个新的基本常数，即费米常数 G。同时 β 衰变理论的建立还把粒子间的相互作用延伸到弱相互作用，从而开辟了对弱相互作用的研究。

弱相互作用的第一个理论是费米在 1934 年建立的中子 β 衰变理论。费米认为，在 β 衰变过程中，中子变成质子，同时中微子变成电子。中子和质子被认为形成一个与电流类似的带电的矢量流（记为 V 流），中微子与电子形成另一个矢量电流。4 个费米子在一点的弱作用，可看成是矢量流与矢量流的相互作用，它保持宇称不变。由于弱作用力程太短，所以费米假定这 4 个粒子是在同一点发生相互作用的。由于这 4 个粒子都是费米子，所以称这个理论为 4 费米子理论。1958 年，费曼和盖尔曼与马尔萨克和苏达珊两组理论家几乎同时提出了"V-A"理论，修改费米理论。在这个理论中费米的矢量流 V 和伽莫夫-泰勒的轴矢量流 A 强度是相同的。通常说的费米普适弱相互作用理论就是指的这个理论，其中的基本内容都包含在现代的弱电统一理论中，可以说对于低能近似，费米的理论与实验观察极为吻合。

当然，上面的一些描述可能比较抽象一些。我们下面再将费米对于中微子理论的贡献概述如下。自 19 世纪末以来，人们接触到微观世界的一种奇怪的换身术现象，例如：

中子→质子＋电子（中子发射一个电子就变成质子）

质子→中子＋正电子（质子又可发射一个正电子变成中子）

恩里科·费米紧紧抓住泡里关于"中微子"的假设，向纵深思索：如果中微子真的存在，那么，在原子核里出现的 β 放射性行为，就可以解释为这样一个道理：原子核中的中子在衰变成质子的过程中，不仅是放出一个电子，同时还放出一个中微子。这就是说，前面所讲的那种"换身术"不对，正确的解释应该是：

中子→质子＋电子＋中微子

究竟是一种什么力促使这种变化呢？仔细分析，电磁力不可能产生这个过程，因为电磁力的传

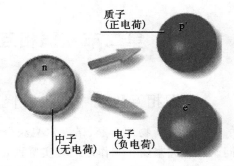

图 11.1　弱相互作用的发现

递者是光子，而在这种衰变中没有光子参加。费米作了一个大胆的尝试，他假定：从质子到中子的衰变过程，是由于自然界中某种新的力引起的。经过一番琢磨，费米得出了几个新颖奇特的结论：

①这个力要比电磁力弱 10^{11} 倍，但比万有引力要强得多；

②这个力只能发生在 4 个自旋为 1/2 的基本粒子之间；

③这个力的作用力程非常短，几乎为零，即参与相互作用的粒子彼此一离开，力就迅速地消失了。

于是费米把这个新的强度非常微弱的相互作用称为弱相互作用，简称弱力。弱力没有本领把任何粒子束缚在一个较复杂的体系中，它只存在于一些粒子发生衰变和俘获的

一瞬间。粒子之间一离开,弱力马上就消失。简言之,费米从 β 衰变中发现了新的自然力——弱相互作用力。

现在科学证明费米的推断完全正确,人们认为自然界果真是存在着一种新的自然力——弱力。费米也因创立了普适弱相互作用理论——弱力理论而闻名天下,他的理论得到了举世公认。总之,β 衰变的研究促使泡里提出中微子假说。并且引导费米在中微子假说的基础上,给予了衰变正确的物理解释,进一步发展了计算衰变的普适理论,更重要的是费米进一步推断衰变发生的原因在于自然界存在一种新的弱相互作用。这是一个非常伟大的发现,弱相互作用最著名的粒子就是 β 衰变,但是人们发现弱相互作用有 3 种类型。

轻子型衰变,如 μ 子衰变,衰变前后均是纯粹的轻子。

$$\mu \rightarrow \nu_\mu + e + \overline{\nu_e}$$

半轻子型衰变,衰变前后既包含轻子,也包含有强子。如 π^- 衰变,原子核的 β 衰变。

$$\pi^- \rightarrow \mu + \overline{\nu_\mu}$$

$$n \rightarrow p + e + \overline{\nu_e}(\text{反中微子})$$

强子型衰变,衰变前后,均为强子。如:

$$\Lambda^0 \rightarrow n + p$$

$$K^+ \rightarrow \pi^+ + \pi^+ + \pi^-$$

如此看来,在弱作用下发生的现象是十分丰富多彩的。换言之,对于弱相互作用的刻画和研究也是一个内容博大精深的领域。

第二节　弱相互作用是上帝的错误吗?

一、弱相互作用中的种种怪事

美籍日裔物理学家、诺贝尔奖获得者南部阳一郎曾经在他的一本通俗著作中这样发问。咋看起来弱相互作用的真实鉴别相当困难,原因不仅仅是弱相互作用的强度太小,作用的距离太短,更是因为比较引力、电磁力和强相互作用力等,均可在规范理论的框架中描述。唯独弱相互作用,似乎不遵从完美的对称性。杨振宁、李政道在 1956 年的划时代的发现就是指出弱相互作用中(包含中微子发射)宇称 P 不守恒,图 11.2 为相应宇称不守恒的示意图。斐奇等在 1964 年发现弱相互作用中电荷共轭与宇称组合(CP)也不守恒,对称破缺的原因至今尚不甚明了。关于宇称 P 守恒、电荷宇称守恒和 CP 守恒,请参阅本章阅读材料 11-1。

南部阳一郎写到上帝在创造宇宙的蓝图中对于引力、电磁力和强相互作用力进行了精密的描绘,但是对于弱力的设计蓝图则由于种种原因,描画的有许多偏差和错误:直线不直,直角的两边不垂直,这样弱相互作用的整个结构框架与其他的力的框架似乎有一个夹角。上帝似乎并没有意识到设计的偏差,就去构建我们的宇宙了。情况真的如此吗?

科学家坚信智慧的上帝绝不会做这种愚蠢的事,他们认为所有的现象都应该能找到

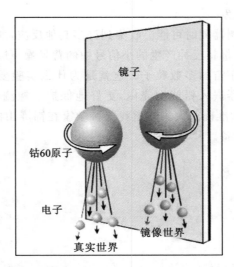

图 11.2　宇称不守恒的实验（吴健雄于 1956 进行）

合理的解释。弱相互作用的种种怪象，科学家坚信总会找到理清头绪的线索，透过怪象找到其真相和本质。1966—1967 年，温伯格和萨拉姆以一种统一的描述方式将弱相互作用的特征给予了合理的系统描述，人们已经可以基于规范场理论像解释其他的相互作用一样，描述弱相互作用。弱相互作用之谜远远没有揭晓，例如：天文观测新近发现的暗物质到底是什么？目前迷雾重重，但许多科学家认为暗物质大部分可能是由一种弱相互作用的大质量粒子所构成。

二、弱相互作用的大质量粒子的探寻

图 11.3 是英国粒子物理和天文学研究理事会投资 3 100 万英镑，改进英国北约克郡（North Yorkshire）海岸博尔比（Boulby）地下 1 100 米深处盐钾碱矿中的实验室设备。这个世界一流的英国暗物质实验中心于 2003 年 4 月 28 日正式启动，主要致力于探测弱相互作用大质量粒子（Weakly interacting massive particles，简称 WIMP，是暗物质最有希望的候选者），希望能解开宇宙大部分物质的丢失之迷。弱相互作用大质量粒子是理论物理学家普遍认为宇宙中暗物质的主要组成部分，认为该粒子只参与弱相互作用。英国谢菲尔德大学教授 Neil Spooner 把探测难以捉摸的弱相互作用大质量粒子比作用看不见的弹子棒玩台球。他说："实际上，你看不见弱相互作用大质量粒子或弹子棒本身，但能看到台球撞击后弹回。如果寻找成功，就会载入史册，因为这是当代最伟大的发现之一。"他和来自卢瑟福实验室、帝国学院和爱丁堡大学的同事们在英国暗物质实验中心使用了 3 种不同类型的探测器：NAIAD 闪烁探测器、DRIFT 电离探测器，以及采用闪烁和电离两种方法的 ZEPLIN 探测器。

弱相互作用大质量粒子与它们通过的物质发生相互作用的机会极少，在 1 000 克的实验样品中，每天只有不到一个弱相互作用大质量粒子击中原子的原子核，引起原子核的轻微反冲，这正是探测它们存在的关键。博尔比实验要探测这一反冲，并将其记录下来。

原子释放出来的反冲能量至少可用三种探测器中的一种探测到，不是温度略有升高（以声子为基础的探测），就是释放出小的电荷（电离），要不就是释放出光子（闪烁）。一个以上这样的效应均有可能发生。

尽管反冲极少,但探测器同时可能会收集到许多其他反应,如宇宙线碰撞物质或自然界的辐射。重要的是要尽量将反冲产生的小信号中的背景噪声屏蔽掉。盐矿有很弱的自然放射性,它能吸收来自宇宙的多数粒子。这就是为什么实验要放在 1 100 米的地下进行的原因。同时,将探测器嵌入铅或铜壳内,更好地保护了探测器,能使辐射降低到 100 万分之 1,让实验数据更加准确。大家知道我国科学家在锦屏山的地洞中,已建设好规模巨大的暗物质探测实验设备。

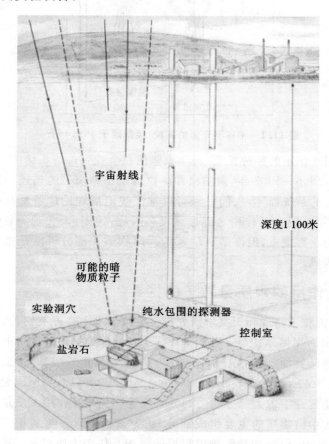

图 11.3 博尔比(Boulby)矿中的暗物质探测设备(弱相互作用)

上述事实表明,弱相互作用问题是当前科学家探索最热门、最困难的领域之一。

三、弱相互作用的本质特征是什么

如果我们深入到微观视界的基本粒子层次——轻子和夸克,种种弱相互作用衰变现象的特征就显现出来了。例如从夸克层次来说,π^-介子由 d 夸克和 $\bar{u}$ 夸克构成,即 $\pi^- = (d\,\bar{u})$,因此,π^-介子衰变,可以写成

$$d+\bar{u}\rightarrow\mu+\bar{\nu}_e$$

同样,中子和 μ 子的衰变可以改写为

$$n+\bar{p}\rightarrow e+\bar{\nu}_e$$

$$\mu + \overline{\nu_\mu} \rightarrow e + \overline{\nu_e}$$
$$n + \overline{p} \rightarrow \mu + \overline{\nu_\mu}$$

注意到质子和中子的构成分别为 p＝udd，n＝uud，上面 3 个反应式如果用夸克反应表示则应为

$$d + \overline{u} \rightarrow e + \overline{\nu_e}$$
$$\rightarrow \mu + \overline{\nu_\mu}$$

我们回忆夸克和轻子的 3 代结构，如图 9.15 所示。我们可以得出重要结论：弱相互作用就是交换夸克对或轻子对的过程，而且交换时在代之间不可混淆。例如上面反应，第一个反应是第一代夸克与第一代轻子之间的交换，第二个反应是第一代夸克与第二代轻子的交换。不难推论还有一个反应就是

$$d + \overline{u} \rightarrow \tau + \overline{\nu_\tau}$$

由此看来，从弱相互作用来看，夸克代的个数与轻子代的个数必须相等。弱相互作用在低能近似下，我们已经指出过其相互作用为矢量型（V）-轴矢量型（A）的等量混合。什么是矢量型？很难准确地说。但其特点是在相互作用的过程中，粒子的自旋方向不变，换言之，是宇称守恒的。至于轴矢量型的相互作用，则是在其支配的过程中，粒子的自旋方向改变，是宇称完全不守恒。它们的耦合常数称为费米常数，因此，费米普适理论也只有在夸克和轻子层次才能表达清楚。到此为止，我们才明白夸克"代"和轻子"代"（generation）的含义。夸克"代"的个数与轻子"代"的个数必须相等的事实似乎暗示，在夸克和轻子存在代的对称性，或者说是"代"的对应关系。

最后我们看看本书的主角中微子在弱相互作用中扮演什么角色？弱相互作用是交换轻子和夸克对的过程，在交换过程中，对的选取不能混淆各代的差异。3 种轻子与 3 种轻子的对应中微子构成 3 代轻子。试想如果不存在中微子就构不成 3 代轻子，何来弱相互作用。因此，从某种意义上说，没有中微子就没有弱相互作用。我们就会看到正是夸克和轻子的这种对应性，才促使标准模型中 Cabibbo 理论和 Kobayashi-Maskawa 理论的应运而生。后面两位日本科学家都得到了 2008 年度诺贝尔物理学奖。

四、Cabibbo 理论和 Kobayashi-Maskawa 理论

什么是 Cabibbo 理论呢？Cabibbo 是意大利罗马大学的教授。1963 年他提出了夸克间存在着混合角，即著名的卡比堡角来解释夸克弱相互作用本征态与质量本征态之间的不匹配。但是他只涉及两代夸克问题（夸克模型提出时，人们只知道 3 种夸克），卡比堡的文章也有 2 700 余次的引用率。有人正是根据夸克和轻子的对应关系，预言可能存在第 2 种中微子和第 4 种夸克，即 c 夸克。这种夸克是在 1974 年 11 月由丁肇中和里克特（Burton Richter）发现的，并因此荣获 1976 年诺贝尔物理学奖。

两位日本物理学家小林诚（Kobayashi）、益川敏英（Maskawa）获奖的工作发表在日本英文刊物《理论物理进展》上，只有 6 页。工作完成于 1972 年 9 月，发表于 1973 年 2 月。我们知道，在弱相互作用中，夸克可以分成规范群 SU（2）的两重态表示和单态表示，我们将这些夸克称为弱作用的本征态。就是说，在弱相互过程中所观察到的夸克状态并不是我们在代模式夸克模型中所显示的两重态表示。他们认为，夸克应该有 3 代 6 种。

图 11.4 丁肇中(1936—)(左)和里克特(1931—)(右)

在卡比堡的理论中,两代夸克对应的两重态不是质量的本征态,也就是说,这些态没有固定的质量。什么叫质量的本征态呢? 就是在弱相互作用中所"观察"到的夸克并不是夸克模型中的夸克。例如:观察到的 d'夸克,是通常说的 d 夸克和 s 夸克的混合。所谓 Cabibbo 角就是表示这种混合的比例。弱相互作用的本征态应该是夸克模型中的夸克态。要得到在弱相互作用的夸克态的确定质量,我们需要将这些夸克重新组合,重新组合的矩阵是一个幺正矩阵。在两代夸克模型中,这个混合机制是由 Cabibbo 完成的,而 3 代夸克模型中,则是 Kobayashi-Maskawa 理论。当然在实际过程中没有这么简单,因为夸克的质量是通过希格斯机制获得的,我们要将两重态和单态以及希格斯场耦合起来。

小林诚和益川敏英在他们的文章中试图得到 CP 破坏的效应,他们用了主要篇幅来证明,如果要满足实验的限制,无论怎么做,两代夸克(含 4 种)是不行的。他们在文章最后提出 3 种可能破坏 CP 的机制,第三种就是引入 3 代夸克,这样,在得到质量本征态的幺正矩阵中,就会出现一个复角,破坏 CP 对称。这个幺正矩阵现在一般叫 CKM(Cabibbo-Kobayashi-Maskawa)矩阵,Kobayashi 就是小林诚,Maskawa 是益川敏英。就是说两位日本物理学家预言了第三代夸克的存在,须知在他们的工作发表时人们还不知道第二代夸克中 C 夸克的存在,更不用说第三代夸克了。他们做出了杰出贡献,因而获得了 2008 年度诺贝尔物理学奖。

图 11.5 小林诚(1944—)(左)和益川敏英(1940—)(右)

五、中间玻色子理论

从费米的普适弱相互作用理论出发,再往前走一步就会自然得出中间玻色子 W 理论。科学家注意到电磁相互作用和引力相互作用,都是借助于交换一种媒介粒子光子和引力子而传递的。这一种媒介粒子从现在量子场来看都称为规范粒子。因而它们的相互作用理论都属于规范场理论。弱相互作用可不可以归属于规范场理论呢？费米普适理论肯定不是。因为他假定弱相互作用是点相互作用。这就是说认为弱相互作用的范围极小，就好像一个点一样。量子力学的基本原理测不准关系告诉我们，传递相互作用的粒子（如果存在）质量与相互作用的范围（力程）成反比。点相互作用实际上假定传递相互作用的粒子的质量为无穷大，这当然是不可能的。但是为什么费米的理论和实验相当吻合呢？后来我们知道弱相互作用的媒介粒子（李政道称之为中间矢量玻色子）质量非常大，是质子的 80～100 倍，力程因而也是极小的了。在低能的情况下，中间玻色子的质量视为无穷大，误差也不大。

从中间玻色子理论来看，中子的 β 衰变，可以写成 2 步过程，

$$n \rightarrow p + W^- \text{（或 } d \rightarrow u + W^-\text{）}$$
$$W^- \rightarrow e + \overline{\nu_e}$$

而反中子的 β 衰变则可以写成：

$$\overline{n} \rightarrow \overline{p} + W^+ \text{（或 } \overline{d} \rightarrow \overline{u} + W^+\text{）}$$
$$W^+ \rightarrow e^+ + \nu_e$$

由此可见，中间玻色子的电荷应该为 ±1 基本电荷单位。其自旋应该也为 1，原因很简单，β 衰变的相互作用为 V-A 型，即矢量-轴矢量型。就是说 W 粒子与夸克和轻子的左旋分量耦合，以及与夸克和轻子的右旋分量耦合。换言之，如果假定 W 玻色子自旋为 1，并且它们与所有粒子的耦合强度都相同的话，费米的普适 V-A 型弱相互作用理论就可以得到自然的解释。

这种物理图像如果与电磁相互作用对比的话，相当于光子的自旋为 1，并且电荷都是普适相等的（电荷可以视为光子与带电粒子的耦合强度）。这一事实向我们暗示弱相互作用很可能也是一种规范相互作用。我们千万不要忘记，通向弱电统一理论的大门，正是费米为我们打开的。而帮助费米构建他的理论的正是本书的主角中微子。

六、迈向弱电统一理论

当然，当我们最终迈向弱电统一理论时，遇到了一个巨大的困难，这个时候费米就无法帮助我们了，因为他于 1954 年去世了。这个困难简单说来就是规范理论要求规范粒子的质量为 0，例如光子，一般来说，相应的相互作用是长程力，如电磁力。弱相互作用是短程力，中间玻色子具有巨大的质量，如何把它归属于规范理论呢？好在科学家提出了所谓的希格斯机制（详见中微子与上帝粒子），这种机制是规范理论中的规范粒子获得质量，同时又可以不破坏规范理论的规范对称性。说得更通俗一点它将规范对称性隐藏起来，因而看起来规范对称性发生破缺（自发破缺），从而可以使规范粒子通过"吃掉"所谓希格斯粒子而获得质量。1966—1967 年间，科学家格拉肖、萨拉姆和温伯格提出了弱相互作用和电磁相互作用的统一理论，称为弱电统一理论。其基本观点为电磁相互作用和弱相互作用实质上都是一种叫做弱电力的表现而已。

格拉肖是世界著名的理论物理学家，美国科学院院士。他 1932 年 12 月 5 日生于纽约，1954 年毕业于康奈尔大学，1958 年在哈佛大学获得博士学位，1958—1960 年在哥本哈根工作。1966 年到哈佛大学任教，1967 年起任教授。主要研究领域是基本粒子和量子

场论。1976 年获奥本海默奖,1979 年与 S. 温伯格、A. 萨拉姆共同获得诺贝尔物理学奖,1991 年获 Erice 科学和平奖。他提出了 GIM 理论(在电弱理论中,要消去不必要的"规范反常",要求夸克和轻子数量相等,即夸克与轻子的对称性所引入的一种物理机制,称为 GIM 机制。),预言了粲夸克的存在,还提出著名的 SU(5)大统一理论。

看来上帝并没有犯错误,弱相互作用尽管有种种奇异的表现,特别是 3 代中微子靓丽的身影,但是它同样遵从一种叫做规范场理论的规则。

第三节　中微子教父费米的靓丽人生

一、20 世纪最伟大的科学家之一

我们已经知道在 20 世纪 50 年代费米逝世时,中微子并没有得到实验的直接证实。甚至于泡里还时时叹息,预言这种难以发现的粒子是否恰当时,费米不但从中微子假说理论开始提出就义无返顾地支持这个假说,而且从这个假说开始构建了中微子弱相互作用理论,提出了举世闻名的弱相互作用的费米 V-A 普适理论,揭示以前人们没有发现的一种新相互作用——弱相互作用的存在。并且为弱电统一相互作用的构建打开了大门。换言之,中微子理论因为费米而在科学界得到了广泛传播和认可,并且成为当今粒子物理学中的标准模型最重要的组成部分之一。当我们称泡里为中微子之父时,难道不应该充满深情地称伟大费米为中微子的教父吗?(参看图 10.5)

费米是无可争议的 20 世纪最伟大的科学家,而且是为数不多的兼具杰出的理论家和杰出的实践家天才的人。像他那样具有高瞻远瞩的理论视野,同时具有切实的实验技巧,并且为实验科学和高技术的发展做出伟大贡献的科学家,在 20 世纪初叶以前似乎并不少见。牛顿是经典物理学的奠基人,同时也有许多重要的实验发现。但是自此以后,理论科学家和实验科学家的分野似乎越来越分明了。我们可以考察 20 世纪以来,许多伟大的物理学家,如爱因斯坦、霍金、狄拉克、玻尔等都是伟大的理论物理学家;而卢瑟福、丁肇中、迈克尔逊、威尔逊等,尽管在理论上也有许多真知灼见,但终究都是以实验科学的研究和发现而闻名于世。唯独费米不然,两者完美结合堪称一代典范。

恩利克·费米(Enrica Fermi 1901.09.29—1954.11.28)是美国物理学家,生于意大利罗马,1922 年获比萨大学博士学位。1923 年前往德国。在玻恩的指导下从事研究工作。1924 年到荷兰莱顿研究所工作。1926 年任罗马大学理论物理学教授。1929 年任意大利皇家科学院院士。当时他已经发表了他的第一篇主要论文,论述了物理学中的一个深奥的分支,人称量子统计学。在这篇论文中,费米发展了量子统计学,用它来描述所谓费米子的粒子的统计行为,这门学科现在称为费米统计。他于 1936 年出版的《热力学与统计物理讲义》,成为后人教学用书的经典蓝本。构成普通物质的 3 种"建筑材料":电子、质子和中子都是费米子。因此,我们可以说费米是当代量子统计的奠基人之一。所以费米统计是现代理论物理学的基石之一。该理论可以使我们更好地了解原子核、退化物质(诸如出现在某些种类星体内部的退化物质)的行为,以及金属的特性和行为。

费米是中子物理学的创始人，被誉为"中子物理学之父"。20 世纪 30 年代初，中子被发现以后，科学家就利用它去轰击各种元素，研究核反应。以意大利皇家科学院院士费米为首的一批青年人，干得最起劲。他们按照元素周期表的顺序，从头到尾地轰击已知的各种元素，看看都会发生什么情况。1934 年，元素周期表上最后一个元素是 92 号元素铀。当用中子轰击时，他们发现铀被强烈地激活了，并产生出好些种元素。

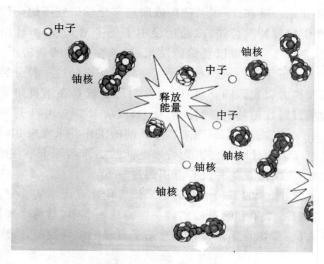

图 11.6　中子轰击铀核

费米小组认为，在这些铀的衰变产物中，有一种是原子序数为 93 的新元素。这是由于中子打进铀原子核里，使铀的原子量增加而转变成的新元素。费米等人关于 93 号新元素的实验报告发表后，世界各国的报纸立即进行了轰动性的报道。关于 93 号元素问题，在各国科学家中引起一场激烈而持续的争论。有不少人肯定，也有不少人持怀疑态度。这场争论迟迟没有定论的原因是当时缺乏一种有效的手段，可以对铀元素受到中子轰击后的产物进行精确的分离和分析。

1934 年 10 月，意外地取得另一项重大发现：中子在到达被辐射物质之前，和含氢物质中的氢原子核碰撞，速度大大降低；这种降低了速度的"慢中子"，更容易引起被辐射物质的核反应。这正如速度太快的篮球容易从框上弹出去，速度慢的较容易进篮一样，使用慢中子轰击原子核很快被各国科学家采用。1934 年用中子轰击原子核产生人工放射现象，开始中子物理学研究。

1938 年 11 月 10 日，也就是"93 号元素"发现 4 年多以后，费米接到来自斯德哥尔摩的电话，瑞典科学院宣布费米获得诺贝尔物理学奖的奖状："奖金授予罗马大学恩利克·费米教授，以表彰他认证了由中子轰击所产生的新的放射性元素，以及他在这一研究中发现由慢中子引起的反应。"费米带着全家去斯德哥尔摩领奖后，没有返回意大利，而是乘上了去美国的轮船。

费米是名符其实的原子弹之父。为什么费米要匆匆忙忙地踏上赴美之旅呢？原来就在这时他在意大利遇到了麻烦。一是因为他的妻子是犹太人，意大利法西斯政府颁布了一套粗暴地反对犹太人的法律；二是因为费米强烈反对法西斯主义——在墨索里尼独裁统治下这是一种危险的态度。1938 年 12 月他前往斯德哥尔摩接受诺贝尔奖，此后就没有返回意大利,而是去了纽约。哥伦比亚大学主动为他提供职位,并为在自己的师资队伍中增添了一位世界上最伟大的科学家而感到自豪和骄傲。1944 年费米加入美国籍。费米在美国积极参加反法西斯的斗争,他为制造世界上第一个原子弹贡献了自己的才智。

二、费米对曼哈顿工程的重要贡献

故事从 1938 年开始。就在这一年,德国威廉皇家化学研究所的两位化学家哈恩和斯特拉斯曼,与女物理学家梅特涅合作,试验用慢中子轰击铀元素,而且用化学方法分离和检验核反应的产物,获得了令人难以置信的结果:铀核在中子的轰击下,分裂成大致相等的两半,它们不是 93 号新元素,而是 56 号元素钡!原子核的这一种分裂现象过去还从未发现过。科学家现在称为裂变。1938 年 11 月 22 日,也就是在诺贝尔奖颁发后的 12 天,哈恩把分裂原子的报告寄往柏林《自然科学》杂志,该杂志 1939 年 1 月便登出了哈恩的论文,推翻了 1934 年费米的实验结果。原来费米此前的工作并未发现 93 号新元素,但是却具有更重大的科学意义。为什么呢?因为费米此前的工作实际上早在哈恩等的工作前 4 年就已发现裂变现象,可惜的是他并没有意识到这一点。

听到这惊人的消息,费米的第一个反应是来到哥伦比亚大学实验室,利用那里较好的设备,重复了哈恩的实验,结果和哈恩的实验一样。这一事实,对费米来说无疑是难堪的。然而和人们的想象相反,费米坦率地检讨和总结了自己的错误判断,表现了一个科学家服从真理的高尚品质。

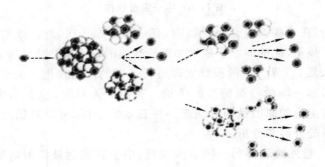

图 11.7 裂变现象与链式反应

结合自己的实验工作,和其他几位主要的物理学家一样,费米立即认识到一个裂变的铀原子可以释放出足够多的中子来引起一串链式反应,而且还和另外几位物理学家一样,费米马上就预见到这样的链式反应具有用于军事目的潜在性。1939 年 3 月,费米与美国海军界接触,希望引起他们对发展原子武器的兴趣。但是直到几个月后阿尔伯特·爱因斯坦就此课题给罗斯福总统写了一封信,美国政府才对原子能给予重视。

那时候,同盟国的科学家虽然已经在讨论制造原子弹的可能性,但是还没有正式开始进行制造的工作。后来由于同盟国在战事中一再失利,德国又开始禁止被他们占领的捷克铀矿区的铀矿出口,使得同盟国意识到,德国可能已经在认真实施原子弹计划。

不久,一位德国科学家傅吉(Siegfried Flugge)出人意料地在德文科学期刊上,公开发表了一些德国核分裂研究的新近成果。这位科学家的本意在于突破当时德国尚未完全开始的信息封锁,让同盟国得知德国研究近况,但是同盟国的科学家反而误认为,德国能够发布这么多资料,那么他们真正的发展情况,恐怕还要更加先进,这就更加促使美国开始酝酿实施原子弹计划。

匈裔科学家齐拉于是决定采取一些行动。首先他认为要能控制比属刚果的铀矿,于是请求和比利时皇家熟识的爱因斯坦帮忙,爱因斯坦欣然同意。接着他和银行家沙克斯(A. Sachs)共同具名拟就一信,准备敦促罗斯福总统在美国实施原子弹计划。为了增加这封信的分量,他们也要求爱因斯坦共同具名,爱因斯坦同意了。这一封有爱因斯坦共同具名的信函,确实是促成原子弹计划的一个关键因素,而这件事在战后曾引起爱因斯坦相当的后悔。

美国政府一有了兴趣,建立一个链式原子反应堆就成了科学家的首要任务,以探明链式反应是否确实可行。于是举世闻名的曼哈顿工程因此启动。

图 11.8　费米领导建造的世界上第一座核反应堆

恩利克·费米是世界上主要的中子物理学权威,且集理论与实验天才于一身,自然被选为世界第一座核反应堆攻关小组组长。他最初在哥伦比亚大学工作,随后又到芝加哥大学工作。1942 年 12 月 2 日,在芝加哥,费米指导下设计和制造出来的核反应堆首次运转成功。这是原子时代的真正开端,因为这是人类第一次成功地进行了一次核链式反应。试验成功的消息以意味深长的预言形式一下子就传到了东方:意大利航海家进入了新世界。……随着这项实验的成功,即刻拟订出了全速实施曼哈顿工程的计划 (Manhattan Project)。

图 11.9　曼哈顿工程(原子弹)

图 11.10　原子弹爆炸

美国陆军部于 1942 年 6 月开始实施的利用核裂变反应来研制原子弹的计划,亦称曼哈顿计划。为了先于纳粹德国制造出原子弹,该工程集中了当时西方国家(除纳粹德国外)最优秀的核科学家,动员了 10 多万人参加这一工程,历时 3 年,耗资 20 亿美元,于 1945 年 7 月 16 日成功地进行了世界上第一次核爆炸,并按计划制造出两颗实用的原子弹。整个工程取得圆满成功。在工程执行过程中,负责人 L. R. 格罗夫斯和 R. 奥本海默应用了系统工程的思路和方法,大大缩短了工程所耗费的时间。这一工程的成功促进了第二次世界大战后系统工程的发展。

必须强调,费米在曼哈顿工程中作为一位主要的科学顾问,一直发挥着重要的作用。费米的主要贡献在于他在发明核反应堆中所起的重要作用。显然这项发明的主要功劳应归于费米。他最先对有关方面的基础理论做出了重大的贡献,随后又亲自指挥第一座核反应堆的设计和建造。战后,费米在芝加哥大学任教授。他于 1954 年去世。费米一生科学成就非凡,他先后获得德国普朗克奖章、美国哲学会刘易斯奖学金和美国费米奖。1953 年他被选为美国物理学会主席。他还被德国海森堡大学、荷兰乌特勒支大学,以及美国华盛顿大学、哥伦比亚大学、耶鲁大学、哈佛大学、罗切斯特大学和拉克福德大学授予荣誉博士。为纪念费米对核物理学的贡献,美国原子能委员会建立了"费米奖",以表彰为和平利用核能作出贡献的各国科学家。第 100 个化学元素镄和原子核物理学使用的"费米单位"(长度单位)就是以费米的名字命名的。

费米是一位杰出的老师,循循善诱。其学生中有 6 位获得过诺贝尔物理学奖。他的博士学生包括:欧文·张伯伦、杰弗里·丘、杰尔姆·伊萨克·弗里德曼、李政道、利奥·雷恩沃特、埃米利奥·G·塞格雷、杰克·施泰因贝格尔、杨振宁。

为纪念这位物理学家,费米国家实验室和芝加哥大学的费米研究所都以他的名字命名。

图 11.11　费米国家实验室

阅读材料 11-1

物理学中的对称性 C、P 和 T

科学家对真理的追求,就是对美的探求。20 世纪物理学发现,我们的世界,不管是大宇宙还是小宇宙,设计它们的以及洋溢在宇宙的"经纬"——相互作用中的方程,是和谐、韵律。而这韵律、和谐就是对称性(symmetry)。图 11.12 就是科学家用软件绘制的分形图案。难道我们不为其中的艺术魅力所诱惑吗?分形是 20 世纪 80 年代出现的一门新兴的数学科学。其中蕴含的自相似性就是一种对称性。

图 11.12 分形图案

什么是对称性呢？按照英国《韦氏国际大辞典》的定义，"对称性乃是相对于分界线或中央平面两侧物体各部分在大小、形状或相对位置的对应性"。这个定义实质上是指的今日一般人所称的空间几何对称性。现在科学家把对称性分为两大类：与时间、空间有关的对称性（时空对称性）；与时间、空间无关的对称性（内禀对称性）。

对称性的概念在现代科学中已经泛化了，几乎就成了规律与和谐的同义语，极难准确定义。《韦氏国际大辞典》还谈到"对称性是适当或协调的比例，以及由这种和谐产生的形式美"，倒是告诉我们，这个概念的引申含意，及其美学属性。

进入 20 世纪后人们才逐渐明白，原来这些对称性与自然界最基本的物理定律是紧密联系在一起的。例如，物理规律的空间平移对称性（或称不变性）导致物理系统的动量守恒。什么是空间平移不变性？就是说，我们把观察者在空间平移一个地方，物理规律是不会改变的，如牛顿三定律无论是在地球还是在天狼星都不变。这种对称性又称空间的均匀性。

与此类似的，还有时间的均匀性或称物理规律随时间平移（无论是唐朝，还是现代、乃至 1 000 年以后的 30 世纪）具有不变性（T 不变性），原来这种不变性与能量的转换守恒定律相关；空间的各向同性，或称物理规律相对于空间各个方向（无论指向哪个方向）具有不变性，却与角动量守恒定律相关。

图 11.13 蝴蝶和石墨烯的对称图像

动量守恒、能量守恒与角动量守恒是自然界最基本守恒定律,迄今尚未发现有任何破坏的迹象。这就导致物理定律在自然界的普适性和可重复性,即无论宇宙中何时、何地和何方向,这些规律都不会变化,都有效。

迄今为止,我们讨论的对称性都称为连续对称性,因为它们可以用无穷小运动来实现,如无穷小的空间平移、空间转动,或时间移动等。上面举例还限于几何对称性。在几何对称性中最有趣的也许要算镜像对称(P 对称性),或左右对称性,如图 11.14 所示。图 11.14 显示的是具有轴对称性的碳纳米管。图 11.15 则显示的是具有空间平移对称性的立方晶格。

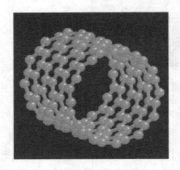

图 11.14　碳纳米管轴对称图

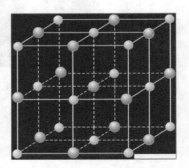

图 11.15　立方晶体结构图

图 11.16 所显示的泰姬陵显然有一个中轴面。建筑左、右两部分相对于中轴面显然是对称的。因此称为左右对称。同时,如果以水面为中轴面,泰姬陵建筑的本身与其在水中的像,相对于水面也是完全对称的,因此称为镜像对称。实际上,整个画面,如果把中轴面想象为一面镜子,左边(或右边)建筑物在此镜中的像,正好与右边(或左边)建筑物完全一样。

可见左右对称,实质上就是镜像对称。这种对称,只要一次变换,即以中轴面为镜子,镜像与原物就具有镜像对称。这种对称是以可数的分立变换(分立变换就是跳跃性的变换)实现的。镜像对称性只需一次变换就可以了。图 11.17 中的 4 个叶片的风车,具有所谓 4 重对称性(图中黑点表示风车的轴,它是垂直于纸面的)。就是说,风车在绕轴转动 90°、180°、270°和 360°后,其形状与未转动时的原来形状重合,即图形不变。显然,正五角星具有 5 重对称性。由此看来,对称性往往导致不变性。反之,不变性往往蕴含某种对称性。

图 11.16　泰姬陵图

图 11.17　4 个叶片的风车

自然界有许多左右对称结构的例子。例如人体结构、大多数建筑物等。这种对称似乎给予匀称、和谐的优美氛围。类似的对称性还有时间反演不变性。什么是时间反演呢？就是让时间倒流，将电影片倒过来放，所看到的就是时间反演后发生的事。许多物理过程，尤其是微观现象都具有时间反演对称性。图11.18中左图表示在电场中运动的电子，右图表示在时间反演后（即所谓 T 变换），只是运动倒转方向，轨迹依然不变。换言之，时间反演前后两者运动轨迹相同（运动方向则反向），我们叫该过程具有时间反演不变性。实际上，经典力学和经典电动力学的规律，既具有镜像对称，又具有时间反演的不变性。

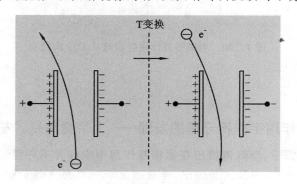

图 11.18　在电场中运动的电子及其反演

　　1926—1927 年，伟大的物理学家、数学家维格纳提出在所有的相互作用中都遵从左右对称性（P宇称守恒），后来在电磁相互作用和强相互作用中，实验证实确实如此。维格纳在因发现了基本粒子的对称性及其应用原理荣获了 1963 年诺贝尔物理学奖。直到 1956 年，物理学家一直理所当然地认为自然界的规律，应该是不会有"偏爱"左或者右的情况发生。难道用右手坐标系描写物理现象，会比用左手坐标系描写的有所不同吗？在量子物理诞生以后，镜像对称性会得到一个新的守恒律——宇称（parity）守恒（P 守恒）。

**图 11.19　E. P. 维格纳
(1902—1995)**

　　简单地说，宇称守恒要求自然界所发生的一切，在镜像世界对应的过程也应该真实存在。上帝总不是左撇子或右撇子吧，宇称守恒简直被视为神圣的戒条。镜中花，水中月，摇摇曳曳，荡荡晃晃，一向是诗人讴歌的对象，难道内中还有什么"玄机"隐藏？

　　在第六章第四节，我们谈到了电荷共轭对称——C 对称，又叫正反粒子对称。电荷共轭对称，更具体地说，是将一切粒子换为反粒子（反之亦然）物理规律不变，相应的物理过程也有一个守恒定律，即电荷共轭宇称守恒。实验证明，凡是电磁相互作用和强相互作用引起的物理过程，不仅宇称守恒，电荷宇称也守恒。如图11.20所示，其中电子 e^- 变为正电子 e^+，正、负电极也互换了。显然电荷共轭变换（C 变换）前后，e^- 与 e^+ 的运动轨迹完全相同。这表明电磁作用与牛顿力学确实具有电荷共轭不变性。

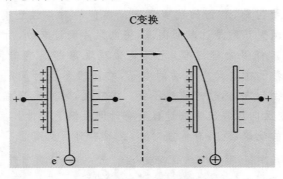

图 11.20　电磁相互作用过程遵从 C 变换对称

弱相互作用宇称不守恒的发现——上帝竟然是"左撇子"

（一）杨振宁、李政道提出在弱相互作用中宇称并不守恒

1956 年 6 月，中国人杨振宁、李政道发表一篇历史性的论文，对于宇称守恒的普遍性提出质疑，并且提出了解决有关问题的实验构想。我国著名的物理学家吴健雄很快就用巧妙的实验证实了他们的质疑的正确性。换言之，在微观世界涉及弱相互作用的现象，例如 β 衰变等，宇称就是不守恒的。或者说，有关的物理现象是左右不对称的，而且上帝确实偏爱"左撇子"。自然界只存在左旋的中微子，不存在右旋的中微子。进入新世纪前后，发现有可能存在为数极少的右旋中微子，但这并不改变现象的左右严重不对称。消息传来，犹如晴天霹雳，轰动物理学界。这里澄清一个问题，杨、李在撰写论文，以及次年荣膺诺贝尔物理学奖时，并未加入美国籍。质言之，他们当时是地地道道的中国人。

图 11.21　杨振宁（左，1922—）、李政道（中，1926—）、吴健雄（右，1912—1997）

20 世纪 50 年代以后，人们发现的强子越来越多，其中有两种当时称为 τ（切勿与今天的 τ⁻ 轻子混淆）和 θ 的粒子，其质量和寿命完全一样，照理说应为同一种粒子，但前者衰变为 3 个 π 介子，后者衰变为 2 个 π 介子。根据量子理论，τ 与θ 的宇称应相反，即一为负一为正，似乎又像是两种粒子。这就是当时著名的 θ-τ 之谜。1956 年 4 月，在美国纽约州的罗切斯特召开的国际高能物理会议上，针

对这个问题，议论纷纷，无法解释。

李政道、杨振宁高瞻远瞩，灵思飞扬，终于"参透"玄机。他们分析，以前认为是证实镜像对称——宇称守恒的物理现象，要么是属于电磁相互作用过程，如原子的光发射和吸收；要么是强相互作用支配的过程，如原子核的碰撞、核反应等。实际上弱相互作用过程中，宇称守恒并没有经过实验验证。τ 与 θ 粒子的衰变正好是弱相互作用过程。也许弱相互作用中宇称不守恒吧！

（二）吴健雄的实验巧妙证实李、杨的理论

李、杨两人找到当时艳称"实验核物理的无冕女王"吴健雄女士，请她验证他们的大胆设想。吴健雄与其夫袁家骝博士等一批华盛顿国家标准局低温物理学家合作，终于在 1956 年 12 月发现弱相互作用过程中宇称确实不守恒。随后，哥伦比亚大学的莱德曼（L. Lederman）、IBM 公司的加尔文（R. L. Gawrwin）等各自在相关实验中证实吴健雄的发现。原来 θ 与 τ 介子就是同种粒子，现在称为 K 介子，其寿命只有 10^{-19} 秒。既然衰变时宇称不一定要求守恒，所以既可以衰变成 2 个 π 介子，也可以是 3 个 π 介子。

吴健雄在约 10^{-2} K 的极低温度下，研究了 ^{60}Co 的 β 衰变，

$$^{60}\text{Co} \rightarrow ^{60}\text{Ni} + \text{e}^- \text{（电子）} + \overline{\nu}_{\text{e}}$$

反中微子 $\overline{\nu}_{\text{e}}$ 难于测量。由于温度低，钴核的热运动极其微弱，吴健雄用螺旋线圈中电流产生强磁场，比较容易地使钴核的自旋方向沿磁场方向整齐排列起来（用术语说叫做极化）。这是实验成功的关键之处（参看图 11.22）。

吴健雄发现，衰变时所发射的电子的运动方向是有规律的，大多集中在与钴核自旋相反的方向发射。这意味着什么呢？镜像对称性的破坏，宇称不守恒。试看图 11.23。图 11.23 的左边表示的是吴的实验结果；其中 β 粒子的动量的方向是电子发射集中的方向，在此方向飞出的电子数目比相反方向飞出的电子数目大致要多 1 倍，说明电子的发射大多集中于钴核自旋相反的方向。图 11.23 的右边是其镜像世界（即镜像对称成立时的情况），^{60}Co 核的自旋方向不变，但电子运动方向倒向，也就是说，此时电子大多将集中朝着与 Co 自旋方向相同方向发射。我们知道，真实情况正好相反。现实世界与镜像世界的物理规律发生变化。换言之，实验证实宇称并不守恒。

宇称不守恒的发现，轰动一时。学术界激动非常，著名理论物理学家戴逊（S. Dyson）说，这是在物理学中发现的整个新的领域！我们还要加一句，吴健雄准备了半年，实际实验时间不过 15 分钟，这短短一瞬间却改变了人类对自然界许多根本看法！影响所及，妇孺皆知。著名物理学家热（A. Zee）在 20 世纪 80 年代中期回忆，当时他还是一个小孩，就听到父亲的一个朋友以讹传讹地说，两个中国人推翻了爱因斯坦的相对论。尤有甚者，当时以色列的总理本·古里安（Ben Gurion）莫名其妙地请教吴健雄，宇称与瑜珈有什么关系。

我们知道，李政道和杨振宁因为弱相互作用中宇称不守恒的工作得到 1957 年诺贝尔物理学奖。我们更应该知道，那位美国物理学会第一任女会长，实验原子核物理学的女皇，姿容雅丽、仪态万方的吴健雄女士的卓越贡献！她完全应该一同得到这项殊荣。尽管由于种种原因，她"榜上无名"，但是仍然誉满天下，学

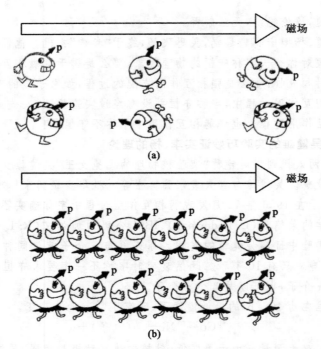

图 11.22　吴健雄在低温下用强磁场使得钴核自旋沿磁场方向整齐排列——极化

（a）在常温下　（b）在低温下

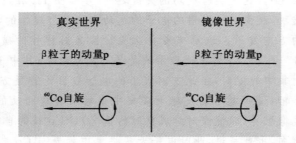

图 11.23　吴健雄关于验证弱作用宇称不守恒的实验原理图

人敬仰！

（三）弱相互作用中宇称不守恒的根源

人们追本溯源，发现中微子本身就是宇称不守恒的根源之一。你看，可以认为中微子静止质量为零，永远以光速运动，其自旋为 1/2。但自然界基本上只存在左旋中微子，即对中微子的运动（动量）方向与自旋方向永远可用左手法则表示。图 11.24 的上图中猫跑的方向表示动量方向，螺旋箭头表示中微子的自旋方向。因此，猫运动的方向与电流旋转方向构成所谓左旋性，与左旋中微子的螺旋性一样，其镜像则是右旋中微子。图 11.24 的下图表示在镜子里电流改变了方向，磁场的方向仍然不变，即螺旋性反向，左旋变右旋。其镜像对称的伙伴，读者容易看出正是右旋中微子。但是自然界并不存在右旋中微子，正是最大的宇称不守恒的表现。因此，凡是与中微子有关的现象，宇称均不守恒难道不是意料之中的事么？

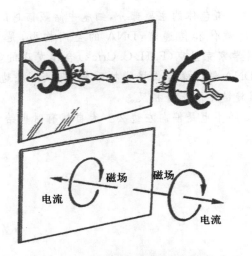

图 11.24 自然界不存在右旋中微子

最近传来的中微子有少许质量,并不改变以上论述。因为少许质量只容许自然界可能存在极少量的右旋中微子,其数目远小于左旋中微子,还是不对称,左旋占优势。不影响上面论述。

物理学家把这种左旋(left-screwness)性,又称为左手征性(left-handed)。手征者,手的纹络也。左手征与右手征并不是镜像对称。手征性、螺旋性还有正式的术语:chirality 和 helicity,后者可是世界物理学的顶级权威杂志《物理评论》所认可的呀!

著名的物理学家泡里(W. Pauli)幽默风趣,曾调侃问道:"我不相信上帝竟然会是一个左撇子!"看来,他竟不幸而言中了。不仅如此,20 世纪生命科学的伟大发现,基因——DNA 分子的双螺旋线,居然也是螺旋型的(见图 11.25)。原

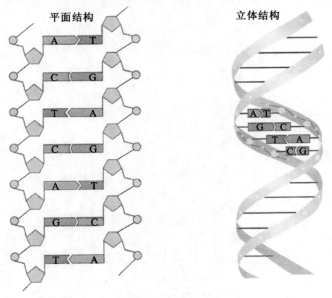

平面结构   立体结构

图 11.25 DNA 分子的结构模式图

来作为遗传载体——染色体的主要部分,细胞中储藏信息的物质,生命系统结构和行为全部信息的载体和传递者,DNA 的空间构型,是美国科学家沃森(J. Watson)和英国科学家克里克(F. H. C. Crick)合作发现的(见英国《自然》,1953年 4 月 25 日)。DNA 链像螺旋式楼梯扶手架的上、下底边一样,围绕着一个中心轴盘旋,两股螺旋链走向正好相反。

其实我们的心脏不也是偏向左边么?大自然有时也给予我们对左或右的偏爱的例子。

（1）费米是如何从 β 衰变的物理图像分析中,发现了弱相互作用的?

（2）费米的相互作用的普适理论有哪些主要的科学成果?又有什么局限性?为什么说费米理论打开了弱电统一理论的大门?从中你可以得到什么科学启示?

（3）请谈谈伟大科学家费米有哪些主要科学贡献?费米的科学研究最可贵的特点是什么?

（4）能量守恒、动量守恒和角动量守恒对应于物理学中的哪些守恒定律?

（5）什么是宇称守恒定律?其适用的范围如何?

（6）什么是 θ-τ 之谜?杨振宁和李政道是如何从这个科学之谜分析,推断在弱相互作用中宇称是不守恒的?

（7）吴健雄的实验是如何证实杨振宁和李政道的理论的?请你分析吴健雄的实验的难点是什么?谈谈你对伟大的实验物理学家吴健雄未能获得诺贝尔物理学奖的人生感悟。

第十二章　环绕中微子的疑云怪雾

本章围绕中微子物理发展面临的主要问题：中微子有静止质量吗？其静止质量如何测量？什么是中微子振荡？中微子静止质量与 CP 不守恒有什么关系？观察宇宙中几乎看不到反物质，由此导致的物质与反物质分布的巨大不平衡与 CP 不守恒有什么关系？中微子技术有哪些应用前景？核心问题是中微子的静止质量和中微子振荡。希望读者由中微子的理论假设，直到中微子物理理论研究和实验研究的进展，从中领悟到在科学研究中理论工作和实验工作彼此的紧密关系。

本章导读

第一节　中微子有静止质量吗

一、CP 对称性破坏意味着中微子可能具有静止质量

中微子假说在争论中由泡里提出，经过其教父费米的呵护和培养，在科学界逐渐被接受，被承认，被认可，并且成为发现和研究弱相互作用的突破口。在 20 世纪 50 年代中叶，中微子被科学家终于通过实验直接观察到。更是一个接着一个疑云怪雾向我们袭来，伴随着一个又一个的美妙的科学发现。人们惊奇地睁开大眼，中微子不仅给我们带来微观世界许许多多意料不到的新信息和新发现，而且居然给我们送来廓清宇宙诞生前的鸿蒙时期诸多迷雾的钥匙。

泡里在 1930 年 12 月 4 日的那封信中还有一段话："我今天做了一件很糟糕的事,一个物理学家无论什么时候也不应该做的事。我提出了一个在实验上永远也检验不出来的东西。"可是如今,"幽灵"抓住了,而且构成一个 3 代同堂的大家庭呢。

中微子在一场争论后问世以来,就一直是物理学家瞩目的中心之一。很快,它又卷入另一场物理学界的争论中。

1930 年泡里提出中微子假说时,认为中微子的静止质量为 0,这就是说中微子的存在状态跟光子一样,永远以光速向前运动。换言之,你永远不可能通过坐标变换,找到与中微子保持相对静止的或者使得中微子的运动速度和方向发生变化的参照系。这就引起了"上帝是一个左撇子"的著名怪论。

在这些问题中,最令人不可思议的问题就是,中微子有静止质量吗? 这是现在粒子物理学前沿的热点问题。从道理上来说,如果我们能测量到与中微子相关的弱相互作用现象,有 CP 对称性破坏则一定具有静止质量。还有更直接的办法就是,如果能够测量中微子的传输速度,而且传输速度小于光速,则一定具有静止质量。令科学家头痛的是,这两种途径物理图像很清楚,但是至今为止,由于实验精度的限制,科学家一直没有办法判断中微子具有静止质量,更不消说静止质量为多大了。

然而好消息从另外的地方传来。尽管这样的测量方法没有前面两种办法直接,但科学家目前已经可以确定中微子确实具有静止质量,而且已比较准确地确定 3 种中微子的静止质量的大小。这种办法来自于中微子振荡现象。

原来每一代中微子有正、反两种。但奇怪的是,我们先是在物理世界中观察到的中微子都是左旋的,反中微子都是右旋的。形象地说,中微子像个左旋的"螺丝钉",反中微子则像个右旋的"螺丝钉"。

世界上找不到右旋的中微子和左旋的反中微子,决然找不到! 有的科学家不相信,难道上帝是一个左撇子? 1956 年,杨振宁、李政道发现在弱相互作用中宇称不守恒,追本穷源,跟中微子是"左撇子"大有关系哩。试看图 12.1 左上图表示的就是现实中存在的中微子,其运动方向(动量方向)与自旋方向正好构成左旋坐标系,这就是所谓左旋中微子的涵义。该图的右下图表示的是现实中存在的右旋反中微子。在现实世界中人们只观察到这两种中微子:左旋中微子和右旋反中微子。

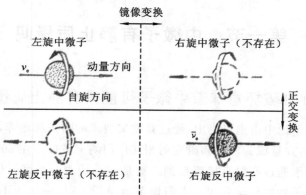

图 12.1 左旋中微子和右旋反中微子(图中正交变换改为正反变换)

中微子的镜像和正反粒子变换(左旋中微子和右旋反中微子不存在镜像对称物)

继续考察图 12.1，上图与下图正好是正反粒子变换（术语称为"电荷共轭变换"——C 变换）。在 C 变换下，左旋中微子应变为左旋反中微子；反之亦然。如果自然界存在左旋反中微子，则对于中微子存在电荷共轭变换的对称性。但是事实正好相反，表明对于中微子电荷共轭变换的对称性是不存在的。在图 12.1 中，左图和右图的关系是相互为镜像变换（术语称为"宇称变换"——P 变换）。自然界中不存在右旋中微子，表明对于中微子宇称变换不存在。就是说，中微子参与的弱相互作用不存在 P 对称性。

继续深入考察图 12.1，试看如果先对左旋中微子进行 P 变换，就变为右旋中微子；在进行 C 变换就变为右旋反中微子。这样连续进行两次变换叫做 PC 变换。当然也可以进行 CP 联合变换。一件有意思的事情出现了，就是两种变换的结果都是右旋反中微子，而这是在自然界中存在的。物理学家把这种奇妙的对称性现象，称为 CP 对称性。中微子具有严格的 CP 对称性的条件是中微子的静止质量必须为 0。为什么呢？如果中微子具有静止质量，哪怕是很小的静止质量，则中微子的速度一定小于光速，我们总可以进行坐标变换，使得中微子的动量改变方向。换言之，在自然界就不可能只存在纯粹的左旋中微子，必定有极少数右旋中微子存在。

二、所谓"太阳中微子失踪案"和中微子振荡

一波未落，又起一波。"太阳中微子失踪案"又沸反盈天。太阳中微子失踪案与中微子具有静止质量两者存在密切的联系。早在 20 世纪 30 年代，贝特等人就对太阳中热核反应进行过认真研究，后来逐渐形成所谓"太阳标准模型"。根据该模型估算，在太阳中心进行的热核反应中，每分钟要放射 1.8×10^{38} 个中微子。经过 8 分 22 秒，有一部分中微子要到达地球表面，粗略地说，1 秒钟内有 10^{11} 个太阳中微子穿过 1 平方厘米地面上的空间。那么，这些中微子是否全部到达地球表面呢？

1964 年，意大利科学家蓬蒂科尔沃（B. Pontecorvo）提出，利用中微子与 ^{37}Cl 反应，可以"捕俘"到中微子，并记录到它。大概每 1.8×10^{15} 氯原子可以抓到一个中微子。

戴维斯从 20 世纪 60 年代开始，就利用这个原理捕捉太阳中微子。他把巨大的钢制太阳中微子探测器安置于美国南达科他州利德市的霍姆斯塔克金矿大约 1 500 米的深井中，探测器中装了 4×10^5 升纯净过氯乙烯溶液。

戴维斯从 1964 年开始，进行了 49 次观测。1968 年，他的实验结果表明，到达地球的太阳中微子只是太阳标准模型预言的 1/3，还有 2/3 的太阳中微子失踪了。中微子在运行的途中，到底发生了什么事情呢，它们到哪里去了呢？蓬氏提出了所谓中微子振荡理论，即中微子的味可以相互转换。这种相互转换的前提是中微子必须具有静止质量，不同味的中微子才可能相互耦合。

设想中微子静质量如果不为零，由于中微子振荡现象，电子型中微子 ν_e 在飞抵地球的旅途中，其中 2/3 变成 μ 型中微子 ν_μ 和 τ 型中微子 ν_τ。戴维斯测量到的只是 ν_e。你看，事

图 12.2　太阳中微子在到达地球途中有许多伙伴改头换面

情就这么简单。太阳中微子失踪案就可以"消案"了。

看来,中微子的静质量如果不等于零,那么很多事情就好办了。反之,如果我们观察到中微子振荡现象,也是判断中微子是否具有静止质量的重要途径。

然而,中微子静质量是否不为零,科学家的探测确实一波三折,疑云重重。关于中微子具有静止质量的最初实验报告是出自前苏联的科学家。其后的实验否定的结果居多,1980年6月,在意大利西西里岛上召开的国际中微子物理会议上,美国、法国和联邦德国科学家的一个联合小组宣称,他们的实验否定了中微子振荡现象。

1985年,苏联和瑞士的科学家改进了实验方法,重新测定中微子质量。结果发现中微子静质量至多不过$17\sim18$ eV,不能证实中微子有静止质量。1987年,美国和日本的科学家根据超新星 SN1987A 爆发的数据测定中微子静质量,美国 IMB 小组的结果是 $m_{\nu_e} \leqslant 12$ eV,日本长岗小组的结果是 $m_{\nu_e} \leqslant 30$ eV。20世纪90年代,关于中微子具有静止质量的问题,大多数科学家持否定的态度。

三、超级神冈小组的测量一锤定音

1998年6月,日本科学家宣布他们的超级神冈中微子探测装置掌握了足够的实验证据说明中微子具有静止质量。这一发现引起广泛关注。来自24个国家的350多名高能物理学家云集日本中部岐阜县的小镇神冈町,希望亲眼目睹实验过程。美国哈佛大学理论物理学家谢尔登·格拉休指出:"这是最近几十年来粒子物理领域最重要的发现之一。"

图 12.3　超级神冈探测器　　　　图 12.4　超级神冈探测器内部照

超级神冈探测器主要用来研究太阳中微子。太阳是地球上所有生命的源泉,也是地球表面最主要的能量来源。事实上,到达地球的太阳光热辐射总功率大约是170万亿千瓦,只占太阳总辐射量的22亿分之一。爱因斯坦相对论的质能关系式使人们了解了核能,而太阳正是靠着核反应才可以长期辐射出巨大能量,这就是太阳能源的来源。在太阳上质子聚变和其他一些轻核反应的过程中不仅释放出能量,而且发射出中微子。人们利用电子学方法或者放射化学的方法探测中微子。

这个探测装置由来自日本和美国的约120名研究人员共同维护。他们在神冈町地下1公里深处废弃的锌矿坑中设置了一个巨大水池,装有5万吨水,周围放置了1.3万个光电倍增管探测器。当中微子通过这个水池时,由于水中氢原子核的数目极其巨大,两者发生撞击的概率相当高。碰撞发生时产生的光子被周围的光电倍增管捕获、放大,并通过转换器变成数字信号送入计算机,供科学家们分析。

日本科学家设计的这个装置主要是用来探测宇宙射线与地面上空 20 公里处的大气层中各种粒子发生碰撞产生的缪子中微子。研究人员在美国《科学》杂志上报告说,他们在 535 天的观测中捕获了 256 个从大气层进入水槽的 μ 子型中微子,只有理论值的百分之六十;在实验地背面的大气层中产生、穿过地球来到观测装置的中微子有 139 个,只剩下理论值的一半。他们据此推断,中微子在通过大气和穿过地球时,一部分发生了振荡现象,即从一种形态转为另一种,变为检测不到的 τ 子型中微子。根据量子物理的法则,粒子之间的相互转化只有在其具有静止质量的情况下才有可能发生。其结论不言而喻:中微子具有静止质量。研究人员指出,这个实验结果在统计上的置信度达到百分之九十九点九九以上。实际上,现在科学家都相信中微子具有静止质量。就是说,上帝不是一个完全的左撇子。在表 12.1 中我们给出了 2012 年科学家关于中微子静止质量的实验结果。

表 12.1　中微子静止质量

费米子	符号	质量
第一代		
电子型中微子	ν_e	< 2.2 eV
电子型反中微子	$\overline{\nu}_e$	< 2.2 eV
第二代		
μ 子型中微子	ν_μ	< 170 keV
μ 子型反中微子	$\overline{\nu}_\mu$	< 170 keV
第三代		
τ 子型中微子	ν_τ	< 15.5 MeV
τ 子型反中微子	$\overline{\nu}_\tau$	< 15.5 MeV

关于中微子的静止质量我们必须说明,实验结果直接来自于不同味的中微子质量平方的差。因为中微子振荡对于该值比较敏感,我们并不是测量中微子质量的绝对值,我们在下面还要谈到这一点。

四、微观世界的自然单位制

由于本书这一部讨论的是微观世界的问题,为方便计,往往将质量和能量的单位统一化。按照通常的习惯,质量的单位应乘上光速 c^2 等于能量的单位,为简便起见,我们采用理论物理学家习惯用的自然单位制,在这个单位制中,光速 c 等于 1(无量纲)。在微观世界中,能量的单位通常用 eV(电子伏特)、keV(千电子伏特)、MeV(兆电子伏特)、GeV(吉电子伏特)和 TeV(太电子伏特)。为了使读者熟悉这些单位与通常的质量和能量的关系,有较真切的了解,我们先从电子伏特谈起,其定义是

$$1 \text{ eV} = 1.6 \times 10^{-18} \text{ 焦耳}$$

电子伏特是极小的能量单位。举个例子,一只蚂蚁从地面沿树干搬运花粉,每搬上 1 厘米,就得消耗 1 万亿电子伏特的功。

在微观世界中,电子伏特决非是微不足道的。把电子从氢原子的内部"敲出来",要做

13.6 eV 的功。把一个氢分子"打碎",分解为两个氢原子所需的能量,大约是 4 eV。但是把一个微观粒子的能量增加一个电子伏特,通过加热,则相当于将温度提高 10 000 摄氏度。

如果我们要深入到更深的微观层次,深入到原子核"宫殿"的大门,需要的能量就要用 MeV 做单位了。1919 年,卢瑟福用 α 粒子作为"炮弹",轰击氮核,第一次打开原子核宫殿的大门,α 粒子所携带的动能是 7.68 MeV。1 MeV,即 100 万电子伏特。威力无比的原子弹,是利用铀原子裂变时所释放的能量。一个铀原子裂变时,大约提供 185 MeV 的能量。

要揭开基本粒子的秘密,廓清粒子王国的疑云怪雾,需要更高的能量,这时需要以 GeV 作为单位。1 GeV 即 10 亿电子伏特。中子和质子的质量约为 1 GeV,注意我们采用的是自然单位制。目前世界上最大的加速器,欧洲核子中心(CERN)的质子加速器,可以把质子的能量加速到 14 TeV。我国北京正负电子对撞机,于 1998 年 10 月对撞成功,其能量为 2×2.8 GeV。

一般说来,越是深入到"小宇宙"深处,我们越是需要更高的能量。我们已经知道 80 年代初发现的中间玻色子的质量为($80 \sim 100$)GeV。我们还知道,理论预言在能量($10^{15} \sim 10^{19}$)GeV 处,或许会观察到强、弱和电磁力的大统一现象。如此等等。为了进一步在小宇宙寻幽探胜,看来需要更高的能量。

然而这又谈何容易。现在的大加速器城,已经方圆数 10 公里,耗资成百亿美元。要建设能量 1 万倍(或更高能量)的加速器,无论在人力、物力以及技术条件上,在近期内都是难以实现的。

然而幸运的是,茫茫宇宙有许多"天然"加速器,我们不要忘记,从 20 世纪 30 年代起,人们就从宇宙深处的神秘来客——宇宙射线中,发现了正电子、μ 介子、π 介子、中微子等许多种奇异的粒子。

许多剧烈发生的天体现象所释放的能量之巨大,令人难以想象。例如,1979 年 3 月 5 日一个国际性的人造行星的科学仪器,探测到大麦哲伦星云中发生的一次特大的 γ 射线爆发。这一次爆发持续的时间为 0.15 秒,辐射的总能量超过 10 万亿亿亿焦耳。如果折合成煤,则要燃烧掉 5 万个地球储藏的煤。如果折算为裂变的铀,也要消耗几十亿亿公斤。

这就是说,宇宙中有许多宏伟的超高能实验基地。人们也许想不到,甚早期宇宙甚至具备为小宇宙的探索所需要的全部实验条件呢! 超高能、超高压、超致密、超强电磁场、超高温,如此等等,谁想到呢!

读者可能要问,为什么不利用测量中微子速度的方法来确定中微子的静止质量呢?按理来说,这是最直接的方法。但是事实证明这种方法是不现实的。主要原因是中微子的静止质量太小,从现在的观察资料来看,其静止质量的上限不超过电子质量的百万分之一,因此,其速度纵然是小于光速,但是与光速之间的差别会非常非常小,以致我们用目前的测量手段无法确定。有趣的是从 20 世纪 80 年代开始,尤其是 2007 年用 MINOS 检测器,竟然发现中微子的速度在 0.999 976c 到 1.000 126c 之间,其中 c 表示光速。人们由此断定,μ 中微子的质量上限为 50 MeV,置信度达 99%。至于 2011 年 9 月 OPERA 实验组宣布发现 17 GeV 到 28 GeV 的中微子的速度超过光速的笑话,我们在下面还会详细介绍,但是至少表明测量中微子的速度是十分困难的事情。2012 年 7 月,欧洲核子中心宣布,他们隶属的 4 个实验小组(OPERA、ICARUS、Borexino 和 LVD)的实验表明,OPERA 原来的结果是错误的。中微子的速度和光速在他们的实验精度内是一致的。这个结果充分表明,目前的实验手段,要准确判断中微子的速度与光速的差别有多大是十分困难的。

五、微观世界基本粒子全图

为了给读者关于基本粒子世界一个完整的印象,在图 12.5 中我们给出了所有基本粒子的图像。其中有 3 代夸克和轻子,每种夸克有 3 种味道,共计 24 个成员。胶子是传递强相互作用的媒介粒子,有 8 种颜色,光子是传递电磁相互作用的粒子,Z 和 W$^\pm$ 玻色子是传递弱相互作用的粒子。媒介粒子又称规范粒子,共计 12 种。考虑到每种基本粒子都有相应的反粒子(光子除外),因此,就目前被实验证实的基本粒子成员为 62 个。

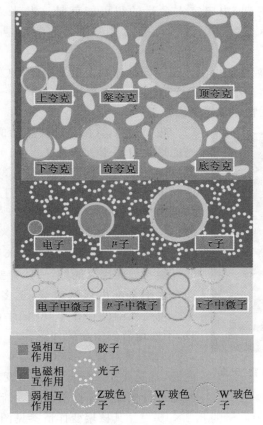

图 12.5 基本粒子全图

第二节 太阳中微子失窃案

为了使读者对于第一节所简要说明的问题,即太阳中微子失窃案和中微子振荡有更深入、更详细的了解,本节和第三节会进一步深入阐述有关问题。

一、太阳核聚变的标准模型(standard solar model)

我们现在重点考察所谓中微子振荡。中微子振荡的发现与太阳中微子失窃案密切相关。宇宙中有大量暗物质存在已是科学界的共识。人们认为暗物质有两类:热暗物质,相应粒子速度接近光速,决定宇宙中超星系团、宇宙长城此类大尺度结构;冷暗物质,相应粒子速度大大低于光速,决定星系、星系团等小尺度结构。

人们已找到若干暗物质:宇宙尘埃(氢分子、氨分子和有机分子等)、黑洞、变暗的死星系、微波辐射等,但是其总量远远少于预期值。还有大部分迷失的质量不知到哪里去了。

人们在漫漫的追索中,逐渐把暗物质的主要候选者之一,集中到中微子身上就是十分自然了。中微子数量很大,而且质量尚在最后敲定中,只要有几个电子伏,迷失的质量就全部有着落了。谁想得到,决定宇宙命运的很可能就是这些来无影、去无踪的幽灵粒子——中微子呢?实际上关于中微子可能具有静质量的喧嚣,早在科学界折腾 20 余年了。

事情得从 1968 年戴维斯探测太阳飞向地球的中微子谈起,他发现从太阳飞向地球的中微子比预期值少许多。准确的观察值大约只有理论值的 33%～50%。从此这件太阳风中微子的失窃案就在物理学界议论开了。

图 12.6 普罗米修斯盗窃"天火"

我们知道,太阳是地球生命的源泉。到达地球的阳光的热辐射功率大约是 1.7×10^{14} 千瓦,其中有 30% 被大气层反射到太空。余下的 1/3 被大气吸收,2/3 被陆地和海洋吸收。迄今为止,我们人类利用的能源,主要还是古代和现代的太阳能。不要忘记,到达地球的辐射能,只有太阳总辐射能量的 4.5×10^{-10}。

太阳能,造福我们的普罗米修斯的天火从何而来?烧煤炭? 如此巨大能量,一秒钟要烧 1.3×10^{16} 吨煤炭!即令太阳全部由煤炭组成,至多也只能维持几千年罢了。可是太阳已存在了 50 亿年,它在不断地辐射光和热,不断地散发生命的甘露。

1937 年,魏莎克尔(C. P. Weigssacker)找到"天火"之源,就是质子与质子的核聚变。通俗地说,太阳在不断地进行核爆炸。据估计,1 年核聚变损耗的氢的质量约 18×10^{12} 吨,约占太阳质量的 8.2×10^{-11}。其核聚变详情参见图 12.7。简单地说,当 4 个质子聚合成为氦核时,其中两个转变为中子,每个转变过程中都释放一个中微子。

在太阳核聚变中有大量中微子向各个方向释放出来,估计每秒钟每平方厘米应有 6.6×10^{10} 个中微子穿过。估计方法是采用标准太阳模型,即假定太阳内部密度是每立方厘米 150 克、温度 1.5×10^{7} K,并且含有等量的氢与氦。

我们已经知道,捕捉中微子是十分困难的事。一个中微子穿过 1 000 个地球,平均有可能与其中 1 个原子核碰撞 1 次。即令宇宙全部由实心铅所构成,20 个中微子由宇宙的这一头射进去,至少有 19 个中微子可以无阻碍跑出来,最多不过 1 个中微子被其中的核

物理发现 启思录

314

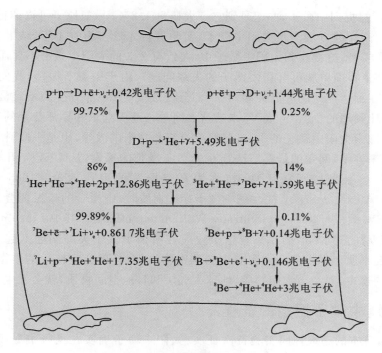

$p+p\to D+\bar{e}+\nu_e+0.42$兆电子伏 $p+\bar{e}+p\to D+\nu_e+1.44$兆电子伏

99.75%   0.25%

$D+p\to {}^3He+\gamma+5.49$兆电子伏

86%   14%

${}^3He+{}^3He\to {}^4He+2p+12.86$兆电子伏 ${}^3He+{}^4He\to {}^7Be+\gamma+1.59$兆电子伏

99.89%   0.11%

${}^7Be+\bar{e}\to {}^7Li+\nu_e+0.861\,7$兆电子伏 ${}^7Be+p\to {}^8B+\gamma+0.14$兆电子伏

${}^7Li+p\to {}^4He+{}^4He+17.35$兆电子伏 ${}^8B\to {}^8Be+e^++\nu_e+0.146$兆电子伏

${}^8Be\to {}^4He+{}^4He+3$兆电子伏

图 12.7　太阳中核聚变链详图

挡住。好在人们目前已有许多办法,如用放射化学方法、电子学方法等探测它,由于其数目庞大,总有"落网"的中微子被捕捉归案。

即以此次超级神岗协作组为例,实验是在日本中西部的神岗矿下 1 000 米深处,主要观测仪器契仑柯夫探测器是由 5 万吨纯水和 1.3 万多个光电倍增管构成。其庞大与复杂可以想见。

对戴维斯的工作,经过反复核查,学术界的看法是肯定的。这样一来,中微子到底在何处丢失的呢?这不是小事情。本身的性质是什么?我们所理解的量子力学和粒子物理学的本质是什么?中微子失踪问题当时被认为是最重大的天文学之谜。可笑的是,有很多狂想家竟然表示,他们已经有解决失踪中微子问题的方法,因为有外星人或爱因斯坦的灵魂告诉他们了。

难道是太阳标准模型不可靠,估计不正确?否!美国高等研究院的巴卡尔(J. Bahcall)在 1997 年撰文认为标准模型基本是可靠的,倒是许多修正方案有问题。

二、意大利科学家蓬蒂科尔沃的中微子振荡理论

难道是中微子本身还有什么不为我们所知的神奇功能,会"摇头一变",悄悄失踪?

诚然,中微子确有变化莫测的神奇本领。

许多科学家相信,"失窃案"的谜底就在中微子的 3 代之间,它们在不断地改变身份,忽而 ν_e,忽而 ν_μ,而后又是 ν_τ,周而复始。这就是意大利科学家蓬蒂科尔沃的中微子振荡理论,文章最早发表在前苏联的学术杂志上,时间是 1967 年。蓬氏也非等闲之辈,乃中微子教父科学大师费米的高足,他是根据氩原子粒子中 K 介子的振荡现象提出这一理论的。戴维斯测量中微子的方法,就是他在 1946 年提出的。1964 年,他利用中微子与 ^{37}Cl

（氯37）的反应捕捉到中微子，并记录到它。大概每 1.8×10^{15} 氯原子可以捕捉到 1 个中微子。戴氏利用同样的方法测量太阳中微子，实验进行 49 次，为时 4 年，结果表明，按太阳中微子的标准模型，应接收到太阳中微子中，大致有 2/3 的太阳中微子不翼而飞。

按蓬氏理论很简单就可解释中微子的失踪问题。由于中微子振荡，我们记录的电子型中微子 ν_e，在到达地球的 8 分钟内，有一部分变成 ν_μ，另一部分变为 ν_τ。戴维斯测量的只是 ν_e，自然比预测的少。"谜底"原来就这么简单。蓬氏继承其导师费米的工作，关注中微子的命运，探索太阳中微子的失踪问题，没有辜负费米的教导，也是一段科学佳话。

当然，说来容易，问题的最终解决还是经历了漫长的探索，从 1957 年开始，经过数十年的努力，科学家发展了蓬氏理论，称为真空振荡的现代理论。1985 年，Stanislav Mikheyev 和 Alexei Smirnov 注意到中微子穿过物质时，中微子的味振荡会产生修正，这就是所谓 MSW 效应（Mikheyev-Smirnov-Wolfenstein effect）。其中 Lincoln Wolfenstein 早在 1978 年就注意到类似的现象。这个效应在所谓中微子失踪问题上起着关键作用。太阳的核聚变本质上都发生在太阳芯中的稠密物质，在核聚变中产生的中微子在到达地球的检测器的途中，要经历太阳物质、地球大气层和日地空间物质，就会发生这种效应。

三、探测中微子振荡的征程

1998 年，日本的超级神冈实验首次证实：太阳中微子确实在飞行中变成了 3 种中微子的混合型——中微子是可以变身的。2001 年，加拿大的太阳中微子流测量实验（SNO）进一步证实，"丢失"的太阳中微子变成了其他种类的中微子，而 3 种中微子的总数并没有减少。于是"太阳中微子消失之谜"在理论上被揭开了。

但是真正解决太阳中微子失踪问题，功劳应该属于加拿大科学家。加拿大的萨德伯里中微子观测站观测到了 3 种中微子形态。结果观测到的中微子数量与原来预测的一样。原来科学家说太阳中微子有 2/3 失踪，只是他们用的探测器观察中微子，只能探测到一种中微子，也就是太阳释放的那种，就是说只有预测数的 1/3 被我们观察到。加拿大科学家发明了一种新观测法，可以观测到所有中微子，包括原来观察不到的其他 2/3 的中微子。

图 12.8　加拿大萨德伯里中微子观测站

2002 年 4 月 20 日，在美国物理学会和美国天文学会联合举办的学术会议上，加拿大萨德伯里中微子观测站的科学家宣布，已发现了测量中微子的直接方法，为揭示"太阳中微子失踪之谜"找到了直接证据。

他们宣布，为解开"太阳中微子失踪之谜"，1999 年，来自加拿大、美国和英国的科学家在加拿大萨德伯里附近的一座镍矿中建成了萨德伯里中微子观测站。这座观测站的观测设备位于地下 2 072.6 米，有 10 层楼高，其中包括一个直径 12 米、内有 1 000 吨重水并安装了 1 万多个传感器的球型容器（如图 12.8）。

2001 年，萨德伯里中微子观测站的科学家宣布,找到了"太阳中微子失踪之谜"的原因,引起科学界的轰动,被美国《科学》杂志评为2001年10大科技成就之一。不过,那时的发现只是把所观测到的数据与其他观测站以前的数据相比后得出的结论。其后,科学家对他们的观测数据深入分析,找到了直接观测中微子的方法:当中微子进入装有重水的容器后,碰到重水的原子核后会被弹开;然后碰到另一个重水的原子核后会与之发生反应,变成氚的原子核,同时释放出一些γ射线。因为所有的中微子都会引起这样的反应,通过测量γ射线的数量,科学家就可知道有多少中微子存在。

科学家称,这种方法是一种测量所有中微子直接和明显的方法,也是科学家首次掌握如何同时测量所有中微子的方法。据此,直接证实了太阳中微子并未失踪。

该成果又一次证实中微子具有质量,对修正物理学中的标准模型和认识宇宙中的暗物质都具有重大价值。

第三节　中微子振荡的物理图像

一、中微子在自然界碳循环中的重大作用

为了研究中微子的性质,各国建造了大量探测设施,比较著名的有日本神冈町的地下中微子探测装置、意大利的"宏观"、俄罗斯在贝加尔湖建造的水下中微子探测设施,以及美国在南极地区建造的中微子观测装置。

1994年,美国威斯康星大学和加利福尼亚大学的科学家在南极冰原以下800米深处安装辐射探测器,以观测来自宇宙射线中的中微子。使用南极冰原作为探测器的安置场所,是因为冰不产生自然辐射,不会对探测效果产生影响。此外,把探测器埋到深处,是为了过滤掉宇宙中除了中微子之外的其他辐射。

宇宙中微子的产生有几种方式。第1种是原生的,在宇宙大爆炸时产生,现在为温度很低的宇宙背景中微子。第2种是超新星爆发巨型天体活动中,在引力坍缩过程中,由质子和电子合并成中子过程中产生出来的,SN1987A中微子就是这一类。第3种是在太阳这一类恒星上,通过轻核反应产生的十几MeV以下的中微子,我们刚刚讨论的太阳中微子就是这种中微子。第4种是高能宇宙线粒子射到大气层,与其中的原子核发生核反应,产生π、K介子,这些介子再衰变成中微子,这种中微子叫"大气层中微子"。第5种是宇宙线高能质子与宇宙微波背景辐射的光子碰撞产生π介子,这个过程叫"光致π"。π介子衰变产生高能中微子,这种中微子能量极高。第6种是宇宙线高能质子打在星体云或星际介质的原子核上产生核反应生成的介子衰变为中微子,特别在一些中子星、脉冲星等星体上可以产生这种中微子。第7种是地球上的物质自发或诱发裂变产物β衰变产生的中微子,这类中微子是很少的。总之,从宇宙的演化、星系的形成和演化等直到太阳能源的产生,中微子都扮演着重要的角色。

例如,太阳中的核反应、碳循环,看起来很像二氧化碳合成葡萄糖的那种循环。在这种循环中,实际上中微子在其中都扮演着主角的角色。该循环对太阳核反应的贡献远小

于质子循环,而更多地出现在更大质量恒星的核反应中。

如果再往前追溯,我们会问,恒星中哪儿来的这么多氢和氦呢?这是宇宙大爆炸后的核合成时期形成的。宇宙"最初三分钟"的一种弱相互作用导致的核反应决定了质子和中子的比例。我们知道氢原子核中只有质子,而氦原子核当中有质子和中子。因此,是最初三分钟的弱核反应决定了宇宙的原初元素组成。这是名副其实的中低端"制造业"了。如果这种"制造业"当初稍有偏差,改变了质子与中子的比例,也许宇宙中的星系、恒星、行星、生命等高端"制造业"就永远无法出现了。

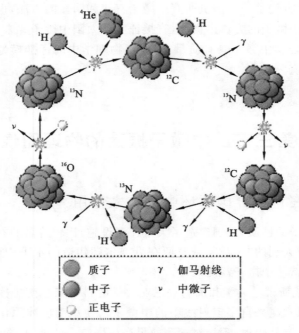

图 12.9　自然界中的碳循环

顺便说一句,现在人们发现弱相互作用的应用越来越广泛,例如医院放射科用于治疗癌症的钴-60、测定文物年代的碳-14 等。因此,弱相互作用虽然不起眼,但对于宇宙、对于人类来讲仍然是至关重要的。弱相互作用的代表粒子就是中微子,它同时也参与引力相互作用。中微子的质量只有电子的百万分之一,不参与电磁相互作用,当然也就不带电。此时,我们一定能够理解中微子的名字和它的特征之间的关系——它是一种中性的微小的只参与两种相互作用的基本粒子。

二、中微子振荡的几个物理参数

最后我们稍微深入地探讨何以中微子具有静止质量,就会发生振荡呢?原来这纯粹是一个量子现象,中微子存在着 3 种本征态,我们记为 1、2、3。如果中微子没有静止质量,这 3 种本征态就是电子型中微子、μ 子型中微子和 τ 子型中微子。它们彼此之间不存在耦合,也不会相互发生转变。但是中微子具有静止质量,那么物理世界存在的中微子就是这 3 种本征态的线性叠加态,这种叠加导致它们相互之间可以转化,也就是所谓中微子振荡。1 种中微子变成另外 1 种,就叫做振荡。对 3 种振荡可以用振荡耦合参数 θ_{12}、θ_{23} 和

θ_{31}来描述。其中 θ_{12} 和 θ_{23} 已经被科学家通过大气中微子和太阳中微子实验测量到了。聪明的读者很快就会想到,还应该有一个振荡参数 θ_{31} 是否测量到了呢?直到 2012 年之前,答案是否定的。2012 年在中微子的研究史上,这个具有里程碑的意义的重大发现,是我国科学家在大亚湾测量到振荡参数 θ_{31}。

因此,中微子振荡发生的前提是中微子必须有静止质量。换言之,如果能测出中微子振荡现象,即可由此确定相应的中微子静质量。我们已经讲过,此次超级神岗协作组测量的实际上是 $\nu_\mu \rightarrow \nu_\tau$ 的振荡现象,由此推得 m_{ν_μ} 大致为 0.03~0.1 电子伏,自然很小,但也足以解释太阳中微子的丢失问题。此次测量较以往工作具有规模大、事例率高的特点,又加上屏蔽探测器减少了背景干扰,因此实验精度高,置信水平有很大提高。

三、超神岗小组的历史性贡献

20 世纪 90 年代初,日本物理学家在岐阜县的一个 1 000 米深的矿井下建造了一个装有 50 000 吨超纯水的大水缸,并在水缸四周安装了 13 000 只光电倍增管。这就是超级神冈探测器。大家知道水中的光速比真空中的光速小很多。如果中微子被水中的原子核吸收,并相应地释放出高能电子或者 μ 子的话,后者的速度可能高于水中的光速,发出切伦科夫辐射。此时,13 000 只光电倍增管就像 13 000 只眼睛一样记录下这一切。如果电子中微子被吸收,释放出高能电子,它的轨迹会像水中的乒乓球一样"飘忽";如果 μ 子中微子被吸收,释放出高能 μ 子的话,它的轨迹会像水中的铅球一样"稳定"。所以,让电子眼们数一数多少事件"飘忽"、多少事件"稳定"就大功告成啦。

**图 12.10　里卡尔多·贾科尼(1931—)(左)、雷蒙德·戴维斯(1914—2006)(中)
和小柴昌俊(1926—)(右)**

1998 年,以小柴昌俊(Masatoshi Koshiba)为代表的中微子振荡联合研究小组用这种方法成功证明了,大气中微子发生了代与代之间的振荡。大气中微子来自于宇宙高能射线和大气的相互作用,因此,它的能量往往比太阳中微子的能量高出很多。因为 μ 子质量是电子的 200 多倍,吸收 μ 子中微子释放 μ 子的过程,要比吸收电子中微子释放电子的过程需要消耗更多的能量。所以,美国的太阳中微子实验测不到 μ 子中微子而日本的大气中微子实验可以。2001 年,该实验小组又证明了太阳中微子也发生了代与代(即不同味)之间的振荡。

超级神冈探测器(Super-Kamiokande)是日本建造的大型中微子探测器,最初目标是探测质子衰变,也能够探测太阳、地球大气和超新星爆发产生的中微子。于 1982 年开始建造,1983 年完工。1985 年,探测器开始进行扩建,名为神冈核子衰变实验 II 期

图 12.11　渗满水的超级神冈探测器

(KamiokaNDE-II)，灵敏度大大提高。1987 年 2 月，神冈探测器与美国的探测器共同发现了大麦哲伦云中超新星 1987A 爆发时产生的中微子，这是人类首次探测到太阳系以外的天体产生的中微子。20 世纪 90 年代，神冈探测器经过再次扩建，于 1996 年开始观测，名为超级神冈探测器，容量扩大了 10 倍。1998 年，超级神冈探测器的领导者、日本科学家小柴昌俊发表了测量结果，给出中微子振荡的首个确切证据，认为中微子在 3 种不同"味"之间是可以相互转换的，这也表明中微子是有质量的，而不是粒子物理标准模型中预言的零质量粒子。2002 年，超级神冈探测器证实反应堆中产生的中微子发生了振荡。这个结果在中微子天文学和粒子物理学中具有里程碑式的意义，小柴昌俊因此与美国科学家雷蒙德·戴维斯（Raymond Davis Jr）、里卡尔多·贾科尼（Riccardo Giacconi）获得 2002 年的诺贝尔物理学奖。颁奖词中，戴维斯和小柴昌俊因在宇宙中微子探测方面所作的贡献，贾科尼因发现宇宙 X 射线源，共同分享了该年度的奖金。

四、中微子振荡的物理图像

我们在前面指出，中微子振荡产生的根源在于中微子的本征态与现实中的中微子状态不一致。但是什么叫本征态？什么叫现实的物理态？普通读者难以理解。现在我们用地球中的"地磁偏角"现象进行类比，帮助读者理解。

原来，上帝创造 3 代基本粒子的时候，就像造地球的时候一样，故意留下了一些不完美。中微子的本征态与现实态不一致就是其中一例。

我们试看地球的地磁场的南北极与地球自转南北极以及公转南北极并不重合，前者的夹角叫做"地磁偏角"，后者的夹角叫做"赤道黄道夹角"。如图 12.12 所示。人类对方向的感知、测量和定义都和具体的测量手段密不可分。如果夜观星象，那么很容易找到地理北极的方向，从而定义正北。如果野外又碰上下雨天，那么只能依靠指南针测量地磁北极的方向了。可是，你要寻找的是地理北极的正北，却只能测得地磁北极的正北，那怎么办呢？你会发现，只要相对于地磁北极的正北，再偏转一定的"地磁偏角"之后就搞定了。实际上，地球表面每一点"地磁偏角"的数值都不相同。你要是绕着地球一遍又一遍地走，就会发现一个奇怪的现象，地磁北极和地理北极的夹角发生了"振荡"，有时候偏东了，有时候偏西了，有时候又偏南了。可实际上，地磁北极的经度纬度都是固定的，只不过随着你的位置不同，它和地理北极的相对夹角发生了变化而已。这种现象称为地磁偏角随着探测者的位置"振荡"。

　　同样的道理,适用于所谓这个现实中的中微子。现实中的中微子,不过是量子场态空间的"地磁南北极"而已(叫做"味"本征态)。弱相互作用就是阴雨天的指南针,可以告诉我们探测到的中微子代表"哪个方向"(我们可以看出上下夸克的名字就是方向)。而我们无法直接测量中微子的质量本征态指向"哪个方向",也就是对应的"地理南北极"(叫做"质量"本征态,就像"地理南北极"一样,它决定了量子态随时间演化的性质)。然而,当时间流逝时,中微子场态空间的"地磁南北极"和"地理南北极"之间的"地磁偏角"就会不断振荡。

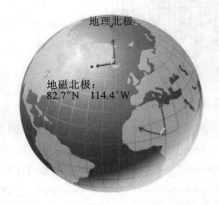 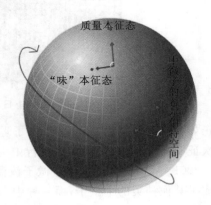

图 12.12　地磁偏角随着探测者的位置"振荡"　　　**图 12.13　中微子组分随着飞行时间距离而"振荡"**

　　于是,纯种的电子中微子从太阳中发射出来后,立刻就会成为一定比例的 3 种中微子的量子线性叠加。当它们到达地球上的探测器时,相互作用的测量会破坏量子线性叠加态,使它按照比例,以一定概率坍缩成电子中微子、μ 子中微子和 τ 子中微子。就像"地磁偏角"的振荡跟你的位置和速度有关一样,中微子振荡也跟中微子流的位置和能量有关。例如,在我国的大亚湾核电站附近建立几个不同位置的中微子探测器,我们就会发现不同探测器中得到的 3 种中微子的比例是不同的,由近及远会得到周期性振荡的结果。

　　考察中微子振荡的故事,一个自然的问题是,作为中微子的兄弟姐妹,夸克、电子们会不会也有振荡呢?答案是肯定的。实际上,由于夸克是参与强相互作用的粒子,发现夸克"振荡"的现象比发现中微子振荡早得多。只不过由于强相互作用的色禁闭,夸克不能独立存在,所以科学家观测到的是由(反)下夸克和奇夸克组成的 K_0 介子振荡。我们在前面已经讲过,为了描述这两代夸克和质量本征态之间的夹角,1963 年(当时还没发现第 3 代夸克),卡比波(Cabbibo)引入了一个 2 乘 2 的矩阵。到了 1973 年,当时日本的年轻学生小林诚(Kobayashi)和益川敏英(Maskawa)发现,卡比波的矩阵好像"不够用",就"顺手"弄了一个 3 乘 3 的矩阵出来(叫做 CKM 矩阵,是三者名字的缩写,这也从某种意义上预言了第 3 代夸克的存在)。30 多年之后的 2008 年,小林诚和益川敏英被授予诺贝尔物理学奖。顺带说一句,同年获得诺贝尔奖金的还有著名美籍日裔物理学家南部阳一郎(Yoichiro Nambu,1921—)。

　　我们知道,夸克"振荡"和中微子振荡是自然界已证实的现象。一个合理的推论是,中微子的伙伴 e、μ 子和 τ 子之间也应该发生类似的振荡。可惜目前还没有确凿的实验证据。

我们已经知道,电子中微子、μ子中微子、τ子中微子3种类型。有一些科学家因而猜想:会不会是太阳中微子在以光速到达地球的旅途中,变成了另外一种、被戴维斯漏掉的中微子呢?

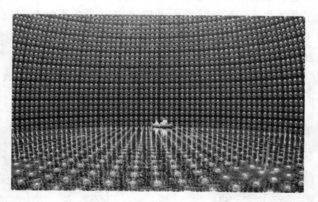

图 12.14　日本超级神冈实验的矩阵

正如我们已经知道的,实验证实了理论物理学家的猜测,1998年,日本的超级神冈实验首次证实:太阳中微子确实在飞行中变成了3种中微子的混合型——中微子是可以变身的。2001年,加拿大的太阳中微子流测量实验(SNO)进一步证实,"丢失"的太阳中微子变成了其他种类的中微子,而3种中微子的总数并没有减少。"太阳中微子消失之谜"被解开了。

第四节　弱相互作用中的 CP 不守恒的发现

中微子一经发现,横空出世,就在微观世界掀起阵阵浪花。第一朵浪花就是李政道和杨振宁发现的在弱相互作用下宇称不守恒。有关情况我们在第十一章阅读材料中谈到过。本节将介绍与中微子有关的在弱相互作用中的 CP 不守恒的发现。首先从电荷共轭对称(C 对称)和反物质世界的发现开始。

一、狄拉克用笔尖发现了反物质世界

中微子的踪迹是人们在 β 衰变的能谱中察觉到的,但是还有一种粒子正电子却是科学家从对称性考虑预言的。正电子的质量和自旋跟电子一样,其电荷符号与电子相反,而电量相同。更加奇妙的是正电子的发现标志着一个庞大的反世界发现的开始。这是怎么回事呢?

像中微子是科学家在理论上先预言而后经过实验探索一样,反物质或者说反世界也是理论物理学家用笔尖发现的。如果说有什么不同的话,那就是反物质的发现在实验上是非常及时,非常顺利。

1928 年,英国物理大师狄拉克(Paul Adrien Maurice Dirac)时年 26 岁,刚荣获剑桥大学物理学博士学位不久,已发表《量子力学的基本方程》、《量子代数学》等蜚声科坛的论文多篇，于 1928 年又建立了满足相对论要求的量子力学方程，即今天广为人知的狄拉克方程。这个方程奇妙之处在于，电子只要满足相对论要求，必然具有自旋，必然有一个很小的磁矩。更加奇怪的是，方程除一个解就是我们熟知的电子以外，还有一个所谓"负能解"。负能有什么意义呢？难以理解。

图 12.15　狄拉克（1902—1984）

这个负能解是什么？1928 年 12 月，狄拉克提出所谓"空穴"（hole）理论解释。狄氏称，"真空"应理解成负值的能级完全被电子占据的状态。这种真空态中处于负能级的电子观察不到，而且永远也不能观察到。因此这种真空又称狄氏海洋。但是，如果我们用有足够能量的光子，如 2 个能量超过 0.51 兆电子伏的光子碰撞，就能"产生"1 个普通电子和 1 个"空穴"。真空中的"空穴"，怪哉！"无中之有"！？

这里"无"空穴代表电子占据负能级的状态。但是，难道"有"空穴代表电性与电子相反（即带正电）的某种粒子占据正能级的状态么？当时知道的带正电的粒子只有质子，因此狄拉克认为"空穴"就是质子。1931 年，德国大数学家、物理学家魏尔（C. H. H. Weyl）与美国年轻物理学家奥本海默（J. R. Oppenheimer，后来成为"原子弹之父"）分别指出，"空穴"质量应该与电子质量相同，不可能是质子。1931 年 9 月，狄拉克从善如流，改而大胆预言，所谓"空穴"乃是尚未发现的一种新粒子，其质量、自旋等性质与电子完全相同，惟独带正电的新粒子，他命名为反电子。他进而断言，质子也有反粒子存在。

二、安德逊发现正电子与赵忠尧的前驱性工作

狄拉克悲观地预计，反电子的发现要 24 年！但是他错了，好消息很快从宇宙射线的观察中传来。一年后，1932 年 8 月，美国物理学家安德逊（Carl David Anderson）利用云雾室拍摄宇宙线照片，发现反电子。他在《科学》上发表的论文最后写道："为了解释这些结果，似乎必须引进一种正电荷粒子，它具有与电子质量相当的质量……"1933 年 5 月他称这种新粒子为正电子（正是正负电荷的正），英文"positron"，就是 positive（正）与 electron（电子）的缩写。这样，实际上狄拉克提出了一种新的对称性，即正反粒子对称，或电荷共轭（C 对称）理论。安德逊发现的正电子是这种新对称性的第一个实验证据，尽管安氏当时并不知道狄氏预言。按照狄拉克的说法，所有的微观粒子都有其反粒子。正反粒子的电荷应相反，如果是中性粒子，则判断反粒子的标准，就是正反粒子如相遇，质量会全部转化为能量，以高能 γ 光子的形式辐射出来。安德逊因为发现正电子与发现宇宙射线的赫斯（Victor Franz Hess，1883—1964）同荣获 1936 年的诺贝尔物理学奖。

图 12.16　卡尔·安德逊（1905—1991）

说到这里，我们不能不提到我国著名科学家赵忠尧在发现正电子过程中的开创性工作。赵忠尧 20 世纪 20 年代末到 30 年代初，在美国加州理工学院研究 γ 射线的吸收和

散射,尤其是重元素的反常吸收问题。在其实验中,实际上已发现正、负电子的湮灭,并且安德逊发现正电子的工作正是在赵忠尧的工作直接启发下完成的。这段往事是杨振宁和李炳安在 20 世纪 90 年代初,花了不少精力,钩沉积年文献,得以澄清。

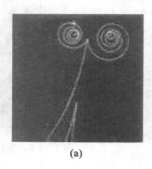
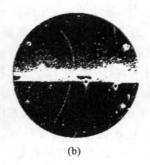

(a)　　　　　　　　　　(b)

图 12.17　安德逊发现正电子轨迹

原来赵忠尧首先研究 γ 射线(高能光子)被轻元素的吸收,就有杰出的发现。当他研究重元素的吸收时,发现伴随有附加的辐射,测量到附加辐射的光子能量为 0.5 兆电子伏。实际上,赵忠尧在此已发现正电子。他测量到的是正、负电子的湮灭所发射的 γ 辐射。

$$e^+ + e^- \rightarrow \gamma (现测量为 0.51 兆电子伏)$$

赵忠尧研究成果于 1930 年 4 月 29 日在美国国家科学院发表。测量工作非常困难,要求异常严格。以致其后一两年内,其他实验组,如英国剑桥的塔兰特(Tarrant)、柏林的迈特纳(L. Meitner)和霍普菲(Hupfeld)等均未能重复赵的实验。这说明赵的实验所具有经得起时间检验的"简单又可靠的典范美"(杨振宁语)。

赵的不幸,在于布莱克特(P. M. S. Blackett)和奥恰里安(C. P. S. Occhialini)在其权威论文《电子对的湮灭》中引用赵的结论时发生不应有的错误,遂使赵的先驱性、开创性的工作未受到应有的重视,渐渐湮没无闻。

赵忠尧和安德逊两人同在攻读博士学位。正是赵向安建议,应该在云雾室中做一做这个实验(后来安德逊果然在云雾室中发现正电子)。赵的实验还影响到安德逊、布莱克特和奥恰里安在 1933 年最终"采纳空穴理论",而定名新发现粒子为正电子。

图 12.18　赵忠尧(1902—1998)

赵的工作在 60 余年以后终于得到世人公认。1983 年安德逊公开撰文,意味深长地追忆:"在我做该项工作期间(1927—1930 年,有关云雾室中 x 射线产生的光电子分布的工作),赵忠尧博士在离我不远的屋中,正在用静电计测量 ThC(即铊 208,钍衰变的中间产物)γ 射线吸收和散射。他的发现引起了我极大的兴趣。我计划的实验是用置于磁场中的云雾室研究 ThC 射线与物质的相互作用探讨对赵忠尧的结果的更进一步说明。"

1979 年 4 月,78 岁高龄的赵忠尧率中国高能物理代表团访问德国汉堡电子同步加速中心(DESY),参加新建的佩特拉正负电子对撞机(PETRA)落成典礼。在此工作的诺贝尔物理学奖得主丁肇中向参加典礼的国际高能物理学界的硕学鸿儒击节赞叹道："要不是赵教授在30年代对正电子湮没发现所做的巨大贡献,我们今天就不会有正负电子对撞机,也没有今天的物理研究。"历史终于作出公平的裁决。

三、反物质世界

随着亚原子粒子发现越来越多,它们的反粒子也相继发现,人们终于领悟到所谓电荷共轭原理是极其普遍的原理。所有的亚原子粒子都存在相应的反粒子(一般是电荷相反),而这些反粒子可以构造反原子粒子、反分子粒子,形成一个反物质世界。

1995年5月,欧洲核子中心利用氙原子与反质子对撞,成功产生9个反氢原子,这是世界上首次人工合成反物质。此前人们还只能说"看到"反粒子,现在凭着自己的智慧"创造出"反物质。反物质世界正在向我们招手。关于反物质世界的探寻我们将在下一节详细介绍。

正电子是世界上第一个被理论预言并迅即在实验中发现的粒子,也是庞大的反粒子世界中第一个飞向我们眼帘的使者。可以毫不夸张地说,正是狄拉克用笔尖发现魅力无穷的"反世界"。无怪乎,英国皇家学会将这一发现誉为"20世纪最重大的发现之一"。物理学大师海森堡则宣称:"我认为反物质的发现也许是我们世纪中所有跃进中最大的跃进。"

在天文学史上,23岁的英国大学生亚当斯(J. C. Adams)与法国的青年助教勒威耶(U. J. J. L everrier)在1845—1846年,借助于牛顿力学预言太阳系中还应存在第8个行星,并经过德国天文台的卡勒(Karrer)的观察发现海王星的佳话,流传至今170余年,人们百谈不厌。相形之下,比起"笔尖下发现海王星",更加动人、更有价值的狄拉氏"在笔尖下发现反世界"的故事,反倒不大为一般人知道,岂非冤哉枉也? 莫非是"阳春白雪,和者盖寡",自古而然?

关于反粒子我们现在知道的是光子的反粒子就是它自己。其他的所有亚原子粒子的反粒子一般都确认,与粒子本身不同,包括很多中性粒子,如中子的反粒子就是反中子。但是本书的主角中微子的反粒子呢? 我们在前面都默认反中微子、中微子不是同一种粒子,但是这一点并未得到实验证实,因为要证实它的唯一途径就是将中微子与反中微子发生碰撞而发生湮灭,实验是很难做到这一点的。实际上,还有一种中微子理论——马约拉纳(Majorana)中微子理论,预测自然界中可能存在一种费米子,其反粒子就是它自身。当然,马氏理论目前尚未得到证实。我们现在一般认为中微子和反中微子是不同的粒子,其手征性(chirality)相反(参阅图12.21)。现实中的中微子自旋与其运动方向,可以用左手定则表示,我们说其手征性是左旋的,因此,反中微子的手征性则认为是右旋的。从目前的实验观测来看,发现的3种中微子都是具有手征性的。至于马约拉纳中微子没有发现,但最近传来在地球上发现马约拉纳粒子的消息。

可以肯定地说,在弱相互作用中电荷共轭对称,即C对称是不存在的。试看图12.21,左旋的中微子在C变换下成为右旋的反中微子。若后者存在,则自然界应存在C对称;反之,则C对称不存在。实验告诉我们,自然界确实不存在右旋的反中微子。结论是在弱相互作用中,C对称是不存在的。但是,CP对称在弱相互作用中是否成立呢?

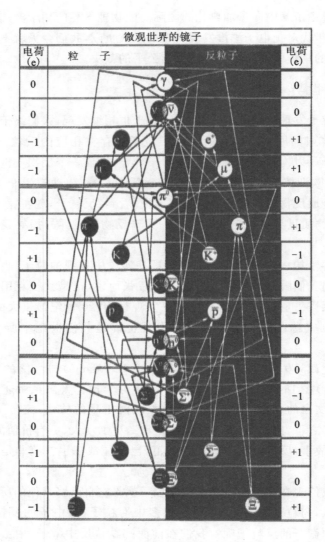

图 12.19　亚原子粒子世界的反世界

图 12.20　中外科学家探测到迄今人类所知最重反物质（10 亿次碰撞揪出"反氦-4"）

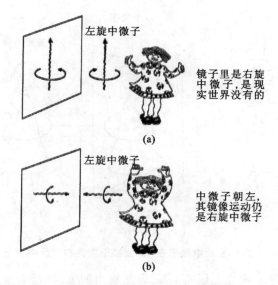

图 12.21 C 变换下左旋的中微子变成右旋的反中微子

四、CPT 对称性和 CP 对称性

我们可以将狄拉克对称原理概括如下:狄拉克提出正反粒子对称原理,又称电荷共轭对称,更具体地说,是将一切粒子换为反粒子(反之亦然)物理规律不变,相应的物理过程也有一个守恒定律,即电荷共轭宇称守恒。实验证明,凡是电磁相互作用和强相互作用引起的物理过程,不仅宇称守恒,电荷宇称也守恒。其中电子 e^- 变为正电子 e^+,正、反电极也互换了。显然电荷共轭变换(C 变换)前后,e^- 与 e^+ 的运动轨迹完全相同。这表明电磁作用与牛顿力学确实具有电荷共轭不变性。这就是所有带电的轻子,即电子、μ 子和 τ 子均具有对应的反粒子的原因。实验表明,对于强相互作用 C 对称性依然成立。由于组成现实世界的物质绝大部分都是由强子所构成。这就是所有强子均存在相对应的反粒子的原因。

科学家不甘心,力图在微观世界恢复某种普适的对称性。CP 魔镜就是一次漂亮的尝试。李政道与杨振宁在 1956 年圣诞节前夕,提出所谓 CP 联合对称原理:满足该原理的物理过程,遵从 CP 宇称守恒。实际上,他们提出了一种神奇的 CP 魔镜。在这个镜子中,粒子的像,是其反粒子的像;反之,反粒子的镜像就是粒子。换言之,所谓 CP 变换,要先将相关的反粒子变换为正粒子,然后再进行镜像变换。他们推测,弱相互作用在 CP 变换下,应具有对称性。事实上,左旋的中微子在 CP 变换下,不正好变为右旋反中微子吗?自然界存在的反中微子不正好具有右手征性么?参见图 12.22。诚然,后来的实验表明,一般的弱相互作用过程中,CP 宇称确实是守恒的。我们试以加尔文等的 π 介子衰变为例加以说明。实验可写作

$$\pi^+(\text{静止}) \rightarrow \nu_\mu + \mu^+(\text{左旋})$$

测得的 μ^+ 全部是左旋,图示如图 12.22(a)的左边所示。如进行 P 变换,则应有右旋少放出。这与实验结果不符,即此时不存在镜像对称。如进行 CP 变换,则相应的反应为

$$\pi^-(\text{静止}) \rightarrow \bar{\nu} + \mu^-(\text{左旋})$$

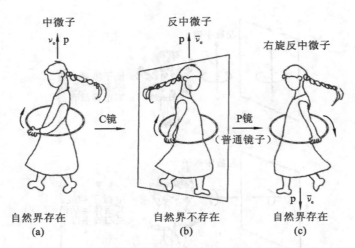

图 12.22　左旋中微子在 CP 变换下变为右旋反中微子

用图 12.22(b)可表示之。实验上证实 ν^- 的衰变放出的 μ^- 全部右旋。这似乎表明 CP 变换对于弱相互作用具有对称性。

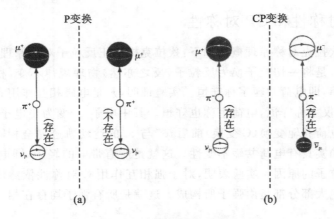

图 12.23　$\pi^{\pm}$ 衰变遵循 CP 对称性

如果引入 CP 魔镜(对称性)以后,大自然似乎又恢复了这种"特殊左、右对称性"。为了公道起见,应该指出 CP 宇称的引入研究中,前苏联科学家朗道(L. D. Landau)与巴基斯坦科学家萨拉姆(A. Salam)都作出过贡献。

正当大家沉浸在对 CP 魔镜的赞美之中,杨振宁于 1959 年 11 月在普林斯顿大学一次演讲中,甚至还兴致勃勃地举出荷兰画家爱许尔(M. C. Escher)一件出色的作品(参见图 12.24)。这幅画本身与其镜像并不相同,但是把镜像中的黑白两种颜色互换一下,两者就全相同了。联系到以后的夸克模型中,"互补"的两种颜色代表正、反两种夸克。这种颜色互换颇有 C 变换意味呢。

但是,好景不长,1964 年普林斯顿大学的菲奇(V. L. Fitch)与克朗宁(J. W. Cronin)宣布,他们发现 K 介子的一种特殊衰变违反 CP 不变性。原来按照 CP 对称性要求,K 介子将衰变为 2 个 π 介子。但是,普林斯顿小组却发现为数不多的 3 个 π 介子事例,大致占总衰变事例数的 0.3%。由于卓越的发现,他们荣获 1980 年诺贝尔物理学奖。请参阅第

图 12.24　荷兰画家爱许尔及其蕴藏 CP 组合对称作品

七章第五节。

　　情况变得更加微妙了,就是说,"自然"在绝大多数情况下是正常保持 CP 守恒,但是偶尔也忽然干一点违背 CP 守恒的事,弄得喜欢穷根问底的物理学家们不知所措。几十年过去了,实验物理学家,除在 K 介子衰变以外,几乎没有发现其他 CP 不守恒的事例。

　　关于 CP 破坏的根源一直是一个谜。许多人认为,可能存在一种新的超微弱力,导致 CP 破坏。1988 年,欧洲核子中心的实验表明,这种超微弱力不存在。但 1990 年美国费米国家实验室的科学家则宣称,他们的实验表明,不排除超微弱力存在。

　　由于事例稀少,实验很难做,大家继续测量所谓 CP 破坏参数,但欧洲人与美国人的实验结果不一致。"官司"几乎年年打,一直到 1999 年 3 月 1 日,美国费米国家实验室宣布,他们测得的此参数为 $10^{-4} \sim 10^{-3}$,与欧洲同仁的一致。这是 CP 研究的重大进展,至少我们可以排除超微弱力的存在。这样一来,CP 破坏到底如何产生,谜底至少减少一点不确定性。实际上,我们现在知道中微子的静止质量并不是严格为 0,这就是说至少与中微子相关的弱相互作用会有少许的 CP 不对称性。谜底的一部分原因也许就在中微子上。

　　尽管 CP 破坏起源依然笼罩在迷雾之中,但是宇宙学家普遍认为,在宇宙的演化中,CP 破坏扮演过十分重要的角色。目前宇宙中物质与反物质分布如此不对称,也许正是 CP 破坏在宇宙演化的某个阶段起作用的原因。著名前苏联科学家、氢弹之父萨哈罗夫(A. D. Sakharov)在这方面就有过贡献。

　　在微观世界中,通常"T 反演对称性"是成立的。所谓 T 反演对称性,表示如果让时间倒流(电影倒放),物理规律保持不变。在宏观世界,时间是不可能"逆转"的,你不能"起死回生"、"返老还童",也不能将倒掉的水收回来(覆水难收),所谓"门前流水尚能西",无非是诗人的浪漫情怀而已。但是在微观世界,"时间的方向性"就失去了绝对的意义了。

只存在过程的彼此平等的正、反方向。在第十一章的阅读材料中我们介绍过这个问题。

但是克罗宁(1931—)、菲奇(1923—)等发现 CP 不守恒,终于使物理学家领悟到,这实际上也意味着 T 对称性的轻微破坏。就这样,物理学家"自愿"放弃 T 守恒定律。到此为止,我们发现在自然界中不但单纯的宇称不守恒,就是 CP 联合变换也不完全守恒,是否还存在普遍的分立守恒定律呢? 或者可以问是否可以找到某种神秘的魔镜,自然界的所有现象对于魔镜来说其镜中的影像都是存在的吗? 答案是可以找到!

所幸的是,物理学家还有"最后的天堂"没有失去,这就是"CPT"定理。这个定理是泡里和小玻尔(A. N. Bohr)在 1955 年提出的。它是现代高能粒子物理理论的基石之一。顾名思义,CPT 定理就是将 CP 变换再与 T 变换组合起来,在这种复合变换之下,物理规律保持不变。CPT 从术语说也是分立变换,形象地说,是物理学家特别"发明"的一面神奇魔镜,镜中的"像"就是将物理过程相继进行 T 变换、P 变换和 C 变换所得到的结果。图 12.25 就是向上运动的左旋中微子经过 CPT 魔镜,最后变成向下运动的右旋反中微子。我们知道,自然界确实存在右旋反中微子。在这面魔镜中,微观世界的"对称性"恢复了。感谢上帝,至今尚未发现破坏 CPT 对称的实验事实。物理学家总算还固守着对称王国这个魔镜。

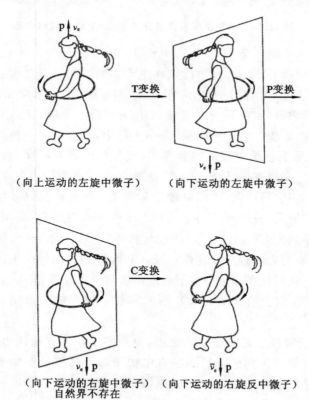

图 12.25　物理学家的 CPT 魔镜

CPT 定理有许多重要结论,如粒子与反粒子的质量和寿命应该完全相等,而它们的电磁性质(如电荷及内部电磁结构)相反。现代实验表明中性 K 介子 K^0 与其反粒子的质量在精度 7×10^{-15} 之内是相等的,μ 子与其反粒子的寿命在精度 0.5% 之内是相等的,π

介子与其反粒子 $\bar{\pi}$ 的寿命在精度 $0.027\ 5\pm0.355\%$ 之内是相等的,K 介子与其反粒子 $\bar{K}$ 的寿命在精度 $0.045\pm0.39\%$ 之内是相等的。现代实验资料以极高精确度证明 CPT 对称性是成立的。这就是我们赖以小憩的最后天堂罢。看来,CPT 定理是微观世界的佛国香界,蕴藏着物理学的真经。

然而,中微子此时又出来进行"表演"了。这一次它似乎担任着挑战 CPT 对称性的角色。我们知道,在更精确的测量时,正反物质其质量寿命等性质是否完全相同,正是 21 世纪物理学面临的重要挑战。有科学家宣布中微子与反中微子的质量可能有稍微的不同。中微子似乎在微观世界要掀起第二阵浪潮,打破 CPT 对称性魔镜。

2010 年在希腊雅典召开的中微子研讨会上,费米实验室的 MINOS 实验组宣布了一个可能表明中微子与其反粒子之间的重要差别的实验结果。这一令人惊奇的发现,如果被进一步的实验所证实的话,会有助于物理学家探索物质与反物质之间的某些基本差别。MINOS 实验组对粒子加速器产生的中微子束的振荡问题,进行了高精度的测量。在离产生中微子加速器约 7.5 公里的 Soudan 矿井中的探测器测量结果表明,μ 子反中微子与 τ 反中微子的 (Δm^2) 值为 $3.35\times10^{-3}\ \mathrm{eV}^2$,比中微子的要小 40%。2006 年费米实验室测量得到上面两种中微子质量本征态之差的平方 (Δm^2) 为 $2.35\times10^{-3}\ \mathrm{eV}^2$,这个结果的置信度为 $90\%\sim95\%$。这一结果如果能够得到进一步的证实,将对局域相对论的量子场论和标准模型产生重大影响,但为了证实这一差别不是由于统计涨落误差所造成的,还需要更高的置信度。大自然对于正物质和反物质似乎同样眷顾,两者许多性质相同;但似乎又表现出偏好,两者在宇宙中分布的巨大差异和性质上可能微小差异都说明这种微妙的情况。

当然,这个实验结果还有待进一步更精确的实验证实。

第五节　反物质世界的寻找

一、正粒子与反粒子相遇发生猛烈的湮灭现象

既然发现反粒子,尔后又发现反物质,当然由反物质构成的反世界应该存在。但是问题在于,我们观测宇宙中反物质如此之少,与物质的比例高度不对称。这就是所谓的宇宙学中的反物质世界问题。为了了解这个问题,我们可以借助中微子探测器来探索宇宙中反物质的含量。后面我们还会知道中微子探测器目前已成为天文学和天体物理学中强有力的探测工具之一。例如从超新星辐射的中微子流,我们可以探求许多超新星爆发的奥秘。下面我们从反物质问题开始吧。

我们是怎么知道宇宙中反物质极其稀少呢?实际上,人们最早就有反物质可能与物质的量在我们的宇宙中是相等的朴素想法。或许在茫茫太空的深处,隐藏着一个"反世界"吧!那里的原子是由反质子、反中子和反电子构成……

在以下的考察中,我们不要忘记,正物质与反物质如果撞在一起,就会"湮灭"得无影无踪,同时"爆发"巨大的能量,辐射无数高能 γ 光子。1 千克物质与 1 千克反物质相撞,湮灭后"释放"的能量,可以转换的电能为 5 亿千瓦·时。换言之,我国最大的水电站,长

江三峡水电站满负荷工作 1 昼夜,发出的电力也只有这么多!

图 12.26　长江三峡水电站

真是"金风玉露一相逢,便胜却人间无数"! 不过,这不是无量数的柔情蜜意,而是石破天惊的怒吼,摧枯拉朽的爆发! 因此,人们往往把剧烈的爆发和难以解释的奇异现象归结于反物质。

1908 年 6 月 30 日,在西伯利亚通古斯河中游莽原茂林的上空,突然掠过一个神秘的天体。随之一次可怕的猛烈爆炸发生了,声浪所及,在英伦三岛也记录到了。火光冲天,云霞斑斓,甚至在欧洲、非洲北部都接连三天看到白夜……

引起爆炸的天外来客到底是什么? 尽管组织过几次科学考察队进行实地考察,然而直到现在,这次爆炸仍然是一个谜,各种说法纷纷嚷嚷,莫衷一是。

难道是地外文明使者的飞船失事? 或者是微黑洞的袭击? ……至少已有二十几种解释。其中有一种猜测,曾使许多人拍手叫绝:这是来自反世界的"不速之客"——飞船与地球相撞,然后引起一次猛烈的湮灭过程……

过程超新星爆发是星空中最壮观的景象之一。一个本来暗淡的小星,突然光度增加到太阳的千万倍,乃至一亿倍,在漆黑的夜空中,像一座灯塔,光芒四射,宛如宇宙中蔚为壮观的焰火。

我国的《宋史》记载,至和元年五月己丑日(1054 年 7 月 4 日)凌晨,东方天际出现一颗极其明亮的星星,颜色赤白,光辉灿烂,犹如太白金星。司天监的官员对它仔细观察,发现这颗"客星",整整 643 天才消失。我国史书记载此类客星有 10 颗之多,是世界上保存最早、最准确和最完整的超新星的记载。

超新星的猛烈爆发,一瞬间可释放 10^{44} 焦耳的能量,相当于太阳在 90 亿年向太空释放的总能量。超新星中心温度达几十亿摄氏度,爆发时喷射的物质的速度高达 10 000 公里每秒。

射电源星云的爆发则更具戏剧性了。巨大的喷流横贯天际,往往达几百万光年之遥。离我们约 1 000 万光年的大熊星座 M-82 射电源的两股喷流总质量有太阳质量的 500 万倍。射电源 NGC4151 是旋涡结构的赛弗特(Seyfert)星系,从其核心喷射的 3 个硕大气壳,相当于每年抛射 100 个太阳质量的物质。

此类猛烈的爆发,其巨大能源从何而来? 有人猜测,或许就是巨大的星云与反物质构成的反星云冲撞的结果。

1963年，美国天文学家施米德(M. Schmidt)和马修斯(T. A. Mathews)等发现类星体3C48以来，天文学家已发现几千个这种奇怪天体——类星体。

类星体的最突出的特点是，它们有巨大的红移。由此看来，它们离我们极远，而且退行速度极快。从射电望远镜来看，类星体极像恒星。

例如，红移为3.53的类星体OQ172，退行速度达到27万公里每秒(即光速的0.9倍)，离我们的距离约100亿光年。类星体体积很小，一般来说，其直径不过1光年(银河系的直径有10万光年)。但它们爆发时，最大的辐射功率竟超过1000个正常星系。

类星体的巨大能量从何而来？即使类星体中每天爆发一个超新星，也只能解释其中一部分能量的来源。有人说，会不会是在类星体中间同时会有物质和反物质，两者相遇，"同归于尽"而发生猛烈的爆发呢？

天文学家曾经发现一颗奇异的双尾彗星——阿伦达·罗兰，它有一根尾巴短而细，竟然是朝着太阳的。按照通常的说法，彗尾在所谓太阳风的作用下，应该背向太阳。后来发现，具有这样反常尾巴的彗星，远非阿伦达·罗兰一颗。

有人又遐想不已：这条反常尾巴是反物质构成的，因此有这反常现象的出现……

遗憾的是，这些大胆的设想，尽管十分诱人，却都站不住脚。在我们所观测的宇宙中，所谓反物质，真是"凤毛麟角"，少到极点。即令曾经有过大量密集的反物质存在，大概在某个时刻，它们靠拢"正常"物质时，老早就"湮灭"——"熔化"得无影无踪了。

关于超新星的爆发，彗星的反常尾巴，已有为大家接受的理论解释。有兴趣的读者可以参见有关天体物理读物。其他现象的谜底虽未解开，但可断言与反物质关系不大。

实际上我们仔细分析现有实验资料，就可发现反物质在我们观测所及，确实寥若晨星。

二、观测资料表明反物质寥若晨星

太阳系似乎不是反物质的藏身之地，其中不可能含有大量的反物质聚集。我们从太阳开始巡查，在太阳大气的最上层——日冕不断喷射由正离子和电子构成的热等离子体气体，温度很高，约100多万摄氏度，速度很快，(300～800)公里/秒。这就是所谓太阳风。

由于太阳的自转和太阳磁场的影响，太阳风实际是高速等离子旋风。它随着太阳活动激烈程度的变化，时大时小，不断"吹向"星际空间，影响涉及太阳系所有的地方，概莫能外。

如果太阳系内某处有大量反物质存在，太阳风与反物质相遇，就会产生强烈的γ辐射，其强度要高于我们目前的观测值的5到6个数量级。换言之，我们对空间γ辐射的观测，否定了太阳系内有反物质集聚的任何想法。

图12.27　太阳发射高速太阳风

在星系团的星系际热气体会发出X射线，我们并未在其中观察到正、反物质湮灭时所辐射的γ射线。由此推知，反物质在星系团气体中的含量，至多不超过万分之一(0.01%)。

宇宙射线是奥地利物理学家亥斯(V. F. Hess)在1911年用气球把静电探测器带到高空所发现的来自宇宙深处的神秘射线。宇宙射线中绝大部分是质子和α粒子,但也几乎包括元素周期表上所有元素的核。这些神秘的天外来客的来历尽管还未完全弄清楚。但大体上可认为,它们大部分来源于银河系,少部分来自超新星、脉冲星等,河外星系和类星体也是可能的来源地之一。

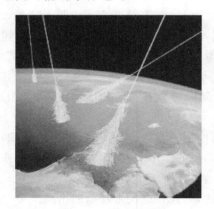

图 12.28　宇宙射线

图 12.29　HESS 望远镜阵列

图12.29为最近科学家安装成功的新型HESS望远镜阵列。该阵列的核心为美国芝加哥大学的科学家开发的一种先进传感器仪器,可探测宇宙射线粒子及其蓝色闪光,可望很快揭开猛烈撞击地球大气的宇宙射线起源之谜。其建造成本比气球和卫星还要低。

但从宇宙线的成分来看,反粒子几乎没有,表明它们来自的地方:银河系、超新星等,其中反物质的含量也在其物质总量的1‰以下。

射电天文学发现所谓法拉第现象(效应),就是由河外星系的射电源所辐射的电磁波。由于星际磁场的影响,其偏振面有旋光现象,即旋光效应。如果在河外星系大量聚集反物质,这种效应原本会抵消的。法拉第效应的发现,说明河外星系确无反物质聚集。这也暗示我们,在观测宇宙中,"反世界"是没有希望找到的。

有人设想可能是反世界与世界是隔离开来的,而人类正好处于世界这一块。阿尔文(H. Alfven)和克莱因(O. Klein)很早就提出这样的模型,其中物质世界与反物质世界靠磁场与引力场分开。这个模型不能解释微波背景辐射,没有受到人们重视。

奥姆勒斯(R. L. Omnes)1969年在《物理评论快报》上撰文,提出了一个在大爆炸学说基础上的正、反物质对称的宇宙模型。他认为,在宇宙温度大约4×10^{10} K($\sim$0.3 MeV)时,宇宙介质的高温等离子汤会发生相变,重子与反重子互相排斥,从而在不同区域分别出现重子过剩与反重子过剩的两种状态(或"相")。

随着宇宙的膨胀,这两个区域(世界)不断增大。奥姆勒斯认为,两区域接触的地方湮灭所释放的能量,会驱使两区域逐渐远离。他称这种分离现象是由于一种类似水力学的分离机制产生的。现在两世界间横亘着线度为10^{22}厘米的隔离区。

奥姆勒斯的想法是相当吸引人的。不幸的是,实验和理论上的检验,都说明这个理论站不住脚。如果奥姆勒斯的理论正确,在他的理论中出现的聚接过程(Coalescence process)所释放的湮灭能量应大于背景辐射的20倍。即使释放的能量减少到1/200倍,我们看到的背景辐射也不是今天观测到的这个样子了。

按奥姆勒斯的说法,在正、反粒子混合的地方,应有湮灭过程进行。其中会有这样的反应:

$$P(质子)+\bar{p}(反质子)$$
$$\to\pi^0(中性\ \pi\ 介子)+其他粒子$$
$$\pi^0\to2\gamma(光子)$$

其中产生的 γ 光子能量在 50 M～200 MeV 范围。然而我们没有找到这样的 γ 光子。

前苏联人泽尔多维奇和诺维可夫(L. Novikov)在 1975 年从理论上批评奥姆勒斯的模型。他们援引波格丹诺娃(L. Bogdanova)和夏皮罗(L. Shapiro)在 1974 年的计算,指出在核子与反核子之间,引力始终占优势。即使在高于 300 MeV 的温度时有排斥产生,也是在等离子体中的自由夸克之间出现的。自由夸克之间的相互作用遵从量子色动力学,不会导致使"物质"与"反物质"分离的相变发生。

奥姆勒斯的理论从根本上被驳倒了。

三、科学家持续地寻找反物质

人们在自然界寻找反物质还是没有终止。人们不断地通过各种探测手段,如发射各种探测卫星、天文望远镜、γ 射线探测器等,寻找自然界中的反物质。

1997 年,美国人在银河系就发现了一个比较强大的反物质的喷射。值得大书特书的是以丁肇中为首席专家的阿尔法磁谱仪探测项目,目的是去太空寻找反物质。

1998 年 6 月 2 日,美国"发现"号航天飞机携带阿尔法磁谱仪发射升空。该仪器的核心部分由中国科学家制造,是当代最先进的粒子物理传感仪,阿尔法磁谱仪这次随"发现"号上天,尽管没有发现反物质,但采集存储了大量珍贵的科学数据。原计划 2002 年将它送上国际空间站,进行长达 3 年的数据采集工作,探索反物质。但是由于种种原因,一直到 2011 年 5 月 16 日,美国"奋进"号航天飞机携带着中国参与制造的阿尔法磁谱仪,从佛罗里达州肯尼迪航天中心发射升空,前往国际空间站。人们对此次探索充满期望。因为此次探测器的灵敏度要高于此前的探测器的 $10^4\sim10^5$ 倍。

阿尔法磁谱仪(AMS02)重达 6 700 千克,是一个由美国麻省理工大学丁肇中教授构思建造的物理探测仪器。他所带领的高能物理团队将 30 多年来建造粒子加速器所积累下来的经验推向太空。阿尔法磁谱仪将依靠一个巨大的超导磁铁及 6 个超高精确度的探测器来完成它搜索的使命,在国际空间站(ISS)的主构架上被放置 3 年,远离大气层以保证不受干扰,并充分利用国际空间站上的系统来采集数据。阿尔法磁谱仪电磁量能器,能够测量能量高达 TeV 的电子和光子,是寻找暗物质的关键探测器。

图 12.30　阿尔法磁谱仪

参加阿尔法磁谱仪国际合作的中国单位包括中国科学院电工研究所、上海交通大学、东南大学、山东大学、中山大学,以及中国台湾的"中央研究院"物理研究所、"中央大学"、中山科学研究院等。其中,中国科学院高能物理研究所和中国运载火箭技术研究院与法国、意大利的两个单位合作,研制了阿尔法磁谱仪电磁量能器。该项目首席科学家为丁肇中。这一项目投入达 20 亿美元,研究人员来自美、欧、亚三大洲 16 个国家和地区的 56 个研究机构,是继人类基因组计划、国际空间站计划和强子对撞机计划之后的又一个大型国际科技合作项目。

整个探测器的机械结构的设计、制造和环境试验是由中国运载火箭技术研究院承担的,精度非常高,能达到航天飞机在起飞和着陆时对机械结构强度的十分苛刻的要求。中国水利水电科学研究院承担了对机械结构强度的试验。1998 年 6 月,安装了各种探测仪器的阿尔法磁谱仪在航天飞机上进行了为期 10 天的飞行,获得了大量的科学数据。同年 12 月由原航天总公司科技委对 AMS 主结构进行了技术鉴定,鉴定认为:阿尔法磁谱仪主结构的成功研制开创了中国航天技术进入国际高能粒子物理研究领域的先例,主结构在薄壳结构设计分析、制造工艺和地面试验方面达到了国际先进水平。

用阿尔法磁谱仪进行了粒子物理的大型实验,具体观测太空中高能辐射下的电子、正电子、质子、反质子等。期望探测到理论物理学家预测的新粒子,并得到粒子和它们远方的天体来源的宝贵信息。结果有可能解答关于宇宙大爆炸一些重要的疑问,例如"为何宇宙大爆炸产出如此少的反物质?"或"什么物质构成了宇宙中看不见的质量?"让我们期待阿尔法磁谱仪在探测反物质和暗物质等方面的好消息吧!

LHCb 实验将寻找物质与反物质之间的差异,帮助解释大自然为何如此偏向。此前的实验已经观察到两者之间的些许不同,但迄今为止的研究发现还不足以解释宇宙中的物质和暗物质为何在数量上呈现出明显的不均衡。

在 20 世纪 90 年代以前,所有粒子的反粒子都发现了,这表明电荷共轭原理是正确的。但是反质子、反中子和反电子是否可以像质子、中子、电子那样结合起来就形成了反原子呢?如果反原子,进而反分子和反物质存在,那么在原则上,我们就无法排斥反世界存在的可能性。

好消息首先从欧洲核子中心传来,1995 年 5 月,他们利用氙原子与反质子对撞,成功产生 9 个反氢原子,这是世界上首次人工合成反物质。此前人们还只能说"看到"反粒子,现在凭借着自己的智慧"创造出"反物质。反物质世界正在向我们招手。春风得意马蹄急。

1995 年欧洲核子研究中心的科学家在实验室中制造出了世界上第一批反物质——反氢原子,揭开了人类研制反物质的新篇章。

1996 年,美国的费米国立加速器实验室成功制造出 7 个反氢原子。

1997 年 4 月,美国天文学家宣布他们利用伽马射线探测卫星发现,在银河系上方约 3 500 光年处有一个不断喷射反物质的反物质源,它喷射出的反物质形成了一个高达 2 940 光年的"反物质喷泉"。

1998 年 6 月 2 日,美国发现号航天飞机携带阿尔法磁谱仪发射升空,没有发现反物质,但采集了大量富有价值的数据。同年,费米实验室产生了 57 个反原子。

2000 年 9 月 18 日,欧洲核子研究中心宣布他们已经成功制造出约 5 万个低能状态的反氢原子,这是人类首次在实验室条件下制造出大批量的反物质。

2004—2007 年,美国费米实验室 RHIC-STAR 实验装置采集到大量的反超氚核,这是人工制造的反奇异夸克物质。我国上海应用物理研究所的科学家参加了相关的研究工作。有关工作不仅深化了人们对反物质的认识,也给科学家在宇宙中直接寻找反物质提供了第一手的数据,为探索中子星的内核提供了宝贵的科学资料。

2010年11月下旬,阿尔法国际合作组宣布,反氢原子研制成功。

因为物质与反物质的湮灭时质量可完全转换成能量,带来最大的能源效率,且单位产量是核能的千百倍或常规燃料的亿兆倍,例如:1克反粒子与1克正粒子相遇后,所发生的湮灭反应将释放出相当于40千吨TNT的能量,这些能量转换成电力后足够5 000户家庭使用一年。人们自然想到,正反粒子的湮灭可能是新能源的有效途径,主要用于在太空航天中的燃料补给,甚至作为反物质武器。但是由于目前人为制造反物质的方式,是由加速粒子打击固定靶产生反粒子,再减速合成的。此过程所需要的能量远大于湮灭作用所放出的能量,且生成反物质的速率极低,因此尚不具有经济价值。此外,不带电的反物质无法用磁场来束缚,保存上也是一大难题。

有趣的是,该项目的首批重要成果却是宣布可能发现了暗物质的证据。2013年4月4日,由丁肇中主持、山东大学参与的AMS(阿尔法磁谱仪)项目在历时18年之后公布第一个实验结果。山东大学授权在4日零时宣布,AMS已发现超过40万个正电子,这些正电子有可能来自于脉冲星或者人类一直寻找的暗物质。

AMS是由丁肇中主持的国际重大科学工程,主要用于探测宇宙外层空间反物质与暗物质。山东大学于2004年参加AMS项目,山东大学热科学与工程研究中心主任程林教授全面负责AMS热系统的研究、设计、制造与实验。

根据山东大学受权发布的数据,从2011年5月至2012年12月,AMS在太空实际运转中探测到超过40万个正电子。实验结果显示:在5亿至100亿电子伏特区间内,正电子占正电子和电子总和的比例随能量的增加而减小;在100亿到2 500亿电子伏特的区间内,该比例递增;到2 500亿电子伏特之后,比例曲线基本变平。

实验结果还表明,正电子的上述比例能谱没有随时间改变,同时高能正电子不是来自空间某个特定的方向。这些特征是新物理现象的论据。未来延伸到更高能量层面的研究之后,将确定这些正电子是来自暗物质粒子的碰撞还是银河系中的脉冲星。

实验还验证了此前科学界对初级宇宙射线中正电子的研究,但是收集的数据量远超过此前的实验,精确度更高。目前收集到的数据仅仅为预期总数据的1/10。随着AMS持续运行,搜集到的数据会越来越多,实验结果也会更加精确,对暗物质的来源及其他物理现象可以有更好的了解。

我们提请读者注意,判断反物质的有无或者多少,最重要的是寻找和研究宇宙中中微子的能量和其他特征,因为反物质和物质湮灭时,会产生大量高能的中微子流。总而言之,我们宇宙中物质与反物质的分布和数量是严重不对称的,这是实验观察所证实的。这种不对称原因在于我们的宇宙存在CP不对称,中微子的特征与这种不对称的形成看来是存在直接的联系。我们在下面将详细介绍,这种CP不对称是属于所谓对称性的自发破缺,这个问题在上一节已经讲过。造成自发破缺的正是这两年科学界炒作得热火朝天的上帝粒子——希格斯粒子。

四、反物质问题与CP自发破缺

现在我们要追问在宇宙中反物质为什么这么少呢?这一点与很多科学家的直觉正好相反。

我们生活在一个由物质构成的世界,宇宙万物——包括我们人类在内都是由物质构成的。反物质就像物质的一个孪生兄弟,携带相反电荷。按对称的观点,在宇宙诞生时,"大爆炸"应该产生相同数量的物质和反物质。然而,一旦这对孪生兄弟碰面,它们就会"同归于尽",并最终转换成能量。不知何故,早期宇宙正反物质湮灭反应后,有少量物质幸存下来,形成我们现在生活的宇宙。而其孪生兄弟反物质却几乎消失得无影无踪。为什么大自然不能一碗水端平,平等对待这对孪生兄弟呢?

　　我们试看,1933 年 12 月 12 日,狄拉克在荣获诺贝尔奖时的演讲是怎么样说的吧:"如果我们采纳迄今在大自然的基本规律中所揭示出来的正负电荷之间完全对称的观点,那么,我们应该看到下述情况纯属偶然:地球,也可能在太阳系中,电子和正质子在数量上占优势,十分可能。对某些星球来说,情况并非如此,它们主要由正电子及负质子构成。事实上,可能各种星球各占一半。"就是说,科学家有一个普遍朴素理念,在宇宙中正反物质总量应该相等。但现实宇宙是由物质构成的,所看到的反物质极少。

　　用科学术语来说就是,在大自然中存在的物质和反物质的总量严重不对称。现在我们无论是用人工制备方法,还是在自然中寻找反物质,目的之一就是如何解释这种严重的不对称。1964 年,科学家发现某些过程在非常罕有的情况下,CP 对称性(宇称与电荷共轭联合对称)也会遭到破坏。科学家们惊奇地获悉如果我们的宇宙具有 CP 对称性破缺,则可以解释宇宙中物质与反物质比例的不对称问题。正如我们在第七章第五节所看到的。

　　CP 对称性破缺一直是各个大高能实验室研究的重点,1999 年 3 月 1 日,美国费米国家实验室宣布,他们测得的 CP 破坏参数为 $10^{-4} \sim 10^{-3}$,与欧洲同仁的一致。这是 CP 研究的重大进展,至少我们可以排除超弱力的存在。这样一来,CP 破坏到底如何产生,谜底至少减少一点不确定性。我们前面讲过,CP 守恒或者破坏与中微子密切相关,如果中微子静止质量为 0,则在 CP 镜面前,物质世界与反物质世界的运动规律应该相同,这就是 CP 守恒;如果静止质量不为 0(实验证实确实如此),CP 对称性会发生破缺。CP 对称性破缺的原因是宇宙中物质与反物质分布高度不对称。

　　实际上,我们已经知道,追溯到大爆炸后 $10^{-36} \sim 10^{-35}$ 秒,宇宙的线度约为 1 厘米。大体可以认为,当时宇宙中的重子与反重子数目的差就等于现在宇宙中重子的总数。在 $t=10^{-35}$ 秒,粒子总数为 10^{87} 个。换言之,当时的反粒子数为 $(10^{87} \sim 10^{78})$ 个。应该说,在这个时候重子数与反重子数相差不大。两者的差别或者说不对称性,大致为 $10^{78}/10^{87}$,即为 10^{-9}。正是这个微小的不对称,经过漫长的宇宙演化造成今天宇宙中几乎看不到天然的反物质。

　　在宇宙年龄 10^{-3} 秒,宇宙温度下降到 10^{18} K,重子与反重子之间湮灭过程便急剧进行。绝大部分的重子与反重子都"湮没得"无影无踪。在重子中,只有 10 亿分之一是"净多余"的,由于找不到配对的反重子发生"火拼",它们"大难不死",劫后余生,一直保存到今天。

　　但是这 10^{-9} 的不对称从何而来?仍然是大爆炸学说头上的巨大问号。这个问题依然是粒子宇宙学面临的重大问题。

　　不管多么令人难以置信,我们宇宙所有的天体:恒星、星云超新星、类星体等,几乎全部都是由这些劫后余生的幸运儿构成的。包括我们这个美好的蔚蓝色的地球上所有的一切：高山大泽、树鸟花卉，乃至人类本身。

从现代科学来看，宇宙中反物质分布稀少，是早期宇宙物质与反物质分布的极小的不对称演化的结果；这种早期的极小的不对称是自然界 CP 对称性破缺而产生的；这种 CP 破缺与中微子关系密切。我们已经说过，如果中微子具有静止质量，则 CP 对称性一定有破缺。

第六节　完美理想的中微子通信

一、今日通信技术面临的问题

中微子物理学一直是基础学科，但是随着中微子物理学的发展，我们也看到了其巨大的应用前景，首先就是中微子通信的现实可能性。

今天，最方便而有效的通信工具就是无线电波，无线电波的波长从几毫米到几十千米。按照波长或频率，无线电波可分为长波、中波、短波和微波 4 个波段。长波、中波可以在中、近距离内传递信息。短波依靠地球表面大气层中的电离层的反射，能够到达地球的任何地方，因而可以用它来进行全球通信，而微波则可以进行接力通信、卫星通信和散射通信。至于光通信当然具有许多优越性，但其庞大的网络设施需要耗费许多资源，而且其通信的范围也受到网络的限制。

图 12.31　现代光通信网络示意图

但是，从军事要求上来说，上述通信方法都有着严重的缺点，因为无线电台只要有无线电波发出，通信人能接收，别人当然也能接收，这就降低了通信的保密性。如果一方的军事情报被对方破译了，那么一方往往由此导致战争的失败。即使一方的军事情报未被对方破译，对方也有办法对一方的无线电波施加干扰，这样，一方就无法获得正确的军事情报。更何况无线电波还往往受到太阳黑子活动引起的磁暴、雷电等外界因素的干扰。

二、中微子通信的原理和优越性

中微子发现以后，许多科学家不约而同地想到未来可能实现一种理想的通信方式，即中微子通信。中微子通信是利用中微子运载信息的一种通信方式。中微子是一种质量极小,又不带电的中性基本微粒。它能以近光速进行直线传播,并极易穿透钢铁、海水,以至整个地球,而本身能量损失很少,因此是一种十分诱人的理想信息载体。我们知道设想让它沿地球直径穿越地球,其能量损耗只有 100 亿分之一。让它潜身海底,遨游太空,出入于厚硕无比的金属墙,真是所向披靡,如入无人之境,如图 12.32、图 12.33 所示。显然,利用中微子进行通信比利用电磁波更加优越。因为,在高山、海洋的阻拦面前,电磁波便会显得软弱无力,而中微子毫不在乎。利用中微子通信,就不会再存在一些因受自然条件影响,而不能光顾的地区,即所谓听不到广播,看不到电视节目的地区——"盲区"。

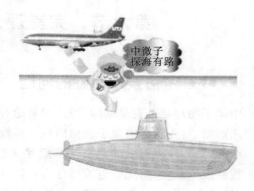

图 12.32　中微子通信示意图——入地有门　　　图 12.33　中微子通信示意图——探海有路

目前,中微子通信正在迈向实用化的道路。20 世纪 70 年代以后,科学家对中微子通信产生了极大的兴趣,美国科学家将中微子加速器产生的中微子束,发送至远隔千山万水的另一端接收装置中,结果成功地测量到穿山涉水而来的中微子信号。20 世纪 80 年代,前苏联和美国进行了中微子通信的试验,获得了成功。1984 年美国一海军基地的一艘核潜艇做水下环球潜行时,正是采用中微子通信保证了联系。人们已成功利用中微子(包括电子中微子和 μ 介子中微子)分别进行许多海下、地下试验,使中微子通信初显端倪。从某种意义上说,中微子天文望远镜也是中微子通信实用化的一个成功领域。

中微子通信有很高的应用价值,如果采用中微子束通信,则将为海军对潜艇进行保密通信提供强有力的手段;即使是发生了热核战争,安置在岩石深处的指挥部的中微子束发射机不会受到原子弹的破坏,还能正常工作;地质学家用中微子波束可给地球拍照,寻找地壳中的矿藏资源。中微子通信除用于全球人类通信外,还可以穿透月球,与月球背面的空间站联系,或者作为"特殊信使",遨游太空,与在宇宙中飞行的宇宙飞船直接联系,为人类征服宇宙服务。科学家还设想发射中微子信号让它在太空中穿行,去寻找外星人。

中微子通信的原理与无线电通信的原理大同小异,如图 12.34 所示。其中 1 为采集到信息,2 为调制发送,3 为解调接收,4 为阅读信息。将中微子应用于通信,也像其他通信方式一样,是将中微子作为信息的载体。我们所要传送的语音、图像、数据等一类信息,都要通过一种叫"调制"的技术将它们"驮载"在中微子束上,借中微子那种所向无阻的威力,把信息传送到目的地。然后再用一种叫"解调"的技术,把信息从中微子束中分离出来,还其本来面目。从这点上讲,似乎中微子通信在原理上与其他通信方式没有两样。

但要让中微子通信投入实际应用,仍然有许多有待进一步解决的问题,例如,如何用较简便的方法获得一些能量极高而又有足够束流强度的中微子束,以及如何对它进行有

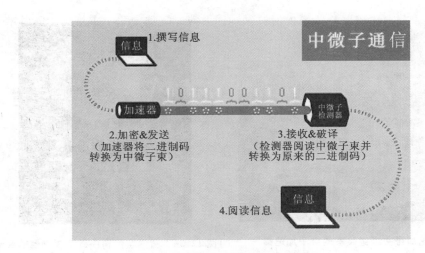

图 12.34 中微子通信原理图

效的控测和"放火"等,都是技术难题。

由于中微子穿透性极好,中微子波束可以在地球上乃至外层空间中任何两点之间进行直线通信,中微子通信有以下 3 个目标。

①把中微子波束用在地上。为了实现这一目标,美国计划:一是让中微子波束从伊利诺伊州进入地层,穿过 1 000 km,到加拿大出来;二是由 4×10^8 keV 的加速器产生的中微子波束,在地层中穿过 2 750 km 后出来,到达一个信息目的地。如果这两项计划能够完成,证实中微子波束的作用,那么中微子通信技术就会迅速地发展起来。

②把中微子波束用在水下。由于无线电波不能在水下传播,所以直到今天,尽管电子技术已经非常先进,可是水下通信还是只能依靠声波来进行,接收水下声波的声呐,几十年来,虽然在技术上有了很大的改进,但是在本质上没有任何变化。远洋潜艇一进入水下,便成了与世隔绝的"孤舟",而中微子波束可以在任何物质里以光速通行无阻,这样,水面船舶、舰艇和水下潜艇就可以直接通信;两艘水下潜艇,即使一艘在太平洋或印度洋,而另一艘在大西洋或北冰洋,也照样可以直接联系;当然,陆地上的指挥部,哪怕它是设在距地面 500 米深的地下室里,也可以毫无阻碍地指挥远在万里之外、活动在茫茫大海深处的潜艇。

③把中微子波束用在航天器航行的外层空间中,并用中微子波束来探索遥远的空间。无线电波有一个严重的不足之处,就是无线电波中的很大一部分不能穿透电离层,此外,无线电波还容易受到太阳黑子活动的干扰,也会在气候变化、核爆炸时发生变化。而中微子不带电荷,稳定,所以中微子波束完全不受电离层、太阳黑子等外界因素的影响,这样,中微子波束用于外层空间通信时,就可以以光速直达信息目的地,用于遥远空间探索时,也可以以光速直达探索目标。

三、中微子通信技术的进展和其他应用

正是在费米实验室的科学家将信息编码成中微子束,而后发射并穿过 240 米厚的岩石。这种方式的信息编码在历史上还是第一次。图 12.36 是参加此次历史性实验的科学家合影。实验的探测器位于 100.6 米深的费米实验室的地下。

图 12.35　芝加哥费米实验室的粒子加速器

图 12.36　科学家们和中微子探测器的合影

　　这无疑是一项令人兴奋的技术。美国电气与计算机工程学教授丹·斯坦赛尔表示："借助于中微子,地球上任何两点在无需使用卫星或者电缆情况下便可进行通信。中微子通信系统要比当前的系统更为复杂,拥有重要的战略用途。"中微子几乎能够穿透所遇到的任何物体。所发送的信息能够直接穿过地球或者其他行星。这项技术不仅允许潜艇在海洋深处潜伏时进行远距离通信,同时也有助于与其他星球上的生命取得联系。

　　但是,正如参加此实验的美国罗彻斯特大学的物理学教授凯文·麦克法兰德所指出:"我们当前研发的技术需要借助大量高科技设备才能进行中微子通信,目前还不具有实用性。但这是我们朝着未来使用中微子进行通信迈出的第一步。"因此,让这项通信技术得到应用仍有很长的路要走。

　　中微子在科学上的另一个可能应用是中微子地球断层扫描,使用高能加速器产生100 000亿电子伏特的中微子束,并加以调制,可以代替卫星进行信息传递,也可与地层物质作用产生局部小"地震",从而进行层层扫描、勘探。换一句话说就是利用中微子通信技术给地球做CT诊断。

　　日本在中微子的研究上居国际领先地位。日本 KEK 公司从事高能粒子加速器研究的科学家认为,强大的聚焦中微子流射到核弹药,特别是铀和钚弹头后,能使其失去稳定状态,发生故障。中微子流会使铀和钚原子中的中子产生振荡,最终导致核弹药熔化,并且不会产生连锁反应,不会发生核爆炸。更通俗地说,日本人正在研究一种中微子武器,它可以摧毁核弹,使之失效。

　　这个计划并不是神话,完全有科学根据。如能顺利建成一个功率强大的中微子发生器,形成可轻松穿过地球的中微子光束,使地球上任何地方的核武库发生故障,达到间接摧毁的效果。从理论角度上讲,这是完全可行的。

　　当然,这一切都只是理论上的设想,目前还存在巨大的技术障碍和经费的困难。事实上,如果要建造一个能形成几米厚、数万亿伏特的 μ 介子中微子流的反应堆,至少需要 5万兆瓦的能量。以目前的技术水平计算,这意味着反应堆面积将超过 1 000 平方公里,对国土幅员狭小的日本来说,恐怕难以承受。何况据估算,仅建造类似装置一项就需要1 000亿美元的费用。尽管中微子发生器技术方案切实可行,没有任何与物理定律相矛盾的地方,但这种可用于悄然摧毁敌方核弹药的反应堆在 20 年内难以实现。不过,20 年后具体情况如何,我们只有拭目以待了。

我们应该记住,中微子波束武器在科学上和技术上目前并无原则上困难,需要的只是经费和足够的土地。

（1）中微子有静止质量吗？其静止质量如何测量？为什么科学家没有采取直接测量其运行速度的方法,也没有采取直接测量自然界中存在的右旋中微子的方法？

（2）什么是中微子振荡？其物理本质是什么？为何从中微子的振荡可以判断中微子具有静止质量？

（3）什么是太阳中微子失窃案？这个失窃案是如何解决的？

（4）中微子静止质量与CP不守恒有什么关系？中微子具有静止质量必然导致有其参加的弱相互作用过程CP不守恒吗？中微子具有静止质量必然导致没有其参加的弱相互作用过程CP不守恒吗？CP不守恒的谜底完全揭开了么？

（5）观察宇宙中几乎看不到反物质,由此导致的物质与反物质分布的巨大不平衡与CP不守恒有什么关系？（提示:回答本问题可参阅第七章第五节）

（6）请展望中微子技术有哪些应用前景？

（7）从中微子物理发展的轨迹,即从最早的理论预测,直到中微子物理理论研究和实验研究的进展过程,对科学研究中理论工作和实验工作的彼此关系有何启示。

第十三章 中微子的静止质量与中微子天文学的兴起

本章导读

　　本章进一步探讨中微子的静止质量问题,对其测量途径和对宇宙演化的影响进行了深入的讨论;指出其静止质量的起源与所有标准模型的费米子一样,来自于由希格斯粒子引起的自发破缺机制。介绍了希格斯粒子发现的详情,读者从中可以看到,科学家在实验研究中严谨的作风、锲而不舍的精神。中微子天文学的兴起,可以视为中微子物理另一个重大应用领域。由此读者应该领悟到,基础研究与应用技术之间存在密切的关系。基础研究是技术重大创新的永不衰竭的源泉;反之高新技术的兴起和发展也是基础研究不可或缺的物质基础。

第一节　中微子的静止质量到底有多大

一、中微子静止质量的进一步估算

　　我们在第十二章谈到过利用中微子振荡测定中微子质量,而且给出了相应测量的结果。由于这种测量是直接测量的两种不同味的中微子质量平方差,因此,实验的不确定性较大。在这里我们根据标准的宇宙大爆炸模型,从宇宙微波背景辐射中的中微子与光子数目之比确定中微子的质量。这样给出的观测数据是目前中微子质量的上限最强的限制。如果三味中微子的总能量平均值超过每个中微子 50 eV,根据宇宙学的动力学,考虑到中微子振荡,不稳定,这个上限是难以得到的。因而,中微子质量的上限的最强限制不会超过 50 eV。从我们下面的简单考察，这个上限不会超过 30 eV。

同时从微波背景辐射、星系巡查和莱曼 α 森林（Lyman-alpha forest）现象等的观察中，表明三味中微子质量的总和不超过 0.3 eV。这里所谓莱曼 α 森林是天体光谱学中，遥远的星系和类星体的光在穿越中性氢后产生的所有莱曼 α 线吸收线的总和。

1998 年，超神岗小组的中微子检测器判断中微子在不同的味之间可以振荡，这说明中微子具有静止质量，但是中微子质量的绝对标度仍然没有确定。原因是中微子振荡只是对不同味的质量平方差比较敏感，在 2005 年 KamLAND 小组公布的本征态 1 和 2 质量平方差为 $\Delta m_{12}^2 = 0.000\,079$ eV^2。2006 年费米实验室 MINOS 小组从 μ 中微子束中测量中微子振荡确定，本征态 2 与 3 之间的质量平方差 $\Delta m_{23}^2 = 0.002\,7$ eV^2，与早先超神岗小组的实验结果一致，这表明至少有一种中微子质量本征态质量为 0.04 eV。至于本征态 1 与 3 的振荡模式，首先由我国科学家于 2012 年给出，但质量平方差的数据还不够精确。

2009 年，分析星系团引力透镜的观测资料，发现有一种中微子的质量大约为 1.5 eV，并且所有中微子的质量大致相同，振荡的数量级为 MeV，这就是我们在前面中微子质量表给出第一段中微子和反中微子质量上限为 2.2 eV 的根据。目前在实验室的实验中 KATRIN 和 MARE 两个小组利用核反应中的 β 衰变，GERDA、CUORE 等小组利用没有中微子放出的双 β 衰变直接测量中微子的质量标度。2010 年 5 月 31 日，欧洲核子中心 OPERA 小组第一次在 μ 中微子束中观察到 τ 中微子的事例，在第一时间内观察到中微子的转变，这是它们具有质量的直接证据。在 2010 年 6 月 3-D MegaZ 实验小组报道，他们测量到这 3 种中微子质量的上限小于 0.28 eV。

北京时间 2012 年 3 月 8 日 14 时，大亚湾中微子实验国际协作组发言人王贻芳在北京宣布，该协作组的科学家在大亚湾试验基地发现了一种新的中微子振荡，并测量到其振荡概率。这种新的振荡是从本征态 1 和 3 之间的振荡，科学家早就预言应该有这种振荡，但一直未能发现。这种振荡的发现，进一步确认中微子确实具有静止质量。总之，中微子具有静止质量，但是其具体绝对标度还有待进一步的研究测量。

二、中微子静止质量和我们宇宙的命运

在本书第一部第六章第二节，我们已经谈到，基于广义相对论的宇宙学动力学方程，宇宙演化的总趋势，取决于宇宙的能量密度到底是多少。换言之，宇宙演化的总趋势，宇宙的命运取决于宇宙中物质的平均密度。由暴胀宇宙论我们几乎可以肯定宇宙今天的平坦度应等于 1，就是说宇宙总的物质平均密度应该等于由爱因斯坦的宇宙动力学方程，可以得到所谓临界质量密度，即 $\rho_0 \approx 10^{-29}$ 克/立方厘米。我们还知道：目前宇宙中普通物质，或者说强子物质，不超过物质总量的 5%；暗物质将近占 23%，所谓暗能量要占 72% 以上。普通物质和暗能量在此姑且不论，暗物质问题我们也有所讨论。科学家普遍肯定暗物质的存在，也正在紧张地进行暗物质的理论研究和实验寻找。大家一致认为中微子和引力波就是我们已知的两种暗物质。

科学家计算诸如宇宙射线、引力波和中微子背景辐射和微波背景辐射对于宇宙总质量的贡献。如果中微子静止质量为零，则宇宙射线和引力波等对宇宙质量的贡献数量级仍然只有

$$\rho'' \approx 10^{-35} \text{克/立方厘米}$$

因此,从现在的观察和理论估算,我们宇宙的普通物质平均密度约为

$$\rho \approx 2 \times 10^{-30} \text{克/立方厘米}$$

如果中微子具有静止质量,局面就完全不一样了。因为中微子质量即使很小,但其数量极其庞大,所以宇宙中中微子对其总质量的贡献也是十分可观的。设在宇宙中每立方厘米中有 150 个中微子(数量级大致如此),中微子的静止质量为 30 eV(现在看来,远远小于这个数字),则不难算出中微子的平均密度是

$$\frac{150}{\text{立方厘米}} \times 30 \times \frac{1.6 \times 10^{-12}}{9 \times 10^{20}} \text{克} \approx 10^{-29} \text{克/立方厘米}$$

这个数字是可见物质密度的 50 倍!这个数字与临界密度大致相等,因此,如果情况既然如此,则我们的宇宙就是一个封闭的宇宙。当然,现在看来中微子的静止质量远远小于这个数字。由此可以断言,中微子的静止质量应该很小。

一言以蔽之,中微子的准确静止质量还有待科学家的进一步测量。

第二节　中微子的质量来自希格斯粒子

一、中微子的质量来自希格斯粒子

中微子的质量从何而来?按照粒子物理的标准模型认为,是由于希格斯粒子(Higgs)产生所谓对称性自发破缺,使得所有的基本粒子中的费米子(夸克、轻子)获得质量。按照这种机制,希格斯玻色子是物质的质量之源,是电子和夸克等形成质量的基础。其他粒子在希格斯玻色子构成的"海洋"中游弋,受其作用而产生惯性,最终才有了质量。我们当然不会忘记,中微子正是轻子中的成员。这样我们就将中微子与希格斯粒子拉上了关系。换言之,中微子的质量来自于希格斯粒子。详见第一部第七章第二节。

二、希格斯粒子的发现详情

目前,标准模型预言的所有粒子都顺利发现,唯独希格斯粒子的发现最迟。但是也在 2012 年最终发现,发现的简况我们在第一部第七章第二节中也有所触及。由于其极端重要性,在此,进一步展开其发现详情。

由于希格斯粒子在标准模型里实际上是所有有静止质量粒子获得质量的关键所在,就是说,我们宇宙所有的物质的质量都是由希格斯粒子而获得的,其重要性不言而喻。1993 年有科学家戏称希格斯粒子为"上帝粒子",但是希格斯本人并不赞成这种说法,认为这种说法有损于宗教徒的感情,尽管希格斯并不是教徒。

寻找希格斯粒子的实验早就开始了。欧洲核子中心的正负电子对撞机(LEP)在 20 世纪 90 年代运行以后,他们进行了很多精密的测量,在 2000 年该设备停止运行,可惜的是一直没有找到希格斯粒子存在的直接证据。但是他们的测量表明,如果希格斯粒子存在的话,其质量至少比 120 个质子还重。换言之,他们的实验确定希格斯粒子质量的下限

为 120 个质子。

　　美国费米实验室质子-反质子对撞机（Tevatron），位于美国伊利诺伊州巴达维亚附近的草原上，是世界上目前运行能量第二高的粒子对撞机。其所在的费米实验室是美国最大的高能物理实验室，也是世界上仅次于欧洲核子研究中心的第二大实验室。但在 2008 年 9 月欧洲核子研究中心的 LHC 建成之后，Tevatron 显得日渐尴尬，因为其产生的最高能量不过为 LHC 的七分之一，当然相关研究人员都将 LHC 作为第一选择。为摆脱困境，费米实验室一方面加强与 LHC 的合作，尽可能使研究人员实时获得欧洲核子研究中心的实验数据；另一方面也在试图转型，寻求新的研究领域，甚至筹划建造新的加速器。

　　费米实验室力图再维持 Tevatron 加速器运行 3 年，以便抢在欧洲同行之前找到希格斯玻色子，但美梦终成泡影。美国能源部于 2011 年 1 月 11 日正式宣布不再提供资金，Tevatron 面临即将关闭的命运。LHC 成为了寻找希格斯玻色子的唯一希望。然而，不幸中的大幸是，费米实验室探索的结果，再结合斯坦福直线加速器中心的类似测量，得到了希格斯粒子存在的间接证据：最轻的希格斯粒子质量小于 200 倍的质子质量。这一结论的前提是仅仅考虑粒子与最轻的希格斯粒子的相互作用。换言之，他们预言了希格斯粒子质量的上限为 200 倍的质子质量。

　　Tevatron 与 LEP 的工作尽管没有找到希格斯粒子存在的直接证据，但是却大致确定了如果希格斯粒子存在，最轻的希格斯粒子质量大致为 120～200 倍的质子质量（1 GeV）。于是，全世界科学家聚焦于欧洲大型强子对撞器（LHC）。2005 年 LHC 已经建造完成，其能量达到 14 000 吉电子伏，北京时间 2008 年 9 月 10 日下午 15:30 正式开始运作，成为世界上最大的粒子加速器设施。大型强子对撞机的精确周长是 2.665 9 万米，内部总共有 9 300 个磁体。大型强子对撞机是世界上最大的粒子加速器。但在 2008 年 9 月 19 日，LHC 第三与第四段之间用来冷却超导磁铁的液态氦发生了严重的泄漏，导致对撞机暂停运转。经过科学家检查修复后，于 2009 年 11 月 20 日恢复运行，很快就得到了一批珍贵实验资料。科学家已经对希格斯粒子的质量范围缩小到 114～149 GeV/c² 之间。图 13.1 是 2011 年 3 月实验进展情况，置信度为 90%～95%。

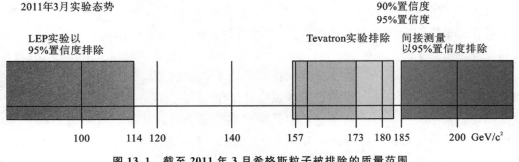

图 13.1　截至 2011 年 3 月希格斯粒子被排除的质量范围

　　2000 年，科学家通过欧洲核子研究中心（CERN）的大型正负电子对撞机（LEP）上积累的数据判定希格斯粒子的质量不会大于 114 GeV/c²；2009 年 8 月，间接测量排除希格斯粒子的质量在 186 GeV/c² 之上。2010 年 7 月，费米实验室（Fermilab）万亿电子伏特加速器（Tevatron）上的 CDF 和 DO 探测器上积累的数据足以排除希格斯粒子质量在 158 GeV/c²～175 GeV/c² 之间；2011 年 7 月又把希格斯粒子被排除的区间扩大为 156

GeV/c^2 ～177 GeV/c^2。2011 年 7 月,欧洲大型强子对撞机(LHC)的 ATLAS 和 CMS 实验小组又分别排除希格斯粒子质量在 155 GeV/c^2 ～190 GeV/c^2 和 149 GeV/c^2 ～206 GeV/c^2 之间。

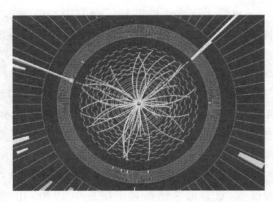

图 13.2　2012 年 7 月 4 日由欧洲核子研究中心发布的质子对撞后形成的运动轨迹效果图

　　好消息终于传来,欧洲核子研究中心 2012 年 7 月 4 日在瑞士日内瓦和澳大利亚墨尔本召开高能物理跨洲视频会议,欧洲核子研究中心主管罗尔夫·豪雅在会议上表示,他们发现了一种新的粒子,而这种粒子很可能就是寻找多年的"上帝粒子"——希格斯玻色子。"上帝粒子"将是人类认识宇宙的一面最直接的镜子:因为如果作为质量之源的它确实存在,物理学家就可能因此推测出宇宙大爆炸时的情景以及占宇宙质量 96% 的暗物质(包括暗能量)的情况。

　　这种粒子存在时间极短,无法被直接观测到,物理学界一直利用其最后衰变的光子等其他粒子的运行规律,反推它们是什么粒子衰变而成的。

　　CMS 发言人乔·因坎德拉在会议上演示了观测数据,并给出了根据该数据进行运算的最终结果。根据双光子事件、双 Z 玻色子和 4 轻子事件的观测结果证明,CMS 已经观测到了一种新的粒子,"虽然是初步的结果,但数据很给力!"乔表示,该玻色子质量在 125.3±0.6 吉电子伏(GeV),置信区间为 5 个标准差,即有 99.999 94% 的可信度表明该粒子存在。根据此前顶夸克发现的前例,发现该粒子时,置信区间也是 5 个标准差,可以宣布发现了新粒子。

　　另一个课题组 ATLAS 主管费碧欧拉女士表示,他们也发现了新的玻色子,质量为 126.5 GeV,置信度为 5 个标准差。但她表示,这只能证明 ATLAS 观测到了新的粒子,究竟是不是希格斯玻色子还有待确认。但是给出的数据表明,ATLAS 观测的新粒子与标准模型里的希格斯玻色子相符的置信度已经达到了 4.6 个标准差——相当接近可以宣称为发现的 5 个标准差了!

三、好打赌的霍金

　　希格斯玻色子理论的创始人彼得·希格斯教授也应邀出席了会议,这位 83 岁的英国老人兴奋得像个孩子,他向欧洲核子中心表示祝贺,他说:"很高兴我能活着看到这一天的到来。"理论物理学家霍金认为,人类在很长一段时间内不可能发现希格斯玻色子。不过，他为此打赌的 100 美元还没有输掉，因为今天的会议依然无法最后证实，人们发现的粒子无疑就是希格斯玻色子。

乔·因坎德拉和费碧欧拉在会后的新闻发布会上反复向媒体表示，今天的结果只能证明我们发现了符合标准模型的新玻色子，这种玻色子究竟是什么还无法确认。但罗尔夫·豪雅表示："我们发现的是一种新粒子，这才是让我们激动的地方。"CMS 小组也在其网站上表示，虽然我们发现了符合希格斯玻色子基本模型的粒子，但并没有确认发现希格斯玻色子，因为我们仅仅关注了该粒子的质量本身，它可能是其他具有该质量的粒子。为了确认所发现的就是希格斯玻色子，我们还需要确认它的自旋为 0，正确的耦合比，等等。这些将是我们今后的工作，但这个发现依然让人激动。正如欧洲核子研究中心官方宣称的那样："希格斯玻色子触手可及"，"我们对宇宙的理解，将要改变！"2013 年欧洲核子中心的科学家正式宣布发现希格斯粒子，同年 10 月 8 日，瑞典科学院宣布该年度的诺贝尔物理学奖授予恩格勒和希格斯。这一下霍金终于输掉了他的赌注 100 美元。

作为科学佳话，我们指出，霍金颇为"好赌"，而且每赌必输。他在 20 世纪 90 年代，与美国加州大学教授索恩因为黑洞信息佯谬打赌故事最为著名。霍金主张信息在黑洞蒸发中消失，而与他持相同观点的是大胡子索恩，持有相反主张的则是加州理工学院的另一位教授普雷斯基尔，后者认为黑洞可以释放隐藏在其内部的信息。他们在 1997 年立据打赌，赌注是 1 本《棒球百科全书》。研究和天文观察表明，霍金是错误的。1997 年 7 月 21 日，霍金正式认输，但是赌注改变了，霍金说："我在英国很难找到一本《棒球百科全书》，只能用《板球百科全书》代替了。"

霍金除了上面提到的与索恩等"豪赌"以外，还有过 3 回"豪赌"：第一回，赌天鹅座 X-1 双星是否包含黑洞；第二回，赌宇宙中有没有裸奇点；第三回，赌的则是黑洞会不会彻底抹杀信息。三赌皆输。最近一回是他与美国密歇根大学的物理学家戈登·凯恩打赌，认为所谓"上帝粒子"——希格斯粒子不会被发现。2012 年当欧洲核子研究中心宣布基本上（2013年 3 月他们取消了"基本上"三个字）发现了这种粒子。霍金在接受英国广播公司采访时表示："这是一个重要的发现，应该能带给希格斯一个诺贝尔奖。"同

图 13.3　标准模型示意图

时他也风趣地提到了自己的小小"失落"："我曾经和美国密歇根大学的凯恩教授打赌，认为希格斯玻色子不会被找到，看来我刚刚输掉了 100 美元。"实际上，这已经是霍金输掉的第四个赌了。我们不得不承认，霍金具有从善如流的美德。

总之，标准模型王冠上的钻石，希格斯粒子，这位漂流在外的"游子"终于返归基本粒子大家族之中了。标准模型预言的 62 种基本粒子，看来终于可以大团圆。不要忘记中微子极小的质量正是希格斯粒子所给予的。

第三节　中微子天文学的兴起与展望

一、探测宇宙奥秘的可靠信使

　　神秘的中微子不仅本身蕴藏诸多的秘密,而且也是我们人类不可多得的帮助我们认识客观世界、宇宙、星系、地球、微观世界甚至包括生命现象的可靠信使。这是什么原因呢?为什么天文望远镜、射电天文望远镜等现代光学和射电观察手段往往还必须让位于中微子探测设备——中微子望远镜呢?图 13.4 为位于西班牙的加那利群岛的帕尔马岛、世界上最大的天文望远镜之一 GTC 天文望远镜。图 13.5 和图 13.6 分别为澳大利亚和美国的射电望远镜。

图 13.4　红外天文望远镜

图 13.5　澳大利亚新南威尔士州帕克斯天文台的 64 米口径射电望远镜

图 13.6　美国新墨西哥州的综合孔径射电望远镜甚大天线阵(VLA)

　　这原因不奇怪,就在于中微子奇特的超强的穿透能力,再加上中微子在宇宙中无处不在,研究中微子可以携带种种信息,揭示浩瀚的太空深处各种星体的奥秘。在许多情况下,它是普通光学望远镜和射电望远镜都不可替代的。这些望远镜所探测到的都是不同天体发出的不同频段的电磁波的光子,如可见光、射频电磁波等。由于电磁相互作用强度较强，从星球内部发出的光很难穿过庞大的星球，我们现在所观测到的星光、太阳光只是星球、太阳表面发出的光，而它们内部发生的物理现象的信息无法由这些光子所携带。只有中微子才能畅通无阻地将星球、太阳内部的信息带给我们。因此，揭开关于中微子的各个谜，既是深入认识微观世界的需要，也是深入认识宏观世界的需要。

由于中微子可以携带星体内部的信息，因此，其应用之一就是探测宇宙中恒星、超新星等的起源和奥秘。例如：太阳中微子给我们带来的信息，充分证实了我们关于太阳内部核聚变机制，以及所谓太阳中微子标准模型的正确性。

超新星爆发是宇宙中最壮丽的景象之一。所谓超新星是某些恒星在演化接近末期时经历的一种剧烈爆炸。这种爆炸都极其明亮，过程中所突发的电磁辐射经常能够照亮其所在的整个星系，并可持续几周至几个月才会逐渐衰减变为不可见。在这段期间内一颗超新星所辐射的能量可以与太阳在其一生中辐射能量的总和相媲美。恒星通过爆炸会将其大部分甚至几乎所有物质以可高至十分之一光速的速度向外抛撒，并向周围的星际物质辐射激波。这种激波会导致形成一个膨胀的气体和尘埃构成的壳状结构，这被称作超新星遗迹。

1987 年 2 月 23 日格林尼治时间 10 点 35 分，南半球的几个天文台观测到大麦哲伦星云中一颗编号为 SN1987A 的超新星开始爆发。这消息公布后，几个有大型地下探测装置的实验室立刻查阅了数据记录磁带，发现在当天格林尼治时间 7 点 35 分左右总共捕获了 24 个来自超新星的中微子，记录下了十分珍贵的信息。中微子比光先到达地球是因为在星球内核引力坍缩的最初阶段温度激增至 10^{11} 摄氏度，在高温下质子与电子合成中子而放出大量中微子。该反应产生强大的激波向外扩散，将星球外层物质加热到几十万摄氏度而导致爆发，发出大量的光辐射。这 3 个小时的时差就是激波从核心传到星球表面的时间。观察表明人们关于超新星的理论模型是正确的。

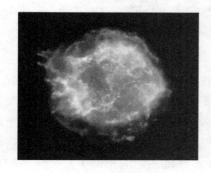

图 13.7　超新星爆发

图 13.8　超新星 SN 1987A 爆发前后

这次观测到超新星的爆发以后，天文学的一个新领域——中微子天文学诞生了。由于宇宙中存在大量的星际尘埃，对可见光和电磁波有较强的遮蔽作用，使我们无法探测遥远宇宙的奥秘。而中微子可以穿过大量的物质却几乎不发生任何反应，从而为我们带来了宇宙深处的中微子信息。比如虽然 SN 1987A 爆发时我们只记录下了 24 个中微子，但却可以推算出这颗超新星爆发的总能量和爆发后形成的中子星的直径与质量。中微子的确是人类观察宇观世界、宏观世界和微观世界的强有力的媒介。

二、中微子天文学的兴起和发展

中微子天文学的主要目标是探测宇宙射线起源之谜。大家知道自从亥斯 1911 年发现宇宙射线以来,人们对其起源进行了长期探索。为了研究宇宙中的中微子,各种新型望远镜不断出现并投入使用。1998 年 9 月,一台专门研究中微子的特殊望远镜在地中海中开始安装。它不像普通望远镜那样直指天空,而是"反其道行之"面朝海底。这台"面海观天"的中微子望远镜名为"安塔雷斯"。它由英国、法国、俄罗斯、西班牙和荷兰等国科学家联合设计,安装地点位于距法国马赛东南海岸 40 公里处。望远镜在海面 2.4 公里以下,由 13 根垂入海中的缆状物组成,每个缆状物上将带有 20 个足球大小的探测器。

参与该国际合作项目的英国谢菲尔德大学科研人员介绍说,来自宇宙的中微子能畅行无碍地穿越包括地球在内的很多物体。虽然中微子无法直接探测到,但它在穿透地球的过程中,偶尔会产生少量的高能量缪子中微子,并发散出特殊辐射光——切伦科夫光。"安塔雷斯"主要通过高灵敏度探测器检测该辐射来研究中微子。由于"安塔雷斯"面向海底,绝大部分宇宙射线会被厚厚的地层屏蔽掉,大大减少了观测过程中的本底噪音。专家说,这台望远镜的安装有可能为更深入揭示伽马射线爆发以及暗物质等宇宙奥秘提供重要线索。

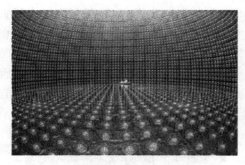

图 13.9　中微子天文望远镜

图 13.10　冰立方实验室

冰立方中微子望远镜(IceCube neutrino telescope;Ices the cubic neutrino telescope)是美国在其所建的阿蒙森·史考特南极站附近的南极冻原 2.44 公里深的冰层下,已经连续建设 5 年直到 2010 年 12 月 27 日才竣工的、专门发现中微子的巨型望远镜,堪称全球最大的中微子望远镜,该望远镜安装在该天文台的冰立方实验室。冰立方中微子望远镜是建在南极的一个巨型望远镜,它的目的是发现以光速穿过地球的中微子。科学家利用冰立方收集数据的时间已经长达数年,希望从中微子中寻找它们携带着有关我们的星系和神秘黑洞诞生的信息。

物理学家认为,中微子在猛烈的宇宙事件中诞生,例如位于宇宙边缘的遥远星系相撞或黑洞的产物。这些神秘的高能粒子能在太空里穿行几十亿光年,而不会被磁场和原子吸收或偏转运行方向。通过它们,科学家能找到一些有关宇宙最基本问题的答案。不过要达到这个目的,首先要发现中微子。为此,科学家正在利用冰观测中微子撞击(组成水冰分子的)原子的罕见场面。

这个巨大的望远镜建在南极深达 2.44 公里的冰原下,如图 13.11 所示。整个项目耗资 2.79 亿美元,美国国家科学基金会为其提供了 2.42 亿美元资助。建设工作的最后阶

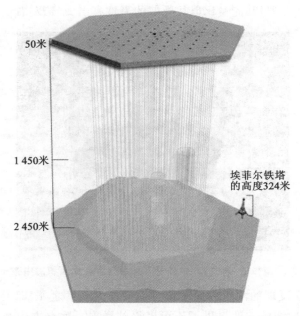

图 13.11　巨大的南极"冰立方"中微子探测器与埃菲尔铁塔大小对比图

段是为 5 160 个光学传感器钻 86 个孔,现在这些传感器已经安装完毕,成为主探测器的组成部分。中微子与原子相撞产生的粒子名叫 μ 介子,生成的蓝色光束被称作"切伦科夫辐射"。由于南极冰的透明度极高,冰立方的光学传感器能发现这种蓝光。

　　科学家通过在亚原子相撞后进行的试验,可以追踪到中微子的运行方向、查找到它的起源,看一看它是由黑洞还是由撞击星系产生的。然而,这一过程比探测 μ 介子更加复杂。因为每个 μ 介子都是由一个宇宙中微子产生,而位于探测器上方大气里的宇宙射线可以生成一百多万个中微子。为了避免这种干扰,冰立方的传感器直接瞄准下方——经地心指向北极天空,用来探测穿过地球的中微子。

　　由于中微子是目前已知的唯一一种可以畅通无阻地穿过物质的粒子,故冰立方和南极 μ 介子及中微子探测器列阵(AMANDA)把地球当做过滤器,以便选出中微子与原子相撞产生的 μ 介子。为便于确定中微子的性质,中微子望远镜的透明度必须很高,以便分布很广的传感器阵列可以发现撞击产生的光;同时望远镜的环境必须足够黑,以防自然光产生干扰;为避免南半球的宇宙射线对其产生干扰,望远镜还必须深埋地下。南极冰符合所有这些条件。

　　南极冰含有气泡或其他杂质少,几乎全是由冰所构成的巨大冰川。天文台体积庞大,为边长 1 公里的立方体冰块。所有这些条件,可增加中微子与原子相撞的机会,提高观测效率,并使干扰和误差减少到最小。圆形探测器被串成串,放入用热水钻开凿出来的冰洞里,钻每个冰洞需要融冰多达 909 200 升。每根电缆线上有 60 个传感器,86 串这样的传感器串组成冰立方的主探测器。

　　2013 年 5 月,从深藏在南极冰原下的中微子天文台传来好消息。研究人员在南极科考站"冰立方"中微子天文台发现了有史以来能量最高的中微子观测记录,在这篇最新的中微子研究论文中,科学家分析了从 2010 年至 2012 年间中微子传感器的数据,发现了两个中微子事件的存在证据,其能量比以往类似的事件高出 10 倍左右。

图 13.12 位于南极的"冰立方"中微子天文台具有较大面积的中微子探测阵列

科学家认为本次发现的两个中微子很可能来自太阳系之外,即大麦哲伦星云方向上超新星爆发,为宇宙射线的起源提供了不可多得的样本。冰立方中微子天文台配备了先进的光学传感器阵列,可探测到中微子与冰粒子之间发生的碰撞,其碰撞可释放出足够强大的切伦科夫辐射,能量可达到 100 兆电子伏特的水平。冰立方中微子天文台的研究人员这次发现的中微子应该是超新星所导致的宇宙射线。由于中微子几乎不与其他物质发生作用,因此中微子探测器通常都需要埋藏在地下深处,其面积也非常大,如图 13.12 所示。这个探测器位于冰层下大约 2.4 公里,避免了太阳光的干扰,同时利用冰层作为中微子撞击的试验场,有利于增大中微子碰撞的观测面积,光模块传感器可记录下穿过探测器的中微子轨迹。如果研究人员最终可以发现中微子的来源,那么也就发现了宇宙射线起源于何处。自冰立方中微子天文台建立以来,所有地球上接收到的中微子都会留下信息,从这些数据中研究人员可以仔细寻找中微子的碰撞事件。

(1)中微子的静止质量在天体物理中还有哪些估算的途径?其静止质量的大小对宇宙演化会产生什么重要影响?

(2)中微子的静止质量从何产生?

(3)你从希格斯粒子发现的详情,会对科学家在科学研究中的严谨作风和锲而不舍的精神有何感悟?

(4)中微子天文学与传统的天文学观察相比有何独特的优势?为何说中微子天文学的兴起,可以视为中微子物理另一个重大应用领域?

(5)从中微子天文学的兴起和发展,你可以领悟到基础研究与应用技术之间存在何种密切的关系?

第十四章　中微子在科学界掀起惊天巨浪

如果说中微子从其发现开始，就在科学界激起一阵阵浪花的话，那么在近来，尤其是 2012 年它在科学界引起的震动，无异一场海啸，其惊天巨浪不仅波及科学界的同仁，而且对于一般老百姓也引起巨大反响。关于欧洲科学家宣布发现中微子超光速运行的乌龙事件，本章作了详尽的介绍和评论。类似的事件在科学研究的前沿是屡见不鲜的。对于新的发现，尤其是具有重大意义的新发现，我们应该掌握确凿的科学证据。关于中微子的研究，惰性中微子的探索是一个热点问题。目前还无法对该种粒子的存在与否作出明确的结论，只需指出这个问题的解决对宇宙学、暗物质的探索和粒子物理学的发展关系重大。

本章导读

第一节　欧洲科学家宣布发现中微子超光速运行

一、奥佩拉宣布在实验中发现中微子超光速运行

爱因斯坦的狭义相对论，是现代科学的最重要基石，但是 2011 年到 2012 年有欧洲科学家宣布，中微子的运动是超光速的。这就是说现在科学最重要的基石发生动摇了。你说科学界的同仁怎么会不目瞪口呆呢？很多老百姓也津津乐道这一新闻，似乎科学界在发生地震。

2011 年 9 月 22 日,位于瑞士日内瓦的欧洲核子研究中心(CERN)公布了一项令人震惊不已的实验结果:欧洲科学家在一个名为"奥普拉"(OPERA)的实验项目中发现,中微子的运动速度比真空中的光速还要快。按照爱因斯坦的狭义相对论,光速是物体运动速度的极限,没有任何物体的速度可以超越真空中的光速。而"奥普拉"的实验结果,明显与狭义相对论相违背。我们知道狭义相对论是现代物理大厦的最重要的基石,其正确性经过 100 余年无数次实验检测。我们知道原子弹的原理就是狭义相对论的质能公式。

为了慎重起见,在正式公布最终结果前,"奥普拉"实验组和全世界同行进行了广泛而详细的交流,直到发现没有任何漏洞,才正式公布了实验结果。同日,《自然》(Nature)、《科学》(Science)等世界顶级科学杂志的网站报道了这一消息。9 月 24 日,"奥普拉"实验组将正式的论文挂到了 arXiv. org 的预印本库(注:arXiv 是一个收集物理学、数学、计算机科学与生物学论文预印本的网站)。

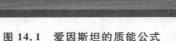

图 14.1　爱因斯坦的质能公式

图 14.2　OPERA 实验的新闻发布会现场

在记者招待会上,"奥普拉"实验的发言人、瑞士伯尔尼大学的物理学家安东尼奥·艾瑞迪塔托(Antonio Ereditato),详细介绍了超光速中微子的发现过程,他说:"我们对中微子超光速现象感到非常震惊!我们不能解释它,又不能宣称相对论是错误的。如果因为测量结果与常识不一致,就不公布结果,不是研究人员应有的正确态度。但在别人证实之前,这个现象还不能称之为新发现。事实上,我们也花费数月时间对此现象进行检验,但我们没有找出什么差错。该发现对人类的一些基本认识形成挑战,因此我们持谨慎态度。""奥普拉"项目组号召全球物理学界能帮助他们检查中微子超光速现象,找出任何能证明实验有错的地方,或者用他们自己的实验来验证这一结果。

图 14.3　"奥普拉"研究团队发言人埃雷迪塔托(左)及协调人奥蒂耶罗(右)(Dario Autiero)

"奥普拉"实验就是一项旨在检测中微子振荡现象的实验,由意大利格兰萨索(Gran

Sasso)国家实验室与瑞士欧洲核子研究中心合作进行。该项目集中了来自 11 个国家的
160 位物理学家,其主要成员来自日本和意大利。从 2009 年到 2011 年的 3 年间,"奥普
拉"实验利用欧洲核子研究中心的超级质子同步加速器产生了 1 万亿亿颗速度极快的质
子,轰击靶标,产生出一束束高能量的 μ 中微子,在地下穿透重重岩石,射向 730 公里以外
的格兰萨索国家实验室位于地下 1 400 米深处的乳胶径迹探测器。"奥普拉"实验方法非
常平常,但实验结果很让人吃惊:这些中微子从加速器走到探测器所需的时间,居然比光
在真空中走同样距离的时间短 60.7 纳秒(1 纳秒即 10 亿分之 1 秒)。也就是说光在真空
中的传播速度为 299 792 458 米/秒,而根据计算,这些抵达探测器的中微子的运行速度达
到 299 798 454 米/秒。中微子的速度比真空中的光速快 10 万分之 2.48,每秒钟要多跑 6
千米左右。

对于这一如此重大而又违反常理的发现,据报道,研究者也非常谨慎,反复检查了 6
个月,提高实验精度、排除可能的实验误差,包括月球的潮汐影响、地球自转的影响、地震
的影响等。除此之外,实验组精确测量了加速器和探测器之间 730 千米的距离,误差在
20 厘米之内。为了让地理学测量数据更准确,他们甚至封锁了公路。在计时方面,他们
采用了最精密的原子钟和对时方案,使得对中微子运行时间的测量可以精确到 10 纳秒
以内。

在过去的 3 年内,他们先后观测到约 1.6 万个中微子的超光速现象。依据这些数据,
他们计算出实验结果达到 6 标准差(6 Sigma),置信度达到 99.999 999 8%。一般来说,粒
子物理研究中的新现象达到 4 标准偏差就可以认定是一项新发现,而"奥普拉"实验结果
达到了 6 标准差。

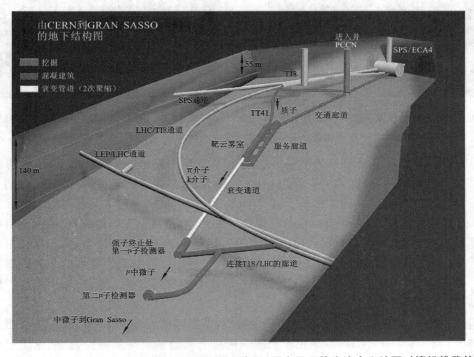

图 14.4　欧洲核子研究中心中微子超光速实验示意图(图中显示的为该中心地下对撞机线路结构)

第十四章　中微子在科学界掀起惊天巨浪

357 ◀◀

二、一石激起千层浪

一石激起千层浪,这个发现在科学界立即引发了万丈狂澜。有的科学家持正面肯定的立场,他们相信实验结果。他们要么基于现有理论试图加以解释,要么提出新的假说。欧洲核子研究中心理论物理学家约翰·埃利斯评价:如果这一结果是事实,那的确非同凡响。英国牛津大学的宇宙粒子物理学家苏比尔·萨卡尔称,如果该发现能够被证实,将是人类史上的重大事件。法国物理学家皮埃尔·比内特吕告诉法国媒体,这是"革命性"发现,一旦获得证实,广义相对论和狭义相对论都将打上问号。美国印第安纳大学的理论物理学家阿兰·科斯特利基表示,从理论上而言,宇宙背景不同时会出现不完美的对称,背景变化可能导致光速和中微子速度的变化。

当然,其中的大多数人对于相对论还保持谨慎的立场,不认为爱因斯坦的理论会扔进垃圾箱。他们相信爱因斯坦的理论还是有效的,它仍然起作用,只是有些时候需要其他解释而已。

但是,科学界的主流声音是说"不"。包括英国著名物理学家史蒂芬·霍金(Stephen William Hawking,1942—)、诺贝尔物理学奖得主丁肇中(Samuel Chao Chung Ting,1936—)等在内的多数科学家持谨慎怀疑态度。他们解释说,爱因斯坦的理论是一个经过无数实践检验的理论,说"爱因斯坦错了"为时尚早。

图 14.5　意大利格朗索萨国家实验室地下 1 400 米处 OPERA 实验室入口

图 14.6　OPERA 实验小组研究"中微子振荡"的实验设施

这一实验牵涉到众多复杂的测量手段,任何方面哪怕是出现最微小的偏差,都可能影响最终结果的正确性:要么实验有误差,要么计算有错误,要么实验设计有问题,否则不会出现中微子超光速现象。在欧洲核子研究中心工作的诺贝尔物理学奖获得者卡罗·鲁比亚(Carlo Rubbia)表示,这是个很难而且很微妙的实验,是难以置信的惊奇,因为它将挑战爱因斯坦的相对论,而百年来挑战爱因斯坦的人没有一个成功。他认为,这不仅仅是发现一个异常,而是要推翻爱因斯坦的全部理论,我们目前还没有和爱因斯坦的相对论等同的东西。此外,卡罗·鲁比亚对发布这个结果的做法并不赞同。他认为,公众更需要了解的是被认可后的结果。

有人指出,"奥普拉"实验所遇到的最大挑战,是著名的超新星 SN 1987A 的中微子爆发事件。1987 年 2 月 24 日,这颗位于大麦哲伦星云的超新星突然爆发,抛洒出大量中微子和各频段的电磁波。超新星爆发时发出的光线来到地球的 3 小时前,分布在日本、美国和俄罗斯的 3 台中微子探测器同时探测到中微子爆发,共有 24 颗中微子被探测到。这些

图 14.7　霍金（1942—）（左）、丁肇中（1936—）（中）和鲁比亚（1934—）（右）

中微子长途跋涉 16.8 万光年，几乎同时到达地球，前后相差只有 13 秒，虽然它们比光先到达地球，看起来中微子速度比光要快，其实不然，中微子与其他物质相互作用极弱，在超新星爆发的瞬间就离开超新星了；而光子则会与周围的物质粒子发生频繁碰撞之后，才能拖泥带水地逃离。SN 1987A 距离地球 16.8 万光年，如果"奥普拉"实验是正确的，中微子速度比光速快 10 万分之 2.48，那么 SN 1987A 中微子到达地球的时间会比光早 4.2 年而非 3 小时。当然这个论述值得商榷，"奥普拉"实验采用的是高能 μ 中微子；而 SN 1987A 释放的是低能电子中微子，能量和中微子类型都不相同。不过即使考虑这些，也不足以造成如此大的区别。

有的理论物理学家提出解释，若中微子速度真的能超光速，可能性有二：要么光速并非速度的极限；要么中微子能够"走捷径"，能比光更快到达目的地。精确地说，这就是宇宙不只是我们常识所能认知的 4 维世界（即时间和 3 维空间），而是有第 5 甚至第 6 维空间的存在。物理学近几十年发展的弦理论（即物质最基本的构成并非粒子，而是比粒子更细的弦），却显示宇宙可能有 9 维空间甚至更多，这些空间仅存于极微观的尺度，常人根本无法理解，但极微细粒子（或弦）却有办法通过。科幻小说家最爱说的虫洞（wormholes）超光速旅行理论，也与此有关，只是以人类的能力，到可见将来都不可能实现这种时光之旅。

从本质上来说，"走捷径"的说法意味着中微子具有特殊性质，这样相对论也是对的，这个实验结果也是对的。比如说，欧洲核子研究中心发出的中微子有可能振荡到一种惰性中微子，而惰性中微子可以在多维空间中"抄近路"，然后再振荡回普通中微子，这样看起来中微子就跑得比光快了。这种理论认为超光速之所以出现，是因为我们的物理世界具有额外的维度，因而导致从 4 维空间看似乎中微子速度超过光速，但实际上中微子由于"抄近路"，其实际速度并未超过光速。

三、米诺斯实验也曾宣称发现中微子超光速

其实，中微子超光速现象并不是 OPERA 项目组首次宣称发现。早在 2007 年，在美国费米实验室进行的国际合作项目"米诺斯"（MINOS）实验中，也观测到了类似的中微子超光速现象。他们进行了几乎完全相同的实验，连加速器到探测器的距离都非常接近。"米诺斯"实验为 734 千米，"奥佩拉"实验为 730 千米。唯一区别是"米诺斯"采用的是能量为 3 GeV（GeV 是吉电子伏特的缩写，1 吉电子伏特＝10^9 电子伏特，即 10 亿电子伏特）

的 μ 中微子,而"奥佩拉"实验采用的主要是 17 GeV 的 μ 中微子,实验结果是中微子速度比光速快 10 万分之 5.1,非常接近"奥佩拉"实验的结果(快 10 万分之 2.48),但当时的"米诺斯"实验由于中微子事例少,实验不确定性比较大,未能引起重视。

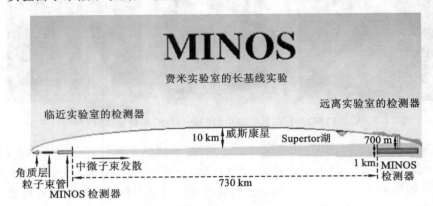

图 14.8 美国芝加哥附近的费米实验室 Minos 项目图示

富于戏剧性的是,在发布这项"发现"专业研讨会的欧洲核子中心的网络视频(CERN)吸引了超过 12 万人观看,而通常 CERN 的视频只能引来几百人。这说明这项"发现"不仅震动了科学界,而且影响到广大的老百姓。2011 年 11 月,"奥普拉"团队再次确认了他们的测量结果。据说在两个月的时间里他们对先前的数据进行了重新分析,并排除了一些可能出现的误差。在实验方法上,有所改进,以极短的脉冲发射出中微子,持续间隔仅有 3 纳秒,而非之前采用的更长的脉冲,以便更精确地确定中微子的确切飞行时间。测量的目标是从位于瑞士日内瓦附近的欧洲核子研究中心(CERN)发出,飞行 730 公里抵达位于意大利格兰·萨索(Gran Sasso)附近的地下实验室的粒子束,测量结果显示中微子从出发地抵达目的地所用的时间比它们以光速运行所需时间少了 60 纳秒。尽管这一速度仅比光速值高出大约百万分之二十,结果依然如故:中微子还是超光速。

如果"奥普拉"实验的结果是可靠的,那当然是非凡的发现。"而非凡的发现,必须要有非凡的证据。"对于欧洲科学家声称可能发现超光速中微子,物理学界在兴奋之余,最先想到的就是已故康奈尔大学天文学家卡尔·萨根曾说过的这句科学研究的金科玉律。现在的问题是"奥佩拉"的结果是非凡的证据吗?

第二节　中微子超光速乌龙记余波荡漾

一、乌龙记余波荡漾

OPERA 中微子束一下子使世界科学界沸腾了。尽管 99% 的物理学家持怀疑态度,但是考虑到这确实是世界顶级实验室著名科学家几年来的精密测量结果,言之凿凿,不由人不得认真思考这个结果。欧洲核子中心和格兰萨索国家实验室都是世界著名的研究机构。其中,欧洲核子中心是国际高能物理领域最大的研究中心,也几乎是最权威的机构。

在欧洲核子中心的实验成果获得过两次诺贝尔奖。而且,这次实验中的中微子也正是由欧洲核子中心发射的。这个实验本身的科学性和严谨性应该都是可以相信的。而格兰萨索国家实验室是意大利国家核物理研究院所属的四大国家实验室之一,是世界上对物质稳定性、太阳中微子和原始磁单极研究的重要实验室。格兰萨索国家实验室的这个"奥佩拉"实验是一个非常著名的实验计划,由200多名出色的科学家完成。这些科学家都是甚有经验和严谨的科学家。按高能物理的传统,正式发表的结果肯定经过了反复推敲验证,在内部进行了多次独立分析、评审环节。从他们的文章中也可以看到,基本上对每个重要的数据都采用不同方法进行检验,或独立验证,他们的数据是经得起推敲的。凭空猜测他们哪里做错了,肯定是更不靠谱的。大多数科学家想有可能什么地方他们没有想到,更有可能碰巧仪器的系统误差就是这样的。这样出错的概率要比相对论出错的概率大。

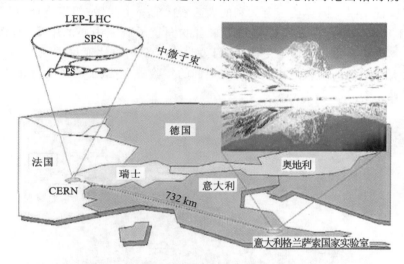

图 14.9　OPERA"中微子超光速"实验示意图

图 14.10　欧洲核子研究中心(CERN)。图中标明粒子加速器位置

要论证"奥普拉"实验发现超光速中微子这个结果,最重要的是要对"奥普拉"实验进行重复实验,必须换实验、换人来进行。不同实验的系统误差不一样,再碰巧一次的可能

性就比较低。不过,开展重复实验的难度也不小。这个实验需要大的质子加速器,而产生中微子的代价是非常昂贵的。探测器本身的造价就在 1 亿美元量级,而加速器装置要在几十亿美元以上,然后建好一个实验室一般需要 10 年左右的时间。目前只有美国、日本有条件重复这个实验。日本的实验装置在 2011 年的大地震时遭到破坏,2012 年 12 月恢复使用。当然,仅凭一个实验来挑战相对论,是不可能的,除非有几十次实验都证明同一个结果,科技界才会接受。OPERA 的结果发表后,日本的 T2K 实验室和美国芝加哥的费米实验室的研究团队已经开始验证这一实验。

二、伊卡洛斯的结果可正视听

然而,人们尚未等到这"最佳检验"的结果,与"奥普拉"只有咫尺之遥的另一个团队就已经给出了验证结果。同样位于意大利的大萨索山的一个叫做"伊卡洛斯"(ICARUS)的项目在 2011 年 10 月和 11 月间探测到了来自欧洲核子研究中心的中微子,而且精度更高。诺贝尔物理奖获得者、"伊卡洛斯"项目发言人卡罗·鲁比亚说:"我们的结果与爱因斯坦如果活着会给出的结果是一致的。"在他们的实验中,中微子的速度与光速接近,但并没有超过光速。参见图 14.11。

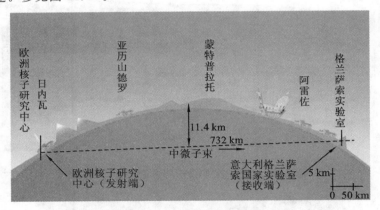

图 14.11 "伊卡洛斯"项目实验

英国《自然》杂志称:"对于一些物理学家来说,新的测量对这件事起了一锤定音的作用。"但鲁比亚仍然等待看到 2012 年春天包括"奥普拉"和"伊卡洛斯"在内的几个项目所做的新的结果。这些项目中也包括另一个叫做"大体积探测器"(LVD)的中微子观测站对来自欧洲核子研究中心的中微子所做的测速。

三、"奥普拉"实验的疏失找出来了

在 2012 年 2 月,对于"奥普拉"实验的质疑声出现一次高潮。科学家们宣称"奥普拉"实验设备中存在一些技术故障,这些故障可能对他们的实验结果产生了影响。与此同时,《科学》杂志曾爆料称,来自欧洲核子研究中心"奥普拉"项目组内部人士透露,中微子速度的误差可能是由于连接 GPS 接收器和电脑之间的光缆松了造成的。这可能导致其中一个用于计算中微子运行时间的原子钟产生了具有欺骗性的结果,让中微子比光早 60 纳秒到达目的地。欧洲核子研究中心随后证实了这一说法,但同时表示还有另外一个因素,即用于将"奥普拉"的探测器时间与 GPS 进行同步的一个振荡器可能存在误差。据"奥普拉"的内部人士说,关于 GPS 误差可能造成:"一是 GPS 同步可能没有纠正好;二是将外部 GPS 信号带到'奥普拉'主原子钟的光纤连接可能出现了问题。"这两个误差可能会从不同方向改变中微子的"旅行"时间,从而产生错误的结果。后者的误差的效果是与前面那个因素恰恰相反的——它会造成中微子速度被低估。而科学家们暂时无法确定一个高估的因素和一个低估的因素究竟谁占了上风。

欧洲核子研究中心在 2012 年 3 月 23 日在公报中正式承认,该机构参与的名为"中微子振荡实验"的项目中使用的测速方法存在问题。其中一处问题与为测量工作提供 GPS 同步服务的振荡器有关,该问题可能导致对中微子运行时间的测量值偏大。另一处问题出在为项目主计时器导入 GPS 信号的光纤连接器上,与上一问题相反,该问题可能导致对中微子运行时间的测量值偏小。

安东尼奥·艾里迪塔托(Antonio Ereditato)是 OPERA 小组的成员,也是位于瑞士伯尔尼的爱因斯坦基础物理研究中心主任。他表示自己对最新的实验结果表示欢迎,他说:"这一(否定的)结果在我们预期之内,也证实了我们之前有关设备可能存在故障的说法。"当被问及自己是否对此次并没有出现超光速现象的结果感到失望时,安东尼奥说:"这就是科学进步的方式。重要的是全球的科学事业确实取得了进展。"

在整个事件中,一些编排出来的笑话流传很广,其中一个出自 Twitter:在一家酒吧门口,酒保说:"我们不允许比光速还快的中微子进到这儿。"话刚落,他看到一颗中微子来到了酒吧门口。(酒保先对中微子说话,后看到中微子。)

甚至是欧洲核子研究中心的物理学家也加入到编排笑话的行列,研究主管、来自意大利的物理学家赛吉尔·波特鲁西(Sergio Bertolucci)就说,"奥普拉"的实验结果不可能是正确的,因为它打破了自然界的一条基本法则:在意大利,没有任何事情是准时的。

四、爱因斯坦笑了

ICARUS 小组的此次实验结果是计划于 2014 年 4 月份或 5 月份正式启动的一项延续时间更长的实验的测试运行。而 OPERA 实验组本身也正筹划着在排除所有技术故障之后再次进行验证性实验。欧洲核子中心(CERN)研究主管赛吉尔·波特鲁西(Sergio Bertolucci)在一份声明中表示:"现有证据开始表明 OPERA 的实验结果是不正确的。然而不管结果如何,OPERA 小组完成了一次完美的科学实验,并将他们的实验结果公诸于众,接受最严苛的审查,并欢迎其他科学家对此进行独立测量。"正如我们前面说过的,经过 ICARUS 小组确认,正如爱因斯坦曾经在 100 多年前预言的那样,中微子的运行速度并未超过光速。鲁宾说:"爱因斯坦仍然是正确的,对此我并没有什么不快。2012 年 6 月欧洲核子中心宣布格兰萨索的 4 个实验组(OPERA、ICARUS、Borexino 和 LVD)的测试结果一致表明,光速和中微子的速度是相等的。最终否定了 OPERA 原来的结果。

就这样意大利的 OPERA 科学家关于中微子超光速的"新发现"变成了一场科学笑话、科学的"乌龙记"。2012 年 3 月末,历时半年之久的"超光速中微子"事件接近了尾声。作为"尾声"的一个标志性事件是,"奥普拉"(OPERA)研究团队两位领导人引咎辞职。这件事的喜剧结尾,标志现代物理学的基石是十分牢固的。相对论是正确的,爱因斯坦可以笑了。

在整个事件中,人们绝没有想到连接在原子钟的光缆松动这样一个简单的、低级的错

图 14.12　爱因斯坦笑了

误,居然撼动着整个科学大厦。我们被涮了吗? 理论学家们对这则消息可能只会付之一笑,但是人们无论如何应该从中吸取一些教训:首先是无论是提出新理论或者对原有理论提出挑战必须抱有严肃认真的科学态度。特别是像对狭义相对论这样经过实验检验的现代科学基本原理提出挑战,必须慎之又慎。实验工作必须严谨可靠,反复检查,不轻易发表结果。

须知 1905 年,爱因斯坦提出了狭义相对论,修正了牛顿时空观中空间、时间、引力三者互相割裂以及运动规律永恒不变的看法,从哲学上根本改变了人们关于时间、空间、物质和运动的概念。其基础就是“物体运动速度不能大于真空中的光速”,是狭义相对论的基本原则。

超光速中微子的发现,引发了人们的无限遐想:是不是意味着离“穿越时空”不远? 是不是能够制造出“时光机”、物体空间传送机? 更大的疑惑还有:因果性还能存在吗? 未来会影响过去吗? 爱因斯坦的狭义相对论是因果律概念的基石:原因在前、结果在后,不论你身在何处。超光速中微子如果存在,这一理论也将被颠覆。简单地说,也就是我们所熟知的由因到果的次序都将颠倒,可能有了果再有因。比如炮弹,是先打出去,然后落到对方阵地爆炸;因果论被颠覆后,我们看到的将是炮弹已经爆炸,却还没从大炮上被打出去呢。

狭义相对论是现代物理学的基础,也是人们理解空间与时间的理论依据。如果中微子超光速现象被证实,则狭义相对论的基本原则就会受到挑战,将撼动现代物理学的根基,那么今天几乎所有的物理学都要改写。人类现有时空观将会彻底改变,甚至改变人类存在的模式。这一切都使我们联想到了 20 世纪初经典物理学大厦轰然坍塌前的一幕。同样惊心动魄的事或许也会发生在相对论上。当然,相对论不会被全盘否定,它可能只需要少量改动,它还是更广阔的理论下的一种特殊形式,就像经典物理是相对论的低速宏观近似一样。但这样的修正或拓广必将产生一种新的里程碑式的理论,物理学大厦的框架将又一次重建。

这一次超光速实验结果尽管是错误的,但是也不是毫无意义的。相对论和量子论是现代物理学的两大基石,证明它们在很大的范围内是相当正确的科学理论。但是这绝不是说它们不可以挑战。现在在量子理论领域,实际上有许多新的现象,例如:量子纠缠、量子隐形传递等,都在考验着我们关于局域因果性等的传统概念。更加确凿无疑的是量子论和相对论在理念上存在不自洽,至今我们无法建立严格的引力量子理论,这就是现在物理的基本理论还需要发展,还必须进行修正和深入探索。因此,在新的实验条件下,新的物理时空中,会有更多更奇异的现象等待着我们去发现。我们需要记住的是,未来的科学理论无论多么完善、美妙、严格,我们今天的科学理论都是它们在一定条件下的近似描写。绝不存在什么一切推倒重来,一切重头开始。我们记住牛顿的话:“我们是站在前人的肩膀上进行探索的。”

2012 年对于中微子的研究来说,真是高潮迭起。如果说超光速中微子事件是一个“悲剧”的话,那么我国大亚湾科研组发现中微子的第三种振荡就是一个大大的喜剧。这种人们早已预料并且一直在期待中的振荡终于被中国人发现了。

第三节　大亚湾实验发现新的中微子振荡模式

一、北京宣布确认新的中微子振荡模式

　　北京时间 2012 年 3 月 8 日 14 时,大亚湾中微子实验国际合作组发言人、中科院高能物理研究所所长王贻芳在北京宣布,大亚湾中微子实验发现了一种新的中微子振荡,并测量到其振荡频率。介绍该结果的论文已于 3 月 7 日送交美国《物理评论快报》(Physical Review Letters)发表,其预印本也已在网上发表。8 日 16 时,王贻芳在高能所作学术报告,并通过网络直播,向全世界的粒子物理学家报告了他们的研究结果。

　　这一重要发现揭开了中微子研究的灿烂一页。为什么中微子探测器要安装在大亚湾呢? 什么是新的中微子振荡呢? 这一发现具有什么科学意义呢?

图 14.13　中微子实验地大亚湾核电站

　　为什么要选择大亚湾建立实验室? 大亚湾中微子实验室位于深圳市区以东约 50 公里的大亚湾核电站群附近的山洞内,地理位置优越,紧邻世界上最大的核反应堆群之一的大亚湾核电站与岭澳核电站,并且紧邻高山,有天然的宇宙线屏蔽,可以通过 8 个全同的探测器来获取数据。探测器放置在附近山底下的 3 个地下实验大厅中,探测器放置在水池中,以屏蔽周围岩石层的放射性。尽管有这些屏蔽,一些高能量的宇宙线依然可以穿山而入。这时,装在水池墙上的光电倍增管和水池顶上的 μ 子探测器会记录下这些宇宙线的轨迹,并将其排除出中微子数据。因此非常适合对第三种中微子振荡参数 θ_{13} 进行精确测量。

二、中微子振荡的 3 种模式

　　我们回顾关于中微子振荡的基本原理。中微子振荡的原因是 3 种中微子的质量本征态与弱相互作用本征态不相同,每一种弱相互作用的本征态都是 3 种同样本征态的混合,不过混合的比例不一样而已。中微子的产生和探测都是通过弱相互作用,就是说,测量的是弱相互作用本征态。在传播的时候,3 种质量本征态还会以一定的振荡规律相互转换。简单地说,传播则由质量本征态决定。由于存在混合,产生时的弱作用本征态不是质量本征态,而是 3 种质量本征态的叠加。3 种质量本征态按不同的物质波频率传播,因此在不同的距离上观察中微子,会呈现出不同的弱作用本征态成分。当用弱作用去探测中微子

时,就会看到不同的中微子。这种现象叫做中微子振荡现象。

我们知道,理论物理学家一直认为存在 3 种不同的中微子振荡。一个电子中微子具有 3 种质量本征态成分,传播一段距离后变成电子中微子、μ 中微子、τ 中微子的叠加,它们之间相互混合转换,就是所谓振荡现象。中微子的混合规律由 6 个参数决定(另外还有两个与振荡无关的相位角)。这 6 个参数是 3 个混合角 θ_{12}、θ_{23}、θ_{13},两个质量平方差 Δm_{21}^2、Δm_{32}^2,以及一个电荷宇称相位角 δ_{CP}。这里 θ_{12} 和 θ_{23} 表示质量本征态 1 与 2,或 2 与 3 之间的混合参数(也称混合角)。

人们已经通过大气中微子振荡测得了 θ_{23} 与 $|\Delta m_{32}^2|$,通过太阳中微子振荡测得了 θ_{12} 与 Δm_{21}^2。在混合矩阵中,只有下面的两个参数还没有被测量到:最小的混合角 θ_{13}、CP 对称破缺的相位角 δ_{CP}。在我国科学家之前,测得的 θ_{13} 的实验上限是:$\sin^2 2\theta_{13} < 0.17$(在 $\Delta m_{31}^2 = 2.5 \times 10^{-3} \, eV^2$ 下),由法国的 Chooz 反应堆中微子实验给出。误差太大,以致难以判断这种振荡模式存在与否。

表 14.1　中微子振荡的参数

大气中微子振荡	$|\Delta m_{32}^2| = 2.4 \times 10^{-3} \, eV^2$	$\sin^2 2\theta_{23} = 1.0$
太阳中微子振荡	$\Delta m_{21}^2 = 7.9 \times 10^{-5} \, eV^2$	$\tan^2 \theta_{12} = 0.4$
反应堆/长基线中微子振荡	δ_{CP} 未知	$\sin^2 2\theta_{13} < 0.17$

θ_{13} 的数值大小决定了未来中微子物理的发展方向。在轻子部分,所有 CP 破缺的物理效应都含有因子 θ_{13},故 θ_{13} 的大小调控着 CP 对称性的破坏程度。如果它是如人们所预计的 $\sin^2 2\theta_{13}$ 等于 1%～3% 的话,则中微子的电荷宇称(CP)相角可以通过长基线中微子实验来测量,宇宙中物质与反物质的不对称现象可能得以解释。如果它太小,则中微子的 CP 相角无法测量,目前用中微子来解释物质与反物质不对称的理论便无法证实。θ_{13} 接近于零也预示着新物理或一种新的对称性的存在。因此不论是测得 θ_{13},或证明它极小(小于 0.01),对宇宙起源、粒子物理大统一理论,以及未来中微子物理的发展方向等均有极为重要的意义。

θ_{13} 可以通过反应堆中微子实验或长基线加速器中微子实验来测量。在长基线加速器中微子实验中,中微子振荡概率跟 θ_{13}、CP 相角、物质效应,以及 Δm_{32}^2 的符号有关,仅由一个观测量实际上无法同时确定它们的大小。而反应堆中微子振荡只跟 θ_{13} 相关,可以干净地确定它的大小,实验的周期与造价也远小于长基线加速器中微子实验。从 Reines 和 Cowan 第一次发现中微子到第一次在 KamLAND 观测到反应堆中微子振荡,在这 50 多年历史中,反应堆中微子实验一直扮演着重要角色。特别是最近的 Palo Verde、CHOOZ,以及 KamLAND 几个实验的成功,给未来的反应堆中微子实验提供了很好的技术基础,使 θ_{13} 的精确测量成为可能。大亚湾中微子振荡的测量成功使 θ_{13} 的测量精度提高了一个数量级。

三、中国科学家发现的重大科学意义

正如美国能源部劳伦斯伯克利国家实验室的大亚湾合作组发言人陆锦标说:"从大亚湾获取的第一批数据使我们可以开始测量这个未知混合角,并最终将振荡幅度测量至 1% 的精度以内。这个精度比现在的测量结果高出一个数量级,而且远比正在进行的其他实验精确得多。实验结果将对解释中微子在宇宙大爆炸后最早的一段时期内基本物质的演化，以及为什么今天宇宙中物质比反物质更多，做出重大贡献。”

我国科学院高能物理研究所的科研人员于 2003 年提出了实验和探测器设计的总体方案，2006 年获得批准立项，2007 年 10 月破土动工。整个实验计划建设总长 3 公里的隧道和 3 个地下实验大厅，其中两个近厅各放置两个中微子探测器，远厅放置 4 个探测器，共 8 个全同的中微子探测器。每个探测器 5 米高，5 米直径，重 110 吨，都置于 10 米深的水池中，如图 14.14、图 14.15 所示，距大亚湾反应堆 360 米的 1 号实验大厅最早开始投入运行；距岭澳反应堆约 500 米的 2 号实验大厅 2012 年秋天开始运行，最远的 3 号实验大厅，离核反应堆群约 2 公里，也在 2012 年开始取数工作。

中国科学院数理学部主任、国家自然科学基金委员会副主任沈文庆院士表示：“大亚湾实验采用了一系列创新性的设计思想，其设计指标和精度在国际上是最高的，设计方案和研制工艺先进，在探测器模块化、可移动、采用反射板、掺钆液体闪烁体等多项设计与技术方面具有独创性，达到和超过了世界先进水平。”

用反应堆中微子测量 θ_{13} 科学意义重大，国际上在 2003 年左右先后有 7 个国家提出了 8 个实验方案，最终进入建设阶段的共有 3 个，包括中国的大亚湾实验、法国的 Double Chooz 实验和韩国的 RENO 实验。在激烈的国际竞争中，大亚湾实验采取了多种措施，克服了重重困难，终于在 2010 年 12 月完成核电站附近的全部爆破任务，2011 年中逐步完成了探测器的建造与安装，2011 年 8 月开始近点取数，12 月 24 日开始远近点同时运行。

为抢在竞争对手之前获得物理结果，科研人员将实验分为两个阶段，这次报告的结果就来自第一阶段的数据，自 2011 年 12 月 24 日起至 2012 年 2 月 17 日结束，只用了 6 个中微子探测器，其中 2 个在大亚湾近厅，1 个在岭澳近厅，3 个在远厅。经过夜以继日的努力，科研人员完成了实验数据的获取、质量检查、刻度、修正和数据分析。结果表明，$\sin^2 2\theta_{13}$ 为 9.2%，误差为 1.7%，以超过 5 倍的标准偏差确定 $\sin^2 2\theta_{13}$ 不为零，首次发现了这种新的中微子振荡模式。

我们已经知道，在地球 1 平方厘米表面上，也就是指甲盖大小，每秒就会落下约 600 亿个来自太阳的中微子。对于通常的物体，以及人、山甚至于星球，每秒都有无数中微子穿过，但不会发生作用。就是说，基本上是空的。

我们还知道，没有中微子，就不会有太阳内部的核聚变。就是说没有中微子，太阳不会发光，不会有比氢更复杂的原子，没有碳、氧、水、空气，没有地球，没有月亮，没有人类，也没有宇宙。可以说，中微子不仅在微观世界最基本的规律中起着重要作用，而且与宇宙的起源和演化有关，例如宇宙中物质与反物质的不对称很有可能是由中微子造成的。

我们记得，为了解决太阳中微子迷失案，即太阳中微子（电子中微子）和大气中微子中的 μ 中微子在传输过程中，观测值往往是理论值的三分之一到一半左右，科学家发现 3 味中微子可以相互“转换”。这种“转换”现象实际上是一种中微子转换成了无法探测到的另一种中微子，这种转换被称为“味振荡”。在太阳中微子振荡中，我们测出了两个振荡参数，θ_{23} 与 $|\Delta m_{32}^2|$。在大气中微子中我们得到了另外两个振荡参数 θ_{12} 与 Δm_{21}^2。就是说，决定振荡过程的振荡参数矩阵 6 个参数中的 4 个，都已得到。而此试验项目瞄准了第 5 个重要参数——θ_{13} 混合角。其数值大小决定了未来中微子物理研究的发展方向，并且与宇

宙中"反物质消失之谜"有关。大亚湾实验方案科学意义重大。由我国科学家提出的大亚湾实验方案得到了包括美国能源部的广泛支持,该实验成为中美两国在基础研究领域规模最大的合作项目之一,也是美国能源部在国外投资第二大的粒子物理实验项目。

图 14.14　中微子探测器

图 14.15　两个直径 5 米、高 5 米、重 110 吨的中微子探测器安装在巨型水池中

　　我们记得,科学家认为正反物质在我们宇宙中分布不平衡,原因在于微观世界中 CP 破缺。CP 破缺程度越大,正物质衰变率与反物质衰变率相差越大。在基本粒子物理学中,在夸克部分首先观察到了 CP 破缺现象。长时间的研究表明,观察到的 CP 破缺不足以解释为什么现在还有这么多正物质存在,测量结果与宇宙中物质的实际结果差了 100 亿倍。进一步的研究表明,中微子振荡现象的发现为解开正反物质之谜带来了新的希望,其参数矩阵中的最后一个参数——CP 相位角或许将最终揭开谜底。CP 相位角不等于 0,意味着正反物质衰变率有微小差别,使正物质多于反物质。更确切地说,要确定 CP 相位角,必须确定第 5 个参数——θ_{13} 数值的测量将是绕不过去的一个坎。如果 θ_{13} 混合角数值大于 0.01,那么我们揭开"反物质丢失之谜"仅剩最后一个参数。如果这一数值小于 0.01,那么最后一个参数将难以测量。

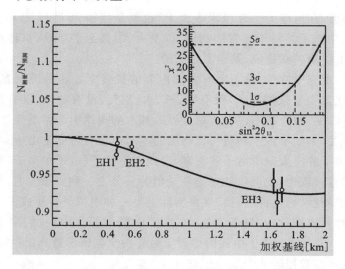

图 14.16　大亚湾中微子实验确认了新的中微子振荡模式

大亚湾中微子实验的测量结果如图 14.16 所示。实验表明，$\sin^2 2\theta_{13}$ 为 9.2%，误差为 1.7%，以超过 5 倍的标准偏差确定 $\sin^2 2\theta_{13}$ 不为零。我们且不去追究该图的细节，只是指出此图的左上方表示的实验方差，此图下半部分的曲线表示的是实验检测到的中微子个数 $N_{测量}$ 与理论预测的中微子数 $N_{预测}$ 的比值。总之，由大亚湾实验发现反应堆发出的反电子中微子有消失现象，与中微子振荡理论预期吻合。结果确认，发现新的中微子振荡模式（其中右边第二项为统计误差，第三项为系统误差）：

$$\sin^2 2\theta_{13} = 0.092 \pm 0.016(\text{stat}) \pm 0.005(\text{syst})$$

中国物理学会理事长、中国科学院副院长詹文龙院士评价说："大亚湾实验的结果具有极为重要的科学意义。它不仅使我们更深入了解了中微子的基本特性，也使我们知道未来的中微子物理发展有一个光明的前景：我们可以较为容易地建造下一代中微子实验来寻找中微子振荡中的 CP 破坏，并搞清楚不同种类的中微子的质量顺序。大亚湾中微子项目是以我国为主的国际合作项目，也是美国能源部基础研究领域对外投资第二大的国际合作项目（第一是与 CERN 的合作），希望大亚湾项目能进一步发展，成为下一代我国大型国际科学研究装置的候选项目之一。"如图 14.17 所示。

图 14.17　大亚湾实验国际合作组组成（此图摘自王贻芳学术报告 PPT）

大亚湾中微子实验发现第 3 种中微子振荡，在中微子研究史上，这是一个具有里程碑意义的重大发现。中微子具有静止质量，因此，不同味之间的中微子会发生振荡。太阳中微子问题使得戴维斯等人首先发现中微子振荡，而后，日本科学家小柴昌金发现了由宇宙射线或者超新星在大气中引起的中微子振荡。大亚湾确认的这种中微子振荡，应该是科学家早在预期中的最后一种中微子振荡。因此，这个发现的重要性无论怎样估计都不过分。当前，中微子研究的核心问题实际上就是中微子振荡问题。

但是人们要问，会不会有新的中微子振荡模式呢？或者换言之，中微子会不会具有第 4 味或者更多的味呢？我们在前面的叙述中，采用了比较肯定的口气，说中微子只有 3 味。这有什么根据呢？

第四节　为什么科学家认定中微子只有 3 味呢

一、标准模型中 3 代夸克和轻子

首先从 20 世纪 80 年代开始,科学家就相信自然界存在所谓夸克和轻子的对称性。因为夸克有 3 代,所以轻子也应有 3 代。每代轻子有 1 味中微子,3 代轻子所以有 3 味中微子。在 20 世纪 60—70 年代中期以前,人们都只知道有 3 味夸克:u 夸克(上夸克)、d 夸克(下夸克)和 s 夸克(奇异夸克),那时人们还没有代的概念。由丁肇中等人掀起的"1974 年 11 月革命",人们发现一种新的夸克,c 夸克(粲夸克)。这是怎样一回事呢?

1995 年 3 月 2 日,美国费米国家实验室向全世界庄严宣告:他们利用超级质子-反质子对撞机 Tevatron(能量 1 000 吉电子伏,周长 6.3 千米)的 CDF 探测器,在 1994 年找到 12 个 t 夸克事例,在 1995 年找到 56 个 t 夸克事例,确定其质量为 174 吉电子伏,从而正式结束对 t 夸克长达近 20 年的漫长探索!

对于国际高能物理学界,这早春二月传来的佳音,有如贝多芬《欢乐颂》的奏鸣。为了追寻 t 夸克的踪迹,人们专门建造 5 座大型加速器,耗资亿万,其中 4 座都以能量不够宣告搜寻失败。但是,20 世纪 70—80 年代人们做梦也没有想到 t 夸克质量如此巨大,竟然是核子的近 200 倍!

至此,科学家认为的夸克家族 3 代 6 个(味)成员才算大团圆了。

大家清楚记得,夸克模型伊始,只有 3 个(味)夸克:u、d 与 s。1970 年哈佛大学的格拉肖(Glashow)就预言,在现有的 3 个夸克以外,还应存在质量很大的新夸克(即后来的 c 夸克)。他与希腊科学家里奥坡洛斯(J. Hiopoulos)、意大利科学家迈阿里(L. Maiani)合作撰文,正式发表了这个预言。这就是所谓 GIM 理论。与此同时,费米实验室的实验部主任莱德曼在质子 p 与 Li 对撞实验中,观察到一些奇怪的迹象,有可能解释为新夸克存在,但证据不充分。

但奇怪的是,发现 c 夸克的两个小组都并未受到 GIM 理论的影响。其中一个小组的负责人美籍华裔物理学家丁肇中,根据莱氏与华裔科学家颜东茂的建议,在美国布鲁克海文实验室的正负电子对撞实验中,于 1974 年夏天发现一种新的质量达 3.1 吉电子伏的介子,寿命异乎寻常的长。他没有及时宣布这个结果,准备进行复核后再发表。但是,在 1974 年 11 月上旬,丁肇中的小组已完成复核工作的紧要当口,他从电话里得知在斯坦福直线加速中心的里希特沿着另一条途径也发现该粒子。于是他俩在 SLAC 会议室同时宣布他们的发现,丁肇中称该介子为 J 介子,里氏则称为 ψ 介子,现在学术界统称 J/ψ 介子。

丁肇中 1962 年获得密歇根大学博士学位以后,先后在哥伦比亚大学和麻省理工学院任教。他语调安详柔和,工作极其严谨、认真,不厌其烦。当时他正热衷于"重光子"的工作,如 ρ 粒子、φ 粒子与 Ω 粒子,他相信还有更重的"重光子"。但是他的想法未能得到美国费米实验室和 CERN 领导人的支持。于是,他在 1972 年初进入布鲁克海文国立实验

室。寻找"重光子"的工作在 1974 年春天就已开始。在丁肇中的统一指导下,实验由陈教授和贝克领导的两个独立小组进行。1974 年 9 月两个小组都独立发现 J/ψ 介子。丁肇中觉得还需复核,以排除实验仪器误差,他严令任何人不得公布其发现。丁肇中的实验是用质子对撞,而后分析产生的电子与正电子对。里瑞克则相反,用电子与正电子对撞,而后分析其产物。

J/ψ 介子的发现,极大地震动了国际学术界。自 1964 年以来,已被接受的 3 夸克模型从此要作修改了,J/ψ 介子只能解释为新夸克与其反夸克构成的介子。这一发现极大地震撼了当时的国际高能物理学界,以至于该发现被称为"1974 年 11 月革命"。由于这一重大发现,丁氏与里氏双双荣获 1976 年诺贝尔物理学奖。

J/ψ 介子的性质非常奇怪:质量特别大,有 3.1 GeV,超过以往任何类似"重光子"粒子;寿命特别长,为 $10^{-13} \sim 10^{-12}$ 秒,比质量与它相近的超子(Σ、Ξ 等)差不多要长 100 亿倍!后来人们又发现与 J/ψ 相关的介子与重子,以至于形成庞大的家族(即粲粒子族)。

J/ψ 的发现,意味着第 4 味夸克 c(charm)夸克的发现,c 夸克质量大,约 1.5 吉电子伏,其电荷为 2/3 基本电荷。c 夸克的中文译名为粲夸克。这是我国已故著名理论物理学家王竹溪先生定名的,义取《诗经·唐风·绸缪》:"今夕何夕,见此粲者。"此粲有"美女"义,"粲"按《说文》、《广韵》还有美好意。英文原义有魅力意。王先生的译名甚为贴切、典雅。在 1978 年王先生正式命名前,曾流行"魅夸克"的称谓。魅固然有魅力的延伸意思,但"魑魅魍魉",本义都是厉鬼,甚不雅驯。粲与魅两种译法,大有文野之分,精粗之别。也许读者从这件小事,应该领悟到一些道理。

如果说 c 夸克的发现,理论物理学家先有预言,实验上也有征兆,那么 b 夸克的发现则纯属偶然,如果说有什么别的启发的话,倒是 1974 年轻子的发现。既然轻子有 5 种或 6 种(加上 ν_τ),那么夸克种类会不会也是 5 种或 6 种呢?在欧洲的 SPEAR 和 DORIS 的对撞机上,人们在 5 吉电子伏、6 吉电子伏和 8 吉电子伏的高能域下搜索,未发现新的夸克。从 1975 年,莱德曼就开始搜寻重夸克。中间还发生过差点误认在 6 吉电子伏处可能有一重夸克的故事,后来证实是误认。1977 年 8 月费米实验室主任莱德曼利用 400 吉电子伏的质子来轰击靶核,以产生 $\mu^+ \mu^-$ 对与 $e^+ e^-$ 对,结果发现一个超重的新介子,他命名为 γ 介子,其质量竟达 9.5 吉电子伏,相当于质子的 10 倍。实际上这意味着发现了新夸克,因为原有的夸克都不可能构成如此重的介子。后来的实验表明,对应的新夸克的电荷为 $-1/3$ 基本电荷。γ 介子由 b 夸克与 $\bar{b}$ 夸克构成,即 $\gamma = (b\ \bar{b})$。b 夸克人们称之为"bottom"(底)夸克。b 夸克的中文译名"底"就是直译罢了。至于为何称 bottom,也很简单。原来人们将此时发现的 5 味夸克,按弱同位旋两重态排列如下:

第一代　第二代　第三代

电荷　$\dfrac{2}{3}$ 基本电荷

电荷　$-\dfrac{1}{3}$ 基本电荷

$$\begin{pmatrix} u \\ d \end{pmatrix} \longleftrightarrow \begin{pmatrix} c \\ s \end{pmatrix} \longleftrightarrow \begin{pmatrix} ? \\ b \end{pmatrix}$$

按其电荷值应排在第三代弱同位旋的下面,故取名为"底"夸克,与下夸克一样的意思。这里每一代的上一个夸克其弱同位旋向上,下一个夸克则其同位旋向下。

自此以后，所有的物理学家都有一个信念，第三代弱旋的上面空位肯定有 1 种新夸克来填补，甚至于名字早就为它准备好了，叫"top"（顶）夸克，或 t 夸克。大家都以为这位"远方游子"到家，与其他 5 位家族成员的团圆只是近期的事。

谁知道，这位游子居然是在 17 年后才返回家族，夸克家族 3 代才大团圆。原因很简单，原以为 b 夸克质量有 5 吉电子伏，t 夸克与它同属一代，即令质量大一点，也不过 10～20 吉电子伏，如 c 夸克质量为 s 夸克的 3 倍，而 u 夸克的质量与 d 夸克的质量应大致相当。然而，正如我们知道的，t 夸克的质量竟有 174 吉电子伏，是 b 夸克的 35 倍！大自然是怎样在捉弄我们啊！17 年的辛苦、挫折、失败，个中艰辛真是一言难尽啊！

但是，你如何保证再也不会有像 b 夸克一样的不速之客从天而降呢？你如何知道夸克家族就只有目前已知的 3 代呢？会不会有更多代的夸克存在呢？

图 14.18　夸克家族欢迎漂泊在外的游子归来

二、会不会有超过 3 代的夸克和轻子存在呢？

我们可以肯定地说，不会！

我们统一考察轻子与夸克，发现它们可以排成对称的 3 代对称模式（每代 2 味夸克、2 味轻子）：

$$
\begin{array}{cccc}
& \text{第一代} & \text{第二代} & \text{第三代} \\
夸克 & \begin{pmatrix} u \\ d \end{pmatrix} & \begin{pmatrix} c \\ s \end{pmatrix} & \begin{pmatrix} t \\ b \end{pmatrix} \\
轻子 & \begin{pmatrix} \nu_e \\ e^- \end{pmatrix} & \begin{pmatrix} \nu_\mu \\ \mu^- \end{pmatrix} & \begin{pmatrix} \nu_\tau \\ \tau^- \end{pmatrix}
\end{array}
$$

这种夸克与轻子的对应性看来决非偶然，其中一定有更深的道理。如果深究其中奥秘，实际上还有许多深义在其中。但从表面济济一堂的夸克、轻子大家族，熙熙攘攘，喜气洋洋，颇有大团圆的气象。对于此家族成员问题，物理学家早就进行了广泛而深入的讨论。现在粒子物理的标准模型实际上就应用了这种对应性，即所谓夸克轻子的对称性。

早在 1974 年，QCD 的奠基人之一的格罗斯，就用一种复杂而有效的数学工具——重整化群理论证明，只要在强子中的夸克存在渐近自由，"夸克"代的数目不能超过 16"代"！我们知道，所谓渐近自由，不过是在强子中的夸克彼此之间几乎没有什么作用这一实验事实的表述而已！

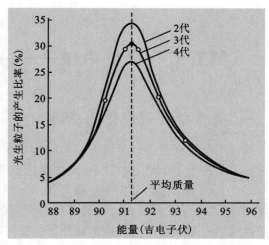

图 14.19　3 代夸克与轻子大家族　　　　图 14.20　Z^0 的质量谱分布曲线与夸克的代"数"

1978 年,斯拉姆(D. N. Sthramm)在国际中微子学术讨论会上宣称,如果氦 4(^{4}He)原始丰度(占宇宙全部元素的总质量的份额)为 0.25,则从大爆炸学说可以推断,中微子(轻子)的代数不超过 4。最新的实验资料 ^{4}He 的丰度为 0.24±0.001,从大爆炸学说推断,相应中微子的代数为 3.3±0.12,宇宙学间接给出的夸克和轻子的代数就是 3。

更重要的是,弱电统一理论给出确定夸克的"代"数的最佳方案:精密测量不带电的中间玻色子 Z^0 的质量谱线。用纵轴表示光生(高能 γ 光子对撞中所产生的)的 Z^0 的事例,横坐标表示 Z^0 的质量(能量)。由于 Z^0 的寿命极短,约 10^{-25} 秒,测量精度必须极高。测不准关系告诉我们,寿命越短,测定的质量(能量)的不确定性也就越大,自然很难有两次测量结果完全一样。如果测量的事例越多,测量值就会呈现钟形(高斯分布),如图 14.20 所示。

一般宣布的结果,实际是按此钟形分布的统计平均值。分布曲线的高度和宽度与 Z^0 粒子的寿命有关。另一方面,Z^0 粒子的寿命与它可能的衰变"渠道"的数目有关。如果衰变"渠道"的数目越多,则寿命越短,相应分布曲线的峰值(高度)较低,而曲线宽度较大;反之,如果衰变"渠道"越少,则 Z^0 寿命较长,相应分布曲线高度较高,而曲线宽度较小。

理论分析表明,如果夸克的"代"数越多,则 Z^0 的衰变(首先衰变为不同的夸克)的渠道越多,相应的分布曲线低而宽;反之则分布曲线高而窄。因此测量 Z^0 粒子质量谱曲线就可以确定夸克的代的数目。图 14.20 中,3 条曲线分别是相应 2 代、3 代和 4 代夸克模型的 Z^0 质量谱。图中圆圈均系 1989 年末欧洲核子中心大型正负电子对撞机(LEP)的实验数据。你看圆圈都落在相应 3 代夸克模型的曲线上。

实际上,同时有 5 个实验组工作 4 个多月,精密测量了 10 万个 Z^0 粒子事例。对实验数据拟合分析的结果表明,夸克的"代"数应为 3.09±0.09。综合以上结果,再考虑到轻子和夸克的"代"对应性,可以得出结论,夸克和轻子代的数目就是 3。换句话说,我们已经发现自然界存在的全部夸克与轻子的"代",以及所有的轻子和夸克。

新的第四代或更高代的夸克和轻子是否有可能发现呢?

第十四章　中微子在科学界掀起惊天巨浪

第五节 惰性中微子——第四代中微子存在吗

一、惰性中微子理论的提出

惰性中微子理论的最早提出是与暗物质的研究相关的。数年前,一组科学家发现暗物质并不太冷也不太热,这些"温"暗物质粒子可能是一类质量更大的中微子,即惰性中微子(sterile neutrino),这种粒子不参与弱相互作用。这就是其"惰性"的来源。因此除了引力作用外,几乎无法探测到它们的行为。大型强子对撞机可能制造出惰性中微子与其他粒子碰撞的模型。对于宇宙中的暗物质分配问题,科学家认为该过程需要大量的能量,超新星可能是这一能量的唯一来源,最新的研究称暗物质粒子碰撞可形成明亮的伽马射线闪光,但是到目前为止还没发现此类信号。

图 14.21 设计中的惰性中微子实验装置

2010 年 11 月 30 日,美国物理学家组织网报道,法国物理学家迈克尔·克瑞贝尔等人提出了一个实验方案,据说能搜寻到第四种中微子的"芳踪"。一石激起千层浪,科学家们表示,如果实验证实第四种中微子确实存在,那么,不仅会给中微子科学带来巨大影响,也将改变人类对物质组成的根本理解,特别是人们对粒子物理标准模型的认识。相关研究已发表在最权威的物理杂志《物理评论快报》上。这是科学家近 10 余年来探索惰性中微子新的努力。

法国原子能委员会的迈克尔·克瑞贝尔等人设计了一个实验,希望能准确测试第四种中微子是否存在。他们的设想是,让一个活度为 1.85PBq 的反电子中微子同位素源朝位于大型液体闪烁探测器(LLSD)中央的一个目标开火。随后,利用位于意大利格兰萨索国家实验室的巨型 BOREXINO 探测仪或位于日本"神冈矿"的 KamLAND 探测仪进行探测。

该反电子中微子同位素源将由一个辐射源——诸如铈核组成,为了获得准确的结果,实验可能历时一年。如果轰击实验产生了一个不反应的中微子,他们将测量一个独特的振荡信号以证实第四种中微子的存在。他们面临的最大技术挑战是构建出一个反中微子源并建造一个厚厚的遮蔽材料来包裹它,实验也需要千吨级的探测器。

粒子物理学的标准模型认为,存在着 3 种类型的中微子:电子中微子、μ(缪)中微子和 τ(陶)中微子。科学家们已探测到这 3 种中微子并观察到相互间的转化——中微子振荡。在本章的第四节我们谈到,标准模型中中微子味的数目现在最好的实验测量来自于 Z^0 玻色子衰变的测量。Z^0 玻色子可以衰变为任意的轻中微子及其反中微子,限制条件是这些中微子的寿命比 Z^0 玻色子的寿命更短。对 Z^0 寿命的测量证明轻中微子味道的数目为 3,这与标准模型完全吻合,6 个夸克和 6 个轻子,其中包含 3 种中微子。这一点与物理学家的直觉完全一致。

然而第四种中微子——惰性中微子，存在的可能性一直在一部分物理学家中讨论。所谓惰性中微子不同于以上所说的 3 种轻中微子，它本身在弱相互作用中没有伴侣，就像电子中微子的伴侣是电子一样。在科学家的想象中在中微子的味振荡中可能产生这种粒子，更加耐人寻味的是，其存在不会影响 Z^0 玻色子衰变结果的测量。有人认为美国洛斯阿拉莫斯国家实验室的液体闪烁中微子探测器（LSND）小组实验的实验数据就隐含着它存在的信息。

原来，早在 19 世纪 90 年代初期，美国洛斯阿拉莫斯国家实验室的液体闪烁中微子探测器（LSND）实验发现，一束反 μ 介子撞击一个目标时，反电子中微子振荡发生的速度比预期快。2010 年年尾，法国原子能委员会（CEA）的物理学家们对核反应堆中反中微子的生成速度进行了重新计算，结果发现，该速度比预测值高 3％，随后，他们对 20 多个反应堆中微子实验的结果进行了重新分析，发现了更多实验结果与预期不一致的情况。

科学家认为，对这种偏差最简单的合理解释是存在着第四种类型的中微子，他们也推测出了其质量，认为其质量在轻中微子与电子之间。请注意，轻中微子的质量最多也就是比电子质量轻 7 个数量级。科学家还认为它不会像其他中微子那样通过弱核力与物质发生反应，这使得它很难被探测到，至少普通的中微子检测器难以检测到，甚至有科学家认为它可能是一种暗物质。如果惰性中微子能被确认存在，这个发现就可以提供物理实践检验标准模式之外全新领域的样貌。这个发现同样可以帮助解释不少天文之谜，甚至有可能了解占宇宙质量 85％的无形暗物质。

新墨西哥州洛斯阿拉莫斯国家实验室的威廉·路易斯说："惰性中微子问题是核子物理与天体学的关键。"他在 20 世纪 90 年代致力于首次提供惰性中微子信息的地面实验。

中微子善于隐身。这些神出鬼没的粒子十分不喜欢和其他数十亿每天在人体上循环的普通物质的粒子发生反应，因此必须具有庞大、专门的侦测器以侦查它们。惰性中微子如果存在，也比轻中微子"更加隐蔽，更加害羞"，它们无法被直接侦测。它们对弱核子力有免疫力。这意味着它们可以直接穿过现有中微子侦测器。这就是 10 余年来发现惰性中微子的实验努力屡遭失败的原因。科学家上穷碧落下黄泉，从两个途径寻找惰性中微子。

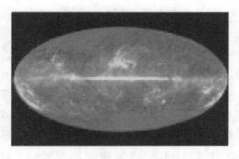

图 14.22　威尔金森微波各向异性探测器拍下的宇宙全图

目前，太空中的 2 个观测站（一个使用微波，另一个使用 X 射线）寻找惰性中微子。惰性中微子存在的迹象在威尔金森微波各向异性探测器中出现。2001 年 7 月 30 日，威尔金森（Wilkinson）微波各向异性探测器——WMAP 进入太空，对宇宙微波背景辐射进行了更精确的(分辨角为 13 角分,灵敏度提高 45 倍)探测,可以说是标志又一里程碑。2003 年他们第一次公布包含了两组全天扫描的结果数据,并且已得到宇宙最老辐射的第一批详细的全天图,它捕获的微波辐射来自"大爆炸"后的 130 万年。请参阅本书第一部第八章第一节和图 14.22。该探测器绘制大爆炸以来辐射的微小波动图,其波动模式包含了"大爆炸"之后短暂存在的热粒子线索。

2008 年 1 月科学家宣布,从微波背景辐射所显示的微小波动来看,早期宇宙中微子家族最可能数量是 4——这暗示仍有 1 类中微子等待发现。这岂不是为惰性中微子的存在提供线索吗?马里兰州巴尔的摩市约翰·霍普金斯大学研究员查尔斯·贝内特说:"上述研究表明还有其他东西存在这是重点。"由于误差较大,也许至多会有 3 类粒子还未被发觉。果真如此,其中包含的有待探索的物理信息确实令人激动。

更进一步的线索来自轨道望远镜钱德拉 X 光观测台。如果惰性中微子存在并有足够质量,它在衰弱成轻中微子时就能发出模糊 X 光微脉。加州大学洛杉矶分校的亚历山大·库森克把焦点对准了被认为是包含了巨量暗物质的天空区域,这些区域鲜有恒星或光源。没错,他声称从威尔曼 1 号——环绕银河系旋转的暗矮星系——找到了先前预测的 X 射线信号。不过,与贝内特相似,库森克说现在宣布这是个新发现还为时尚早。库森克中微子质量较大,有可能成为暗物质粒子。圣迭戈加州大学拉荷亚分校太空科学和天体物理学中心主任乔治·福勒认为,这一发现可以帮助解决困扰已久的超新星问题。这些大质量恒星爆炸引发中微子聚合,产生比铁更重的元素。铁是在其他恒星和行星死亡时出现的。不过它们同时制造出无数中微子,此过程应抑制聚合,因为它把中微子分解为质子和电子,使中微子消失。惰性中微子提供了一个方案。如果超新星产生的中微子演变为惰性中微子,就能避免和中微子发生反应,从而避开爆炸的下场。

科学家探索惰性中微子在地面上在实验室中近年来得到的结果是扑朔迷离,换言之,惰性中微子的存在依然是若隐若现,若有若无。费米实验室旨在追踪最早惰性中微子线索的实验可能带给研究者更多希望。原始证据来自路易斯参与的位于洛斯阿拉莫斯实验室的实验。从 1993 年到 1998 年,他和他的同事使用液态闪烁体中微子侦测器将反中微子击入 167 吨矿物油中。他们的数据说明反中微子类型转换的方式,暗示可能有第 4 种独特的中微子。但 10 年后,费米实验室的追踪实验——迷你升能器中微子实验,或说 MinibooNE——却没有发现第四种中微子的线索。2009 年到 2010 年,经过 1 年的收集数据和更多的反中微子,MinibooNE 实验发现了不同的模式。路易斯说,当与世界其他中微子实验作对比时,数据"完美地"契合 3+1 模式:3 种普通中微子外加惰性中微子。

2012 年 5 月,费米实验室的 MINOS(the Main Injector Neutrino Oscillation Search) 有了新的实验结果。这一结果倾向于排除存在第四种中微子即惰性中微子(Sterile neutrino)和存在中微子衰变的可能性。MINOS 实验是这样的:首先,位于伊利诺伊州巴达维亚(Batavia)的费米实验室生成中微子束流,然后这些中微子穿越 735 千米的距离到达明尼苏达州北部的苏丹矿井并被 MINOS 的探测器探测到。对中微子的检测首先通过荷电流相互作用过程(charged current interaction)。这一方法可以区分出中微子的味:τ 子中微子、μ 子中微子和电子中微子。但是 MINOS 只能区分出后两种。实验中用到的另外一种过程是中性流相互作用(neutral current interaction)过程。这样可以探测到所有的中微子,但是不能区分出它们的味。

总之,迄今为止,关于惰性中微子的探索还沉浸在浓雾之中,最初,来自 CERN 的非直接观察已确定出轻中微子只有 3 种,而且到目前为止也只观测到 3 种中微子。2001年,Los Alamos 的液体闪烁中微子探测器 LSND(Liquid Scintillator Neutrino Detecor)却似乎探测到了惰性中微子,但是之后没有人能再现这一结果。几年以前,费米实验室的 MiniBooNE 实验似乎可以否定掉 LSDN 的结果。2012 年 7 月,他们的实验表明,惰性中微子并非是解释其实验数据所必须的,不久他们又说,对于他们实验资料所出现的反常,似乎表明还有新的类型中微子存在,包括惰性中微子。与此同时,法国科学家(Laue-Langevin 研究所的)对电子谱资料的再分析也暗示可能存在第四种或者说惰性中微子。这样,惰性中微子的幽灵在有关科学家之间荡来荡去。

二、大亚湾国际合作组对惰性中微子的探索

　　大亚湾国际合作组继确认中微子的第 3 种振荡模式以后,又致力于惰性中微子的研究。最新的结果显示在探索之质量范围(mass range)中未找到惰性中微子,其结果已发表在《物理评论快报》(Physical Review Letter)上。作为聚集了世界上最多的中微子样本的实验室之一的大亚湾实验室,同样也在积极探索着惰性中微子存在的可能性。如果确实存在这种中微子,很可能暗物质的绝大部分就是由这种粒子构成。

　　大亚湾中微子实验室位于香港东北约 55 公里的大亚湾及岭澳核电站旁,它接收不同位置的核反应堆产生的稳定中微子流以便于大亚湾国际合作组的科学家们分析。负责实验的大亚湾国际合作组包括了来自 6 个不同国家和地区的超过 200 位科研人员,香港大学和香港中文大学也位列其中。

　　一位合作组成员,港大物理系的潘振声博士介绍:"这些观测有机会证明这个电中性、几乎探测不到的惰性中微子,其实可能是一种特殊的物质,并且是整个宇宙质量的重要组成部分。"

　　大亚湾最新的文献介绍了通过测量反应炉中产生的反电子中微子消失的过程来搜寻惰性中微子的方法。如果惰性中微子与已知的其他种类中微子一样,那么它也将以多种质量特征态的混合态的形式存在,并且将会与已知种类的中微子混合。因此,对于已知种类的中微子消失特性的测量,将可以作为惰性中微子存在的科学依据。

　　根据实验结果,大亚湾中微子实验室在其实验允许的第四种质量态搜寻范围之内,没有搜寻到惰性中微子的存在。这一结果把国际上对于惰性中微子搜寻的质量范围缩小到最小的水平,并且与现今仅有 3 种中微子味的模型吻合。鉴于证明惰性中微子存在与否的重要性,大亚湾的最新实验结果大幅缩减了未探索的区域,将大大方便未来惰性中微子寻找的实验工作。

　　就我们的看法来说,惰性中微子的存在从目前的宇宙学和实验室的观察来看,其存在与否,并未确定。

　　在 2013 年 4 月,普朗克探测器最新结果已经否决了惰性中微子存在假说的可能性。这种设想中的粒子是理论物理学家们提出来用以解释暗物质成分的。根据普朗克探测器的探测结果,暗物质和暗能量构成了宇宙中所有物质总量的大约 84.5%。

　　此前的宇宙微波背景辐射探测已经证明宇宙比原先设想的更加平滑。这就给所谓的"惰性中微子"留出了存在的空间。物理学家设想这是一种比传统的 3 种中微子,即电子

图 14.23　根据普朗克探测器最新数据绘制的宇宙微波背景辐射图

中微子、μ中微子和 τ 中微子更加难以捉摸，因为它可以将能量从宇宙的一处传递到另一处而不会像普通物质那样受到阻碍。然而此次普朗克探测器给出的最新的更高精度的结果证明，宇宙的粗糙程度完全可以用 3 种中微子来解释，不需要用到第四种中微子类型。

最后，这份生日大礼包里还夹带着一张欠条：普朗克望远镜之后将会进一步发布数据，提供宇宙微波背景辐射在不同方向上，即偏振方向的震荡分布地图。这将提供宇宙在早期膨胀阶段产生引力波的线索。而这些都是爱因斯坦广义相对论中所预言的关键性部分，但到目前为止我们对此仍然了解甚少。到目前为止普朗克望远镜已经收集了这些偏振数据，按计划欧洲空间局在 2014 年初对外发布。

我们劝告读者，这还不能说是科学的最后定论。到底存不存在惰性中微子，判断的唯一的办法是等待更多、更确切、更精密的天文观测。

三、结语

看来，从一场科学界的大争论开始的关于中微子的探索，远没有结束。我们应该记得因为 β 衰变中似乎有一部分能量不翼而飞，使得 20 世纪 30 年代科学家议论纷纷。物理学的怪才泡里力排众议，针对量子力学创始人玻尔的反对，认为在 β 衰变中有一种奇怪的中性微小粒子，现在称为中微子的粒子，逃逸出来。它们之所以没有被仪器察觉，原因是它们既不参与电磁相互作用，更不参加强相互作用，因此具有超强的穿透能力。

由此开始的漫长的中微子探索一直到 20 世纪 50 年代中期，中微子的踪迹才真正为人们所察觉。现在我们已经探明，中微子有 3 代：电子型中微子（ν_e）、μ 子型中微子（ν_μ）、τ 子型中微子（ν_τ）。中微子是费米子，自旋为 1/2，现在的精密测量表明中微子的确具有微小磁矩。经过实验和理论物理学家的长期努力，可以断言，中微子的确具有极其微小的静止质量。因此，中微子的运动速度极快，十分接近于光速。在自然界中，绝大部分中微子都是左旋的。这意味着中微子的运动方向与其自旋方向遵从左手规则。反之，所有的反中微子都是右旋的。极小的静止质量表明例外应该是存在的，即自然界中可能存在极少极少的右旋中微子和左旋反中微子。但是目前的观测还没有发现这应该存在的极小例外。

中微子的静止质量是如何发现的呢？科学家是从中微子的一种特殊现象——中微子振荡测量到中微子应该具有静止质量。中微子振荡现象是现在高能物理热门前沿。从本质上来说，中微子振荡的原因是在现实测量到的中微子状态，并非 3 代中微子的本征态，而是其本征态的混合。鉴于这种混合，在中微子传输过程中，其比例不断变化，就产生了中微子振荡现象。中微子振荡现象的发现，解决了在中微子研究中的许多奥秘，比如：太阳中微子失踪案、大气中微子失踪案等。

中微子从理论物理学家泡里提出之后，本身就一直与许多奥秘结下不解之缘。比如，中微子到底有多少代等。但是由于中微子的独特性质，我们千万不要忘记它也是解开微观世界和宇宙之谜的不可替代信息使者。比如：太阳一类的恒星，内部发生的物理过程的信息，从通常的光学和射电望远镜是不可能得到的。因为电磁波不可能从星体内部穿越，更不会被我们所接收到。中微子是唯一可以给我们送来恒星内部信息的信使。最近勃勃兴起的中微子天文学将会给我们以更广阔的视野、更敏锐的观察力来探索我们的宇宙，破解像宇宙射线起源、超新星爆发、类星体甚至于宇宙起源等奥秘。中微子天文学实际上可以视为即将应运而生的中微子信息技术的一部分。中微子信息学具有极大的应用前景，包括其军事运用，其发展的瓶口限制，不在于技术上的可能性，更多的在于经费等因素。

中微子之父泡里提出中微子假说，是泡里对于物理学的巨大贡献。没有泡里的真知灼见，没有泡里敢于藐视陈规、敢于挑战权威，绝不可能有中微子假说的出现。中微子假说一出现，就得到 20 世纪最伟大的科学家之一费米的呵护。费米将中微子假说发展到弱相互作用的普适理论，是中微子理论发展的重要阶段。这一理论的提出实际上拉开了弱相互作用的帷幕，可以对低能弱相互作用现象进行理论计算，而且与实验符合得很好。换言之，泡里和费米的工作是人类发现第四种相互作用——弱相互作用的标志。没有费米的普适弱相互作用理论，就不可能有弱相互作用的中间玻色子理论的出现，更不会有温伯格-萨拉姆弱电统一理论的出现。从这种意义上来说，中微子理论是现代粒子物理标准模型的不可缺少的重要组成部分。泡里和费米都没有因为中微子的研究得到诺贝尔物理学奖，但是从今天的科学高度来看，他们的工作价值远远超过一两个诺贝尔物理学奖。就如同爱因斯坦的狭义相对论和广义相对论，都没有得到诺贝尔物理学奖一样。泡里和费米的工作是 20 世纪物理学最伟大的创造之一，是人类智慧结晶。

（1）2012 年欧洲物理学家宣布发现中微子超光速运行的乌龙事件，给予我们哪些教训？哪些启示？

（2）你相信惰性中微子的存在吗？请你收集资料，报告最近有关领域的研究进展。

第三部

应用物理撷英

第十五章　现代物理发展态势与量子信息学的兴起和发展

本章将认真分析现代物理学发展的经验和教训，概括当前物理学发展的基本态势。为了便于比较，我们从爱因斯坦在 1905 到 1915 年对于相对论和量子论的贡献谈起，看看这位 20 世纪最伟大的物理学家是怎样面对物理学头上的乌云，进行大胆的理论创新，推动了相对论的建立和发展，推动量子论的诞生，并在不断的思辨和争论中帮助量子力学完善和发展，甚至于为新世纪量子信息、量子计算等量子力学的新发展开辟了道路。生动展示一个从物理基础研究到催生高新技术兴起，直到相应高新技术产业集群问世和发展的典型范例。

本章导读

第一节　爱因斯坦与现代物理的基石

本书第三部将从现代物理学发展的基本态势分析出发，选取若干典型案例以展示如何从物理基础研究到催生高新技术兴起，直到相应高新技术产业集群问世和发展的基本发展轨迹，告诉读者一个普遍的真理，基础研究是科学原始创新永不衰竭的源泉，催生高新技术的兴起和发展，从而导致相应高新技术产业集群问世和发展，不断改变和提升我们的物质文明和精神文明生活。我们现在从量子力学基础研究开始，看看现代量子信息学及其相应的技术产业是如何从中发展的。严格说，应用物理是一个相当模糊的概念，很难准确定义。读者可以想象，横跨在基础物理研究和相应的高新技术产业集群出现之间广大的学术领域都是应用物理研究的范围。

一、现代物理学发展的基本态势

物理学是研究物质结构、性质、基本运动规律及其作用的学科。物理学研究的范围极广,小至基本粒子,大到辽阔的宇宙,远到宇宙大爆炸时刻(距今 138 亿年),快到 10^{-23} 秒的强相互作用典型时间,冷到绝对零度,热到热核聚变的高温,甚至于宇宙大爆炸瞬间的不可思议的高温。这门学科自牛顿以来,逐渐成熟发展,19 世纪经典物理体系形成,20 世纪现代物理的宏伟格局建成:其最核心的理论框架为相对论和量子力学。进入新世纪以来,这个基本格局并未改变。探索微观世界的科学结晶——基本粒子的标准模型和探索宇宙起源的结晶——宇宙大爆炸的标准模型,在世纪之交,正在引领物理工作者探索微观世界和宇观世界,理论描述和预言与实验观测和天文观测吻合很好。凝聚态物理、光物理学、声学、磁学等物理学分支正蓬蓬勃勃地发展,与友邻学科不断融合交叉,形成难以数计的交叉学科,如数学物理、天体物理、化学物理、生物物理、医学物理、材料物理、地球物理、纳米科学、量子信息学等。同时它又滋润化学、生物学等学科迅速发展,从描述性的学科迅速转变为定量刻画的精确学科,以至于 21 世纪被许多人称为化学世纪、生物世纪。无论如何物理学作为所有自然科学和技术科学的基础,永远是其他学科发展的基本支撑要素。

物理学经过了 17 世纪以牛顿力学建立为代表的第一次物理学革命,迅即以英国为代表的欧洲国家掀起人类历史上第一次产业革命,其代表是蒸汽机的使用;经过了 19 世纪以麦克斯威尔电磁理论和能量守恒定律为代表的第二次物理学革命,迅即在欧美等先进国家引起了第二次产业革命,其代表是现代电气工业的兴起;从 19 世纪和 20 世纪之交开始,直到 20 世纪下半叶,物理学经历了以相对论和量子论为代表的现代物理学革命,内容之丰富,涵盖面之广泛,影响之深远,都是前所未有的,带动第三次产业革命,其代表就是现代高新技术产业集群的兴起,如信息产业、航天产业、生物工程产业、新材料产业、新能源产业,以及海洋工程产业等,改变了人类的全部生活。从某种意义上来说,20 世纪的物理学是 20 世纪科学大发展、产业大发展和人类生活大提高最重要的科学支撑。

但是,科学的发展是没有止境的。20 世纪的物理学并非一切如意,如 19 世纪的物理学一样,它也面临若干带有根本性的挑战。例如作为现代物理学的两个支柱相对论和量子论,从科学的内在逻辑来说,两者是难以自洽的,至今为止,一个严谨的自洽的弯曲时空的量子场论,始终是可望而不可即的。新的物理现象给我们带来许多难以解决的问题,例如量子信息和量子纠缠,与现代量子场论的因果律是否有矛盾,与狭义相对论的基本原理是否有矛盾。我们已经知道,我们的宇宙无论在时间和空间上都是有起点的,现在的宇宙弥漫着大爆炸所遗留下来的微波背景辐射,我们要问,如果以背景辐射为优越的局域参照系,广义相对论和狭义相对论的原理会受到冲击吗? 新的实验现象绝大部分在现有的物理理论中可以得到比较圆满的说明,但是常常也听到有实验现象是超乎标准模型以外的,例如中微子振荡的发现至少要修改标准模型。现在规范理论中的希格斯机制的问题,正面临实验的检验。实际上,同样的问题早就出现在广义相对论,在广义相对论基本方程的物质部分有赖于如何正确描写弯曲时空的动量能量张量。从本质上来说,两个问题是有内在的必然联系的。

二、爱因斯坦与现代物理学的基石——相对论和量子论

现代物理学的理论基石是相对论和量子论。狭义相对论和广义相对论的教父是爱因

斯坦,量子论的创始人之一也是爱因斯坦,而且量子论其后的发展与爱因斯坦息息相关。因此,我们想从爱因斯坦的工作切入介绍现代物理学的基石——相对论和量子论,也许显得自然而亲切,同时也为未来物理学的发展提供借鉴。我们从 2005 年被联合国大会确定为世界物理年谈起。改年被确定为世界物理年原因是爱因斯坦在 1905 年对现代物理学作出了革命性的贡献,不仅推动了现代物理学的发展,而且随之改变了人类的文明。

物理学有两个奇迹年:一个是 1665 年;一个是 1905 年。1665 年牛顿(Isaac Newton)为经典科学的发展做出了伟大的贡献。这些贡献是在数学上发现二项式定理、完成微积分,创建了大部分工作,在物理上则完成了光学和重力问题上的大部分工作(万有引力定律以及牛顿运动定律——经典力学的基石)。这些工作都包含在 1687 年出版的《自然哲学的数学原理》(Philosophiae Naturalis Principia Mathematica)。

图 15.1　牛顿像

图 15.2　1905 年风华正茂的爱因斯坦

牛顿建立了经典物理的体系,是现代数学微积分的奠基人,在科学上的贡献是全方位的。奇妙的是,牛顿的主要工作几乎都是在 1665—1666 年期间完成的。在 1966 年牛顿提出了著名的光的微粒说,认为光是由一颗颗的粒子构成的。这是光学上的一个突破。更主要的,万有引力定律和著名的牛顿三大定律的基本工作都是在 1666 年完成的。因此可以说 1666 年是现代经典物理的起点。

1905 年在科学上是一个划时代的年份。这一年爱因斯坦由一个失业大学生刚刚找到一份卑微的工作。但卑微的爱因斯坦在 1905 年发表了 5 篇震动世界科学论坛的论文。从现代科学观点来看,这 5 篇论文中任何一篇都是够得上诺贝尔物理学奖的。这 5 篇论文的情况如下。

1905 年 3 月他发表《关于光的产生和转化的一个启发性观点》,("On a heuristic point of view concerning the production and transformation of light")。这篇论文提出了爱因斯坦的光电效应理论,就是后来爱因斯坦 1921 年获得诺贝尔奖的论文。牛顿以后科学家认为光是波,是电磁波,但是爱因斯坦则认为光不仅是一种电磁波,同时又是光粒子的集合。在某种程度上,爱因斯坦又恢复了牛顿的光的微粒说。现在看起来很简单的观点,但是当初得到科学界的承认却整整花了十几年。

1905 年 4 月,第二篇论文《分子大小的新测定法》("A new ditermination of molecular dimensions")问世。爱因斯坦在这篇论文中,从定量的角度研究布朗运动,给出了测定分子和原子大小的一种方法。果然不久,法国著名的物理学家佩兰就根据爱因斯坦所提出的方法测定了原子和分子的大小。正如法国大科学家彭加勒所说,佩兰的杰出工作,宣告了原子学说的胜利。因此,1926年佩兰获得了诺贝尔物理学奖,你不会感到奇怪吧。

1905年5月,第三篇论文《热的分子运动论所要求的静液体中悬浮粒子的运动》("On the motion of small particles suspended in liquids at rest required by the molecular-kinetic theory of heat")发表,内容是上一篇论文的继续。这两篇论文奠定了现代经典统计物理学的一些基础。爱因斯坦是现代统计物理学的奠基人之一。我们注意到爱因斯坦在20世纪20年代还提出了有名的玻色-爱因斯坦量子统计。

1905年6月,第四篇论文《论动体的电动力学》,或者说《论运动物体的电动力学》,("On the electrodynamics of moving bodies"),这篇文章宣告了狭义相对论的诞生。

1905年9月第五篇论文《物体的惯性和他所含的能量有关吗?》("Does the inertia of a body depend on its energy content?")发表。本文提出了狭义相对论中的有名的质能关系,这篇文章实际上是关于狭义相对论的一个继续。

图15.3 爱因斯坦写这些论文时工作的地方——瑞士联邦的首都伯尔尼

这几篇论文宣告20世纪现代物理学的开始,因此,我们说1905年是现代物理的革命年。我们从3个层次来说。

首先这些论文宣告了狭义相对论的诞生。狭义相对论完全推翻了经典物理所固有的时空观,对物理学的影响巨大,推翻了绝对的时间和绝对的空间的概念。时间和空间是相互关联的,而且时空与运动的主体是密不可分的,这就是狭义相对论中洛伦兹变换的基本涵义。狭义相对论还告诉我们,世界上没有什么信号超过光速。在狭义相对论诞生后4年,空谷足响,只有1篇论文表示理解支持。

狭义相对论的质能关系是 $E=mc^2$,m 是质量,c 是光速,E 是能量,爱因斯坦以为终其一生看不到这个公式的应用了。但他万万没有料到,第一次应用就是人类最可怕的一场悲剧。1945年8月美国在日本列岛上空投下了两颗原子弹,炸死了几十万日本人。爱因斯坦更加痛心疾首的是,原子弹的研制正是他向美国总统罗斯福所建议的。

1905年是现代物理革命年的第二个理由是,这些论文宣告了光量子论的诞生,从而使得爱因斯坦成为现代量子力学的教父之一。第三个理由是这些论文提供了分子和原子客观存在的实证基础,为原子物理和现代化学等的发展,为现在量子论的发展提供了坚实的实验背景和可靠的物质基础。

三、爱因斯坦在现代物理学中的地位

为了阐明爱因斯坦的贡献,我们对现代物理学的发展做一简单考察。解剖现代物理学,有两大支柱,或者说两大主流。一个是相对论,一个是量子论。相对论又分狭义相对论和广义相对论。狭义相对论就是爱因斯坦1905年提出来的,10年之后他又提出了广义相对论。量子论有3个教父:普朗克、爱因斯坦和玻尔。

爱因斯坦的科学生涯,在 1905 年前后经历了第一个黄金时代;从 1912 年到 1924 年则是爱因斯坦科学生涯的第二个黄金年代:完成广义相对论的逻辑结构。广义相对论的诞生,所有科学家,包括所有的物理科学史的专家,无一例外一直都认为是爱因斯坦个人伟大的空前绝后的智慧的创造。在此之前,他没有任何思想可以借鉴。他的伟大就在这个地方。

1916 年,爱因斯坦在德国《物理学年鉴》发表关于广义相对论的第一篇论文——《广义相对论基础》。简单说来广义相对论就是一个引力的几何理论。广义相对论认为,在弯曲的时空中,引力越强的地方时空的弯曲越厉害。地球围绕太阳运动,只不过是在爱因斯坦的弯曲的时空中沿着最短程路径行走,根本无所谓引力。这是非常令人惊叹的智慧论断。

时空与宇宙密不可分,所以很自然地,在 1917 年爱因斯坦根据广义相对论原理,发表了第一篇关于宇宙学的论文,宣告了现代宇宙学的诞生。没有广义相对论就没有宇宙学,可以毫不夸张地说,爱因斯坦是现代宇宙学之父。大家津津乐道的黑洞(如图 15.4 所示),实际上也是爱因斯坦的广义相对论里一个特殊的推理结果。

图 15.4　黑洞的诞生

1918 年,爱因斯坦写了第二篇关于引力波的文章。牛顿谈的万有引力的传播是不需要时间的,换言之,是瞬时进行的。我们称这种观点叫做"超距说"。爱因斯坦说不对,引力的传递同样需要时间。联系到电磁场的传播,因此引出所谓引力波的概念,即引力场以波动的形式向前传播。这段时间是爱因斯坦人生最得意的时候。2016 年美国科学家宣布发现引力波,证实了爱因斯坦的光辉预言。请参阅本书第一部第一章。

1919 年,第一次世界大战打完了。由爱丁顿(A. S. Eddington)和克罗梅林(A. C. D. Crommelin)率领一个观察组,分别在太平洋的普林西比岛和巴西的北部观察日食,以验证广义相对论。根据牛顿和爱因斯坦的理论,光线通过太阳的周围,由于受到强大的吸引都预言会发生转弯。但是广义相对论预言的弯曲比牛顿的预言差不多大一倍。特别是在金星跑到太阳和地球的中间(金星凌日)而发生日全食的时候,是测量光线弯曲的最好机会,如图 15.5 所示。

爱丁顿观察组测量结果证明了牛顿引力理论不对,而爱因斯坦的预言则是正确的。这可以说是广义相对论在世界上得到迅速传播的重要推动力。然而尽管爱因斯坦的名声因此大震,大家都把广义相对论说得神乎其神,但是,20 世纪 30 年代却广为流传的英国

图 15.5　爱丁顿和克罗梅林对日全食时光线弯曲的观测(1919 年 11 月)

科学家爱丁堡所说的一个笑话就是,说全世界真正懂得广义相对论的人只有 12 个人,有的说 12 个半。

　　爱因斯坦在 1923 年到 1924 年与印度的年轻的科学家玻色(S. N. Bose)共同提出玻色-爱因斯坦统计,并预言玻色子在极低温度下会形成一种特殊的物质状态,叫做玻色-爱因斯坦凝聚体,如图 15.6 所示。我们应该记住,在实验室观察到玻色-爱因斯坦凝聚体是 1995 年,这已经是爱因斯坦预言之后的 71 年。

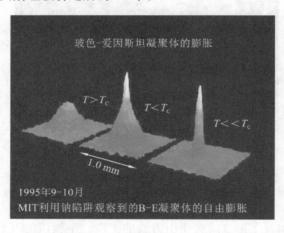

图 15.6　1995—1996 年美国 Ketterle 在钠原子气中实现的玻色-爱因斯坦凝聚体

第二节　爱因斯坦与量子信息学的问世

　　爱因斯坦的晚年致力于统一量子场论的工作,尽管没有成功,但是他的经验和教训足以引导 20 世纪下半叶统一场论的工作,导致弱电统一理论的成功建立,粒子物理的标准模型的建立。爱因斯坦是现代统一场论的先驱者。同时,作为现代量子论的教父之一,爱因斯坦一直不同意量子力学波函数的统计解释。为了与玻尔等进行学术辩论,他设计了许多理想实验,以便对于量子力学的完备性进行验证。他的这些思想和相关的争论却是现代量子计算、量子纠缠和量子相干等理论的重要源泉,直接导致量子信息学的问世。

一、爱因斯坦与玻尔关于量子论的争论

爱因斯坦尽管是量子论的教父，但是关于量子论的解释却一直不同意哥本哈根学派的正统解释，与玻尔先生几乎吵了"一辈子的架"。每次学术会议，只要他们与会，他们两个人争论往往变成会议的主题，而且他们争论得津津有味，精彩纷呈。我们现在来看，这种争论对科学的发展有极大的推动作用。

(a) 右边为爱因斯坦   (b) 左边为爱因斯坦

图 15.7 爱因斯坦与玻尔

争论的基本情况是，玻尔认为量子力学是一个统计的规律，就是认为量子力学中的波函数模的平方表示微观粒子发现的概率，而爱因斯坦不相信。他说："我们现在还说不清楚，是因为它的真正规律还没找到，我不相信上帝是靠投骰子来统治这个世界的。"玻尔就反驳说："爱因斯坦先生，我们不能告诉上帝该做什么。"

爱因斯坦的观点集中表现在所谓"EPR 论证"上。其内容是爱因斯坦（Einstein A），波多尔斯基（Pldolsky B）和罗森（Rosen N）3 人，在 1935 年合写的《能认为量子力学对物理实在的描述是完备的吗》的文章中提出来的，以后人们就以 3 人姓氏的第一个字母合写作为称谓。他们的文章提出了验证量子力学完备性的理想实验。根据这篇论文，贝尔（J. S. Bell）在 1964 年提出了著名的贝尔不等式。20 世纪 80—90 年代，关于贝尔不等式的一系列重要实验工作，对于量子理论的基础有重大发展，成为量子信息学的重要基础。

尽管两人在学术上持非常尖锐对立的观点，但其私人关系是非常融洽的。德国占领了欧洲之后，玻尔还没有从丹麦逃出来，后来英国人想办法把他偷运到美国。于是他们两个人成为终身的要好朋友。玻尔与爱因斯坦在学术的民主讨论上为我们树立了光辉的榜样。如果没有民主的学术讨论，就不会有科学的真正发展。为什么科学骗子能够得逞，就是因为没有民主讨论。假如有公开的、自由的学术讨论，骗局很快就被揭穿了。

爱因斯坦作为一个天才的理论物理学家，擅长思想实验。在关于量子论的争论中，他提出了若干著名的思想实验。这些实验在当时看来是不可能在实验室完成的，所以叫思想实验。但是随着科学技术的进步，尤其是 20 世纪的下半叶，这些思想实验就可以在实验室进行了。现在我们发现，爱因斯坦在这些争论里面给我们留下了非常宝贵的东西。我们现在提到的贝尔不等式、量子隐形传递、量子纠缠、量子计算、量子计算机的概念的起源，都应该归功于爱因斯坦。爱因斯坦在这些领域有非常大的贡献。

21世纪量子论的基础面临重大的革命性转变,局域因果性是量子力学的基本原理。但是当前热门的量子信息的隐形传递和局域因果性有没有矛盾?隐形传递实际上表现出一种非局域性。什么叫非局域性,就是在这个地方的一个信息可以同时影响到银河系,不需要时间。怎么理解它,有人说是违反狭义相对论的,有人说是不违反的,其中值得深究。总而言之,这些东西不光是会引起技术上的革命,可能会引起科学基础的动荡。而最先提出这些思想的就是爱因斯坦。

二、量子信息学与爱因斯坦的思想

量子纠缠是量子信息学的重要概念,有关的物理概念在下面两节会陆续介绍。

量子纠缠的实验最早就是爱因斯坦设计的。他为了驳倒玻尔,晚上睡不着觉,想到了这个实验。图15.9是中国科技大学教授潘建伟博士在奥地利维也纳多瑙河河畔的实验站,演示量子纠缠态远距离分送。装置中的锁模钛宝石激光器的红光由倍频转换产生的紫外激光脉冲经过BBO晶体极化纠缠光子对。潘建伟博士是目前世界上关于量子纠缠研究领域著名的科学家之一。他做的量子计算和量子信息的工作在国际上很有影响。《自然》杂志选择了20世纪世界上最有影响的20篇文章,其中有许多获得过诺贝尔奖的文章都没有评选上,但是潘建伟的文章被选上了。他的文章被引用了1 500次。量子信息学导致量子计算的兴起,图15.10为IBM及斯坦福大学所研制的关于量子计算的装置。

图15.8 量子纠缠示意图

图15.9 潘建伟的实验装置

爱因斯坦这个人的许多即兴之作,往往通往科学上的伟大成就。在20世纪20年代,爱因斯坦在解宇宙学方程时,为得到稳态宇宙,就在其方程里加了一项,即所谓宇宙学项(seagull term)。当得知美国的天文学家哈勃的实验,证明宇宙确实在膨胀。爱因斯坦后悔不已,说"这是我平生最大的错误,不应该随便加上这一项"。然而不然,科学上的事情不是那么好定论的。20世纪90年代中期以后,天文观测证实,宇宙在加速膨胀。爱因斯坦的宇宙学项,在宇宙的演化中就会促使加速膨胀。在暗物质、暗能量一节中,我们知道这一项等价于暗能量。有关的内容我们在本书第一部已经详细介绍。

爱因斯坦所代表的现代物理学是现代文明的基础。不仅是现代科学最重要的基础之一,而且也改变了人们的思维。有一位伟大的科学家朗之万说:"爱因斯坦的伟大发现改造了人类思维的基本概念结构。从爱因斯坦之后,我们的时空观念,我们的宇宙观念,我

图 15.10　IBM 及斯坦福大学关于量子计算的装置[这台装置算出了 15 的积因数(3 和 5)这个实验结果是量子计算的一大突破。]

们的物质观念都变了。爱因斯坦把美学原则引进了物理学:对称性-和谐-统一-简单性。"从这种意义上来说,爱因斯坦也改变了我们的生活,改变了我们的生活方式。

第三节　量子纠缠和 EPR 论证

一、EPR 论证与贝尔不等式

量子纠缠(Quantum Entanglement)的这些特殊的性质使它成为量子通信和量子计算中的重要资源,很多经典方法所不能实现的量子信息方案都可以通过量子纠缠来辅助实现。量子纠缠是不同量子体系之间的一种特殊关联。1935 年,Einstein,Podolsky 和 Rosen(EPR)基于局域实在假定,发表了著名的质疑量子力学完备性的文章,从此,量子纠缠就一直是量子力学中最热点讨论的基本问题之一。量子纠缠是一种非局域的关联,它是量子力学区别于经典力学的一个本质特征,可以存在于相隔非常遥远没有相互作用的两个量子体系之间,比如一对相隔很远的原子、光子、电子等。量子纠缠问题涉及量子理论的基础。

简单地说,量子纠缠是粒子在由两个或两个以上粒子组成的系统中相互影响的现象,虽然粒子在空间上可能分开。

在物理学中,量子纠缠是指存在这样一些态:A,B,C,……在时间小于 t 时,这些态之间不存在任何相互作用,当时间等于或大于 t 时,它们的状态由 Hibert 空间中的矢量 $|\psi(t)>A$,$|\psi(t)>B$,$|\psi(t)>C$……所描述,由 A,B,C 空间构成的量子系统 ABC 则由 Hibert 空间 $HABC……=HA\times HB\times HC$……中矢量 $|\psi(t)>A$,$|\psi(t)>B$,$|\psi(t)>C$ 所描述,则这样的态被称为比 Hibert 空间的直积态,否则称态 $|\psi(t)>A$,$|\psi(t)>B$,$|\psi(t)>C$……是纠缠态,也就是说,如果存在纠缠态,就至少要有两个以上的量子态进行叠加。

量子纠缠说明在两个或两个以上的稳定粒子间,会有强的量子关联。例如在双光子纠缠态中,向左(或向右)运动的光子既非左旋,也非右旋,既无所谓的 x 偏振,也无所谓的

y 偏振,实际上无论自旋或其投影,在测量之前并不存在。在未测之时,二粒子态本来是不可分割的。

图 15.11　量子纠缠示意图

以爱因斯坦为代表的一些物理学家认为量子力学可信但不完备,还以所谓 EPR 论证发出了质疑。以玻尔为代表的哥本哈根学派不同意 EPR 的论点,他们进行了有力的论争,但也从中意识到可能牵涉了量子力学的某些基本问题(如多粒子体系中纯粹的量子效应)。"EPR 论证"是爱因斯坦(Einstein A)、波多尔斯基(Pldolsky B)和罗森(Rosen N)3 人,在 1935 年合写的《能认为量子力学对物理实在的描述是完备的吗》的文章中提出来的,以后人们就以 3 人姓氏的第一个字母合写作为称谓。他们的文章提出了验证量子力学完备性的理想实验。但当时的条件限制实验无法进行。

爱尔兰物理学家贝尔(Bell J. S.)经过探索后认为,必须"找到一些对定域性条件或远距离系统的可分性的进一步的'不可能性'证明",他从量子力学的种种替代理论——隐变量理论出发,把研究结论体现在 1964 年完成的两篇论文中(即《量了子力学的隐变量问题》和《关于 EPR 佯谬》),提出了著名的贝尔不等式。如果贝尔不等式成立,就意味着这种形式的隐变量理论也成立,则现有形式的量子力学就不完备。要是实验否定贝尔不等式,则表明量子力学的预言正确,或者是实验有利于量子力学。几十年来,人们就把贝尔不等式成立与否作为判断量子力学与隐变量理论孰是孰非的试金石。

20 世纪 70 年代以后,理想实验的条件逐渐成熟。对于贝尔不等式的验证工作大致分为 3 个阶段。从内涵上分,应该称为"3 代检验"。

第一代检验在 20 世纪 70 年代上半叶,是用原子的级联放射产生的关联光子对做的,实验在伯克利(Berkeley)、哈佛(Harvard)和得克萨斯(Texas)等地完成。大多数的实验结果都同量子力学的预期一致,但由于实验设计方案离理想实验较远,特别是实验中使用了只给出" + "通道结果的起偏器,因而有的实验结果的置信度不可能高。

第二代检验开始于 20 世纪 80 年代后期,是用非线性激光激励原子级联放射产生孪生光子对做的。实验中采用了双波导的起偏器,实验方案也如同 EPR 理想实验的一样,且孪生光子对光源的效率很高,实验的结果是以 10 个标准偏差,明显地与贝尔不等式不符,而同量子力学预期一致,令人印象深刻。

第三代验证实验开始于 20 世纪 80 年代末期,是在美国马里兰(Maryland)和罗切斯特(Rochester)做的。采取非线性地分出(Splitting)紫外光子的办法来产生 EPR 关联光子对。用这样的光子对,测量时可以瞄准偏振或旋转体中任何一个非连续的变化(就像贝尔考虑的情况)或者瞄准模型连续的变化(如同 EPR 原先的设想)。这种光子源有一个显著的优点,就是能够产生非常细小的两个关联光子束,可以输入到长度很长的光纤中去,因而用光纤联接的光源和测量装置之间允许分开很远(有的甚至超过 10 km),使验证实验更加显得直接和客观。

美国罗彻斯特大学的伦纳德·曼德尔(Leonard Mandel),利用激光照射在非线性晶体上产生的自发参量转换,来产生更为稳定可靠的纠缠光子对。曼德尔的学生杰夫·金伯尔(H. Jeff Kimble)后来在奥斯丁德州大学和加州理工学院,改进了量子纠缠光源,并完成了一系列与量子光学有关的突破性实验。

另一位华裔物理学家、美国马里兰大学的史砚华(Yanhua Shih)也做了一系列有趣的实验,包括著名的"量子擦除实验"——约翰·惠勒提出的延迟选择实验。史砚华的实验结果非常精确地符合量子力学的理论预测。在史砚华的一系列实验中,最有趣的是一个被称为"幽灵成像"的实验。

如图 15.12 所示,纠缠光源发出互为纠缠的红光子和蓝光子。经过偏振器之后,红、蓝光子分开向不同的方向传播。在史砚华等人的实验中,与通过了狭缝的红光子互相纠缠的蓝光子被识别分离出来,投射到一个屏幕上。人们发现,红光子道路上经过的狭缝图像,像幽灵鬼影一般,呈现在蓝光子投射的屏幕上。

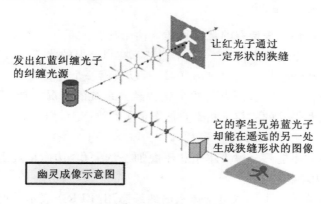

图 15.12 幽灵成像原理

下面我们以奥地利的因斯布鲁克(Innsbruck)小组的实验为例。将他们的大致操作简介于后(如图 15.13)。

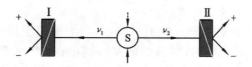

图 15.13 因斯布鲁克实验原理图(S 表示孪生光子对光源,I、II 表示测量站的起偏器)

首先,他们将两个测量站之间的距离分开 400 m 以上,每个测量站都用计算机同起偏器相连,每个起偏器都能随机而超快地开关变化" + "、" - "两个信道,光纤将起偏器同位于测量站中部的孪生光子对光源接通。

实验时,孪生光子对离开光源后沿光纤反方向地传播出去,两个测量站的探测器和计算机随即收集并整理各光子通过"＋""－"信道的两例数据。要特别强调的是,置身于两边测量站起偏器后面的观察者,看到的仅仅是表观的无规则的"＋""－"的两个系列结果,在他那儿的单个测量中,不可以估计到对方测量站的操作者怎样突然改变起偏器的方向(因为有 $1.3\ \mu s$ 的时间间隔允许做起偏器方位的任意设置)。由于计算机输出的起偏器"＋""－"信道的两列数据都有原子钟精确定时,还可以通过起偏器方向随机超快的变化来阻止它们间任何小于或等于光速的信号传递。所以,将两个测量站各得到的两列数据比较到后面部分,因斯布鲁克的物理学家就能断定:只要某方起偏器开关一有动作,孪生光子对的两个光子分别通过两边测量站信道的状况就会同号地改变。即当发现光子 ν_1 为正的偏振时,它的孪生同伴 ν_2 也会被发现是正的偏振,反之亦然。其间没有任何时间上的延迟,这就反映了孪生量子实体的不可分离性,也就是非定域性。

实验的结论是:实验结果与量子力学预期一致,不可置疑地违反了贝尔不等式。表明按爱因斯坦方式描述孪生光子对的想法是行不通的,因为爱因斯坦是把 EPR 光子对的相互关联看成是由普通光源决定的普通性质,而后这些性质又在光子离开光源时被一道带走。但真实的情况应该是:一个 EPR 纠缠光子对是一个不可分离的实体,是不可能分派单独的局部性质给每个光子的。从某种意义上说,孪生光子对之间通过空间和时间保持联系,是量子不可分离性的直接明显的表现。

二、量子纠缠的描述

量子纠缠是多比特系统特有的量子性质。两个比特的量子系统有 4 种不同的状态,即两个比特都在|0>上的状态|0,0>,两个比特都在|1>上的状态|1,1>,第一个比特在|0>上同时第二个比特在|1>上的状态|0,1>,以及第一个比特在|1>上同时第二个比特在|0>上的状态|1,0>。这一点与两个比特经典系统的情况一样。不同的是,2 比特量子系统可以处在非平凡的双粒子相干叠加态量子纠缠态上,如

$$|EPR> = (1/2)^{1/2}(|0,1> + |1,0>)$$

其非平凡性表现在它不能够分解为单个相干叠加态的乘积,从而呈现出比单比特更丰富的、更奇妙的量子力学特性。

我们将处在自旋单态上的双电子体系的纠缠态用|EPR>表示。如|1>代表电子自旋向上的状态,|0>代表电子自旋向下的状态。测量第一个电子的自旋,可以 50% 概率得到向上的电子和 50% 向下的电子;当第一个电子被发现向下,整个波函数被塌缩到态|0,1>上。这时,再测量第二个电子,必得到自旋向下的确定的结果。即使是两个电子分开得很远,这种不可思索的关联仍然存在。

电子自旋向上、向下的关联——量子纠缠,本质上不同于经典关联:同一个|EPR>态,还可以重新表达为沿任意方向(如自旋向左、向右)自旋的关联,因而它描述哪一种自旋关联,依赖于你对第一个电子测量什么。而经典关联具有确定的特征:伸手到一个放了一个白球和一个黑球的黑盒子里,随便摸得黑球和白球的概率各为 50%。拿到了一只黑球后把盒子拿到远处,再摸你一定得到白球。没有白球和黑球的叠加,这种经典关联是不足为奇的。因此,|EPR>量子纠缠与经典关联存在基本差异,这正是量子通信的物理基础。

难怪 EPR 文章会引起玻尔的强烈震动。因为这篇文章表明,多粒子体系可能会导致纯粹的量子效应。这在 EPR 论证提出以前是从未清晰地显露尊容的。而今,这种源于

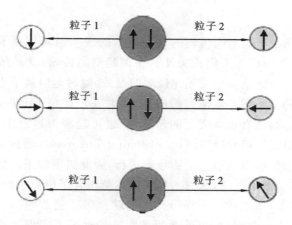

图 15.14 量子纠缠描述的电子自旋关联的奇妙特性

"非定域性"的量子效应已激起量子信息研究的蓬勃开展,涉及诸如量子密钥分配、量子浓缩编码、量子隐形传态、量子纠错码、量子计算机等众多领域。

然而我们所感兴趣的量子体系一般不是一个封闭系统,它不可避免地要与环境发生相互作用,从而发生消相干。量子纠缠体系也不例外,与环境的耦合将破坏纠缠的特性,这给量子信息技术的发展和应用带来严峻的考验。因此对量子纠缠在不同噪声环境中的动力学过程的研究,将有助于我们采取措施来克服困难;而且量子纠缠在消相干信道中的演化会展现出与单粒子相干性渐进衰减完全不同的性质。纠缠可能在有限的演化时间内完全消失,即纠缠的突然死亡现象,这为我们更深刻地理解和利用纠缠提供了契机。

最近,随着量子信息理论的发展,很多工作已经指出,包含经典物理和量子物理两部分的关联可能比纠缠更广泛,更基础。纠缠只是作为一种特殊的量子关联存在。举个最简单的例子,在一个 Bell 态中,经典关联和量子关联都为1,而在这种情况下,纠缠就等于量子关联。更进一步,人们又发现了可分态中可能含有非经典关联,这就意味着纠缠为零的可分态中可能含有非零的量子关联,而且这种非纠缠的量子关联已经在理论上被用在非幺正的量子计算模型中,以实现使问题加速解决的一些计算方案,并且这些方案已经在实验上得到实现。

与纠缠一样,量子系统中的各种关联在周围环境噪声作用下都会不断衰减。研究各种关联在不同噪声信道下的动力学过程,将有助于我们进一步理解和应用它们。而且相对于纠缠突然死亡的独特性质,对其他各种关联独特演化方式的研究,不仅有助于区分各种关联在量子信息方案优越性方面所起的作用,而且对进一步利用它们也有着重要的实际意义。

第四节 量子隐形传递

一、量子隐形传递的科学概念

量子隐形传递是在发送和接收方甚至没有量子通信信道连接的情况下,移动量子状态的一项技术。

量子隐形传递（或量子超空间传输），这种奇妙的现象因其与量子信息传递及量子计算机的实现有密切联系而引起人们的关注。所谓超空间传输，就是量子态的传输不是在我们通常的空间进行，因此就不会受光速极限的制约，瞬时地使量子态从甲地传输到乙地（实际上是甲地粒子的量子态信息能被瞬时提取，并在乙地粒子上再现）。这种量子信息的传递是不需要时间的，是真正意义上的超光速（也可理解为超距作用）。在量子超空间传输的过程中，遵循量子不可克隆定理（No-Cloning Theorem），通过量子纠缠态使甲乙两粒子发生关联，量子态的确定通过量子测量来进行，因此当甲粒子的量子态被探测后甲乙两粒子瞬时塌缩到各自的本征态，这时乙粒子的态就包含了甲粒子的信息。

那么这是否意味着，甲乙两粒子在分开之前就携带了彼此的信息？而这种沟通是不需要时间的。既然不需要时间，那也就无所谓距离的远近了。也就是说，不管分开多远，哪怕是无限的距离，沟通也只是在瞬间就可以完成了。换句话说，沟通是以无限的速度进行的。依据贝尔不等式，在量子模式下，的确可以超距离地协作。这点是否与爱因斯坦的信息传递不能超过光速原理矛盾呢？

答案是，分开很远的两个粒子在观测之前的状态是用一个概率函数（波函数）描述的，并不可知（不能用确定的方式具体描述）。系统一旦引入观测后，就变得很具体，并且要求远端的那个也很具体（术语称量子塌缩）。但是这个具体化也是概率性的，是不可控制的，因此，你不能用它来调制信息。举例说明：假设两张牌分别在 A、B 地方，并确定两者一定是相反的两个数字（设为 1 和 −1）。如通过这两个数字来传递信息的话，必须能控制两个数字翻牌的顺序。如此则能把信息调制到牌的系列中去。但是，实际上量子不能被控制，因为对于量子系统，这种翻牌的顺序是不可能预知的，是用概率来描述的。因此，虽然你翻开 A 地的牌是 1，就能知道 B 地一定是 −1。但是既然不能控制顺序，就不能控制 A 地按照一定的次序得到牌 1。所以你不能指望在这种量子模式下，把信息从 A 地传递到B 地。

二、量子隐形传递的工作原理

下面举例介绍比较严格的量子隐形传递工作原理。Alice 和 Bob 很久以前相遇过，但现在住得很远，在一起时她们产生了一个 EPR（Einstein-Podolsky-Rosen）对，分开时没有人带走 EPR 对中的一个量子比特，很多年后，Bob 躲起来，设想 Alice 有一项使命，是要向Bob 发送一个量子比特$|\psi>$，她不知道量子比特的状态，而且只能给 Bob 发送经典信息。Alice 应该接受这项使命吗？

直观上看来，Alice 的情况很糟，她不知道必须发给 Bob 的量子比特的状态$|\psi>$，而量子力学定律使她不能利用$|\psi>$仅有的一个拷贝去确定这个状态。更糟糕的是，即便她知道状态$|\psi>$，描述它也需要无穷多的经典信息，因为$|\psi>$取值于一个连续空间。如此看来，即便知道$|\psi>$，Alice 也要花无穷长时间向 Bob 描述这个状态，情况看起来对 Alice 不妙。对 Alice 来说幸运的是，量子隐形状态提供了利用 EPR 对向 Bob 发送$|\psi>$的一条途径，仅仅比经典的通信多做一点点工作。

概括起来，解决步骤如下：Alice 让$|\psi>$和 EPR 对在她那里的一半相互作用，并测量她拥有的两个量子比特，得到 4 个可能的结果 00，01，10 和 11 中的一个；她把这个信息发

给 Bob；根据 Alice 的经典信息，Bob 对她拥有的那一半 EPR 对（前面忘说了，人们把处于纠缠态的两个粒子叫做 EPR 对）进行 4 种操作中的 1 种操作。令人吃惊的是，这样做她可以恢复原始的 $|\psi\rangle$。如图 15.15 所示。最上面双线表示 Alice 系统，而下面的线表示 Bob 系统。图中方框 H 表示 Hadamard 门，方框 X 表示 Pauli-X 门，方框 Z 表示 Pauli-Z 门，指针方框表示测量运算（即投影到 $|0\rangle$ 和 $|1\rangle$ 上）。单线为量子比特，双线为经典比特。方框 H 左边的 $|\psi\rangle$ 与 $|\beta_{00}\rangle$ 的接线为受控非门。此图的线路对量子隐形传递进行了更准确的描述。

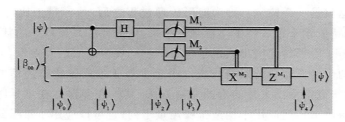

图 15.15　传输一个比特的量子线路图

要进行隐形传递的状态是 $|\psi\rangle = \alpha|0\rangle + \beta|1\rangle$，其中 α 和 β 是未知幅度，表示要传递 EPR 对中的 0 和 1 的概率。输入线路的状态是 $|\psi_0\rangle$，熟悉量子力学的人知道，

$|\psi_0\rangle = |\psi\rangle|\beta_{00}\rangle = [(1/2)^{(1/2)}][\alpha|0\rangle(|00\rangle + |11\rangle) + \beta|1\rangle(|00\rangle + |11\rangle)]$

其中约定前两个量子比特（左边）属于 Alice，而第三个量子比特属于 Bob。如前所述，Alice 的第二个量子比特和 Bob 的量子比特是从同一个 EPR 状态来的。Alice 把她的量子比特送到一个受控非门，得到

$|\psi_1\rangle = [(1/2)^{(1/2)}][\alpha|0\rangle(|00\rangle + |11\rangle) + \beta|1\rangle(|10\rangle + |01\rangle)]$

接着她让第一个量子比特通过第一个 Hadamard 门，得到 $|\psi_2\rangle = (1/2)[\alpha(|0\rangle + |1\rangle)(|00\rangle + |11\rangle) + \beta(|0\rangle - |1\rangle)(|10\rangle + |01\rangle)]$ 经过重新组项，这个状态可以重写为

$$|\psi_2\rangle = (1/2)[|00\rangle(\alpha|0\rangle + \beta|1\rangle) + |01\rangle(\alpha|1\rangle + \beta|0\rangle)$$
$$+ |10\rangle(\alpha|0\rangle - \beta|1\rangle) + |11\rangle(\alpha|1\rangle - \beta|0\rangle)]$$

个表达式自然地分为 4 项。第 1 项状态 $|00\rangle$ 中含有 Alice 的量子比特，状态 $\alpha|0\rangle + \beta|1\rangle$ 包含 Bob 的量子比特，也就是最初的状态 $|\psi\rangle$。如果 Alice 进行测量并得到 $|00\rangle$，那么 Bob 的系统就处于状态 $|\psi\rangle$。类似地，从上面的表达式，我们可以在给定的 Alice 测量结果的情况下，读出 Bob 的测后状态：

$$00 \rightarrow |\psi_3(00)\rangle \equiv [\alpha|0\rangle + \beta|1\rangle]$$
$$01 \rightarrow |\psi_3(01)\rangle \equiv [\alpha|1\rangle + \beta|0\rangle]$$
$$10 \rightarrow |\psi_3(10)\rangle \equiv [\alpha|0\rangle - \beta|1\rangle]$$
$$11 \rightarrow |\psi_3(11)\rangle \equiv [\alpha|1\rangle - \beta|0\rangle]$$

依赖于 Alice 的测量结果，Bob 的量子比特降落到这 4 个可能的状态之一。当然，要知道在哪个状态，Bob 必须知道 Alice 的测量结果，正是这个事实是量子隐形传递信息的速率不能超过光速。一旦 Bob 得知测量的结果，Bob 就可以调整他的状态，采用适当的量子门恢复 $|\psi\rangle$。例如，测量结果是 00，Bob 不需要做什么；如果是 01，Bob 可以使用 Pauli-X 来恢复；如果结果是 10，Bob 可以使用 Pauli-Z；如果是 11，Bob 可以先应用 X 再应用 Z 门来恢复。总之，Bob 需要应用变换 $[Z^{(M_1)}][X^{(M_2)}]$ 到他的量子比特上（注意在线

路图上时间从左到右,但在矩阵乘积中在右边的先乘),就能恢复状态$|\psi>$。

由此可见,隐形传递并不违反狭义相对论原理,量子传递状态信息的速率并未超过光速。否则,如果存在超光速的信息传递,则可以把信息发送回去。幸运的是,量子隐形传递没有带来超光速通信,因为完成隐形传递,Alice 必须通过经典信道把她的测量结果传给 Bob。如果没有经典信道,隐形传递根本不能传送任何信息(这点可以得到证明)。经典信道受到光速的限制,因此量子隐形传递不能超过光速完成,这样就解决了这个佯谬。

必须强调,似乎隐形传递生成了要传状态的一个备份(克隆),从而明显地违背了量子不可克隆定理,这只是一个错觉。因为隐形传递过程之后,目标量子比特处于状态$|\psi>$,而原始的数据比特依赖于第一量子比特测量结果,消失在$|0>$或$|1>$的基态中。

总而言之,量子隐形传递突出表现量子力学不同资源之间的互换性,显示出一个共享的 EPR 对加上两个经典比特的通信构成一个至少等于单量子比特通信的资源。量子计算与量子信息的研究揭示出大量的资源互换方法,其中许多建立在量子隐形传递的基础上。例如,可以讲隐形传递应用于构造抗噪声量子门,也可以应用于量子纠错码的研究。

量子信道在微观世界普遍存在,指的是量子在其中传递不受影响的通道。量子信道在量子物理学中的作用,犹如在光学里的光学信道——光纤,和有线通信中信号通路——电线。但电线是有形的,量子信道迄今为止却从未被"观测到"。

由于电子带负电荷,在带正电荷的原子核的吸引下电子被束缚在原子内部。假如电子没有在一段时间内获得足够的能量,它就无法"逃离"原子核的束缚。但量子力学可以提供另一种方法,电子可以直接通过量子信道逃脱出来,这在物理学中叫遂道效应。打个比喻,这就像在大碗中放一个小石子。石子不会出来,除非石子的能量很大,大过碗壁的能量时,它就会从碗的上面跳出来。

但是在量子物理学上有一个非常稀奇的效应,当碗壁足够矮,非常薄,即便碗壁的能量依然大于石子的能量,石子也会莫名其妙地跳出来,它究竟是怎样出来的谁也不知道,就像变魔术一样。而这个跳出来的"石子"实际上是通过一个隧道跑出来的,这个隧道就是量子信道。

新一代高效长程全球化的量子通信研究已经开始,其最有发展前途的方案就是将自由空间量子通信、量子中继和量子存储技术结合起来,研究表明只要能在自由空间中实现10 千米的基于纠缠态的量子通信,就有可能通过自由空间传播和卫星反射在地面通信站之间,建立量子纠缠而实现量子通信。目前,国际上已经实现了超过 100 千米自由空间量子实验。在量子存储方面利用冷原子系统已实现了可存储、可读出的单光子源,并实现了两个原子系中的纠缠,量子纠缠从其被提出之日起,不仅对于量子力学的基础提出重大挑战,而且具有重大应用价值。在理论上,它来自于玻尔与爱因斯坦的争论,来自于对于量子力学的根本解释,来自于对于量子场论中的局域因果性的挑战,甚至于导致哲学界对实在论新的认识,而且基于量子光学技术的发展,已经成为实验物理不断发展的源泉和信息产业发展的希望所在。我国在有关方面的研究在国际上处于先进水平。我国已实现 3 原子、5 光子、6 光子纠缠态的隐形传输;建成世界上首个光量子电话试验网;领先实现自由空间远距离量子通信技术,并验证了在外层空间与地球之间的分发纠缠光子的可行性,和证实了量子态隐形传输穿越大气层的可行性,为未来的卫星中继全球化量子通信网络奠定了可靠基础。

三、量子隐形传递的研究进展

1993 年,美国物理学家贝尼特等人在国际上首先提出了"量子态隐形传递"的方案:将原粒子物理特性的信息发向远处的另一个粒子,该粒子在接收到这些信息后,会成为原粒子的复制品。而在此过程中,传输的是原粒子的量子态,而不是原粒子本身。传输结束后,原粒子已经不具备原来的量子态,而有了新的量子态。

首先介绍我国对量子隐形传递研究的进展情况。

1995 年,潘建伟完成硕士学位论文《量子佯谬》。10 多年来,他寻找粒子相互联系的"神奇力量"。

1997 年由潘建伟及其奥地利同事首次完成的单光子量子态隐形传输是量子信息发展的一个里程碑。1999 年,潘建伟及其同事有关实现未知量子态远程输送的研究成果,同伦琴发现 X 射线、爱因斯坦建立相对论等影响世界的重大研究成果,一起被著名的《自然》杂志评为 20 世纪"百年物理学 21 篇经典论文"。

2004 年,潘建伟小组利用多瑙河河底的光纤信道,成功地将量子"超时空穿越"距离提高到 600 米。同年,潘建伟、彭承志等研究人员开始探索在自由空间实现更远距离的量子通信。在自由空间,环境对光量子态的干扰效应极小,而光子一旦穿透大气层进入外层空间,其损耗更是接近于零,这使得自由空间信道比光纤信道在远距离传输方面更具优势。

图 15.16　潘建伟教授在实验室工作

2005 年 4 月 22 日,潘建伟与同事们又在国际上首次证明了纠缠粒子在穿透等效于整个大气层厚度的地面大气后,其纠缠的特性仍然能够保持,为实现全球化的量子通信奠定实验基础。同年,在合肥中国科学技术大学实验室,创造了 13 公里的自由空间双向量子纠缠"拆分"、发送的世界纪录,同时验证了在外层空间与地球之间分发纠缠光子的可行性。2006 年潘建伟、杨涛、张强等人的论文《两粒子复合系统量子态隐形传输的实验实现》,于 10 月出版的英国《自然》杂志的子刊《自然·物理》以封面文章的形式发表了,这是中国科学家首次在该杂志发表封面文章。这是实现"时空穿梭"的重要基础性研究。

2007 年开始,中国科学技术大学和清华大学联合研究小组在北京架设了长达 16 公里的自由空间量子信道,并取得了一系列关键技术突破,最终在 2009 年成功实现了世界上最远距离的量子态隐形传输,证实了量子态隐形传输穿越大气层的可行性,为未来基于卫星中继的全球化量子通信网奠定了可靠基础。该成果已经发表在 2010 年 6 月 1 日出版的英国《自然》杂志子刊《自然·光子学》上。在此过程中取得了许多重大的技术突破:首次成功实现量子纠缠态的浓缩并研制出远距离量子通信中急需的量子中继器(如图 15.17 所示);实现五光子、六光子纠缠态的隐形传输;建成世界首个光量子电话试验网。

中国科学技术大学潘建伟及其同事陆朝阳、刘乃乐等组成的研究小组在国际上首次成功实现多自由度量子体系的隐形传态。2015 年 2 月 26 日,国际权威学术期刊《自然》以封面标题的形式发表了这一最新研究成果。单光子自旋和轨道角动量的量子隐形传态过程如图 15.18 所示，具有轨道角动量的光子以螺旋线向前传输，其中光子携带的自旋角动量由箭头表示。

图 15.17　量子中继器的完美实现

图 15.18　《自然》杂志对于潘建伟等人工作的报道

　　量子科学实验卫星是一颗低轨卫星，只能在晚上进行量子通信，空间覆盖能力和应用都有限。2016 年 8 月 16 日 1 时 40 分，我国在酒泉卫星发射中心用长征二号丁运载火箭成功将世界首颗量子科学实验卫星"墨子号"发射升空。我国在世界上首次实现地空量子通信，这种方式能极大提高通信保密性。该卫星系统中的量子实验控制与处理机、量子纠缠源等关键部件在发射前已通过专家评审。专家认为，量子实验控制与处理机、量子纠缠源初样鉴定件的产品功能性，能够满足卫星建造规范和有效载荷任务书要求。

　　量子科学实验卫星是中科院空间科学战略性先导科技专项中首批确定的卫星之一，将在国际上首次实现高速星地量子通信，并连接地面的城域量子通信网络，初步构建中国的广域量子通信体系，为未来建成全球化的量子通信卫星网络奠定基础。该项目于 2011年启动，由中国科学技术大学潘建伟院士团队牵头实施。

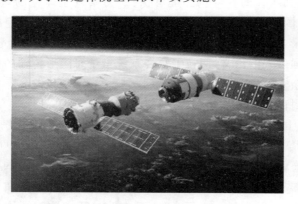

图 15.19　我国量子科学实验卫星"墨子号"

　　在国际上关于量子隐形传递的研究进展，也极为可观。

　　德国科学家首次测量到电子通过量子信道"逃离"原子。其成果发表在最近的英国《自然》杂志上。他们首次测量到通过量子信道"逃离"原子的电子，而且发现每个电子"逃离"的速度极为惊人。

1997 年,奥地利蔡林格小组在室内首次完成了量子态隐形传输的原理性实验验证。2004 年,该小组利用多瑙河河底的光纤信道,成功地将量子"超时空穿越"距离提高到 600 米。但由于光纤信道中的损耗和环境的干扰,量子态隐形传输的距离难以大幅度提高。

德国科学家最新的实验成果就是利用百亿分之一秒的阿秒激光级脉冲攻击氖原子从而观察到了隧穿效应的全过程,而且证明了量子信道的存在。这就像观察运动员跳高或者跳远的时候,眼睛并不能清晰地看到他们的身体在腾空过程中每个瞬间的变化,而通过慢动作人们却可以把每一瞬间看清楚。

如此同时,美国国家标准与技术研究所的科学家利用激光技术,对 3 个带有正电荷的铍原子的量子态进行操作。首先,他们利用量子纠缠技术使其中两个原子的量子态完全一致。接着,他们准确地测量了这两个原子的量子态,然后通过激光将它们的量子态复制到 8 微米外的另一个原子上。整个过程由计算机控制,仅耗时 4 毫秒,传输成功率达到 78%。而另一个研究小组的奥地利因斯布鲁克大学的科学家则采用钙原子,同样实现了量子态隐形传输,成功率为 75%。其基本原理也是利用第 3 个原子为辅助,用激光将 1 个原子的量子态传递给另 1 个原子。但两项实验在具体方法上有所不同:奥地利小组使两个原子距离相对较远,以便用激光单独地改变一个原子的状态;美国小组则将原子冷却以保持操作的可靠性。

其后,奥地利因斯布鲁克大学的科学家领导的另一个研究小组则采用钙原子,同样实现了量子态隐形传输,成功率为 75%。试验原理也是利用第 3 个原子为辅助,用激光将 1 个原子的量子态传递给另 1 个原子。

四、量子态隐形传输中的难题

在量子态隐形传输中,有没有可能将宏观物体(例如人)大距离地移动? 有! 但是不可避免地会遇到如下难题。

难题一:由于光纤信道中的损耗和环境的干扰,量子态隐形传输的距离难以大幅度提高。人的身体是由物质组成的,如果用光速把人的身体移动到另一个地点,那么,就必须将人的身体"唯物质化"。经物理学家计算,单单突破原子核内部的束缚力,就必须把身体加热到 1 万亿摄氏度——这比太阳内部的温度还要高几百倍。只有在这一温度下,物质才能变为光,并通过光速输送到任何一个地点。而对每一个被输送的人来说,所使用的能量要超过迄今为止人类全部能量消耗的大约 1 000 倍。

图 15.20　环境的干扰

难题二:发射仪器必须在目的地将人重新组合起来。为了知道如何组合,它就需要获得人体所有原子结构的精确信息。如果每一个原子约为 1 000 字节,描述人体的所有原子总共需要 10 的 31 次方的字节,而目前世界上全部图书所含有的信息约为 10 的 15 次方字节,仅是完整描述一个人所需要的信息的 1 亿分之一。仅传输这些数据对于今天速度最快的计算机来说,也会花去比宇宙年龄还要长 2 000 倍的时间。

难题三：精确描述人的原子结构是最棘手的问题，从根本上来说是不可能的。因为根据海森伯测不准原理，我们不可能获得一个粒子的全部信息。例如，如果我们想知道一个粒子的位置，那么我们就会失去所有关于它的速度的信息，反之亦然。

我国由中国科学技术大学和清华大学组成的联合小组在量子态隐形传输技术上取得的技术新突破，为解决上面难题提供了可能性。通俗地说，以往只能出现在科幻电影中的"超时空穿越"、"瞬间转移"等神奇场景有可能变为现实。其实验的基本情况是实现了拆分光子实现隐形传输。该突破是在多年努力的基础上取得的。

量子纠缠在量子力学基本问题的解决、量子计算、量子信息处理等方面起着关键作用，量子纠缠理论的研究有着重要意义。量子纠缠理论内容丰富，其中的量子态的可分性、纠缠度量及其估算，以及量子态在局部分类等问题，我们都没有涉及。此处介绍的主要集中在量子信息和量子计算中与应用有关的内容。

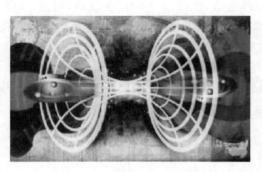

量子通信的主要形式

图 15.21　中国获世界最远距离量子态隐形传输技术　　**图 15.22　量子通信的主要形式**

量子信息学的内容极其丰富，我们的介绍限于其物理基础的最重要的两个方面：量子纠缠和量子隐形传递。从中读者可以看出，这些领域的研究都是与量子力学的基础密切相关的。它充分表明量子力学的非局域性的特点，对于传统的因果律，对于哲学上的认识论，提出了新的挑战。它反映作为 20 世纪物理学的基石之一的量子论，远远没有完善。当然，挑战也是机遇，对这些基础问题的研究，催生了交叉学科量子信息学的兴起，展示了信息技术产业灿烂的远景，更为高效、更为安全、更为可靠的量子网络、量子通信已出现在远处的地平线上，正在向我们招手。至于量子信息学的一般内容只进行了最概略的说明，为了避免误解，为了使读者对有关领域的工作有一个比较全面的认识，可以参阅图15.22。

五、耶鲁大学最近关于"薛定谔猫"的实验

美国《科学》杂志于 2016 年 5 月 26 日，发表了 Chen Wang 教授所领导的耶鲁大学物理研究小组的研究报告，该研究组指出，科学家在实验中成功制造出一种状态更加奇异的"薛定谔猫"，它同时存在于两个箱子之中，这项成果朝研制实用可靠的量子计算机又迈出了一步。

奥地利物理学家薛定谔（Erwin Schrödinger）于 1935 年提出一种思想实验。在该假设的实验中，一只猫被放在一个密封盒子里，靠近放射性样品、盖革计数器和一瓶毒药。

图 15.23 "薛定谔猫"实验示意图

观察者不知道物质的原子是否已衰变,因此,在盒子被打开之前,不能确定小瓶是否已经破碎。这意味着猫在盒子里处于活和死的分身,直到盒子被打开来确认其是死是活。在这个新实验中,研究人员把这个想法带到下一个层次,即在方案中加入一个额外的盒子。他们建立了一个有两个 3 维微波腔的装置并通过超导电流将它们联结在一起。接着,其中 1 个腔中的光子被带到 1 座迷宫似的大门,使它们产生独特的旋转。研究人员表示,这产生了两种状态,就像假想的猫一样,处于活和死的状态。

一只"量子猫"可同时处于生与死的状态,在两个不同的地方同时存在。这是基于耶鲁大学物理研究小组的最新研究,他们的试验建立于众所周知的"薛定谔猫"悖论,并结合量子纠缠的概念。研究人员发现他们可以诱导大量的光子来产生匹配状态,他们表示这将有助于推进超速、可靠的量子计算机的出现。

Chen Wang 教授表示这只猫又大又聪明。它不会停留在一个盒子里,因为量子态在双腔中被共享,且不能分开描述。也可以采取另一种观点,有两只小而简单的"薛定谔猫",分别被放在两个盒子里,这是相互纠缠的。在第二个腔里,研究人员发现光子采取了类似的状态。他们测量了多达 80 个光子的"猫大小",而且通过使用专门控制脉冲可以产生更大的尺寸。这些发现表明科学家可以操纵复杂的量子态,并在一个大范围内实现量子相干性。

研究小组成员 Robert Schoelkopf 表示,"猫"的状态是一种非常有效的方法来存储大量的量子信息,实现量子纠错。在两个盒子里生产猫只是进行错误纠正逻辑操作的第一步。

第五节 量子信息学

我们已经掌握第二节、第三节和第四节所介绍的量子纠缠和量子隐形传递等概念,就有条件简洁而比较全面地介绍量子信息学的基本内容。

一、量子信息学简介

量子信息学,是量子力学与信息科学相结合的产物,是以量子力学的态叠加原理为基础研究信息处理的一门新兴前沿学科。量子信息学包括量子密码术、量子通信、量子计算机、量子调控、量子测量和量子信息理论等几个方面,近年来在理论和实验上都取得了重大的突破。这们学科发展极快,内容极为丰富。在此只介绍与物理基础理论发展相关的内容。重点介绍量子传输和量子纠缠、量子通信、量子信息理论。关于量子密码术(密钥技术)的概念参阅阅读材料15-4。

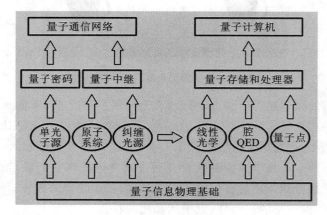

图 15.24　量子信息的物理基础图

利用微观粒子的状态表示的信息称为量子信息。信息一旦量子化,描述"原子水平上的物质结构及其属性"的量子力学特性便成为描述量子信息行为的物理基础,在此基础上研究信息的存储、传输和处理的一般规律的学科称为量子信息学。量子信息学是量子力学与经典信息学结合的新兴学科,微观系统的量子特性为信息学带来许多令人耳目一新的现象,在信息的表示、加工、处理和传输上生长出一些新的概念、原理和方法,量子信息与量子通信将在未来的信息与通信的研究领域具有独特的不可替代功能,将发挥重要的作用。量子信息可以实现诸多经典领域所不能完成的信息处理任务,量子密钥传输,能够破解当前广泛使用的公开密钥体系 RSA 的大数因子分解的量子算法等。

以量子(微观粒子)状态载荷信息、实现信息存储,遵从量子力学规则实施信息的处理与传输,对量子信息的研究不断爆出惊人的成果,揭示出超越经典信息学与量子力学两个理论体系本身所包含内容的预想不到的全新概念,完成了现代信息科学中以下两个根本性的发现。

(1) 将经典信息 0 和 1(Shannon information)映射到量子状态上,依照量子状态的特性对信息实施存储、传输和处理,此时出现(科学家发现)了若干基于经典信息理论认为不可能的"信息机能",例如信道容量的超加法性等。

(2) 将量子状态的构造定义为量子信息,量子信息的定量化用比特(qubit)表示。遵从量子力学规则存储、处理和传送量子信息,此时科学家观察到了量子力学预见的、但至今为止宏观世界完全无法想象的有关量子计算机以及量子远程瞬间传送(teleport)实现信息通信等科学技术。

这两个根本性的发现在提高计算机信息的处理速度、增大信息的存储容量、确保信息的网络状态安全、实现不可破译和不可窃听的保密通信等方面都可以突破现有的经典信息通信系统的极限,并将为信息科学与通信技术带来根本性的重大突破,为计算机科学与技术的可持续发展开辟了崭新空间。基于量子信息学理论的量子通信技术和量子计算机技术将会成为 21 世纪带给人类完美的礼物,对于改善人类的生活质量、保护地球环境、保卫国家安全、保证经济增长都具有很大潜力。当前量子计算机、量子通信与量子密码技术等已经成为量子信息学应用研究的热点,并已取得了重要进展。

二、量子信息学的物理基础

量子信息学是指以量子力学基本原理为基础、通过量子系统的各种相干特性(如量子并行、量子纠缠和量子不可克隆等),研究信息存储、编码、计算和传输等行为的理论体系。量子信息的载体可以是任意两态的微观粒子系统,例如:光子具有两个不同的线偏振态或椭圆偏振态,恒定磁场中原子核的自旋,具有二能级的原子、分子或离子,围绕单一原子旋转的电子的两个状态(如图 15.25 所示)等。这些微观粒子构成的系统都是只有量子力学才能描述的微观系统,传递和处理载荷在它们之上的信息必定具备量子特征的物理过程。

图 15.25 表示的原子模型中,具有两个层面的电子即能稳定在所谓的"基态"(ground)又能稳定在所谓的"激发"(excited)状态,我们分别把这两种状态称为一个电子的两个极化状态,并用状态 0 和状态 1 分别表示。在这个微观系统中,如果将一束具有适当能量的光以适当长的时间照射在这个原子上,我们就能够将状态 0 改变成状态 1,反之亦然。有趣现象是可以通过减少光的照射时间,使这个电子从最初状态 0 向状态 1

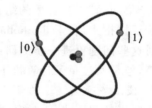

图 15.25　具有两个电子层面的原子可以表示量子信息

的改变过程中定位在状态 0 和 1 的任意中间状态。利用量子的某一状态表示信息时,我们就说是信息量子化了并称为量子信息。

信息一旦量子化,描述"原子水平上的物质结构及其属性"的量子力学特性便成为量子信息的物理基础。此时由于信息载体——量子的微观特征,量子化的信息也变得多姿多彩。这些微观特征主要表现在以下几个方面。

(1)量子态相干性:微观系统中量子间相互干涉的现象成为量子信息诸多不可思议特性的重要物理基础。

(2)量子态纠缠性:N(大于 1)个量子在特定的(温度、磁场)环境下可以处于较稳定的量子纠缠状态,对其中某个子系统的局域操作会影响到其余子系统的状态。

(3)量子态叠加性:量子状态可以叠加,因此量子信息也可以叠加,所以可以同时输入或操作 N 个量子比特的叠加态。

(4)量子不可克隆定理:量子力学的线性特性确保对任意量子态无法实现精确的复制。量子不可克隆定理和测不准原理构成量子密码技术的物理基础。

利用量子信息实现通信的过程是使每一个微观粒子,通过自身的物理特性携带经典信息 0 和 1 的叠加信号后实现的数据传输的技术。事实上,经典计算机也是量子力学的产物,它的器件也利用了诸如量子隧道现象等量子效应。但仅仅应用量子器件的信息技术,并不等于现在所说的量子信息。目前所说的量子信息主要是基于量子力学的相干特征,重构信息密码、信息计算和信息通信的基本原理。

三、量子信息学的若干研究热点

1. 量子算法和复杂度

量子算法是利用量子并行性进行有效量子计算的关键,目前两个最著名的量子算法是 Shor 大数分解算法和 Grover 的量子搜索算法。量子算法中一个特别重要的挑战是"后量子密码学"。量子计算机可以破解数字社会广泛使用的公钥密码协议,因此现在的密码体制需要用有效、快捷和抗量子攻击的新密码体制替换。后量子密码学有可能包括"基于格的"密码体制。所谓基于格的密码(Code-based cryptography)系指 Hoffstein-Pipher-Silverman 于 1998 年提出的"NTRU"公钥加密体制。判断传统密码体制是否能抵抗量子计算攻击,首先需要明白量子计算机的计算能量和限制。量子计算机可以加速穷尽搜索的过程,但是不能加速输出速度。

提高量子计算机的输出速度,仅仅是结构难题。特别是量子算法对许多特别对称的"隐藏子集问题"寻找合适的结构。Shor's 算法解决了一个阿贝尔的隐藏子集难题,但是进一步证据指出,若干非 abelian(例如对称群)的隐藏子集计算对量子计算机都是困难的。对这些问题更进一步的研究导致"单向量子函数"的公式化使用,通过传统计算机容易计算,但是通过量子计算机不容易计算。

2. 使用多项式提速的量子算法

相对指数量子提速的传统方法,多项式量子提速是固定的计算难题。最熟悉的 Grover's 难题是在指数时间对候选解决算法,进行 N 的平方根穷尽搜索。在过去的 7 年,构成了一个量子算法的变量,对量子漫步进行了提速,比 Grover's 普通难题搜索空间有更合适的结构。例如决定 N 个元素的集合的相同元素要求 N 次计算,但是在量子漫步条件下,仅仅要求 N2/3 次计算。在 2009 年,相对这些传统的"宽度进展"难题,使用多项式量子提速是一个更普通、更有特征的难题。相关的另一个进展是找到了对完全对称函数的一个最好的解决方案。对于量子序列复杂度的低边界问题,解决过程进一步提速。这些最近的进展,对于我们深化认识这些问题的特征有重要意义。它表明量子计算机可以比传统计算机更快地解决这些问题。

3. 复杂理论和量子主体物理学

对量子计算机一个最重要的应用也许是仿真不同自由度的量子状态。这些仿真模拟研究可以解决一些更重要的物理和化学难题,包括对一些强相关联的电子系统、反磁性量子系统、超级超导体、复杂生物分子学,在稠密有限域或可能的偶量子重力场下的原子核研究。

但是用仿真量子系统来评估量子计算机的优势,我们需要对传统计算机仿真难度有更深刻的理解,特别通过证明传统计算机怎样使用几何和量子方向进行描述,能量谱在最基本的状态和纠缠态之间是否有界线。例如 2009 年最新提供的结果是,传统计算机可以仿真量子系统在一个方向上遵循一个常数谱差距的绝热进化,而在 2008 年,如果差距和系统增加一样小,那么在一个方向上进行绝热进化是 BQP 难题。也就是说,汉密尔顿难题和其他难题一样在量子计算机上可以解决。

在目前的研究中,多方向上的量子仿真的计算复杂度也是一个研究的热点。同时,最近对量子纠缠态的进展来看,导致许多种量子态的主体构成新的典型,例如矩阵构造状态,并且产生变化。这些新工具可以归结到量子仿真难题:从传统最优难题到抽象物理现象可以有效解决,尽管在 2008 年,对一些汉密尔顿难题还是不可能解决的。

4. 交互量子协议和量子博弈

对若干目标多方参与的任意结构相互交互应用,如在某种程度上加入一些量子信息,就是"量子博弈"。研究量子博弈可以从一个新颖的角度去看量子信息和传统信息的不同。

传统博弈是通过交互证明体制,在参与者可以解决计算难题和拥有大计算能力的前提下,仅仅要求验证者使用有限的计算能力。在传统设置条件下,研究交互证明可以逐步深入探究解决问题的准确度(概率查表证明定理)。然而,研究量子交互证明可以更好地体验到量子计算的巨大能力。在 2009 年的研究表明,单个量子交互证明比传统的交互证明更有效,但是若没有通信限制,则交互量子协议是一个公认的难题。

无位置博弈问题(一旦游戏开始,两个合作者无法通信)的研究,与物理学家长期研究的 BELL 不等式相关,提供量子纠缠态更新颖的特征。在 2008 年第一次成功获得最优概率,这样的游戏是可计算的,发现一个精确逼近最优概率的难度是 NP 的。目前的研究目标是明确,进行无位置博弈需要多少纠缠态可以达到最优化或者接近最优化,并且当许多博弈并行进行时,验证那一种为最优策略。

另一个有趣的量子问题是量子投币,两个参与者在不同的地点证明公平的投币结果可以通过位置测量,可以发送 qubits。2007 年介绍的两方游戏分析的形式,对一个完美博弈作弊的参与者进行欺骗是可能的。设计这样的量子投币协议,作弊的概率绝对小,在传统世界里一些情况是不会出现的。目前使用的分析工具还不够灵活,简化或扩展分析工具可以使量子博弈理论和量子密码学获得更进一步的发展。

5. 量子信道的容量

按照香侬的经典信息理论,通信信道的定义是,一个信息在信道上在容错率范围内可以传送的最大速率。显然,对于经典信道只有一个容量,但一个量子信道有几个容量。一个传统容量传递传统可靠的传统信息;一个量子容量 Q 传递 QUBIT,而当有攻击者控制通信信道时,有一个秘密容量 P 传递传统的秘密信息 P。更进一步,发送者和接收者之间共享的量子纠缠态会产生附加信息来源,从而能够提高通道的量子信息容量。事实上,通过共享量子纠缠态发送量子信息,这是刻画量子容量的通常办法。

2008 年令人惊讶的发现,在一些情况下确实存在两种量子通信信道容量。我们也知道一些量子信道的传统容量可以通过发送高纠缠态的编码信息获得。

6. 量子密钥分发

量子密码(术)指的是从量子的尺度传输秘密。比如用一个光子携带一个比特信息,而不是传统的几千个光子,这样如果一旦被窃听,就很容易发现,所以可以做到绝对保密。量子密钥分发又称量子密码学,是利用量子状态的特性来确保安全性。量子密钥分发有不同的实现方法,但根据所利用量子状态特性的不同,可以分为基于测量、基于纠缠态、BB84 协议和 B92 协议等。

我国由郭光灿领导的中科院量子信息重点实验室成功地设计了一种具有很强的单向传输稳定性的量子密钥分配方案。利用该方案,实现了 150 公里的室内量子密钥分配;利用中国网通公司的实际通信光缆,实现了从北京(望京)经河北香河到天津(宝坻)的量子密钥分配,实际光缆长度125公里,系统的长期误码率低于6%。在该系统的量子密钥分配基础上,实现了动态图像的加密传输,图像刷新率可达20帧/秒,基本满足网上保密视频会议的要求。该保密通信系统解决了国际上一直未解决的长期稳定性和安全性的统一问题,使我国量子保密通信向国家信息安全应用迈出了关键一步。

我国2016年9月发射的天宫二号配合本章第四节提到的量子科学实验卫星,试验从太空分发量子密钥。密钥分发是实现"无条件"安全的量子通信的关键步骤。量子是微观物理世界里不可分割的基本个体。由于作为信息载体的单光子具有不可分割、量子状态不可克隆等特性,密钥分发可以抵御任何形式的窃听,进而保证用其加密的内容不可破译。

7. 容错量子计算

量子计算机比传统计算机速度更快,但面临更多错误。因此,我们希望大规模量子计算机必须在量子容错理论基础上有所建树。研究表明,可以构造合适的模型描述噪音对计算机的影响,从而建立可靠的量子计算机。

最近对扩展噪音模型的深入研究表明,容错量子计算是可能有效的,有助于克服噪音的过分消耗分类问题。上述理论,除了指导量子计算技术的发展,还可以细致鉴认量子交互状态,并展示在很多自由度状态下的可靠系统。特别地,如果噪音处于在空间和时间上合适的位置,并且每个门的错误率在一个关键值之下,则称其为精确陷门。在此情况下,量子计算是可扩展的。

目前对量子容错理论的发展研究硕果累累,其中包括新的消除过分消耗的优化算法,容错合成的量子硬件和系统设计,以及从量子控制理论合成容错电路设计。另外一个受关注的方向是,新的容错方法的相关模式在非标准计算模式下的应用,例如绝热冷却进化的量子计算。

8. 拓扑量子计算

拓扑量子计算是量子容错的一种新颖的方法,使用非阿贝尔拓扑阶的激励态探测普通物理特征,这些系统支持"anyons"(任意子),部分使用本地保护委托,这样,量子信息能够存储在很多anyons的量子态。这个信息可以通过交换anyons的位置进行处理,甚至anyon从来不一个接一个,并且能够通过带有一对anyons的测量找到所有"anyons"对的总数。特别是拓扑量子计算引入了抗解码的方法,保证在计算中找到正确的答案。

更进一步研究指出,在分数量子霍尔态(fractional quantum Hall,FQH)流在非abelian状态适合拓扑量子计算。在极低温度和强横向磁场下通过磁性半导体接口,限制电子在两个方向上。非abelian的anyons实验证明,有关工作不仅可以为量子计算提供基础,而且有可能使稠密物质物理理论成为一个里程碑。

在2008年,理论学家提出仅依靠测量的拓扑量子计算,只能单独进行干涉测量委托,没有任何anyons对的机制,但在FQH流里的量子点接触工作之后,容错工作的研究进入一个新阶段。也有物理学家建议在非abelian量子拓扑计算中,采用俘获极低温度原子或分子的办法,这也是理论家和实验者追求的方向。

9. 量子控制

量子系统控制经过了一个由可控性研究到对简单系统的开环控制,然后深入到对复杂系统的闭环控制。从这几个过程中可以看出,量子系统控制的发展是同人们的需求紧密联系的,在研究的初期人们并未对其进行系统的研究,主要是在化学和物理领域针对特定的实验目的来对单独的量子进行控制性研究。20世纪90年代中后期,随着量子计算机和量子信息网络的提出,量子系统控制,特别是反馈控制才开始取得长足进展。近年来为了在量子计算机的硬件上取得突破人们又纷纷把重点放在了量子系统的鲁棒(robust)控制等方面,可以预测随着量子信息时代的到来,量子控制会取得更多的发展。

10. 量子结构

量子结构实际上是量子计算中的硬件问题。目前聚焦在提供能长时间合理使用高保真量子计算设备上。其中设备系统要充分考虑量子系统纠错和容错问题。最近在量子结构上的工作包括俘获离子态、量子点、光量子门技术等。

11. 俘获离子量子信息科学

最近利用俘获离子实验实现对量子系统的连续操作,不断取得进展。这些工作包括:Q比特传输、纠错、Deutsch-Josza算法、Grover搜索算法、一个 Toffoli 门、量子傅里叶传送、纠缠态提炼、稠密编码、抗正交探测、8-QUBIT W 状态和6-QUBIT GHZ 状态、绝对动态状态位置的产生等。

12. 量子网络

量子网络是一类遵循量子力学规律进行高速数学和逻辑运算、存储及处理量子信息的物理装置。当某个装置处理和计算的是量子信息,运行的是量子算法时,它就是量子网络。量子网络的概念源于对可逆计算机的研究。研究可逆计算机的目的是为了解决计算机中的能耗问题。简单地说,就是将一个粒子的量子信息发向远处的另一个纠缠粒子,该粒子在接收到这些信息后,会成为原粒子的复制品。一个粒子可以传递有限的信息,而亿万个粒子联手,就形成量子网络。

13. 量子网络面临的问题

面临的问题是,量子粒子极其脆弱,任何微小扰动,都会让它丢失信息。因此,长期以来量子网络只被当作科学幻想来看待。迄今为止,世界上还没有真正意义上的量子网络。但是,世界各地的许多实验室正在以高度的热情追寻着这个梦想。

如何实现量子计算,方案并不少,问题是在实验上实现对微观量子态的操纵确实太困难了。目前已经提出的方案主要利用了原子和光腔相互作用、冷阱束缚离子、电子或核自旋共振、量子点操纵、超导量子干涉等。

图 15.26　量子计算机

14. 量子测量学

量子信息学可以进行探测和感知,量子测量学的进展意味着测量准确度的提高,通常导致新的发现,可以使用到纳米技术和分子生物技术上。在 2008 年通过传输量子状态到更容易被激光探测到的 berryllium 离子,表明可以用来探测铝离子的固定频率,从而构成所谓光频率"量子逻辑时钟",这是现在世界上最准确的时钟。

由于量子信息学属于交叉学科,有许多信息学科、计算机学科的概念需要用到,读者初次接触的时候可以忽略,或者参阅本章的阅读资料,希望把重点放在领悟有关的物理原理上。

阅读材料 15-1

普朗克和玻尔对量子论的贡献

普朗克作为量子理论的创始人之一,在 1900 年夏天提出了关于量子论的第一个假说。他提出著名的能量量子假说的动机是,为了解决经典物理的一个困难——"黑体辐射的紫外灾难"。简单说,如图 15.27 所示,在计算黑体辐射能量时,在高频区段出现难以理解的无穷大。他认为热能的辐射是以分立的形式,一颗一颗、一份一份地辐射出去的,而不是连续辐射的。这样辐射的每一份能量粒子称为普朗克能量量子。这样一来,无穷大没有了,灾难消失了。有趣的是,普朗克的黑体辐射假设是作为一种理想的物理模型,他本人和科学界的主流一直认为绝对的黑体是不存在的。但是正如我们在本书的第一部第六章第一节看到的,20 世纪末叶所发射的 COBE 卫星的发现表明,绝对黑体在现实物理世界中是存在的,就是我们观测宇宙自身。

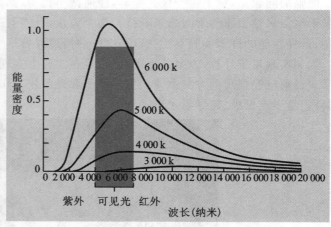

图 15.27 普朗克和他的黑体辐射能量量子假说的图示

量子论的另外一个教父就是玻尔。玻尔在 1913 年提出了原子的玻尔假说。为什么要提出玻尔假说呢?电子在原子核外旋转,按照经典物理学,电子在不断地辐射能量,从而损失能量。换句话说,电子会最终掉到原子核里面去,原子不可能稳定。但是现实中的原子是稳定的,玻尔假说的提出解决了原子稳定性问题。所谓玻尔假说,就是指原子核外的电子只能在若干确定的轨道上运行,并不需对外辐射能量,这也是量子论最早的基石。

在 20 世纪 20 年代—30 年代,玻尔在丹麦的首都哥本哈根建立了一个理论物理研究所,当时是世界理论物理的研究中心。

玻尔所培养的许多才华横溢的年轻的科学家,对于世界物理学的发展贡献很大,人们称之为哥本哈根学派。其中许多杰出的年轻人,后来都获得了诺贝尔奖的殊荣。特别要指出的是他的儿子——小玻尔(Aage Niels Bohr),在 1975 年因为在原子核的研究中发展了原子核理论而获得了诺贝尔物理学奖。玻尔在科学上的贡献不仅在于建立和推动量子论的发展,尤其在于他作为一个科学家的民主作风,循循善诱,培养了大批的杰出的科学家,建立了至今还影响着我们的哥本哈根学派。

图 15.28　丹麦哥本哈根理论物理研究所——20 世纪 20—30 年代世界理论物理研究的中心

20 世纪初物理学的晴朗天空,据说只存在两朵小小的乌云:黑体辐射问题和迈克尔逊实验(如图 15.29 所示)。迈克尔逊实验表明光速在任何惯性系都相等,经典物理无法解释,狭义相对论的提出彻底解决了这个问题。20 世纪美国的物理学相对是落后的,大物理学家屈指可数,迈克尔逊(Albert Abraham Michelson)就是当时比较著名的实验物理学家。他因为研制出精密光学仪器和

 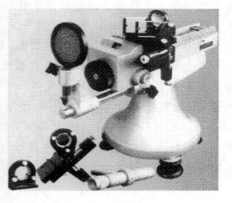

图 15.29　迈克尔逊(1852—1931)与迈克尔逊干涉仪

借助这些仪器所进行的光谱学和度量学研究等工作,获得了 1907 年度诺贝尔物理学奖。

阅读材料 15-2

爱因斯坦对于现代量子场论发展的贡献

从 1925 年到 1955 年爱因斯坦去世,30 年间,他主要的工作就是想把引力和电磁力统一起来。当时科学家们只熟悉这两种力。爱因斯坦试图把这两种力统一起来,就像当初麦克斯韦(J. C. Maxwell)统一磁力和电力一样,成功地建立电磁统一的理论,预言了电磁波。爱因斯坦的统一场论的工作非常艰苦。如果从成效来说,他的工作是没有成功的,失败的原因是爱因斯坦跑得太快。爱因斯坦所处的时代,客观的科学发展状况还没有为新的统一场论的建立提供足够的实验基础。

但是爱因斯坦的宝贵探索,为新时期统一场论的建立提供了宝贵的启示。我们知道,现在科学家已经成功地建立起人类历史上第二个统一场论,即所谓弱电统一理论。这个理论将弱相互作用和电磁相互作用统一起来,告诉我们在 $10^{-16} \sim 10^{-15}$ cm 的很短距离内,在平时看来强弱很不同的两种相互作用——弱相互作用和电磁相互作用的强度趋于一致,合二为一。那么这个新的统一理论的基础是什么呢? 就是杨-米尔斯规范理论。规范场论的基本框架是杨振宁先生提出来的,米尔斯是他的美国合作者。我们仔细考察杨振宁理论的数学结构,竟然跟爱因斯坦当时提出的统一场论有惊人的相似。杨先生开玩笑地说,只是相差指数上纯虚数因子而已。换言之,爱因斯坦晚年统一场论的工作,对于后人还是有很宝贵的启示。

现代量子理论的发展,分为以下的 5 个阶段。第一个阶段是爱因斯坦、玻尔、普朗克等提出原始的量子论。第二个阶段是薛定谔(Erwin Schrodinger)、海森堡(Werner Heisenberg)等提出量子力学基本框架,其基本动力学方程就是薛定谔方程,海森堡提出的矩阵方程被证明与薛定谔方程等价,海森堡提出的测不准原理则刻画了现代量子力学的基本特征。玻尔等提出对量子力学中的波函数的统计解释,至今都被人们奉为正统解释。当然爱因斯坦、玻恩、薛定谔等一直提出不同的看法。第三个阶段是狄拉克、克莱因、戈登等提出相对论性的量子力学。第四个阶段是物理学家提出 2 次量子化的概念,并由许蕴格、戴逊、费曼等建立了高等量子力学,并在 20 世纪 40—50 年代发展到量子场论阶段。第五个阶段是 1954 年杨振宁和米尔斯提出杨-米尔斯理论,并由温伯格、萨拉姆、Glashow、格罗斯(D. J. Gross)、维尔切克和波利策尔等加以发展,建立起描写弱电统一理论的所谓量子味动力学和描写强相互作用的量子色动力学,总的理论框架又称非阿贝尔规范场论。

量子不可克隆定理简介

（一）什么是量子不可克隆定理

量子通信的理论基础在于量子不可克隆定理，这个原理从根本上保证了量子通信信道是无法被窃听的：通信双方通过公开地交换一些测量信息（这些信息可以让所有人都知道，比如说，通过大喇叭来喊话），就可以确认是否有人窃听。

当然，通信保密是个系统工程，最终的保密效果依赖于系统每个环节的可靠程度，决定于保密程度最差的那个环节。量子通信只是保证了需要保密的信息不会在该环节里被泄露，其他环节的事情，它是管不着的。比如说，掌管保密信息的人本身也许就是个间谍，那么需要保密的信息肯定会被偷走，量子通信对此肯定是无能为力的——这是常识，是任何系统工程都无法避免的，但这些并不构成否认量子通信保密性的理由。

什么是量子不可克隆定理？该原理为什么能够保证量子通信信道是无法被窃听的？

克隆（clone）就是复制的意思，量子不可克隆，就是说，某个任意的量子态是不能够百分百精确地复制的。需要注意的是，这里说的量子态，指的是任意的量子态，也就是说，我们事先不知道它的状态到底是什么——对于某个确定的量子态，我们是有办法精确复制的。其实，这等效于说，对于某个任意的量子态，我们是无法通过测量确定它的特性的——在量子力学里，"知道"的意思其实就是"测量"：不经过测量，你就不知道；而测量总是要影响量子态的，你要想知道，就必须选择测量方法，具体的测量方法会决定测量的可能结果。这就是量子力学的精髓，实际上是从所有实验中总结提炼出来的道理——所谓海森堡测不准原理的精髓就在于此。

有一些特殊的测量，是可以保证某些特殊的量子态不受扰动的，这些量子态就是本征态，其对应的测量值就是本征值。本征态是非常特殊的量子态，任意的量子态通常是多个本征态的叠加。量子不可克隆原理说的是，任意量子态是不能够精确复制的而本征态是可以复制的，因为它是非常特殊的量子态，特别是它依赖于测量方法的选择。

为什么说量子不能够被精确克隆？证明的方法是反证法。如果任意量子态可以被精确克隆，那么我们就可以这么做：先把这个量子态精确地复制 100 份，然后用 100 种不同的测量方法来精确地得到 100 种不同的信息——如果 100 份还不够，那么就克隆 10 000 份好了。通过选择测量方法，我们就可以知道每个特定备份的相关性质，再加上精确克隆的假定，我们就可以知道任意量子态的任何信息，这就违反了海森堡测不准原理。上述结论与实验观测事实是矛盾的。所以说，量子不可克隆原理等价于海森堡测不准原理，也等价于测量会影响量子态的这个量子力学基本假定。

还是用具体的例子来说明一下吧。先用个常见的光学测量的例子，然后再谈量子测量的例子。

（二）多光子的光学测量分析

我们来看看什么是光的偏振，如何确定一束光的偏振状态。光是电磁波，是所谓的横波，电磁场垂直于光的传播方向来回振动。对于一束纯粹的线偏振光来说，其电磁场振动方向可以是垂直于光传播方向的平面内的任何方向，比如说，可以是水平方向的（相对于某个特定方向的夹角为 0 度），也可以是垂直方向的（90 度），或者是＋45 度或－45 度偏振的。可以用偏振片来检验光的偏振方向，偏振片本身具有一个特殊的方向：当入射光的偏振方向平行于该特殊方向的时候，光就可以全部透过；当偏振方向与之垂直的时候，光就一点儿也透不过；当偏振方向与之有个夹角 θ 的时候，光就只能部分地透过，透射光与入射光强度的比值是 $\sin^2\theta$。

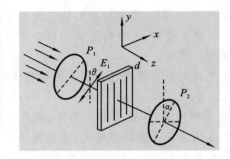

图 15.30 光的偏振（线性偏振光经过夹角 θ 的偏振片）

对于一束纯粹的线偏振的入射光，我们如何确定其偏振方向？很简单。我们先确定光的传播方向，再确定光的强度，然后把偏振片放到光路里，随便选择偏振片的偏振方向（也就是刚才说过的偏振片本身具有的特殊方向），接下来测量透射光的强度：如果透射强度为 0，那么入射光的偏振方向就是 90 度（也就是说，入射光偏振方向垂直于偏振片的特殊取向）；如果透射强度等于入射强度，那么入射光的偏振方向就是 0 度；如果透射强度介于二者之间，那么入射光的偏振方向也介于 0 度和 90 度之间——需要注意的是，出射光的偏振方向改变了，现在是沿着偏振片的特殊取向了。用这个方法就可以精确地确定入射光的偏振。

光也是一种量子现象，一束光里面包含很多很多的量子（即所谓的光子）。一束纯粹的线偏振光，包含了很多很多的偏振状态相同的光量子。既然上述方法能够精确地确定这束光的偏振状态，那么它能够用来确定单个光子的偏振状态吗？不能。原因是这样的：一个光子和很多个光子，是非常不同的两种情况。

如果想确定单个光子的偏振状态（可以认为这就是该光子的量子态），我们需要这些信息：光子的传播方向、光子的能量（也就是说，单个光子构成的光束的强度）、入射光子是纯粹的线偏光。这些信息是双方都知道的，只要通信双方事先约定好就可以了，这些信息并不一定要保密，甚至可以用大喇叭广播给所有人来听。但是，有些信息不是双方都知道的：入射光的具体偏振方向，这是由信息发送方决定的，只有他才知道，这就是他想传递的消息；偏振片的安置方向，这是由信息接收方确定的，他要根据测量结果（再加上一些公开的消息）来确定对方想要传送的消息。

（三）单光子的光学测量分析

入射光只包含一个光子的时候,偏振片的效果就很特殊了:经过偏振片后出射的光子只能是整数,要么是 1 个,要么就没有,不存在半个光子,更别说什么 1/3 或者 0.16 个光子了。入射光子的偏振方向与偏振片特殊方向平行时,射出的永远都是 1 个光子;入射光子垂直于偏振片特殊方向时,永远都没有光子射出来;二者夹角介于 0 度和 90 度之间时,出来的光子要么是 1 个,要么是 0 个,这是个随机事件,也就是说,你把这件事做 100 遍,可能 73 次出来 1 个光子,27 次没有光子,特别是,当二者的夹角为 45 度时,这是个发生概率为 0.5 的随机过程,如果你把这件事做 100 遍,那么就会有 50 次出来 1 个光子,50 次没有光子(实际情况比这个略为复杂一点,也可能是 43 和 57,或者 52 和 48,完全靠运气)。

现在就可以看出经典测量和量子测量的差别了,这就是 1 个和很多个的差别。拥有 100 万个全同光子的时候,你可以做的事情就很多:可以先拿出 1 万个试试,就会得到一点点信息,再拿 1 万个试试,就会得到更多信息,最后你会得到所有想要的信息。然而,如果只有 1 个光子,你就没有办法这么奢侈了:你只能做一次测量,得到一部分信息,然后就没有然后了,因为你把这个光子用掉了,测量以后的光子不同于测量之前的了。

结论是,如果你只有一个光子,而且事先不知道它的偏振状态,那么你就不可能复制出两个完全相同的光子来,更别说 100 万个了。这就是量子通信的理论基础。

（四）量子不可克隆原理如何保证实现安全通信

现在我们来看如何通过单光子的测量来实现无条件的安全通信,还是用个具体例子来说明吧。

假定信息发送方是甲(经常被称为 Alice),信息接收方是乙(Bob),想要偷听信息的坏蛋是丙(Eva)。甲和乙先通过大喇叭进行沟通,这些消息不怕丙听到。比如说,甲告诉乙说,他打算在今后的 1 000 秒时间里,每秒钟发送一个偏振单光子给乙,这个单光子的偏振要么是 0 或 90 度(称为第Ⅰ类),要么是 +45 度和 -45 度(第Ⅱ类),但是具体是哪一类,甲不会告诉乙。接到这个信息以后,乙就会做好准备,测量甲送来的光子的偏振,他也有两类测量方法,测量偏振片为 0 度的方法Ⅰ和测量偏振片为 45 度的方法Ⅱ。这些准备工作做好了以后,就可以开始通信了。

每过 1 秒钟,甲根据甲自己的意愿,随机地选择发送 1 个偏振为Ⅰ类或Ⅱ类的单光子,而乙则根据乙自己的意愿,随便地选择方法Ⅰ或方法Ⅱ来进行探测。当甲方选择的偏振类恰好符合乙方选择的测量方法的时候,乙方的测量结果是确定的;如果二者不符合,乙方的测量结果是随机的。好了,1 000 秒过去后,甲发送了 1 000 次单光子,乙进行了 1 000 次测量。注意,这时候还不算完呢,实际上,量子通信才刚刚开始——甲和乙还需要确定有没有人偷听,传递的信息到底是什么。

怎么确定没有人偷听呢? 甲拿出大喇叭,告诉乙自己发送的一些信息,注

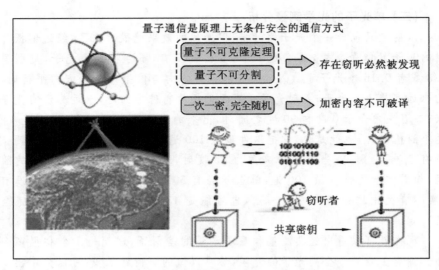

图 15.31　量子通信是无条件安全的通信方式

意,只是一部分信息而已。比如说,甲告诉乙,自己在第 1 次、第 3 次、第 5 次……第 999 次发送的偏振类,乙看到这 500 次的结果,对照自己当时选择的测量方法,就可以找出 250 次适合的结果(即入射光子的偏振类别碰巧符合测量方法的类别,这种符合的概率是 0.5),就可以得到 250 次确定的结果,如果这 250 次确定的结果与甲用大喇叭告诉自己的信息是一致的,乙就可以拿出大喇叭喊了,"平安无事喽!",没有人搞窃听。甲确定没人搞窃听了,就把另外 500 次的选择也用大喇叭喊出来,乙就可以相应地找到另外 250 次确定结果,这 250 次确定结果就可以作为甲传送给乙的信息。如果没有人窃听,那么故事就到这里结束了。

　　如果有人窃听呢?甲和乙也能看出来。如果丙想搞窃听,他就必须首先接收甲发出来的单光子,自己测量一下,再发送一个单光子给乙——如果在应该收到光子的时候却没有收到,乙就会知道,有人搞破坏,至少是通信的信道不够好,那么就只好放弃这次通信了。因为丙不知道甲要发射什么偏振类的光子,所以他有一半的机会搞错了测量方法,从而传递给乙错误的光子偏振类。这样在 1 000 个光子传递完以后,甲、乙核对 500 次测量中的 250 合适结果的时候,就会发现有错误,从而就知道有人在偷听了。如果有人偷听,甲和乙只能决定这次就算了,下次再说吧。然而,尽管这次没有成功,但是也没有泄密啊。

　　上述单光子量子通信的原理和实现方法,只是一种实现方案而已,实际上还有很多可行的技术方案。

阅读材料 15-4

量子密钥技术

　　对称密码体制中的密钥分配是维护信息安全的核心问题,20 世纪 70 年代研发的公钥密码体制存在多种隐患,它们难以保证密钥分配中的绝对安全。基于数学方法上的公钥密码体制在原理层面上受到了严峻的挑战,难以作出根本改进。

量子密钥技术的出现为信息安全的保障提供了现实可能性:利用"单量子不可克隆定理"来实现密钥配送的绝对安全。"不可克隆定理"是"海森堡测不准原理"的推论,它是指量子力学中对任意一个未知的量子态进行完全相同的复制的过程是不可实现的,因为复制的前提是测量,而测量必然会改变该量子的状态。

下面将通过示意图解释如何利用光子的量子特性可以万无一失地传送密钥。只要耐心地读完下面不含任何数学公式的解说文字,你对量子密钥分配原理就一清二楚了。图 15.32(a)是提供预备知识,而图 15.32(b)是量子密钥分配的原理图,量子密钥分配技术的奥密全在此图中。

图中的小浅棕球代表单个光子,深棕色箭头代表光子的偏振方向,左边黑色人是信息发送方,而棕色人是接收方。收发双方都手持偏振滤色片,发送方有 4 种不同的滤色片,分别为上下、左右偏振(第 1 组),上左下右、上右下左偏振(第 2 组)4 种滤色片。发送方把不同的滤色片遮于光子源前,就可分别得到 4 种不同偏振的光子,分别用来代表"0"和"1"。请注意,每个代码对应于两种不同的光子偏振状态,它们出自两组不同偏振滤色片(见图 15.32(a)中的左下角,它和通常光通信的编码不尽相同)。接收方就只有两种偏振滤色片,上下左右开缝的"十"字式和斜交开缝的"X"字式。由于接收方无法预知到达的每个光子的偏振状态,他只能随机挑选两种偏振滤色片的一种。接收方如果使用了"十"字滤色片,上下或左右偏振的光子可以保持原量子状态顺利通过(见图中上面的第 1 选择,接收方用了正确的滤色片),而上左下右、上右下左偏振的光子在通过时量子状态改变,变成上下或左右偏振且状态不确定(见图中第 4 选择,用了错误的滤色片)。接送方如果使用 X 字滤色片情况正好相反,见图中第 2 选择(错误)和第 3 选择(正确)。

有了以上的预备知识,就容易理解量子密钥分配技术了。图 15.32(b)第一横排是发送方使用的不同偏振滤色片,从左至右将 9 个不同偏振状态的光子随时间先后逐个发送给下面棕色接收方,这些光子列于第 2 排。接收方随机使用"十"字或"X"字偏振滤色片将送来的光子逐一过滤,见第 3 排,接收到的 9 个光子的状态显示在第四排。

这里是密钥(Key)产生的关键步骤:接收方通过公开信道(电子邮件或电话)把自己使用的偏振滤色片的序列告知发送方,发送方把接收方滤色片的序列与自己使用的序列逐一对照,然后告知接收方哪几次用了正确的滤色片(打"√"的 1,4,5,7,9)。对应于这些用了正确滤色片后接收到的光子状态的代码是:00110,接发双方对此都心知肚明、毫无疑义,这组代码就是他们两人共享的密钥。

为什么第三者不可能截获这个密钥呢?假设窃密者在公开信道上得知了接、送方使用的偏振滤色片序列,也知道了发送方的确认信息(打"√"的 1,4,5,7,9),但是窃密者依旧无法确认密钥序列。譬如对第 1 列,窃密者知道接收方用的是"十"字滤色片,而且发送方确认是对的,但这可能对应于上下或左右偏振的

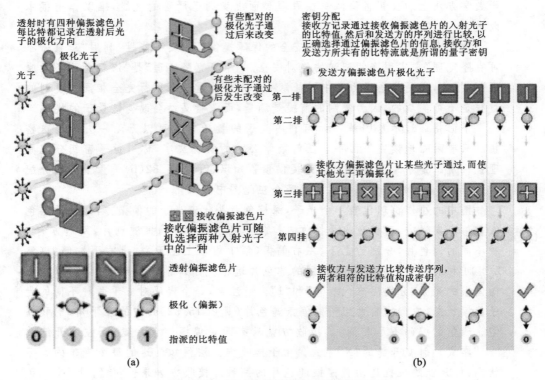

图 15.32　量子密钥分配技术原理示意图

两种不同的光子，它们分别代表"1"或"0"，除了发送和接收双方都清楚知道，窃密者是无法确认的。窃密者真要确认的话，也要在中途插入偏振滤色片来观察，但他又无法事先知道应该使用"十"还是"X"滤色片，一旦使用错误滤色片，光子状态改变，窃密的行为立即暴露。再以第1列光子为例，如果窃密者在接收端前插入"X"滤色片，光子偏振状态可能改变成上右下左的斜偏振，接收方仍使用"十"滤色片，得到左右偏振光子，经确认后此位变成"1"。结果通信双方的密钥在第一位不一致，这种出错经过奇偶校验核对非常容易发现和纠正。通常的做法是通信双方交换很长的光子序列，得到确认的密钥后分段使用奇偶校验核对，出错段被认为是技术误差或已被中间窃听，则整段予以删除，留下的序列就是绝对可靠的共享密钥。有必要指出本书仅作基本原理的介绍，工程实现中的细节不再赘述。

　　量子密钥分配技术中的密钥的每一位是依靠单个光子传送的，单个光子的量子行为使得窃密者企图截获并复制光子的状态而不被察觉成为不可能。而普通光通信中每个脉冲包含千千万万个光子，其中单个光子的量子行为被群体的统计行为所淹没，窃密者在海量光子流中截取一小部分光子而通信两端用户根本无法察觉，因而传送的密钥是不安全的，用不安全密钥加密后的数据资料一定也是不安全的。量子密钥分配技术的关键是产生、传送和检测具有多种偏振态的单个光子流，特种的偏振滤色片、单光子感应器和超低温环境使得这种技术成为可能。

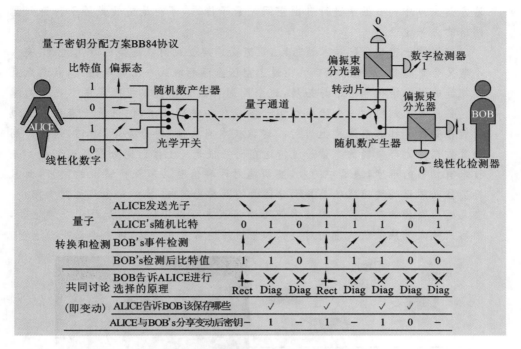

图 15.33　量子密钥分配技术工程示意图

必须再一次强调，量子密钥分配光纤网络上传送的是单个光子序列，所以数据传输速度远远低于普通光纤通信网络，它不能用来传送大量的数据文件和图片，它是专门用来传送对称密码体制中的密钥，当通信双方交换并确认共享了绝对安全的密钥后，再用此密钥对大量数据加密后在不安全的高速网络上传送。"量子通信"这个词容易使人误解，到目前为止，实际上量子通信指的就是量子密钥分配技术。量子密钥分配光纤虽然是低速网络，但每秒钟传送上千位的密钥没有任何问题，通信双方有确保安全的几百位长的密钥，而且分分秒秒可以随时更换密钥，通信安全就有了非常可靠的保障。量子密钥分配技术的基础是物理学而不是数学。面对信息安全危机，物理学再次充当了救世主的角色，它为信息科学的进一步发展筑起了坚实的基础。

2013 年 10 月 10 日，巴特尔公司(Battelle)建立了第 1 条商用量子密钥分配网络，1 条全长 110 公里的专用光纤线路连接了他们在俄亥俄州哥伦布市的公司总部和在都柏林的分部办公室，使用的是 ID Quantique 提供的硬件设备，用来保护公司的财务资料、知识产权、图纸和设计数据。

100 公里已经接近量子密钥分配的光纤网络的长度极限了，这是由单个光子在光纤中可以传播的最大距离所决定的。这个问题严重影响该技术的实用价值。目前的解决方案是设立光子传送中继站。这种中继站与通常光通信的放大中继有着本质的区别，因为让中继站接收单个光子后又送出一个量子状态不变的光子是十分困难的，这个中继站必须为通信双方所信任，实际上量子密钥是通过这个可信任中继站接力递送的。据 2016 年的两会报道，连接北京和上海的量子密钥分配光纤网络将于 2016 年下半年开通运行，估计会使用可信任光子中继站方案。另外利用卫星进行自由空间光量子传送,可能是拓展光量子密钥分配网络的另一途径。

使用量子密钥分配技术通信时,双方必须建立点对点连接的专用光纤,使人不禁又会想起20世纪初城市的街道上空密密麻麻缠成一团的电话线,点到点直接相连的网络结构非常不易拓展,这个问题将成为该技术推广应用中更大的障碍。目前英国剑桥的一个研究小组开发成功一种新技术,使得量子密钥分配过程能在普通光纤通信线路上进行。这种技术有些像"时分复用"通信,通常的高强度数据激光与微弱的光量子流传送在同一根光纤上按时间分隔高速切换。该技术有相当的难度,通信中的收、发两端对两种信号必须保持精准的同步,而且感应器必须正确适应强度差异十分巨大的两种光信号,犹如一会儿面对太阳,一会儿感应微弱的星光!这种技术使得通信双方可以在同一条光纤上交换密钥,然后用他人无法截获的密钥对数据加密后按通常方式传送,再也不必担心泄密。

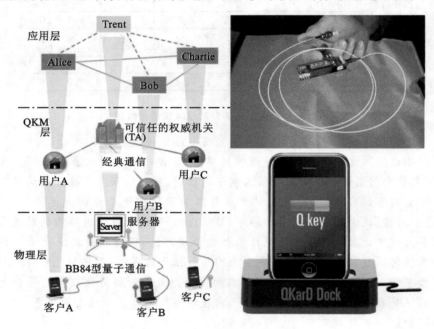

图 15.34 QKarD 示意图

为了让量子密钥分配技术"飞入"寻常百姓家,美国 Los Alamos 国家实验室研发了一种称之为 QKarD 技术。只要带有闪存 U 盘大小的一只专用光纤接口,任何用户终端通信设备诸如手提电脑、平板电脑和手机就可以通过光纤与邻近的中央服务器交换量子密钥。QKarD 服务器有些像电话中继交换中心,各终端客户发送光量子向各自邻近的 QKarD 服务器配送密钥,当各个终端与服务器之间的密钥配送完毕,同时各个服务器之间密钥也配送完毕后,终端用户 A 将信息用密钥加密后以传统方式送达邻近的 QKarD 服务器,信息在服务器解密和重新加密后转交另一个服务器,直到接力传送至最终用户 B 为止。一个 QKarD 的示范网络已经试运行。据估计,一个连接 1 000 个终端的 QKarD 服务器价格约 10 000 美元,QKarD 终端接口约 50 美元。量子密钥配送技术正在向我们走近,"它是站在海岸遥望海中已经看得见桅杆尖头了的一只航船,它是躁动于母腹中的快要成熟了的一个婴儿"。

量子密码技术刚珊珊起步,针对它的黑客早已蠢蠢欲动,非要把它扼杀在摇篮中不可。目前针对量子密码技术的黑客手段有下列几种。

①量子密钥的关键是通过一个又一个光子传递密码,中间窃听者无法截取光子而又不改变光子的状态。但工程实施时很难保证发射端每个脉冲只含有一个光子,如果每个脉冲有两个以上光子,黑客仍可以只截取一个光子并设法放过另一个光子,让接收端无法感觉到信号已被截取。

②一组挪威的研究人员通过激光束短暂"致盲"光子感应设备成功地破获传送的量子密钥。这种方法和设备过于专业和复杂,目前还没有构成现实的威胁。

③另一种方法完全就是流氓行为,针对光子通信的精密脆弱,直接用强激光长时间野蛮干涉,使得量子密码传递双方通过微弱的光子交换过程根本进行不下去。

这世上破坏总比建设容易得多,量子密码技术的应用和推广肯定不会一帆风顺。但有一点必须指出:与其他密码技术不同,量子密钥分配技术从原理上保证密钥配送是安全可靠的,上面所谈的都是工程实施中的问题。原理与实施是完全不同的两个概念,毕竟实施中的技术问题可以逐步解决,不可破译的原理才是该项技术具有发展前途的根本保证,它使我们对量子密钥分配技术的将来充满了信心。

（1）请你谈谈现代物理学发展的基本态势是什么?

（2）在量子力学的发展中,爱因斯坦和玻尔争论的焦点是什么?

（3）什么是 EPR 论证? 什么是贝尔不等式? 20 世纪下半叶的物理实验表明贝尔不等式是成立的吗? 爱因斯坦的观点是有道理的吗?

（4）什么叫量子纠缠? 你认为量子纠缠的事实是否否定了狭义相对论的基本假设?

（5）量子密钥的物理基础是什么? 它与量子纠缠有何关系?

（6）量子不可克隆定理的物理含义是什么? 它与海森堡不确定关系之间有何关联? 为什么量子信息传递中其密钥是不可破译的?

（7）量子信息技术目前进入了实用化阶段吗? 我国科学家对量子信息技术的研究在国际上居于何种地位?

第十六章 物理学、技术革命和产业革命

本章论述物理学向高新技术和其他学科的辐射,读者可以看到物理学引发了三次技术革命和产业革命,并且一次比一次影响的范围更大,影响的程度更深远,从科学到技术到产业的转换周期越来越短。物理学与其他自然科学和技术科学相互影响,相互融合的趋势越来越明显。本章将阐明物理学在信息产业集群和新能源产业的兴起中所起到的关键作用,用有关的科学史料,说明物理学、技术革命和产业革命之间的关系。

本章导读

第一节 物理学与三次产业革命

一、三次产业革命

物理学作为自然科学中的大科学,自牛顿力学诞生以来,其发展引起一次又一次的技术革命和产业革命。2001 年在柏林召开的第三届世界物理学家大会的决议指出:"物理学是其他科学和绝大部分技术发展的直接或不可缺少的基础,物理学曾经是、现在是、将来也是全球技术和经济发展的主要驱动力。"自 20 世纪下半叶以来,新的物理学革命掀起一浪又一浪的高潮,其成果不断辐射到各种高新技术,并且迅速地产业化。新兴的高技术产业集群,如信息技术产业、新能源产业、新材料产业、航天工程产业、生物工程产业,以及海洋工程产业迅速崛起,推动着世界经济高速发展和全球化,改变人类的生活方式。所谓

新时代的经济有一个时髦的别称"知识经济"。换言之，今日之世界经济，高新技术的含量剧增，而在高新技术中物理学的创新和突破一直是最有活力、最丰沛的源泉。从物理学家的实验室，到高技术产业工厂，再到消费者手中，物理学成果的转化和商品化的周期越来越短。以 2007 年诺贝尔物理学奖为例：当年的奖金发给了巨磁电阻的两个发现者，而当年巨磁电阻效应已经应用到 IT 产业上；液晶和等离子体显示的彩电，已走进千家万户，集移动电话、视频等为一体的 Iphone，正大行其道畅销中外市场；半导体照明和节能灯即将代替白炽灯成为节电照明的主力。

物理学作为自然科学中最基础的学科，其发展直接影响化学、生物学等基础学科，并对技术的发展具有极大的辐射力，实际上，历史上的几次物理学革命或者说大突破，就迅速引起了技术革命，并引发产业革命。这种影响越来越直接，范围越来越广，内涵越来越深刻。其根本原因就在于物理学是研究物质结构、性质、基本运动规律和相互作用的学科，其他的自然科学学科的发展必须以物理学的发展为前提。物理学是首先成为定量描述的学科，化学则是在物理和技术装备不断发展的基础上在 20 世纪逐渐成为定量描述的学科。而生物学目前正在迈向定量描述的学科的大道上。物理研究的这种基础性，决定了其应用的广泛性。我们追踪人类历史上的几次大产业革命，无不溯源于物理学革命。

第一次产业革命又叫工业革命，工业革命的标志是蒸汽机的使用。工业革命发源于英格兰中部地区。18 世纪中叶，英国人瓦特改良蒸汽机之后，发明了高效能蒸汽机。由一系列技术革命引起了从手工劳动向动力机器生产转变的重大飞跃。随后传播到苏格兰和整个欧洲大陆，19 世纪传播到北美地区。19 世纪 40 年代，整个欧洲和美国都普遍使用了蒸汽机。蒸汽机带动着纺织机、鼓风机、抽水机、磨粉机，造成了纺织、印染、冶金、采矿的迅猛发展，创造了人们以前难以想象的技术奇迹。

蒸汽机、煤、铁和钢是促成工业革命技术加速发展的 4 项主要因素。在瓦特改良蒸汽机之前，整个生产所需动力依靠人力和畜力。伴随蒸汽机的发明和改进，工厂不再依河或溪流而建，很多以前依赖人力与手工完成的工作自蒸汽机发明后被机械化生产取代。工业革命是一般政治革命不可比拟的巨大变革，其影响涉及人类社会生活的各个方面，使人类社会发生了巨大的变革，对推动人类的现代化进程起到不可替代的作用，把人类推向了崭新的蒸汽时代。

我们不要忘记 17 世纪后半叶以牛顿经典力学的建立为标志的第一次物理学革命，也发生在当时世界上最先进的国家——英国。经典力学体系的建立，是人类认识自然及历史的第一次大飞跃和理论的大综合，它开辟了一个新的时代，并对科学发展的进程以及人类生产、生活和思维方式产生极其深刻的影响。牛顿经典力学的建立是科学形态上的重要变革，标志着近代理论自然科学的诞生，并成为其他各门自然科学的典范。

与此同时，经典热学由于生产的需要逐渐发展起来，其中主要是温度计量的研究和量热学与传导理论的建立。温度计量研究的进展：1593 年，伽利略利用空气热胀冷缩的性质，制成了温度计的雏形；1702 年，阿蒙顿制成空气温度计，但不准确；1724 年，荷兰人华伦海特在他的论文中，建立了华氏温标，首先使用水银代替酒精；1742 年瑞典的摄尔修斯定义水的沸点为零摄氏度，冰的熔点为 100 度，后施勒默尔将两个固定点倒过来，建立了摄氏温标；1779 年，全世界有温标 19 种；1854 年，开尔文提出开氏温标，得到世界公认。量热学和热传导理论的建立：在 18 世纪前半叶，人们对什么是温度、什么是热量的概念含糊不清,热学要发展,有关热学的一系列概念就需要有科学的定义;经圣彼得堡院士里赫曼于 1744 年开始研究,英国人布拉克和他的学生伊尔文等逐步工作,终于在 1780 年前后,形成了温度、热量、热容量、潜热等一系列概念。总而言之,当时热学的发展受到蒸汽机的发明的激励,反过来,又促进了蒸汽机的研制和改进,解决了机械的动力问题,从而为人类第一次产业革命创造了良好的科学条件。

我们注意第一次产业革命和物理学革命有密切关系,但是不能说有显然的直接关系。它们之间的相互依赖、相互促进的关系远没有以后的产业革命那么直接。应该指出,瓦特对当时已出现的蒸汽机原始雏形作了一系列的重大改进,发明了单缸单动式和单缸双动式蒸汽机,提高了蒸汽机的热效率和运行可靠性,改良了蒸汽机,发明了气压表、汽动锤。这些工作不仅对当时社会生产力的提高作出了杰出贡献,而且直接推动了热学的发展,构成了经典热学不可或缺的部分。因此,瓦特被选为英国皇家学会会员和法兰西科学院外籍院士就不足为怪了。

图 16.1　瓦特及其改良的蒸汽机模型图

第二次产业革命,又称电力革命,发生在 19 世纪。其标志是电动机和发电机的发明和广泛应用。特别是,1882 年法国的一位电气技师建造了世界上第一条远距离直流输电实验线路。1890—1891 年,从法国的劳芬到德国的法兰克福架起了世界上第一条三相交流输电线路。随着交流输电技术的不断发展、完善,交流输电为电力工业的发展开辟了广阔的前景。此次产业革命发源于欧洲,很快波及美国等先进国家。必须强调,此次产业革命的直接导火线是法拉第-麦克斯韦电磁理论的建立。法拉第本人就是一个卓越的实验物理学家。图 16.2 右边所示的,就是他发明的圆盘发电机。

图 16.2　法拉第(1791—1867)和他的圆盘发电机

麦克斯韦电磁场方程的一个最重要的预言就是在一定的条件下可以产生电磁波,并且这种波可以在空间自由传播。德国科学家海因里希·鲁道夫·赫兹(Heinrich Rudolf Hertz),于 1887 年首先用他发明的火花发生器产生了电磁波并检测到电磁波的存在,并于 1888 年发表了论文。如图 16.3 所示。赫兹的实验不仅证实了麦克斯韦电磁场理论的正确性,而且为其在技术领域的广泛应用开辟了广阔的道路。

图 16.3 赫兹(1857—1894)和火花发生器

马可尼(Marconi,Guglielmo)是意大利发明家,赫兹的实验激发他对于无线电通信的热心。1894 年第一次在家里用无线电波打响了 10 米以外的电铃。1895 年夏,马可尼对已有的火花式发射机和金属粉末检波器进行了改进,在接收机和发射机上都加装了天线,成功地进行了无线电波传输信号的实验。同年秋天,他使通信距离增加到 2.8 千米,不但能打响电铃,而且还能在纸带上记录拍发来的莫尔斯电码。马可尼于 1896 年到了英国,在英国进行公开表演。1897 年,马可尼利用风筝作为收发天线,使无线电信号越过了布里斯托尔海湾,距离 14 千米,创造了当时最远的通信纪录。同年 7 月马可尼组建无线电报公司,后更名为马可尼公司。1899 年 3 月,马可尼成功地实现了横贯英吉利海峡的通信,使通信距离增加到 45 千米。同年,在英国海军演习中有 3 艘军舰装备了无线电通信装置,在两艘看不见的军舰之间实现了通信,证明无线电信号可以曲面传输。1900 年 10 月,马可尼在英国康沃尔的普尔杜建立当时世界最大的 10 千瓦火花式电报发射机,架起巨大的天线。1901 年马可尼率领一个小组在加拿大纽芬兰的圣约翰斯进行越洋通信试验,使用风筝天线,在当年 12 月 12 日中午收听到从相隔 3 000 千米以外的英国普尔杜横渡大西洋发来的 S 字母信号,开辟了无线电远距离通信的新时代。马可尼是无线电通信当之无愧的奠基人。1909 年 11 月马可尼与德国物理学家 K.F. 布劳恩同获诺贝尔物理学奖。

这次产业革命给人类社会带来了巨大的进步:电力革命再次大大促进了社会生产力的发展;电力革命深刻改变了人类的生活;电力革命使产业结构发生了深刻变化。电力、电子、化学、汽车、航空等一大批技术密集型产业兴起,使生产更加依赖科学技术的进步,技术从机械化时代进入了电气化时代。

必须指出,电力革命是第二次物理学革命——麦克斯韦电磁理论的建立的直接成果。伴随着法拉第(Michael Faraday)、赫兹、麦克斯韦(J. C. Maxwell)等关于电磁学理论的研究进展,工程技术专家敏锐地意识到电力技术对人类生活的意义,纷纷投身于电力开发、传输和利用方面的研究。换言之,这一次产业革命,完完全全是物理学革命的直接后果。

图 16.4 马可尼(1874—1937)和无线电

图 16.5 麦克斯韦(1831—1879)

其波及的范围、影响的深度、科学技术含量之高远远超过第一次产业革命。

必须指出麦克斯韦与法拉第的电磁场理论把以前分割的磁学和电学成功地统一为电磁理论,其理论基础就是著名的麦克斯韦方程。这个理论是人类历史上第一个统一场论。关于场的概念,也是这两位科学家提出并为物理学界广泛认同的。麦克斯韦是继法拉第之后集电磁学大成的伟大科学家。1831 年 11 月 13 日生于苏格兰的爱丁堡。10 岁时进入爱丁堡中学学习。1847 年进入爱丁堡大学学习数学和物理。1850 年转入剑桥大学三一学院数学系学习,1856 年在苏格兰阿伯丁的马里沙耳任自然哲学教授。1860 年到伦敦国王学院任自然哲学和天文学教授。

麦克斯韦由于受到了严格的学术训练,数学基础好,具有很强的科学归纳能力和洞察力,因此,他在做出了大胆的科学假说(大学生都知道的位移电流假说)以后,在法拉第等人的实验和理论(如法拉第提出的场的概念)的基础上,成功地提出了电磁场的理论方程组。他于 1873 年出版了电磁场理论的经典巨著《电磁学通论》,1871 年受聘为剑桥大学新设立的卡文迪许试验物理学教授,负责筹建卡文迪许实验室,1874 年建成后担任这个实验室的第一任主任,直到 1879 年 11 月 5 日在剑桥逝世。麦克斯韦严谨的科学态度和科学研究方法是人类极其宝贵的精神财富。

第三次产业革命又称信息产业革命,发生在 20 世纪中期,一直延续到现在。现在学术界有人把这次产业革命分为两次,认为以 2009 年美国奥巴马总统上台为起点,产业革命又进入新的时期,即新能源产业革命(第四次产业革命)。原因是奥巴马上台以后便倡导风能、太阳能、电网改进,强势推广划时代新能源技术。奥巴马多次宣布:"美国准备在新能源和环保问题上重新领导世界","要让本世纪再度成为美国世纪,唯一的办法就是我们下决心正视依赖石油的代价"。此次产业革命的目标是通过对新能源技术的探索,改变对现有化石能源的过度依赖,这也必将掀起能源技术探索的革命。

而现今世界上许多国家也正积极响应着这一场新革命,比如说我国提出的智能电网、智能能源网便是萌发阶段。推动产业革命的动力不再是物理学,而是生命科学,更准确地说系统生物科学与技术导致的是第四次科技革命,包括合成生物学与系统生物技术带来的生物信息技术、个性化医学技术、生物芯片技术、生物太阳能技术、生物计算机技术等。其中,生物能源技术,一类是采用转基因与合成生物学改造富油生物如藻类等生产生物柴油,一类采用合成生物学与仿生学筛选生物有机分子或模仿细胞内叶绿体光合作用或叶绿素光电转换效应,从而将导致传统硅电子太阳能技术的变革。

然而,我们认为这种观点尽管时髦,而且貌似有理,其实站不住脚。首先,近年的事实表明,新能源技术的探索远远没有宣传者想象的那么容易,特别是生物能源的开发、利用和推广,不仅在技术层面有许多困难,而且在世界推广中遇到很多障碍。一个简单的例子,目前世界上,有大量人口处于饥饿或半饥饿状态,粮食供应不足的问题经常出现。生物再生能源与粮食供应问题就有矛盾。其次,这是一个领导人的政治宣言,要成为事实,需要证明,尤其需要时间证明。目前的态势固然不足于称之为处于新能源产业革命,就是而后的若干年新能源探索的大方向是否一定就是以生命科学为主要推动力的新能源,有待时间检验。更主要的原因在于生物学或者生命科学发展很快,因而有人称 21 世纪为生物学世纪,但是这绝不表明生命科学可以引发或者带动一次全球性的多层次的技术革命或产业革命。从目前自然科学发展的态势来看,担当此任的非物理学莫属。总之,本书采用的观点是,从 20 世纪后半叶到现在,我们处于第三次产业革命。20 世纪上半叶处于两次产业革命的交叉时期,或者说第三次产业革命的酝酿时期。

二、第三次物理学革命是第三次产业革命的主要驱动力

第三次产业革命是以 20 世纪初的物理学革命为起端,以高新技术产业集群兴起为标志的现代产业革命,具有区别于历次科学技术革命的基本特征。

可见这次产业革命的引发者,依然是新的物理学革命。第三次物理学革命的标志是以相对论和量子论为主流的现代物理学的建立和发展,形成内容丰富、领域广阔的 20 世纪物理学。20 世纪物理学一大特点是带动一系列交叉学科的兴起,其中相当一部分的交叉学科属于应用基础研究。这样一来,物理学及其率领的交叉学科以强大的生命力,辐射到产业领域中去,促成现代高新技术产业集群的迅速兴起。这次革命从 20 世纪 40 年代末起,以信息技术(主要是电子计算机)、新能源(原子能)、航天空间技术为标志,这场震撼人心的新科技革命发源于美国,尔后迅速扩展到西欧、日本、大洋洲和世界其他地区,涉及科学技术各个重要领域和国民经济的一切重要部门。从 70 年代初开始,又出现了以信息技术(微电子技术)、生物工程技术、新材料技术为标志的新技术革命,其规模之大、速度之快、内容之丰富、影响之深远,在人类历史上都是空前的,是一场真正的全球性的产业革命。这一次新产业革命波澜壮阔,震惊人心,从根本上改变了人类的产业结构,造成 20 世纪下半叶和 21 世纪初,世界经济的腾飞。

三、三次产业革命的基本特征

1. 科学成为技术、产业的前导

在 19 世纪中期以前,在科学、技术和产业三者之间的关系中,主流序列关系是从生产到技术再到科学。也就是说,无论是科学还是技术,总是立足于生产实践。由于社会需要的推动,人们在生产实践中不断总结经验教训,改进工艺,发明了技术。为了改进技术,才有了有关科学理论的研究。科学和技术,技术和产业之间的关系较为松散。如 18 世纪发

明的蒸汽机,作为其理论基础的热力学,直到 19 世纪中叶才建立起来。

19 世纪中叶以后,电磁理论先诞生,才逐渐发展起来电力技术,其大规模的应用则是 19 世纪 70 年代以后的事情。换言之,科学、技术和生产三者之间的关系开始倒过来了,科学走到了生产和技术之前。尽管类似情况并不普遍,且将科学成果转化为生产技术进而用于物质生产需要相隔很长时间。

20 世纪以来,科学的前导性愈益明显了。现代技术革命以现代科学理论为指导,理论的突破往往成为技术变革的先导,而新技术的出现又极大地改变了生产的面貌,从材料与能源的开发利用,直到机器体系的组织和管理形式,以及劳动者在生产过程中的地位和作用,都表现了现代科学和技术对社会生产和经济的巨大推动作用。新技术的出现,极大地提高了劳动生产率,推动了社会经济的发展。20 世纪 50 年代初到 70 年代初,是资本主义国家经济快速增长时期。1951—1970 年,工业生产年平均增长率,美国为 4.1%,日本为 14.1%,联邦德国为 7.5%,英国为 3.0%,法国为 5.9%,都超过了这些国家在战争期间各自的增长速度,为资本主义经济发展史上所罕见。

现代科学技术革命体现了科学革命、技术革命与生产力变革相互促进的新特点。科学理论物化速度加快,物化周期大大缩短。19 世纪前,新技术从发明到应用的周期,蒸汽机为 100 年(1680—1780),蒸汽机车约 44 年(1790—1834)。19 世纪的电动机用了 57 年(1829—1886),无线电用了 35 年(1867—1902),汽车用了 27 年(1868—1895),柴油机用了 19 年(1878—1897)。进入 20 世纪以来,科学技术物化速度明显加快,物化周期进一步缩短。雷达只用了 15 年(1925—1940),电视机用了 12 年(1922—1934),晶体管用了 5 年(1948—1953),原子能利用从发现核裂变到第一个原子反应堆的建成只用了 3 年(1939—1942)。

进入新世纪前后,科学成果转化为技术成果再转化为商品,所谓科学成果的物化过程,日趋缩短。例如:在 1988 年,费尔和格林贝格尔发现巨磁阻效应,1994 年,IBM 公司研制成功了巨磁阻效应的读出磁头,将磁盘记录密度提高了 17 倍。1995 年,宣布制成每平方英寸(1 平方英寸约为 6.45 平方厘米)3 GB 硬盘面密度所用的读出头,创下了世界记录。硬盘的容量则从 4 GB 提升到了 600 GB 或更高,造就了计算机硬盘存储密度提高 150 倍的奇迹。1997 年,IBM 公司第一个商业化生产的数据读取探头投放市场。到目前为止,巨磁阻技术已经成为全世界几乎所有电脑、数码相机、MP3 播放器的标准技术,其市场占有率难以估计。参见第十七章第二节。

科学的先导作用还表现在科学与技术的相互依赖日趋明显。一方面,技术日趋科学化,即科学理论的重大突破已日益成为技术进步的前提条件,如原子能技术出自核物理学的重大突破。另一方面,科学日趋技术化,随着科学研究范围不断扩大,层次不断深入,要揭示这些领域的物质运动规律不仅要依赖于丰富的想象和严密的理论思维,更需要具有特殊功能的精密科学仪器和实验装备。高新技术就是基于最新科学理论,具有高效益、高智力、高投入、高竞争、高风险和高势能的技术。高新技术是科学技术与生产相结合的卓有成效的成果,在当前的产业革命中扮演着关键的角色。

2. 科学技术发展多元化

与前两次产业革命比较,当前的产业革命具有多元化的特点。在以往两次产业革命中,只发生在少数特定的产业领域,而此次产业革命则以众多的新型产业集群出现为标志,迅速波及所有的国民经济领域。其原因是引发当前产业革命的科学革命,尽管是以物理学中的量子论和相对论的问世为标志,迅速覆盖物理学的其他领域,并且波及自然科学的其他学科。就是说,此次科学革命的广度和深度是以前的科学革命完全不能比拟的,由此导致的技术革命必然也正如我们前面论述的是多元化的。

科学技术发展多元化,还表现在科学技术产业化的发展速度日益加快。具体表现在:第一,科学技术新成果迅速增长;第二,科技知识更新速度加快;第三,多元化也必定导致全社会对科学技术相关行业的人力、物力和财力的投入力度增大。统计表明,20 世纪以来,与科学技术相关行业的人力、物力和财力的投入也是按指数规律增长的,如科学家人数 1800 年为 1 000 人,1850 年为 1 万人,1900 年为 10 万人,1950 年为 100 万人。

3. 科学技术发展的全球化

第一次科学革命、技术革命和产业革命开始于英国。第二次科学革命虽然发端于英国,第二次技术革命开始于德国,但是产业革命始于德、英、法等少数发达国家。这两次科技革命和产业革命从发源国向其他国家转移大致分别经历了 100 年和 50 年,基本上是一个渐进的过程。但是,此次科技革命和产业革命却以极快的速度迅速波及世界各国。原子能技术、空间技术差不多在不到 20 年的时间内已为包括中国在内的多个国家所掌握,信息技术产业和生物技术产业、材料技术产业、能源技术产业等更是世界上大多数国家争相开发的对象。无论是发达国家还是发展中国家都把此次科学技术革命看成是增强国力、发展经济的极好机遇。目前,由于信息技术产业的发展,与现代科学技术革命有关的信息已能在刹那之间传遍全球。现代科技革命和产业革命已非少数国家的"专利"。

科学技术发展全球化,还表现在科学技术领域内国际合作的加强。在高能物理实验领域,许多大型实验都是靠国际合作实现的,像欧洲核子中心的大型强子对撞机、美国的布鲁克海文实验室等都集中了世界各国有才华的物理学家。他们的合作导致顶夸克、中间玻色子等重大发现。

从 20 世纪 50 年代开始,由于物理学革命的引发,新的产业革命导致以信息产业集群为中心的高新技术产业集群的迅速兴起,如信息产业集群、新能源产业集群、新材料产业集群、新生物工程产业集群、空间产业集群和海洋工程产业集群的兴起。我们不准备逐一地考察所有这些高新产业集群是如何兴起的,仅仅考察信息产业集群、新能源产业集群的兴起中物理学起到了何种作用。在第十七章,重点探讨凝聚态物理和材料科学是如何促成新材料产业集群兴起的。

第二节　物理学与信息产业集群的兴起

信息产业集群的兴起和发展在这次产业革命中起到了中心作用,以至于人们常说我们已进入信息时代。信息时代的基本特征是什么呢?一是信息处理的革命性变革,计算机技术的广泛应用;二是全球性通信的实现,通信卫星提供了全球通信的可靠平台;三是信息产业的崛起,包括微电子技术产业、通信技术产业和计算机技术产业等;四是全球性通信的实现,通信卫星提供了全球通信的可靠平台。

一、计算机技术与产业的兴起和发展

计算机技术是当前信息产业的核心，其发明和每步重大进展，都是来自物理学。计算机的发明是人类文明发展史上又一里程碑式的重大发明。其源头有以下两个。一是在数学上，1671 年，莱布尼茨（G. Leibniz）就发明了能进行四则运算的计算器。二是 19 世纪，C. Babbage，C. Bode，A. 等人设计了差分机和分析机，M. Turing 则给出了现代计算机的雏形，物理学家 J. Maxwell 发明了积分仪，Michelsan 发明了分析仪，他们的发明也是现代计算机的重要源头。

1946 年，由宾夕法尼亚大学物理学家 J. P. Ecuart 和 J. M. Mauchly 研制的第一台用电子管作为开关元件的电子计算机，重达 30 吨，占地 167 平方米，耗电功率 15 kW，运算速度只有 5 000 次每秒。由 1.8 万个电子管、10 000 个电容和 7 万个电阻组成。目的是为了计算弹道导弹的轨迹和原子核物理有关问题。

1952 年，第二代电子管电子计算机——离散变量自动电子计算机（EDVAC）诞生。其中美国科学家冯·诺意曼（Von. Neuman）对第一台电子计算机作了革命性的改进，把二进制、储存程序等思想引入电子计算机，1952 年，冯·诺意曼领导制造的电子计算机诞生，成为今天所有计算机的原型。冯·诺意曼被誉为现代计算机之父。

图 16.6　世界上第一台计算机

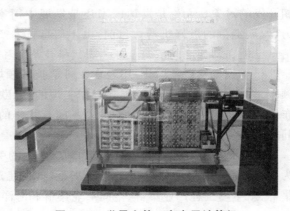

图 16.7　世界上第一台电子计算机

1959 年，美国 Philo 公司研制成功以晶体管为开关元件的第一代通用晶体管计算机。其计算速度为 10^5 次/秒，核心技术是美国物理学家巴丁（John Bardeen）、肖克利（William Shockley）和布拉坦（Walter Brattain）于 1948 年发明的三极晶体管，1956 年他们三人荣获诺贝尔物理学奖。其中，布拉坦和肖克利当时均在美国纽约州谬勒海尔（Murray Hill）贝尔电话实验室工作。特别要指出的是巴丁由于超导理论的研究，1972 年第二次荣获诺贝尔物理学奖。

1964 年 4 月 7 日 IBM 公司研制出第三代计算机——360 系列计算机，耗资 50 亿美元，其核心技术是 1960 年美国人 R. Nayel 发明的平面工艺集成电路。计算速度为 10^8 次/秒～10^9 次/秒。

1972 年以后的计算机习惯上被称为第四代计算机。基于物理学家发明的大规模集成电路和超大规模集成电路，功能更强、体积更小的计算机不断问世。其背景是物理学家不断开发出集成度更高、性能比更高的集成电路。正如摩尔定律所说的，当价格不变时，

图 16.8 巴丁(1908—1991)(左)、布拉坦(1902—1987)(中)和肖克利(1910—1989)(右)

集成电路上可容纳的晶体管数目,约每隔 18 个月便会增加 1 倍,性能也将提升 1 倍。换言之,每 1 美元所能买到的电脑性能,将每隔 18 个月翻两倍以上。这一定律揭示了信息技术进步的速度。这个定律是由英特尔(Intel)创始人之一戈登·摩尔(Gordon Moore)提出来的。例如:据 Intel 公司统计,1971 年的 4004 型处理器,单个芯片上的晶体管数目为 2 300 个,1997 年的 Pentium II 处理器上单个芯片上的晶体管数目为 7.5 百万个,26年内增加了 3 200 倍。

2015 年 7 月 13 日,第 45 届国际高性能计算机系统 TOP500 排行榜中:第一名依然是我国国防科技大学研制的"天河二号"微异构体系架构的高性能电子计算机系统。

第 45 届国际高性能计算机系统 TOP500 排行榜的前 10 名如下。

(1)中国"天河二号"高性能电子计算机系统,其 Linpack 测试值为 33.8627PetaFlop/s,峰值浮点运算速度为 54.9024PetaFlop/s。

(2)美国 Titan 高性能电子计算机系统,其 Linpack 测试值为 17.5900PetaFlop/s,峰值浮点运算速度为 27.1125PetaFlop/s。

(3)美国 Sequoia 高性能电子计算机系统,其 Linpack 测试值为 17.1732PetaFlop/s,峰值浮点运算速度为 20.1327PetaFlop/s。

(4)日本 K computer 高性能电子计算机系统,其 Linpack 测试值为 10.5100PetaFlop/s,峰值浮点运算速度为 11.2804PetaFlop/s。

(5)美国 Mira 高性能电子计算机系统,其 Linpack 测试值为 8.5866PetaFlop/s,峰值浮点运算速度为 10.0663PetaFlop/s。

(6)瑞士 Piz Daint 高性能电子计算机系统,其 Linpack 测试值为 6.27PetaFlop/s,峰值浮点运算速度为 7.79PetaFlop/s。

(7)沙特阿拉伯 Shaseen II 高性能电子计算机系统,其 Linpack 测试值为 5.5370PetaFlop/s,峰值浮点运算速度为 7.2352PetaFlop/s。

(8)美国 Stampede 高性能电子计算机系统,其 Linpack 测试值为 5.1681PetaFlop/s,峰值浮点运算速度为 8.5201PetaFlop/s。

(9)德国 JUQUEEN 高性能电子计算机系统,其 Linpack 测试值为 5.0089PetaFlop/s,峰值浮点运算速度为 5.8720PetaFlop/s。

(10)美国 Vulcan 高性能电子计算机系统,其 Linpack 测试值为 4.2933PetaFlop/s,峰值浮点运算速度为 5.0332PetaFlop/s。

2016年之前，我国自主研制的超级计算机以"天河二号"最为出名。它是由中国国防科学技术大学研制的超级计算机系统，以峰值计算速度5.49亿亿次每秒、持续计算速度3.39亿亿次每秒双精度浮点运算的优异性能位居世界首位，成为当时全球最快超级计算机。这是它第五次在全球最快的计算机中荣获冠军了。图16.9（右）所示为"天河二号"亿亿次超级计算机系统。

2016年6月20日下午3点，国际TOP500组织在德国法兰克福公布了最新的世界超级计算机TOP500排名，图16.9（左）所示的坐落在无锡的"神威·太湖之光"超级计算机，成为全球最快的超级计算机。"神威·太湖之光"超级计算机是我国第一台全部采用国产处理器构建的世界第一的超级计算机，它的研制成功，也标志着我国超级计算机的研制突破了国外长期的技术限制。

2015年5月，在"天河二号"上成功进行了3万亿粒子数中微子和暗物质的宇宙学数值模拟，揭示了宇宙大爆炸1 600万年之后至今约137亿年的漫长演化进程。"天河二号"自主创新了新型异构多态体系结构，在强化科学工程计算的同时，可高效支持大数据处理、高吞吐率和高安全信息服务等多类应用需求，设计了微异构计算阵列和新型并行编程模型及框架，提升了应用软件的兼容性、适用性和易用性。"天河二号"服务阵列采用了国家核高基重大专项支持、该校研制的新一代"FT-1500"CPU，这是当前国内主频最高的自主高性能通用CPU。"天河二号"还在高速互连、新型层次式加速存储架构、容错设计与故障管理、综合化能效控制、高密度高精度结构工艺等方面取得了一系列的创新和突破。

目前"天河二号"已应用于生物医药、新材料、工程设计与仿真分析、天气预报、智慧城市、电子商务、云计算与大数据、数字媒体和动漫设计等多个领域，还将广泛应用于大科学、大工程、信息化等领域，为经济社会转型升级提供重要支撑。

图16.9 "神威·太湖之光"超级计算机（左）与"天河二号"亿亿次超级计算机系统（右）

图16.10为位居该排行榜第二的美国Titan高性能电子计算机系统的图片。其计算速度仅为"天河二号"计算机的一半左右，可见我国超级计算机的研制已居于世界领先地位。但是，我们不得不指出有关领域的发展还是不够平衡的。例如，关于计算机芯片和处理器的制备，还一直不能完全自主化。

但是，计算机是否能不断地微型化下去？看来至少会受到两个限制：在技术上微型化后，发热问题难以解决；集成度的提高受到量子力学原理的限制，光刻宽度受到激光波长的制约。新的效能更高的计算机，正在物理学家的实验室中研制着。光学计算机和量子计算机显然是基于不同物理原理新一代的计算机。所谓光学计算机的原理，就是物理学家在 20 世纪 80 年代发现的光学双稳态，美国贝尔实验室 1990 年宣布研制出世界上第一台光学计算机。它采用砷化镓光学开关，运算速度达 10 亿次每秒。尽管这台光学计算机与理论上的光学计算机还有一定距离，但已显示出强大的生命力。1999 年 5 月，在美国西北大学工作的新加坡科学家何盛中领导的一个有 20 多人的研究小组利用纳米级的半导体激光器研制出世界上最小的光子定向耦合器，可以在宽度仅 0.2～0.4 微米的半导体层中对光进行分解和控制。光学计算机的运算速度在理论上能比电子计算机提高 10^3～10^4 倍，但至今尚未正式进入市场。图 16.11 为可能代替电子计算机的光学计算机雏形。

2016 年初，美国科罗拉多大学科研人员研制成功世界上第一款依靠光子传输信息的微处理器芯片。该校研制的光子芯片，依靠"光子-电子"系统协同运转，单个芯片上整合了超过 7 000 万个电晶体和 850 个光子元件，具有逻辑处理电路、内存等功能，比现有的电子芯片运行速度快 50 倍。据科学估算，未来单个光子芯片将能同时执行 100 万个并行任务，大量光子芯片并行运算，数据处理能力可达到目前最庞大的电子芯片计算机的 1 000 倍。

图 16.10　美国 Titan 超级计算机系统

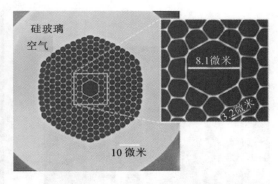

图 16.11　可能代替电子计算机的光学计算机雏形

光子芯片具有明显的速度优势。以光速进行的高效计算，只要在数字信号处理器上附加一个光学加速器，就可以制成光学数字信息处理器，可使传统电子芯片的运算速度得到巨大提升。由于传输所造成的信息畸变和失真极小，光器件的开关速度比电子器件快得多，因此光计算机的运算速度在理论上可达每秒千亿次以上，其信息处理速度比电子计算机要快数百万倍。Intel 公司研制的光信号数据传输样机，传输的速率高达 10 GB/s，是普通 USB 线速率的 20 倍。

光计算机主要利用光的物理性能进行大容量信息处理，一旦投入运行，将彻底改变智能手机、超级计算机和大型运算中心的计算与网络构架，在军事和民用领域具有广泛的应用前景。目前，美国海军和美国导弹防御局先后投入巨资开展光子芯片的研制。作为未来信息战争的"最强大脑"，光子芯片在电子信息对抗、军事多维物联网、战场数据处理、战场气象预报，以及作战数字通信系统等领域有广泛发展前景，是新军事变革的重要信息化装备。

关于量子计算机的研制和开发问题，读者可以参阅第 15 章。这种计算机可以使电子计算机的能力和速度提高到惊人的程度，我们只想提醒读者，其开发完全仰仗于物理学家的辛勤劳动。为了公平，我们必须提到另一种新一代的计算机方案，就是生物计算机。

生物计算机又称仿生计算机,是以生物芯片取代在半导体硅片上集成数以万计的晶体管制成的计算机。它的主要原材料是生物工程技术产生的蛋白质分子,并以此作为生物芯片。生物计算机芯片本身还具有并行处理的功能,其运算速度要比当今最新一代的计算机快 10 万倍,能量消耗仅相当于普通计算机的 10 亿分之一,存储信息的空间仅占百亿亿分之一。

这种计算机的研发说明生命科学正不断地提高它在整个科学中的重要性。但是我们还想指出,在研发生物计算机的科学队伍中,不仅闪现着物理学家的身影,而且其基本设备大多来自物理学家研制的高技术产品。例如:光钳、扫描探针显微镜、扫描隧道显微镜、电子能量损失谱、俄歇电子能谱和原子探针-场离子显微镜等。

图 16.12 为著名科学期刊《PNAS》上 2016 年报道的相关的最新研究成果,用蛋白质制造的生物计算机。总之,生物计算机是人类期望在 21 世纪完成的伟大工程,是计算机世界中最年轻的分支。目前的研究方向大致是两个:一是研制分子计算机,即制造有机分子元件来代替目前的半导体逻辑元件和存储元件;另一方面是深入研究人脑的结构、思维规律,再构想生物计算机的结构。

图 16.12 用蛋白质制造的生物计算机

图 16.13 费曼(1918—1988)

二、微纳技术与产业的兴起和发展

信息技术中微电子技术、纳米技术举足轻重。纳米技术的概念是物理学家理查德·费曼 1959 年所作题为"在底部还有很大空间"的演讲中提出的。其基本思想就是,根据人类意愿,单个地操作原子,制造出微型产品。这位诺贝尔奖金获得者说:"至少依我看来,物理学的规律不排除一个原子一个原子地制造物品的可能性。"

伟大的美国物理学家费曼是犹太人的后裔。他对于量子电动力学的建立和发展有巨大的贡献,因此获得 1965 年诺贝尔物理奖。他所提出的费曼图、费曼规则和重正化的计算方法,是研究量子电动力学和粒子物理学不可缺少的工具。

费曼多才多艺,还发现了呼麦这一演唱技法。被认为是爱因斯坦之后最睿智的理论物理学家,也是第一位提出纳米概念的人。费曼,高中毕业之后进入麻省理工学院学习,最初主修数学和电力工程,后转修物理学。1939 年以优异成绩毕业于麻省理工学院,1942 年 6 月获得普林斯顿大学理论物理学博士学位。1942 年,24 岁的费曼加入美国原子弹研究项目小组,参与秘密研制原子弹项目"曼哈顿计划"。"曼哈顿计划"结束,费曼在康奈尔大学任教。1950 年到加利福尼亚理工学院担任托尔曼物理学教授，直到去世。1986 年，参与调查"挑战者号"航天飞机失事事件。1988 年 2 月 15 日，费曼因腹膜癌在加州洛杉矶逝世。

1990 年，IBM 公司阿尔马登研究中心的科学家利用扫描隧道显微镜，成功地操作单个的原子，把 35 个原子移动到各自的位置，组成了 IBM3 个字母，宣告纳米技术正式诞生。而后人们还学会了"喷涂原子"，发明了分子束外延长生长技术，可以制造极薄的（厚度为 10 纳米左右）特殊晶体薄膜，每次制备的薄膜厚度为 1 层分子。目前，制造计算机硬盘读写头使用的就是这项技术。可见，纳米技术首先就应用在计算机中。

准确地说，纳米技术一般指对纳米级（0.1～100 nm）的材料进行设计、测量、控制和制造产品的技术。纳米技术主要包括纳米级测量技术、纳米级表层物理力学性能的检测技术、纳米级加工技术、纳米粒子的制备技术、纳米材料、纳米生物学技术、纳米组装技术等。其中纳米级加工技术，一直是信息技术微型化、集成化不可缺少的技术手段。纳米材料，如 1991 年，人类发现的碳纳米管，其质量是相同体积钢的六分之一，强度却是钢的 10 倍，其最佳应用领域是制作纤维，也将被广泛用于超微导线、超微开关以及纳米级电子线路等。在纳米组装技术中，1997 年，美国科学家成功地实现用单电子移动单电子的技术，这种技术可望在研制量子计算机中应用。在量子测量技术中，纳米技术中提供的纳米秤，也有用武之地。1999 年，巴西和美国科学家在进行纳米碳管实验时发明了世界上最小的"秤"——纳米秤，可以称量十亿分之一克的物体，即相当于一个病毒的重量；此后不久，德国科学家研制出能称量单个原子重量的秤，打破了美国和巴西科学家所创造的纪录。

纳米技术在信息技术领域最重要的应用集中在微电子学上和光电领域。

纳米电子学是纳米技术的重要组成部分，其主要思想是基于纳米粒子的量子效应来设计并制备纳米量子器件，包括纳米有序（无序）阵列体系、纳米微粒与微孔固体组装体系、纳米超结构组装体系。纳米电子学的最终目标是将集成电路进一步减小，研制出由单原子或单分子构成的在室温能使用的各种器件。

目前，利用纳米电子学已经研制成功各种纳米器件。单电子晶体管，红、绿、蓝三基色可调谐的纳米发光二极管，以及利用纳米丝、巨磁阻效应制成的超微磁场探测器已经问世。并且，具有奇特性能的碳纳米管的研制成功，为纳米电子学的发展起到了关键的作用。

碳纳米管是由石墨碳原子层卷曲而成，是一种具有特殊结构（径向尺寸为纳米量级，轴向尺寸为微米量级，管子两端基本上都封口）的一维量子材料。它主要由呈 6 边形排列的碳原子构成数层到数十层的同轴圆管。层与层之间保持固定的距离，约 0.34 nm，直径一般为 2～20 nm。碳纳米管不总是笔直的，而是局部区域出现凸凹现象。径向尺层控制在 100 nm 以下。电子在碳纳米管的运动在径向上受到限制，表现出典型的量子限制效应，而在轴向上则不受任何限制。以碳纳米管为模子来制备一维半导体量子材料，并不是凭空设想，清华大学的范守善院士利用碳纳米管，将气相反应限制在纳米管内进行，从而生长出半导体纳米线。他们将 Si-SiO_2 混合粉体置于石英管中的坩埚底部，加热并通入 N_2。SiO_2 气体与 N_2 在碳纳米管中反应生长出 Si_3N_4 纳米线，其径向尺寸为 4～40 nm。另外，在 1997 年，他们还制备出了 GaN 纳米线。1998 年该科研组与美国斯坦福大学合作，在国际上首次实现硅衬底上碳纳米管阵列的自组织生长，它将大大推进碳纳米管在场发射平面显示方面的应用。其独特的电学性能使碳纳米管可用于大规模集成电路、超导线材等领域。

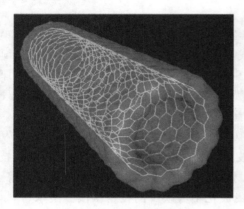

日本的 Hitachi 公司成功研制出单个电子晶体管,它通过控制单个电子运动状态完成特定功能,即一个电子就是一个具有多功能的器件。另外,日本的 NEC 研究所已经拥有制作 100 nm 以下的精细量子线结构技术,并在 GaAs 衬底上,成功制作了具有开关功能的量子点阵列。目前,美国已研制成功尺寸只有 4 nm 具有开关特性的纳米器件,由激光驱动,并且开、关速度很快。

美国威斯康星大学已制造出可容纳单个电子的量子点。在一个针尖上可容纳这样的量子点几十亿个。利用量子点可制成体积小、耗能

图 16.14 碳纳米管

少的单电子器件,在微电子和光电子领域将获得广泛应用。此外,若能将几十亿个量子点连接起来,每个量子点的功能相当于大脑中的神经细胞,再结合 MEMS(微电子机械系统)方法,它将为研制智能型微型电脑带来希望。

纳米电子学立足于最新的物理理论和最先进的工艺手段,按照全新的理念来构造电子系统,并开发物质潜在的储存和处理信息的能力,实现信息采集和处理能力的革命性突破,纳米电子学将成为本世纪信息时代的核心。

纳米技术的发展,使微电子和光电子的结合更加紧密,因而在光电信息传输、存储、处理、运算和显示等方面,使光电器件的性能大大提高。将纳米技术用于现有雷达信息处理上,可使其能力提高 10 倍至几百倍,甚至可以将超高分辨率纳米孔径雷达放到卫星上进行高精度的对地侦察。但是要获取高分辨率图像,就必需先进的数字信息处理技术。科学家们发现,将光调制器和光探测器结合在一起的量子阱自电光效应器件,将为实现光学高速运算提供可能。

美国桑迪亚国家实验室的 Paul 等发现:纳米激光器的微小尺寸可以使光子被限制在少数几个状态上,而低音廊效应则使光子受到约束,直到所产生的光波累积起足够多的能量后透过此结构。其结果是激光器达到极高的工作效率,而能量阈则很低。纳米激光器实际上是一根弯曲成极薄面包圈的形状的光子导线,实验发现,纳米激光器的大小和形状能够有效控制它发射出的光子的量子行为,从而影响激光器的工作。研究还发现,纳米激光器工作时只需约 100 微安的电流。最近科学家们把光子导线缩小到只有五分之一立方微米体积内。在这一尺度上,此结构的光子状态数少于 10 个,接近了无能量运行所要求的条件,但是光子的数目还没有减少到这样的极限上。最近,麻省理工学院的研究人员把被激发的钡原子一个一个地送入激光器中,每个原子发射一个有用的光子,其效率之高,令人惊讶。

除了能提高效率以外,无能量阈纳米激光器的运行还可以得出速度极快的速度开关。由于只需要极少的能量就可以发射激光,这类装置可以实现瞬时开关。已经有一些激光器能够以快于每秒钟 200 亿次的速度开关,适合用于光纤通信。由于纳米技术的迅速发

展，这种无能量阈纳米激光器的实现将指日可待。

三、光通信产业与空间通信卫星

现代通信技术核心设备有两个。一是我们前面谈到的 1970 年物理学家高琨发明的石英光纤。石英光纤的发明是现代通信技术发展的关键点，现代通信网络如因特网、万维网等离开了石英光纤是不可想象的。二是在下一代全光学网络（all-optical network，AON）中，必不可少的半导体光频振荡器。所有这些都是物理学家发明后，很快就产业化了。仅就光通信产业而言，2012 年全球光通信市场产值达到 299 亿 5 400 万美元，与 2011 年的 271 亿 7 100 万美元相比，成长幅度约为 10%。

光纤之父高琨出生在上海，于 1966 年发表了一篇题为《光频率介质纤维表面波导》的论文，提出光导纤维在通信上应用的基本原理，描述了长程及高信息量光通信所需绝缘性纤维的结构和材料特性，提出了用玻璃代替铜线的大胆设想：利用玻璃清澈、透明的性质，使用光来传送信号。他当时的出发点是想改善传统的通信系统，使它传输的信息量更多、速度更快。对这个设想，许多人都认为匪夷所思，甚至认为高琨神经有问题。但高琨经过理论研究，充分论证了光导纤维的可行性。不过，他为寻找那种"没有杂质的玻璃"也费尽周折。为此，他去了许多玻璃工厂，到过美国的贝尔实验室及日本、德国，跟人们讨论玻璃的制法。那段时间，他遭受到许多人的嘲笑，说世界上并不存在没有杂质的玻璃。但高琨的信心并没有丝毫的动摇。他说：所有的科学家都应该固执，都要觉得自己是对的，否则不会成功。

他发明了石英玻璃，1970 年制造出世界上第一根光导纤维，使科学界大为震惊。高琨的发明使信息高速公路在全球迅猛发展，这是他始料不及的。他因此获得了世界性的崇高声誉，被冠以"光纤之父"的称号。美国耶鲁大学校长在授予他"荣誉科学博士学位"的仪式上说："你的发明改变了世界通信模式，为信息高速公路奠下基石。把光与玻璃结合后，影像传送、电话和电脑有了极大的发展……"高琨此后几乎每年都获得国际性大奖，但由于专利权是属于雇用他的英国公司的，他并没有从中得到很多的财富。受中国传统文化影响极深的高琨，以一种近乎老庄哲学的态度说："我的发明确有成就，是我的运气，我应该心

图 16.15　高琨（1933—）

满意足了。"高琨离开英国后，1987 年担任香港中文大学校长，1996 年退休。他在地球兜了一个圈之后，在香港回归祖国那年回来了，随即，他成立了一个高科技顾问公司，担任香港电信等多家公司的顾问。目前他有 5 个职务，其中 1 个是创新科技委员会成员，专门为香港特区政府如何发展高科技出谋献策。他说："香港给了我机会，我要尽力报答她。"高琨的最大爱好是打网球和做陶瓷。他认为搞科研的人，往往既辛苦，又寂寞。当一个人静静地抚弄泥瓶，享受泥坯在手中变动着形状，按自己的审美眼光逐步走向完善、走向美，那是"很有治疗作用"的一种享受。2009 年诺贝尔物理学奖授予高琨，以及美国科学家威拉德·博伊尔和乔治·史密斯。原因是其在有关光在纤维中的传输以用于光学通信方面的

成就。

现代通信技术中,卫星技术扮演着关键的角色。正是由于空间通信卫星将全世界紧密地联系在一起,形成所谓地球村。空间通信技术从其问世、发展的各个阶段,都浸透了物理学家的辛勤汗水。我们特别要谈到全球定位系统 GPS 和我国的北斗星定位系统的建立。

GPS 是 20 世纪 70 年代由美国陆海空三军联合研制的新一代空间卫星导航定位系统,目的在于为陆、海、空三大领域提供实时、全天候和全球性的导航服务,并用于情报收集、核爆监测和应急通信等军事目的。1994 年 3 月,24 颗 GPS 卫星星座已布设完成,全球覆盖率高达 98%,耗资 300 亿美元。

图 16.16　GPS 卫星

GPS 技术作为全天候、高精度和自动测量的先进手段,已经融入了国民经济建设、国防建设和社会发展的各个应用领域。GPS 目前已广泛应用于军事、交通导航、灾害预警、测量等。例如在美国,单单是汽车 GPS 导航系统,2000 年后的市场已达到 30 亿美元,而在我国,汽车导航的市场已达到 50 亿元人民币。可见,GPS 技术市场的应用前景非常可观。

GPS 由以下 3 个部分构成。

一是空间部分,由 24 颗卫星组成(21 颗工作卫星,3 颗备用卫星),它位于距地表 20 200 km 的上空,均匀分布在 6 个轨道面上(每个轨道面 4 颗),轨道倾角为 55°。卫星的分布使得在全球任何地方、任何时间都可观测到 4 颗以上的卫星,并能在卫星中预存导航信息。

二是地面控制系统,由监测站(Monitor Station)、主控制站(Master Monitor Station)、地面天线(Ground Antenna)所组成,主控制站位于美国科罗拉多州春田市(Colorado Spring)。地面控制站负责收集由卫星传回的信息,并计算卫星星历、相对距离、大气校正等数据。

三是用户设备部分,即 GPS 信号接收机。其主要功能是能够捕获到按一定卫星截止角所选择的待测卫星,并跟踪这些卫星的运行。接收机捕获到跟踪的卫星信号后,就可测量出接收天线至卫星的伪距离和距离的变化率,解调出卫星轨道参数等数据。根据这些数据,接收机中的微处理计算机就可按定位解算方法进行定位计算,计算出用户所在地理位置的经纬度、高度、速度、时间等信息。

有趣的是,为保证 GPS 精度,必须考虑相对论的效应,以便随时对 GPS 结果进行修正。精确的距离测量需要精确的时钟,因此精确的 GPS 接受器就要考虑相对论效应。准确度在 30 米之内的 GPS 接收机就意味着它已经考虑了相对论效应。华盛顿大学的物理学家 Clifford M. Will 详细解释说:"如果不考虑相对论效应,卫星上的时钟就和地球的时钟不同步。"相对论认为快速移动物体随时间的流逝比静止的要慢。Will 计算出,每个 GPS 卫星每小时跨过大约 1.4 万千米的路程,这意味着其星载原子钟每天要比地球上的钟慢 7 微秒。而引力对时间广义相对论效应更大。大约 2 万千米的高空,GPS 卫星经受到的引力拉力大约相当于地面上的 1/4。结果就是星载时钟每天快 45 微秒,因而 GPS 要计入共 38 微秒的偏差。

图 16.17 我国北斗卫星导航系统示意图

　　北斗卫星导航系统是是中国自行研制开发的区域性有源 3 维卫星定位与通信系统（CNSS），是除美国的全球定位系统（GPS）、俄罗斯的 GLONASS 之后第三个成熟的卫星导航系统。北斗卫星导航系统致力于向全球用户提供高质量的定位、导航和授时服务，其建设与发展则遵循开放性、自主性、兼容性、渐进性这 4 项原则。总的目标是，在 2020 年前，建成北斗卫星导航系统，由空间端、地面端和用户端 3 部分组成，其中空间端包括 5 颗静止轨道卫星和 30 颗非静止轨道卫星。地面端包括主控站、注入站和监测站等若干个地面站。

　　2000 年以来，中国已成功发射了 9 颗"北斗导航试验卫星"，建成北斗导航试验系统（第一代系统）。我国正在建设的北斗卫星导航系统空间段由 5 颗静止轨道卫星和 30 颗非静止轨道卫星组成，提供两种服务方式，即开放服务和授权服务（属于第二代系统）。开放服务是在服务区免费提供定位、测速和授时服务，定位精度为 10 米，授时精度为 50 纳秒，测速精度为 0.2 米/秒。授权服务是向授权用户提供更安全的定位、测速、授时和通信服务，以及系统完好性信息。我国计划 2012 年左右，"北斗"系统将覆盖亚太地区，2020年左右覆盖全球。我国正在实施北斗卫星导航系统建设，已成功发射 23 颗北斗导航卫星。2012 年左右，系统已具备覆盖亚太地区的定位、导航和授时，以及短报文通信服务能力；2020 年左右，建成覆盖全球的北斗卫星导航系统。

表 16.1 北斗卫星发射列表

北斗卫星发射列表				
发射时间	火箭	卫星编号	卫星类型	发射地点
2000 年 10 月 31 日	长征三号甲	北斗-1A	北斗 1 号	西昌
2000 年 12 月 21 日		北斗-1B		
2003 年 5 月 25 日		北斗-1C		
2007 年 2 月 3 日		北斗-1D		
2007 年 4 月 14 日 04 时 11 分		第一颗北斗导航卫星（M1）		

物理发现启思录

440

发射时间	火箭	卫星编号	卫星类型	发射地点
2009 年 4 月 15 日	长征 3 号丙	第二颗北斗导航卫星(G2)	北斗 2 号	西昌
2010 年 1 月 17 日		第三颗北斗导航卫星(G1)		
2010 年 6 月 2 日		第四颗北斗导航卫星(G3)		
2010 年 8 月 1 日 05 时 30 分	长征 3 号甲	第五颗北斗导航卫星(I1)		
2010 年 11 月 1 日 00 时 26 分	长征 3 号丙	第六颗北斗导航卫星(G4)		
2010 年 12 月 18 日 04 时 20 分	长征 3 号甲	第七颗北斗导航卫星(I2)		
2011 年 4 月 10 日 04 时 47 分		第八颗北斗导航卫星(I3)		
2011 年 7 月 27 日 05 时 44 分		第九颗北斗导航卫星(I4)		
2011 年 12 月 2 日 05 时 07 分		第十颗北斗导航卫星(I5)		
2012 年 2 月 25 日 0 时 12 分	长征 3 号丙	第十一颗北斗导航卫星		
2012 年 4 月 30 日 4 时 50 分	长征 3 号乙	第十二、第十三颗北斗导航系统组网卫星("一箭双星")		
2012 年 9 月 19 日 3 时 10 分	长征 3 号乙	第十四、第十五颗北斗导航系统组网卫星"一箭双星")		
2012 年 10 月 25 日 23 时 33 分	长征 3 号丙	第十六颗北斗导航卫星		
2016 年 2 月 1 日 15 时 29 分	长征 3 号丙	第五颗新一代北斗导航卫星		
2016 年 6 月 12 日 23 时 30 分	长征 3 号丙	第二十三颗北斗导航卫星		

该系统具备在中国及其周边地区范围内的定位、授时、报文和 GPS 广域差分功能,并已在测绘、电信、水利、交通运输、渔业、勘探、森林防火和国家安全等诸多领域逐步发挥重要作用。特别是在 2008 年北京奥运会、汶川抗震救灾中发挥了重要作用。为更好地服务于国家建设与发展,满足全球应用需求,我国启动实施了北斗卫星导航系统建设。北斗系统信号质量总体上与 GPS 相当。在 45 度以内的中低纬地区,北斗动态定位精度与 GPS 相当,水平和高程方向分别可达 10 米和 20 米左右;北斗静态定位水平方向精度为米级,也与 GPS 相当,高程方向 10 米左右,较 GPS 略差;在中高纬度地区,由于北斗可见卫星数较少、卫星分布较差,定位精度较差或无法定位。目前北斗导航系统定位精度是:3 维定位精度约为几十米,授时精度约为 100 ns。GPS 3 维定位精度 P 码目前已由 16 m 提高到 6 m,C/A 码目前已由 25~100 m 提高到 12 m,授时精度目前约 20 ns。

我国北斗导航系统和美国的 GPS、俄罗斯的 GLONASS 相比,具有以下优势:同时具备定位与通信功能(增加了通信功能),无需其他通信系统支持;全天候快速定位,与 GPS 精度相当;覆盖中国及周边国家和地区,无通信盲区;特别适合集团用户大范围监控与管理,以及无依托地区数据采集用户数据传输应用;独特的中心节点式定位处理和指挥型用户机设计,可同时解决"我在哪?"和"你在哪?";自主系统,高强度加密设计,安全、可靠、稳定,适合关键部门应用。但是该系统也有缺点:北斗 1 号系统属于有源定位系统,系统容量有限,定位终端比较复杂;北斗 1 号系统属于区域定位系统,目前只能为中国以及周边地区提供定位服务。这些劣势到 2020 年北斗导航系统最终建成后,就会改变。

总之,空间通信卫星系统的建立和发展,是各方面科学家、工程师协调努力的结果,然而,其中物理学家确实起着不可替代的重要作用。正是牛顿早在 300 年前预言,人造卫星发射的可行性;物理学家研制推动力越来越强大的火箭燃料(液体燃料和固体燃料);物理学家研制出精度越来越高的敏感材料和探测设备;物理学家发明了激光和光纤等,才最后导致 1959 年第一个人造卫星升天,以及今天的环绕地球的无数通信卫星、气象卫星和军用卫星。

信息产业作为新型高技术产业集群的代表产业,又称第四产业,已成为当前世界知识经济中的支柱产业。以我国 2016 年的信息产业为例,规模以上电子信息产业的企业个数 6.08 万家,其中电子信息制造企业 1.99 万家,软件和信息技术服务企业 4.09 万家。全年完成销售收入总规模达到 15.4 万亿元,同比增长

图 16.18 第二十三颗北斗导航卫星发射升空

10.4%。其中,电子信息制造业实现主营业务收入 11.1 万亿元,同比增长 7.6%;软件和信息技术服务业实现软件业务收入 4.3 万亿元,同比增长 16.6%。

规模以上电子信息制造业的主营业务收入增加值增长 10.5%,高于同期工业平均水平(6.1%)4.4 个百分点,在全国 41 个工业行业中增速居第 5 位,占工业总体收入的比重达到 10.1%。全年共生产手机和彩色电视机分别为 18.1 亿部和 1.4 亿台,其中:生产智能手机和智能电视分别为 13.99 亿部和 8383.5 万台;生产微型计算机 3.1 亿台;生产集成电路 1087.2 亿块。软件和信息技术服务业中,信息技术服务实现收入 22 123 亿元。2015 年我国云计算产值规模达 8 381.1 亿元。

总之,规模以上电子信息产业中,软件和信息技术服务业收入增速快于电子信息制造业 9 个百分点,软件业比重达到 28%,比上年提高 1.4 个百分点。换言之,信息产业在我国国民经济的发展中占举足轻重的地位,而且软件和信息服务业的发展大大快于电子信息制造业。

第三节　物理学革命与新能源产业的兴起

一、化石能源的枯竭与水力压裂技术的兴起

世界经济的现代化,得益于化石能源,如石油、天然气、煤炭与核裂变能的广泛的投入应用。因而它是建筑在化石能源基础之上的一种经济。所谓化石能源,如石油、天然气、煤炭,都是来自于地球本身的储藏,归根结底都是远古时代地球的森林等有机物,因沧海桑田的变化,埋入地下经过复杂的化学物理变化而形成的。实际上可以说是地球古代储藏的太阳能。然而,这一资源载体将在 21 世纪上半叶迅速地接近枯竭。石油储量的综合

估算,可支配的化石能源的极限,为 1 180 亿～1 510 亿吨,以 1995 年世界石油的年开采量 33.2 亿吨计算,石油储量大约在 2050 年左右宣告枯竭。天然气储备估计在 131 800～152 900M 立方米。年开采量维持在 2 300M 立方米,将在 57～65 年内枯竭。煤的储量约为 5 600 亿吨。1995 年煤炭开采为 33 亿吨,可以供应 169 年。当然,近年来由于新技术的投入,水力压裂技术的兴起,这一悲观估计似乎有所缓解。美国的石油储量由于这一新技术的应用一跃而超过沙特阿拉伯和俄罗斯,居于世界首位。

所谓水力压裂技术(hydrofracturing method)又称水压致裂法。这是一种绝对地应力测量方法。测量时首先取一段基岩裸露的钻孔,用封隔器将上下两端密封起来;然后注入液体,加压力直到孔壁破裂,并记录压力随时间的变化,并用印模器或井下电视观测破裂方位。根据记录的破裂压力、关泵压力和破裂方位,利用相应的公式算出原地主应力的大小和方向。

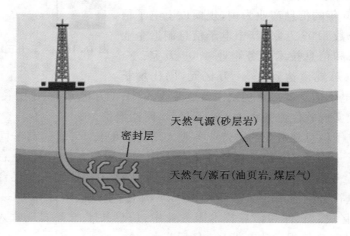

密封层

天然气源(砂层岩)

天然气/源石(油页岩,煤层气)

图 16.19　水力压裂技术示意图

水力压裂技术将使全球石油供应量增加近 1 400 亿桶,相当于俄罗斯已知石油储量。用于开采美国境内难以获取石油储备的水力压裂技术如能用于刺激其他地方老油田的产量回复,则能在未来几年内带来大量的石油供应。这些可用水力压裂恢复开采的石油中,有三分之二的产量将会来自中东和拉丁美洲。

美国页岩革命正在利用水力压裂技术,为日益老化的油气田注入新的活力。而诸如伊朗、俄罗斯、墨西哥和中国等国家将能从水力压裂技术中获得更大的利益。北美以外已探明油气田可开采 1 410 亿桶石油,其中 1 350 亿桶需要用到水力压裂技术。这 1 410 亿桶石油中,400 亿桶的储量位于伊朗。目前伊朗核问题已达成协议,国际社会解除制裁,伊朗政府有可能吸引国外投资。排在伊朗之后的是向国外投资开放了能源领域的墨西哥,拥有 140 亿桶的可回复石油储量,随后是俄罗斯 120 亿桶,中国 60 亿桶。

法国、突尼斯和中国的 3 个油田开采商已经在应用新技术来复兴老油田。法国离巴黎不远的圣马丁·迪·博森内瑞(Saint Martin de Bossenary)油田在 1996 年废弃,由于法国禁止使用水力压裂技术,该油田采取了水平钻探技术重新进行开采。其石油开采回复速度从 40% 上升到了 44%,该油田的石油储量也因采用新技术而增加了 100 万桶,或增长了 10%。

除上述国家外，另外前 10 个拥有超过 40 亿桶额外石油储量的国家，包括阿联酋、科威特、哈萨克斯坦、阿尔及利亚、利比亚和委内瑞拉。

但是，水力压裂是一种复杂而充满争议的技术。它是环境的灾难，还是环境的救星？它创造了就业和财富……还有地震。但这些也有可能都与它无关。它可能是一座通往替代能源美好未来的桥梁，所以值得付出一些代价。但或许也未必如此。在最近的媒体报道中，美国至少有一个州宣布禁用这种技术。与此同时，一些环保积极分子则在高唱赞歌。换句话说，此事争议巨大。

我们指出，这项新技术的应用当然需要物理学家在内的各个领域的专家合作，在原理上还是已有的化石能源的充分利用，并非运用新的物理原理而出现的革命性新技术。

二、化石能源与环境污染

传统化石能源的使用会造成严重的环境污染。燃烧化石燃料排放的二氧化硫是造成酸雨的主要原因，燃烧化石燃料排放的温室气体是导致全球变暖的主要原因，造成臭氧层破坏的原因是人类过多地使用氟氢类物质和燃料燃烧产生的 N_2O 所致，化石燃料燃烧时排放的大量粉尘、SO_2、H_2S 等除了污染环境外，还会影响人类的身体健康，使人类产生各种疾病。

图 16.20　化石能源的滚滚浓烟造成环境污染

今天的世界人口已经突破 70 亿，比 19 世纪末期增加了 2 倍多，而能源消费却增加了 16 倍多。无论多少人谈论"节约"和"利用太阳能"或"打更多的油井或气井"或者"发现更多更大的煤田"，能源的供应却始终跟不上人类对能源的需求。当前世界能源消费以化石能源为主，其中中国等少数国家是以煤炭为主，其他国家大部分则是以石油与天然气为主。按目前的消耗量，专家预测石油、天然气最多只能维持不到半个世纪，煤炭也只能维持一二百年。火电厂的浓烟滚滚对环境造成严重污染。另一方面，利用化石能源的过程也直接影响地球的环境，使大气和水资源遭受严重污染。大气中主要的 5 种污染物是：氮氧化物（如 NO 与 NO_2）、二氧化硫（SO_2）、各种悬浮颗粒物、一氧化碳（CO）和碳氢化合物（如 CH_4、C_2H_6、C_2H_4 等）。其来源主要有 3 个方面：①煤、石油等化石燃料的燃烧；②汽车排放的废气；③工业生产（如各种化工厂、炼焦厂等）产生的废气。而其中燃烧化石燃料的火力发电厂是最大的固定污染源。

目前世界上最严重的大气污染来自化石能源燃烧造成的大气中二氧化碳量的增加。

带来的主要后果是:酸雨、温室效应和臭氧层的破坏。

三、新能源技术分类及其应用

(一) 分类

1. 新能源按其形成和来源分类

①来自太阳辐射的能量,如太阳能、水能、风能、生物能等。

②来自地球内部的能量,如核能、地热能等。

③天体引力能,如潮汐能。

2. 新能源按开发利用状况分类

①常规能源,如水能、核能。

②新能源,如生物能、地热、海洋能、太阳能、风能。

3. 新能源按属性分类

①可再生能源,如太阳能、地热、水能、风能、生物能、海洋能。

②非可再生能源,如核能。

4. 新能源按转换传递过程分类

①一次能源,直接来自自然界的能源。如水能、风能、核能、海洋能、生物能。

②二次能源,如沼气、蒸汽、火电、水电、核电、太阳能发电、潮汐发电、波浪发电等。

(二) 各种能源的含义与应用

1. 太阳能

太阳能有广义、狭义之分:狭义太阳能是指现在能用现代技术直接利用转化的太阳辐射;广义的太阳能除包括狭义太阳能还包括间接获得的太阳能量,如由于太阳辐射引起的大气流动——风能,以及远古植物形成的煤等。其应用如下。

太阳能热发电:主要是把太阳的能量聚集在一起加热来驱动汽轮机发电。

太阳能光伏发电:将太阳能电池组合在一起,大小规模随意,可独立发电,也可并网发电。

图 16.21　太阳能屋顶发电站

太阳能水泵:正在取代太阳能热动力水泵,20 世纪 90 年代我国研制的 2.5 kW 光伏水泵在新疆运用。

太阳能热水器:我国自从 1958 年研制出第一台太阳能热水器后,经过四十多年的努力,我国太阳能热水器产、销量均占世界首位。

太阳能建筑:太阳能建筑有以下 3 种形式。第一种是被动式的,结构简单,造价低,以自然热交换方式来获得能量。第二种是主动式的,结构较复杂,造价较高,需要电做辅助能源。第三种是"零能建筑"的,结构复杂,造价高,全部建筑所需要的能量都由"太阳屋顶"来提供。

太阳能干燥:20 世纪 70 年代后,太阳能干燥器迅速发展,尤其在农村,对许多农副产品做了太阳能干燥的试验。

太阳灶:太阳灶可分为热箱式和聚光式两类,我国是世界上推广应用太阳灶最多的国家。

太阳能制冷与空调:是节能型的绿色空调,无噪声,无污染,可很快地投入商业化生产。

太阳能其他用途:可淡化海水,利用太阳光催化治理环境,培养能源植物,在通信、运输、农业、防灾、阴极保护、消费、电子产品等诸多方面,都有广泛的应用。

2. 风能

风能(wind energy)是地球表面大量空气流动所产生的动能。由于地面各处受太阳辐照后气温变化不同和空气中水蒸气的含量不同,因而引起各地气压的差异,在水平方向高压空气向低压地区流动,即形成风。

风能作为一种无污染和可再生的新能源有着巨大的发展潜力,特别是对沿海岛屿、交通不便的边远山区、地广人稀的草原牧场,以及远离电网和近期内电网还难以达到的农村、边疆,作为解决生产和生活能源的一种可靠途径,有着十分重要的意义。即使在发达国家,风能作为一种高效清洁的新能源也日益受到重视,比如美国能源部就曾经调查过,单是利用德克萨斯州和南达科他州两州的风能密度来发电就足以供应全美国的用电量。

3. 水能

广义的水能资源包括河流水能、潮汐水能、波浪能、海流能等能量资源;狭义的水能资源指河流的水能资源。水能是常规能源的一次能源。其应用如图16.22所示的三峡水力发电站。

三峡水力发电站是世界上规模最大的水电站,也是中国有史以来建设的最大型的水利工程项目。三峡水电站的功能有10多种,如航运、发电、种植等。于2009年全部完工。三峡水电站大坝高程185米,蓄水高程175米,水库长600多公里,总投资954.6亿元人民币,安装32台单机容量为70万千瓦的水电机组。截至2014年12月31日24时,三峡水电站全年发电988亿千瓦时,创单座水电站年发电量新的世界最高纪录。

图 16.22　长江三峡水力发电站

4. 生物质能

生物质能(biomass energy)就是太阳能以化学能形式储存在生物质中的能量形式,即以生物质为载体的能量。将适合于能源利用的生物质分为林业资源、农业资源、生活污水和工业有机废水、城市固体废物和畜禽粪便等五大类。

目前人类对生物质能的利用包括直接用做燃料的有农作物的秸秆、薪柴等；间接作为燃料的有农林废弃物、动物粪便、垃圾及藻类等，它们通过微生物作用生成沼气，或采用热解法制造液体和气体燃料，也可制造生物炭。生物质能是世界上最为广泛的可再生能源。

5. 核能

核能（或称原子能）是通过转化其质量从原子核释放的能量。

核能现今主要用于发电，核能→水和水蒸气的内能→发电机转子的机械能→电能。原子核能的利用直接来自于此次物理学革命。我们在下面将详细讲述这个问题。

6. 地热能（geothermal energy）

地热能是由地壳抽取的天然热能，这种能量来自地球内部的熔岩，并以热力形式存在，是引致火山爆发及地震的能量。

地热发电实际上就是把地下的热能转变为机械能，然后再将机械能转变为电能的能量转变过程或称为地热发电。目前开发的地热资源主要是蒸汽型和热水型两类。

目前中国水力、核电、风能、太阳能、生物能产业均实现了高速增长，如风力发电装机容量连续 3 年实现"翻倍增长"，总装机容量目前已居世界第四位，太阳能发电总量居世界第一位。同时，中国也极为重视对传统化石燃料的清洁利用，近 3 年来，中国单位 GDP 能耗下降了 10.1%。

四、核能的应用与开发

核能的利用实际上有两个途径：一是重原子核裂变，反应前后有质量亏损（反应前的总质量减去反应后的总质量 Δm），从而释放巨大的能量，$E = \Delta m \cdot c^2$；二是核聚变，即两个较轻的原子核聚合而成为一个较重的原子核，同样有质量亏损，而释放更加巨大的能量。其中利用核裂变发电已经得到广泛的应用，其原理就是德国科学家哈恩（O. Hahn）、斯特拉斯曼（F. Strassman）和奥地利物理学家梅特勒（L. Meitner）在 1938 年 12 月用慢中子轰击铀原子核，所发现的核裂变现象，并且这种现象伴随一系列猛烈的链式反应进行，释放出大量的能量。哈恩因此获得 1944 年诺贝尔化学奖。

图 16.23　哈恩（1879—1968）（左）、斯特拉斯曼（1902—1980，中图右边者）和梅特勒（1878—1968）（右）

什么是链式反应呢？核裂变（Nuclear fission）又称核分裂，是一个较重的原子核分裂成几个原子核的变化。裂变只有一些质量非常大的原子核像铀（yóu）、钍（tǔ）和钚（bù）等才能发生。这些原子的原子核在吸收 1 个中子以后会分裂成两个或更多个质量较小的原子核,同时放出 2 个到 3 个中子和很大的能量,又能使别的原子核接着发生核裂变……使过程持续进行下去,这种过程称作链式反应。原子核在发生核裂变时,释放出巨大的能量称为原子核能,俗称原子能。1 千克铀-235 的全部核的裂变将产生 20 000 兆瓦小时的能量(足以让 20 兆瓦的发电站运转 1 000 小时),与燃烧 2 500 吨煤释放的能量一样多。

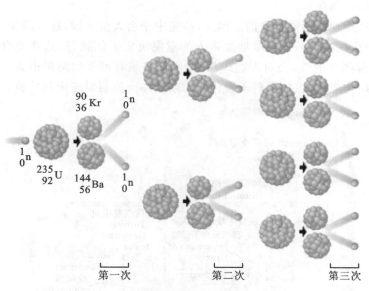

图 16.24　铀-235 的原子核裂变示意图

铀裂变在核电厂最常见,加热后铀原子放出 2 到 4 个中子,中子再去撞击其他原子,从而形成链式反应而自发裂变。撞击时除放出中子还会放出热,再加快撞击,但如果温度太高,反应炉会熔掉,而演变成反应炉熔毁造成严重灾害,因此通常会放控制棒(用硼制成)去吸收中子以降低分裂速度。

核裂变可以分为两种方式进行:一种是可控核裂变,例如目前广泛应用的核电站,其原理就是利用可控核聚变;二是不可控核裂变,其特点是能量瞬间释放出来,原子弹的原理就是如此。

图 16.25　美国投掷在日本长崎的原子弹"胖子"

核电站的核反应堆的原理是,当铀 235 的原子核受到外来中子轰击时,一个原子核会吸收一个中子分裂成两个质量较小的原子核,同时放出 2～3 个中子。这裂变产生的中子又去轰击另外的铀 235 原子核,引起新的裂变。如此持续进行就是裂变的链式反应。

链式反应产生大量热能。用循环水(或其他物质)带走热量才能避免反应堆因过热烧毁。导出的热量可以使水变成水蒸气,推动气轮机发电。由此可知,核反应堆最基本的组成是裂变原子核＋热载体。

但是只有这两项是不能工作的。因为,高速中子会大量飞散,这就需要使中子减速来增加与原子核碰撞的机会;核反应堆要依人的意愿决定工作状态,这就要有控制设施;铀及裂变产物都有强放射性,会对人造成伤害,因此必须有可靠的防护措施。综上所述,核反应堆的合理结构应该是:核燃料＋慢化剂＋热载体＋控制设施＋防护装置。

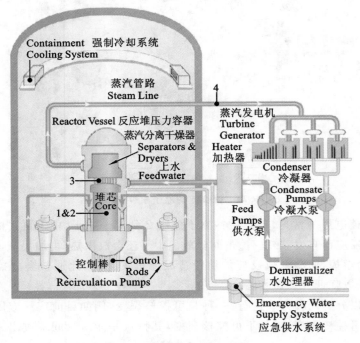

图 16.26　原子核反应堆示意图

表 16.2　全球核电概况

全球核电概况(据国际原子能机构统计)							
年份	核电运行机组总数	核电站发电量增长	已建成总装机容量	在建核电机组数	在建总装机容量	拟建核电站数	拟建总装机容量
1984 年	34 座	17%	2 200 亿瓦	14 座			
1986 年末	376 座		2 769.75 亿瓦	135 座	1 469.31 亿瓦	124 座	1 218.9 亿瓦
1987 年 6 月底	389 座		3 000 亿瓦相当于 700 多万桶石油的能量				
1988 年	420 座						
2012 年 11 月末	437 座		37 176 兆瓦			64 座	

1986 年末,核电站发电量占世界发电总量的比重已上升到了 15％。同时,核电站发电量占各国发电总量的比重,法国为 70％,比利时为 67％,瑞典为 50％,瑞士和西德两国分别为 39％和 30％,日本和美国两国分别为 25％和 17％。但是据 2013 年的资料统计,这个比重下降到了 11％。但是我国作为一个资源缺乏的大国,却在大力开发核电。

据 2014 年 8 月 11 日中国商务部的资料,我国目前核电占全国总发电量的 2％多一点。可见发展的余地还非常大。

表 16.3　我国核电站相关统计

核电站	电功率/兆瓦	类型	并网时间
秦山一期	300	压水堆 CP300	1991-12
大亚湾 1 号机组	900	压水堆	1993-08
大亚湾 2 号机组	900	压水堆	1994-02
秦山二期 1 号机组	600	压水堆 CP600	2002-02
岭澳 1 号机组	1 000	压水堆	2002-02
秦山三期 1 号机组	700	重水堆 CANDU	2002-11
岭澳 2 号机组	1 000	压水堆	2002-12
秦山三期 2 号机组	700	重水堆 CANDU	2003-07
秦山二期 2 号机组	600	压水堆 CP600	2004-05
田湾 1 号机组	1 000	压水堆 WWER1000	2004-05
田湾 2 号机组	1 000	压水堆 WWER1000	2005-04
中国实验快堆	20	快中子堆	2010-07

总部设在奥地利的国际原子能机构 2013 年 7 月 15 日发表报告,评估 2012 年以来的核电站安全形势。报告指出,核电国家 2012 年在加强核安全方面取得显著进步,但 437 座运行中的核反应堆机组中,有 162 座使用已超过 30 年,有 22 座使用超过 40 年,因此核电站老化是普遍存在的问题。

核电发展的主要挑战是核安全问题。人们对于 1986 年苏联(现属乌克兰)的切尔诺贝利核电站事故和 2011 年日本福岛第一核电站事故的惨痛教训记忆犹新。

图 16.27　发生事故 30 年后的切尔诺贝利核电站

五、四代核电站的发展概况

随着核电站技术的不断发展,尤其是第三代核电站和第四代核电站的问世,核电站将满足安全、经济、可持续发展、极少的废物生成、燃料增殖的风险低、防止核扩散等基本要求。我们决不能因噎废食,对于核电技术的发展过于保守。下面是4代核电站发展的基本轮廓。

1. 第一代核电站

20 世纪 50 年至 60 年代初,苏联、美国等建造了第一批单机容量在 300 兆瓦左右的核电站,如美国的希平港核电站和英第安角 1 号核电站、法国的舒兹(Chooz)核电站、德国的奥珀利海母(Obrigheim)核电站、日本的美浜 1 号核电站等。第一代核电厂属于原型堆核电厂,主要目的是为了通过试验示范形式来验证其核电在工程实施上的可行性。

2. 第二代核电站

20 世纪 70 年代,因石油涨价引发的能源危机促进了核电发展,世界上已经商业运行的 400 多台核电站机组大部分是在这段时期建成,称为第二代核电机组。第二代核电站主要是实现商业化、标准化、系列化、批量化,以提高经济性。

第二代核电站是世界正在运行的 439 座核电站(2007 年 9 月统计数)主力机组,总装机容量为 3.72 亿千瓦。还共有 34 台在建核电机组,总装机容量为 0.278 亿千瓦。在三里岛核电站和切尔诺贝利核电站发生事故之后,各国对当时正在运行的核电站进行了不同程度的改进,在安全性和经济性方面都有了不同程度的提高。

从事核电的专家们对第二代核电站进行了反思,当时认为发生堆芯熔化和放射性物质大量往环境释放这类严重事故的可能性很小,不必把预防和缓解严重事故的设施作为设计上必需的要求,因此,第二代核电站应对严重事故的措施比较薄弱。

图 16.28　日本首次公开福岛第一核电站内部情况

3. 第三代核电站

对于第三代核电站类型有各种不同看法。

美国核电用户要求文件(URD)和欧洲核电用户要求文件(EUR)提出了第三代核电站的安全和设计技术要求,它包括了改革型的能动(安全系统)核电站和先进型的非能动(安全系统)核电站,并完成了全部工程论证和试验工作以及核电站的初步设计,它们将成为第三代核电站的主力堆型。

中国自主创新的第三代核电项目正在浙江三门和山东海阳进行建设,和正在运行发电的第二代核电机组相比,预防和缓解堆芯熔化成为设计上的必须要求,而这一点也正是作为第二代核电站的福岛核电站事故中暴露出来的弱点。据悉,中国第三代核电站将装备有蓄水池,这样的"大水箱"在紧急情况下能释放出大量的水,从而达到降温等应急需求。

通过总结经验教训,美国、欧洲和国际原子能机构都出台了新规定,把预防和缓解严重事故作为设计上的必须要求,满足以上要求的核电站称为第三代核电站。我国国家中长期科技发展规划纲要已将"大型先进压水堆核电站"列为重大专项(CAP1400)。

4. 第四代核能系统

第四代核能系统概念(有别于核电技术或先进反应堆),最先由美国能源部的核能、科学与技术办公室提出,始见于1999年6月美国核学会夏季年会,同年11月的该学会冬季年会上,发展第四代核能系统的设想得到进一步明确;2000年1月,美国能源部发起并约请阿根廷、巴西、加拿大、法国、日本、韩国、南非和英国等9个国家的政府代表开会,讨论开发新一代核能技术的国际合作问题,取得了广泛共识,并发表了"九国联合声明"。随后,由美国、法国、日本、英国等核电发达国家组建了"第四代核能系统国际论坛(GIF)",拟于2～3年内定出相关目标和计划;这项计划总的目标是在2030年左右,向市场推出能够解决核能经济性、安全性、废物处理和防止核扩散问题的第四代核能系统(Gen-IV)。

第四代核能系统将满足安全、经济、可持续发展、极少的废物生成、燃料增殖的风险低、防止核扩散等基本要求。

核裂变的主要燃料是铀。据2008年公布的最新权威资料称,截止2007年1月1日,价位在每千克130美元以内的铀的世界可采储量共有546.88万吨。看来在短时间内还没有匮乏的危险。为改善我国能源结构,国家将核能定为我国能源发展战略的重点,预计2020年核电装机容量发展到70吉瓦,占总装机容量的5%;2030年超过200吉瓦,占10%。

关于能量的释放,如果是由重的原子核变化为轻的原子核,叫核裂变,如原子弹爆炸;如果是由轻的原子核变化为重的原子核,叫核聚变,如太阳发光发热的能量来源。

为什么需要超高温和超高压? 这是因为两个轻核在发生聚变时它们都带正电荷而彼此排斥,然而两个能量足够高的核迎面相遇,它们才能相当紧密地聚集在一起,以致核力能够克服库仑斥力而发生核反应。

实际上热核聚变也分可控和不可控两类。其中不可控热核聚变就是像氢弹一类的热核爆炸,热核反应是氢弹爆炸的基础,可在瞬间产生大量热能,但尚无法加以利用。

图16.29 核聚变原理图

氢弹(hydrogen bomb)是核武器(nuclear weapon)的一种,其杀伤破坏因素与原子弹相同,但威力比原子弹大得多。原子弹的威力通常为几百至几万吨级TNT当量,氢弹的威力则可大至几千万吨级TNT当量。还可通过设计增强或减弱某些杀伤破坏因素,其战术技术性能比原子弹更好,用途也更广泛,其爆炸达到的温度约为3.5亿摄氏度,远远高于太阳中心的温度(约 1 500 万摄氏度)。

　　1961 年 10 月 30 日早上,重 26 吨的"大伊万"氢弹被装进了 1 架图-95 战略轰炸机。"大伊万"(Big Ivan)是世界上引爆过的当量最大的核弹(氢弹),其爆炸威力约为 5 000 万吨 TNT 当量。飞机从距离试验场 1 000 公里以外的摩尔曼斯克奥列尼机场起飞。上午11 时 32 分,"大伊万"在试验场上空爆炸。飞机以最快的速度离开了投弹地点,并在爆炸前飞出了 250 公里,可是爆炸产生的剧烈的冲击波来势更快,巨大的轰炸机一会儿被抛上一会儿被抛下,像在惊涛骇浪中一般。其身后形成了一个新地岛。新地岛上的居民乃至世界上所有生命都未曾见过的恐怖万分的蘑菇火云,迅速膨胀并盘旋上升。热核反应所产生的电磁扰动 3 次传遍全球,通红的蘑菇云高达 70 公里。这是世界上至今为止发生的最剧烈的一次核爆炸!

图 16.30　1961 年"大伊万"氢弹实验时的恐怖场景

　　核爆炸后,4 000 公里以内的所有的飞机、导弹、雷达、通信设备全部都受到不同程度的影响。苏军整个通信失去联系的时间长达一个多小时。而其对手美军也遭了殃,首当其冲的是最靠近苏联国土的阿拉斯加和格陵兰岛,美军驻阿拉斯加和格陵兰岛上的北美防空司令部的电子系统大都受损,雷达无法操作,通信中断。由于太过恐怖,对环境破坏太过于严重,威力过度没有意义,从此以后世界各国再未进行过如此疯狂的核试验。

　　产生可控核聚变需要的条件非常苛刻。首先要产生超高压和超高温,我们只能通过提高温度来弥补,温度要达到上亿摄氏度才行。核聚变如此高的温度没有一种固体物质能够承受,只能靠强大的磁场来约束。由此产生了磁约束核聚变。

　　惯性核聚变,又叫激光约束核聚变,是目前人类探索可控热核聚变的第二种方法。但核反应点火成为问题。1963 年,前苏联科学院巴索夫院士,提出用激光引发聚变的建议。1968 年前苏联学者又用激光照射氘氚靶产生了聚变,证明激光聚变的概念是正确的。差不多同时,我国物理学家王淦昌教授,于 1964 年也独立地向我国有关部门提出激光聚变的建议。根据这一建议,中国科学院上海精密光学机械研究所,从 20 世纪 60 年代起就开始准备激光聚变的研究,1973 年实现了激光聚变,探测到聚变反应中释放出的高能量的中子。不过在 2010 年 2 月 6 日,美国利用高能激光实现核聚变点火所需条件。中国也有"神光2"将为中国的核聚变进行点火。

　　目前,各国探索得最多的还是磁约束核聚变。其基本实验装置是所谓托克马克装置。如图 16.31 所示。托克马克是一种利用磁约束来实现受控核聚变的环形容器,它的名字

Tokamak 来源于环形、真空室、磁、线圈。最初是由位于前苏联莫斯科的库尔恰托夫研究所的阿齐莫维齐等人在 1954 年发明的。托克马克的中央是一个环形的真空室,外面缠绕着线圈,在通电的时候托克马克的内部会产生巨大的螺旋形磁场,将其中的等离子体加热到很高的温度,以达到核聚变的目的。

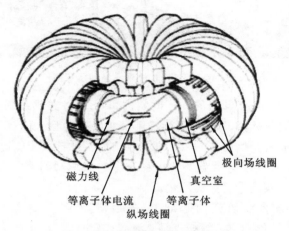

极向场线圈
磁力线
真空室
等离子体电流
等离子体
纵场线圈

图 16.31 托克马克装置原理图

鉴于目前可控热核聚变的研究,面临巨大的技术困难,耗费巨大。1985 年由美国和前苏联共同倡议国际热核实验反应堆(international thermonuclear experimental reactor,缩写为 ITER)计划。其主要目的是通过 ITER 计划的实施,进一步验证聚变能的科学性和技术可行性。在所有的核聚变反应中,氘氚核(都是氢的同位素)的聚变反应较易于实现。氘在海水中储量极为丰富,一升海水里提取出的氘,聚变反应时可释放出燃烧 300 升汽油的能量;氚可在反应堆中通过锂再生,而锂在地壳和海水中都大量存在。氘氚反应没有放射性废物,中子对堆结构材料的活化只产生易于处理的短寿命放射性物质。可以说,核聚变是少污染、无"长寿命放射性废物"、资源无限丰富的理想能源。

1988 年至 1998 年,欧盟、日本、前苏联和俄罗斯,以及美国完成了 ITER 的概念设计和工程设计。由于种种原因,几经周折,美国曾宣布退出 ITER 计划。2003 年,中国和韩国加入 ITER 计划,美国也宣布重返 ITER,ITER 成员扩大到 6 方。2005 年 6 月,在经过一年多的争论后,各方代表在莫斯科达

$$4{}_1^1H \longrightarrow {}_2^4He + 20n + 1e + 2.67 \times 10^7 \ eV$$
$$2{}_1^1H + {}_1^2H \longrightarrow {}_2^3He + {}_0^1n + 3.2 \times 10^6 \ eV$$
$$2{}_1^2H + {}_1^2H \longrightarrow {}_2^3He + {}_1^1H + 4 \times 10^6 \ eV$$
$${}_1^3H + {}_1^2H \longrightarrow {}_2^4He + {}_0^1n + 1.76 \times 10^7 \ eV$$

图 16.32 聚合反应的主要形式

成协议,ITER 落户法国南部马赛附近的卡达拉舍(Cadarache)。2006 年 11 月,ITER 6 方代表在法国巴黎正式签署了《国际热核聚变实验反应堆计划联合实施协定》及相关文件,这标志着 ITER 计划进入了实质性的正式执行阶段。2007 年 10 月,ITER 组织宣告正式成立。随后,印度正式加入,ITER 成员扩大到 7 方。ITER 总费用约 100 亿欧元,其中工程造价约 50 亿欧元,运行费用约 50 亿欧元,由欧盟、日本、美国、中国、俄罗斯、印度、韩国 7 方共同承担。截止到目前,各成员国都已签订了 ITER 材料及设备的采购协议。

目前,ITER 的各系统部件的研究和设计工作都在有条不紊地进行之中,专家组也就近年发现的一些问题对 ITER 设计做了详细的修改,包括等离子体边缘局域模控制、垂直

第十六章 物理学、技术革命和产业革命

图 16.33　ITER 外观模型和示意图

稳定性的改善等。从 2013 年开始的 4 年时间内,ITER 将完成系统总体安装;2018 开始运行,得到第一次等离子体;2026 年,进行氘氚聚变反应实验。百万千瓦级的示范核聚变电站可望在 2030 年前后开始建造,并在 2050 年前后实现核聚变能源商用化。ITER 是人类和平利用核聚变能的进程中最重要的里程碑。它的成功将直接指导核聚变示范电站(DEMO)的建造,最终实现聚变能商用化。

我国在 50 多年核聚变研究的基础上,先后研制了 CT26B、HL21(M)、HT26M、HL22A、HT27、EAST、J2TEXT 等托克马克装置,其中尚在运行的大中型装置有 EAST、HL22A、HT27 和 J2TEXT。我国的 HL-2A 托卡马克等离子体电子温度达到 5 500 万摄氏度,离子温度接近 3 000 万摄氏度,为实现高约束等离子体放电提供必要的技术基础。我国围绕 ITER 的聚变能发展计划,从战略上大力发展我国的核能。从发展方式上,采取两条腿走路:一是继续走国际合作之路,联合建造 DEMO(示范堆);二是完全靠自力更生独立建造 DEMO,最终实现核聚变能源的商用化。

可控核聚变的另一条重要的技术途径是 ICF。ICF 的进展是与 1990 年代后高功率强激光技术和 Z 箍缩技术的发展分不开的。有关进展的详情从略。

综上所述,托克马克 MCF、激光 ICF、Z 箍缩 ICF 都制定了 2035 年左右实现聚变演示的计划,每种方案都有迫切需要解决的问题。同时,仿星器、球环等 MCF 类装置,以及重粒子驱动等 ICF 装置,都有可能加入到未来的核聚变商业堆竞争中来。未来 20 年必将是各种概念激烈竞争的关键时期。

随着 ITER 计划的开展,数百兆瓦功率的等离子体燃烧问题会逐步得到解决,基于聚变、裂变混合能源堆概念的堆型设计也成为可能。它可以采用 ITER 技术建造的兆瓦量级的聚变堆,利用堆芯产生高能中子,并通过倍增来维持氚的自持燃烧与生产燃料钚 2239,钚 2239 是在相应的核反应中一种复合体的名称,它将在包层中进行裂变反应,并释放能量。混合堆型作为纯聚变堆大规模应用之前的过渡是值得考虑的。它与目前我国核能发展战略并不矛盾,对于我国核能战略的总体发展可能是有益的。

我们要特别指出,2016 年 2 月 3 日,中国“人造太阳”EAST 物理实验获重大突破,实现在国际上电子温度达到 5 000 万摄氏度持续时间最长的等离子体放电,持续 102 秒。这标志着中国在稳态磁约束聚变研究方面继续走在国际前列。所谓“人造太阳”,即先进超导托卡马克实验装置,也即国际热核聚变实验堆计划建设工程,是当今世界迄今为止最大的热核聚变实验项目,旨在在地球上模仿太阳的核聚变,利用热核聚变为人类提供源源不断的清洁能源。核聚变能以氘氚为燃料,具有安全、洁净、资源无限三大优点。

图 16.34　"人造太阳"实验装置(EAST)

EAST 的成功建设得到国际聚变研究专家的高度评价。由 29 位国际聚变界权威人士组成的国际顾问委员会在评价意见中指出,"EAST 是全世界聚变工程的非凡业绩,是全世界聚变能开发的杰出成就和重要里程碑","EAST 是目前世界上唯一投入运行并拥有类似于即将建设的国际热核聚变实验堆而采用全超导磁体的托克马克装置。EAST 的成功建设和运行为中国平等参加 ITER 这一重大国际合作奠定了基础"。

(1) 物理学与人类历史上的三次技术革命和产业革命有何关系? 请以每一次技术革命和产业革命兴起物理学所扮演的关键角色的具体史料说明之。

(2) 创新引领发展,这一个颠扑不破的真理在第三次技术革命和产业革命中有何体现? 试举例说明之。

(3) 信息时代的基本特征是什么? 这些特征与物理学有何关联?

(4) 计算机技术和产业是当前信息技术和产业的核心,试举例说明在计算机技术和产业的重大发展中,物理学创新起到了关键的推动作用。

(5) 物理学是怎样推动微纳技术的兴起和发展?

(6) 光纤技术和空间通信卫星系统是现代信息技术关键组成部分,它们的兴起和发展与与物理学有何关系?

(7) 我国北斗星卫星定位系统的目标和应用价值如何? 该系统对于我国国民经济的发展和国防有何意义?

(8) 在新能源产业的发展中,你认为有哪些与物理学的创新最为紧密? 建议以核能产业和太阳光能产业为例说明之。

(9) 请举例说明物理学引发了三次技术革命和产业革命,并且一次比一次影响的范围更大,影响的程度更深远,从科学到技术到产业的转换周期越来越短。

第十七章　凝聚态物理与材料科学

物理学作为一门带头的大学科，作为最重要的基础学科，它与许多学科（包括工程科学）具有非常密切的关系，已经并且还正在产生许多交叉学科。物理学中的交叉学科的繁荣和发展，是 20 世纪以来各个学科交叉、融合和整体化的大趋势、大潮流的一部分。许多最有生机、最重要、最富有挑战性的课题往往属于交叉学科，这种交叉既有科学之中的基础学科的交融，也有科学与技术之间的交叉。物理学中的交叉学科很多，如数学物理、天体物理、物理化学、生物物理、医学物理、地球物理、纳米科学，以及物理学在信息、能源、资源环境和国防等方面的应用。本书只就最重要的几种交叉学科作为概述。本章介绍新世纪以来凝聚态物理与材料科学的交叉领域，从中我们可以看到凝聚态物理的重要进展，许多都是来自于交叉领域。

本章导读

凝聚态物理和材料科学研究对象具有很大一致性。凝聚态物质指固体和液体。凝聚态物理关心的是这些物质的物理性质和物理现象，致力于探求其背后的物理本质和物理图像。而材料科学研究的则是所有有应用价值的材料和物质，当然也包括气体材料。

本章重点选取介绍近年来最热门的若干凝聚态物质的机理和应用研究的进展。当代庞大的和蓬勃发展的新材料产业就是在相应的物理研究进展和创新的基础上兴起和发展的。目的在于在学术上阐明物理学与其他学科的交叉和融合，以及物理学中各分支学科的交叉和融合，是科学发展的新的趋势。科学和技术的创新和发展往往来自于这些交叉领域的研究。基础研究的成果尤其是重大研究成果，近来其转换为高科技的应用技术，并迅速促进新兴产业的发展，其速度有不断加快之势。由于凝聚态物理的内容极其广泛，头绪极其纷繁,我们只能择其要简述之,但仍不免挂一漏万。阅读材料 17-2 可作为第七节内容的补充,更重要的是告诉读者,一个重大的发明和发现是要经过极为艰难曲折的奋斗过程的。阅读材料 17-3 可作为新材料科学发展的一个缩影,我们可以看到凝聚态物理和材料科学研究的成果是如何迅速地转化为生产力的。

第一节　半导体材料和半导体物理的最新发展

一、半导体材料

半导体材料一直是研究最集中、应用最普遍的材料,并且它是目前蓬勃发展的信息产业的物质支柱。常温下导电性能介于导体(conductor)与绝缘体(insulator)之间的材料,叫做半导体(semiconductor)。其电阻率介于金属和绝缘体之间,半导体室温时电阻率在 $10^{-5}\sim10^7$ 欧·米之间,是具有负的电阻温度系数的物质。所谓负的电阻温度系数是指随着温度的上升,电阻大小不断下降。与导体和绝缘体相比,半导体材料的发现是最晚的,直到 20 世纪 30 年代,在材料的提纯技术改进以后,半导体的存在才真正被学术界认可。对于其机理的研究导致物理学的一个重要分支——半导体物理的兴起。关于半导体物理的一般常识,如 PN 结、N 型半导体、P 型半导体等,见自于一般的教科书和相关的专业书籍,在此就不多谈了。

半导体材料可分为元素半导体和化合物半导体两大类。半导体材料中最重要的是硅,主要用于微电子技术。目前单晶硅正向大直径、高纯度、高均匀性和无缺陷的方向发展。最大的硅片直径已超过 150 毫米。高纯硅在实验室达到的纯度为每 1 000 亿个原子中才有一个杂质原子,已经接近理论极限了。化合物半导体砷化镓可用于微波通信、光纤通信、太阳能发电和制造高速电子计算机,它可以使计算机提高运算速度达 10 倍以上,而耗电量却可以下降到硅半导体的 1/10。日本研制成功直径 65 毫米、无位错缺陷的均一砷化镓单晶材料。

二、光电转换材料

半导体材料是重要的光电转换材料,或称光伏材料。光电转换材料就是使光转换为电的材料。能使太阳能转换为电能的材料很多,例如砷化镓、硫化镉、单晶硅、多晶硅等,而且它们的转换效率都比较高。但由于有的稳定性差,寿命太短,难以大量应用。目前致力于降低材料成本和提高转换效率,使太阳电池的电力价格能与火力发电的电力价格开展竞争,从而为更广泛更大规模应用创造条件。目前应用的太阳能电池有以下 4 种。

一是单晶硅太阳能电池。其光电转换效率为 15% 左右,最高的达到 24%,这是目前所有种类的太阳能电池中光电转换效率最高的。这种太阳能电池一般采用钢化玻璃和防水树脂进行封装,因此坚固耐用,使用寿命一般可达 15 年,最高可达 25 年。但制作成本相当高,以致它还不能被大量和普遍地使用。

二是多晶硅太阳能电池。其光电转换效率约 12% 左右,使用寿命较单晶硅太阳能电

第十七章　凝聚态物理与材料科学

池短,但制作成本较低,工艺简便,节约电耗,目前得到大量发展。

三是非晶硅太阳能电池。系 1976 年出现的新型薄膜式太阳电池,工艺过程大大简化,硅材料消耗很少,电耗更低,其主要优点是在弱光条件也能发电。但非晶硅太阳能电池存在的主要问题是光电转换效率偏低,目前国际先进水平为 10% 左右,且不够稳定,随着时间的延长,其转换效率衰减。这种非晶硅太阳能电池的产量已占全部太阳能电池的 20% 以上。美国、日本等国已将其广泛应用于电气、通信和宇宙空间太阳能发电系统。

四是多元化合物太阳能电池。多元化合物太阳电池指不是用单一元素半导体材料制成的太阳电池。现在各国研究的品种繁多,大多数尚未工业化生产,主要有硫化镉太阳能电池、砷化镓太阳能电池、铜铟硒太阳能电池〔新型多元带隙梯度 $Cu(In,Ga)Se_2$ 薄膜太阳能电池〕。$Cu(In,Ga)Se_2$ 是一种性能优良太阳光吸收材料,具有梯度能带间隙(导带与价带之间的能级差)多元的半导体材料,可以扩大太阳能吸收光谱范围,进而提高光电转化效率。以它为基础可以设计出光电转换效率比硅薄膜太阳能电池明显提高的薄膜太阳能电池。它可以达到的光电转化率为 18%。

三、低维量子结构材料

改变硅材料不能发光的特性是研究的重点之一,人们利用掺杂和量子调控的手段制作低维量子结构;另外由 GaAs 组成的各种低维量子结构仍然是目前半导体物理乃至凝聚态物理领域的研究热点;对 GaAs 基二维电子气的研究,曾两次问鼎诺贝尔物理奖(1985 年的量子霍尔效应和 1998 年的分数量子霍尔效应)。受应用目的带动,宽带隙半导体材料(如 SiC、GaN、ZnO 等)的物理特性也是近年来半导体物理的研究热点。

1980 年德国物理学家克劳斯·冯·克利青在实验中发现了量子霍尔效应,即霍尔电阻随磁感应强度的变化不是线性的而是台阶式的,出现台阶处的电阻值与材料的性质无关,而是由一个常数 $(h/e)^2$ 除以不同的整数。克利青因此获得了 1985 年度的诺贝尔物理学奖。

图 17.1 1985 年诺贝尔物理学奖获得者
克劳斯·冯·克利青(1943—)

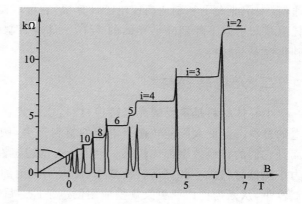

图 17.2 整数量子霍尔效应实验曲线

两年之后,斯特默、崔琦及其同事们采用更低的温度和更强的磁场对霍尔效应进行了细致的研究,发现了分数量子霍尔效应。在霍尔电阻随磁感应强度的变化的曲线中,他们发现曲线不但呈现台阶式的变化,而且出现了一个使他们非常惊奇的新台阶,这些新台阶的高度都能表示为$(h/e)^2$除以不同的分数。分数量子霍耳效应的发现,是对理论家的严峻挑战。贝尔实验室的劳克林则独辟蹊径,他对分数量子霍耳效应作出了出乎人们意料的理论解释。劳克林证明,当电子体系的密度相当于"简单"分数填充因子为$f=1/m$(m是奇整数,例如$f=1/3$或$1/5$)时,电子体系凝聚成了某种新型的量子液体。他甚至提出了一个多电子波函数,用来描述电子间有相互作用的量子液体的基态。劳克林还证明,在基态和激发态之间有一能隙,激发态内存在分数电荷$\pm e/m$的"准粒子"。这就意味着霍耳电阻正好会量子化为m乘$(h/e)^2$。

图 17.3　1998 年诺贝尔物理学奖获得者

(从左到右)劳克林(1950—)、斯特默(1949—)和崔琦(1939—)

　　罗伯特·劳克林(Robert B. Laughlin)、霍斯特·斯特默(Horst L. Stormer)和崔琦(Daniel C. Tsui)共同分享了 1998 年度的诺贝尔物理学奖。劳克林,时任韩国科学技术大学(KAIST)校长;斯特默为纽约哥伦比亚大学教授;崔琦为普林斯顿大学教授。

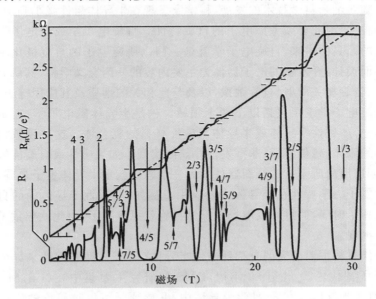

图 17.4　分数量子霍尔效应实验曲线

　　关于半导体材料的光学性质尤其是低维结构,如异质结、量子阱和超晶格、量子线、量子点等的许多独特性质都是通过光学实验确定的。利用外加电场的方法,调制半导体的输运特性是光学方法以外的研究半导体性质的常用办法。最近试验结果证实,量子射击噪声（Quantum Shot Noise）是一种确定分数量子霍尔效应状态下准粒子电荷的强有力工具。

　　研究半导体材料的低维纳米结构的风头有增无减，所谓半导体材料的低维纳米结构，主要指以下几类：半导体量子点及其阵列结构；一维量子线及其组成的纳米结构，包括一维量子线、碳纳米管和氧化物量子线，以及由它们组成的复合结构；超薄膜及其组成的多层膜结构或者量子阱结构。其中的量子现象如量子限制效应、共振遂穿效应、库伦阻塞效应等。有一些现象我们已经介绍过。目前半导体量子点在奇特光电子器件和量子信息、量子计算中的应用成为人们关注的焦点。例如：利用自组织生长的量子点制备量子点激光器；利用纳米加工技术制备晶体质量和光学质量都极高的量子点。半导体量子点的退相干是现在半导体量子点研究的热点之一，耦合量子点具有丰富的内涵也引起了人们的兴趣。人们公认未来量子信息的有效载体是低维半导体结构，对量子信息研究的突破将引起信息产业新的革命。

四、自旋半导体

　　利用半导体的自旋效应，即利用电子的自旋作为信息传递和储存的载体，已成为半导体奇特器件的重要方向。10 多年前，Datta 和 Das 提出了一类自旋半导体的新概念，标志着一种新的电子学——半导体自旋电子学诞生。半导体自旋电子学在量子计算领域有广泛的应用前景。

　　半导体自旋电子学从本质上来说是半导体与磁学的交叉领域。由于电子自旋拥有比其他电荷更长的退相干时间，自旋自由度在半导体中的引入带来的是一个更加精彩纷呈的电子世界。随着纳米科学技术的发展，科学家发现在半导体组件减小到纳米尺寸后，许多宏观特性将丧失，因此必须考虑电子的自旋特性。自旋电子学或磁电子学正是在这样的背景下产生的。具体讲来，自旋电子学就是一门以研究电子的自旋极化输运特性以及基于这些特性而设计、开发新的电子器件为主要内容的一门交叉学科，其研究对象包括电子的自旋极化、自旋相关散射、自旋弛豫，以及与此相关的性质及其应用等。

　　半导体自旋电子学主要包括以下两个领域。一是半导体磁电子学，它是将磁性功能结合进半导体中，如磁性半导体或半导体与磁性材料的复合体。这一领域将直接导致半导体器件如光绝缘体、磁传感器、非挥发性存储的实现。如果磁性或自旋能被光或电场所控制，就可能创造出前所未有的全新器件。另一个领域就是半导体量子自旋电子学，它主要是指自旋的量子力学特性在半导体中的应用。例如，非磁性半导体中的自旋比电子的极化有更长的相干时间，通过光或电场来操纵自旋就更容易了，由此就导致了固态量子信息处理器件的出现。

　　磁性半导体材料主要研究的是稀释磁性半导体（DMS），即非磁性半导体中一部分原子被磁性原子所替代。20 世纪 80 年代，DMS 的研究主要集中在（Cd，Mn）Te 和（Zn，Mn）Se 等Ⅱ-Ⅵ族半导体。在Ⅱ-Ⅵ族半导体中，Ⅱ族原子可以被等价的磁性过渡金属原子所替代而使半导体中富含大量磁性原子，并可进一步制备出量子结构。然而，通过掺杂很难控制Ⅱ-Ⅵ族半导体的电导，这是Ⅱ-Ⅵ族半导体作为电子材料应用的主要障碍。随后开始注意到Ⅲ-Ⅴ族半导体的磁性研究，但是磁性杂质在Ⅲ-Ⅴ族半导体中的溶解度很低，普通的晶体生长条件不可能掺进大量的磁性原子。1989 年，Munekata 利用低温分子束外延实现了非平衡晶体生长,成功地在 GaAs 衬底上外延生长了(In,Mn)As 合金,并在 P 型(In,Mn)As 中观察到了铁磁性。1996 年,GaAs 基的 DMS 生长成功并在 P 型(Ga, Mn)As 中观察到了铁磁转变,其最高铁磁转变温度(Tc)目前为 110 K。由于(Ga,Mn)As 能够外延生长在 GaAs 衬底上,与 GaAs/(Al,Ga)As 量子结构完全兼容,因此,(Ga,Mn)As 已成为半导体自旋电子学研究的重要材料。DMS 的铁磁性机理已被基于平均场理论和 d 电子的模型所解释。最近有报道成功制备出 Tc 高于室温的材料,如(Cd1-xMnx)GeP$_2$ 的 Tc=320 K,(Zn,Co)O 的 Tc 为 280~290 K,CrAs 和 CrSb 的 Tc>400 K。

在过去的 10 年中,对非磁性半导体结构中自旋性质的理解和操纵也取得了很大进展。工作主要涉及量子结构中的自旋弛豫、半导体自旋注入、量子点的自旋相关输运、自旋相干,以及载流子自旋和核自旋相互作用。多数载流子的自旋弛豫包括自旋-轨道相互作用(D'yakonov-Perel 效应)和带混合(Elliott-Yafet 效应),以及电子-空穴交换相互作用(Bir-Aronov-Pikus 效应)。一般来说,自旋弛豫不仅取决于材料的性质如自旋-轨道耦合、本征带隙,还依赖于有关参数如维度、温度、动能、散射时间和掺杂等。在量子结构中,光和重空穴的简并度升高了电子-重空穴激子的共振激发,能够实现载流子 100% 的自旋极化。半导体自旋注入是自旋电子学发展中的一个关键所在。由于磁性半导体一般是外延生长在半导体衬底上的,其电导率与非磁性半导体相当,用作自旋极化器和自旋分析器可望得到高效率的自旋注入和较大的磁电阻。自旋注入在使用了磁性半导体的 p-n 结中已得到证实,目前最大的挑战是将一束高度自旋极化流从铁磁金属有效地注入到半导体中。量子点中电子的输运表现为库仑阻塞效应,因此通过阀电压可以控制电子(奇或偶)的占据态,有望实现一些有用的功能如自旋过滤、自旋存储等。此外,在很多半导体量子阱结构中发现,电子自旋相干周期可以达到至少几个纳秒,这进一步增加了非磁性半导体结构在自旋存储和核自旋操纵上应用的可能性。

以上介绍通过材料本身来控制和操纵自旋,在实际应用中,往往需要用光或电场来操纵自旋。例如,波长为 0.98 μm 的光可用作 Er 掺杂光纤放大器的激发光源,但是这个波段能被铁吸收。基于 Ⅱ-Ⅵ 族 DMS 的半导体光学绝缘体具有低吸收,大的法拉第旋转。利用了(Cd,Mn,Hg)(Te,Se)波长为 0.98 μm 的半导体光学绝缘体其 Verdet's 常数已达到 0.05deg/Oe.cm,这是第一个商业可用的半导体自旋器件。当终端用户的网络带宽达到 Gb/s 时,有必要将激光和绝缘体集成到同一半导体中制造高性能、低损耗器件。研究表明,基于 Ⅲ-Ⅴ 族化合物如(Ga,Mn)As,(In,Mn)As,以及它们的混晶结构磁性半导体能够与 GaAs 和 InP 基半导体激光器集成在一起,得到较大的 Verdet's 常数(与 Ⅱ-Ⅵ 族 DMS 的量级相当)。当一个半导体量子阱在外部光作用下产生极化时,利用右和左圆周极化光的吸收变化,可以制成很快的光控门开关。通过光学上提取左右圆周极化光的区别,将能实现超快光开关。在磁性半导体(In,Mn)As/非磁性 GaSb 异质结中,Koshihara 等证实了在低温下光生载流子能够诱导产生铁磁性。最近,Ohno 等利用场效应晶体管结构改变磁性半导体层的空穴浓度,在只改变电场而不改变温度的情况下,还成功证实了载流子诱导铁磁性的产生和消失。

半导体自旋电子学研究的目标之一就是利用基于电子自旋与核自旋的长自旋相干时间的半导体器件来完成量子信息处理。用半导体制造量子计算机有很多好处,不仅它们本身是固态材料并适于大规模集成,而且其维度可由量子限制来控制并能通过外加场(如光场、电场和磁场)控制各种性能。目前已制订了很多制造量子计算机的计划,包括利用量子点单电子自旋态作为量子比特制造量子计算机,或利用同位素核自旋制造量子计算机,或利用量子阱中施主杂质的电子自旋作为量子比特制造量子计算机。应当指出,要获取最终的量子计算结果,需要读出单个的核自旋或电子自旋态。目前已尝试了很多方法来做这样的工作,例如利用铁磁性材料隧穿势垒制成的自旋过滤器,以及用单电子晶体管读出电子波函数的空间分布等。这些器件技术的发展将是制造量子计算机的关键。

综上所述,作为磁学和微电子学的交叉学科,自旋电子学特别是半导体自旋电子学无论在基础研究还是在应用开发方面将为物理学家、材料科学家和电子工程专家提供了一个大显身手的新领域。对于自旋控制和自旋极化输运的了解还处于一个非常肤浅的阶段,对出现的各种新现象、新效应的理解基本上还只能是一种"拼凑式"的半经典的唯象解释。因此,自旋电子学的发展还面临着很多更大的挑战。

第二节　巨磁电阻效应材料和磁隧道结材料

一、巨磁电阻效应材料

自旋电子学除半导体自旋电子学而外,巨磁电阻效应和磁隧道效应是其主要内容。巨磁电阻的发现是自旋电子学发展的里程碑。在德国科学家格伦贝格制备的"三明治"结构的铁-铬-铁三层膜基础上,1988 年,法国科学家 Fert 小组将铁、铬薄膜交替制成几十个周期的铁-铬超晶格中,观察到在温度为 4.2 K、外加磁场为 20 000 奥斯特时,其电阻变化率高达 50%,此现象称之为巨磁电阻效应(Giant Magnetoresistance,GMR)。其原理如图 17.5 所示。

1986 年德国的格伦贝格首先在 Fe/Cr/Fe 多层膜中观察到反铁磁层间耦合(即在常温无外加磁场的情况下,同一 Fe 层的磁矩沿相同方向排列、两个 Fe 层的磁矩排列方向相反)。这种薄膜一般处于高电阻状态,因为传导电子有两种自旋取向,每种取向的电子容易穿过磁矩排列和自身自旋方向相同的那个膜层,而在通过磁矩排列和自身自旋方向相反的那个膜层时会受到强烈的散射作用,即没有哪种自旋状态的电子可以穿越两个磁性层,这在宏观上就产生了高电阻状态,具体物理过程如图 17.5(a)所示。

至于 Fert 小组的实验如图 17.5(b)所示。外加磁场克服反铁磁层间耦合,使相邻 Fe 层磁矩方向平行排列。这样在传导电子中,自旋方向与磁矩取向相同的那一半电子可以很容易地穿过许多磁层而只受到微弱的散射作用,而另一半自旋方向与磁矩取向相反的电子则在每一磁层都受到强烈的散射作用。因此,有一半传导电子存在一个低电阻通道,致使在宏观上多层膜处于低电阻状态,经过研究组测量,这种材料的磁电阻变化率达 50%。像这样在一定磁场下材料的电阻急剧减小,一般的减小幅度比通常磁性金属与合金材料的磁电阻数值约高 10 余倍的现象,就是所谓巨磁电阻效应。

在反铁磁耦合的多层膜中,出现巨磁电阻的必要条件就是近邻磁层中的磁矩相对取向在外磁场的作用下可以发生变化,因此需要很高的外磁场才能观察到 GMR 效应,不适

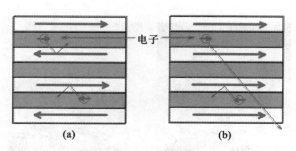

图 17.5 巨磁电阻效应原理示意图

合于器件应用。后来,人们设计出一种三明治结构使相邻铁磁层的磁矩不存在(或很小)交换耦合,在较低的外磁场下相邻铁磁层的磁矩从平行排列到反平行排列或从反平行到平行排列,从而引起磁电阻的变化,这也就是所谓的自旋阀结构(spin valve)。自旋阀结构的出现使得巨磁电阻效应的应用很快变为现实。1995 年,人们以绝缘层 Al_2O_3 代替导体 Cr,在 $Fe/Al_2O_3/Fe$ 三明治结构中观察到很大的隧道磁电阻(Tunneling Magnetoresistance,TMR),开辟了自旋电子学的又一个新方向。巨磁阻效应发现不到 10 年,就全面应用于硬盘读磁头中,使硬盘信息记录密度从 1998 年至 2006 年底提高了约 45 倍。

目前发现巨磁电阻效应的材料很多。如:①在掺杂钙钛矿型锰氧化物 $R_{1-x}A_xMnO_3$(其中 A 为二价碱土金属离子,如 Ca^{2+}、Sr^{2+}、Ba^{2+} 等,R 为三价稀土金属离子,如 La^{3+}、Pr^{3+}、Tb^{3+}、Sm^{3+} 等)中发现巨磁电阻(GMR);②钙钛矿型锰氧化物 $La_{1-x}Ca_xMnO_3$;③$La_{0.7}Pb_{0.3}MnO_3$ 单晶样品的由量子相干效应导致的正磁电阻效应、$A_{0.5}Sr_{0.5}MnO_3$(A=Pr,Nd)的巨磁热效应、多晶锌铁氧体和多晶 NiXFe1-XS 的巨磁电阻效应。巨磁阻又称特大磁电阻、庞磁电阻等,其 MR(磁电阻)可高达 10^6％!

除了上面提到的磁性多层结构,半导体自旋电子学如磁性半导体、磁性/半导体复合材料、非磁性半导体量子阱和纳米结构中的自旋现象,以及半导体的自旋注入的研究在 GMR 发现后也变得十分活跃,极大地丰富了自旋电子学的内容。

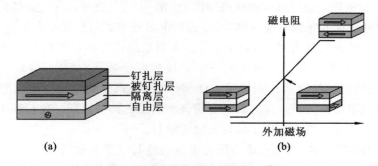

图 17.6 GMR 自旋阀结构原理示意图

GMR 效应被发现后其巨大的学术价值和应用价值受到了学术界的广泛重视。2007 年 10 月,科学界的最高盛典——瑞典皇家科学院颁发的诺贝尔奖揭晓了。该年度,法国科学家阿尔贝·费尔(Albert Fert)和德国科学家彼得·格林贝格尔(Peter Grünberg)因分别独立发现巨磁阻效应而共同获得 2007 年诺贝尔物理学奖。

GMR 效应被发现后,人们的注意力放在降低 GMR 材料的饱和磁场(Hs)上。除了

物理
发现
启思录

图 17.7　阿尔贝·费尔(1938—)(左)和彼得·格林贝格尔(1939—)(右)

采用降低耦合强度及选用优质软磁作为铁磁层等途径外,还提出了非耦合型夹层结构。1991 年,B. Dieny 利用反铁磁层交换耦合,构建自旋阀结构,并首先在(NiFe/ Cu/ NiFe/ FeMn)自旋阀中发现了一种低饱和场巨磁电阻效应。图 17.6 是自旋阀的结构示意图。自旋阀的基本结构为 $F_1/N/F_2/AF$。两个铁磁层 F_1 和 F_2 被较厚的非铁磁层 N 隔开,因而使 F_1 与 F_2 间几乎没有交换耦合。F_1 称为自由层,F_2 称为被钉扎层,其磁矩 Ms 被相邻反铁磁层 AF 的交换耦合引起的单向各向异性偏场所钉扎。当 F_1 为优质软磁材料时,其 Ms 可以在很弱的磁场作用下相对于 F_2 改变方向,从而获得较大的 GMR。

这种非耦合型自旋阀具有如下优点。①磁电阻变化率 $\Delta R/R$ 对外磁场的响应呈线性关系,频率特性好。②饱和场低,灵敏度高。虽然自旋阀结构的磁电阻变化率不高,通常只有百分之几,但较低的饱和场可以使磁场灵敏度高达1%/Oe 以上。③自旋阀结构中铁磁层的磁矩的一致转动,能够有效地克服巴克豪森效应,从而使信噪比大大提高。所谓巴克豪森效应(Barkhausen effect),又称巴克豪森跳变(Barkhausen jump),在磁化过程中畴壁发生跳跃式的不可逆位移过程,由巴克豪森(Barkhausen)首先从实验中发现这一现象。由于这种畴壁的跳跃式位移而造成试样中磁通的不连续变化,从而造成信噪比下降。

自旋阀磁电阻随铁磁层厚度增加在 40～100Å 之间有最大值出现,对于一般的磁性金属超晶格,GMR 最大值所对应的典型厚度为 10～30Å。通常认为这是体散射作用的结果。由于两铁磁层间几乎没有交换耦合,自旋阀电阻随非磁层厚度增大只是指数性减小。这一现象可以定性地归结为两方面的原因:一方面是穿过空间层的传导电子所遭受的散射增强,从一个 F 层穿过空间层到达另一个 F 层的电子数减少,从而导致自旋阀效应降低;另一方面是空间层的分流作用增强。Dieny 等人还观察到自旋阀磁电阻与两铁磁层磁矩夹角的余弦呈线性关系。这些都是自旋阀多层膜的典型特征。我们利用半经典理论对自旋阀磁电阻的基本特征给出了较好的定量解释。

与超晶格 GMR 一样,自旋阀磁电阻的来源仍然归结于磁性层/非磁性层界面处的自旋相关电子散射。自旋阀中出现 GMR 效应必须满足这样的条件:①传导电子在铁磁层中或在铁磁/非铁磁界面上的散射概率必须是自旋相关的;②传导电子可以来回穿过两铁磁层并能记住自己的自旋取向,即自旋平均自由程大于隔离层厚度。但是由于实际自旋阀中磁性或非磁性层的厚度较大,使得自旋阀中各层内部的结构缺陷、结晶性等对于自旋阀的磁电阻大小、交换偏移场都会有明显影响。自旋阀的结构和性能往往决定于具体的工艺条件,例如:衬底表面的平整程度会直接对薄膜的平整程度有明显影响;衬底的热传导能力、衬底表面的热均匀性直接影响着溅射到表面的原子在表面的横向、纵向扩散能力以及原子的成核情况,这些对薄膜的结晶情况、薄膜的分层情况、表面和界面的平整及拓扑形貌等都会有明显的影响,进而会影响薄膜的磁学和电学性能。一般地,在衬底上沉积适当厚度的缓冲层,能够改善多层膜的结构,降低层厚起伏和界面粗糙度,从而对 GMR 产生重要影响。为防止氧化,在多层膜表面通常要沉积一层覆盖层。不利之处是,缓冲层和覆盖层的短路效应会引起多层膜 GMR 减小。此外,自旋阀的抗腐蚀性、热稳定性也是关系到自旋阀器件应用的一个重要方面,需要人们通过进一步的研究加以改善。

GMR 自旋阀的应用创造了一个从基础研究到器件开发的奇迹,这一转化阶段只花了短短几年的时间。在过去的 10 年内,已开发出一系列高灵敏度 GMR 磁电子器件,其应用已发展到计算机磁头、磁随机存储器、巨磁电阻传感器等许多领域。利用 GMR 自旋阀材料而研制的新一代硬盘读出磁头,已经把存储密度提高了好几个数量级(1988 年仅为 50Mb/in2,2003 年就已经达到 100 Gb/in2),磁记录存储密度已超过所有的存储方式,目前 GMR 磁头已占领磁头市场的 90%～95%。利用 GMR 效应开发的磁性随机存储器(MRAM),由于 0 和 1 状态的设置的原理来源于磁性材料特有的磁滞效应,因此在突然断电时也不会丢失信息。由于 GMR 效应可以进一步减小每位体积,而不影响读出灵敏度,因而可以进一步提高存储密度和实现快速存取。2002 年,摩托罗拉公司宣布已研制出 1 Mb 的集成磁性随机存储器。而且,GMR 磁性随机存储器还具有抗辐射、抗干扰、功耗低、使用寿命长、成本低等优点。这些优点使得 GMR 磁性随机存储器在计算机芯片、蜂窝电话、传真机、录像机、数码相机、大容量存储器、军事、航空和航天技术等方面有着广泛的应用前景。GMR 自旋阀结构做成各种高敏感度的磁传感器,可以对微弱磁场信号进行传感。由于体积小、可靠性高、响应范围宽,它在开关电源、医用及生物磁场传感器、家用电器、商标识别、卫星定位、导航及用于高速公路的车辆监控系统,以及精密测量技术等方面的应用前景也十分广阔。

二、隧道磁电阻效应材料

FM/I/FM 磁隧道结(Magnetic tunneling junction,简写 MTJ)是 1975 年 Slonczewski 最初提出来的。随后不久,Julliere 在 Fe/Ge/Co 隧道结中观察到了隧道磁电阻效应,比金属多层膜的巨磁电阻效应还大一个数量级,磁隧道结通常是指由两层磁性金属(FM)和它们所夹的一层氧化物绝缘层(I)所组成的三明治结构(FM/I/FM)。通过绝缘层势垒的隧穿电子是自旋极化的,可以产生较大的磁电阻效应(TMR)。从本质上来说,磁隧道结是利用自旋转移效应或称自旋力矩。自旋转移可使纳米尺度的磁体在没有外磁场的作用下,凭借流经的自旋极化电流使其磁矩方向直接发生翻转。借助该效应,亦可使纳米尺度的磁体在自旋极化的直流电驱动下成为微波振荡器。

磁隧道结效应的物理图像可以表述如下:如果两铁磁电极的磁化方向平行,一个电极中费米能级处的多数自旋态电子将进入另一个电极中的多数自旋态的空态,同时少数自旋态电子也从一个电极进入另一个电极的少数自旋态的空态,即磁化平行时,两个铁磁电极材料的能带中多数电子自旋相同,费米面附近可填充态之间具有最大匹配程度,因而具有最大隧道电流。如果两电极的磁化反平行,则一个电极中费米能级处的多数自旋态的自旋角动量方向与另一个电极费米能级处的少数自旋态的自旋角动量平行,隧道电导过程中一个电极中费米能级处占据多数自旋态的电子必须在另一个电极中寻找少数自旋态的空态,因而其隧道电流变为最小。

关于 TMR 实验结果的解释直到 1989 年才由 Slonczewski 较好地完成,他将隧穿过程看成是类自由电子铁磁体产生的电荷流和自旋流在方形势垒中的透射过程,计算发现在铁磁体和绝缘体的界面处因绝缘体势垒的有限高度而强烈影响隧穿电子的自旋方向。这也同时表明,要得到大的 TMR 值,除了构成磁隧道结的两个铁磁电极中的磁化可以在外磁场作用下任意改变方向以及磁电极的自旋极化率尽可能大,还要求中间氧化层势垒必须足够高。

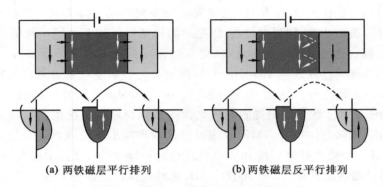

(a) 两铁磁层平行排列　　　　(b) 两铁磁层反平行排列

图 17.8　磁电阻效应(TMR)的产生机理示意图

磁电阻效应(TMR)的原理如图 17.8 所示。若两层磁化方向互相平行,则在一个磁性层中,多数自旋子带的电子将进入另一磁性层中多数自旋子带的空态,少数自旋子带的电子也将进入另一磁性层中少数自旋子带的空态,总的隧穿电流较大;若两磁性层的磁化方向反平行,情况则刚好相反,即在一个磁性层中,多数自旋子带的电子将进入另一磁性层中少数自旋子带的空态,而少数自旋子带的电子也将进入另一磁性层中多数自旋子带的空态,这种状态的隧穿电流比较小。因此,隧穿电导随着两铁磁层磁化方向的改变而变化,磁化矢量平行时的电导高于反平行时的电导。通过施加外磁场可以改变两铁磁层的磁化方向,从而使得隧穿电阻发生变化,导致 TMR 效应的出现。

几年来,磁电阻磁头已从当初的各向异性磁电阻磁头发展到 GMR 磁头和 TMR 磁头。磁隧道结从 2006 年就应用于计算机硬盘读头,同时它又是具有非挥发性、高速、高密度的磁随机存储器的最佳材料。比较而言,TMR 磁头材料的主要优点是磁电阻比和磁场灵敏度均高于 GMR 磁头,而且其几何结构属于电流垂直于膜面(CPP)型,适合于超薄的缝隙间隔。

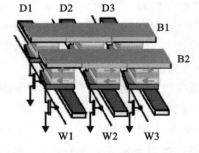

图 17.9　MRAM 是一种非挥发性的磁性随机存储器

基于 TMR 效应制作的 MRAM(Magnetic Random Access Memory)具有集成度高、非易失性、读写速度快、可重复读写次数大、抗辐射能力强、功耗低和寿命长等优点,它既可以做计算机的内存储器,也可以做外存储器。如图 17.9 所示。作为内存储器,与市场上通用的半导体内存储器相比,它的优点是非易失性、存取速度快、抗辐射能力强;作为外存储器,它比 Flash 存储器存取速度快 1 000 倍,而且功耗小,寿命长。与硬磁盘相比,它的优势是无运动部件,使用起来与 Flash 存储器一样方便。

  TMR 材料还可以做成各种高灵敏度磁传感器,用于检测微弱磁场和对微弱磁场信号进行传感。由于此类传感器体积小、可靠性高、响应范围宽,在自动化技术、家用电器、商标识别、卫星定位、导航系统,以及精密测量技术方面具有广阔的应用前景。

  关于 TMR 材料的研制极为活跃,表 17.1 大体上能够反映研究的基本态势。

表 17.1 MTJs 的 TMR 研究背景

年月	隧道结	TMR 值/%		作者
		低温	室温	
1975	Fe/Ge/Co	14(4.2 K)		Julliere
1982	Ni/NiO/Ni Ni/NiO/Co Ni/NiO/Fe	0.5(1.5 K) 2.5(4.2 K) 1.0(2.5 K)		Maekawa 等
1987	Ni/NiO/Co		0.96	Suezawa 等
1990	Fe-C/Al_2O_3/Fe-Ru		1.0	Nakatani 等
1991	82Ni-Fe/Al-Al_2O_3/Co	3.5(77 K)	2.7	Miyazaki 等
1992	Gd/GdO_x/Fe Fe/GdO_x/Fe	5.6(4.2 K) 7.7(4.2 K)		Nowak 等
1993	82Ni-Fe/Al-Al_2O_3/Co	5.0(4.2 K) 3.5(77 K)	2.7	Yaoi 等
1994	81NiFe/MgO/Co		0.2	Plaskett 等
1995	50FeCo/Al_2O_3/Co Fe/Al_2O_3/Co	7.2(4.2 K) 8.5(4.2 K)	3.5 3.3	Tezuka 等
1995	Fe/Al_2O_3/Fe	30(4.2 K)	18	Miyazaki 等
1995	CoFe/Al_2O_3/Co	24(4.2 K) 20(77 K)	11.8	Moodera 等
1996.4	CoFe/Al_2O_3/Co	25.6(4.2 K)	18	Moodera 等
1996.7	Co/Al_2O_3/CoFe	32(77 K)	18	Moodera 等
1996.9	$La_{Q.67}Sr_{Q.33}MnO_3$/$SrTiO_3$/ $La_{Q.67}Sr_{Q.33}MnO_3$	83(4.2 K)		Lu 等
1996.10	Fe/HfO_2/Co	31(30 K)		Platt 等
1997.4	81Ni-Fe/Al-Al_2O_3/Co		22	Gallagher 等
1997.4	Fe/MgO/Co	20(77 K)		Platt 等
1997.9	Co/Al-AlO_x/Co		24*	Sato 等
1998.6	Co/Al-Al_2O_3/CoFe		24	Sun 等

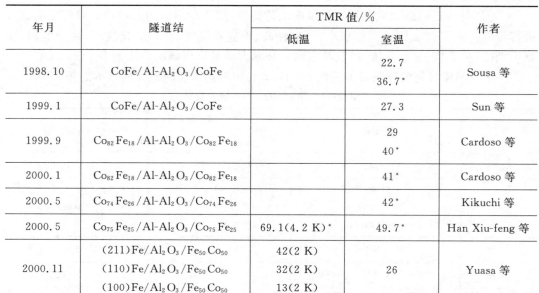

年月	隧道结	TMR值/%		作者
		低温	室温	
1998.10	CoFe/Al-Al$_2$O$_3$/CoFe		22.7 36.7*	Sousa 等
1999.1	CoFe/Al-Al$_2$O$_3$/CoFe		27.3	Sun 等
1999.9	Co$_{82}$Fe$_{18}$/Al-Al$_2$O$_3$/Co$_{82}$Fe$_{18}$		29 40*	Cardoso 等
2000.1	Co$_{82}$Fe$_{18}$/Al-Al$_2$O$_3$/Co$_{82}$Fe$_{18}$		41*	Cardoso 等
2000.5	Co$_{74}$Fe$_{26}$/Al-Al$_2$O$_3$/Co$_{74}$Fe$_{26}$		42*	Kikuchi 等
2000.5	Co$_{75}$Fe$_{25}$/Al-Al$_2$O$_3$/Co$_{75}$Fe$_{25}$	69.1(4.2 K)*	49.7*	Han Xiu-feng 等
2000.11	(211)Fe/Al$_2$O$_3$/Fe$_{50}$Co$_{50}$ (110)Fe/Al$_2$O$_3$/Fe$_{50}$Co$_{50}$ (100)Fe/Al$_2$O$_3$/Fe$_{50}$Co$_{50}$	42(2 K) 32(2 K) 13(2 K)	26	Yuasa 等

三、庞磁电阻材料

受多层膜巨磁电阻效应新发现的鼓舞,20 世纪 90 年代中期,人们对强关联锰氧化物体系,如 La1-xSrxMnO3、Pr1-xCaxMnO3 等,发现更为奇特的庞磁电阻效应(colossal magneto resistance,CMR),使人兴奋不已。在 1993 年,Bell 实验室的 S. Jin 和在马里兰大学的 Ramesh 用 PLD 方法制备出 LaSrMnO 薄膜,于低温强磁场下测得几乎 100% 的磁电阻 MR＝1－R(H)/R(0),这里 R(H)为磁场下的电阻值、R(0)为零场下的电阻值。从数值来看,称锰氧化物中的磁电阻为"庞磁电阻"。Fert/Grunberg 们将 10% 的 MR 称为 Giant 时,Jin/Ramesh 当然有理由称他们看到的磁电阻为 Colossal。因此庞磁电阻材料就是在磁场作用下,电阻率有特大幅度变化的超巨磁电阻效应的材料。

CMR 的核心原理是锰氧化物的 Mn^{3+}-O^{2-}-Mn^{4+} 链中的自旋对的所谓双交换 (double exchange,DE)。即左边的 Mn^{3+} 将一个电子传给 O 离子,而这个 O 离子同时将自己的一个电子传给右边的 Mn^{4+},从而使这个离子链变成 Mn^{4+}-O^{2-}-Mn^{3+} 链。这种同时传递我们称之为双交换 DE。固体物理中的 Jahn-Teller(JT)畸变的效应,即晶格会自发地发生变形,从而促使电子的运动变得艰难起来。由于这个 JT 效应,电子运动只有靠高温下的热激活才能从一地跳到另外一地。这就是为什么实际电阻比理论物理学家预测的高很多的原因。JT 效应本质上是一种晶格效应,表明在 CMR 中电子输运有机地将自旋与晶格联系在一起。

由此可见,CMR 和 GMR 的机理有很大不同,从而导致两者在应用领域表现迥然不同:前者至今应用不多,而后者表现靓丽。主要原因有两个:一是 CMR 只有在室温以下且必须在很强磁场(几个特斯拉)下才能出现,限制了它的实际应用,而 GMR 的出现无需这么强磁场;二是 CMR 源于过渡金属氧化物,与硅技术不兼容且稳定性不好,进一步限制了它的实际应用。

然而，人们对强关联锰氧化物体系的兴趣并未由此减少。10 多年的研究工作表明，这种强关联体系中蕴藏着丰富的物理信息，是深刻认识自旋、电荷、轨道交互作用的极好桥梁。研究对象从块材到单晶薄膜再到各种异质结，形成一个相对独立，同时又和磁电子学或自旋电子学中其他内容有着密切联系的重要分支。目前，锰氧化物尤其包括这类氧化物组成的各种异质结构在磁场、电场、光照、压力等作用下的丰富多样的磁电特性是凝聚态物理研究的前沿课题内容之一。一个有趣的系列工作是最近通过锰氧化物和钛酸锶构造出具有整流效应、光伏效应、正负磁电阻效应交叉出现 p-n 结，并通过透射电镜的电子全息术直接测量锇界面电势的空间分布。

四、多铁性材料

多铁性材料属于电场可以对材料磁性进行调控的特殊材料体系，近年来受到人们的高度关注。1994 年瑞士的 Schmid 明确提出了多铁性材料（multi-ferroic）的概念。多铁性材料是指材料的同一个相中包含两种及两种以上铁的基本性能。它是一种集电与磁性于一身的多功能材料。多铁性材料（如既有铁电性又有铁磁性的磁电复合材料等）不仅具备各种单一的铁性（如铁电性、铁磁性），而且通过铁性的耦合复合协同作用，它同时还具有一些新的效应，大大拓宽了铁性材料的应用范围。铁磁/铁电材料就是其中一类最典型的代表，这种材料不仅具备铁电性、铁磁性，而且还能够产生一种特殊性质——巨磁电效应。

多铁性材料中一个引人注目的性质是磁电耦合，指的是磁场可以改变电极化方向，电场可以调制磁化状态（见图 17.10）。这种材料从本质上是由于材料的自旋和轨道耦合，因此，外加电场能够调控在电场中自旋极化的电子流其自旋向上和向下，这种效应叫做自旋霍尔效应。在多铁材料中，电场的作用不仅可以调控磁性，或者说自旋的方向，而且可以改变其磁畴结构，甚至导致磁化翻转。至于磁场可以改变电极化的方向，或者电畴结构，这是我们早就知道的。在图 17.10 中，基本铁序：铁电 P，铁磁 M，铁弹 ε，可以通过对应外场（分别为电场 E，磁场 H，压力 σ）使相应的极化矢量实现反转。它们相互间的交叉调控意味着多铁性耦合。例如磁场调控电极化状态和电场调控磁化状态。除此，物理学家正在探索铁环 T 作为一种基本铁序的可能性。此处 O 代表其他可能的（铁）序，例如轨道序、涡旋序、手性序等。

多铁性材料比较稀少的原因是磁性和铁电性有互斥性，只有用磁性离子与铁电性离子搭建原胞，可以实现两者共存。这样的材料才会具有多铁性。1959 年，Dzy Aloshinskii 预言 Cr_2O_3 存在磁电效应，随后被 Astrov 的实验证实。第一个磁电耦合材料诞生了！但是最典型的多铁性材料就是 $BiFeO_3$ 材料，其中 Fe^{3+} 离子贡献磁性，Bi^{3+} 离子具有 $6s^2$ 孤对电子，贡献铁电性。2003 年，Ramesh 小组制备了高质量的 $BiFeO_3$ 外延薄膜，在其中发现了很大的铁电极化强度，可以媲美传统铁电体。

多铁材料的普遍缺点是电极化强度小、磁性弱和工作温度低。从 2003 年发现 $BiFeO_3$ 和 $TbMnO_3$ 体系开始，关于多铁性材料的研究迅猛发展，成为过渡金属氧化物材料大家族的一个热点方向。为制备性能优良的多铁性材料，进一步探索材料的机理，实验工作和理论工作都有极大进展，因而 2010 年美国物理学会的 James C. McGroddy 奖授予了三位美国科学家：加州大学圣芭芭拉分校的 Nicola A. Spaldin 教授、罗格斯大学的

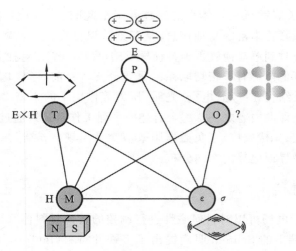

图 17.10　多铁性材料中的相互作用

Sang-Wook Cheong 教授和加州大学伯克利分校的 Ramamoorthy Ramesh 教授，以表彰他们在推进对多铁性氧化物的认识以及应用方面所作的奠基性贡献！

　　Ramesh 研究组开展了 $BiFeO_3$ 异质结中电磁调控的研究，为设计基于 $BiFeO_3$ 的多铁性器件打下基础。例如，通过 $BiFeO_3$ 与铁磁性氧化物（如 $La_{0.7}Sr_{0.3}MnO_3$）界面的磁电耦合，可以用电场控制 $BiFeO_3$ 的电极化方向，从而控制铁磁材料的交换偏置。Cheong 研究组在大块 $BiFeO_3$ 单晶中实现了铁电单畴，研究了其光伏特性和铁电极化控制的整流效应。他们还在具有 6 角晶格的 $YMnO_3$ 材料中发现了有趣的拓扑缺陷：多铁畴涡旋（见图 17.11）。这样的涡旋/反涡旋总是成对出现，具有拓扑稳定性。

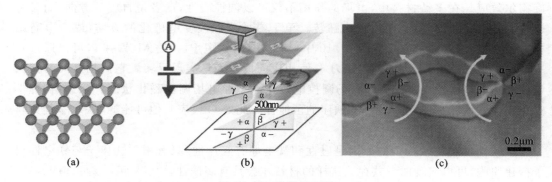

图 17.11　多铁畴涡旋

　　在图 17.11 中，(a)表示温度在 100 K 以下时，$YMnO_3$ 表现铁电性。灰色球代表 Y^{3+} 离子，每个 Y^{3+} 离子周围三个 O^{2-} 离子发生偏移（灰色箭头）。这样，O^{2-} 三聚体的偏移可以形成三种铁电畴（分别为 α，β，γ，两两之间的电极化方向夹角是 120 ℃，再加上极化值可以是＋或者－，因此共有 6 种铁电畴。(b)表示顶层是导电原子力显微镜图像，铁电畴形成苜蓿叶状拓扑缺陷，即多铁涡旋。中间层是暗场透射电镜。底层是铁电畴的示意图。(c)表示暗场透射电镜实验观测到一个（正）涡旋与反涡旋对。涡旋的正反是根据其涡旋中的 $\alpha—\beta—\gamma$ 方向定义的。

第三节　拓扑绝缘体和超导体材料

一、拓扑绝缘体

拓扑绝缘体是当前凝聚态物理领域中的一个热点问题。这类材料的典型特征是体内元激发存在能隙，但在边界上具有受拓扑保护的无能隙边缘激发。从广义上讲，拓扑绝缘体可以分两大类：一类是破坏时间反演的量子霍尔体系；另一类是新近发现的时间反演不变的拓扑绝缘体。

拓扑绝缘体是一种特殊的绝缘体。事实上拓扑非平庸的绝缘体与普通绝缘体有本质的区别，它们虽然在体材料内部都具有电荷激发能隙，但是能带的拓扑结构完全不同。拓扑绝缘体在边界上存在着受到拓扑保护的稳定的低维金属态，这些无能隙的边缘激发处在禁带之中，并且连接价带顶和导带底（如图 17.12(c)和(d)）。在图 17.12 中，(a)为导体，(b)为普通绝缘体，(c)为量子霍尔绝缘体，(d)为时间反演不变的拓扑绝缘体。图中黑色实线代表费米面，虚线代表边缘态，对于绝缘体来说，费米面处在禁带之中。当样品有边界时，禁带之间存在着受到拓扑保护的边缘态（如(c)和(d)），这些边缘态连接体系的价带顶和导带底。从这个意义上来讲，拓扑绝缘体是介于普通绝缘体和低维金属之间的一种新物态。接下来我们简要介绍能带绝缘体的拓扑分类，以及拓扑绝缘体的有关物理性质。

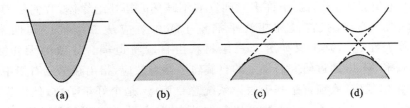

图 17.12　导体和绝缘体的能带示意图

在图 17.12(b)中，费米面处在禁带之中，实际上，半导体材料和绝缘体材料都是如此。此处两种材料可以视为同一大类，如果对于绝缘体加压，可以调整原子之间的电荷跃迁概率。使系统的能带会变宽，从而禁带宽度会相应地变小。虽然能隙发生了变化，但这并未导致系统的状态发生本质变化。加压前后的绝缘体态在能带结构上是拓扑等价的。拓扑是表示空间的整体性质的，所谓拓扑等价的意思是两个空间几何构型，如果能够通过连续的变形，由一个构型转变为另一个构型，则称这两个构型是拓扑上等价的。如：实心的地球与实心的粉笔就是拓扑等价的。但是空心的茶壶与实心的地球就是拓扑上不等价的。研究拓扑等价的数学叫做同伦理论。我们注意拓扑绝缘体的拓扑等价问题，不是发生在真实空间，而是在动量空间的能带结构的拓扑问题。能带结构拓扑等价性可以用来对绝缘体进行拓扑分类，前述的原子晶体模型只是其中拓扑平庸的一种。在不闭合系统能隙的前提下，不同拓扑等价类之间无法连续转化。这种分类并非仅在数学上有意义，它确实反映了真实的物理存在。

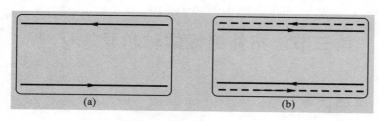

图 17.13　拓扑绝缘体的边缘态示意图

(a)表示破坏时间反演的整数霍尔系统；

(b)表示时间反演不变的自旋霍尔绝缘体，其中的实线和虚线是一对时间反演共轭对

　　人们惊奇地发现 20 世纪 80 年代发现的整数量子霍尔系统就是一类拓扑绝缘体。我们记得整数量子霍尔效应是 20 世纪 80 年代初发现的一种宏观量子态。人们在研究强磁场中的二维电子气时，发现它的横向霍尔电导在外磁场改变时会在 e^2/h 的整数倍处出现平台，并且精度达到 10^{-8}。我们知道二维自由电子气在磁场中会形成分立的朗道能级。在足够低的温度下，当费米面位于两个朗道能级之间时，体系应该表现出绝缘体性质。进一步的研究表明，虽然系统内部的电荷激发的确存在能隙，但在系统边界存在着无能隙的激发，正是这些激发导致了量子化的霍尔电导。这些边缘态朝着一个方向运动，不存在背向散射通道（见图 17.13(a)），因此形成了完美的一维金属。应该指出，1982 年 Thouless 计算了二维周期性晶格系统的霍尔电导 σ_H，发现它等于 nwe^2/h。这揭示了整数霍尔电导的拓扑来源。1988 年，Haldane 提出了一个 6 角晶格上的紧束缚模型，在每一个 6 角原胞的中心引入适当的磁偶极子，破坏了时间反演对称性，但保持晶格的平移对称性。

　　进入 21 世纪以来，人们提出许多时间反演不破坏的拓扑绝缘体，我们称为二维自旋霍尔绝缘体。2001 年，张首晟和胡江平把量子霍尔效应从二维推广到四维。随后，Murakami 等人在此基础上又研究了三维材料由自旋轨道耦合导致的无耗散自旋流。2005 年 Kane 和 Mele 通过研究石墨上的自旋轨道耦合效应，指出在单层石墨中会出现量子化的自旋霍尔效应，该预言是基于假设系统总自旋 S_z 是个好量子数，他们提出了 2 维量子霍尔绝缘体的 Z_2 分类，该分类可以简单理解为边界上时间反演共轭对数目的奇偶性。

　　2006 年，Bernevig、Hughes 和张首晟指出由自旋轨道耦合导致的能带反转是实现量子自旋霍尔效应的一般机制，可以在半导体材料 HgTe 和 CdTe 形成的量子阱中来实现。在一般的半导体材料中，导带电子是 s 轨道贡献的，价带则是由 p 轨道形成的，CdTe 就是这样一种常规的半导体材料。但在 HgTe 中，由于自旋轨道耦合非常强，引起 s-p 轨道之间的能带翻转。这种能带翻转会导致材料能带上出现非平庸的拓扑结构，从而实现二维的量子自旋霍尔效应。在 CdTe-HgTe-CdTe 量子阱中，可以通过调节中间层 HgTe 的宽度，来实现正常能带结构到翻转能带结构之间的转变。遵循这种能带翻转的思想，刘朝星等人通过理论计算表明，在 InAs/GaSb 结构中也有可能观测到自旋霍尔效应。

　　2007 年，德国的一个实验小组制备了 CdTe-HgTe-CdTe 三明治型量子阱，其中中间层的宽度是 d。通过测量样品的纵向电导，发现中间层 HgTe 存在一个临界宽度 d_c。当 $d < d_c$ 时，材料的电导几乎是 0，这表明，作为常规半导体的 CdTe 在起主要作用。但当 d

$>dc$ 时，材料的电导是 $2\times e^2/h$，并且其数值大小与样品的宽度无关。我们知道，时间反演不变的自旋霍尔系统的边缘态存在两个通道，人们因此相信此时中间层能带翻转材料 HgTe 起主要作用，导致体系处于自旋霍尔绝缘体态。这也是人们首次在实验上观测到了时间反演不变的体系表现出非平庸的拓扑性质。在这种量子阱中，杂质散射起着令人意想不到的作用。最近的理论研究表明，它们会导致一种被称为拓扑安德森绝缘体的态的出现。

2006 年，几个研究小组从两种不同角度得到三维拓扑绝缘体：一是从二维推广到三维体系；二是三维拓扑绝缘体也可以通过对四维推广的量子霍尔模型降维来得到。Fu 和 Kane 定义了一个拓扑不变量来刻划三维拓扑绝缘体的拓扑分类。当特征参数 $\nu_0 = 1$ 时，体系被称为"强拓扑绝缘体"；$\nu_0 = 1$ 而其他 $\nu_{1,2,3} \neq 0$ 时，即为"弱拓扑绝缘体"。对于三维绝缘体来说，其表面是个二维体系，在布里渊区中存在 4 个时间反演对称的点。当体系存在表面态时，在这些特殊的点上，会出现 Kramers 简并，从而可能形成二维的狄拉克能谱。同二维自旋霍尔绝缘体类似，三维的拓扑绝缘体也可以通过同伦群 Z_2 的拓扑不变量来分类，即表面布里渊区中狄拉克点数目的奇偶性决定了绝缘体的拓扑类别。Fu 和 Kane 并且预言了 $Bi_{1-x}Sb_x$ 和 α-Sn 是拓扑绝缘体。

2008 年，Hsieh 等 3 人通过角分辨光电子谱观测到了合金 $Bi_{1-x}Sb_x$ 材料表面的狄拉克型能谱，这是实验上首次对三维拓扑绝缘体的报道。2009 年，方忠和张首晟等人报道了他们 Bi_2Te_3，Bi_2Se_3 以及其他一些材料的能带计算结果，判明前面两种材料都是强拓扑绝缘体，并给出了其表面的单个狄拉克能谱的低能有效模型。同时，美国 Princeton 的研究小组也独立地报道了他们对 Bi_2Te_3 和 Bi_2Se_3 的角分辨光电子谱的实验结果，确定了这两种材料都是表面只有一支狄拉克能谱的强拓扑绝缘体。2009 年，薛其坤等人通过分子束外延的方法，生长出了高质量的 Bi_2Se_3 和 Bi_2Te_3 薄膜，并通过角分辨光电子谱的实验验证了表面狄拉克谱的存在。吕力等人也报道了他们在 $SrTiO_3$ 衬底上生长 Bi_2Se_3 薄膜，并对其载流子浓度进行大幅度调控的工作。

三维拓扑绝缘体的表面态可以用纯粹的自旋轨道耦合模型来描写。模型中时间反演对称性保证了 k 到 $-k$ 的背向散射不会发生，这使得强拓扑绝缘体表面金属态非常稳定，不会被非磁杂质散射而导致局域化。从这个意义上说，三维拓扑绝缘体和二维拓扑绝缘体的性质是非常相似的。由于磁性杂质可能会破坏时间反演对称性，从而在狄拉克点打开能隙，并进而破坏表面态的金属性，因此拓扑绝缘体中的磁性杂质效应非常重要。

拓扑绝缘体本质上是一种单粒子态，可以用能带理论进行描述，这些内容都和量子力学的本质问题——位相密切相关。这里的位相可以是阿贝尔的（整数霍尔效应），也可以是非阿贝尔的（时间反演不变的拓扑绝缘体），它们直接导致体系拓扑性质上的不同。人们期待着通过研究其输运性质，能够在实验上直接观测到拓扑绝缘体的表面金属态，并探索其可能的实际应用前景。除了拓扑绝缘体，现在人们也关注着超导体中的拓扑分类。类似地，拓扑非平庸的超导体在边界上也存在着无能隙的实费米子激发。

未来拓扑绝缘体材料在晶体管、存储设备，以及磁性传感器等能耗效率高的产品领域均有很大的应用前景。2011 年，在《自然纳米科技》杂志上，来自加州大学洛杉矶分校(UCLA)的工程及应用科学院和澳洲昆士兰大学的材料研究所的研究论文，展示了碲化铋拓扑绝缘子的表面传导渠道，说明了这些绝缘体的表面可以根据费密能级的位置来调节表面态的传导性能。USLA 工程及应用科学院的教授 Kang L. Wang 说道："我们的发现为新一代低功耗的纳米电子和自旋电子器件的研发创造了更大的空间。"碲化铋以其热电性能而出名，并因其独特的表面状态被推断为三维拓扑绝缘体。最近针对碲化铋散装材料开展的一些实验也说明了其表面态具有二维传导渠道。但是这种能带隙小的半导体的热激发性以及纯度不够等原因造成的重要体散射也使得调整表面导电功能成为一项很大的挑战。而拓扑绝缘纳米技术的发展在这方面做出了补充。这些纳米材料在很大程度上夯实了表面条件，使得靠外力完全能控制表面状态。Wang 和他的团队使用碲化铋纳米材料作为场效应晶体结构的传导渠道。这依赖于外部电场来控制费密能级，从而调控渠道的传导状态，最高传导率可达到 51%。其结果首次展示调节拓扑绝缘体表面的可能性。

作者课题组研制的硒化银材料是一种窄能隙的半导体材料，在超强的磁场下，显示良好的线性磁阻效应。最近我们对 α 相 $Ag_{2+\delta}Se$ 的样品进行了横向磁电阻效应测试，其中 δ 为过量 Ag 含量。δ＝0.3 样品测试结果如图 17.14 所示。

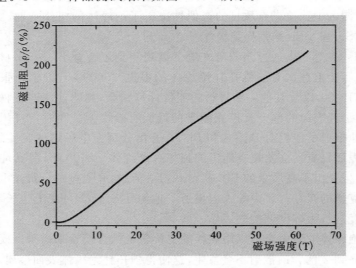

图 17.14　α-Ag2＋δSe 晶体的磁电阻（MR）效应（测试温度 77 K）

由图 17.14 可以清楚看见，在磁场强度高达 64T 时，样品仍然呈现的是良好线性磁电阻效应，并且未发现样品的磁电阻有任何饱和的迹象。这是目前国际上首次测量到这么高的强磁场下，线性磁阻效应居然存在。此前，国际上对存在线性磁阻效应的磁场的最高测量值为 55T（A. Husmann, J. B. Betts, G. S. Boebinger et al, Megagauss sensors, Nature, Vol 417（23）:421-424(2002)）。奇怪的是，国际上还发现这种材料具有纵向霍尔效应，至今未得到恰当的理论说明。我们推测，这种材料很可能属于拓扑绝缘体。其相互作用具有手征对称性破缺的特征。

二、超导材料

超导材料仍然是凝聚态物理和材料科学研究的重点。所谓超导材料，系指在一定的低温下（即临界温度 Tc）表现出零电阻现象和迈斯勒效应（Meissner effect）的材料。零电阻就是没有电阻，如图 17.15（b）所示。迈斯勒效应就是超导体一旦进入超导状态，体内的磁通量将全部被排出体外,磁感应强度恒为零的抗磁效应。且不论对导体是先降温后加磁场,还是先加磁场后降温,只要进入超导状态,超导体就把全部磁通量排出体外。如图 17.15(a)所示。

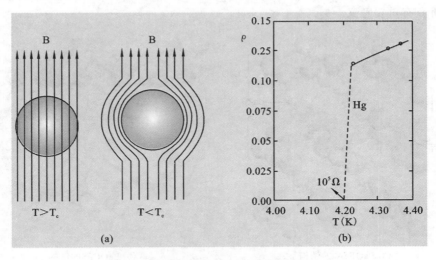

图 17.15 迈斯勒效应(a)和零电阻现象(b)

超导材料的这些参量限定了应用材料的条件,因而寻找高参量临界电流密度和临界温度的新型超导材料成了人们研究的重要课题。以 Tc 为例,从 1911 年荷兰物理学家 H. 开默林-昂内斯发现超导电性(Hg,Tc=4.2 K)起,直到 1986 年以前,人们发现的最高的 Tc 才达到 23.2 K(Nb₃ Ge,1973)。1986 年瑞士物理学家 K. A. 米勒(K. Alexander Muller)和联邦德国物理学家 J. G. 贝德诺尔茨(J. Georg Bednorz)发现了氧化物陶瓷材料的超导电性,从而将 Tc 提高到 35 K。之后仅一年时间,新材料的 Tc 已提高到 100 K 左右。这种突破为超导材料的应用开辟了广阔的前景,米勒和贝德诺尔茨也因此荣获 1987 年诺贝尔物理学奖金。

图 17.16 贝德诺尔茨(1950—)(左)和米勒(1927—)(右)

他们的主要兴趣集中在探索氧化物高温超导、重费米子超导体和有机超导体等共同表现的非常规超导机理,以二硼化镁为代表的多带超导物理,新型超导材料的探索,以应用以及量子计算为目标的超导结物理研究等方面。

另外一类重要的高温超导材料——铁基高温超导材料是在 2008 年 3 月由日本的一位科学家无意中发现的,通过 FeAs 层取代 LaOCuS 中 CuS 层所制备层状化合物

LaFeAsO1-xFx 体系可以实现 26 K 的超导转变。通过稀土元素替换,赵忠贤等人迅速将 Tc 提高到 SmFeAsO 体系的 55 K。铁基高温超导体的发现颠覆了磁性和超导相互矛盾的观念,被认为是介于铜基高温超导体和常规高温超导体之间的一类新材料,对超导理论和应用研究有重要意义。

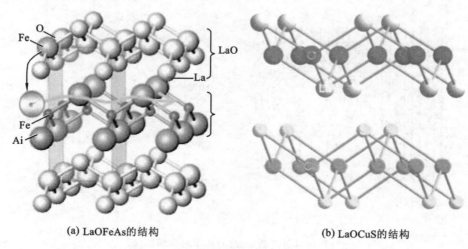

(a) LaOFeAs的结构　　　　　　　　(b) LaOCuS的结构

图 17.17　铁基和铜基高温超导体的结构

除了上述两类超导体外,还有重费米子超导体 $CeCoIn_5$、有机物超导体 C60 体系和 MgB_2 超导体等。

首先是人们认识到非常规超导体蕴含更丰富物理内涵。必须指出,尽管对常规超导体机理的研究取得了关键性的进展,1972 年的诺贝尔物理学奖授予了常规超导体机理的奠基人巴丁(J. Bardeen)、库珀(L. V. Cooper)和施里弗(J. R. Schrieffer)。他们的工作是在 1957 年完成的。BCS 理论把超导现象看作一种宏观量子效应。它提出,金属中自旋和动量相反的电子可以配对形成所谓"库珀对","库珀对"在晶格当中可以无损耗地运动,从而形成超导电流。

图 17.18　施里弗(1931—)(左)、库珀(1930—)(中)和巴丁(1908—1991)(右)

然而,对于非常规超导晶体的研究,至今尚未取得决定性的进展。我们大致可以说,理论和实验研究表明,自旋涨落在大多数非常规超导电性中都是必需考虑的一个重要甚至关键的因素。尽管超导在铁磁涨落占主要的系统中可以出现,但是较高温度的超导电性目前还只在反铁磁不稳定系统中被发现。从实验角度讲,由于很多系统中单晶生长的困难以及中子散射实验的局限性,对它们的自旋动力学并没有进行很好的研究。而从理论上讲,是否可以将自旋涨落处理成某种"胶水"来导致电子对配对,还是抛开 BCS 理论而完全基于强关联理论来理解超导,这些问题都还没有答案。实际上,是否存在着一个普适的基于自旋涨落的超导机制来解释非常规超导电性,这也还没有答案。

我国物理工作者在高温超导体的低温比热测量中发现,赝能隙基态中可能仍然有电子型准粒子的激发,从而出现费米弧金属基态,并推断超导可能是费米弧上面的电子通过借助于强大的自旋配对的背景而发生超导配对和凝聚。进一步的研究证明超导凝聚态与自旋共振激发确实有密切关系。

在欠掺杂正常态,能隙在 45 度角的节点附近为零,形成了费米弧。在进入到超导态后,在此费米弧上面逐渐建立一个超导能隙。超导能量尺度由超导能隙在费米弧端点附近的能量所决定。在接近绝对温度零温的极限下,低温比热数据和角分辨光电子谱数据均说明超导能隙和赝能隙可能是密切相关的,并且随着欠掺杂的程度逐渐提高。这个结果强烈暗示自旋配对对超导态的形成起到关键作用。有关费米弧基态的问题是目前高温超导研究的重要切入点,对它的深入研究将会带来对高温超导机理的问题的突破。

总之,目前关于高温超导机理的研究还没有取得突破性进展,但应用研究领域却得以拓展。一批很有潜力的大型高温超导样机已制备成功,如全超导的示范配电站、35 000 kW 的电机等。移动通信基站上也使用了几千台高温超导滤波器。20 世纪 90 年代,物理学家曾乐观地预言:2020 年与超导有关的产值可以达到 2 000 亿美元。现在看来达到这个预期还有很大难度,除非在近 10 年内有较大的突破:一是要发展和改进现有实用超导材料的制备工艺;二是要探索新的更适于应用的超导材料。

其次是关于新超导材料的探索有较大的进展,日本科学家报道二硼化镁在 39 K 左右表现出超导特性。同时,还在一些弱铁磁型材料(包括 UGe_2 等一些所谓重费米子材料)中发现超导,人们还在 CO 的氧化物中发现超导,并发现一些有机物在温度高于 10 K 时具有超导性。所有上面的超导体具有共同特征:超导相总是与另外一个在更宽温度范围内出现的竞争相在量子临界点附近共存。这个竞争相包括电荷密度波相、自旋密度波相、反铁磁相,甚至是弱铁磁相。

2016 年加拿大滑铁卢大学的研究团队实验确认了超导态的新特性——向列相,这一发现具有重大的学术价值和应用价值,将有助于揭示非常规超导机理,并且有助于悬浮列车和超级计算机等技术的研发。

研究人员在实验中发现,超导材料中的电子云可以对齐并按照某个方向有序排列,即呈现向列相。这一结果最为直接地展示了铜酸盐高温超导体具有普遍的向列性。

"近几年的研究只是发现,电子在超导状态下可以排成一定的模式,并展示出不同的对称性,即优先朝着一个方向排列。"滑铁卢大学的大卫·霍索恩教授说:"这些模式或对称性对超导而言具有很重要的意义,它们可能会与超导状态互相竞争、共存或者加强超导。"

研究团队使用软 X 射线散射技术观察了分散在铜酸盐晶体结构特定分层中的电子。当电子轨道排列成一系列棒状时,电子云就会有序排列,并

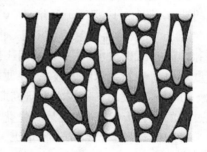

图 17.19　铜酸盐超导体呈现向列性

从晶体的对称结构中分离出来形成单向对称结构。向列性一般指液晶显示器中的液态晶体自发地在电场中排列成一定的形状,而在这项实验中,当温度降到临界点以下时,电子轨道会进入向列相。向列相的存在可能是高温超导态中的普遍现象,而且可能会成为解释超导现象的关键因素。

研究显示,电子向列性也可能发生在低度掺杂的铜氧化物中,而对掺杂材料的选择也会影响材料向向列状态的过渡。渗染剂如锶、镧、铕在加入铜酸盐晶体后,会导致晶体变形并加强或减弱晶体分层的向列性。

理解超导体电子的向列性可能对认识超导态的原因及所谓的赝能隙十分重要。尽管目前关于电子向列性出现的原因并没有一致的解释,但它可能会为室温超导体的诞生提供新的契机。

第四节　光学纳米材料

一、飞秒脉冲技术在探测超快过程中的应用

在第十六章第二节我们曾介绍了在 20 世纪末发展起来的微纳米技术和微纳米材料,本节着重阐述光学纳米材料,这是此前未曾介绍的。光学技术的发展,尤其是飞秒脉冲技术的发展,有力地推动了光学纳米材料的蓬勃发展。近年来,光学纳米材料不断推进观察测量物理量的新原理、方法技术和仪器设备的发展。对于单个量子点、单个量子线、单个蛋白质分子或 DNA 等的结构和性质的研究,要求测量手段在空间上具有小于 1 nm 的高分辨率,在测量灵敏度上要达到或接近单分子的水平;另外,对物理、化学及生物学过程的研究,要求能在高时间分辨的基础上,实现原位和动态的成像和测量。同时,许多化学和生物反应的过程发生在 1~100 nm 尺度的层面上,因此,探测 1~100 nm 尺度内物理、化学和生物性质的变化,将加深对生命科学的理解。对微纳世界观察、测量和加工手段的不断更新和发展,是纳米科技、纳米材料研究不断深入的技术保证和物质条件。

飞秒脉冲技术提供了对微纳世界观察、测量和加工的强有力的新手段。它不仅可以观察和测量发生在微纳米世界的超快过程,而且也是制备纳米材料和纳米器件的有效技术手段。脉冲激光的宽度由纳秒迈向皮秒和飞秒,甚至于达到阿秒级;高强度化:脉冲激光的功率密度由 10^4 W/m^2 猛增到 10^{13} W/m^2。值得指出的是,2008 年密歇根大学从"大力神"钛蓝宝石激光器辐射的 30fs 脉冲产生了创纪录的功率密度 2×10^{22} W/m^2。PLD 技术即脉冲激光沉积技术,是一种利用飞秒激光制备薄膜材料的新技术,近年来飞速发展,大幅度地提高了制备薄膜的效率,并使制备的薄膜性能更加优良,均匀度更好,致密性更强。

首先脉冲激光飞秒技术是研究此类 1~100 nm 尺度内物理、化学和生物性质超快变化过程的强有力的工具,它是研究化学反应和生物学过程的利器。通常的化学反应和生物学过程的数量级大致在飞秒量级。1999 年,A. Zewail 因为最早利用飞秒激光研究化学反应的动力学过程而被授予 1999 年的诺贝尔化学奖,诺贝尔奖基金会宣称其贡献使得"我们可以在时域和空域与原子对话,运用想象的方式研究它们的真实运动,它们不再是

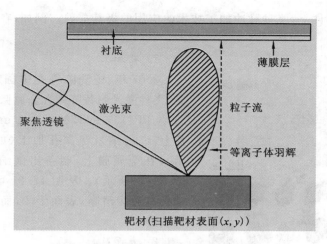

图 17.20　PLD 法制备薄膜的典型实验装置

衬底　薄膜层　激光束　粒子流　聚焦透镜　等离子体羽辉　靶材(扫描靶材表面(x,y))

不可见的"，"科学家们对化学反应的看法已从根本上改变了"。

光合作用的原初反应是光合作用的重要一步,在极短的时间之内(100ps 左右)吸收光子并实现电子的能级跃迁,从而有效地吸收阳光。原初反应中研究得比较多的是捕光天线系统和反应中心。目前,利用飞秒抽运-探测技术从实验和理论上研究了紫细菌捕光天线系统中的能量传递过程,得到了大量有用的信息,多数研究结果表明,B800 分子之间的能量传递是在 500 fs 的时间内完成,然后在 0.7~0.8 ps(室温下)时间尺度内或 1.2~2 ps(低温下)时间尺度内由 B800 传递到 B850 分子;B850 分子之间的能量传递时间则在亚皮秒量级,而由 B850 传递到 LH1 的时间则在 3~5 ps,最后再经历 20~50 ps 的时间,能量由 LH1 传递到反应中心,从而完成了捕光和能量传递过程。

生物学中的 DNA 动力学的关键是研究其电子跃迁,其中最令人感兴趣的是电子跃迁的空间距离和空间尺度。Zewail 与 Barton 利用飞秒瞬态吸收观察到了 DNA 中的超快电子跃迁反应,发现在给体和受体之间的 ET 存在两个过程,即 5ps 的快过程和 75 ps 的慢过程,结果表明碱基对控制着 ET 反应的时间尺度和相干传输的程度。S. O. Kelley 等利用了飞秒化学的方法和技术,发现 DNA 双螺旋的电子传输很像一维有机导体。

二、飞秒脉冲技术在加工纳米材料和器件中的应用

飞秒脉冲激光技术是加工纳米材料和纳米器件的最有力的技术手段。目前,以 Tisappire 为代表的新一代飞秒激光器,脉宽最短可至 5fs,激光中心波长位于近红外波段 (~800 nm),在借助脉冲放大技术(CPA,Chirped Pulse Amplification)后,单个脉冲能量从几个纳焦耳可以放大至几百毫焦耳、甚至焦耳量级,此时脉冲的峰值功率可达 GW (10^9 W) 或 TW (10^{12} W),经过聚焦后的功率密度可以达到 ($10^{15} \sim 10^{18}$) W/cm^2,甚至更高,这种激光能产生极端物理条件,从根本上改变了激光与物质相互作用的机制,使飞秒脉冲激光加工成为具有超高精度、超高空间分辨率和超高广泛性的非热融"冷"处理过程,开创了激光加工的崭新领域。

首先,这种技术已用于制备金属、陶瓷纳米材料的纳米粉和纳米薄膜。现在已经到了产业化的地步了。但是,这种技术的真正优势主要还是表现在材料的微纳加工上。就是

说,在制备纳米器件上,飞秒脉冲加工技术的应用的极其成熟。例如,在材料表面的微加工中,有如下应用。

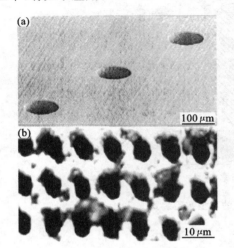

图 17.21 不锈钢薄片上的深孔(a)和金属薄膜上的微纳秒级阵列孔(b)

1. 孔加工

2007 年,杨洗陈等在中国《激光杂志》上撰文《飞秒激光制备阵列孔金属微滤膜》(见该杂志 34 卷 PP1155~1158)。在 1 mm 厚的不锈钢薄片上,进行纳米级深孔加工(如图 17.21(a)所示);在金属膜上,制备出微纳秒级阵列孔(图 17.21(b)所示)。从图 17.21 可以清楚看出,加工具有边缘清晰,表面干净,而且孔直径可以微调的特点。

2. 表面改性

1999 年,《光学快报》报道(见 opt. Lett. 卷 24PP914~916)德国汉诺威激光中心 S. Nolte 等人利用钛宝石飞秒激光三倍频光(260 nm)和 SNOM(扫描近场光学显微镜)在金属镉层制出了线宽仅 200 nm 的凹槽。

3. 金属纳米颗粒的制备

1993 年,首次实现利用激光消融法制备金属纳米颗粒,Lnk H 等控制飞秒激光的能流密度和照射时间,将金属纳米棒完全融化为金属纳米点,由于飞秒激光能够改变金属颗粒的大小和形状,在金属颗粒加工方面其应用前景异常广阔。目前该技术日渐成熟,正朝着产业化的方向发展。

4. 金属掩模板加工

2002 年,新加坡南洋科技大学的 K. Venkatakrishnan 等人利用飞秒激光直写方法制作了以金属薄膜为吸收层、石英为基底的金属掩模板,并且利用飞秒激光超衍射极限加工有效地修补了金属镉掩模板的缺陷,修复的线宽达到小于 100 nm 的精度。目前,飞秒激光制作的光掩模板工具已在美国佛蒙特州的 IBM 公司的掩模制作设备中运行。

5. 复杂的微结构加工

2006 年,Loeschner 等利用飞秒激光成功制作耐热玻璃上的水渠道结构,边缘质量较好,如图 17.22 所示;2006 年、2007 年,Chichkov 等和 Juodkazis 分别在光刻胶上利用所谓飞秒双光子聚合(Two—Photon Polymerization:TPP)技术刻制成功微型蜘蛛和恐龙模型,如图 17.23 所示。

6. 纳米光栅的制备

国际上许多研究小组,正充分利用飞秒激光诱导出纳米光栅结构,利用这种奇异的特性制作各种性能的光栅,如高密度纳米光栅、精密定位用光栅、高进度光栅传感器、表面纳米光栅隐身技术、光学生物传感器(optical biosensing)、高密度光存储等纳米尺度增强热传输(nanoscale enhanced readiative heat transfer)等。2009 年,美国哈佛大学 Eric Mazur 教授组,采用 800 nm 飞秒激光在透明的二氧化硅单晶体上诱导出了周期为 40 nm 宽、500 nm 深的光栅结构,如图 17.24 所示。

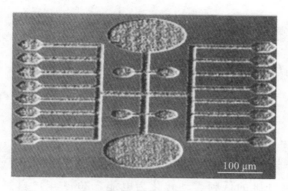

图 17.22　耐热玻璃上深 4 微米的水渠道结构

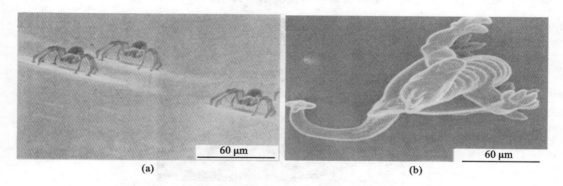

(a)　　　　　　　　　　　　　　　　(b)

图 17.23　TPP 加工的微小蜘蛛(a)和恐龙模型的扫描电子显微镜图(b)

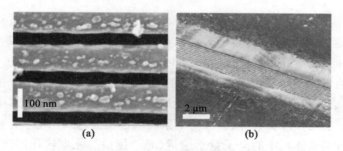

(a)　　　　　　　　(b)

图 17.24　美国哈佛大学 Eric Mazur 教授组制备的光栅结构

　　图 17.25 是罗切斯特大学 Chunlei Guo 教授组观察到的"黑金"现象。罗切斯特大学 Chunlei Guo 教授组,采用飞秒脉冲激光在钛金属的表面诱导出了不同周期大小的表面光栅结构,其中周期为 120 μm 的光栅结构几乎对频率范围从紫外到太赫兹的入射电磁波表现出了强烈的吸收效应,即"黑金"现象。这是一种非常奇特的隐身技术,如果可以用在军事上,在军事武器的金属外壳表面做特定结构的纳米光栅处理后,能让武器实现有效的隐身,达到安全执行任务的目的。

　　目前在纳米器件的制备上,取得了很多引人注目的成果。已经出现了发光二极管 LED、光子晶体、纳米发电机、纳米线逻辑反相器、场效应晶体管(FET)、纳米温度计等。王中林院士课题组在 2006 年提出纳米发电机的概念。2007 年,《科学》报道了王中林课题组成功制备超声波驱动的便携式直流纳米发电机。2008 年通过在弹性纤维上生长氧

d=120 μm   d=430 μm
(a)   (b)

图 17.25　罗切斯特大学 Chunlei Guo 教授组观察到的"黑金"现象

化锌纳米线,成功地将纤维的低频震动转化为电能。2009 年,《自然—纳米技术》报告了他们课题组研制成功由高分子薄膜封装的交流纳米发电机。

图 17.26　王中林和他的纳米发电机

　　由于纳米结构和器件中的电子数量很少,涨落大,因此,其物理状态和传播规律都有待探索。纳米体系中的量子效应和纳米结构是将来的纳米器件的两大基础,未来的纳米器件应该是多功能、高集成和智能化的。这些构成纳米物理的重要研究方向。

　　总而言之,纳米物理包括以下几个方面的重要领域:纳米力学(纳米接触的力学和热力学问题)、纳米结构和纳米材料中结构和性质的关系;适宜于纳米体系中与热力学性质相关的统计力学;空间多尺度、时间多尺度现象的耦合模型;物理/化学等多种过程协同发展的非平衡理论;纳米体系中的电子量子输运、光子传播与光电转化的理论和实验研究;纳米体系中生物大分子与固体的相互作用;纳米材料的结构、性能和加工过程的设计模型和理论,以及纳米器件的物理原理、制备方法的研究等。

第五节　光学信息材料

　　信息材料是材料科学中最重要的材料之一,目前信息科学正朝着高速率、大容量和高宽带的方向发展,其关键在于高质量的信息材料和光电器件的微型化。换言之,信息材料、纳米材料和半导体材料有很多方面是重叠的,只是分类不同而已,即纳米信息材料或者半导体光电材料在材料和器件的发展中起着重要作用。本节只介绍光学信息材料。

一、光子晶体材料

在信息材料中,光子晶体材料是很重要的一类新材料。光子晶体的概念是 1987 年提出的,这种奇妙新型光学材料在 20 世纪 90 年代通过人工设计成功制备。其特点是材料存在光子禁带和光子局域化两大特征。

光子晶体(Photonic Crystal)是在 1987 年由 S. John 和 E. Yablonovitch 分别独立提出,是由不同折射率的介质周期性排列而成的人工微结构。光子晶体即光子禁带材料,从材料结构上看,光子晶体是一类在光学尺度上具有周期性介电结构的人工设计和制造的晶体。与半导体晶格对电子波函数的调制相类似,光子带隙材料能够调制具有相应波长的电磁波——当电磁波在光子带隙材料中传播时,由于存在布拉格散射而受到调制,电磁波能量形成能带结构。能带与能带之间出现带隙,即光子带隙。所具能量处在光子带隙内的光子,不能进入该晶体。光子晶体和半导体在基本模型和对其研究的思路上有许多相似之处,原则上人们可以通过设计和制造光子晶体及其器件,达到控制光子运动的目的。光子晶体(又称光子禁带材料)的出现,使人们操纵和控制光子的梦想成为可能。

1989 年,Yablonovitch 和 Gmitter 首次在实验上证实三维光子能带结构的存在,物理界才开始积极投入这方面的理论研究。由于光子晶体有类似电子晶体的结构,人们通常采用分析电子晶体的方法和电磁理论来分析光子晶体的特性,并取得了和试验一致的结果。

但是,微米甚至亚微米级三维复杂光子晶体的制备技术是急需解决的关键问题。飞秒激光技术在光子晶体的制备中显示其无可替代的优越性。光子晶体材料与飞秒激光技术结合起来,两者互相依存,互相促进。

制备光子晶体目前一般采用飞秒激光双光子聚合法,这种方法灵活,加工精度高。2001 年,H. B. Sun 等人采用飞秒激光制出任意晶格的光子晶体,它能单独地为单个原子选址。2003 年,J. serbin 等人采用飞秒激光双光子聚合得到结构尺寸小于 200 nm、周期为 450 nm 的三维微结构和光子晶体。2004 年,Markus Deubel 采用飞秒激光直接扫描法制出应用于无线电通信的三维光子晶体,这是光子晶体制备的一个重要突破。他们制备光子晶体使用的光纤如图 17.27 所示。国内江苏大学的戴起勋等在 2005 年成功制备层状木堆型光子晶体,其杆、层间距均为 5 μm,共 4 层,分辨率为 1.1 μm,如图 17.28 所示。

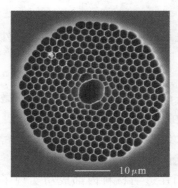

图 17.27　光子晶体光纤

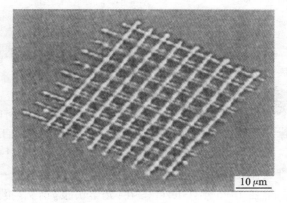

图 17.28　层状木堆型光子晶体结构

光子晶体很快变投入应用。最重要的应用是利用光子晶体制成光学光纤。新一代飞秒技术的核心成分是光学晶体光纤。光子晶体光纤由单一材料构成,包层中具有周期性微米量级空气孔结构,包层中的二维光子晶体结构具有灵活设计的色散特性、增强的光学非线性特性、在极宽谱带内单模传输特性和增强的双折射特性等,因此,可将光控制在光纤纤芯中,形成了光子晶体光纤不同于传统光纤的传输特性:如极大单模场、增强数值孔径、增强非线性等。

目前,应用的光子晶体光纤可以分为两大类:基于全内反射效应的折射率引导型和基于光子效应导光的带隙型。折射率引导型的光纤结构有空气孔结构的区域,因而导致反常色散能够在激光工作波段用于色散补偿,可以在光纤中完成激光技术中所需的三大功能:增益、色散和非线性。至于带隙型的光纤由于包层中周期性分布的高折射率棒形成了带隙结构,增益介质掺杂于纤芯中,光纤本身不仅能完成上述三大功能,而且因为其结构为全固态型能够更方便和低损耗地同标准光纤器件熔接,从而构建极其简易和紧凑的全光纤飞秒激光器。

2004 年,Moenster 等将 Nd^{3+} 离子掺入光子晶体光纤中,该光纤纤芯直径为 7 μm,在 1 060 nm 处呈现负色散,实现了被动锁模;2006 年丹麦和芬兰的科学家利用全同态带隙结构的增益光子晶体光纤初步实现了具有增益、色散、非线性三位一体的全光纤锁模激光器;2007 年,德国 Limpert 小组的 B. Ortac 等利用双包层大模场面积光子晶体光纤实现了孤子锁模,获得了平均功率 880 mW,单脉冲能量 16.5 nJ,脉冲宽度 500fs 的稳定锁模,其单脉冲能量等技术指标已经达到普通的钛宝石飞秒激光器的水平。天津大学超快激光研究室也同步开展了这一领域的研究。关于光子晶体飞秒激光振荡器的研制,国际上报道的很多,例如 J. I. Imper 小组、B. Ortac 等、Song Youjian 小组等工作都是很出色的。新一代的以光子晶体光纤作为核心成分的飞秒脉冲激光器正呼之欲出。

光子晶体光纤具有许多普通光纤所没有的奇异特性,这些特殊的性能可以通过改变光纤中的二维结构或者材料来实现。通过设计,这类光纤可以实现大数值孔径、小模式面积,增加了单位面积的光功率密度,可极大地提高光学非线性作用的效率;它还能够在很宽的谱带范围内支持低损耗单模传输,将反常色散区移至可见光波段等。这些特性满足了宽带超连续谱的产生对非线性系数和色散要求,因此光子晶体光纤是产生超连续谱最为突出的一种非线性介质,被广泛用于产生超连续谱的研究。

二、若干典型光电信息材料

由于信息光电材料制备技术的发展,以及微纳加工技术应用,光电信息材料和器件的发展极为迅速。下面是一些典型范例。

1. 光存储材料和技术

要提高光存储材料的记录密度,必须提高材料的高分辨率,采用飞秒激光进行亚微米级操作无疑会提高高分辨率,因此,飞秒激光微加工技术在制备光存储材料中也有广泛应用。特别要指出,飞秒激光多光子吸收作用引起材料的永久性光致还原现象,为超高密度三维立体光存储提供了当前发展的海量存储技术一种全新的思路。

早在 1996 年,Glezer 等在《光学快报》撰文,报道他们在透明材料内部成功实现了三维立体光学储存,其存储密度可达 1 013 bits/cm³。这种新的飞秒激光三维立体光存储技术的特点是：①快速的数据读、写、擦写、重写；②并行数据随机存取；③相邻数据位层间串扰小；④存储介质成本低。

2. 光导纤维材料

光导纤维材料除石英型光纤外，目前又研制出塑料光纤和多组分玻璃型光纤等。石英型光纤光损耗小，是长途通信所必需的。后面两种光纤价格便宜，仅为石英光纤的1/10，但光损耗大，只能用于短距离。除通信以外，光导纤维材料还用于传感、测控、传像、传能、数据处理、医疗、照明等方面。

3. 光波导的制备

光波导是当前光纤通信中关键的器件之一，传统的制备方法是离子注入法和热扩散型离子交换法等，需要特殊的设备，过程较复杂，在温度变化时，波导结构容易发生变化。在室温下运行的飞秒激光制作工艺则完全没有上述缺点，产品质量良好，在高温下波导结构依然稳定。

2000 年，美国学者 P. Bodo 用飞秒激光制备的增益光波导长 1 cm，可产生 3 dB/cm 的信号增益。2006 年大阪大学的 W. Watanabe 等用 85 fs、重复频率 1 kHz、单脉冲能量 1.5 μJ 的钛蓝宝石激光制作的多模干涉波导阵列，实现了高阶模输出。

目前，利用计算机精密控制飞秒激光加工平台，可以在材料内部的任意位置制得任意形状的二维、三维或单模光波导。

4. 微通道的制备

由于飞秒激光通过透明材料内部几乎可以无衰耗地聚焦，并且在聚焦点产生高功率，发生非线性多光子吸收和电离，实现三维结构的直写。人们常常利用飞秒激光技术在透明聚合物内部制备微通道。

2006 年，D. F. Farson 等利用 150fs 钛蓝宝石脉冲激光在聚甲基丙烯酸甲脂内制备出最小直径 2 μm、最长达 10 mm 的微通道，如图 17.29 所示，其中 ft^3/hr 为通气速度的单位，微通道壁光滑且没有裂纹，没有损坏透明材料表面，这种微通道将广泛用于生物医学技术如 DNA 拉伸、微统计分析系统等。

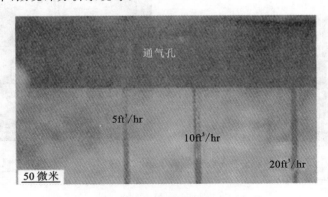

图 17.29 多微通道平面图

具有特异性质的光学新型材料在本世纪初引起人们的注意，这里所谓特异性质是指有效的介电常数及磁导率均为负值。这种材料早在 1968 年就为人们所预言，但是知道 2000 年在观测到负折射效应后才引起广泛的关注。所谓负折射效应是指入射和折射光线位于界面法线同侧、光传播方向与能量传播方向相反等。目前,已从理论和实验上证实了它能放大消逝波,用它做成的透镜能同时使消逝波和传导波成像,从而实现亚波长的焦点。这类研究主要在有缺口的金属环——导线的周期结构中,以及各类光子晶体中进行。前者在特定频率区具有负的介电常数和磁导率,主要工作在微波波段;后者,尽管其材料的折射率和磁导率是正值,但经过对其色散关系的设计,可以在特定的波段实现负折射,这是一种能在近红外及可见光区实现负折射的材料,这是一个新的领域。

第六节　软凝聚态物质材料

一、软物质概念

对软物质(soft matter)的研究在近年来有了非常快的发展。软凝聚态物理学的诞生,以法国著名物理学家皮埃尔-吉勒·德热纳(P. G. de Gennes)1991 年获得诺贝尔物理学奖为标志。当年,P. G. de Gennes 提出软物质的概念,以后每年发表于各类物理学杂志的有关软物质的论文逐年增加,从此软物质研究作为物理学的一个重要研究方向得到了广泛的认可。

下面试举例说明软物质的概念。考虑电子手表的液晶显示器,液晶分子在非常小的电场的驱动下(由钮扣电池提供)不断翻转,或抽象地说,分子系统对很小的扰动给出很大的变化。这里以电扰动为例给出了软物质的概念,实际上扰动的类型是完全任意的,可以有磁扰动、热扰动、机械扰动、化学扰动、掺杂等。软物质的特征在于系统性质在小扰动下产生强的变化。高分子体系(polymers)、很多生命物质、胶体(colloids)、微乳液(microemulsions)、颗粒流系统、流变体等都是软物质的典型例子。

图 17.30　皮埃尔-吉勒·德热纳
(1932—2007)

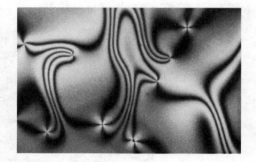

图 17.31　液晶是一种介于晶体和液体之间的有机高分子

简言之,软物质是处于固体与理想流体的复杂态物质,软物质对于外界微小扰动的敏感性、非线性相应、自组织行为等特征,决定了此类物质与通常的固体、气体和液体大不相同。软物质具有流体热涨落和固态的约束共存的新行为,体现了其组成、结构和相互作用的复杂性和特殊性。软物质的丰富内涵和广泛的应用背景引起越来越多物理学家的兴趣,是具挑战性和迫切感的重要研究方向,已成为凝聚态物理研究的重要前沿领域。

软物质领域广阔、内容丰富,涉及几乎所有的现代探测手段,如:原子力显微镜、扫描近场光学显微镜、共聚焦显微镜、低温电镜、X射线、中子散射、单分子操纵与检测、荧光技术等。目前,对其研究已从宏观水平深入到分子级水平,尤其对其结构和性质的研究已有很大进展。但是由于相应体系的极端复杂性,人们对于软物质的研究正方兴未艾。下面简述软物质科学的最新进展与发展趋势。

二、软物质科学的最新进展

1. 胶体与高分子软物质材料

胶体与高分子材料的结构和性能的设计与控制在软物质科学研究中占有重要地位。"软物质"概念的提出使胶体物质和软性高分子材料的界限变得愈来愈模糊,两者的科学内容在"软物质"的大框架内相互渗透;在纳米科技需求的驱动下,两者都得到了快速的发展。传统的高分子胶体是由单体通过乳液或微乳液聚合得到的,如今通过已有聚合物的自组装构建具有规则结构的软物质,已成为高分子和胶体科学研究中十分重要和有很好前景的主题。"软物质"的"弱扰动引起大变化"特征在材料制备和结构构筑领域有着重要意义。

科学家从软物质的定义、结构、宏观和介观尺度下软物质的特点出发,结合高分子材料的特点,揭示了高分子材料的软物质特性。通过形状记忆高分子材料及其应用、智能高分子凝胶及其特点、聚合物基电流变液、高分子液晶材料、智能高分子材料等实例指明了高分子材料软物质特性的应用前景。人们认识到,必须充分揭示带电体系软物质的静电及其生物效应本质。例如:在带电高分子的相互作用原理、聚电解质的自组装、聚电解质在溶液中的行为等方面,研究带电体系软物质材料对理解生命过程具有重要意义。同时,"软物质"的提出对高分子材料和胶体结构构建与构筑,实现材料的性能优化具有非常重要的意义。

2. 生物体系中的软物质

软物质在生物体系中无处不在。生物膜、细胞中蛋白质的聚集态结构、蛋白质的折叠等均是软物质特性的反映。经过自然进化和选择,生物体系中软物质的结构和性能具有最优化特性。生物体系中的一些现象至今尚不能为人们所理解和复现,实现仿生一直是材料学家的梦想。探讨生物体系中的一些软物质现象和问题将对了解生命现象、生命遗传过程中出现的问题和缺陷,以及对新材料的结构设计和性能控制等都具有重要的启发意义。

生物膜、DNA、RNA和蛋白质是生物细胞的重要组分,其弹性力学性质对细胞内进行的许多生物化学过程都有重要的影响。近20年来,生物膜和生物聚合物的研究一直是生物物理学的两个重要方向。

生物膜构成了细胞及各细胞器的屏障,从而使得细胞内复杂的代谢和生理生化反应在膜上和由膜维系的微环境中进行。生物膜是由膜脂、膜蛋白和糖等组成的超分子复合物。生物膜上的脂和蛋白分子并不是均匀分布的,其中鞘脂与胆固醇会成簇形成富含的微区,成为具有十分重要的生物学功能的结构,即脂筏结构。研究脂筏脂及脂筏蛋白的组成及分布特点、脂筏结构模型,以及脂筏的形成机理对于理解生命的新陈代谢具有重要

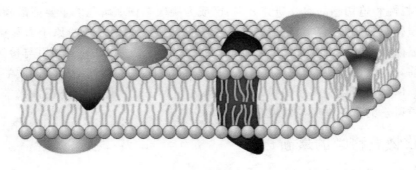

图 17.32　生物膜的流动镶嵌模型

意义。

蛋白质的折叠问题对人类了解生命现象非常重要。蛋白质的折叠问题可以引起一些"折叠病",如疯牛病、帕金森症、Kuru 病、羊瘙痒症、Ⅱ 型糖尿病、致命家族性失眠症等。根据当前国际国内有关蛋白质折叠研究的理论和实验研究现状,当前的研究热点集中在单链折叠、多链聚合与折叠、折叠病等方面,热点问题包括:折叠机制、去折叠态的结构、折叠空间的影响、amyloid 聚合机制、蛋白质与辅基因子相互作用而导致的折叠等。但是当前的研究还是集中在比较简单的模拟和计算方面,与实际的情况相差甚远,此领域中相关的研究无论是在理论方面还是在实验方面还有非常艰辛的路要走。

图 17.33　蛋白质的折叠

生物软物质的研究已深入到分子层次,例如:生物大分子、分子马达和人工纳米器件等都是热点。应用于生物大分子、分子马达和人工纳米器件表征和操纵的单分子成像和显微技术、光谱技术等将得到进一步发展;在实验及相应的理论模型和计算机模拟方法中,将注重纳米尺度下噪声、随机涨落和布朗运动所起的关键性作用。关于生物软物质的相互作用问题,目前人们的视野从单分子到生物系统都已经涉及。其中包括核酸-蛋白质、蛋白质-蛋白质相互作用。

3. 颗粒物质

颗粒物质是自然界中无处不在并与人类日常生活密切相关的一类软物质。专家对颗粒体系研究的历史、现状、存在问题及可能的应用进行了综述。通过对颗粒物质的研究可以提高对工业上依赖于颗粒物质的处理和运输能力,比如谷物、矿石的运输,制药业当中的粉末和药片的处理,以及对自然灾害如火山爆发、泥石流或山体滑坡等的运动规律的认知,并指导生产和自然灾害的防治。

颗粒流系统当前研究的热点领域包括:颗粒物质的流动动力学、结构、相变和自组织、各向异性颗粒,以及带电颗粒的相互作用;由这些物质组成的结构在应用于光子学、电子学、传感器、模板、仿生,以及医学诊断和治疗中的物理学问题。下面简要介绍本书作者课题组近年来有关方面的工作。

由于颗粒系统本身的复杂性,目前已有的研究大都局限于单一颗粒系统或两组分的混合颗粒系统。这当然不能满足实际应用的需要,如何将对简单颗粒系统的研究推广到粒径分布不均匀的复杂颗粒系统,具有十分重要的现实意义。

　　国际上,对于颗粒系统的研究往往采取高度简化的模型,或者认为所有颗粒的粒度都相等,或者只考虑有 2 个或者 3 个粒度的情况。因此,研究的情况与真实系统相距甚远。最近,Zamankhan 提出了适用于由 N 个不同粒径的颗粒组成的近弹性的颗粒流系统。在每个组分的颗粒是大小和质量分别都相同的颗粒假定下,Lambiotte 和 Brenig 研究了由任意多组分构成的混合颗粒流动力学问题。本书作者课题组早在 1999 提出了复杂颗粒系统的分形模型。在颗粒运动理论的研究领域里,此模型是首次考虑了颗粒流中颗粒粒径分布的分形特征,在近平衡条件下得到了相应的颗粒速度几率分布函数,并用于有关物理特性的讨论和研究。然后,本书作者课题组进一步研究了在近平衡条件下颗粒流系统中由于颗粒的随机运动而产生传热的热传导机理,得到其有效热导率,并且详细讨论了非均匀颗粒流系统的有效热导率随颗粒粒径分布的分形维数以及系统相关结构特征参数的变化关系。

　　随后,本书作者课题组又将复杂颗粒系统的分形模型与 Puglisi 等人提出的"均匀驱动"的一维单一颗粒气体动力学模型相结合。利用 Monte Carlo 模拟方法,对处于远平衡状态下的一维非均匀颗粒气体进行了动力学模拟。模拟结果表明,系统中颗粒的速度分布呈现非高斯的速度分布、颗粒空间密度出现成团化。并且揭示了颗粒粒径分布的分形维数对系统稳态的动力学行为有显著的影响。随着分形维数的增大,系统的速度分布偏离高斯分布越明显,而且颗粒的成团化更加显著。但是,起初本书作者课题组的这些工作只是研究一维颗粒气体系统,模拟的样本偏少,仅将颗粒当成无几何尺寸的质点,且模拟的手段也有些不足之处。最近,本书作者课题组不断改进和优化模拟程序,增大模拟的样本,并将一维颗粒气体的研究扩展到二维颗粒气体系统,利用 Monte Carlo 模拟方法初步研究了均匀驱动和边界驱动状态下的复杂颗粒气体系统的诸多暂态动力学行为特性,例如系统的能量特征、压力特征、速度分布和颗粒的空间分布,以及影响复杂颗粒气体的动力学特性的要素——系统的弹性恢复系数和加热-碰撞比,并揭示了颗粒粒径分布的分形维数对系统诸多稳态特征的影响。

　　在此基础上,我们研究了均匀驱动的一维和二维复杂颗粒气体系统的动力学特性,主要讨论了系统从初态到稳态的演变过程中平均能量随时间的演化,以及稳态的动力学特征(包括整体颗粒温度、整体压强、非高斯的速度分布、瞬时空间密度分布、空间密度和速度的相关性、碰撞之间颗粒自由程和时间的分布、碰撞频率及其演化)。这些成果扩大和深化对复杂颗粒系统的认识,使得对颗粒系统的理论研究不仅仅局限于单一颗粒系统和少组分的混合颗粒系统。

　　同时本书作者课题组还研究了粒径分布特征呈现分形特征和准高斯分布特征的两种复杂颗粒系统的动力学问题,分别给出了其颗粒的粒径分布函数。其一是粒径为分形分布的颗粒系统,我们用颗粒的粒径分形维数 D 来描述系统中颗粒粒径分布的不均匀程度。分形维数 D 越大,较小粒径的颗粒在系统中越分散,从而导致系统中颗粒的粒径分布越不均匀。其二是粒径为准高斯分布的颗粒系统,通常由颗粒的平均粒径(或均值)μ 和标准偏差 σ 来确定系统中颗粒的粒径分布。当 μ 不变时,我们用 σ 来描述系统中颗粒粒径分布的不均匀程度。σ越大,颗粒粒径分布越分散,表示颗粒粒径越不均匀;反之,亦然。我们研究的重点在于建立均匀驱动的复杂颗粒系统的动力学模型,研究系统的动力学特征。

本书作者课题组对于粒径为分形分布并且系统在高斯白噪声驱动下的准一维颗粒气体的动力学的研究颇具特色。首先研究了系统稳态的动力学特性,定义了多组分的复杂混合颗粒系统的整体颗粒温度和整体压强。前者是系统中所有组分的颗粒温度的统计平均值,已完全失去了一般热力学中温度作为热平衡量的含义;后者则为单位时间内通过一个表面的冲量。通过 Monte Carlo 模拟,我们发现分别随着颗粒碰撞的弹性恢复系数 e 的减小或颗粒粒径分布的分形维数 D 的增大,系统的整体颗粒温度和整体压强不断减小;颗粒的速度分布更加显著地偏离高斯分布,即颗粒空间密度成团化趋势加强。我们指出,产生上述现象的原因是由于弹性恢复系数 e 的减小或分形维数 D 的增大导致系统能量耗散的增加。然而,当弹性恢复系数趋于 1 时,系统表现出接近平衡态的特征,但是我们发现速度分布在此时出现一些奇特的现象。

对于粒径为准高斯分布的一维颗粒气体的动力学研究,Monte Carlo 模拟表明,颗粒粒径分布的标准偏差 σ 对系统动力学特征有较大的影响。当颗粒布朗运动的驰豫时间 τ 远大于颗粒碰撞的平均间隔时间 τ_c 时,系统的平均能量随时间以指数的形式衰减并趋向稳定的渐进值,到达非平衡的稳态;并且,标准偏差 σ 越大,趋向稳态能量的驰豫时间 τ_B 越短。当系统处于稳态时,随着标准偏差 σ 的增大,系统的速度分布更加显著偏离高斯分布。但是速度分布函数并不具有一个普遍的形式;颗粒的空间密度更加成团,系统的有效熵减小;颗粒的空间密度相关函数在原点附近显示出较高的峰值,并以幂律形式衰减;颗粒速度的空间相关函数在颗粒分隔小间距时更小,并随间距的增大以幂律形式增加。同样,产生上述现象的原因是在颗粒非弹性碰撞过程中由于颗粒粒径分布的标准偏差 σ 增大导致能量耗散的增加,引起系统瞬时能量平衡的失效。

将对一维复杂颗粒气体的研究扩展到对二维系统,Monte Carlo 模拟表明,系统的平均能量随时间以指数的形式衰减,并具有达到稳定的渐近值的趋势,系统最终到达非平衡的稳态。在相同的非弹性条件下,研究了颗粒粒径分布的分形维数 D 对系统非平衡稳态动力学特征的影响。随着分形维数 D 的增大,碰撞之间颗粒的自由程和时间的分布显著地偏离弹性情况的理论预测,具有短的自由程和时间分布的过密集的峰;碰撞频率增大,但不依赖于时间;速度分布显著地偏离高斯分布,例如更高的峰态、更加翘起的高速尾部,但是非高斯的速度分布函数并不具有一个普遍的表达式;速度的空间相关性明显增强,垂直的速度相关性大约只有平行的速度相关性的一半,两者都是颗粒间距 r/L 的幂律衰减函数,并且都具有长程性。平行的速度相关性在 $r/L=0.5$ 附近缓慢地趋近于零,然而,垂直的速度相关性首先随着颗粒间距的增大而减小,并在 $r/L=0.1$ 附近达到零,然后沿着负方向增大,在 $r/L=0.5$ 附近具有导数为零的负值;颗粒碰撞接触时,碰撞后平行的速度相关性是碰撞前的平行的速度相关性的两倍多,并且两者都近似为分形维数 D 的线性函数;上述现象依赖于分形维数 D 的原因是由于分形维数 D 越大,非弹性碰撞过程中系统的能量耗散更多,从而引起系统瞬时能量平衡的失效,于是导致上述现象的产生。

三、软物质科学中的基本物理问题

一是关于描述软物质特有结构和性质的基本理论,包括对软物质构筑的驱动力问题

（如动力学和统计规律、胶体和聚合物结构）、界面和受限状态的相关问题（如微流）、软物质在外场作用下的运动变化规律（如电流变液）、生命软物质体系的物理问题、颗粒物质（与自然灾害相关的问题）的物理研究。

二是关于功能软物质材料的构建，包括具有多尺度的规则结构软物质材料和功能性软物质材料结构自组装的驱动力，软物质材料构建中的动态过程、凝聚过程及超分子的自组装过程动力学，有序和无序、分相/微分相的静态与动态、平衡与非平衡态下的研究，以及软物质材料构建过程的原位研究新方法。

三是关于生物体系的软物质现象，包括生命过程中蛋白质的复制、转移和产生生物功能等不同状态下的凝聚态结构，生物体系中的组织结构及生物膜的构造、表界面问题和应用，生命体系中组织的结构与功能的关系。

第七节　复杂材料体系

人工制备的复杂材料体系是目前凝聚态物理领域内的重要研究方向，比如近年来获得诺贝尔奖的工作，整数和分数量子霍尔效应，是与人造半导体多层膜联系的；关于复杂氧化物体系的高温超导以及 C_{60} 的发现也是如此。复杂材料体系可以是利用简单材料间的相互作用去实现新的物理现象或组装成新的器件，也可能是利用新的工具，在新思想的指导下，在原子量级上设计制备复杂结构。

复杂材料体系很多，在此，我们重点介绍石墨烯材料。这种材料与 C_{60} 一样，属于富勒烯材料，同时，也是团簇物理的重要研究内容。详情可参阅本章阅读材料。

一、石墨烯的发现和诺贝尔奖

2010 年 10 月 5 日，瑞典皇家科学院在斯德哥尔摩宣布，将本年度的诺贝尔物理学奖授予英国曼彻斯特大学的安德烈·盖姆（Andre Geim）和康斯坦汀·诺沃肖洛夫（Konstantin Novoselov），以表彰他们在二维材料石墨烯方面的开创性实验研究。实际上，这是一个具有重大意义的研究成果，首先，这是碳家族元素的研究，特别是富勒烯物理研究，在短短 14 年内第二次获得诺贝尔奖金，充分显示这项成果在凝聚态物理和材料科学领域的极端重要性。关于他们如何获得诺贝尔奖的故事是颇富有教育意义的。

盖姆，荷兰公民，1987 年从俄罗斯科学院固态物理研究所获得博士学位，是英国曼彻斯特大学介观科学与纳米技术中心主任。诺沃肖罗夫，具有英国和俄罗斯双重国籍，2004 年从荷兰内梅亨大学获得博士学位，是英国曼彻斯特大学教授及皇家学会研究员。

只有一个原子厚度，看似普通的一层薄薄的碳原子构型，居然缔造了本年度的诺贝尔物理学奖！他们向世人展现了形状如此平整的碳元素在量子物理学的神奇世界中所具有的杰出性能。作为由碳组成的一种结构，石墨烯是一种全新的材料——不单单是其厚度达到前所未有的小，而且其强度也是非常高。同时，它也具有和铜一样的良好导电性，在导热方面，更是超越了目前已知的其他所有材料。石墨烯近乎完全透明，但其原子排列之紧密，却连具有最小气体分子结构的氦都无法穿透它。碳——地球生命的基本组成元

图 17.34　安德烈・盖姆(1958—)(左)和康斯坦汀・诺沃肖洛夫(1974—)(右)

素——再次让世人吃惊。

他们从一块普通得不能再普通的石墨中发现石墨烯,用普通胶带获得了只有一个原子厚度的一小片碳构型。而在当时,主流学术观点认为如此薄的(二维碳原子结构)结晶材料在热力学性能上是非常不稳定的。他们在一起工作了很长时间。36 岁的康斯坦丁・诺沃肖罗夫最初在荷兰以博士生身份与 51 岁的安德烈・盖姆开始合作。后来他跟随盖姆去到英国。爱玩是他们的特点之一,玩的过程总是会让人学到点东西,没准就这么着中了头彩。就像他们现在这样,凭石墨烯而将自己载入科学的史册。有趣的是,盖姆曾获 2000 年搞笑诺贝尔物理学奖。2000 年,搞笑诺贝尔物理学奖授予了盖姆和迈克尔・贝瑞,他们使用磁性克服了重力作用,使一只青蛙悬浮在半空中。他们推测使用类似的方法可以试着克服一个人的重力作用,让他在半空中漂浮起来。

图 17.35　盖姆的青蛙和搞笑诺贝尔奖颁奖现场

搞笑诺贝尔奖(Ig Nobel Prizes)是对诺贝尔奖的有趣模仿。其名称来自 Ignoble(不名誉的)和 Nobel Prize(诺贝尔奖)的结合。主办方为科学幽默杂志(Annals of Improbable Research,AIR),评委中有些是真正的诺贝尔奖得主。其目的是选出那些"乍看之下令人发笑,之后发人深省"的研究。起初颁奖仪式举办地是麻省理工学院的一个演讲厅,后改为哈佛大学的桑德斯剧场。

然而,有了石墨烯,物理学家们对具有独特性能的新型二维材料的研制如今已成为可能。石墨烯的出现使得量子物理学研究实验发生了新的转折。同时,包括新材料的发明、新型电子器件的制造在内的许多实际应用也变得可行。人们预测,石墨烯制成的晶体管将大大超越现今的硅晶体管,从而有助生产出更高性能的计算机。

由于几乎透明的特性以及良好的传导性,石墨烯可望用于透明触摸屏、导光板,甚至是太阳能电池的制造。

混入塑料后，石墨烯能将它们转变成电导体，且增强抗热和机械性能。这种弹性可用于制造新型超强材料，质薄而轻，且具有弹性。在将来，人造卫星、飞机及汽车都可用这种新型合成材料制造。

1996年，克鲁托（H. W. Kroto）与斯莫利（R. E. Smalley）、柯尔（R. F. Carl）一起，因发现碳元素的第三种存在形式——C_{60}（又称"富勒烯""巴基球"），而获1996年诺贝尔化学奖。其中柯尔时任美国休斯顿赖斯大学教授，克鲁托时任英国布赖顿大学苏塞克斯教授同时还是英国皇家爵士，斯莫利时任美国休斯顿赖斯大学教授，斯莫利生前被称为"纳米技术之父"。

图17.36　斯莫利（1943—2005）（左）、克鲁托（1939—）（中）和柯尔（1933—）（右）

天然状态的碳有两种同素异形体：石墨、金刚石，巴基球是他们发现的碳元素的第三种同素异形体。在20世纪80年代中期，发现巴基球后，很快就发现巴基球及其衍生物构成一个庞大的碳团簇家族（如图17.37所示）：有球形封闭笼状结构，有橄榄球形结构，有布基洋葱结构，有管状结构等，被认为是20世纪的明星元素。正如我们在本章阅读材料中所介绍的该家族在高科技领域得到了广泛的应用。

2004年，盖姆和诺沃肖洛夫利用机械剥离法，以石墨为原料，得到仅由一层碳原子构成的石墨薄片，即石墨烯。它具有二维蜂窝状晶格结构，这种石墨晶体薄片的厚度为0.335纳米。换言之，他们成功剥离的石墨烯是一种二维材料，而以前是从未发现过二维碳家族材料。通常的金刚石、石墨和巴基球等是三维材料。如图17.37（b）所示的碳纳米管，则具有一维结构。

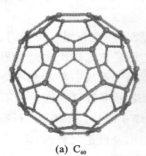

(a) C_{60}　　　　　　(b) 碳纳米管　　　　　　(c) 正20面体富勒烯C_{540}

图17.37　富勒烯家族三个成员的示意图

石墨烯是零维C_{60}富勒烯、一维碳纳米管和三维石墨的基本结构，这三类材料可以看作是石墨烯的同素异形体。石墨烯从石墨中制取,而且包含烯类物质的基本特征——碳原子之间的双键,所以称为"石墨烯"。若将石墨烯裹成球状,则成了零维的富勒烯(见图17.38)。二维石墨烯的剥离成功为碳元素家族增添了一类新成员。从科学上也是一个突破,因为此前,物理学家根据热力学涨落理论,认为任何二维晶体不可能在有限温度下存在。

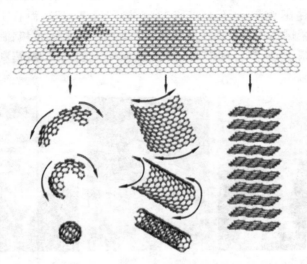

图 17.38 石墨烯及其构建的零维富勒烯、一维碳纳米管和三维石墨

诺贝尔物理学奖评选委员会在《2010年度诺贝尔物理学奖的科学背景》一文中指出:"石墨烯研究的难点不是制备出石墨烯结构,而是分离出足够大的、单个的石墨烯,以确认、表征以及验证石墨烯独特的二维特性。这正是安德烈·盖姆和康斯坦汀·诺沃肖洛夫的成功之处。" 2004年10月22日,盖姆和诺沃肖洛夫在"Science"上发表论文报道了石墨烯的制备、确认和表征。他们使用一种简单有效的机械剥离方法,从石墨晶体中分离出高质量的单层和少层石墨烯(见图17.38),并将之成功转移到硅基底上,并提出了如何利用光学显微镜在多层石墨中寻找和定位石墨烯的方法。此外,他们还系统研究了其电学性能,发现这些石墨烯具有双极性电场效应、很高的载流子浓度和迁移率,而且其载流子可在电子和空穴之间连续调控,并具有亚微米尺度的弹道输运特性。同年12月,美国佐治亚理工学院的 Walt de Heer 通过在高真空下去除 SiC 表面的硅也制备出了超薄石墨膜。

盖姆和诺沃肖洛夫以令人惊奇的简易方式,即利用透明胶带剥离石墨获得新鲜、干净的石墨,最后成功实现剥离出只有单原子厚度的石墨烯。这是打破陈规作创造性思维的胜利,震动了世界科学界。利用同样的方法,他们很快又制备出了单层石墨烯和单层氮化硼、单层二硫化钼等一系列的二维晶体。他们的研究工作带来了全世界范围内的石墨烯研究热潮,自2005年以来,有关石墨烯的研究发展呈现出爆炸式增长。一方面,石墨烯独特的电子结构和载流子特性被广泛用于验证物理学中的一些重要理论,另一方面,石墨烯的制备技术快速发展,新奇物性层出不穷,实际应用逐步成为可能。

目前以石墨烯为主题发表在"Science","Nature","Applied Physics Letters"和"Physical Review"系列杂志上的论文已达到几千篇,其中只有28篇发表于2005年以前。

因此,在很大程度上,石墨烯的机械剥离方法的提出、较大尺寸石墨烯的制备及其确认和表征,极大地推动了石墨烯的研究。

到 2012 年,我国石墨烯论文数量超过美国,位居世界首位。2015 年全球石墨烯专利数据显示,排名首位的依然是中国,之后是美国、韩国、日本。但高水平的论文,期刊影响因子 20 以上的论文迄今为止累计 615 篇,其中美国第一,中国第二。按年份分布如表 17.2 所示。

表 17.2 石墨烯的重要研究论文数目分布

年份	记录数	占百分数(%)
2016	33 篇	5.366%
2015	76 篇	12.358%
2014	76 篇	12.358%
2013	85 篇	13.821%
2012	48 篇	7.805%
2011	33 篇	5.366%
2010	38 篇	6.179%
2009	23 篇	3.740%
2008	22 篇	3.577%
2007	14 篇	2.276%
2006	5 篇	0.813%
2005	5 篇	0.813%
2004	8 篇	1.301%

二、石墨烯的优异性能

单层石墨烯仅有一个原子层,厚度只有一根头发丝直径的 20 万分之一,是目前世界上存在的最薄的材料。但它是完整的晶格结构,没有空位和位错。这个完美结构赋予石墨烯许多优异的特性和崭新的物理现象。它在物理学的基础研究上具有不可替代的重要价值。单层石墨烯的存在,本身就出乎科学家的意料。在 1930 年代,朗道(L. Landau)和派尔斯(R. Peierls)认为严格意义上的二维晶体在热力学上是不稳定的,因而不可能在自然界中存在。他们的解释是在低维晶体结构中热波动的偏离贡献将导致原子移位。默明(N. Mermin)等人进一步发展了这一观点,并用实验结果加以支持。因此人们通常认为,任何自由存在的长程有序的二维晶体都是不稳定的,它将迅速分解。石墨烯的出现使人们对于低维系统热稳定性的内涵有了更深刻的理解。单层石墨烯的存在表明,科学界原来少数人认为,可能有单层石墨烯稳定存在,原因是在第三维方向存在微小褶皱(扭曲)以补偿热波动,这种观点是正确的。目前微小褶皱(扭曲)的确已在石墨烯中被观察到。

石墨烯最令人惊奇的是其独特的电子结构和载流子特性。2005 年曼彻斯特大学的盖姆研究组与哥伦比亚大学的韩裔教授金必立(P. Kim)研究组在"Nature"报道其研究成果:石墨烯独特的二维电子气特性。他们对石墨烯的量子霍尔效应的研究证实了石墨烯是一种具有奇异性能的导体,其电子类似于无质量的费米子。与经典粒子(包括传统的半导体材料中的电子)的行为不同,电子的量子力学行为可以用薛定谔方程来描述。由于六角形晶格的对称性,石墨烯中能量与动量存在线性关系,因此与狄拉克方程描述的基本粒子具有相同的量子动力学行为。同时确认石墨烯的载流子具有零有效质量,表现出类似于光子的行为,以 1/300 光速的恒定速度运动。总之,石墨烯中载流子的行为如同无质量的狄拉克费米子。

石墨烯表现出不寻常的半整数量子霍尔效应,在室温下也可以观察到量子霍尔效应,与传统的二维系统往往在低于液氦温度的超低温才可以观察到量子霍尔效应不同,最近又发现石墨烯也可以表现出分数量子霍尔效应等。

相对论量子电动力学预言,存在所谓 Klein 隧穿,指对于垂直入射的无质量粒子不存在隧穿势垒,并且在某些条件下其势垒穿透率随能量振荡。这一现象无法用实验证实,甚至长期被人们怀疑该效应是否存在。基于石墨烯独特的载流子特性,Katsnelson、盖姆和诺沃肖洛夫在 2006 年提出了利用石墨烯验证该理论预测的可能性,2009 年哥伦比亚大学的 Young 和 Kim 利用石墨烯异质结从实验上验证了该理论。实际上,这个实验也是对相对论量子电动力学理论的正确性的支持。

石墨烯独特的电子结构、完美的高度有序的晶格确定了材料的优异物理性能。石墨烯最令人激动的特性是其优异的电学输运性能。我们已经知道,石墨烯的行为表现为零带隙半导体,其中的电子行为就像无质量的相对论粒子。实验测得石墨烯中电子运动速度可达光速的 1/300,可以作为一个微型加速器,验证许多物理基本原理。同时,石墨烯中的载流子的迁移率很大,大于 15 000 平方厘米/(伏·秒),可以用作超快电子晶体管的通道。据估计,这样的石墨烯晶体管的运行速度可以比目前使用的硅晶体管快 1 000 倍。目前制作石墨烯晶体管的困难是由于石墨烯的能隙为零,必须想办法"打开"一个能隙,增大石墨烯的开关比以制成性能优良的晶体管。通过制备条带状结构的石墨烯,或在石墨烯边缘掺杂官能团等方式,可以达到这个目的。IBM 目前已经制备出石墨烯晶体管原型——截止频率高达 100 GHz 的石墨烯场效应管,其性能远远超越现有的硅晶体管。

石墨烯的热力学稳定性以及其平面二维结构使得制作石墨烯的纳米电子器件变得相对容易。科学家认为,石墨烯制造的晶体管有可能最终替代现有的硅材料,成为未来的超高速计算机的基础材料。晶体管的尺寸越小,其性能越好。硅材料在 10 纳米的尺度上已开始不稳定,而石墨烯可以将晶体管尺寸极限向下拓展到一个分子大小。因此。石墨烯将使得摩尔定律得以延续,并有望带来下一次电子技术革命。除了让计算机运行得更快,石墨烯器件还能广泛应用于需要高速工作的通信技术和成像技术。如高频领域的太赫兹成像,它可以探测出隐藏的武器。

石墨烯完美的结构还可以使其用于超灵敏的传感器,以探测极低水平的污染。此外,石墨烯也可以作为超薄、超强、透明的柔性导体,以替代脆性、昂贵的氧化铟锡,在触摸屏、液晶显示和太阳能电池等方面获得广泛应用。最近,制备大尺寸石墨烯的化学气相沉积技术的发展极大地促进了该领域的进步。采用可工业化的方法,韩国三星公司和成均馆大学的研究人员制备出了约 76 厘米的石墨烯,其性能已经超过了目前商用的氧化铟锡薄膜。在仅仅添加少量石墨烯的情况下，聚合物的导电性、强度、热稳定性和玻璃相转变温度都可得到很大程度的提高。石墨烯超强、超薄、韧性以及密度小的特点使其可以作为超强复合材料，用于卫星、飞机，以及汽车等领域。由于比表面积大，石墨烯还能用来制造超级电容器和储氢材料等。此外，石墨烯在锂离子电池、光电子、场发射等方面也表现出巨大的潜力。

石墨烯有望成为未来的微型加速器。在石墨烯中，电子在费米能级附近服从线性色散关系，其行为和以非常接近光速运动的相对论粒子的行为相似。这种独特和令人惊讶的特性使得物理学家能够利用石墨烯来研究相对论和量子力学现象，而在其他材料中开展这类研究几乎不可能。在将来，科学家有可能在基于石墨烯的、尺寸只有桌面大小的仪器设备上开展相对论量子力学的实验。这样就不需要结构复杂、体积庞大、价格昂贵的粒子加速器和对撞机等大型科学装置，而且有可能发现和展示量子物理世界许多丰富而新奇的物理现象。

除了优异的电学性能外，石墨烯同时还表现出优异的力学、热学和光学性能。石墨烯的断裂强度是 42 牛/米，是最强钢铁的断裂强度的 100 倍以上。石墨烯的六角晶胞包含两个碳原子，面积为 0.052 平方纳米，密度为 0.77 毫克/平方米，1 平方米石墨烯的重量为 0.77 毫克。另一方面，它非常致密，即使是最小的气体原子——氦原子，也无法穿透。用石墨烯制成的 1 平方米的吊床能承受一只约 4 千克猫的重量，而吊床的重量不到 1 毫克（近似猫的一根胡须）。石墨烯的光吸收率仅为 2.3%，几乎完全透明，所以悬挂的石墨烯没有任何颜色。石墨烯的热导率由声子传导为主，测量值近似为 5 000 瓦/(米·开)，而铜在室温的热导率为 401 瓦/(米·开)，因此石墨烯的热导率是铜的 10 多倍。

石墨烯还具有超导性和巨磁电阻等特性。诺贝尔奖评审委员会认为，它不仅有望帮助物理学家在量子物理学研究领域取得新突破，还将极大促进汽车、飞机和航天工业的发展。目前的应用开发远没有穷尽石墨烯的优异性能。正如诺沃肖洛夫所指出的，石墨烯是研究领域的"金矿"，在很长一段时间内，研究人员将会陆续"开采"出更深层次的物理特性。石墨烯每年带来新的研究成果，也将开辟新的分支领域。石墨烯不是短暂的潮流而是持久的方向，可以预期更多振奋人心的物理现象将被发现，许多令人激动的应用也将被实现。必须指出，要实现石墨烯的更广泛应用面临的最大挑战是其大面积的均匀性和可控功能化制备。

三、石墨烯的巨大应用前景

石墨烯是一种神奇的材料，发现后很快就被付诸工业和其他许多领域应用，甚至于以石墨烯为主的庞大应用产业迅速兴起并蓬勃发展。

首先，石墨烯将取代硅，为世界电子科技开创一个崭新的时代。据称，石墨烯材料如果取代硅，有望让计算机处理器的运行速度快数百倍。石墨烯手机充电时间只需 5 秒，电池就满档，可以连续使用半个月。石墨烯电池只需充电 10 分钟，环保节能汽车就有可能行驶 1 000 公里。能想象手机不必携带行动电源，只要出门前充电 5 秒，电量就可以使用长达半个月吗？这样的技术在石墨烯的帮助下未来将可以实现。目前全球已有超过 200 个机构和 1 000 多名研究人员从事石墨烯研发。中国在石墨烯研发上，目前已申请超过 2 200 项专利，占世界的 1/3。不难想象，在不久的未来，将会出现以石墨烯电池发电的环保汽车,势必为世界汽车工业带来巨大的革命转变。届时石油的需求量将大幅减少,中东及东南亚依靠石油生存的产油国将面临灾难性的经济打击。

华为创始人任正非在一次媒体采访时说,未来 10—20 年内会爆发一场技术革命颠覆时代,石墨烯时代将取代硅时代,使得石墨烯知名度大增。华为在 2014 年的年报中,对行业发展趋势的展望再一次提及石墨烯在材料领域的价值。图 17.40 所示的石墨烯蓄电池为现在市场上石墨烯蓄电池的外观图。

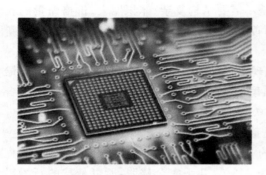

图 17.39　石墨烯即将取代硅半导体开辟
电子科技的新时代

图 17.40　石墨烯蓄电池

西班牙 Graphenano 公司(一家以工业规模生产石墨烯的公司)与西班牙科尔瓦多大学合作研究出了首例石墨烯聚合材料电池(见图 17.41),其储电量是目前市场最好产品的 3 倍,用这种电池提供电力的电动车最多能行驶 1 000 公里,只需 8 分钟就能完成一次充电。

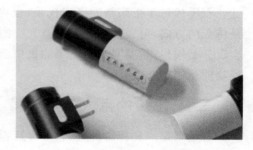

图 17.41　西班牙 Graphenano 公司制备的石墨
烯聚合材料电池

图 17.42　我国超威公司制备的石墨
烯聚合材料电池

2016 年 4 月,我国浙江超威电池公司宣布,该公司率先将石墨烯材料运用于量产电池,这在全球还是独此一家。超威集团在全球电池行业排名第三,2015 年实现销售额 600 多亿元,拥有数百项国家专利,综合实力排名中国企业 500 强第 198 位。这款号称"全球首创"的石墨烯电池(如图 17.42 所示),是 2016 年 2 月 29 日上市的,"对整个铅酸蓄电池行业都具有重要的里程碑意义"。

这种石墨烯聚合材料电池的使用寿命较长,是传统氢化电池的 4 倍,锂电池的两倍。且因石墨烯的特性,此种电池的重量仅为传统电池的一半,使得装载该电池的汽车更加轻量化,进而提高汽车燃油效率。虽然这种电池性能优良,但其成本并不高,其成本将比锂电池低 77%。

石墨烯在燃料电池的制备中也有用武之地。燃料电池是将燃料具有的化学能直接变为电能的发电装置。与其他电池相比,具有能量转化效率高、无环境污染等优点。"质子传导薄膜"是燃料电池技术的核心部分,汽车中的燃料电池使用氧和氢作为燃料,转变输入的化学能量成为电流。现有的质子薄膜上常存在燃料泄漏,降低了电池有效性,但质子可以较为容易地"穿越"石墨烯等二维材料,而其他物质则很难穿越,从而可以解决燃料渗透的问题,增加电池的有效性。

石墨烯薄膜可用于提取大气层中的氢,暗示着该材料结合燃料电池更容易从空气中提取氢。麻省理工学院的 Karnik 教授在评论中指出,这项最新研究证实该材料在理论上已经达到美国能源部设定的 2020 年质子交换膜输运性能目标。

这项突破性研究,为人类认知石墨烯等材料特性带来全新发现,并有望为燃料电池和氢相关技术领域带来革命性的进步。

因此,作为一种崭新的能源,石墨烯未来将取代煤炭与石油天然气,成为提供人类生活所需大多数发电能源的来源。中国国家主席习近平最近访问英国,也特别安排到曼彻斯特大学参观世界最先进的石墨烯研究院。习近平主席听取了诺贝尔物理学奖获得者诺沃肖洛夫教授介绍石墨烯研究情况,参观了石墨烯产品展示和生产石墨烯的地下超净实验室。

图 17.43　习近平参观曼彻斯特大学国家石墨烯研究院

习近平肯定曼彻斯特大学国家石墨烯研究院在石墨烯领域的研究实力和国际影响力。习近平指出:在当前新一轮产业升级和科技革命大背景下,新材料产业必将成为未来高新技术产业发展的基石和先导,对全球经济、科技、环境等各个领域发展产生深刻影响;中国是石墨资源大国,也是石墨烯研究和应用开发最活跃的国家之一;中英在石墨烯研究领域完全可以实现"强强联合";相信双方交流合作将推动相关研究和开发进程,令双方受益。

石墨烯作为药物载体已投入应用。目前正在为提高材料的高生物相容性而做不懈的努力,如果能达到预期效果,则石墨烯作为药物载体必将取得特殊的无法比拟的治疗效果。因此,毫不奇怪石墨烯在纳米医学和生物医学应用中引起了人们巨大的兴趣。

经过适当改性的石墨烯可以作为一个很好的药物输送平台并用于抗癌药物/基因、生物传感、生物成像、抗菌应用、细胞培养和组织工程等。与碳纳米管相比,石墨烯表现出某些重要的性质,如价格低廉、可表面修饰、比表面积大、不含有毒金属离子。因此,石墨烯已经开始威胁到碳纳米管在许多应用中的统治地位,包括药物输送,并表现出低毒性和高生物相容性。在给药的情况下,一个例子是石墨烯纳米材料的载药比例(装载药物和载体的重量比)可以达到 200%,与纳米粒子和其他药物输送系统相比,这个比例相当高。有人在 2008 年用实验证明,通过非共价键的物理吸附,聚乙二醇功能化的氧化石墨烯可以用作一种新型的药物纳米载体来装载抗癌药物并具有体外细胞摄取能力。2013 年,中国科学院苏州纳米技术与纳米仿生研究所张智军研究员课题组在氧化石墨烯载药系统构建研究方面取得系列进展,他们将转铁蛋白修饰的氧化石墨烯用于脑胶质瘤靶向药物递送,如图 17.44 所示。

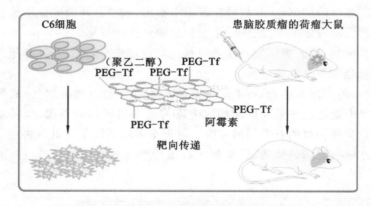

图 17.44　转铁蛋白修饰的氧化石墨烯用于脑胶质瘤靶向药物递送示意图

石墨烯有望引发触控屏和显示器产品的革命。实践表明,石墨烯用于制备触控屏幕效果好。2015 年 3 月,中国科学院重庆绿色智能技术研究院和宁波材料技术与工程研究所开发、采用最新研发的石墨烯触控屏幕、电池和导热膜等新材料,产出全球首批名为影驰 SETTLERα(开拓者 α)的石墨烯手机,除了屏幕显示效果更好,在电池续航力及手机使用过久发热问题有显著改善。如图 17.45 所示。

图 17.45　影驰 SETTLER α(开拓者 α)石墨烯手机

但这仅仅是石墨烯的神奇应用之一。利用它还可制造出可折叠、伸缩的显示器件;石墨烯强度超出钢铁数十倍,有望被用于制造超轻型飞机材料、超坚韧的防弹衣等。采用石墨烯技术可以让手机屏幕变得弯曲、折叠。美国加州理工学院的科研人员开发出一种在室温下制备石墨烯的全新技术,可应用于太阳能电池、发光二极管、大型显示屏和各种电子产品。这使得石墨烯的商业化进程又迈出了坚实的一步。

图 17.46　石墨烯制备的可弯曲触屏

霍 尔 效 应

　　在本章第一节,我们介绍了量子霍尔效应和量子分数霍尔效应的发现,在此,我们回顾什么是经典霍尔效应,以备查考。

　　霍尔效应(Hall effect)是电磁效应的一种,是指当电流垂直于外磁场通过导体时,在导体的平行于磁场和电流方向的两个端面之间会出现电势差,这一现象就是霍尔效应;这个电势差也被称为霍尔电势差;霍尔效应应使用左手定则判断。除导体外,半导体也能产生霍尔效应,而且半导体的霍尔效应要强于导体。霍尔效应是由美国物理学家霍尔(A. H. Hall,1855—1938 年)于 1879 年在研究金属的导电机制时发现的。

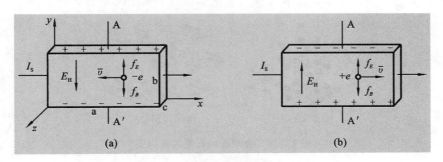

图 17.47　霍尔效应示意图

　　霍尔效应利用经典电磁场理论很容易解释,如图 17.47 所示。其中 I_S 表示电流、E_H 表示霍尔电场强度,在半导体上外加与电流方向垂直的磁场,(a)、(b)

图表示不同的电荷而运动方向相反,但磁场均垂直纸面向外,都会使得半导体中的电子与空穴受到不同方向的洛伦兹力而在不同方向上聚集,在聚集起来的电子与空穴之间会产生电场,即霍尔电场 E_H。此电场将会使后来的电子和空穴受到电场力的作用而平衡掉磁场对其产生的洛伦兹力,使得后来的电子和空穴能顺利通过而不会偏移,此称为霍尔效应。而产生的内建电压称为霍尔电压。

为方便起见,假设导体为一个长方体,3 边的长度分别为 a、b、c,磁场垂直 ab 平面。电流经过 bc,电流 $I = nqv(bc)$,n 为电荷密度。设霍尔电压为 V_H,导体沿霍尔电压方向的电场为 V_H/b。设磁场强度为 B。

洛伦兹力 $$f = qE + qvB$$

电荷在横向受力为零时不再发生横向偏转,结果电流在磁场作用下在器件的两个侧面出现了稳定的异号电荷堆积,从而形成横向霍尔场

$$E_H = -vB$$

由实验可测出 $E_H = U_H/b$,且电流横截面积为 $W = bc$。我们定义霍尔电阻为

$$R_H = U_H/I = E_H b/jW = E/jc$$
$$j = qnv$$
$$R_H = -vB/c(qnv) = -B/(qnc)$$
$$U_H = R_H I = -BI/(qnc)$$

阅读材料 17-2

奇妙的巴氏球

(一) 可爱的网状穹顶状的巴氏球

碳元素大概是人类最早接触到的元素之一了。树木烧焦以后,残留下的就是炭。天然状态的碳有两种同素异形体,一种是石墨,一种是金刚石。晶莹璀璨、异常坚硬的金刚石,自古以来,人们都视为最稀有难得、最昂贵的珍宝,直到 1972 年法国化学家拉瓦锡(A. L. Lavoiset)通过燃烧,发现金刚石原来跟黑不溜秋的石墨是孪生兄弟。两者仅在于其原子排列方式不同而已。

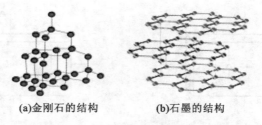

(a)金刚石的结构   (b)石墨的结构

图 17.48 金刚石和石墨的结构图

碳元素是生命的要素,有机物的主要组成就是碳水化合物。在人体所包含的诸元素中,碳的比例占 18%。在所有元素中,没有哪一种比碳形成的化合物更多。所谓有机化学就是研究这些化合物的。

1985 年,国际上久负盛名的《自然》杂志第 318 卷 162 页上,发表由英国萨塞克斯大学的克鲁托(H. W. Kroto)和美国赖斯大学的科尔(R. F. Curl)、斯麦利(R. E. Smalley)及其研究生黑斯(J. R. Heath)和奥伯伦(S. C. Obrien)联合署名的一篇论文,题名为《C_{60}:巴克明斯特富勒烯》,引起科学界的巨大轰动。

　　他们宣称,找到了碳的一种新的形态,它们由碳原子构成中空的球形分子构成。该物质命名为巴克明斯特富勒烯(Blackmins-terfullerenc)。由于其形状极像足球,也称为足球烯(Footballene)。

　　原来斯麦利跟埃克森公司的诺芬(E. A. Rohlfing)等人一样,自 1980 年早期一直在研究不同元素的原子气化以后,是如何形成高分子团簇的。克鲁托则在研究在宇宙空间中若干富碳(含碳多)的星球将长链的碳分子散布到太空中的可能性问题。后来他们合作研究,将斯麦利的装置模拟富碳星球的可能化学过程。他们用脉冲激光使转动的石墨盘气化,气化的碳原子被氦气流带走,通过喷管后膨胀、冷却,然后发生反应,团簇化(原子一个一个串联起来,变为长链高分子)。

　　用质谱仪对碳团簇分析表明,原子数从 38 到 200 之间,存在许多碳团簇,其中谱峰值最高者对应 60 个碳原子构成的团簇。如果改变实验条件,如延长冷凝时间,则其他峰值消失,而碳 60 碳原子团簇对应的峰值变得更加陡峻高耸,还剩下的一个谱峰要小得多,但还看得见,对应 70 个碳原子的团簇。

　　克鲁托、斯麦利认为,团簇 C_{60} 之所以特别稳定,是因为其分子由碳原子连接成特别的中空网格形状,颇像 20 世纪美国著名建筑大师富勒(R. B. Fuller)发明的网格状的穹顶。实际上 18 世纪瑞士数学家欧拉(L. Euler)早就证明,如果用正 5 边形和 6 边形构成球面,最少也得 12 个 5 边形和 10 个 6 边形构成。足球则是由 20 个 6 边形和 12 个 5 边形构成的。所谓 60 个碳原子构成的团簇就是这样一个削角 20 面体形状的笼子。克鲁托们认为,这种团簇结构的 60 个顶点就是碳原子的位置,并且满足构成化学键所需的全部化学条件。由于其排列使应力得到最佳分布,故稳定性最好,可能是太空中丰度最大的碳团簇。

　　至于团簇 C_{70} 呢?克鲁托等人认为是由 12 个 5 边形和 25 个 6 边形构成的橄榄球状的笼形分子。至于碳团簇的不稳定则是由于其结构中的 5 边形处于受力集中的位置,在外界化学和物理作用下,易于破碎。真是言之凿凿,有板有眼。但是,科学家眼见为实,克鲁托等人的实验充其量只能说明存在稳定的 C_{60} 和 C_{70} 的碳团簇,对于其构形则未作丝毫的提示。问题在于当时科学家无法拿出足够的样品作进一步的结构分析。

　　轰动一时以后,一个偌大的问题沉重地压在科学家的心中。美国圣何塞的 IBM(国际商用机器公司)艾尔麦登研究中心的物理学家贝休恩(D. S. Bethune)追忆当时的情景说:"富勒烯有如此美妙的图形,确是碳化合物中一个令人震惊的新晶族,却没有证据证明其存在。"

　　诚然如此,关于富勒烯的实验迹象,除克鲁托等人的工作以外,仅有一个光谱报告。实际上早在 1984 年就有人发现类似的结果。1984 年诺尔芬等人用质谱仪研究在超声氦气流中以激光蒸发石墨所得的产物——烟灰时,就已从质谱

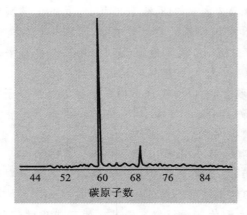

图 17.49 C_{60}/C_{70} 的质谱图

中,发现碳可以形成原子团簇(Cluster) $C_n(n<200)$,如图 17.49 所示。当原子数 n 大于 40 时,n 取偶数。他们也发现了 C_{60} 具有更高的稳定性。至于团簇则是凝聚态物理与原子、分子物理的交叉领域的一种特殊物理系统,是由几个原子至几百个原子组成的微观的细小聚集体,也有叫它们微簇(Microcluster)。其尺寸在纳米(1 纳米 $=10^{-9}$ 米)左右。所谓团簇物理属于纳米科学的一个分支。

克鲁托等从巴克明斯特富勒烯的网格穹庐状的建筑结构中得到启示,推测出 C_{60} 等的分子结构如图 17.50(a)所示。图 17.50(b)则是富勒烯 C_{70} 的结构图。显然,"巴氏球"的结构像足球,富勒烯 C_{70} 的结构像橄榄球。早在 19 世纪,在科学史上德国科学家凯库勒(F. A. Kekule)就是根据建筑学知识,解出苯等芳香族结构之谜的。凯库勒原来自幼就热衷建筑学,甚至在中学读书时就设计过达姆斯诺德市的 3 幢漂亮的楼房。他上大学原来也是专攻建筑学,后来才改学化学。凯库勒利用同类的等量建筑材料可以建造不同的建筑物这一事实,说明了当时引起人们困惑的同分异构的现象。基于对化学结构的研究,他在 1857 年首先提出化合价的概念,并指出碳的化合价为 4,碳原子可以相互连接成链状。凯库勒终于利用其丰富的建筑学知识,画出碳链首尾相连的环状的苯分子结构图(其时在 1865 年)。

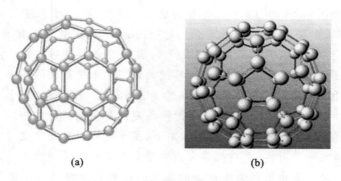

(a)   (b)

图 17.50 "巴氏球"与富勒烯 C_{70} 结构图

无独有偶,建筑学第二次帮助人们揭开微观世界复杂分子的结构之谜。宏观世界的建筑学与微观世界的"建筑"学(分子结构理论)原来就是一脉相通。

但是,我们不要忘记,"巴氏球"等富勒烯的结构至此还是一个理论猜测,缺乏实验根据。何况早在 1966 年就有人作过类似的预言。现在只不过是旧话重提而已。

(二)琼斯的预言与日本科学家的悲剧

让我们把时间倒转几十年,1966 年 11 月 3 日,在英国《新科学家》杂志的一个幽默滑稽的专栏上发表了一篇署名代德拉斯的文章。文章的实际作者是琼斯(D. E. H. Jones)。在这篇游戏文章中对于"巴氏球"这类中空球形分子作出了异乎寻常的准确预言。

琼斯用亦庄亦谐的口吻写道:"本周代德拉斯一直在冥思苦索,在密度为0.001的各类气球和密度在0.5~25(以水密度为1)的各类液体和固体之间,存在着某种奇异的不连续性。何以补救呢?代德拉斯终于设想出一种类似于石墨结构的薄板状的聚合物,一种中空分子,封闭的球形壳体。石墨分子结构就是扁平的苯6边形。

"这种奇妙的新物质会有广泛的用途,如新型防震材料、温度计、气压计等,甚至可以制造气浮轴承,利用球形分子的滚动接触来进一步减少摩擦。"这里在开玩笑。

琼斯"戏谑"地进一步发挥说:"代德拉斯担心这些分子会在压力下变形。他随后思考,如果这些分子在常压的大气中合成,则分子会充满气体,并像小小的足球那样有弹性。于是代氏在这些分子的球状结中试图'开窗口',以便分子能吸收或交换其内部的分子,从而形成许多超级分子筛。"

当然,当时的科学家未把这些戏谑当做一回事。但是当时有一位名叫吉田(Z. Yoshida)的日本科学家在从事碳结构的理论研究。他的计算表明,60个碳原子在理论上确可连接成足球状的球形分子,即所谓"削角20面体"。其结构十分稳固。令人慨惜的是,这些准确而又严谨的科学预言,并不为人所知,而知道的少数人也不相信。

由于语言的障碍,大部分人不知道他们的研究成果。原来这些日本科学家的论文是用他们的母语——日文写成的,发表在日本的科学杂志上。有些知道他们的研究成果的人,也只认为是一个高度猜测性理论臆想,不相信自然界会真正存在这些奇异的分子。

就是这些语言的障碍和鼠目寸光的偏见,使日本科学家的真知灼见未能在国际学术界引起重视。如果情况是另外的样子,或许实验工作者会更自觉、更早地探索合成和寻找"巴氏球"分子了。或许因此"巴氏球"的玲珑剔透的仙姿娇容会早为世人所知悉了。然而不然,这是科学的悲剧。

尽管如此,20世纪80年代伊始,许多人一直致力于人工合成高对称性的分子,尤其是高对称的碳分子(不一定是"巴氏球"状的分子),但都失败了。其故安在?原因在于他们的方法不对。他们都是依赖化学家,沿用所谓经典化学合成方法。实际上,克鲁托等人后来制备富勒烯的方法是异常简单的物理方法,即使石墨气化,气化碳原子就自发地组装为大小不一的中空球状的分子。真是踏破铁鞋无觅处,得来全不费工夫。

富勒烯的研究者,加利福尼亚大学洛杉矶分校的化学家惠廷(R. L. Whetten)感慨万分地追述道:"富勒烯未能通过人工化学方法合成出来,这一事实真让我们化学家痛苦万分!"

话说回来,无论是日本科学家还是克鲁托小组,关于碳团簇,尤其是C_{60}呈"巴氏球"笼状结构的说法,到1983年还是一个推测、预言。克鲁托小组的工作,只不过引起人们对于传说的真正兴趣而已。

关键在于拿出分子结构的确凿的实验证据。要进行分子结构的测试,但是克鲁托小组得到的 C_{60} 和 C_{70} 等的样品太少。1989 年,美国 IBM 公司的在圣何塞的艾尔麦登研究中心的贝休恩、伍莱斯(M. de Vries)、洪泽克尔(H. Hunziuer)和荷兰内伊榕根大学的梅耶(G. Meijer)等并肩合作,开始探索制备足够数量的富勒烯,才最终解决富勒烯(尤其是 C_{60})的结构之谜。

寻踪觅迹,查明真相的工作展开了。

(三)蓦然回首,那人却在灯火阑珊处

实际上有两路大军在探索更简便的方法制备富勒烯,以便获取足够的样品进行结构分析。

贝休恩小组改进了石墨气化系统。他们在石墨上方约 1 厘米处放一片铜片。打开激光,捕捉在晶格上冷凝的石墨熏灰。于是熏灰在铜片表面留下一团深灰色雾状物——碳团簇。然后再打开激光,将收集到的碳团簇置于惰性气体中,用一台高分辨率质谱仪分析。

质谱仪分析的结果表明,样品中包含原子数在 200 以下各种富勒烯,其中含量最大的是 C_{60} 和 C_{70}。主要的收获是人们终于在薄铜片上成功地捕获并累积了足够多的富勒烯,而且制备和获取整个富勒烯族的方法居然如此简单,令人难以置信。

贝休恩感叹万分:我们感到仿佛像猝然撞进一个遗忘已久的珍宝洞……

富勒烯并不娇贵,容易保存,放在室温中就可以了。贝休恩小组用一次激光脉冲就可以制备 10^{-12} 千克。他们不断地用激光沉积的方法收集更多的富勒烯熏灰。

正在此时——时间已到了 1990 年的夏天。在 1990 年 9 月出版的《自然》杂志第 318 卷 354 页上又发表了美、德科学家一个研究小组的文章。该小组由德国普朗克核物理研究所的克拉茨希默尔(W. Krtschmer)、他的研究生富斯底罗普洛斯(K. Fostiropoulos)与美国亚利桑那州的霍夫曼(D. Huffman)组成。他们发明了一套更小巧、更精致的富勒烯的制备装置。简单说来,就是把石墨棒连接在电源(如电池)的两极上,当电流(100 安)通过时,石墨棒发热、气化(冒烟),在充满氦气的隔离室中即可收集富勒烯熏灰。经检测,熏灰中约含 1% 的 C_{60}。

然而且不要羡慕他们发现的幸运。他们的命运倒是不幸得很。因为实际上,早在 1983 年(富勒烯假设提出以前 2 年)他们实际上就做过克鲁托和斯麦利类似的工作。他们也是使石墨气化,也是在蒸发器壁上刮下了熏灰,同样发现在特定的氦气压力条件下,碳熏灰的样品在作光谱分析时有两个奇怪的紫外光吸收峰,这是以往的碳粒光谱分析中从未见过的。他们把这有双峰的熏灰样品命名为"驼峰样品"。

他们的不幸在于太粗枝大叶,他们不理解"驼峰"的含义,诧异之余并未深究其中奥妙。于是一个重大的发现就与他们失之交臂了。1985 年他们在《自然》杂志上看到了克鲁托等人的文章,谈到质谱图中的双峰和"巴氏球"分子假设,似乎颇有触动。他们模模糊糊意识到,这一切跟他们看到的光谱图中的驼峰存在

某种必然的关联。但是,他们实在太迟钝了。一方面不相信所谓"巴氏球"结构的奇怪推测,另一方面重复自己原来的实验有一定难度,于是他们又弃而不管,照样干自己的工作。

到了1989年,也许是受日益增多的关于富勒烯的论文的影响,也许是风闻贝休恩小组的工作,总而言之,克氏-霍夫曼小组突然对所谓富勒烯假设与他们发现的光谱驼峰之间的关联这个问题兴趣大增了,决心回头认真考察。他们仔细重复1983年的实验,用所谓"驼峰"方式制备出更多、更纯的具有双峰光谱的碳熏灰。对其红外吸收谱的计算表明,驼峰分别对应理论工作者原来对C_{60}和C_{70}的计算结果。

这一次他们总算搭上"最后一班车"。贝休恩等人重复他们的工作,竟然一次收集到20毫克的碳熏灰,当这些样品放到圆筒加热到500 ℃时,在石英基片上得到黄色的漂亮膜状物,用质谱仪分析,发现这种膜几乎是由纯净的C_{60}所构成。如果加热到更高温度,那时得到的薄膜中会有C_{60}和C_{70}。

图17.51就是克拉茨希默尔——霍夫曼小组制备碳团簇C_{60}和C_{70}的装置简图。此图转载自1990年他们发表在《物理化学杂志》(Journal of Physic Chemistry)第94卷107页。现在人们常用的制备富勒烯的方法,大致有离子溅射和激光蒸发(纯物理方法),以及高压液相色谱法(HPLC)和掺杂碱金属油浴加热制备法(化学方法)。我们就不一一详细介绍了。

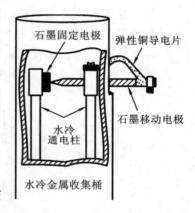

图17.51　电弧加热蒸发石墨制备C_{60}和C_{70}碳团簇装置

现在人们总算拥有足够的富勒烯样品进行结构分析了。到底富勒烯,尤其是C_{60}和C_{70}的尊容如何?难道真的像克鲁托等人预言的那样,是中空足球(或橄榄球)形状的精巧结构吗?

科学家终于要揭开富勒烯头上的面纱了……

(四)为巴氏球小姐摄像

克氏——霍夫曼小组制备出C_{60}和C_{70}以后,当仁不让,马上利用X射线衍射的方法,查明样品确为富勒烯固体(晶体),其中C_{60}与C_{70}的含量为9∶1。结构为6角密堆积,晶胞常数测出来了,发现基本上为一硬球堆积的模型,误差至多只有0.1%。

然而,真正为"巴氏球小姐"摄像,揭开其神秘面纱的却是美国商用机器公司(IBM)的贝休恩小组,他们用的摄像工具是拉曼光谱仪、扫描隧道显微镜(STM)和核磁共振(NMR)。

实际上克氏——霍夫曼小组在其论文中还发表了他们红外分析的结果(甚至于克鲁托等人也做过一些分析工作)。实验结果与巴氏球理论假设完全一致。实验发现在红外吸收光谱中有4个强烈的吸收峰,即1429、1183、577和528(单位是厘米的倒数),亦同理论物理学家吴(Z. C. Wu)在 1987 年、斯川通(R. E. Stranton)在 1988 年和维克斯(D. E. Weeks)、哈特尔(W. G. Harter)在 1989 年根据"巴氏球"假设计算得到的结果一样。

IBM 小组的拉曼光谱实验是对红外光谱实验的强有力支持。原来理论工作者根据"巴氏球"假设预言,"巴氏球"有 1 个"挤压"振动模式(类似于用双手对足球加压又放开),1 个"呼吸"振动模式(类似于足球的简单膨胀与收缩),1 个"5 边收紧"模式(巴氏球的 5 边形和 6 边形相互间错位的伸缩运动)。这 3 个振动应该对应拉曼光谱的 3 个峰。

拉曼光谱的振动峰反映样品的特殊振动模式,从而揭示了分子的组成和结构。从某种意义上来说,拉曼光谱就是分子的"指纹"。我们往往可以只凭声音、不看见人就可以判断一个人,原因就是每个人发出的声音的振动频率分布即声谱不一样。因此从拉曼光谱可以找到物质分子结构的线索。

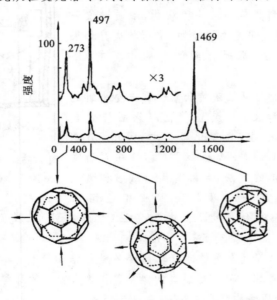

图 17.52　C$_{60}$ 的拉曼光谱显示巴氏球分子的 3 种振动状态

IBM 小组的罗森(H. J. Rosen)和唐(W. Tang)对样品进行了拉曼光谱的测试工作。其结果如图 17.52 所示,与理论预测丝丝入扣。图左边是"挤压"状态;中间是"呼吸"状态;右边是"5 边收紧"状态(此图由 IBM 公司艾尔登中心绘制)。

不难推算,C$_{60}$ 应有的自由度是 $3 \times 60 - 6 = 174$(个),但分析表明其中只有 46 种是可以在实验中分辨的。在这 46 种振动中只是 4 种是红外激活的(前面已谈到),40 种是拉曼激活的(这里只发现了 3 种),后来全都在实验中发现了。

1990 年 9 月在德国康斯坦茨举行第五届国际超微粒和无机团簇学术讨论会。贝休恩在会议上兴致勃勃地宣称:"不要多久,更多的测试完成后,将全面证实这些结果。毋庸赘言,足球状分子的假设,实际已经证实。毫无疑问,在不久的将来,人们将能从自己中意的化工公司中买到这些物质。"贝休恩讲这番话时,已经掌握拉曼光谱测量的结果。

喜讯联翩而至。贝休恩刚回美国，就获悉实验室对富勒烯的核磁共振的测试结果已经出来了。同时克鲁托小组的核磁共振的结果也发表了。

IBM 小组的 NMR 实验的原理如下："巴氏球"分子中有少量碳同位素 $_6^{13}C$ 原子（约 1.1%）（它们本来是与普通碳原子 $_6^{12}C$ 天然共生的）。这种碳原子的中子比质子多 1 个。这多余的中子的磁矩能被 NMR 检测出来。普通碳原子的中子与质子相等，无法为 NMR 所检测。NMR 实验表明 C_{60} 中含有同位素 $_6^{13}C$ 原子，而且实践结果却与 $_6^{13}C$ 在 C_{60} 的哪一个顶点无关。这说明 C_{60} 对其各个顶点是完全对称的。这是 C_{60} 的足球状结果又一证明。

至于克鲁托小组，是针对 C_{70} 进行 NMR 测量。核磁共振谱线有 5 条，说明 C_{70} 分子有 5 组不等价的原子团。更复杂的"二维天然丰度样品双量子跃迁实验"表明，碳原子在其中是相互连接在一起的。综合这些结果，可以判断 C_{70} 确实是橄榄球状结构的。

在这些实验中，在制备 C_{70} 的同位素浓缩样品时，有一个意外的发现，富勒烯分子是由 $_6^{13}C$ 与平常碳原子随机混合后构成的。这说明石墨在气化后是完全原子化后才形成富勒烯的，而不是在早先人们猜测的，石墨气化后的石墨碎片相互碰撞，不断增大，最后形成封闭的中空球状富勒烯。测量表明，"巴氏球"分子的直径约 7.1 埃，中间有 3 埃的空心，可以容纳 1 个原子或分子。

到此为止，"巴氏球"假设已为实验完全证实。再也没有一个科学家怀疑富勒烯的奇妙的中空结构了。但是，科学家直到现在为止，还没有直接"看到""巴氏球"分子，更没有给它们真正拍照。

稍懂物理的人都知道，利用 X 射线衍射的方法，是测量晶体和大分子结构的最重要、最便捷的手段。为什么我们不用 X 射线衍射为 C_{60} 和 C_{70} 等拍摄一张 X 衍射照片呢，而要借助十分昂贵的最现代化的手段，例如用 STM、高分辨的电子显微镜（HREM）和原子力显微镜，来拍摄下碳团簇的结构照片呢？原来"巴氏球"分子等有一个非常奇怪的性质，就是它们异常顽皮好动，以至从无停息之时。

这是怎么回事呢？

（五）疯狂旋转的舞蹈家

自然界存在名叫金刚烷（C_6H_{16}）的碳氢化合物，这是一种妙不可言的晶体。碳原子构成一种大体为正四面体的结构，16 个氢原子则散布在四面体的外面，总体看来呈球形。人们发现，金刚烷晶体的"球形"分子有极快的自转速度，每秒钟竟达 60 亿～70 亿转。这样一类晶体，其分子迅速自转，似乎跟周围的分子毫无关联一样，人们还发现一些分子可以自转的晶体，统称为"可塑性晶体"。但是自转速度最快的要算金刚烷晶体。

1991 年，IBM 小组的杨诺尼（C. Yannoni）和新泽西州贝尔实验室的蒂科（R. Tycko）分别独立地发现，"巴氏球"分子在"疯狂"地自转。他们是用核磁共振仪进行分析的。C_{60} 的谱线非常窄，说明在室温下碳团簇晶格上的 C_{60} 分子在作高速自由转动，致使 C_{60} 分子中的碳原子在磁性上完全等价。否则磁性的不等价就会使谱线加宽，甚至分裂。

根据 IBM 小组的测量，C_{60} 分子在常温下自转每秒钟 200 亿转，这简直是疯狂的旋转，相当于金刚烷晶体的分子的 3 倍。这原因大约是前者的分子比后者更接近球形吧。尽管处于固体结晶状态，但 C_{60} 分子却仿佛处于毫无阻力的自由自在状态。

我国古代西域的少数民族有一种名叫胡旋的舞蹈。婀娜多姿的女郎尽情旋转，煞是好看，但是"巴氏球小姐"的"胡旋舞"却是独步古今，无人可及。话说到这里，也就不难明白，何以通常的 X 射线衍射法难以拍摄到"巴氏球小姐"的娇容了。

但是所幸的是，"巴氏球小姐"的疯狂舞蹈倒还是有妙法使她停止的。杨诺尼发现，"巴氏球"分子的自转跟温度关系甚为密切。一般来说，随温度的下降，自转速度下降。在 $-262 \sim -13$ ℃时"巴氏球"晶体发生相变（相变点是 -24 ℃），晶型由所谓面心结构转变为简单的立方结构。此时转速先突然下降，而且转动的方向也变得有序了。

所谓有序化，是指一个晶胞的每个 C_{60} 分子的转动轴的指向都趋于一个方向。原来的指向是完全杂乱无章的。有序化的具体指向取决于 C_{60} 分子与相邻分子之间的方位。当温度降到 -200 ℃时，巴氏球小姐的疯狂舞蹈才完全停止。杨诺尼正是在这种深度冷却条件下，测定 C_{60} 中各个碳原子之间相互作用的键长，从而确定"巴氏球"分子的直径。

在常温下有没有方法制止"巴氏球小姐"的旋转呢？美国加利福尼亚大学伯克利分校的霍金斯（J. Hawkings）想出了一个绝妙主意。他的研究论文发表在《科学》杂志上（1991 年，第 232 卷 312 页）。他在 C_{60} 溶液中添加四氧化铁，然后在混合溶液中析出晶体。这样一来，每个"巴氏球"分子就被旁边的四氧化铁分子像钳子一样"攫住"了。这样一来，不安分的"巴氏球小姐"不得不停止转动了。好吧，既然"巴氏球小姐"动不了了，杨诺尼赶紧利用 X 射线衍射仪给它拍一个结构分析的照片吧。

IBM 小组的霍夫曼终于在 1990 年年底利用扫描隧道显微镜拍摄到"巴氏球"分子的真正照片。

富勒烯物质沉积在黄金的单晶体表面上。扫描在超真空条件下进行。在霍夫曼的 STM 照片中（图 17.53），很清楚，一个个 6 角形排列的圆形分子就是 C_{60} 分子。分子之间的距离为 11 埃，与理论预测一致，也与其他实验结果吻合。照片中较大的浅色球则是 C_{70} 分子。至于为何照片只有"巴氏球小姐"的芳容，而看不见构成空中小笼子的单个原子，看不到"笼子"，原因很简单，"巴氏球小姐"的疯狂旋转使照片模糊不清。

后来科学家或采取深度低温的办法，或采用"分子钳"的办法，制止住"巴氏球小姐"的疯狂舞蹈，使它们安静下来，果然拍摄出能显示笼状内部结构的 STM 照片。至于高分辨率电子显微镜、离子显微镜以及原子力显微镜都拍出一些好相片，可供深入研究之用。

1991 年海因尼（P. A. Heineg）等利用 X 射线衍射的方法测定 C_{60} 的分子结构和每个 C 原子的位置，所得到结果完全证实了巴氏球球形分子的设想。

（六）奇妙的成员，庞大的家族

我们不要忘记，"巴氏球"C_{60}仅仅只是碳团簇的大家族中的一员。所谓富勒烯中具有封闭笼形结构的还有：C_{28}，C_{32}，C_{50}，C_{70}，C_{84}，C_{90}，C_{94}……C_{240}……C_{540}等就其外形来说，C_{60}是球形，C_{70}是橄榄球形。其他的，就千奇百怪了。

1991年下半年，日本科学家异军突起，一鸣惊人。Lijima在日本电气公司协助下，利用直流电弧放电的方法，使阳极端的石墨气化释放带正电的碳离子，然后在阳极端的石墨处凝结沉积。他们用高分辨的透射电子显微镜观察，发现沉积物呈现双层叠合而成的管状结构，有时一端是完全封闭的，管的内径约23埃。

1992年，日本人 Endo 用常规的气相法制备碳管，得到许多极细的丝，其中最细的碳管的外径仅为10.2埃，最粗的也只有30埃而已。我们提醒读者，1埃等于10^{-10}米。

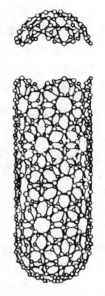

图 17.53　布基管示意图

这种管状中空结构碳团簇命名为布基管（Bucky-Tube），虽然早年也有叫巴氏管的，目前"巴氏球"也有叫布基球的。

瑞士科学家用高强度的高压电子束轰击巴氏管时，发现这些管开始萎缩，最后变成洋葱似的"布基球茎"。其结构是洋葱球形的微粒网状形的，而网状的碳原子则像石墨那样，是逐层分隔开来的。布基球茎的碳原子有的竟达到1 000万个！瑞士科学家认为，这种球茎可能比布基管更为稳定。我们知道，布基管由于直径极小，具有极强的抗张能力，质地异常坚固。

瑞士科学家乌卡特等将其研究成果发表在1992年的《自然》杂志上，标题叫《最终的富勒烯》，该期《自然》杂志（359卷）的封面就是布基球茎的彩图。1993年3月乌卡特应美国物理学会的邀请，作了题为《布基洋葱》（Bucky—Onion）的报告。具体结构如图17.54所示。其中：（a）由布基半球封住两端的柱状结构，其直径约为1纳米，长约13.7纳米；（b）为球形笼子，其直径约3.74纳米；（c）为类洋葱结构，有4层，其直径约为2.72纳米，中心为一个C_{60}分子。

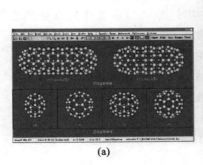

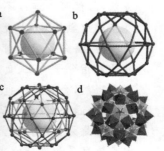

(a)　　　　　　　　(b)　　　　　　　　(c)

图 17.54　C_{540}（布基洋葱）

布基管往往两端"载着帽子"。所谓帽子是由半个 C_{60} 球或更大的布基球构成。两端可能是中空的。其中碳悬挂键则被氢原子所饱和。其形状大致如图17.55所示。图中(a)沿垂直五度轴的方向剖开,边缘呈扶手椅子形;图中(b)沿垂直三度轴的方向剖开,呈锯齿形。布基管也可以视为由一层石墨卷绕而成的细管。但卷绕的方式却很有讲究。不同的卷绕方式可以得到不同形状的布基管,而且性质有很大差异。

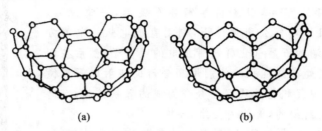

(a)　　　　　　　　　　(b)

图 17.55　布基管"帽子"常见的两种形式

布基管被发现以后,人们进一步寻求巴氏球大家族的成员,如巨型富勒烯(原子数超过100的空心笼子状的分子)和布基管。实验已发现相当大的布基洋葱,其直径达到47纳米,由70余层碳球构成。这种结构早在1991年斯麦利就在理论上设想过,并称为俄罗斯娃娃。有一种传统的俄罗斯娃娃的玩具,系由一系列娃娃形状的木盒嵌套在一起的,大套小,一层又一层,最后都装进一个大娃娃的肚子里。

巴氏球家族,碳团簇,除了纯粹由碳原子构成的直系外,还有许多旁系亲戚,即衍生物。例如,C_{60} 吸附分子 O_sO_4 形成衍生物 $C_{60} \cdot (O_sO_4)$ (4-Tert-Butylpyridine),四氧化锇分子此时是依附在笼外的。如果原子、离子或分子(如 H_2、N_2、CO、HF、LiF 等)装进富勒烯的笼内,处于大致中心的位置,则称内生富勒烯(Endohedral Fullerene)。

这些富勒烯的衍生物往往有奇怪的现象伴生。例如,布基管中如果存放双极分子 HF(氟化氢),就会改变布基管的极化度,因此被人们称为"分子吸管"(Moleculer Strakl),亦如吮吸饮料用的麦管(Straw)。佩得逊(M. R. Pederson)和布柔通(J. Q. Broughton)等设计一种妙不可言的利用布基管吮吸 HF 分子的方法,居然可以连续不断地将 HF 分子吸入麦管。具体办法是将开口布基管的悬挂键用氢饱和,当极性分子(HF)靠近布基管口时,静电感应极化效应会产生吸收力,将分子吸入管口。这种现象称为禁闭效应(Incar-ceration)。所谓极性分子系指分子的正、负电荷中心不重合的分子,它们具有静电感应现象。

当然,金属原子也可以塞进富勒烯笼内,形成所谓金属富勒烯。如金属原子镧、钇、钪、钙、铀、铪、钛及锆等放进去都可构成金属富勒烯。

至此为止,我们已清楚看到,富勒烯家族是一个极其庞大的家庭。现在查明的家族直系和近亲的成员数以千计。这个家族的成员的外部形态千奇百怪,内部结构玲珑剔透,巧夺天工,令人赞叹不已。

如果追溯历史,早在1942年在第二次世界大战的硝烟中,汉(O. Hahn)等就研究过 15 个碳原子团簇的质谱。这是富勒烯家族第一次出现在人们的眼帘。克鲁托等根据富勒在 20 世纪 60 年代首创的以 20 面为基础,不断嵌套复制而扩展的薄壳结构用于建筑物的穹隆这一事实,将碳团簇定名富勒烯。后来人们发现的富勒烯成员尽管都呈现中空的笼形结构,但并不全是标准的建筑学上的富勒氏结构了。

克鲁托发现巴氏球分子,原来的目的是模拟星际空间的条件,研究星际空间中可能的各种长链式的碳分子。但是发现巴氏球分子,乃至于发现巴基管分子以后,科学家通过精密光谱分析后,发现所有已知的碳素材料的光谱(这是物质的"指纹"啊!)与星际尘埃的光谱对比,都不符合。克鲁托在欢欣他的重要发现之余,不免有些失望。

然而,峰回路转,柳暗花明。瑞士科学家乌卡特等发现的布基洋葱居然正是克鲁托等久已期待的星际碳素分子。布基洋葱的光谱与星际尘埃的光谱符合很好。看来,布基洋葱确是星际尘埃的主要成分。

"巴氏球小姐"家族的新成员还在不断出现。日本科学家松永猛固通过对氮(N)原子的半径和分子结合能的计算,发现自然界还可能存在一种分子足球 N_{60},其分子结构彼此相似,外形也相近。后来日本科学家还用计算机模拟,确认自然界还应存在另一种分子足球 N_{70},它也许可以算作 C_{70} 的对应物,只不过 N_{70} 的各顶点是氮原子而已。

1996 年,日本丰桥技术科学大学的大泽映二发现所谓"球中球",即"双重构造的球形分子"。在分子足球 C_{60} 外再包裹一个由 60 个硅原子(Si_{60})构成的球形大分子。两个球同心,球与球之间以 C-Si 共价键相连接,以"固定"内球不致"粘到"大球的内壁上,这种球中球可以用人工方式合成,其物理、化学性质很稳定,应用前景十分广阔。

富勒氏结构,造型奇特,具有高度对称的美学特性。尤其是分子足球 C_{60} 浑圆无比,同时具有中心对称、轴对称、旋转对称,富于难以言喻的美学魅力。大家知道,绿茵场上的截面 20 面体——足球,风靡成千上万的球迷。实际上这种完美的力学结构也是一种完美的生命结构。早在 1959 年,人们就通过 X 射线衍射发现,小儿麻痹病毒就是由 60 个子单元构成的截面 20 面体。现已查明,C_{60} 分子及其衍生物广泛存在于自然界的病毒、胚泡,以及笼形包合物之中。

由于其绰约风姿和美妙的前景,C_{60} 足球分子被美国《科学》杂志遴选为 1991 年度"最美的分子",而进入"明星分子"的行列。《科学》的编辑说:"还没有哪一种分子如此迅速打开通向科学新领域的大门!"克鲁托、科尔和斯麦利由于他们在 1985 年发现 C_{60} 分子,荣获 1996 年诺贝尔化学奖。

如果我们进一步扩展我们的视野,就会发现碳团簇及其固体只是自然界众多团簇中的一个罢了。尽管由于其独特的结构特别引人瞩目,但是它毕竟只是大自然中"花团锦簇"的一支花簇。

团簇物理学研究的内容就是各种原子如何作为基本砖石,一块一块垒积起来,构成聚集体,以及聚集体的性质如何随着原子数的增长而改变(有时甚至是强烈的改变)。团簇或微簇一般是由几个到几百个原子组成的微观的细小聚集体,其尺寸属纳米范围。比较通常的无机分子,它显得太大,而比较小块固体却又显得太小。因此,其特性既不同于单个原子或分子,也不同于通常的液体和固体。对团簇的研究,正处于多种学科的交叉范围,从原子—分子物理、凝聚态物理、量子化学、表面科学、材料科学,甚至到原子核物理学彼此交织在一起。

碳团簇,尤其是 C_{60} 的发现就是采用典型的物理方法(激光蒸发)。研究团簇性质的实验方法——质谱仪,当然也属物理测量。刻画团簇性质的两个最重要概念序(Order)和幻数(Magic Number)更是属于物理学范围。

所谓序,或有序化是描述团簇结构的重要的概念。一种"序"是表征位置序位或粒子序位。另一种序则由动量序或波序,表示量子力学效应。

一般来说,团簇丰度(相对含量)分布反映其热力学稳定性。丰度大表示物质热力学稳定性强。质量丰度(稳定性)随原子数的增加总体上缓慢变化,但对于某些特定原子数的元素,丰度特别大(物质特别稳定)。对于碳团簇高稳定性的原子数是 20,24,28,32,36,50,60,70……240,540……这种情况颇像原子物理学中的原子壳层,当核电荷数为 2,10,18,36,54……时最为稳定(惰性元素)。

原子核物理也有类似情况,即当原子核内的质子数或电子数等于 2,8,20,28,50,82,126 时,原子核最为稳定。20 世纪 20—30 年代人们对于这些数字感到迷惑不解,故称为幻数。后来人们根据量子力学原理,提出壳层模型圆满地解释了这些魔幻般的数。

在团簇物理中也提出相应的壳层模型:对于惰性元素簇采用仑纳德-琼斯(Lennard-Jones)势,而对正负离子簇则采用玛德伦(Madelang)势描写原子之间相互的作用,圆满地解释了各种团簇的幻数序列。

自然界存在各种原子和分子组成的团簇。例如,地球的大气,从地表至同温层存在多种原子簇和分子簇。团簇根据键合方式(各原子或分子的相互作用)的不同可以分为如下类型。

金属团簇,其耦合方式是金属键,由自由电子的相互作用产生。金属团簇有钠簇(幻数是 8,20,40,58,92)、钾簇、铯簇、铜簇、银簇、金簇等,其幻数序列完全不同。物理学家利用所谓凝胶模(Jellium Model)和赝势法可以很好描述,对其细节的介绍,当然不属本书范围。

半导体团簇,耦合方式是取向共价键。如 C_s-O 簇,C_s-SO_2 簇。

绝缘体簇,其中碱金属卤化物为离子键,而惰性气体为弱范德瓦尔斯(van der Waals)键。惰性气体簇有氖簇、氩簇、氪簇、氙簇,碱金属卤化物簇有 C_sI 簇、C_uB$_r$ 簇、N_aCl 簇。

这些团簇的形状也是千奇百怪的,如钠簇就是具有周期性的螺旋结构,如此等等。总而言之,团簇是自然界存在的种类极庞杂的物种,碳团簇只不过是其中的一个系列,而 C_{60} 则是这个团簇最迷人、最奇特的一个成员。

你看巴氏球小姐 C_{60} 的家族是何等复杂啊!光是直系亲属就是数以千计,如果要计及其衍生物——旁系成员就难得分清楚了。而要计及其近邻,各种团簇更是五花八门,洋洋大观了。

20 种未来最有潜力的新材料（PPT）

1. 石墨烯

突破性：非同寻常的导电性能、极低的电阻率、极低和极快的电子迁移的速度、超出钢铁数十倍的强度和极好的透光性。

发展趋势：2010年诺贝尔物理学奖造就近年技术和资本市场石墨烯炙手可热，未来5年将在光电显示、半导体、触摸屏、电子器件、储能电池、显示器、传感器、半导体、航天、军工、复合材料、生物医药等领域将爆发式增长。

主要研究机构（公司）：Graphene Technologies, Angstron Materials, Graphene Square, 常州第六元素，宁波墨西等。

2. 气凝胶

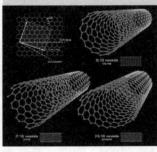

突破性：高孔隙率、低密度质轻、低热导率，隔热保温特性优异。

发展趋势：极具潜力的新材料，在节能环保、保温隔热电子电器、建筑等领域有巨大潜力。

主要研究机构（公司）：阿斯彭美国，W.R. Grace日本Fuji-Silysia公司等

3. 碳纳米管

突破性：高电导率、高热导率、高弹性模量、高抗拉强度等。

发展趋势：功能器件的电极、催化剂载体、传感器等。

主要研究机构（公司）：Unidym, Inc., Toray Industries,Inc., Bayer Materials Science AG, Mitsubishi Rayon Co., Ltd.深圳市贝特瑞，苏州第一元素等。

4. 富勒烯

突破性：具有线性和非线性光学特性，碱金属富勒烯超导性等。

发展趋势：未来在生命科学、医学、天体物理等领域有重要前景，有望用在光转换器、信号转换和数据存储等光电子器件上。

主要研究机构（公司）：Michigan State University, 厦门福纳新材等。

5. 非晶合金

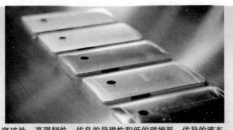

突破性：高强韧性、优良的导磁性和低的磁损耗、优异的液态流动性。

发展趋势：在高频低损耗变压器、移动终端设备的结构件等。

主要研究机构（公司）：Liquidmetal Technologies,Inc.、中科院金属所、比亚迪股份有限公司等。

突破性：重量轻、密度低、孔隙率高、比表面积大。

发展趋势：具有导电性，可替代无机非金属材料不能导电的应用领域；在隔音降噪领域具有巨大潜力。

主要研究机构（公司）：Alcan（美国铝业）、Rio Tinto、Symat、Norsk Hydro等。

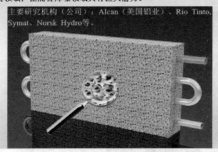

突破性：具有高热稳定性、宽液态温度范围、可调酸碱性、极性、配位能力等。

发展趋势：在绿色化工领域，以及生物和催化领域具有广阔的应用前景。

主要研究机构（公司）：Solvent Innovation公司、巴斯夫、中科院兰州物理研究所、同济大学等。

突破性：具有良好的生物相容性、持水性、广范围的pH值稳定性；具有纳米网状结构，和很高的机械特性等。

发展趋势：在生物医学、增强剂、造纸工业、净化、传导与无机物复合食品、工业磁性复合物方面前景巨大。

主要研究机构（公司）：Cellu Force公司（加拿大）、US Forest Service（美国林务局）、Innventia公司（瑞典）等。

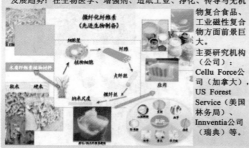

6.泡沫金属

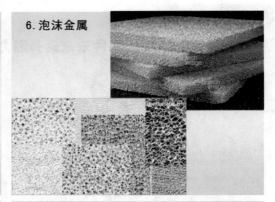

7.离子液体

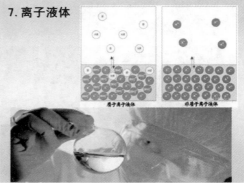

8.纳米纤维素

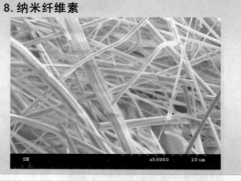

9.纳米点钙钛矿

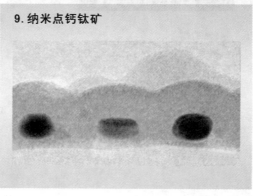

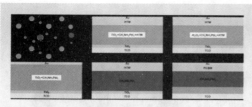

突破性：纳米点钙钛矿具有巨磁阻、高离子导电性、对氧析出和还原起催化作用等。

发展趋势：未来在催化、存储、传感器、光吸收等领域具有巨大潜力。

主要研究机构（公司）：埃普瑞，AlfaAesar等

10. 3D打印材料

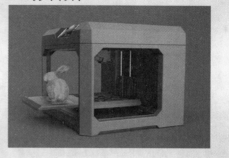

突破性：改变传统工业的加工方法，可快速实现复杂结构的成型等。

发展趋势：革命性成型方法，在复杂结构成型和快速加工成型领域，有很大前景。

主要研究机构（公司）：Object公司、3DSystems公司、Stratasys公司、华曙高科等。

11. 柔性玻璃

突破性：改变传统玻璃刚性、易碎的特点，实现玻璃的柔性革命化创新。

发展趋势：未来柔性显示、可折叠设备领域，前景巨大。

主要研究机构（公司）：康宁公司、德国肖特集团等。

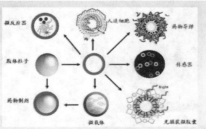

12. 自组装（自修复）材料

突破性：材料分子自组装，实现材料自身"智能化"，改变以往材料制备方法，实现材料的自身自发形成一定形状和结构。

发展趋势：改变传统材料制备和材料的修复方法，未来在分子器件、表面工程、纳米技术等领域有很大前景。

主要研究机构（公司）：美国哈佛大学等。

13. 可降解生物塑料

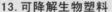

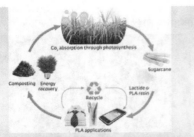

突破性： 可自然降解，原材料来自可再生资源，改变传统塑料对石油、天然气、煤炭等化石资源的依赖，减少环境污染。

发展趋势： 未来替代传统塑料，发展前景巨大。

主要研究机构（公司）： Natureworks, Basf, Kaneka公司等。

14. 钛炭复合材料

突破性： 具有高强度、低密度，以及耐腐蚀性优异等性能，在航空及民用领域前景无限。

发展趋势： 未来在轻量化、高强度、耐腐蚀乖环境应用潜力大。

主要研究机构（公司）： 哈尔滨工业大学等。

15. 超材料

突破性： 具有常规材料不具有和物理特性，如负磁导率、负介电常数等。

发展趋势： 改变传统根据材料的性质进行加工的理念，未来可根据需要来设计材料的特性，潜力无限。

主要研究机构（公司）： 波音公司、Kymeta公司、深圳光启研究院等。

16. 形状记忆合金

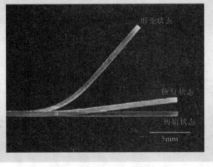

突破性： 预成型后，在受外界条件强制变形后，再经一定条件处理，恢复为原来形状，实现材料的变形可逆性设计和应用。

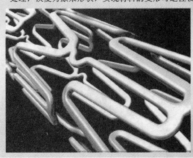

发展趋势： 在空间技术、医疗器械、机械电子设备等领域潜力巨大。

主要研究机构（公司）： 有关研制新材料的公司。

17. 磁致伸缩材料

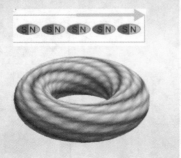

突破性： 在磁场作用下，可产生伸长或压缩的性能，实现材料变形与磁场的相互作用。

发展趋势： 在智能结构器件、减震装置、换能结构、高精度电机等领域，应用广泛，有些条件下性能优于压电陶瓷。

主要研究机构（公司）： 美国ETREMA公司、英国稀土制品公司、日本住友轻金属公司等。

18. 磁（电）流体材料

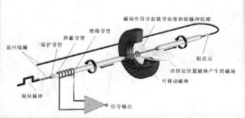

突破性： 液态状，兼具固体磁性材料的磁性，和液体的流动性，具有传统磁性块体材料不具备的特性和应用。

发展趋势： 应用于磁密封、磁制冷、磁热泵等领域，改变传统密封制冷等方式。

主要研究机构（公司）： 美国ATA应用技术公司、日本松下等。

19. 智能高分子凝胶

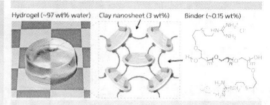

突破性： 能感知周围环境变化，并能做出响应，具有类似生物的反应特性。

发展趋势： 智能高分子凝胶的膨胀-收缩循环可用于化学阀、吸附分离、传感器和记忆材料；循环提供的动力用来设计"化学发动机"；网孔的可控性适用于智能药物释放体系等。

主要研究机构（公司）： 美国和日本的一些大学。

思考与提示

（1）什么叫光电转换材料？光电转换材料发展的瓶颈主要是什么？

（2）何谓低维量子系统？近年来该领域的研究连续获得两次诺贝尔奖，说明了什么？其中一次为物理奖，一次为化学奖，这又意味着什么？

（3）你从巴氏球的发现直到石墨烯的发现，有何感悟？石墨烯有何神奇的性质使得它能迅速地产业化？

（4）什么是巨磁阻材料？什么是磁隧道结材料？它们的发现如何引起电子技术和产业的大发展？

（5）拓扑绝缘体材料有何应用前景？

（6）什么叫做常规超导材料？什么叫做非常规超导材料？当前超导研究中最主要的难点和重点是什么？

（7）请你从阅读材料17-3所列举的20中最有发展潜力的材料中，鉴别出哪一些是半导体材料？哪一些是纳米功能材料？哪一些是软凝聚态物质材料？哪一些是复杂材料体系？

（8）请就十七章内容，谈谈你对物理学与其他科学的交叉和融合关系，以及物理学中各个分支之间的交叉和融合的看法。

（9）请就十七章内容，谈谈你对高新技术的突破和发展转换为高新技术产业集群的兴起的周期越来越短的看法，并由此论述创新引领发展的真理。

第十八章　从诺贝尔物理学奖看现代物理发展趋势

举世瞩目的诺贝尔物理学奖自 1901 年开始颁发，至今已有 115 年，诺贝尔物理学奖有 6 届（1916 年，1931 年，1934 年和 1940—1942 年）由于世界大战和经济萧条而没有颁发。所以物理学奖实际上只颁发了 104 届，共有 189 人次，188 位科学家获得过诺贝尔物理学奖。其中美国物理学家巴丁是两次获得诺贝尔物理学奖的唯一的一位物理学家。他分别在 1956 年因发明晶体管和对晶体管效应的研究，以及时隔 16 年后与库伯、施里弗创立 BCS 超导微观理论而两次获此殊荣。诺贝尔物理学奖正好涵盖了本书涉及的年代。20 世纪加上新世纪的 16 年，这个时期正好是现代物理学大发展的时期。诺贝尔物理学奖遍及物理学的主要分支，其奖项包括了物理学的许多重大研究成果。应该说诺贝尔物理学奖一直坚持高标准评选，因此，100 余年来的颁奖比较客观地显示了现代物理学发展的轨迹。

本章导读

本章从分析诺贝尔物理学奖的总的趋势，包括获奖者的国籍分布、获奖项目的分支在整个物理学中的分布变化规律、诺贝尔物理学奖与中国的关系等，以审视现代物理的发展趋势。我们发现，这个趋势完全符合整个科学领域整体化、网络化和全球化的发展态势，与自 17 世纪以来自然科学学科细化、分支化，不断有新兴学科、分支学科从基础学科、主干学科分裂出来的潮流，是相向而行，构成了当代科学和当代物理学发展中的绚丽景象。

我们从分析中获知：进入 21 世纪的物理学，其中的天体物理和宇宙学分支，光学基础研究与光学工程，获得了几乎突破性的进展；而一些原来重要研究领域，如粒子物理与核物理，凝聚态物理和材料科学领域依然保持高速发展的态势。100 余年的现代物理学的基础——相对论（包括狭义相对论和广义相对论）依然保持牢固的地位，尽管出现了若干新的物理现象，如量子纠缠、宇宙极早期的暴胀等，物理学家对其解释似乎并不完全统一，并不具有特别的自信。最主要的问题是量子论与相对论的不相容问题并未解决，一个自洽的逻辑严整的量子引力理论尚未建立。有许多物理模型，如超弦论等，据说可以在理论上解决这个不相容问题，但是在可以预见的将来，难以用实验和观测证实其正确性。必须指出，我国的物理学研究在近年来取得了跨越性的进步，一系列基础研究的科学大工程陆续投入运行，一系列具有世界先进水平的科学成果不断涌现。我国已在物理学研究领域迅速地赶上世界先进水平，在有些领域甚至达到领先水平。

第一节　物理学与其他自然科学分支的交叉和融合

从 19 世纪进入 20 世纪的世纪之交的物理学革命不仅引起了物理观念的彻底变革，导致 20 世纪物理学的大发展，而且还引起了 20 世纪整个科学思想的变革。物理学的思想和方法被广泛应用于自然科学的各个领域，引起化学、生物学、天文学、地球科学等领域的革命性的变化。粒子物理学、现代宇宙学、量子化学、分子生物学、系统科学等新学科的兴起，从微观粒子、宏观天体、宇宙以及生命世界的各个方面，深刻揭示了自然界的本质和规律。现代自然科学正在形成一个多层次、综合性的科学体系。下面以化学和生物学为例，加以说明。

一、物理与化学的交叉和融合

物理与化学的交叉和融合实际上在 19 世纪就已开始，20 世纪以后，两者的交叉和融合进一步加强，物理化学和化学物理两门新学科的诞生，就是最好的例子。实际上，这种交叉和融合，是全方位的，以至于在许多情况下难于区分是属于化学的还是属于物理的研究对象。在此以量子化学作为例子来阐述两门学科的融合情况。量子化学（quantum chemistry）是理论化学的一个分支学科，是应用量子力学的基本原理和方法研究化学问题的一门基础学科。研究范围包括：稳定和不稳定分子的结构、性能及其结构与性能之间的关系；分子与分子之间的相互作用；分子与分子之间的相互碰撞和相互反应等问题。

量子化学的诞生是现代化学史上的革命性事件。量子化学的发展历史可分以下两个阶段。第一个阶段是 1927 年到 20 世纪 50 年代末，为创建时期。其主要标志是三种化学键理论的建立和发展，分子间相互作用的量子化学研究。1927 年，德国人海特勒（H. Heitler）等人首先成功地以量子力学方法研究氢分子，说明了两个氢原子能够结合成一个稳定的氢分子的原因。海特勒指出，"电子云"的几率集中分布是联系两个氢原子的化学键的本质，从而树立起新的量子化学价键理论，其图像与经典原子价理论接近，为化学家所普遍接受。由此，奠定了量子化学的基础，使人们认识到可以用量子力学原理讨论分子结构问题，从而逐渐形成了量子化学这一分支学科。分子轨道理论是在 1928 年由马利肯等首先提出，1931 年休克尔提出的简单分子轨道理论，对早期处理共轭分子体系起重要作用。1932 年，法国人洪德（F. Hund）提出了更为完善的分子轨道理论。分子轨道理论计算较简便，又得到光电子能谱实验的支持，使它在化学键理论中占主导地位。60 年代，分子轨道对称守恒原理进一步发展起来了,使化学键理论进入研究化学反应的新阶段。量子化学理论体系加上计算方法的更新和电脑的广泛应用,使得现代化学从经验性和半经验性阶段摆脱出来,沿着定性分析和定量分析的系统综合途径过渡到定量化、微观化、解析化阶段。

图 18.1　量子化学

　　配位场理论由贝特等在 1929 年提出,最先用于讨论过渡金属离子在晶体场中的能级分裂,后来又与分子轨道理论结合,发展成为现代的配位场理论。

　　第二个阶段是 20 世纪 60 年代以后。主要标志是量子化学计算方法的研究,其中严格计算的从头算方法、半经验计算的全略微分重叠和简略微分重叠等方法的出现,扩大了量子化学的应用范围,提高了计算精度。1928—1930 年,许莱拉斯计算氦原子,1933 年詹姆斯和库利奇计算氢分子,得到了接近实验值的结果。70 年代又对它们进行更精确的计算,得到了与实验值几乎完全相同的结果。计算量子化学的发展,使定量的计算扩大到原子数较多的分子,并加速了量子化学向其他学科的渗透。

　　实际上现代物理学与化学的交叉和融合在一些领域已经达到水乳交融的地步。在第十七章中我们谈到的石墨烯、富勒烯属于团簇物理也属于团簇化学、高分子化学的研究内容。这个领域的开创者,就分别获得了诺贝尔化学奖和诺贝尔物理学奖。在我国的材料科学分类中,其二级学科中就有材料物理和化学。

二、物理、化学与生物学的交叉和融合

　　现代物理学、化学向生物学渗透,各种强有力的研究手段的运用使生物学取得革命性的突破,其主要标志是分子生物学的诞生。1953 年,美国人沃生(J. D. Watson)和英国人克里克提出 DNA 双螺旋结构模型,被认为是这门学科诞生的标志。在这以后人们又进一步搞清了核酸、蛋白质等生物大分子的结构,并揭示了遗传密码和核酸信息控制蛋白质特异结构的合成机制,由此建立了生物遗传信息概念,为分子生物学的发展开辟了广阔的前景。分子生物学揭示了整个生物界在遗传物质和遗传信息上呈现出惊人的统一性,在分子水平上深化了人们对生命活动机制和生命本质的认识。以后,在分子生物学基础上产生了遗传工程,为进一步改变生物遗传性状与创造新物种开辟了光辉的前景。

　　实际上,现在生物学的革命性进展应追溯到 1943 年 2 月,在爱尔兰都柏林三一学院著名物理学家薛定谔(Schrodinger)在其报告《生命是什么》中,提出生命是一个非平衡系统,进食相当于给予该系统"负熵"(有序度),并推测存在一种由有机分子构成的遗传物质,携带有遗传的密码。1933 年他因薛定谔方程获诺贝尔物理学奖。薛定谔方程是量子力学中描述微观粒子(如电子等)在运动速率远小于光速时的运动状态的基本定律,在量子力学中占有极其重要的地位,它与经典力学中的牛顿运动定律的价值相似。他提出薛定谔猫思想实验,试图证明量子力学在宏观条件下的不完备性,目前这是量子力学和量子信息学研究的热点问题。后来,将这个报告整理充实,作为一种专著出版。

　　这就是 1953 年美国人沃生(J. D. Watson)和英国人克里克提出 DNA,并为相应实验

图 18.2　薛定谔(1887—1961)和他的著作《生命是什么》

所证实。1948 年,自动控制学专家 N. Wiener 提出,从信息的角度来说,生物系统可以视为信息的接受、变换和处理的自动机器。20 世纪 70 年代现代耗散理论的创始人,比利时物理化学家和理论物理学家普利高津(I. Prigogine)提出,生物系统是非平衡耗散系统,更确切地说,是一个开放性耗散系统。生命新陈代谢是非线性的反馈,进食是为了维持生命的有序性,即维持与发展生命活动。一句话,生物系统是关于物质、能量、信息的开放、有序、含水、非均匀、多层次、多形式活性系统。普利高津是一个多面手,是现代非平衡物理学的奠基人,以提出"耗散结构"理论而闻名于世,并因而荣获 1977 年诺贝尔化学奖。由此,结合同时发展的生物分子学,宣告现代生物工程学正式诞生。一般认为薛定谔和普利高津是现代生物物理的奠基人。

图 18.3　普利高津(1917—2003)和他的著作《确定性的终结》

　　从发酵工程、生物医学工程、细胞工程、酶工程到基因工程,基因重组技术的发展导致了生物技术革命,还促使了生物信息学、计算机技术进步,后基因组时代又兴起了系统生物工程与合成生物学技术,进入了人工生命系统设计与纳米生物技术时代,从而开启了21 世纪的细胞工厂与生物反应器、生物计算机的研发,而生物资源的开发形成生物材料、生物能源与生物信息技术的产业化的未来。

　　21 世纪是生命科学的时代,生物技术在医疗保健、农业、环保、轻化工、食品等重要领域对改善人类健康与生存环境、提高农牧业和工业产量与质量都开始发挥越来越重要的作用。生物技术已经成为现代科技研究和开发的重点。在发达国家,生物技术已经成为一个新的经济增长点,其增长速度大致是在 25%～30%,是整个经济增长平均数的 8～10 倍左右。中国生物医药 15 年大致增长了 100 倍。截至 2006 年,中国现代生物技术产业的年产值达到 600 亿元,传统生物技术产业的年产值达到 3 000 多亿元。2007 年,全国涉及现代生物技术的企业约 500 家,年产值近万亿元。

在生物技术领域,中国已列出 10 大领域、35 类关键技术,力争培育 1 000 多家大型企业,以实现生物经济强国战略。未来中国将重点发展新兴疫苗、小分子药、新兴中药、高产优质农作物、生物农药、生物制药业、生物能源、环境生物技术等。同时,扩大生物技术产业链,发展生物材料。

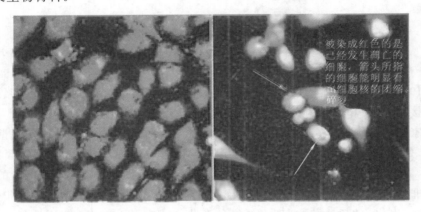

图 18.4　线虫中在细胞凋亡过程起关键作用的两种基因:ced-3 和 ced-4

从现代生物学革命到庞大的生物产业(其中增长点最快的是生物工程产业),物理学家都在其中扮演不可或缺的角色。物理学家提供的 X 射线、STM 技术等先进测试技术,正在为生物学家提取分子水平的超微信息。深入探讨生命的物质基础,研究不同的生物大分子——蛋白质、核酸、多糖、脂类等。诺贝尔物理学奖获得者朱棣文教授,担任斯坦福大学生物 X 中心的主任。脑科学及认知科学是生命科学最复杂的领域,物理学家提供最现代化的 EEC/EP(脑电/诱发电)、FMRI(功能脑共振成像)、PET(正电子发射射线断层技术)、SUUD(超导光子干涉仪)、X 射线和激光全息等技术帮助有关的研究工作者。现在甚至能实时观察脑神经的活动。

生物工程中包括基因工程、细胞工程、酶工程、微生物发酵工程、生物化学工程、生物控制论(神经控制)等等。其中最重要的基因工程在不断提高测试技术手段的基础上,效率日益提高。我国在 1992 年完成了水稻基因组测试计划。2006 年,历时 16 年的人类基因组计划(human genome project,HGP)全部完成。该计划是由美国科学家于 1985 年率先提出,于 1990 年正式启动的。美国、英国、法国、德国、日本和中国科学家共同参与,耗资 30 亿美元。这一计划旨在为 30 多亿个碱基对构成的人类基因组精确测序,发现所有人类基因并搞清其在染色体上的位置,破译人类全部遗传信息。与曼哈顿计划和阿波罗计划并称为三大科学计划。2000 年 6 月 26 日,6 国科学家共同宣布,人类基因组草图的绘制工作已经完成。最终完成图要求测序所用的克隆能忠实地代表常染色体的基因组结构,序列错误率低于万分之一。95% 常染色质区域被测序,每个 Gap 小于 150 kb,比预计提前 2 年。美英科学家 2006 年 5 月 18 日在英国《自然》杂志网络版上发表了人类最后一个染色体——1 号染色体的基因测序。在人体全部 22 对常染色体中,1 号染色体包含基因数量最多,达 3 141 个,是平均水平的两倍,共有超过 2.23 亿个碱基对,破译难度也最大。

人类基因组图谱的绘就,是人类探索自身奥秘史上的一个重要里程碑。它被很多分

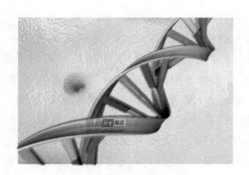

图 18.5　人类基因组新图谱

析家认为是生物技术世纪诞生的标志,也就是说,21 世纪是生物技术主宰世界的世纪。正如一个世纪前,量子论的诞生被认为揭开了物理学主宰的 20 世纪一样。

总之,现代物理学与其他自然科学的分支,在新世纪的交叉和融合趋势日益加强,变得你中有我,我中有你。整个自然科学网络化、整体化的趋势越来越明显,但是在学科之间的相互影响、相互交叉的态势中物理学的辐射作用尤其明显。

第二节　诺贝尔物理学奖获奖者的国籍、学科和年龄分布

诺贝尔物理学奖由瑞典科学院授予。其评奖办法为,每年秋天,大约有 650 封信发往世界各地,分给经过严格选出来的著名物理学家和化学家(包括以前的获奖者)以征求诺贝尔科学奖的推荐名单。有 60～100 名物理学家被提名为候选人,然后由 10 个推选小组经过认真的研究,从中提出获望人选。颁奖日期定于每年 12 月 10 日,即诺贝尔逝世纪念日授奖,并由获奖者作受奖讲演。诺贝尔奖只授予活着的人。并且按照传统,没有任何一次的奖项授予 3 个人以上的小组。自 1901 年 12 月颁发了第一届诺贝尔奖以来,到目前为止,已有 600 多位获奖者获得物理、化学、医学、文学及和平奖。他们杰出的贡献对人类社会文明的进步起了巨大的作用,人们将永远铭记他们非凡的功绩。诺贝尔奖现在已成为科学、文学与和平事业方面取得成就的主要象征,成为誉满全球的殊荣,实际上是一种威望最高的国际奖项。

一、诺贝尔物理学奖 115 年

自 1901 年到 2016 年的 115 年中,实际颁发诺贝尔物理学奖 109 届,实际有 196 名科学家获奖,在表 18.1 中,累积人数 202。应该指出,出现过 6 位以双重国籍身份获奖的科学家,他们分别是 1921 年爱因斯坦为德国和瑞士国籍,2003 年阿列克谢·阿布里科索夫为美国和俄罗斯国籍,2003 年安东尼·莱格特为英国和美国国籍,2009 年高锟为美国和英国国籍,2010 年康斯坦丁·诺沃肖洛夫为英国和俄罗斯国籍,以及 2011 年布莱恩·施密特(Brian P. Schmidt)拥有美国和澳大利亚的双重国籍。以上 6 位科学家在进行国籍统计时对其所在的两个国家分别进行统计。为便于读者分析,在此列出从 1901 年到

2015 年诺贝尔物理学奖。

(1) 1901 年,威尔姆·康拉德·伦琴(德国)发现 X 射线。

(2) 1902 年,洛伦兹(荷兰)、塞曼(荷兰)关于磁场对辐射现象影响的研究。

(3) 1903 年,安东尼·亨利·贝克勒尔(法国)发现天然放射性;皮埃尔·居里(法国)、玛丽·居里(波兰裔法国人)发现并研究放射性元素钋和镭。

(4) 1904 年,瑞利(英国)关于气体密度的研究和发现氩。

(5) 1905 年,伦纳德(德国)关于阴极射线的研究。

(6) 1906 年,约瑟夫·汤姆生(英国)对气体放电理论和实验研究作出重要贡献并发现电子。

(7) 1907 年,阿尔伯特·亚伯拉罕·迈克尔逊(美国)发明光学干涉仪并使用其进行光谱学和基本度量学研究。

(8) 1908 年,李普曼(法国)发明彩色照相干涉法(即李普曼干涉定律)。

(9) 1909 年,伽利尔摩·马可尼(意大利)、布劳恩(德国)发明和改进无线电报。

(10) 1910 年,范德华(荷兰)关于气态和液态方程的研究。

(11) 1911 年,维恩(德国)发现热辐射定律。

(12) 1912 年,达伦(瑞典)发明可用于同燃点航标、浮标气体蓄电池联合使用的自动调节装置。

(13) 1913 年,海克·卡末林-昂内斯(荷兰)关于低温下物体性质的研究和制成液态氦。

(14) 1914 年,马克斯·凡·劳厄(德国)发现晶体中的 X 射线衍射现象。

(15) 1915 年,威廉·亨利·布拉格、威廉·劳伦斯·布拉格(英国)用 X 射线对晶体结构的研究。

(16) 1916 年,未颁奖。

(17) 1917 年,查尔斯·格洛弗·巴克拉(英国)发现元素的次级 X 辐射特性。

(18) 1918 年,马克斯·卡尔·欧内斯特·路德维希·普朗克(德国)对确立量子论作出巨大贡献。

(19) 1919 年,斯塔克(德国)发现极隧射线的多普勒效应以及电场作用下光谱线的分裂现象。

(20) 1920 年,纪尧姆(瑞士)发现镍钢合金的反常现象及其在精密物理学中的重要性。

(21) 1921 年,阿尔伯特·爱因斯坦(德国和瑞士)对数学物理学的成就,特别是光电效应定律的发现。

(22) 1922 年,尼尔斯·亨利克·大卫·玻尔(丹麦)关于原子结构以及原子辐射的研究。

(23) 1923 年,罗伯特·安德鲁·密立根(美国)关于基本电荷的研究以及验证光电效应。

(24) 1924 年,西格巴恩(瑞典)发现 X 射线中的光谱线。

(25) 1925 年,赫兹(德国)发现原子和电子的碰撞规律。

(26) 1926 年,让·佩兰(法国)研究物质不连续结构和发现沉积平衡。

（27）1927年，康普顿（美国）发现康普顿效应；威尔逊（英国）发明了云雾室，能显示出电子穿过空气的径迹。

（28）1928年，理查森（英国）研究热离子现象，并提出理查森定律。

（29）1929年，路易·维克多·德布罗意（法国）发现电子的波动性。

（30）1930年，拉曼（印度）研究光散射并发现拉曼效应。

（31）1931年，未颁奖。

（32）1932年，维尔纳·海森伯（德国）在量子力学方面的贡献。

（33）1933年，埃尔温·薛定谔（奥地利）创立波动力学理论；保罗·阿德里·莫里斯·狄拉克（英国）提出狄拉克方程和空穴理论。

（34）1934年，未颁奖。

（35）1935年，詹姆斯·查德威克（英国）发现中子。

（36）1936年，赫斯（奥地利）发现宇宙射线；安德森（美国）发现正电子。

（37）1937年，戴维森（美国）、乔治·佩杰特·汤姆生（英国）发现晶体对电子的衍射现象。

（38）1938年，恩利克·费米（意大利）发现由中子照射产生的新放射性元素并用慢中子实现核反应。

（39）1939年，欧内斯特·奥兰多·劳伦斯（美国）发明回旋加速器，并获得人工放射性元素。

（40）1940—1942年，未颁奖。

（41）1943年，斯特恩（美国）开发分子束方法和测量质子磁矩。

（42）1944年，拉比（美国）发明核磁共振法。

（43）1945年，沃尔夫冈·E·泡里（美籍奥地利）发现泡里不相容原理。

（44）1946年，布里奇曼（美国）发明获得强高压的装置，并在高压物理学领域有重要的发现。

（45）1947年，阿普尔顿（英国）进行高层大气物理性质的研究，发现阿普顿层（电离层）。

（46）1948年，布莱克特（英国）改进威尔逊云雾室方法和由此在核物理和宇宙射线领域的发现。

（47）1949年，汤川秀树（日本）提出核子的介子理论并预言 π 介子的存在。

（48）1950年，塞索·法兰克·鲍威尔（英国）发展研究核过程的照相方法，并发现 π 介子。

（49）1951年，科克罗夫特（英国）、沃尔顿（爱尔兰）用人工加速粒子轰击原子产生原子核嬗变。

（50）1952年，布洛赫（瑞士）、爱德华·珀塞尔（美国）从事物质核磁共振现象的研究并创立原子核磁力测量法。

（51）1953年，泽尔尼克（荷兰）发明相衬显微镜。

（52）1954年，马克斯·玻恩（英国）在量子力学和波函数的统计解释及研究方面作出贡献；博特（德国）发明了符合计数法，用以研究原子核反应和 γ 射线。

（53）1955年，拉姆（美国）发明了微波技术，进而研究氢原子的精细结构；库什（美国）用射频束技术精确地测定出电子磁矩，创新了核理论。

(54) 1956 年,布拉顿·巴丁(犹太人)、肖克利(美国)发明晶体管及对晶体管效应的研究。

(55) 1957 年,杨振宁(中国)、李政道(中国)对宇称不守恒定律的敏锐研究,该定律导致了有关基本粒子的许多重大发现。

(56) 1958 年,切伦科夫、塔姆、弗兰克(前苏联)发现并解释切伦科夫效应。

(57) 1959 年,塞格雷、欧文·张伯伦(美国)发现反质子。

(58) 1960 年,格拉塞(美国)发明气泡室,取代了威尔逊的云雾室。

(59) 1961 年,霍夫斯塔特(美国)关于电子对原子核散射的先驱性研究,并由此发现原子核的结构;穆斯堡尔(德国)从事 γ 射线的共振吸收现象研究并发现了穆斯堡尔效应。

(60) 1962 年,达维多维奇·朗道(前苏联)关于凝聚态物质,特别是液氦的开创性理论。

(61) 1963 年,维格纳(美国)发现基本粒子的对称性及支配质子与中子相互作用的原理;梅耶夫人(美国人,犹太人)、延森(德国)发现原子核的壳层结构。

(62) 1964 年,汤斯(美国)在量子电子学领域的基础研究成果,为微波激射器、激光器的发明奠定理论基础;巴索夫、普罗霍罗夫(前苏联)发明微波激射器。

(63) 1965 年,朝永振一郎(日本),施温格、费因曼(美国)在量子电动力学方面取得对粒子物理学产生深远影响的研究成果。

(64) 1966 年,卡斯特勒(法国)发明并发展用于研究原子内光、磁共振的双共振方法。

(65) 1967 年,贝蒂(美国)在核反应理论方面的贡献,特别是关于恒星能源的发现。

(66) 1968 年,阿尔瓦雷斯(美国)发展氢气泡室技术和数据分析,发现大量共振态。

(67) 1969 年,默里·盖尔曼(美国)关于基本粒子的分类及其相互作用的发现。

(68) 1970 年,阿尔文(瑞典)磁流体动力学的基础研究和发现,及其在等离子物理中富有成果的应用;内尔(法国)关于反磁铁性和铁磁性的基础研究和发现。

(69) 1971 年,加博尔(英国)发明并发展全息照相法。

(70) 1972 年,巴丁、库柏、施里弗(美国)创立 BCS 超导微观理论。

(71) 1973 年,江崎玲于奈(日本)发现半导体隧道效应;贾埃弗(美国)发现超导体隧道效应;约瑟夫森(英国)提出并发现通过隧道势垒的超电流的性质,即约瑟夫森效应。

(72) 1974 年,马丁·赖尔(英国)发明应用合成孔径射电天文望远镜进行射电天体物理学的开创性研究,赫威斯(英国)发现脉冲星。

(73) 1975 年,阿格·N·玻尔、莫特尔森(丹麦)、雷恩沃特(美国)发现原子核中集体运动和粒子运动之间的联系,并且根据这种联系提出核结构理论。

(74) 1976 年,丁肇中、里希特(美国)各自独立发现新的 J/ψ 基本粒子。

(75) 1977 年,安德森、范弗莱克(美国)、莫特(英国)对磁性和无序体系电子结构的基础性研究。

(76) 1978 年,卡皮察(前苏联)关于低温物理领域的基本发明和发现;彭齐亚斯、R.W.威尔逊(美国)发现宇宙微波背景辐射。

(77) 1979 年,谢尔登·李·格拉肖、史蒂文·温伯格(美国)、阿布杜斯·萨拉姆(巴基斯坦)关于基本粒子间弱相互作用和电磁作用的统一理论的贡献,并预言弱中性流的存在。

(78) 1980 年,克罗宁和菲奇(美国),以表彰他们在中性 k-介子衰变中发现基本对称性原理的破坏。

(79) 1981 年,西格巴恩(瑞典)开发高分辨率测量仪器以及对光电子和轻元素的定量分析;布洛姆伯根(美国)非线性光学和激光光谱学的开创性工作;肖洛(美国)发明高分辨率的激光光谱仪。

(80) 1982 年,K. G. 威尔逊(美国),提出重整群理论,阐明相变临界现象。

(81) 1983 年,萨拉马尼安·强德拉塞卡(美国)提出强德拉塞卡极限,对恒星结构和演化具有重要意义的物理过程进行的理论研究;福勒(美国)对宇宙中化学元素形成具有重要意义的核反应所进行的理论和实验的研究。

(82) 1984 年,卡洛·鲁比亚(意大利)证实传递弱相互作用的中间矢量玻色子[[W＋]],W－和 Zc 的存在;范德梅尔(荷兰)发明粒子束的随机冷却法,使质子-反质子束对撞产生 W 和 Z 粒子的实验成为可能。

(83) 1985 年,冯·克里津(德国)发现量子霍耳效应并开发了测定物理常数的技术。

(84) 1986 年,鲁斯卡(德国)设计第一台透射电子显微镜;比尼格(德国)、罗雷尔(瑞士)设计第一台扫描隧道电子显微镜。

(85) 1987 年,柏德诺兹(德国)、缪勒(瑞士)发现氧化物高温超导材料。

(86) 1988 年,莱德曼、施瓦茨、斯坦伯格(美国)产生第一个实验室创造的中微子束,并发现中微子,从而证明了轻子的对偶结构。

(87) 1989 年,拉姆齐(美国)发明分离振荡场方法及其在原子钟中的应用;德默尔特(美国)、保尔(德国)发展原子精确光谱学和开发离子陷阱技术。

(88) 1990 年,弗里德曼、肯德尔(美国)、理查·爱德华·泰勒(加拿大)通过实验首次证明夸克的存在。

(89) 1991 年,皮埃尔·吉勒德-热纳(法国)把研究简单系统中有序现象的方法推广到比较复杂的物质形式,特别是推广到液晶和聚合物的研究中。

(90) 1992 年,夏帕克(法国)发明并发展用于高能物理学的多丝正比室。

(91) 1993 年,赫尔斯、J. H. 泰勒(美国)发现脉冲双星,由此间接证实了爱因斯坦所预言的引力波的存在。

(92) 1994 年,布罗克豪斯(加拿大)、沙尔(美国)在凝聚态物质研究中发展了中子衍射技术。

(93) 1995 年,佩尔(美国)发现 τ 轻子;莱因斯(美国)发现中微子。

(94) 1996 年,D. M. 李、奥谢罗夫、R. C. 理查森(美国)发现了可以在低温度状态下无摩擦流动的氦同位素。

(95) 1997 年,朱棣文、W. D. 菲利普斯(美国)、科昂·塔努吉(法国)发明用激光冷却和捕获原子的方法。

(96) 1998 年,劳克林、霍斯特·路德维希·施特默、崔琦(美国)发现并研究电子的分数量子霍尔效应。

(97) 1999 年,H. 霍夫特、韦尔特曼(荷兰)阐明弱电相互作用的量子结构。

(98) 2000 年,阿尔费罗夫(俄国)、克罗默(德国)提出异层结构理论,并开发了异层结构的快速晶体管、激光二极管;杰克·基尔比(美国)发明集成电路。

（99）2001年，克特勒（德国）、康奈尔、卡尔·E·维曼（美国）在"碱金属原子稀薄气体的玻色-爱因斯坦凝聚态"以及"凝聚态物质性质早期基本性质研究"方面取得成就。

（100）2002年，雷蒙德·戴维斯、里卡尔多·贾科尼（美国）、小柴昌俊（日本），表彰他们在天体物理学领域做出的先驱性贡献，其中包括在"探测宇宙中微子"和"发现宇宙 X 射线源"方面的成就。

（101）2003年，阿列克谢·阿布里科索夫、安东尼·莱格特（美国）、维塔利·金茨堡（俄罗斯），"表彰三人在超导体和超流体领域中做出的开创性贡献"。

（102）2004年，戴维·格罗斯（美国）、戴维·普利策（美国）和弗兰克·维尔泽克（美国），为表彰他们"对量子场中夸克渐进自由的发现"。

（103）2005年，罗伊·格劳伯（美国）表彰他对光学相干的量子理论的贡献；约翰·霍尔（美国）和特奥多尔·亨施（德国）表彰他们对基于激光的精密光谱学发展作出的贡献。

（104）2006年，约翰·马瑟（美国）和乔治·斯穆特（美国），表彰他们发现了黑体形态和宇宙微波背景辐射的扰动现象。

（105）2007年，法国科学家艾尔伯·费尔和德国科学家皮特·克鲁伯格，表彰他们发现巨磁电阻效应的贡献。

（106）2008年，日本科学家南部阳一郎，表彰他发现了亚原子物理的对称性自发破缺机制；日本物理学家小林诚、益川敏英提出了对称性破坏的物理机制，并成功预言了自然界至少有3类夸克的存在。

（107）2009年，英国籍华裔物理学家高锟因为"在光学通信领域中光的传输的开创性成就"而获奖；美国物理学家韦拉德·博伊尔和乔治·史密斯，因"发明了成像半导体电路-电荷耦合器件图像传感器CCD"而获此殊荣。

（108）2010年，英国曼彻斯特大学科学家安德烈·盖姆和英国/俄罗斯科学家康斯坦丁·诺沃肖洛夫因在二维空间材料石墨烯的突破性实验获奖。

（109）2011年，美国加州大学伯克利分校天体物理学家萨尔·波尔马特、美国/澳大利亚物理学家布莱恩·施密特，以及美国科学家亚当·里斯，因"通过观测遥远超新星发现宇宙的加速膨胀"而获奖。

（110）2012年，法国科学家塞尔日·阿罗什与美国科学家大卫·维因兰德，因"突破性的试验方法使得测量和操纵单个量子系统成为可能"而获奖。

（111）2013年，英国物理学家彼得·W·希格斯和比利时物理学家弗朗索瓦·恩格勒，因"希格斯玻色子的理论预言"而获奖。

（112）2014年，日本科学家赤崎勇、天野浩和美籍日裔科学家中村修二，因"发明了蓝色发光二极管（LED）"而获奖。

（113）2015年，日本科学家梶田隆章和加拿大科学家阿瑟·麦克唐纳，因"发现了中微子振荡，表明中微子具有质量"而获奖。

二、获诺贝尔物理学奖者按国籍分布的分析

获诺贝尔物理学奖者按国际分布如表18.1所示。从表18.1可以看出，全世界有17个国家的202位物理学家（以下均指人次）获得过此殊荣。获奖者最多的国家是美国（共

88 人)，英国第二，德国第三，法国第四，俄罗斯第五。大致而言，这个分布反映了目前国际物理学界的水准。美国是物理学领域的超级大国。

在这 115 年中第一位获得诺贝尔物理学奖的亚洲科学家是 1930 年获奖的印度科学家拉曼，他也是第二次世界大战前唯一的一位获此殊荣的亚洲人。

统计发现，若以 1945 年第二次世界大战结束为界，分成前 45 年和后 65 年，则可以明显看到一个现象：在前 45 年中，美国获诺贝尔物理学奖的人数比英国与德国少，美国在这段时间内获物理学奖的有 8 人，而英国 10 人，德国 11 人。这一情况说明，在第二次世界大战以前，自然科学特别是物理学研究的中心在欧洲，尤其是德国。德国的柏林大学、哥廷根大学和慕尼黑大学是当时公认的世界理论物理研究中心，一大批诺贝尔物理学奖获得者曾在那里学习或工作过。而英国剑桥大学的卡文迪许实验室则是实验物理的研究中心，很多新发现都是在这里作出的。可是自第二次世界大战结束以后的 65 年中，获得诺贝尔物理学奖的美国人和具有美国国籍的科学家明显增多，世界自然科学的研究中心已从欧洲转移到了美国。这一情况自然与各个历史时期各个国家的经济发展、技术水平、科研条件、科技政策、科学教育和社会情况有密切关系。

表 18.1　诺贝尔物理学奖获奖者的国籍分布

国籍	美国	英国	德国	法国	前苏联和俄罗斯	荷兰	日本	瑞典	瑞士	加拿大	意大利	奥地利	丹麦	中国	印度	爱尔兰	巴基斯坦	比利时	澳大利亚
人数	88	25	23	13	10	7	10	4	4	3	3	3	2	2	2	1	1	1	1

必须指出，希特勒的法西斯统治和迫害犹太人的政策为世界物理研究中心由欧洲转移到美国起到了加速的作用。爱因斯坦、玻尔、费米等一大批世界物理学大师就是在这个期间由欧洲迁徙到美国的。

值得炎黄子孙特别关注的是在诺贝尔物理学奖得主中有我们 6 位同胞，他们是杨振宁、李政道、丁肇中、朱棣文、崔琦和高锟。杨振宁和李政道 1957 年获奖时持有的是当年出国留学时的中国护照。其余 4 人均系华裔美国科学家。这说明中国人是有智慧的，特别在研究物理方面有天赋。只是由于中国长期处于经济文化落后的状态，才导致诺贝尔物理学奖的榜上人数较少。尤其值得我们深思的是新中国建国以后我们培养的学者还没有登上诺贝尔自然科学奖的光荣榜。我们应该慎重地研究钱学森教授临终前提出的问题，这就是著名的钱学森之问："为什么新中国的大学培养不出学术大师来？"我们不能永远以过去的落后作为挡箭牌，毕竟我们的国民经济总量已跃居世界第二位。我们应该不断地改善学术环境，不断地增强科学实力，不断地加强民族的创新能力。关键在于营造学术大师脱颖而出的软环境，营造民主、自由的学术氛围。

三、诺贝尔物理学奖按获奖项目的学科分布的分析

表 18.2 列出了诺贝尔物理学奖的获奖项目在各专门学科的获奖次数。需要指出的

是获奖项目在各专门学科的划分只是相对的,因为同一内容完全可以归入到两个甚至 3 个不同学科中,同一年的奖项也可因人而分在多个不同的学科中。例如:1978 年物理学奖,是关于低温 He-4 超流研究,发现宇宙 3 K 背景辐射,就应该分属天体物理、凝聚态物理和低温物理与超导 3 个门类。再如 2009 年的诺贝尔物理学奖,是表彰光在纤维中传输并将其用于光学通信方面取得的突破性成就,以及因发明了半导体成像的电荷耦合器件(CCD)的图像传感器,该项奖就分属光学与新技术,如此等等。

从表 18.2 还可以看到,在物理学领域中,获奖次数最多的学科是粒子物理学、量子理论(量子力学、量子电动力学、弱电统一理论)和凝聚态物理学,这 3 门学科都是 20 世纪物理学发展的主要分支,也是研究物质微观规律的基本学科。实际上,表 18.2 的归类过于琐碎,比如粒子物理和量子理论,是难以分开的。尤其是量子电动力学、弱电统一理论和量子色动理论就是粒子物理的基本理论,我们在以后的分析中,会采用较为宽泛的分类,就是粒子物理与量子理论、凝聚态物理、光学、原子和原子核物理、等离子体物理、天体物理、新技术和其他。

表 18.2　诺贝尔物理学奖获奖项目的学科分布

专门学科	获奖次数	专门学科	获奖次数
热学、物性学、分子物理学	77	磁学	5
光学	15	无线电电子学	9
量子力学、量子电动力学、弱电统一理论	27	波谱学	16
X 射线学	7	天体物理学	12
原子物理学	10	低温物理与超导	14
核物理学	15	新效应	12
粒子物理学	48	物质微观结构	8
凝聚态物理学	22	新技术	26

从表 18.2 也可以看到,诺贝尔物理学奖很看重实验物理。如果按理论方面和实验方面来划分,初步统计,理论方面获奖为 65 人次,实验方面获奖为 139 人次,其中一些项目是兼有理论和实验。可以看出,实验方面的比重远大于理论方面。这也充分反映物理学首先是实验的科学,没有实验,不可能证实理论,也不可能发展理论。诺贝尔物理学奖就一个项目而言,往往是首先颁奖给实验方面的成果,然后才有可能颁发给理论方面的成果。例如:弱电统一理论奖项的颁发是在实验发现理论所预言的弱中性流以后,1979 年才颁发给提出弱电统一理论的创始人温伯格和萨拉姆。量子色动力学的奖项首先是颁发给有关实验现象的发现者 J. Friedman 等人,然后延至 30 年以后才颁发给其理论的提出人以及重整化方案的创始人。当然也有个别例外,例如弱相互作用中的宇称不守恒理论,诺贝尔物理学奖只颁发给理论的提出人杨振宁和李政道,其理论的实验验证者吴健雄不仅没有先得到奖项,而且最终也没有获此殊荣。这种例外的原因是十分微妙的。

四、科学是新技术突破的源泉

科学是新技术突破的源泉,科学研究与具有重大价值的新技术出现,往往联系在一起。因此无足为怪。新技术的获奖项目也占了一定比例,其中包括无线电电子学、晶体管和激光器的发明,以及核物理学和粒子物理学的实验设备和探测技术。许多国际超级产业公司,往往设立并发展了高新科技开发的实验室。例如美国贝尔实验室的成就引人注目,共有 13 位与之有关的科学家获得了诺贝尔物理学奖。这表明该实验室的成果有许多是具有原创性的科学和技术的重大成果。

图 18.6　美国贝尔实验室

1927 年,贝尔实验室的两名研究员——戴维森(Clinton Joseph Davission)(如图 18.7 戴维森(1881—1958))和莱斯特·格莫尔(Lester Germer)通过将缓慢移动的电子射向镍晶体标靶,验证了电子的波动性。这项实验为所有物质和能量都同时具有波和粒子特性这一假设提供了强有力的证据。戴维森的发现成为固态电子学多个领域的基础。10 年之后,他又凭借在电子干扰研究方面取得的成就获得 1937 年的诺贝尔物理学奖。

1956 年,贝尔实验室科学家威廉·肖克利(William Shockley)、约翰·巴丁(John Bardeen)和沃尔特·布拉顿(Walter Brattain)因研制晶体管共享诺贝尔奖。图 18.8 中呈现的就是人类历史上的第一个晶体管。它是在 1947 年问世的,作为真空管和机械继电器的替代品。这一发明改变了电子学世界的面貌,成为当代计算机技术的基础。

图 18.7　戴维森(1881—1958)

图 18.8　人类历史上第一个晶体管问世

菲利普·安德森(Philip Warren Anderson)因探测玻璃和磁性材料电子结构方面取得的成就于 1977 年获得诺贝尔物理学奖,是当代凝聚态物理领域最伟大的科学家之一。

他的研究打开了研制电子开关和电脑存储设备的大门。1984年,安德森离开贝尔实验室,现在是普林斯顿大学的一名教授。

图18.9 菲利普·安德森(1923—)

图18.10 用激光冷却和捕获钠原子

阿尔诺·彭齐亚斯(Arno Penzias)和罗伯特·威尔逊(Robert Wilson)因发现宇宙微波背景辐射于1978年共享诺贝尔物理学奖。1965年,彭齐亚斯和威尔逊在位于新泽西的贝尔实验室发现了宇宙微波背景辐射。这种辐射正是他们研制的微波天线接收到的微波噪音的来源。参见本书第五章第二节。

1978年,美国华裔物理学家朱棣文加盟贝尔实验室。因"发展了用激光冷却和捕获原子的方法"而获得1997年诺贝尔物理学奖。与他分享该奖项的还有美国科学家W.D.菲利普斯和法国科学家科昂·塔努吉。朱棣文目前为美国斯坦福大学物理学和应用物理教授。他曾经担任美国能源部部长。

1998年,贝尔实验室研究员霍斯特·斯多莫尔(Horst Stormer)、罗伯特·拉夫林(Robert Laughlin,现就职于斯坦福大学)和崔琦(Daniel Tsui,现就职于普林斯顿大学),因发现并研究电子的分数量子霍尔效应,共享物理学诺贝尔奖。根据这个3人组的研究发现,电在强磁场下可产生关联并形成新的粒子,也就是所说的准粒子,只携带分数电子电荷。图18.11中展示的就是被散射和扫描的电子,呈现了准粒子创建的干扰图。

贝尔实验室的两位前科学家威拉德·博伊尔博士(Dr. Willard Boyle)和乔治·史密斯博士(Dr. George Smith)获得了2009年诺贝尔物理学奖。这两位前贝尔实验室科学家发明并发展了电荷耦合器件(CCD),这一技术把光栅转换成有用的数字信息,是多种形式的现代数字影像的基石。自问世以来,这个最初仅有硬币大小的装置便开启了全新的行业和市场,被广泛应用于数码相机、摄像机和条形码阅读器等设备,以及安全监控、医疗内窥技术、现代天文学和视频会议等领域。

世界顶级的大学的物理实验室不但是重大基础研究成果的摇篮,而且往往也是高新技术的重要源泉。甚至许多成果很快就转化为生产力,转化为畅销的高科技产品。英国剑桥大学的卡文迪许实验室就是其中典型的范例。

英国剑桥大学的卡文迪许实验室有25位成员荣获了诺贝尔科学奖,据世界著名实验室获奖人数之冠。卡文迪许实验室建立于1871年。亨利·卡文迪许是著名的化学家和物理学家,以发现了氢气闻名。伟大的物理学家麦克斯韦参与了实验室建设,并成为了第

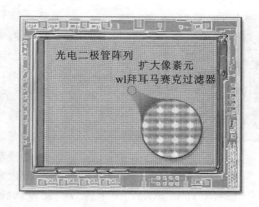

光电二极管阵列
扩大像素元
wl拜耳马赛克过滤器

图 18.11　电子的分数量子霍尔效应　　　　图 18.12　CCD 光电二极管阵列集成电路

一任实验室主任,同时也获得了卡文迪许物理教授这一头衔。

卡文迪许实验室物理教授的头衔是物理学界最重要的校内教授称号之一,是终身职位。从 1871 年起,这个职位只授予过 9 个学者:1871—1879,麦克斯韦,经典电磁学理论奠基人,统计物理重要的早期贡献者;1879—1884,瑞利,声学奠基人,瑞利散射现象发现者,氩气发现者,1904 年诺贝尔奖获得者;1884—1919,汤姆逊,电子发现者,质谱仪发明者,1906 年诺贝尔奖获得者;1919—1937,卢瑟福,原子物理学奠基人,原子核和质子的探测者,半衰期概念提出者,1908 年诺贝尔奖获得者;1938—1953,布拉格,布拉格 X 射线衍射定律发现者,晶格结构相关知识奠基人,1915 年诺贝尔奖获得者;1954—1971,莫特,因在磁体系与无序体系中的电子结构理论研究,获 1977 年诺贝尔奖;1971—1982,派帕德,超导体相关长度概念提出者,费米面的测量者;1984—1995,爱德华,场论贡献者之一;1995 至今,弗伦德,有机半导体领域贡献者之一。

图 18.13　1897 年卡文迪许实验室老照片

(下排右一,卢瑟福;右三,汤姆逊。上排左二,威尔逊,卡文迪许实验室人员,1927 年诺奖获得者。
1895 年卡文迪许实验室允许招外校研究生,卢瑟福是最早的两个学生之一,
另一人是汤森,电子雪崩现象的发现者。)

该实验室的黄金时代是 1904 到 1937 年,其间卡文迪许实验室获得了 11 次诺贝尔奖。在卡文迪许实验室工作过的科学家中,累计总共有 29 位获得了诺贝尔奖,包括物理、化学、医学诺贝尔奖,平均 5 年一个获奖者。卡文迪许结束了个人实验室时代,开启了现

图 18.14 英国剑桥卡文迪许实验室

代实验物理,创造了原子物理的黄金时代,是毋庸置疑的事实。若将其视为一所大学,则其获奖人数可列全球第 20 位,与斯坦福大学并列。其科研效率之惊人,成果之丰硕,举世无双。在鼎盛时期甚至获誉"全世界二分之一的物理学发现都来自卡文迪许实验室"。

在最近 30 年来,该实验室在高科技方面获诺贝尔物理学奖有:鲁斯卡发明电子显微镜、宾尼希和罗雷尔发明扫描隧道显微镜(1986 年奖);拉姆齐发明原子钟(1989 年奖)、阿尔费罗夫和克勒默开创半导体异质结构的研究和基尔比发明集成电路(2000 年奖),这些奖项显示物理学在发展微观探测技术和信息技术中的关键作用。

五、诺贝尔物理学奖按年龄分布的分析

自 1901 年首届诺贝尔物理学奖颁发至 2015 年的 115 年间,只有美国科学家巴丁是唯一两次荣获诺贝尔物理学奖的物理学家。他分别在 1956 年因发明晶体管及对晶体管效应的研究以及时隔 16 年后与库伯、施里弗创立 BCS 超导微观理论而两次获此殊荣。在这 115 年中仅仅有两位女科学家获得该奖,她们是法国的居里夫人 1903 年因发现自发放射性和在放射学方面的深入研究和杰出贡献而获奖,以及美国的迈耶夫人 1963 年因对原子核和基本粒子理论所做的贡献,特别是关于对称性基本原理的发现和应用获得该奖。

在这 115 年中,最年轻的物理学奖得主是 1915 年获此殊荣的英国物理学家劳伦斯·布拉格,时年 25 岁;最年长的物理学奖得主是 2002 年获得该奖的美国物理学家雷蒙德·戴维斯,他得奖时已是 88 岁高龄。同时还出现过布拉格父子、汤姆孙父子、玻尔父子和西格班父子等 4 对父子获得诺贝尔物理学奖。诺贝尔奖佳话不胜枚举。

截止 2010 年的数据,对诺贝尔物理学奖得主的年龄进行统计分析,如图 18.15 所示。纵坐标都表示获奖人数,横坐标表示年龄。其中(a)图表示获奖者作出代表性贡献时的年龄统计分布,(b)图表示获奖者获奖时的年龄统计分布图。由于巴丁分别在 1956 年和 1972 年两次获得该奖,进行统计两次。诺贝尔物理学奖的获奖者平均年龄为 55 岁。

从图 18.15(a)可以看出,诺贝尔物理学奖获得者,做出代表性贡献的年龄峰值在 34 岁,189 人次获奖者在作出代表性贡献时平均年龄在 37.6 岁。在 24 岁到 48 岁这一年龄段中,作出代表性贡献的获奖者占总获奖人次的 88.9%,这与人的壮年相吻合。我们还可以看到,做出代表性贡献的年龄最小的是英国科学家约瑟夫森。他因发现半导体和超导体中的隧道贯穿,从理论上预言了通过隧道阻挡层的超电流的性质,特别是被称为"约瑟夫森效应"的实验现象,而与日本科学家江崎玲于奈和美国科学家加埃沃共同分享 1973 年诺贝尔物理学奖金。他在作出获得诺贝尔奖的代表性贡献时年仅 20 岁。作出代表性贡献最年长的是来自德国的鲁斯卡,作出重要贡献时已是 75 岁。他因发明电子显微镜和发明扫描隧道电子显微镜,而与瑞士科学家罗雷尔和德国科学家宾尼希共同分享 1986 年物理学奖金。统计表明,做出代表性贡献工作最佳时间大致在做博士研究生期间

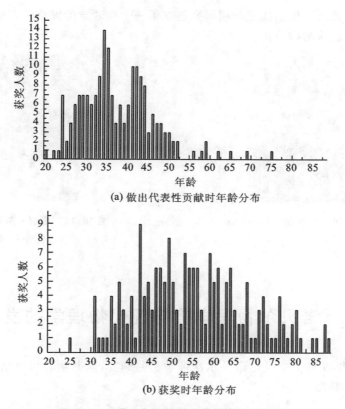

(a) 做出代表性贡献时年龄分布

(b) 获奖时年龄分布

图 18.15 诺贝尔物理学奖获得者年龄分布

或博士毕业不久。

从图 18.15(b) 可以看出,获奖年龄分布相对于作出代表性贡献年龄分布人数峰值,明显向年龄增大方向移动,获奖年龄分布较均匀。据统计,获奖者得奖的平均年龄是54.9岁,这与获奖者作出代表性贡献的平均年龄 37.6 岁相差了 17.3 年,说明物理成果,都必须经过一段时间的消化,经过实验检验,才能得到学术界的公认。这段滞后时间,有长有短。英国的赖尔、中国的李政道和杨振宁等在代表性贡献发表后,不到一年就获奖,而2003 年获奖的俄罗斯科学家维塔利·金茨堡(Vitaly Lazarevich Ginzburg)为此竟苦苦等待了 53 年之久。

1950 年,维塔利·金茨堡与郎道提出了描述超导现象的理论公式。1957 年阿列克谢·阿布里科索夫在维塔利·金茨堡提出的理论基础上,成功地解释了 Ⅱ 型超导体特性的理论。2003 年,拥有俄罗斯和美国双重国籍的科学家阿列克谢·阿布里科索夫、俄罗斯科学家维塔利·金茨堡,以及拥有英国和美国双重国籍的科学家安东尼·莱格特因在超导体和超流体理论上作出了开创性贡献而获诺贝尔物理学奖。

获得诺贝尔物理学奖时最年轻的是英国的劳伦斯·布拉格,年仅 25 岁就获得这项殊荣,而最年长的获奖者是 2002 年得奖的美国科学家雷蒙德·戴维斯,他以 88 岁高龄登上诺贝尔奖的领奖台,距他发表成果足足 40 年之久。

1915 年,英国物理学家威廉·劳伦斯·布拉格与其父威廉·亨利·布拉格(1862—1942)因"用 X 射线对晶体结构的研究",获得诺贝尔物理学奖。这也是诺贝尔奖中唯一的一次父子同台领奖。他们通过此项研究创立了一个物理学的极重要和极有意义的科学分支——X 射线晶体结构分析。

图 18.16　维塔利·金茨堡(1916—2009)

图 18.17　威廉·劳伦斯·布拉格
(1890—1971)

第三节　诺贝尔物理学奖与现代物理学的发展脉络

回顾 1901 年以来 1 个世纪诺贝尔物理学奖的颁发,从其项目可以清晰地显现 20 世纪物理学发展的脉络。

一、诺贝尔物理学奖的第一个 25 年

第一个 25 年,诺贝尔物理学奖项目鲜明地反映世纪之交及随后的年代里现代物理学革命的基本内容。

首届诺贝尔物理学奖授予伦琴,以奖励他发现了 X 射线,正是这一发现拉开了现代物理学革命的序幕。紧接着 1902 年、1903 年、1905 年、1906 年诺贝尔物理学奖授予放射性、电子的发现以及作为其起因的阴极射线的研究。X 射线的研究,特别是 X 射线光谱学的研究,为原子结构提供了详细的信息。在此基础上,劳厄发现 X 射线衍射,亨利和劳伦斯领先用 X 射线研究晶体结构,巴克拉发现元素的标识 X 辐射,以及曼尼·西格班对于 X 射线光谱学的研究,相继于 1914 年、1915 年、1924 年获得了诺贝尔物理学奖。

密立根的基本电荷实验和光电效应实验、夫兰克和 C. 赫兹对电子-原子碰撞的研究先后于 1923 年、1925 年获得了诺贝尔物理学奖,这些实验为原子物理学奠定了进一步的实验基础。尼尔斯·玻尔对原子结构和原子光谱研究获得 1923 年诺贝尔物理学奖,则肯定他在创建原子理论方面的功绩。爱因斯坦 1921 年因理论物理学的成果得奖,主要奖励他在光电效应方面的工作。在量子现象和原子物理学方面,维恩黑体辐射定律的研究(1911 年诺贝尔物理学奖)、普朗克发现能量子(1918 年诺贝尔物理学奖)以及佩兰证实物质结构的不连续性(1926 年诺贝尔物理学奖),为微观世界的不连续性提供了基本的依据。

必须指出,爱因斯坦的相对论是 20 世纪物理学最伟大成果之一,问世以后,尽管以普朗克为代表的一批世界顶级物理学家逐渐地接受了它,并且累次向诺贝尔奖金评审委员

会推荐,但一再遭到拒绝。就是在颁发爱因斯坦诺贝尔奖的仪式上,主持者特别申明,此奖与相对论的创建无关。这反映了评审委员会缺乏学术上的高瞻远瞩和洞察力,当然也反映了 20 世纪初学术界对相对论的怀疑态度。评审委员会过分的实证主义态度应该给予批评。就像伟大的托尔斯泰没有得到诺贝尔文学奖,爱因斯坦的狭义和广义相对论没有得到诺贝尔物理学奖,不是爱因斯坦的耻辱,而正好是诺贝尔物理学奖的一大憾事。

二、诺贝尔物理学奖的第二个 25 年

20 世纪第二个 25 年是量子力学和原子核物理学奠定基础的时期。众多物理学家为此荣获诺贝尔物理学奖。1927 年授予证实光子粒子性的康普顿效应发现者康普顿;1929 年授予论证电子波动性的路易斯·德布罗意;1930 年授予发现拉曼效应的拉曼;1932 年、1933 年授予创立量子力学的海森伯、薛定谔和狄拉克;1945 年授予提出不相容原理的泡里。在核物理方面,奖项给予了如下发现者:发现中子的查德威克(荣获 1935 年诺贝尔奖),发现慢中子作用的费米(1938 年奖),该发现导致核裂变的发现;建造回旋加速器,并获得人工放射性元素的劳伦斯(1939 年奖)。

应该说明,伴随着原子物理学和原子核物理学的发展,粒子物理学也逐步形成。自从 1932 年发现中子和正电子(荣获 1936 年诺贝尔奖)以后,人们提出了基本粒子的概念,由于回旋加速器和核乳胶的发明,相继发现了一大批基本粒子,为粒子物理学的创建奠定基础。

三、诺贝尔物理学奖的第三个 25 年

20 世纪的第三个 25 年,出现了粒子物理学发展的高潮。与此同时,凝聚态物理学也得到很大发展。而在理论物理学方面,量子电动力学和核模型理论也纷纷建立。物理学迎来了一个繁荣时期。诺贝尔物理学奖为所有的重要进展,起到了极好的推动作用。

粒子物理学和理论物理学在此期间获得诺贝尔物理学奖有如下重要进展。例如格拉泽发明气泡室(1960 年奖,荣获该年诺贝尔物理学奖的简称,以下同),为发现新粒子提供了重要探测工具;第二次世界大战期间发展起来的微波技术为分子束方法打开了新的局面,人们用一棵树来形容分子束方法的发展,称之为"拉比树"。这棵树可以说是由斯特恩"栽种"、由拉比"培育"(斯特恩和拉比先后于 1943 年和 1944 年获诺贝尔物理学奖)并在第三个 25 年里结出了丰硕的果实。在此期间获得诺贝尔物理学奖的有兰姆位移和库什的电子反常磁矩(1955 年奖),这两个实验的结果,为朝永振一郎、施温格和费因曼建立量子电动力学重正化理论(1965 年奖)提供了实验基础。这些年代里对奇异粒子的研究,导致了李政道和杨振宁发现弱相互作用的宇称不守恒定律(1957 年奖)以及盖尔-曼提出基本粒子及其相互作用的分类方法(1969 年奖)。有些项目则是过了 20 余年后才给予表彰的,例如:克罗宁和菲奇发现 CP 破坏(1980 年奖);莱德曼、施瓦茨、斯坦博格通过 μ 中微子的发现显示轻子的二重态结构(1988 年奖)。

"拉比树"的丰硕成果还可以用如下好几项获得诺贝尔奖的项目来代表:1946 年布洛赫和珀赛尔分别用核感应法和共振吸收法测核磁矩(1952 年奖);1948 年拉姆齐用分离振荡场方法创建了铯原子钟,随后又于 1960 年制成氢原子钟,原子钟后来发展成为最准确的时间基准(1989 年奖);1950 年卡斯特勒提出光抽运方法(1966 年奖);1954 年,汤斯小

组研制"分子振荡器"成功,实现了氨分子束的粒子数反转;接着,汤斯和肖洛提出激光原理;汤斯、巴索夫和普罗霍罗夫因量子电子学方面的基础工作获 1964 年物理学奖;布隆姆贝根和肖洛获 1981 年物理学奖。

在此期间,凝聚态物理学迎来大发展的良好机遇。其重要进展可以用如下的诺贝尔物理学奖来代表:1956 肖克莱、巴丁和布拉顿因为对半导体的研究和晶体管效应的发现获奖;1952 年布洛赫和珀塞尔因发展了核磁精密测量的新方法及由此所作的发现获奖;1961 年穆斯堡尔因为对丁辐射的共振吸收的研究和发现与此联系的以他的名字命名的效应获奖;1962 年朗道因为作出了凝聚态特别是液氦的先驱性理论获奖;1964 年汤斯、巴索夫和普罗霍罗夫因为从事量子电子学方面的基础工作,而这些工作导致了基于微波激射器和激光原理制成的振荡器和放大器获奖;1970 年阿尔文因为对磁流体动力学的基础工作和发现、奈耳因为对反铁磁性和铁氧体磁性所作的基础研究和发现获奖;1972 年巴丁、库珀和施里弗因为合作发展了超导电性的 BCS 理论获奖;1973 年江崎玲於奈、贾埃沃因为在有关半导体和超导体中的隧道现象的实验发现,约瑟夫森因为约瑟夫森效应的发现获奖;1996 年戴维·李、奥谢罗夫和 R.C. 里查森因为他们在 1972 年发现了氦-3 中的超流动性获奖。

四、诺贝尔物理学奖的第 4 个 25 年

进入 20 世纪最后一个 25 年,物理学的发展更是奇葩怒放,其中仍以粒子物理学、凝聚态物理学和天体物理学最为壮观。粒子物理学的发展以统一场论为代表,在自然力的统一性方面取得了新的成果。里克特和丁肇中由于发现 J/ψ 粒子,掀起粒子物理的所谓 11 月革命,并由此荣获 1976 年奖;格拉肖、萨拉姆和温伯格成功建立弱电统一理论(人类历史上继麦克斯韦统一电、磁力以后的第二个统一理论)获 1979 年奖;克罗宁和菲奇由于发现 CP 破坏(该发现在宇宙学上有重要应用)获 1980 年奖;鲁比亚和范德米尔由于发现弱相互作用的传播粒子 W^+、W^- 和 Z^0 获 1984 年奖;莱德曼、施瓦茨和斯坦博格由于发现轻子的二重态获 1988 年奖;佩尔由于发现 τ 轻子、莱因斯由于在 1956 年检测到中微子获 1995 年奖;霍夫特和韦尔特曼由于成功实现电弱理论重正化的方案获 1999 年奖。

值得注意的是,与此同时,探测和研究微观粒子的实验手段又有了惊人的进步:德梅尔特和保罗因由于离子捕集技术获 1989 年奖;弗里德曼、肯德尔和理查德·泰勒由于进行核子的深度非弹性散射获 1990 年奖;布罗克豪斯由于发展了中子谱学、沙尔由于发展了中子衍射技术获 1994 年奖;朱棣文、科恩-塔诺季和菲利普斯由于激光冷却和原子捕获获 1997 年奖。

在凝聚态物理学方面的新进展有:P.W. 安德森和范扶累克对磁性和无序系统的电子结构所作的基础理论研究获 1977 年奖;卡皮察在低温研究和磁学方面的成果获 1978 年奖;凯·西格班在高分辨率电子能谱学方面的成果获 1981 年奖;K. 威尔孙对与相变有关的临界现象所作的理论贡献获 1982 年奖;冯·克利青发现了量子霍耳效应获 1985 年奖;柏诺兹与缪勒发现陶瓷材料中的高温超导电性获 1987 年奖;德然纳把研究简单系统中有序现象的方法推广到更复杂的物质态,特别是液晶和聚合物而获 1991 年奖,以及劳克林、施特默和崔琦发现和解释了分数量子霍耳效应获 1998 年奖。

在天体物理学方面:彭齐亚斯和 R. 威尔孙发现了宇宙背景微波辐射获 1978 年奖;钱

德拉塞卡对恒星结构和演变的理论研究、福勒对宇宙中化学元素的形成的理论和实验研究获 1983 年奖;赫尔斯和小约瑟夫·泰勒发现了一种新型的脉冲星,这一发现对验证广义相对论和研究引力开辟了新的可能性而获 1993 年奖。

在高科技的开发方面:鲁斯卡发明了电子显微镜、宾尼希和罗雷尔发明了扫描隧道显微镜获 1986 年奖;拉姆齐发明了原子钟获 1989 年奖;阿尔费罗夫和克勒默开创了半导体异质结构的研究和基尔比发明了集成电路获 2000 年奖。这些奖项肯定了物理学在发展微观探测技术和信息技术中的关键作用。

五、在新世纪的诺贝尔物理学奖

进入新世纪以来,物理学保持高速跃进的态势,依然是粒子物理、凝聚态物理、天体物理和光学风光无限,并且许多成果可以转变为高新技术。

其中粒子物理颁奖 5 项:对雷蒙德·戴维斯、里卡尔多·贾科尼(美国)、小柴昌俊(日本)表彰他们在天体物理学领域做出的先驱性贡献,其中包括在"探测宇宙中微子"和"发现宇宙 X 射线源"方面的成就(2002 年奖);对戴维·格罗斯(美国)、戴维·普利策(美国)和弗兰克·维尔泽克(美国),表彰他们"对量子场中夸克渐进自由的发现"(2004 年奖);日本科学家南部阳一郎发现亚原子物理的对称性自发破缺机制,以及日本物理学家小林诚、益川敏英提出对称性破坏的物理机制,并成功预言了自然界至少有 3 类夸克的存在而获奖(2008 年奖);彼得·W·希格斯(英国)和弗朗索瓦·恩格勒(比利时)因"希格斯玻色子的理论预言"而获奖(2013 年奖);梶田隆章(日本)和阿瑟·麦克唐纳(加拿大)因"发现了中微子振荡,表明中微子具有质量"而获奖(2013 年奖)。

其中第一项是粒子物理与天体物理的交叉领域,是有关天体观测实验的工作,但不是在加速器中取得的成果。我们应该注意,后两项理论成果是在 20 世纪 60 年代和 70 年代取得的,均属于粒子物理标准模型的组成部分。换言之,由于限于加速器功能扩大在经济上和技术上的限制,粒子物理短期内在实验室中难以期待更多发现。近期,在欧洲的强子对撞机中找到了希格斯粒子,是粒子物理标准模型方面的重大成果。尽管奖金颁发给了有关的理论物理学家,但是有关的实验工作更为引人注目。

在凝聚态物理方面保持 20 世纪末大繁荣的局面,大有后来居上之势。获奖项目中有 4 项属于凝聚态物理的奖项:2003 年颁奖给阿列克谢·阿布里科索夫、安东尼·莱格特(美国)、维塔利·金茨堡(俄罗斯),以表彰 3 人在超导体和超流体领域中做出的开创性贡献;2007 年颁奖给艾尔伯·费尔和皮特·克鲁伯格,以表彰他们发现巨磁电阻效应的贡献;2010 年颁奖给安德烈·盖姆和康斯坦丁·诺沃肖洛夫,以表彰他们对二维空间材料石墨烯的突破性实验。2014 年颁奖给日本科学家赤崎勇、天野浩和美籍日裔科学家中村修二,以表彰他们发明了蓝色发光二极管(LED)。

光学领域由于量子光学和非线性光学的发展,自 20 世纪下半叶呈现加速发展的局面。看来,在 21 世纪光学的发展,前途无量,很可能新世纪中物理学的大突破出现在与光学有关的领域。新世纪诺贝尔物理学奖与光学有关的有 5 项:2001 年奖给克特勒、康奈尔、卡尔·E·维曼在"碱金属原子稀薄气体的玻色-爱因斯坦凝聚态"以及"凝聚态物质性质早期基本性质研究"方面取得的成就,这个奖项也属于光学与原子物理的交叉领域。2005 年奖给罗伊·格劳伯以表彰他对光学相干的量子理论的贡献,奖给约翰·霍尔和特奥多尔·亨施,以表彰他们对基于激光的精密光谱学发展作出的贡献。2009年奖给英国籍华裔物理学家高锟,他由于"在光学通信领域中光的传输的开创性成就"而获奖;奖给韦拉德·博伊尔和乔治·史密斯,因为他们发明了半导体成像的电荷耦合器件(CCD)的图像传感器。2012年奖颁给法国科学家塞尔日·阿罗什与美国科学家大卫·维因兰德,因为他们的"突破性的试验方法使得测量和操纵单个量子系统成为可能";2014年奖颁给日本科学家赤崎勇、天野浩和美籍日裔科学家中村修二,因为他们"发明了蓝色发光二极管(LED)",LED的发明属于光学和凝聚态物理的交叉领域。

2006年的诺贝尔物理学奖颁给天体物理领域的约翰·马瑟和乔治·斯穆特,以表彰他们发现了黑体形态和宇宙微波背景辐射的扰动现象。2011年奖颁给天体物理学家萨尔·波尔马特、布莱恩·施密特,以及亚当·里斯,因"通过观测遥远超新星发现宇宙的加速膨胀"。这两个奖项并不出乎人们预料,因为20世纪末以来,天体物理学与宇宙学的进展很快,成果很多。

这16项诺贝尔物理学奖正好反映粒子物理、凝聚态物理和光学鼎足三分的大局面。其中至少有9项有关实验的工作,是属于新技术领域的,或者至少可以转换为未来的高新技术,物理学实验成果转化为高新技术成果的范围和速度正在不断加大。我们曾看到巨磁阻发明以后,迅速传播、广泛应用,并迅速转化为巨大商品市场。

得奖项目有关理论的研究有6项,表明在物理科学中,实验研究与理论研究并驾齐驱的一贯态势,也表明物理科学归根结底是基于实验观测的科学。

综上所述,诺贝尔物理学奖尽管不无微疵,但在大体上确是100余年来物理学伟大成就的缩影,折射出了现代物理学的发展脉络。它的颁发体现了物理学新成果的社会价值和历史价值,对科学进步有着举足轻重的作用。

第四节　诺贝尔物理学奖与中国

一、与"诺贝尔奖"失之交臂的中国物理学家王淦昌、赵忠尧

我国至今没有获得诺贝尔物理学奖这是中国物理学界引以为憾的事情。追溯历史我国在新中国建国以前曾多次与"诺贝尔奖"失之交臂。例如:王淦昌、赵忠尧等人的工作就是诺贝尔奖级的成果。

关于赵忠尧20世纪20年代末到30年代初,在美国加州理工学院研究 γ 射线的吸收和散射,尤其是重元素的反常吸收问题,实际上已发现正、负电子的湮灭。详情读者可参阅第十二章第四节,兹不赘述。这是中国人第一次与诺贝尔物理学奖失之交臂。

王淦昌先生在20世纪30年代关于中子和中微子发现中的开创性工作,以及20世纪60年代发现反西格马负超子(记作 $\overline{\Sigma^-}$),则是3次与诺贝尔物理学奖失之交臂。

第一次是关于中子的发现。

1930年,王淦昌考取了江苏省官费留学研究生,到德国柏林大学做研究生。王淦昌从师迈特纳(1878—1968)攻读博士,成为这位杰出女物理学家唯一的一个中国学生,其论

文题目是与β衰变有关的。1930年德国物理学家玻特和他的学生贝克用放射性物质钋（Po）放射出的α粒子去轰击轻金属铍（Be）时，发现有一种贯穿力很强的中性射线产生，他们认为这是γ射线。

王淦昌对实验物理学的特殊兴趣和敏锐，同时也从导师的言谈举止之中，辨识着当代物理学发展的新方向。1931年，王淦昌参加了柏林大学先后两次很有意义的物理讨论会，主讲人科斯特斯报告了关于玻特和他的学生贝克1930年做的一个实验，他们用放射性产生的同位素轰击铁核，发现了很强的贯穿辐射。他们把这种辐射解释为辐射阻。而迈特纳早在1922年就对外放射性元素衰变的关系进行过实验研究并对辐射的性质也作过一系列的研究。王淦昌对此是有所了解的。上述报告给王淦昌留下了深刻的印象。他对外辐射能否具有那么强的贯穿能力所需要的高能量表示怀疑。玻特在实验中用的探测器是计数器。王淦昌当时想到的是，如果改用云雾室做探测器，重复玻特的实验，会弄清这种贯穿辐射的本性。为此，他在讨论会以后一连两次主动找导师迈特纳，建议用一个云雾室着手研究玻特发现的这种贯穿曲线。迈特纳始终没有同意王淦昌的请求。爱因斯坦认为天赋超过居里夫人的迈女士，在这个时候却表现出不应有的迟钝，使得王淦昌痛失发现中子的机会。

1931年，约里奥-居里夫妇重复了玻特和贝克实验，稍加改进，肯定了他们的结果。令人惋惜的是，约里奥-居里夫妇仍把这种现象称为辐射效应。查德威克用不同的探测器——高压电离室、计数器和云雾室独立地进行了上述实验，证实了这种贯穿辐射乃是中性粒子流，并命名这种粒子叫中子，并计算了这种粒子的质量。查德威克在1932年2月将论文送交《自然》（*Nuture*）发表，并因此获得了1935年度的诺贝尔物理学奖。

许多人为约里奥-居里夫妇与科学最高荣誉擦身而过深表惋惜。其实更值得惋惜的是中国科学家王淦昌。如果迈特纳采用了王淦昌的建议和要求，以王淦昌对实验物理学的孜孜以求，对前沿课题的感觉和敏锐，凭借迈特纳杰出的实验才能、丰富的经验（爱因斯坦曾称迈特纳为"我们的居里夫人"，并认为她的天赋高于居里夫人），发现中子是顺理成章的事。中子发现以后，迈特纳曾不无沮丧地对王淦昌说："这是运气问题。"王淦昌本人也曾半开玩笑地说："如果当初做出来了，王淦昌就不是今天的王淦昌了。"

第二次错失机会是关于中微子的发现。

1934年4月，王淦昌从柏林大学博士毕业，回到祖国，执教于山东大学。两年后，他被聘请到浙江大学，在物理系任教的同时从事实验研究。抗日战争烽火连天。1941年他任教的浙江大学迁校到贵州遵义、湄潭等地，王淦昌把目光投向当时的另一个热点，即中微子存在的研究。原来，20世纪30年代，粒子物理学家对原子核衰变时出现极小的能量和动量损失感到困惑。为了解释这种现象，奥地利物理学家泡里提出了存在着一种尚未被发现的粒子——中微子的假设，但这一假设长期没有得到实验的验证。

一天，王淦昌随手翻阅着从美国寄来的《物理评论》新一期杂志，读到有关探测中微子实验的文章时灵光一闪，凭着长期以来的经验，他觉得可以"用K电子捕获的方法来验证中微子的存在"。经过深思熟虑，他把自己的想法写成论文《关于探测中微子的建议》，于1941年10月13日寄往美国，《物理评论》深知这篇论文的重要，以最快的速度刊出。仅仅过了5个月，美国物理学家艾伦就在1942年6月的《物理评论》上发表了《一个中微子存在实验证据》的报告。在报告的引言中，艾伦明确表示，他是按照王淦昌的论文所提出

图 18.18　浙江大学物理系师生欢迎王淦昌从美国考察归来(1940 年 12 月 1 日)

的建议完成这一实验的。后来,由王淦昌首先提出,艾伦实验室最先开展实验的这一探测中微子的方法,就被物理学界称为"王淦昌-艾伦实验"。艾伦实验很快引起国际物理学界的注意,认为该实验"也许还没有一个完全确定性的方法检测单个中微子,但中微子是能够将众多已知事实关联起来的唯一假说",是寻找中微子的努力中"最接近决定性的"成果。

　　王淦昌一直梦想着能由中国人探测到中微子的存在,他非常希望能将这项研究进行到底。为此,他寄望于他的两位弟子,他对他们说过,如果沿着他的思路做下去,就有可能最终找到中微子,而最终找到中微子的人,将获得诺贝尔奖。然而,他的两位弟子并没有沿着他所指定的路走下去。而且,当时的实验条件实在太简陋了,实验物理的重大发现,在很大程度上必须依靠先进的实验设施,而不仅仅是理论和方法。后来,中微子的存在由美国物理学家莱因斯和考恩用强大的核反应堆做实验得到最终证实,莱因斯也因此获得1995 年度的诺贝尔物理学奖。尽管王淦昌并没有能够实现自己亲手证实中微子存在的梦想,但他所做出的贡献还是得到国际物理学界的公认。

　　1956 年,物理学家莱因斯等人在王淦昌、艾伦研究的基础上,通过核反应堆实验,精确地证实了中微子的存在。40 年后,莱因斯因此获得诺贝尔物理学奖。最早提出这一实验设想的是王淦昌。

　　第三次错失机会是关于反西格马负超子的发现。

　　1950 年 2 月,郭沫若以中国科学院院长的名义邀请王淦昌到科学院工作。在中科院,他与钱三强、严济慈等科学家等一起研究原子核物理、宇宙线、放射化学等。

　　1956 年,王淦昌受国家委派,到苏联杜布纳联合原子核研究所担任高级研究员,并担任该所副所长,领导一个实验小组开展高能实验物理研究。

　　当时的物理学界,自从证实存在电子的反粒子——正电子后,都在寻找各种粒子的反粒子。1955 年,美国用建成的 60 亿电子伏质子加速器发现了反质子,接着又发现了反中子。到 1957 年,摆在实验物理学家前的挑战性课题,就是寻找反超子。

　　此时,王淦昌所在核研究所一台能量为 100 亿电子伏的质子同步加速器即将建成,王淦昌坚定地把寻找新奇粒子作为小组的主要研究方向。

加速器建成了,但缺乏探测器、测量仪、计算机等配套设备。王淦昌考虑到反超子寿命很短,用能够显示粒子径迹的气泡室作为探测器比较好。为争取时间,他和同事们一起动手建造了丙烷气泡室,用 π 介子作为炮弹,在加速器上进行实验。联合研究所地处莫斯科附近的杜布纳,故亦称杜布纳联合研究所。

1959 年 3 月 9 日,王淦昌小组终于从 4 万对底片中,发现了世界上第一例超子的反粒子——反西格马负超子,举世震惊。也是在这一年的 6 月,由于前苏联撤走了援助中国原子能研究的专家,王淦昌应召回国,到大西北秘密从事原子弹研究。最早发现"反超粒子"的王淦昌从国际物理学界神秘"消失"了,再次无缘诺贝尔物理学奖。

报道王淦昌等的发现的论文,发表在前苏联《实验和理论物理》杂志 1960 年第 38 卷上。有趣的是,意大利的 3 位科学家于 1959 年 8 月紧接着就发现了 $\overline{\Sigma^-}$ 的"伴侣"——反西格马正超子(记作 $\overline{\Sigma^+}$)。$\overline{\Sigma^-}$ 的简历如下,其质量约为电子质量 2 300 倍,寿命约 1.5×10^{-10} 秒,衰变产物为 1 个反中子和 1 个 π^- 介子。1962 年,欧洲核子中心又发现反克赛负超子(记作 $\overline{\Xi^-}$)。这两个粒子是被并列为公认的最早发现的两个负超子。

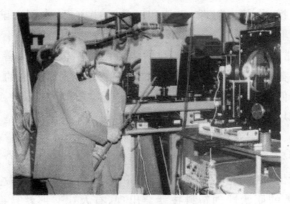

图 18.19　王淦昌在实验室

王淦昌是新中国核工业的奠基人,是两弹一星的元老。1959 年,他在当时的苏联杜布纳联合研究所发现第一例反西格马负超子(记作 $\overline{\Sigma^-}$)。这是人类发现的第一个带电的反超子,这是新中国在基本粒子研究中里程碑式的成就,也是人类研究反粒子、反物质的重大成果。杨振宁认为,这一发现是该所加速器所做的唯一值得称赞的工作。

赵忠尧、王淦昌均在 20 世纪 90 年代先后去世。哲人其萎,风范长存,缅怀往事,令人感佩不已。他们几次与诺贝尔奖不期而遇,又失之交臂,说明中国人即使在困难的条件下,也有可能攀摘诺贝尔物理学奖的桂冠。当然,旧中国国运不昌,科研条件差,决定了老一辈科学家壮志难酬。我们不能忘记的是,无论获奖与否,运气好坏,他们所取得的科研成果已是接近诺贝尔物理学奖的水平。

二、诺贝尔自然科学奖与我们的反思

新中国建国以后,人们认为最令人痛惜的是 1965 年,中国科学家第一次人工合成了胰岛素结晶,这是被诺贝尔奖评审委员会成员认为完全应该获得诺贝尔生理学或医学奖的,但是这次机会就在动乱中阴错阳差,中国人又一次与诺贝尔奖绝缘。赵忠贤院士说得对,新中国建国后没有拿到诺贝尔自然科学奖有很多原因,从客观上讲,10 年"文革"期间,国际上科技高速发展,而我们对基础研究造成了很严重的破坏,这需要很长时间的恢复和积累;从主观方面讲,我们原始创新型基础研究比较少,在改革开放之初,对原始性创新科技强调得不够。

图 18.20　1965 年我国首次人工合成了牛胰岛素结晶,在当时这一领域的研究处于世界领先地位

多年前杨振宁教授说,关于物理、化学和医学这些方面,中国大陆到现在还没有人获诺贝尔奖。这个原因非常简单。第一是没有足够多的经费。今天,不论是做生物、物理或化学研究,设备是非常贵的。当前我国的科研设备已有了很大的改善,可是与先进国家最好的设备相比还差一截。第二个原因是学术要有传统。学术传统的最重要的一点,是可以使年轻人知道哪个问题是值得去做的,哪个问题容易有发展前途。中国科学的传统一时还发展不上来,我认为这是最主要的。赵忠贤院士说,一个实验室、研究所的学术积累和学术传统非常重要。要注意积累,发扬传统,不断培养年轻一代。在 20 世纪 20 年代,索默菲没有拿到诺贝尔物理奖,但是索默菲实验室却有 7 个学生都拿到该奖,这就是因为索默菲实验室的学术传统影响到了下一代。在积累和传统方面都做到了,不断有年轻人发展起来,更多的重大的原始性创新科技就会出现,有人获奖那就是很自然的事情了。

一句话,我们没有获得诺贝尔物理学奖的客观原因是:物质条件和设备水平都不够。作者认为更关键的恐怕要在主观上找原因。赵忠贤院士认为,中国人的特点也许是受儒家文化的影响,比较中庸,不太允许标新立异,虽然大家都知道"真理往往掌握在少数人手中",但做起来就困难了。今后我们要学会容忍标新立异,鼓励不同的学术观点,同时要有安定、自由的环境和稳定的支持,为科学家创造能全身心地投入研究的条件。换言之,我们的文化传统不利于科技创新。

倘若如此,我国台湾地区受儒家思想影响更深,而大陆则历次运动都对儒家传统进行了猛烈冲击,"文化大革命"动乱中更是批林批孔,挖老根。相比之下,弹丸之地的台湾地区科技创新就更难了。结果却是从台湾走出去的丁肇中、李远哲等不都获得了诺贝尔物理、化学奖吗? 在香港念大学的崔琦,不也得到了诺贝尔物理奖吗? 以堂堂中国之大,新中国建国以后培养的大学生无论在国外、国内至今没有一个获得诺贝尔自然科学奖,这不能不令人深思。所谓钱学森之问,所谓李约瑟问题,实际上,跟新中国培养的人至今未获得诺贝尔科学奖本质上是一回事。

下面应用网上对这个问题的反思:"科技价值在于服务社会。一项科技成果的价值,首先不在于经济性,而在于它在多大程度上对人类及社会产生影响,是否符合社会文明、伦理道德。如"巨磁电阻"可促成电脑硬盘小型化、廉价化,容量提升数十倍数百倍,甚至从数控机床到 MP3 中可有广泛的应用前景。"是耶非耶。在科学研究中,过分地强调实用,强调立竿见影,这实际上是当前科学界出现浮躁风气的基本原因之一。诺贝尔自然科学奖主要对象是基础研究,当然也包括若干应用基础研究。像巨磁阻效应、石墨烯等获奖项目,的确可以马上应用于科技产业。但是总体而言,科学研究是非功利性的。特别是对重大的基础问题的研究,是非功利性的。你不能评价相对论和量子论的经济价值。特别是当初选题从事这方面研究的科学家,绝不是基于其经济价值而投身于有关领域的研究。

我们认为从国家来说,为科学家提供必要的研究物质条件之外,最重要的是缔造创新的软环境。对于科学家要尊重其独立的人格,尤其是要尊重科学家选题的自由。赵忠贤院士说得好:"真正的科学家的快乐是通过解决一个个科学问题来享受的,虽然他的生活条件比较差一些,但他不会要求太奢侈的条件,当前最需要的是稳定的支持。吸引那些热爱科学、有科研素质的人才从事科技工作。"绝不要过多地干预科学研究活动。一切妨碍学术自由的不合理的考核制度和评价体系,应该废止。决不能想象大寨工分式的考核办法,能够激励从事最高智慧、最富于创造精神的科研工作。诺贝尔物理学奖中许多实例表明,科学事业需要毕生付出。诺贝尔奖金质奖章重 0.23 公斤左右,奖金数额受通货膨胀影响,近年已升至 100 多万美元。但这显然不是科研的根本动力。许多诺贝尔自然科学所有奖项的获奖者都已是白发苍苍,这说明,他们取得成功不是偶然的,而是毕生奋斗的结果。获得化学奖的埃特尔,获奖当天恰逢 71 岁生日,当他闻知获奖时喜不自禁,但又由衷表示"感到很意外"。这再清楚不过地表明,人生成功固然要趁早,但成功与浮躁无缘,科研需要付出一生。

在这方面日本的经验和教训值得借鉴。日本明治维新后,经济发展很快,但颇有重技术、轻基础研究的倾向。在第二次世界大战前后,日本的商品以价廉物不美著称,不重视原始创新,盗用别国的知识产权的风气很盛,这种情况一直延续到 20 世纪七八十年代。80 年代以后,日本政府痛下决心,重视基础研究,近二三十年来基础研究创新突飞猛进,颇有后来居上的气势。目前,有 14 位日本人曾获得诺贝尔奖,其中大部分是这段时期获得的,涉及领域包括:

诺贝尔物理学奖	6 人
诺贝尔化学奖	4 人
诺贝尔文学奖	2 人
诺贝尔生理学或医学奖	1 人
诺贝尔和平奖	1 人

我们认为邻国的经验值得借鉴,但教训也应引以为戒。

巴丁教授在同一领域曾两次获得诺贝尔奖。他在访问中科院物理所时,说获得诺贝尔奖应该具备的三个条件:第一是努力;第二是机遇;第三是合作精神。所谓合作精神,就是要创造一个和谐、宽容、富于创造力的科研团队,但绝不等于我们常常讲的集体主义精神。团队应该包含大胆的、自由的学术讨论,包含尊重个人意志、个人选择。我以为历史上哥本哈根的玻尔研究所就是这样的团队。

国家正在加大对科研的投入,不断呼吁提倡原始创新,不断研究改善科学家的工作环境,可以期待在自然科学领域(包括物理学),中国人荣获诺贝尔奖桂冠的时候不会太远。展望中国在自然科学领域获得诺贝尔奖的前景首先应审视目前的科研基础。任何一项原始创新科技都不是凭空出来的,不仅需要前人的研究作为基础,也要不断地产生新的观念,不断进行总结,才能挖掘出来。真能在前沿问题上做出比较深入的研究,会有重大原始性创新发现。幸运的是,物理学属于机会较大的领域。

一般认为中国在高能物理、量子通信和生物科技等领域具有问鼎诺贝尔奖的水平。丁肇中说,中国在高能物理方面的成就与贡献是世界一流的,中国高能研究无论理论还是实验,其水平在世界上也是先进的。他特别谈到了他和中科院高能所、电工所,以及中国运载火箭研究院合作的探求宇宙暗物质的实验。这一研究一旦获得突破进展,当然是具有获诺奖水平的。该实验设备已于 1998 年在美国"发现号"航天飞机上飞行,获得了许多数据和成果,这是世界上公认的。而且参与这一研究的中科院高能物理所所长陈和生,正是他在麻省理工学院培养的博士生。

此外,高能所专家与意大利合作在深岩洞寻找暗物质的研究也备受国际瞩目。一旦他们的研究能领先美、日完成,则必获诺奖。据悉,截至 1999 年,诺贝尔物理学奖已 5 次授予粒子物理学领域的科学家。中国是少数建成原子对撞机的国家。在粒子物理学研究方面占有举足轻重的地位。中科院的同志信心十足地介绍,高能物理所有不少科研课题是世界一流的,一旦研究成功,中国科学家将获得不止一项诺贝尔奖。

在量子通信领域中国科学家郭光灿院士、潘建伟教授等率领的科学团队一再取得重大的科研突破,从 1997 年以来,潘建伟小组不断取得重大进展:首次完成的单光子量子态隐形传输,这是量子信息发展的一个里程碑;实现未知量子态远程输送;成功地将量子"超时空穿越"距离提高到 600 米;在国际上首次证明了纠缠粒子在穿透等效于整个大气层厚度的地面大气后,其纠缠的特性仍然能够保持,为实现全球化的量子通信奠定实验基础;创造了 13 公里的自由空间双向量子纠缠"拆分"、发送的世界纪录,同时验证了在外层空间与地球之间分发纠缠光子的可行性;论文《两粒子复合系统量子态隐形传输的实验实现》,在英国《自然》杂志的子刊《自然·物理》上发表;成功实现世界上最远距离的量子态隐形传输,证实量子态隐形传输穿越大气层的可行性;首次成功实现量子纠缠态的浓缩并研制出远距离量子通信中急需的量子中继器;实现 5 光子、6 光子纠缠态的隐形传输;建成世界首个光量子电话试验网。同时郭光灿院士小组则提出概率量子克隆原理,推导出最大克隆效率,在实验上研制成功概率量子克隆机和普适量子克隆机;发现在环境作用下不会消相干的"相干保持态",提出量子避错编码原理,被实验证实;提出一种新型可望实用的量子处理器,被实验证实;在实验上实现远距离的量子密钥传输,建立基于量子密码的保密通信系统,并提出"信道加密"的新方案,有其独特的安全保密优点;在实验上验证了 K-S 理论,有力地支持了量子力学理论;发现奇偶相干态的奇异特性等。

在生物科技方面,中国人类基因组工程负责人杨焕明博士不止一次说,基因研究不光拼技术,还拼资源,而中国的生物资源丰富。在这片资源的沃土上,随时可能结出生物科技的奇葩。

中国科学院动物所从事的克隆大熊猫胚胎实验在国际上独具优势。杨焕明说,在基因研究方面,中国已形成了上游基础性研究与下游功能研究兼备的完整科研队伍。中国是世界上参加人类基因组计划仅有的 6 国之一,发展速度已位于世界前列,从长远看,中国有追上美、英等国的实力。

2015年,中国科学家屠呦呦一鸣惊人,荣获当年度的诺贝尔生理学或医学奖,原因是发现治疗疟疾的新疗法,与美国科学家威廉·C·坎贝尔、日本科学家大村智共同获得2015年诺贝尔医学奖。屠呦呦是第一位获得诺贝尔科学奖项的新中国科学家、第一位获得诺贝尔生理学或医学奖的华人科学家。这是中国医学界迄今为止获得的最高奖项,也是中医药成果获得的最高奖项。

青蒿素的发明,基本工作早在20世纪70年代就已完成,其巨大的科学价值和社会价值早已为世界公认。正如诺贝尔奖颁奖词所说的"因为发现青蒿素——一种用于治疗疟疾的药物,挽救了全球特别是发展中国家的数百万人的生命"。为什么半个世纪后才得到国际学术界的承认呢?为什么诺贝尔奖迟到了将近50年呢?

图18.21 屠呦呦(1930—)

我们认为,正如我国著名科学家饶毅的一篇博文所提到的,在国内确实存在一些在国内做出了杰出工作而未获适当承认的科学家,"他们作出的贡献,在我看来,值得获得诺贝尔医学奖,而他们在国际国内的认可都远低于他们的实际贡献。两位皆非院士,其中一人可能从未被推荐过"。实际上,围绕人造牛胰岛素晶体的发明的前前后后,也充分反映了这种文化劣根性。即要么对于杰出人物的带头作用,对于知识产权的漠视,要么对于科研团体的协作精神认识不足。

人工合成胰岛素是我国在20世纪五六十年代中青年科学家在少数老专家及"海归"带领下,不畏艰难刻苦钻研获得的重大科研成果,显示当时中青年科研人员的生气、锐气和朝气。但课题同时也带有当时的中国时代特征。1965年9月中国科学家得到了人工合成的牛胰岛素结晶。我国研究领先于美国、西德和加拿大的科学家。我国的阶段性研究成果的文章迟迟没有发表(因为保密,怕西方获此信息而超越我们),或者没有在国外知名学术刊物上发表。直到1966年才在国内学术刊物上发表。1972年,杨振宁建议以胰岛素的人工合成申请诺贝尔奖,被婉拒。1978年底,经国家科委党组与中科院党组联席会议批准,拟推荐4人参加申请诺贝尔奖,当年生化所所长王应睐也收到瑞典诺贝尔化学奖评委会主席乌尔姆斯特洛姆等教授的来信,要他在1979年1月31日前推荐1979年度诺贝尔化学奖候选人。由于种种原因,中国第一次申诺的尝试或说冲击失败了。

关于青蒿素研究的争议,已持续多年。屠呦呦获奖的消息传出后,业内也不乏异议。

据称,关于青蒿素研究的争议已有30年,早期甚至"状告"至国家科委(现科技部)奖励办。有人说:"屠呦呦既不是最先发现青蒿提取物抗疟作用的人,也不是首先分离到抗疟有效单体的人,这些研究成果也不是在她指导下取得的,将功劳全归给她一人,不公平也不合理,与历史事实不符。"中科院上海药物所研究员李英,1967年就参加"523项目",并在改造青蒿素分子结构中作出关键贡献。她透露,这一发明此前曾获国家发明奖二等奖,并获泰国等国和我国香港的奖项,"但都是颁给集体"。而诺贝尔奖不可能颁给集体,青蒿素的研究工作也不可能没有关键的发明人。2007年,转机出现了。

2006年,美国科学院院士、美国国立卫生研究院(NIH)的传染病专家路易斯·米勒(Louis Miller)与美国国家卫生研究院资深研究员苏新专到上海参加一个关于疟疾的学术会议。其间,路易斯·米勒向与会的所有科学家打听,是谁发现了青蒿素,然而没有一个人回答得上来。

2007 年,路易斯·米勒和苏新专特意来中国调查青蒿素的研究历史,并撰写了《青蒿素:源自中草药园的发现》一文。他们的研究搞清楚了屠呦呦在青蒿素的发明中有 3 个"第一"。屠呦呦第一个把青蒿素引入 523 项目组;第一个提取出有 100% 抑制力的青蒿素;第一个做临床实验。所谓 523 项目组,是一个庞大的计划,就是当时中国政府组织的研制治疗疟疾的特效药青蒿素的课题组,凝聚了一大批中国优秀的科学家,从发明到临床应用,有很多人做了贡献。经过米勒的推荐,2011 年屠呦呦出现在了被誉为诺贝尔生理学或医学奖"风向标"的拉斯克奖名单上。至此,屠呦呦距离诺贝尔奖只有咫尺之遥了。

拉斯克奖评奖委员会共有 24 名评委,均为美国人,其中半数是诺贝尔奖获得者,都是知名科学家。最终的评奖结果由这 24 名评委投票决定。共有超过 300 人次获得拉斯克奖,而其中有 80 位在后来获得了诺贝尔奖,这就是该奖被誉为诺贝尔生理学或医学奖"风向标"的原因。

图 18.22　路易斯·米勒(左)和苏新专(右)

图 18.23　屠呦呦获 2011 年度"拉斯克奖"

图 18.24　屠呦呦领取 2015 年度
诺贝尔生理学或医学奖

我们必须指出,我国著名的生命科学专家饶毅为了弄清屠呦呦的贡献,进行了大量细致、深入的调研工作,撰写过数万余言的调查报告《中药的科学研究丰碑》,最初出现在 2011 年 8 月 22 日的科学网博客,经多处转载,最后发表在《中国科学》。报告查证了原始资料,尤其是军事科学院此前保密的材料,最后确定屠呦呦在青蒿素研究中的关键作用,所取得的成绩无可争议。饶毅同时也提出,如果屠呦呦获国内广泛认可、甚至世界肯定,大家不要简单地英雄崇拜,更不应否认其他人的工作,在这背后,还有一群"无名英雄"。

屠呦呦说得好:"我想这个荣誉不仅仅属于我个人,也属于我们中国科学家群体。"屠呦呦在获奖感言中特别感谢在此项研究中作出重要贡献的同事们。发扬团队的协作精神,同时充分重视杰出人物在科学研究中的引领作用、关键作用,是营造学术大师脱颖而出的文化土壤。屠呦呦并非物理科学家,但是整个事件对于我国物理学的发展、科学的发展乃至在整个科学领域取得更丰硕的成果,攀登一个又一个自然科学的高峰,涌现更多的诺贝尔奖获得者,建设伟大的科学强国,无疑是具有启迪意义的。

21 世纪激光光学新发展

光学在近 50 年发展迅速,进入新世纪以来,在物理学的各个分支中光学的发展表现靓丽。我们在曾经光学材料和纳米材料中涉及一些光学研究的内容。这个阅读材料主要涉及关于激光领域方面的基础研究和应用。

目前,突破衍射极限限制和突破电子器件时间分辨限制的极端光学新技术和新方法,新波段光源的发现和应用已成为当前光学研究的前沿内容。光学不断扩广和深化在高科技领域的应用。例如:以阿秒激光器为标志的超快光谱学在物理、化学和生物学领域都具有重要的应用。强激光与核聚变实验、天体物理和利用强激光加速带电粒子等方面都有密切关系。

介观光学和纳米光子学是研究纳米尺度到光波长范围内的光学现象的重要光学分支,其成果对于开发在介观尺度上的纳微光子器件有重要意义。在考虑介观尺度上光与物质相互作用时,不仅需要考虑宏观尺度上可以忽略的量子效应和界面效应,还需要考虑在原子尺度上较少涉及的电磁场传播问题,因而会表现出与宏观系统和单个原子都不同的现象。例如,具有超快时间分辨能力的近场扫描光学显微镜就是研究介观光学现象的有力的工具之一。

太赫兹波(THz)是指波长介于 3 mm(0.1 THz)和 30 μm(10 THz)之间的电磁波。在频谱图上,它位于微波与红外光之间,是电磁波谱中有待进行全面研究的最后一个频段。太赫兹波具有很多独特的性质、重要的学术价值和应用前景。目前,太赫兹科学正越过起步阶段,向深层次理论探索、材料和器件设计,以及可能的应用方向迅速发展。太赫兹科学与技术方面的主要研究内容包括太赫兹源、探测器、太赫兹时域谱技术、太赫兹无源器件以及太赫兹应用。

为了更清楚地看到新世纪激光科技的发展,我们将从 1997 年到 2010 年激光技术发展的成果以编年史的方式表列如下。

1997 年

火星探险者(Mars Global Surveyor)携带激光火星轨道高度探测器(Mars Orbiter Laser Altimeter)飞抵火星,首次用激光雷达描绘出该行星的表面地图。

朱棣文(Steven Chu)、科昂·塔努吉(C. Cohen-Tannoudji)和 W. D. 菲利普斯(W. D. Phillips)(见图 18.25)获得 1997 年诺贝尔物理学奖,表彰他们在激光捕获和冷却原子领域的开创性研究成果。

克特勒(W. Kettrele)在麻省理工学院展示了首个原子激光器。

吉森(A. Giesen)在斯图加特大学用 19 个光纤耦合的 940 nm 半导体激光抽运掺镱 YAG 激光器,抽运功率 525 W,输出功率达到 224 W。

1998 年

德克萨斯大学的威尔逊(G. Willson)团队在奥斯汀用 193 nm 氟化氩激光器

图 18.25　朱棣文（1948—）（左）、塔努吉（1933—）（中）和菲利普斯（1948—）（右）

在硅衬底的制版工序中达到 80 nm 的线宽。半导体业界为之震惊。

1999 年

具有埃及和美国双重国籍的科学家艾哈迈德-泽维尔（A. Zewail）（见图 18.26）赢得 1999 年诺贝尔化学奖，以表彰他在飞秒化学（Femtochemistry）领域所作出的卓越贡献。他的贡献使得"我们可以在时域和空域与分子中的原子对话，运用想象的方式研究它们的真实运动。它们不再是不可见的"，"科学家们对化学反应的看法已从根本上改变了"。

图 18.26　艾哈迈德-泽维尔（1946—）

利弗莫尔实验室运用拍瓦（10^{15} W）级飞秒超强激光脉冲产生了反物质，诱导了百万电子伏特的核反应，这原来需要粒子加速器来实现。

Core Tech 公司展示了垂直腔面发射半导体激光器（VCSEL），发射波长为 1 550 nm 的 2 mW 的单模激光，并借助微机电（microelect romechanical）腔在 1 520 nm 至 1 620 nm 宽波段内快速连续调节，与密集波分复用（DWDM）的波段相匹配。

2000 年

Z. I. 阿尔费罗夫（Zhores I. Alferov）和克罗默（H. Kroemer）（见图 18.27）荣获 2000 年诺贝尔物理学奖，表彰他们发明半导体异质结和在高速光电子学领域的贡献，以及在开发室温连续波半导体激光器方面的开创性研究。

2001 年

2001 年诺贝尔物理学奖授予康奈尔（E. Cornell）、克特勒（W. Keket terie）

图18.27 阿尔费罗夫(1930—)(左)和克罗默 (1928—)(右)荣获2000年诺贝尔物理学奖

和卡尔·E·维曼(C. Wieman),以表彰他们在玻色-爱因斯坦凝聚研究领域作出的杰出贡献。

图18.28 康奈尔(1961—)(左)、克特勒(1957—)(中)和维曼(1951—)(右)

2002 年

IPG Photonics 公司报道:输出功率为 2 000 W 的多模光纤激光器研制成功,能够焊接铝、钢构件,最大衍射极限输出功率为 100 W。

夏威夷天文台的凯克(Keck)Ⅱ型望远镜采用脉冲染料激光器辐射的光束,构成所谓激光引导星或激光信标,以实现望远镜的自适应光学调节,这在很大程度上补偿了低层大气扰动引起的星像模糊,从而大大提高了望远镜的角分辨率和极限星等。

2003 年

德国欧司朗光学半导体公司(Osram Opto Semiconductor)运用光学抽运的 Al GaAs 半导体模块,获得 8 W 输出,光-光转换效率(输出光与泵浦光功率比)达到 46%。

来自 Wessex 的考古学(Archaeology)和考古光学领域(Archaeoptics)的科学家,运用架在三角架上的激光扫描器,在英国的史前遗迹"巨石阵"(British Monument Stonehenge)的巨石表面上发现了以前未知的刻痕。

哈佛大学的梅佐(E. Mazue)用飞秒脉冲施行"分子外科手术",在不破坏分子的前提下改变分子间的关联结构。

2004 年

加拉里(B. Jalali)在 UCLA(加州大学洛杉矶分校)首次展示了用 1 540 nm 激光抽运的硅系列拉曼激光器。

2005 年

霍尔(J. L. Hall)与亨斯(T. Hansch)荣获 2005 年诺贝尔物理学奖,表彰他们在精密激光光谱分析所作出的贡献,以及发明飞秒"光学频率梳技术(optical frequency comb technique)",使光学频率测量获得重大进展。2005 年的诺贝尔物理学奖同时颁发给克劳伯(R. J. Glauber),以表彰他对光学相干的量子理论的贡献(见图 18.29)。

图 18.29 克劳伯(1925—)(左)、霍尔(1934—)(中)和亨斯(1941—)(右)

IPG Photonics 公司从掺镱光纤激光器中产生 2 kW 的连续激光输出,激光束的品质因子 M_2 优于 1.2。

Aculight 公司使用光子晶体光纤,首次演示了单模百万瓦级峰值功率脉冲光纤放大器,光束质量达到衍射极限,具有亚纳米的线宽。

法国科学家杰拉德·莫柔(G. Mourou)荣获量子电子学物理奖,他是超快激光领域的先驱,与斯垂克兰特(D. Strickland)共同发明啁啾脉冲放大器(chirped pulse amplification,CPA)。他的贡献包括超强场的产生、非线性光学、太赫兹辐射、皮秒高功率开关和皮秒电子衍射、飞秒眼科学等。

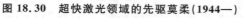

图 18.30 超快激光领域的先驱莫柔(1944—)　　**图 18.31** 高功率半导体 CW 激光器集成模块

2006 年

使用 405 nm 蓝-紫光半导体激光器的 DVD 碟片单面的信息容量已达到 25 Gb。

据斯坦福大学报道,光子晶体激光器的调制速度已高达 100 GHz。

英特尔和加州大学圣芭芭拉分校 展示了混合型 InP/Si 激光器,产生的激光束直接导入硅光波导中。

高功率半导体 CW 激光器产品(见图 18.31)已上市,每瓦输出功率售价 25 美元,单个模块输出 100 W,集成后输出功率为 4 kW。

2007 年

半导体抽运的固体激光器经过倍频、和频、差频手续处理后,已能生成各种波长的激光,例如 532 nm、473 nm、491 nm、561 nm、593 nm、355 nm、266 nm、488 nm、515 nm、593 nm、671 nm 等。

2008 年

中国发射的嫦娥 1 号月球探测器(见图 18.32)所搭载的激光高度计完成了全月球高程的精确测量。

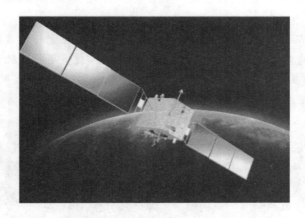

图 18.32　中国发射的嫦娥 1 号月球探测器

密歇根大学从"大力神"钛蓝宝石激光器辐射的 30 fs 脉冲产生了创纪录的功率密度 2×10^{22} W/cm^2。

普朗克量子光学研究所运用超快激光脉冲照射氖,获得 80 as (1 as $= 10^{-18}$ s,又称阿秒)的超短脉冲。

Q2Peak 公司从掺铥光纤激光器获得波长约 2 μm 的 885 W 多模输出,以及 301 W 的单模输出。

飞秒频率梳开始用于超精密天文光谱学,并用于全球卫星定位系统的轨道原子钟。

2009 年

IPG Photonics 公司报道研制成功 10 kW 单模光纤激光器,并已建立 50 kW 多模激光用于激光武器试验。2009 年的 Arthur L. Schawlow 奖授予伽彭谢夫 (V. Gapontsev)(见图 18.33),他是 IPG Photonics 的创始人,被誉为"光纤激光器工业之父",从事该领域的前沿研究达 50 年之久,把科研成果源源不断地转化为产品。

在美国 SLAC 实验室的直线加速器相干光源(Linac Coherent Light

图 18.33 "光纤激光器业之父"伽彭谢夫(中)

Source,LCLS)开始运转,所应用的自由电子激光器在 0.15 nm 到 1.5 nm 波段之间可调。

高锟分享了 2009 年诺贝尔物理学奖,以表彰他在光纤通信研究中做出的开创性贡献。他在 1966 年建立光纤通信物理模型,提出用超纯硅光纤进行光纤通信,传输距离应能超过 100 km。经过近 50 年的发展,光通信网已覆盖全球,构建成为信息高速公路(见图 18.34)。

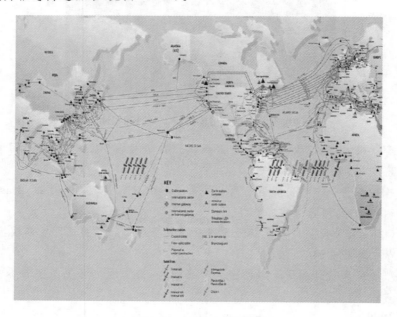

图 18.34 全球洲际光缆网络

由高锟所揭开的光通信时代,目前已进入第四代、第五代光通信网络。由 N. Payne 和其研究组发明掺铒光纤放大器(erbium-doped fiber amplifiers, EDFAs,见图 18.35),免除了光-电-光的中继转换,在传输过程中,信息始终荷载在光波上,成为光纤传输系统发展过程中又一个重要的里程碑。波分复用技术(WDM)和密集波分复用技术(DWDM)利用了多个不同波长的激光在同一光纤中独立传输的原理（见图 18.36），开始了光通信的另一次革命，它使得光通信的容量自 1992 年以来，每 16 个月增长 1 倍，致使在 2001 年光通信的速率达到 10 Tb/s。

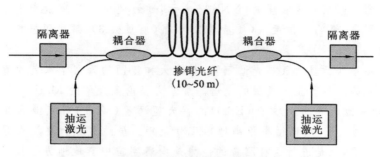

图 18.35　光信号通过掺铒光纤放大器进行在线放大

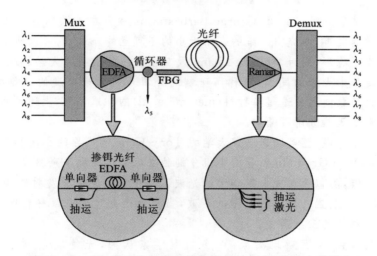

图 18.36　八通道波分复用和掺铒光纤放大/拉曼放大的联合运用（图中 Mux 为波分复用器，Demux 为解波分复用器，EDFA 为掺铒光纤放大器，Raman 为拉曼放大器，FBG 为光纤布拉格光栅）

美国斯坦福大学 SLAC 国家加速器实验室的 LCLS，于 2009 年 4 月得到了世界上首束硬 X 射线 FEL。主要参数：波长 λ 为 0.15~15 nm(1.5~150 Å，1.5 Å 相应 8 keV 能量)，脉宽为 80 fs，重复频率为 10~120 Hz，脉冲内光子数为 10^{12} 个(mJ/Pulse)，峰值功率为 10 GW。

这是光源科学史上的一个重要里程碑。短脉冲和短波长的结合，使得人们可以对单原子和单分子成像，且时间分辨可实现观测化学反应过程，为用户提供高亮度的硬 X 射线激光光源，打开了新的科学探索应用领域，同时也展现了自由电子激光的独到能力。

硬 X 射线 FEL 是光波段最短波长的激光，它对电子束的能量和质量都要求很高，LCLS 将电子加速到 4.3~13.6 GeV，波荡器的磁铁周期为 3 cm，总长 112 m，保持电子束的群聚，使受激辐射是相干的，这是一种以自放大的自发辐射方式为主的短波长 X 射线 FEL。欧洲多国、日本、韩国等也有 FEXL 的研究计划。似应看到，FEL 将成为激光领域一个新的战略制高点。

2010 年

美国国家核安全管理局（NNSA）表示，通过使用 192 束激光来束缚核聚变的反应原料、氢的同位素氘（质量数 2）和氚（质量数 3），解决了核聚变的一个关键困难。

太阳系外行星大气层光谱测量：加拿大和德国的天文学家首次直接测量了太阳系外的一颗行星大气层的光谱。加拿大多伦多大学的 Markus Janson 及其同事，使用欧洲南方天文台（ESO）的特大望远镜（VLT）研究饿太阳系外行星 HR8799 的大气层，该行星距离地球 130 光年。虽然这颗行星没有显示出具有生命的迹象，但是进行这种测量的能力是向着宇宙中其他地方寻找生命迈进的重要一步。

大物体的可见光外罩：George Barbastathis 和他在美国麻省理工学院及新加坡大学的同事，研究出二维的毫米大小的不可见的外罩，它可以将宏观的物体在可见光下隐形，同时，Shuang Zhang 及其在英国的伯明翰大学、帝国学院和丹麦的丹麦技术大学的同事，宣称所研制的外罩可将毫米尺度的 3 维物体隐形。与其他大多数使用人造超隐材料（metamaterial）的外罩不同，上述两组科学家使用的材料是天然方解石晶体。

第一个声激光：英国诺丁汉大学的 Tony Kent 所领导的小组和美国加州理工学院的 Ivan Grudinin 领导的小组分别独立地首次实现了声激光，声激光发射相干的声波，类似于激光发射相干的光波。其中英国的装置发射约 400 GHz 的声波，美国的装置发射兆赫范围的声波，当声激光穿过大多数材料时，可获得材料的纳米结构的三维图像。

光的玻色-爱因斯坦凝聚：许多物理学家认为，光的玻色-爱因斯坦凝聚（BEC）是不可能实现的，但是德国的一个研究组实现了光子的玻色-爱因斯坦凝聚。当全同的玻色子冷却到所有的粒子都处于相同的量子态时，便形成玻色-爱因斯坦凝聚。虽然光子是最普遍的玻色子，但是由于与其他物质相互作用时很容易产生或消灭，因而将光子冷却成凝聚态是非常困难的。波恩大学的 Martin Weitz 等通过用激光不断对 BEC 补充光子，克服了这一困难。除了实现了光子的 BEC 外，这项进展还有益于提高太阳电池的性能。

实时动感全息图：美国亚利桑那大学的 Peyghambarian 和他的研究组，发明了一种对激光反应非常快的光折射聚合物屏幕，向着实现实时的动态全息图迈进了一大步。利用这种技术，影片"星球大战"中令人惊叫的特技镜头便可真实般地显现。

美国加州大学贝克莱分校的物理学家 Dmitriy Budker 和 Damon English 用超高精度实验证实光子是玻色子，可信度提高了 1000 倍。实验的精度在 90% 的置信度上好于 1 000 亿分之 4。

2011 年

美国科学家宣布制成了全世界首个"生物激光器"，这是利用基因工程处理过,可以产生激光束的特殊细胞。研究小组使用人类肾脏细胞进行基因改造,使它能像水母那样发光(见图 18.37)。当研究人员用蓝光照射时,它在另一端出现绿色激光,人类肉眼可以清楚地看到。主持该项研究工作的是麻省总医院威尔曼光医学研究中心的邵(Seok-HyunYun,音译)教授和他的同事马特-伽什(Malte Gather)。邵教授说,他们的研究是"全世界首个基于单个细胞的生物激光成功案例。尽管这种单个激光脉冲持续时间仅有几纳秒,但已足够被探测并携带大量信息,这些信息能帮助找到了解细胞的途径"。

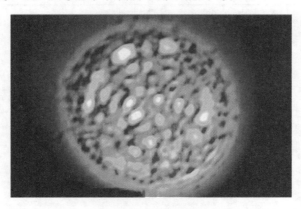

图 18.37　显微镜下正在产生绿色激光的肾脏细胞

自由电子激光器基本上就是一个能够将快速移动的电子转化为光子的粒子加速器。2011 年 2 月,美国海军的自由电子激光器样机已经产生了 200 千瓦的波束,它在 1 秒内能够穿透 6 米左右的钢板。其最终目标是使自由电子激光器达到兆瓦级,并且在 1 秒之内穿透 609 米的钢板。

2011 年 4 月中国科学出版社出版并在全国发行作者课题组专著《脉冲激光沉积动力学原理》(参见图 18.38),标志着脉冲激光沉积技术机理研究的新进

图 18.38　脉冲激光沉积动力学原理和"Comprehensive Materials Processing"封面

展。这是世界上首次系统全面阐述该技术机理的专著，总结了作者课题组研究的成果。该书的主要内容摘要刊登在世界最大的科学出版社 Elsevier 出版的关于材料科学的百科全书式的巨著“Comprehensive Materials Processing”第 5 卷上(全书 13 卷)。图 18.39 为作者撰写部分的目录。

4.06 Laser Ablation

D Zhang, Huazhong University of Science and Technology, Wuhan, China
L Guan, Hebei University, Baoding, China

© 2014 Elsevier Ltd. All rights reserved.

4.06.1	**Laser Ablation Technology: Introduction and Physical Fundamentals**	125
4.06.1.1	Laser Ablation	125
4.06.1.2	History of Laser Ablation Technology	126
4.06.1.3	Long-Pulsed Laser Ablation	128
4.06.1.4	Femtosecond Laser Ablation	130
4.06.2	**Applications of Laser Ablation in Material Processing I**	130
4.06.2.1	Laser Drilling and Cutting	130
4.06.2.2	Laser Welding and Laser Modification of Physical Properties of Functional Materials	133
4.06.2.3	Laser Surface Modification	133
4.06.2.3.1	Surface Hardening	134
4.06.2.3.2	Laser Cladding	134
4.06.2.3.3	Alloying	134
4.06.2.4	Femtosecond Laser-Induced Surface Periodic Structure and Nanogratings	135
4.06.3	**Applications of Laser Ablation in Material Processing II**	137
4.06.3.1	Microimage of Femtosecond Laser Interaction with Transparent Material	137
4.06.3.2	Applications of Femtosecond Laser Ablation of Transparent Materials	139
4.06.3.3	Applications of Femtosecond Pulsed Laser in Nanoparticle Formation	139
4.06.4	**Pulsed Laser Ablation and Pulsed Laser Deposition Technology**	143
4.06.4.1	Physical Picture of Pulsed Laser Deposition	143
4.06.4.2	Introduction to Plasma Expansion in Pulsed Laser Deposition	144
4.06.4.3	Introduction to Film Growth in Pulsed Laser Deposition	146
4.06.5	**Thermodynamics of Laser Ablation**	147
4.06.5.1	Theoretical Framework of the Thermodynamics of Long-Pulsed Laser Ablation – The Basic Equation and Plasma Shielding Effect	148
4.06.5.2	Theoretical Framework of the Thermodynamics of Long-Pulsed Laser Ablation – Dynamic Physical Parameters and the Vaporization Effect	150
4.06.5.3	Main Theoretical Results of the Thermodynamics of Long-Pulsed Laser Ablation	152
4.06.5.4	Femtosecond Laser Ablation Models: Classic and Improved Two-Temperature Equations	156
4.06.5.5	Femtosecond Laser Ablation Models: Unified Two-Temperature Equations and Density of State Effect	160
References		165

图 18.39 “Comprehensive Materials Processing”第 5 卷上本书作者撰写部分的目录

阅读材料 18-2

BEC 物理研究进展

BEC 即玻色-爱因斯坦凝聚(Bose-Einstein condensation)的英语缩写。自 2001 年发现以后，现代量子光学的一个重要分支——BEC 物理兴起并迅速发展起来。

(一) BEC 的发现

2001 年 10 月 9 日，瑞典斯德哥尔摩，瑞典皇家科学院发表公报，庄严宣告，将 2001 年诺贝尔物理学奖授予 3 位科学家，以表彰他们根据玻色-爱因斯坦理论，发现了一种新的物质形态——“碳金属原子稀薄气体的玻色-爱因斯坦凝聚(BEC)”，如图 18.40 所示。实际上这种新的物质形态是一种宏观量子态，常称物质的第五态。

公报宣称，长期以来，让物质处于可控制状态，一直是科学家面临的挑战。BEC 正是爱因斯坦在 1924 年就预言过，可以控制的梦幻般的奇怪物质。

公报指出，1995 年，美国物理学家康奈尔和维曼在只比绝对零度(即 −273.116 ℃)仅高于 1 700 亿分之 1 的超低温下(注意，这在技术上刷新了当时的世界低温记录)，成功地使约 2 000 个铷原子形成“玻色-爱因斯坦凝聚”。

与此同时,德国人克特勒领导的麻省理工学院研究组用钠原子(^{23}Na)进行了同样成功的实验,其论文仅仅只比维曼、康奈尔的迟发表 4 个月。他们制造出来的"凝聚物"包含了更多的原子,其数量级高于康奈尔与维曼的 2 个数量级以上,因而对研究"玻色-爱因斯坦理论"更有价值。

公报还颇有诗意地宣称,分享今年诺贝尔物理学奖的 3 位科学家的成功发现,宛如找到"让原子齐声歌唱"的途径。他们发现

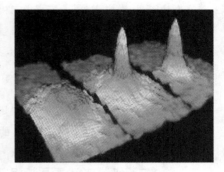

图 18.40　玻色-爱因斯坦凝聚体

的新的物质形态——BEC 是可以控制的,必将给精密测量和纳米科技等领域带来"革命性的变革"。

事实上,有识之士早就注意到,在量子光学、原子与分子物理学以及超低温物理等交叉领域,从 20 世纪 90 年代以来,正在发生戏剧性的变化。试看 1989年诺贝尔物理学奖由美国科学家迪迈尔特(H. Dehmelt)、保尔(W. Paul)和拉姆齐(N. F. Ramesey)获得;1997 年诺贝尔物理学奖由美籍华人朱棣文、法国人科昂·塔努吉和美国人菲利普斯获得;1998 年诺贝尔物理学奖由美国人拉夫林(R. E. Laughlin)、崔琦(Daniel. C. Tsui,美籍华人)和施默特 (R. E. Stomer)获得,等等。以上获奖的工作,均在上述交叉领域,尤其是朱棣文等人的工作,发现利用激光冷却和捕捉、操纵原子的方法,更是实现 BEC 的直接前驱工作。由于前所未有的超低温的获得,人们接二连三地发现许多新现象,简直如"山阴道上,应接不暇"。

下面仅就缘起高密度介质的所谓电磁感应透明现象,举其荦荦大端者就有:1999 年初,L. Hau 及其合作者在 450 nK 极低的温度下,将通过钠原子的 BEC介质的光脉冲的速度减慢到 17 mPs,比真空中的光速减慢近 2×10^7 分之 1。2001 年,终于传来 L. Hau 小组已成功实现将光的速度减慢到零,并且使光在介质中停留了几百微秒,而后重新放出来的消息,如此等等。

所谓电磁感应透明,是指在强控制场作用下,由于光子跃迁通道之间的干涉效应,原本不透明的介质呈现出透明特性。1991 年,斯坦福大学的 Harris 研究组用锶原子的光透过率从 e^{-20} 到 e^{-1} 的增强,首次完成了电磁透明感应的实验验证。通俗地说,材料在外场的强力控制下,原来会吸收电磁波的能量,发生反应,变为不吸收或者几乎不吸收电磁波的能量,即由不透明变为透明。反过来,在某种作用下,也可能由透明变成不透明。最简单的例子是变色镜原理:玻璃(二氧化硅)中存在少量的碘化银,遇阳光吸收能量,碘化银不透明,镜片变色。隔绝阳光后碘化银分解,镜片又变回来了。

所有这一切重大发现是否意味着,物理学是否又像 19 世纪与 20 世纪之交一样,面临着一场更伟大、更壮丽的大发现、大革命呢?我们不会忘记,伦琴发现X 射线,贝克勒尔、居里夫妇发现放射性,汤姆孙发现电子,等等,都是发生在 19世纪与 20 世纪之交,它们预示着 20 世纪物理学伟大革命来临,为相对论与量子

论的诞生奠定基础。笔者在 1997 年出版的《物理学与高新技术》中乐观地预言，朱棣文等的工作就是 21 世纪物理学的新革命的突破口。

1999 年更指出，20 世纪末出现的 BEC 及原子激光，"给本世纪物理学添上浓重而辉煌的一页"。它们像"洪钟大吕的雷鸣，在呼唤着 21 世纪物理学更辉煌的篇章"。

看来，有关交叉领域捷报频传，备受科学界青睐，绝非偶然。或许 2001 年的诺贝尔物理学奖，就像春天里的第一只燕子，随着而来的就是物理学的一个百花盛开的无边春色吧。情况果然如此。

（二）何谓玻色-爱因斯坦凝聚（BEC）

BEC 是爱因斯坦早在 1924—1925 年间预言的新的物质形态。原来，1924 年，印度物理学家玻色（Satyendra Nath Bose）任教于达卡大学。他寄给爱因斯坦一篇论文，论文借助纯粹统计物理的方法，完全不涉及经典电动力学，就推导出光子的普朗克分布规律。爱因斯坦立刻领悟到，这是一篇很有分量的论文，迅速将此文推荐到德国 Zeitschrift für physki 上发表。爱因斯坦在自己的工作中，将玻色的方法推广应用于单原子理想气体。今天我们都知道，以 $\hbar$ 为单位，所有自旋为整数的微观粒子，称为玻色子，它们都遵循玻色-爱因斯坦统计，其特征是相对于粒子的交换，系统表现完全对称性。

爱因斯坦发现，如果粒子数守恒，即使粒子之间完全没有相互作用，玻色子系统在足够低的温度下，会发生相变，即系统中有的粒子会达到零动量态，这就是所谓玻色-爱因斯坦凝聚（BEC）。玻色并未发现这一点，因为他只讨论了光子。由于光子无静止质量，在系统能量下降时，它们可能消失。

我们应注意，爱因斯坦是在无限大三维体积的条件下预言 BEC 的。其时，在能量趋近于零时，系统状态的总数目变得极其小。因为在温度下降时，没有任何粒子消失，系统中绝大多数粒子只能在其基态积累，从而凝聚到最低能态。在热力学极限下，即粒子数与系统体积都趋于无限大时，就会经历这个相变。

可以形象地说，BEC 就像空气中的水蒸气，在温度下降时，会凝结为液滴。但是千万不要忘记，BEC 是发生在动量空间。在相变温度 T_c 时，只有少数粒子凝聚，直到绝对温度 0 K 下，才会完全实现 BEC。在 0 K～T_c 温区之间，系统实际上是 BEC 态的粒子与未发生相变的粒子"共处"在一块儿。

一般来说，我们可以认为，在温度足够低的时候，玻色子系统的每个粒子，其德布罗意波的波长相互交叠，从而使各个粒子的行为趋于一致（瑞典科学院的公报颇富诗意地戏称之为"原子同声歌唱"），亦如构成一个"超原子"（superatom）。

但是，直到 1995 年，真正意义上的 BEC 对于我们，只能像"梦幻般"的神话，存在于教科书上。人们一直未能观察到这种有趣现象，尽管超流、超导的发现，其中也显露与 BEC 极其密切的关系，但是它们毕竟不是 BEC。

大体而论，玻色-爱因斯坦凝聚，与超流、超导都属于玻色子系统。但是超流和超导则是强关联的玻色子系统的现象，BEC 则是理想的无相互作用的玻色子系统所出现的现象。前者早在 1906 年和 1911 年就被人们发现，而人们迟迟无法观察到 BEC 现象，原因在于 BEC 现象实现的条件远比超流、超导苛刻，实现

BEC,既要求凝聚的玻色子(原子)的德布罗意波彼此重叠,同时又要求玻色子(原子)的内部运动可以忽略。

　　我们知道,任何微观粒子同时具有波动性,即相应一定的德布罗意物质波,其波长与粒子动量成反比。如果要求诸玻色子(原子)的德布罗意波交叠,这些原子必然靠得很近,而由此又造成原子内部电子有很强的交换作用。因此,如果要忽略原子内部运动(效应),最好原子彼此远离,也就是要求考虑稀薄原子气体,此时,要德布罗意波彼此重叠,只有增长其波长。换言之,必须减少原子的动量,即降低系统的温度。我们必须充分降低温度,从而使原子的德布罗意波长有足够长,彼此重叠,进入相同的量子态——凝聚态(一般是能量最低点)。爱因斯坦等研究表明,发生 BEC 的条件是:

$$\rho(相密度) \equiv n(粒子数密度) \times (\lambda_d^3) > 2.612$$

其中 λ_d 即粒子的德布罗意波长,2.612 为一普适的临界数值。

　　可见,实现 BEC 技术的关键是使玻色子(原子)气体的温度降到异常的低,这在 20 世纪 90 年代朱棣文等发现"光学粘胶冷技术"之前是可望而不可即的。

(三) BEC 的实现

　　1968 年,前苏联科学家莱托霍夫(V. S. Letokhor)提出激光驻波捕获原子的思想,并给出激光陷阱的概念。1975 年,斯坦福大学的肖洛、亨斯小组与迪迈尔特分别独立地提出激光冷却原子的建议。从此激光控制、冷却原子就成为国际物理学界的现实目标。

　　1978 年,美国贝尔实验室的阿什金(A. Ashkin)导出一个原子与激光束共振时的压力公式,并且利用光压梯度实现原子束聚焦。1979 年,前苏联莫斯科光谱研究所的巴里金(V. I. Balykin)、莱托霍夫等首次实现利用激光使钠(^{23}Na)原子减速。尤其值得大书特书的是,贝尔实验室的美籍华裔科学家朱棣文领导的小组首次用激光将钠原子冷却到 240×10^{-6} K,并将原子在所谓"光学黏胶"(Optical Molasses)中"囚禁"达 0.5 s,这是划时代的一项技术成果。

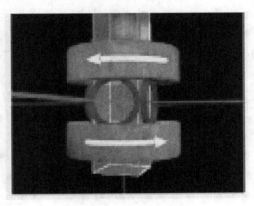

图 18.41　BEC 装置图

　　大体而论,原子如果吸入与其运动方向相反的光子,就会减速。相继地,自发辐射的光子又会携带动量,随机地向各个方向射出,会平均地降低原子运动速度。详细的分析表明,利用多普勒效应,可以做到原子吸收的光子动量总是与原子运动方向相反。适当地装配好三维激光组态,就会使原子在所有方向上都有减速作用,宛如将原子置于"光学黏胶"之中,受到黏滞阻力。这种基于"朴素的"多普勒效应冷却技术,由于自发辐射的反冲作用,实际上冷却所达到的温度有所限制。

人们又附加很多新的技术措施,诸如偏转梯度冷却机制、磁感应冷却机制、速度选择相干态粒子数捕获机制、拉曼跃迁选择机制,等等,以进一步提高冷却效应,获取更低的温度,这里不一一介绍。我们只指出,1986 年法国巴黎小组的达里巴德(J. Dalibard)提出,尔后为朱棣文及其合作者普里恰德(D. E. Pritchard)小组所发现的"磁光陷阱"法(magneto-optical trap,MOT)。这种方法吸取了美国国家标准和技术研究所(NIST)的菲利浦斯领导的捷德尔斯堡(Gaithersburg)小组在多普勒冷却的同时,再附加磁场捕获原子的思想,实际上构成有效磁陷阱,可以大范围捕获原子,同时将之紧紧囚禁起来。MOT 对于未来的发展意义重大。

我们已经知道,朱棣文、科昂·塔努吉和 W. D. 菲利普斯,因为激光冷却方法及其理论研究中的卓越成就,获得 1997 年度诺贝尔物理学奖。

万事俱备,只欠东风。科学家已掌握强有力获得超低温的技术手段,于是几路大军同时奔向实现 BEC 的战场,很快就传来捷报。

1995 年 6 月 5 日 10 时 54 分,美国在 Boulder 的科罗拉多大学的维曼教授与美国 NIST 的高级学者(开始为博士后)康奈尔,在科罗拉多大学与 NIST 的联合研究所的联合天体实验室中,首次观察到约 2 000 个铷(^{87}Rb)原子的玻色-爱因斯坦凝聚,持续时间约 15～20 s,温度约 117 $\times 10^{-7}$ K。这是人类第一次观察到这种奇特的物质形态,可以毫不夸张地说,这无异于打开科学发现与新技术发展的宝库的大门。

研究方案最早是由维曼制定的。他利用的是 MOT 法对铷原子进行冷却。他选择铷原子的原因是,铷作为重碱金属,只有一个价电子,核的自旋为奇数,两者耦合为具有整数自旋,其超精细结构,可以提供许多具有玻色性质的同位素。实验时首先在 MOT 陷阱中,用激光冷却的方法,将室温下气压为 1.13 $\times 10^{-9}$ Pa 的原子铷的稀薄气体,冷却到几十微 K,即 10^{-3} K。然后置于一个纯粹"磁陷阱"中。磁陷阱是一个能约束原子的磁场。维曼、康奈尔利用一个转动势作为陷阱。实际上是用一个较强的球形四极矩,再叠加一个较弱的横向均匀的旋转磁场。它能有效而又稳定地维持对铷原子的束缚(囚禁),其作用等效于一个轴对称的三维简谐位势,宛如将原子置于深井之中。然后利用蒸发冷却的方法,有选择地将能量较高(温度较高)的原子从"磁陷阱"中解脱出来,使之逃逸。维曼、康奈尔实际上是利用射频磁场来完成这种"解脱"——蒸发任务的。在磁陷阱中的铷原子气体的温度就不断迅速地下降。应该指出的是,附加特殊磁场是康奈尔的思想。

实验中凝聚是在胡萝卜状玻璃容器内进行的。细细的铷原子球,像樱桃置于凹处,其直径约 20 μm,大约一张纸厚的 15 分之一。尽管范围极小,但毫无疑问是典型的宏观量子现象。分析表明,凝聚中包含的铷原子超过 2 000 个以上。对照中的分析表明,凝聚开始时,铷原子都急剧下降,其温度都趋近于零,而且速度分布极其狭窄,速度为零或者几乎为零的原子数急剧增加。后者的运动方向有明显的趋同性。一切都表现出明显的 BEC 特征。

麻省理工学院克勒普奈尔(D. Kleppner)是有关领域的先驱者之一,他激动地说:"这是一项惊人的发现,简直让我透不过气来!照片显示的实验结果,清楚极了,非常令人信服。"牛津大学的伯耐特(K. Burnett)教授赞叹有加:"用'圣杯'这个词来比喻这项发现的奇特和重要性,是极为恰当的。"

科学界的欢呼尚未平息,更为壮观的 BEC 出现了。1995 年 9 月,以克特勒、克勒普奈尔和普里恰德(W. Prichard)等为中心的 MIT 小组,利用激光和电磁装置冷却和约束钠原子气体(^{23}Na),奇迹般地使数以 10 万计的钠原子呈现玻色-爱因斯坦凝聚。由于凝聚物中包含更多的原子,更便于研究其物理性质。

必须指出,参与凝聚的原子处于相同的自旋态,因而原子自旋的翻转,会抑制 BEC。在磁阱中,中心处磁场消失,就会允许自旋态以不可控制的方式变化,即所谓玛约纳拉(Majorana)翻转。康奈尔提出转动磁场装置,使磁阱势"平均化",致使磁阱中心处的磁场不再为零。这种 TOP 技术的发明,对于 BEC 成功产生作用甚大。至于 MIT 小组应用强排斥激光束以填塞磁阱中心处,这样也能避免玛氏翻转。

2001 年,法国的爱斯帕克(Aspect)和塔努吉两个小组采用不同的磁囚禁方案几乎同时实现了处于亚稳态的^{4}He 原子 BEC,相应的凝聚^{4}He 原子数分别为 5×10^3 和 5×10^5 个,相变温度分别约为 1 μK 和 4.7 μK。实现亚稳态^{4}He 原子的 BEC 意义非同寻常。首先,具有如此高能量的 He 原子可望成为一种高灵敏的单粒子探测器;其次,^{4}He 原子 BEC 也可能发展成为一种新颖的具有光子能量约为 20 eV 的紫外激光器。

^{174}Yb 是一种稀土元素,它与碱土元素有相似的电子结构,具有两个价电子,但无电子自旋,其基态也无核自旋。由于^{174}Yb 没有自旋,也就没有磁偶极矩,无法采用常规的磁囚禁和 rf 蒸发冷却技术来实现 BEC。因此,全光学冷却与囚禁技术将成为实现^{174}Yb 原子 BEC 的唯一手段。2003 年,日本京都大学的 Takahashi 小组采用两束交叉的红失谐聚焦光束($\lambda = 0.532 \ \mu m$, $P = 10$ W)构成的偶极光阱实现了^{174}Yb 原子高密度囚禁,并通过光学势的蒸发冷却技术实现了^{174}Yb 原子的 BEC,凝聚原子数达到了 5×10^3 个,相应的相变跃迁温度为 0.73 μK。

2002 年 3 月,在我国中科院上海光学精密机械研究所,由中科院院士王育竹领导的研究小组实现了铷原子的 BEC,相变温度为 250 nK,凝聚原子数约 10^4 个。2003 年 9 月,我国台湾地区中正大学物理系的韩殿军小组也实现了铷原子的 BEC,相变跃迁温度为 195 nK,凝聚原子数约为 3×10^4 个,2004 年 3 月,北京大学电子学系的陈徐宗和王义遵小组实现了铷原子的 BEC,获得了约 5×10^5 个凝聚原子数,并观察到多分量 BEC 的共存现象。在 BEC 理论研究方面 2005 年中国科学院物理所刘伍明研究员与金属研究所张志东研究员、梁兆新博士生合作,取得突破性进展,获得了外势作用下原子相互作用参数随时间变化的玻色-爱因斯坦凝聚体中的孤子。该研究结果发表在"Physical Review Letters"上。

图 18.42　我国科学家从事 BEC

(四) BEC 的原理研究

迄今为止,关于 BEC 现象的研究从实验到理论都取得了长足的进步,以至形成了一个新的物理学分支——BEC 物理学。我们首先只想指出对 BEC 的研究,尤其是对铷原子的捕获和凝聚的研究,目前已有一个极好的理论基础,即所谓格罗斯-皮达耶夫斯基(Gross-Pitaevski)方程。

在实现 BEC 以后,康奈尔、维曼和克特勒又进行大量实验工作,揭示了 BEC 的宏观量子态的许多奇妙的物理性质。实际上,就是铷原子的 BEC 也远非当初爱因斯坦提出的自由粒子的凝聚。首先,粒子被捕获于一种有限区域,其数目有限,而不是一个无限的系综(assembly)。因此,不可能有一种热力学的单一相变。但是,如果系统有成百万个原子,问题也不大,系统的相变在实验上显示明确信号。其次,即使是稀薄气体,系统也与弱耦合相差甚大。禁闭在势阱中的原子用振动能量子表征。在相应物理系统中,粒子之间的平均相互作用能,其数量级比振动能量子大 1 个数量级。这就意味着,凝聚态的波函数较之在势阱中无相互作用的基态的波函数覆盖面要大得多。但是,如果假定所有凝聚的原子所处的状态由其相互作用与磁阱势自洽地确定,就可以恰当地描述实验情况。甚至于可以描述凝聚中有微扰、激发时的动力学演化。可以证明,这样的理论框架与基于格罗斯-皮达耶夫斯基方程的研究方法完全等价。

在无相互作用的气体中,粒子彼此没有影响,所有原子只能占据相同的单粒子态,类似于光子的热力学分布。至于在势阱中的气体,其相互作用促使粒子发生关联,亦如在激光器中诱导光子的相干性一样。于是,可以预期凝聚体中会产生一种长程关联,并且在其各个部分之间存在相干性,从而引起许多可以观察的物理效应。对于有关效应、现象的观察和研究,康奈尔、维曼和克特勒作出了巨大贡献。康奈尔与维曼的玻尔德(Boulder)小组在足够低的温度下,用实验证实了在势阱凝聚中理论家所预言的元激发,他们显示"和应"(sympathetic)冷却现象。在此现象中,有两个分开的凝聚体形成,其中一个样品是由冷却所致,另一个样品则是由两部分碰撞能量的迁移而凝聚的,由此得到两个部分交叠的凝聚。

克特勒领导的 MIT 小组发明了一种基于非共振光的成像法,可以用非破坏方式探测凝聚体,从而直接观察凝聚体中许多随时间演化的动力学现象。凝聚体的相干性仍是 BEC 物理学最本质的属性,它可通过将凝聚体分为两部分进行研究。1997 年,MIT 小组首先将钠原子气体用激光冷却法,冷却到 10^{-9} K,实现 BEC,然后将凝聚体分为两部分,让它们在重力作用下坠落膨胀后交叠,克特勒观察到两部分交叠呈现干涉条纹,这清楚地表明,即使在分开以后,它们依然保持相位相干性。

1997 年 1 月 28 日,MIT 小组将钠原子的 BEC 凝聚体以原子滴(约 100 万个原子构成)形式无破坏性地从磁阱中取出。原子滴因重力下落,并逐步膨胀,形成一条宛如光束一样的同步原子束,即所谓原子激射(Atomic Laser)。通常的激光由频率、位相、偏转均相同的光子构成,而原子激射则由量子状态完全相同的原子构成。正如后来实验证明,其干涉性、单色性比通常的激光更好。

克特勒小组还研究凝聚体形成和破坏的动力学、凝聚体的临界速度,以及凝聚体中的畴状结构(类似于固体中的磁畴和电畴)。他们还观察到,J I2LA 小组早先发现的在凝聚体中显示的涡漩结构,甚至观察到 100 余个涡旋。

总而言之,目前的研究表明,确实发现了典型的 BEC 现象,观察到凝聚的许多独特和鲜明的表征,实验与理论符合。

目前,已有几十个小组成功地在磁阱中产生铷原子的 BEC。铷原子系统的许多特性已为人们所研究,例如,凝聚体的相干外耦合,利用所谓费西巴赫(Feshbach)机制对凝聚态进行操控,利用光学晶格模拟固态效应,由 MIT 等进行的原子激射的相干放大,美国国家标准技术研究院的菲利浦斯小组观察到类似于非线性光学的原子非线性激射,即在凝聚态中相干波函数的 4 波混频,等等。法国巴黎的两个小组和布鲁塞尔的一个小组分别独立地用亚稳氦(He)原子产生 BEC,凝聚体寿命长,且未形成分子。该系统展示出许多令人激动的发现的可能性。

(五) BEC 的应用研究

玻色-爱因斯坦凝聚体所具有的奇特性质使它不仅对基础研究有重要意义,而且在原子激光、原子钟、原子芯片技术、精密测量、量子计算机和纳米技术等领域都有非常好的应用前景。

1) 原子激射

1997 年,美国 MIT 的 Ketterle 小组首先利用 ^{23}Na 原子 BEC 实现了射频耦合输出的脉冲原子激射;1999 年 3 月,美国 NIST 的 Phillips 小组采用受激拉曼跃迁实现了准连续 ^{23}Na 原子激射的任意方向输出;同年,德国 Max-Planck 量子光学研究所的 Hansch 小组采用小型 4 极 Ioffe 磁阱(QUIP)制备一个 ^{87}Rb 原子 BEC,并利用几 kHz 的弱射频场实现了连续原子激射;2002 年,Hulet 小组利用磁场调谐的 Feshbach 共振技术和光学波导技术实现了孤子原子激射的输出。

由于原子激射(或译作原子激光)的波长只有普通激光的 $10^{-1} \sim 10^{-2}$。因此以 BEC 为基础的"原子激射"可替代普通激光,作为对微电子学中的芯片进行"光刻"的工具,微电子学器件的微型化、芯片的集成度和运算速度都会大大提高。目前 64 兆位的集成电路的芯片的条宽为 013 μm 的尺宽;1 000 兆位的特大规模集成电路的芯片的条宽就会减小到 0.1 μm。这时,用普通激光"光刻"已达

图 18.43　MIT 克特勒小组研制出原子激光器雏形

极限了,因为激光波长的数量级就是 0.1 μm 左右。换言之,目前的"光印刷术"(Lithography)已达极限。但用"原子激射",条宽有可能小到 $10^{-2}\sim10^{-3}\mu$m,亦即集成度可能提高几十倍!目前人们已找到几种使 BEC 中超冷原子被"轻推"释放、集聚成束的方法。这就打开了创造"超微计算元件"(chips)的新技术大门,最后会建造出纳米级的单原子器件。

"原子激射"才初试啼声,一个可连续工作的"原子激射器"尚待研制。但是,放眼看去,其前景十分诱人。

2)原子量子态的实验制备与量子计算

2000 年,美国 Rochester 大学的 Bigelow 小组利用连续的量子无损测量(QND)技术实现了超冷原子集体自旋态的压缩,获得了压缩度为 70% 的原子自旋压缩态。2001 年,美国 Yale 大学的 Kasevich 小组利用光子晶格实现了 BEC 原子数的压缩态。2003 年,Hansch 小组将 BEC 凝聚体囚禁在周期性光子晶格势中,通过控制相邻原子间的相互作用并利用大量的并行操作实现了多原子系统的量子纠缠态及其一个量子门阵列;2004 年,他们利用 BEC 凝聚体的原子纠缠干涉技术实现了原子散射特性的精密测量,获得了弹性散射长度改变量与调谐磁场的依赖关系。

BEC 与当前热点领域量子通信有非比寻常的关系。首先两者研究的关键技术都是激光冷却。量子计算、量子计算机必须在超低温环境下进行研究。往往是同一研究小组同时进行两方面研究工作。例如 NIST 的诺贝尔奖得主菲利浦斯在 BEC、单原子器件等方面都是先驱者。原子(或分子)BEC 凝聚体在光波群速度减慢及其相干光信息存储、量子通信、量子计算与量子信息处理,以及非线性与量子原子光学等领域中也有广阔的应用前景。

3)精确测量

物质波干涉开辟了计量学和基础物理学领域精确测量的全新办法。一个充满希望的干涉源就是玻色-爱因斯坦凝聚体。玻色-爱因斯坦凝聚态是原子在冷却到绝对零度左右时所呈现出的一种气态的、超流性的物态。在这种状态下,几乎全部原子都聚集到能量最低的量子态,原子因此失去其独立的身份,可以用一个波函数来描述。这种物质状态显示出和激光巨大的相似性。将玻色-爱因斯坦凝聚体中的原子相干耦合输出,就可得到一种性能全新的相干物质波源——原子激光。这种原子激光是将来提高原子干涉仪灵敏度和准确性的关键。

原子 BEC 的最直接的应用就是高精度的测量,朱棣文及其同事早就制成慢速超冷原子干涉仪,可以测量重力加速度,精度达到 3×10^{-7},逐渐提高到 10^{-11}。BEC 原子干涉仪在理论上精度达到 $10^{-16} \sim 10^{-17}$ 是没有问题的。从科学上来说,精密测量对于广义相对论、引力量子理论(引力波的检测)的验证具有决定性的意义。由于地球的局部重力变化,有助于探测地球的地质结构,因此重力加速度 g 的测量为探矿(例如寻找含油层)提供准确信息。此时,以原子激射为基础的原子钟,其精度会将目前的 10^{-13} 提高到 $10^{-16} \sim 10^{-17}$,直接导致全球 GPS 定位系统定位精度的相应提高,从而对航天、航海等产生巨大影响。

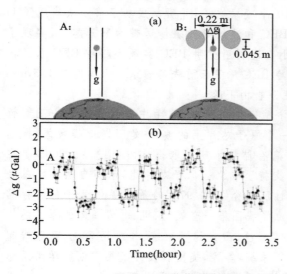

图 18.44　华中科技大学原子干涉仪的高精度引力标定

对于 Yb 原子,它具有非常窄的跃迁谱线,没有自旋,对磁场无敏感性以及具有丰富的同位素(5 个玻色子:^{168}Yb,^{170}Yb,^{172}Yb,^{174}Yb,^{176}Yb 和 2 个费米子:^{171}Yb,^{173}Yb),故无旋量的超冷 Yb 原子及其 BEC 在时间频率标准、高分辨激光光谱、精密原子干涉计量和基础物理问题研究等方面有着广阔的应用前景。

2008 年,以德国汉诺威大学的科学家为主的欧洲研究团队在微重力下的量子气体(QUANTUS)项目上取得重要进展。他们成功开发出一种新仪器,其外形是一个与门差不多高和宽的圆柱体,内部安装有原子芯片、螺线管、激光器和摄像头。该设备已在不来梅应用空间技术和微重力中心(ZARM)146 m 的下降塔中得到应用,并在失重条件下成功获得了玻色-爱因斯坦凝聚态。这种用零重力下的超低温量子气体研制原子干涉仪等高精密测量仪器,可以高精度测量地球的重力场,验证物理学领域的一些基础问题,如广义相对论弱等效原理等,为未来利用原子干涉观察量子物质演变,以及将其作为惯性传感器的研究奠定了基础。

4）芯片技术

在芯片技术方面，由于集成度不断提高，器件的条宽日益缩小。目前，64兆位集成电路的条宽只有 $0.3\ \mu m$。对于1 000兆位的特大集成电路，条宽只有 $0.1\ \mu m$。也就是说，一个小拇指宽的地方，要有10 000条以上的刻痕。目前，刻痕工作是由普通激光进行的。再细的条宽，激光就无能为力了，因为激光的波长限制了"光刻"作业精度的进一步提高。这就是所谓"传统的芯片技术的极限"。但是，如果以BEC为基础的原子激光来替代普通激光进行光刻，则将大大提高集成电路的条宽密度，也许会提高几个数量级，从而极大地提高电脑芯片的运算速度。近年来，为了开展集成原子光学的实验研究，并研制原子芯片，有关微阱BEC的实现及其研究已成为量子原子光学研究中的一个新的热点。2001年10月，Hasch小组采用Z型载流导线构成的表面磁阱在微电子芯片上实现了微阱 ^{87}Rb原子的BEC，获得了 5×10^5 个凝聚原子，并研制成功了第一块集成了U型导线磁光阱（MOT）、Z型导线BEC和波纹导线磁传送带的原子芯片，实现了BEC的表面相干传输。Hansch小组还利用微阱BEC实现了超冷BEC原子在磁传送带表面上的相干传输。超冷BEC原子云首先沿着水平方向传输1.5 mm至芯片边缘，然后在重力场的作用下自由下落。

2008年，中国科学院上海光学精密机械研究所，由中国科学院院士王育竹领导的研究小组，实现了我国第一个原子芯片上的玻色-爱因斯坦凝聚体，标志着我国冷原子物理研究和量子信息存储技术研究取得标志性进展。2003年在国家自然科学基金委和科技部的支持下成立了原子芯片组，承担自然科学基金重点课题"超冷原子和BEC物理性质研究"和"'973'冷原子系统量子信息存储研究"。该小组一切从零开始，建立了我国第一套集光、机、电为一体的原子芯片实验装置，包括超高真空系统、光学系统、激光稳频系统、外磁场系统、高分辨超冷原子成像系统和计算机程序控制系统，等等，提出和设计了具有创新学术思想的H型静磁阱芯片和高频势阱芯片。他们与浙江大学物理系光学所合作，利用半导体微加工技术和该所的镀膜技术，成功地研制出国内第一块静磁阱原子芯片和高频势阱芯片。他们利用芯片曾进行了激光冷却气体原子、芯片表面蒸发冷却气体原子、磁光阱囚禁、原子波导和超冷原子团分裂等方面的研究，并在此基础上开始了芯片BEC研究。实现BEC相变对实验条件的要求极为苛刻，他们优化了各个部件的设计和各个实验环节，并利用高频蒸发冷却技术，使超冷原子气体的温度冷却到300纳K，实现了BEC相变，凝聚体的原子数为3 000个，与国际同类实验相同。他们给出了BEC相变的证据，即当凝聚体从磁阱中下落时，在自由膨胀的过程中凝聚体的纵横比旋转900，这是相变的判据。BEC的实现为量子信息存储、量子信息"复印"和量子路由器研究打下基础，为BEC的更广泛的应用打开了大门。

5）弱信号检测

光子晶格BEC的自发磁化现象有可能在弱磁场探测和磁传感器等技术领域找到应用，而光晶格BEC中自旋波的激发、控制与探测的研究则可能为BEC在量子计算及量子信息处理等方面提供重要的指导。

JILA 小组利用费尔巴赫共振证明，粒子相互作用的正负符号（即吸引、排斥）可以突然变化（switched），导致凝聚体像超星一样猛烈膨胀。因为费米子原子系统即使在绝对零度下也不会进入能量最低态。美国莱斯（Rice）大学的胡勒特小组观察到费米子原子受到一种压力。实际上，这就是在白矮星中内部压力的实验室模拟。可见，BEC 现象的研究与天体物理的研究有密切联系。

BEC 原子系统提供了物理实验的奇特、妙不可言的介质。实验表明，其相关行为可以用作将量子效应扩展到宏观尺度。此时宏观量子现象并不是直接出自 BEC，而是将 BEC 作为介质时出现的。可以预期，这些工作可以应用到许多技术领域。事实上，利用原子的 BEC 将成为一种实验室里的标准技术。

阅读材料 18-3

超 弦 论

（一）量子引力理论建立的困难所在

在发展 21 世纪物理时，我们决不可忘记面临许多基本的困难。首要的困难是广义相对论与量子力学在观念上是不相容的，以致令人满意的量子引力理论或者说弯曲时空的量子场论至今无法建立。新世纪物理学的基础理论向何处去，出路何在？许多科学家认为出路就在于超弦理论。当然，也有人说是圈量子引力理论。本阅读材料只重点介绍影响较大的超弦理论。

超弦理论是物理学家追求统一理论的最自然的结果。爱因斯坦后半生致力于统一场论，即将当时公认的两种相互作用——万有引力和电磁力统一起来的理论。他未能成功的原因是自然界还存在另外两种相互作用力——弱力和强力，对此当时人们还不知道。现在已经知道，自然界中总共 4 种相互作用力除万有引力之外的 3 种都可用量子理论来描述，电磁、弱和强相互作用是借助于相互交换"场量子"完成的。但是，引力则不然，爱因斯坦的广义相对论是用物质影响空间的几何性质来解释引力的。在这一图像中，弥漫在空间中的物质使空间弯曲了，而弯曲的空间决定粒子的运动。人们也可以模仿解释电磁力的方法来解释引力，这时物质交换的"量子"称为引力子，但这一尝试却遇到了原则上的困难——量子化后的广义相对论是不可重整的，因此，量子化和广义相对论是相互不自洽的。

在量子理论中存在一个普遍困难，就是在计算中不可避免地要出现无穷大。这就是所谓的发散困难，在极高能和极低能的情况下，这种困难都会出现，分别称为紫外发散和红外发散。20 世纪 50 年代，量子电动力学的发散问题，被美国物理学家施温格（Julian Schwinger）和费曼、日本物理学家朝永振一郎（SinItrio Tomonaga）提出的一种所谓重整化方案解决了。所谓重整化就是一种计算方案，给出一套确定的计算规则，可以成功地在出现发散中，扣除一部分，剩下有限的确定的物理值。扣除的部分在物理上相当于背景的量子涨落，通常不产生可观察的物理效应。经过重整化后的量子论就进行微扰计算了。重整化方案的理论值与实验极为吻合。他们 3 人获得了 1965 年诺贝尔物理学奖。

图 18.45　爱因斯坦的引力理论拒绝量子论的求爱

图 18.46　朝永振一郎(1906—1979)(左)和施温格(1918—1994)(右)

　　杨-米尔斯理论的重整化问题更为复杂,直到 20 世纪 70 年代,荷兰科学家特霍夫特(Gerardus Hooft)和韦尔特曼(Martinus Veltman)发明了所谓维度正规化的重整化方案,问题得到解决。由于他们的工作,量子色动力学和弱电统一理论的重整化问题迎刃而解。他们获得了 1999 年诺贝尔物理学奖。

图 18.47　韦尔特曼(1931—)(左)和特霍夫特(1946—)(右)

　　形象地看,重整化相当于一个粗粒化的过程,通常重整化的粗粒化过程在量子引力中失效。量子场论中最常用的办法是先确定一个经典过程或者经典背景,然后假定在这个经典背景下场的量子涨落比较小,可以用少数几个参数来控制。较小尺度上的量子涨落的效应只是改变这几个小参数。最简单的例子是电磁相互作用,一个电子会辐射出虚光子,而一个虚光子会变成一个正负电子对然后重新湮灭成一个虚光子,这种量子涨落的效果是改变电子的电荷大小,这就是所谓电荷的重整化。将这种微扰方法应用到爱因斯坦引力理论中,就会发现引进有限个参数的改变不足以吸收这些效应。就是说,量子化的引力场,需要引进无限多个参数,方可重整化。用通俗的语言说,引力的微扰量子化是不可重正的。此处所介绍的超弦理论就是解决引力量子化问题最流行的可能的理论方案。

（二）超弦理论的兴起

物理学中有待解决的基本问题之一是如何实现引力的量子化。物理学家最崇高的理想是建立一个超大统一场论,即将引力与自然界其他 3 种基本相互作用——电磁力、弱相互作用力和强相互作用力统一起来的理论。尽管量子引力离我们日常生活以及目前人工加速器所能达到能标下的物理现象的研究甚远,但人类从未停止过对未知世界以及由此而提出的一些基本问题的好奇和探索。正是这种好奇的驱动力使得我们对周围世界运行规律的了解不断深入,人类也因此丰富了自己的视野,从中获得了巨大的收益。量子引力与宇宙的起源所涉及的一些基本问题,如时空的本质和相互作用本质等紧密相关,特别要理解如黑洞熵的本质、黑洞奇点、宇宙学奇点问题,以及近期宇宙学观察发现的暗能量本质问题,都需要理解引力的量子行为。超大统一场论建立的前提也需要引力的量子理论,很难想象一个经典引力可以与另外 3 种量子相互作用统一在同一个理论框架内。超弦理论是人们经历了无数次不成功尝试而获得的一种包括引力在内的量子统一理论,是目前量子引力理论的最佳候选者。超弦理论至少在量子微扰意义上是自洽的,实现了量子引力的一些基本要求,如自然地将 20 世纪两大物理支柱——量子力学和广义相对论有机结合起来,从理论上实现了包括引力在内的 4 种相互作用力的统一,并且在远远高于量子引力的普朗克能标（10^{19} GeV）的能区也是有限的,即可重整化。

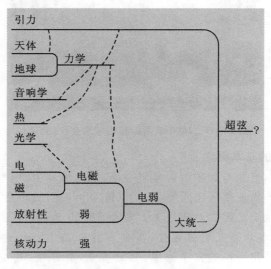

图 18.48 物理学家向相互作用的最终统一迈进

最近对非微扰弦理论的研究揭示了一个更完整理论的存在,即所谓 M 理论的存在性。M 理论如果成功,它一定会导致一场人类对时空本质、时空维数、相互作用本质、暗能量本质等革命性的认识,其深刻程度不亚于 20 世纪的两场物理学革命:量子力学和广义相对论。该理论的成功对我们了解宇宙的起源和演化必将起着促进作用。另外,精确宇宙学时代的到来,以及欧洲核子中心大型强子对撞机(LHC)即将运行为检验该理论提供了一定的实验基础,更为其进一步发展提供了实验指导。超弦/M 理论的研究也为其他科学分支提供了新的思路和方法,如解释凝聚态物理中分数量子霍耳效应,并加深了我们对一些基础数学如几何与拓扑学的认识,导致了一些新数学的发现。正如加州理工学院弦理论家 Ooguri 于 2008 年 7 月在欧洲核子加速器中心(CERN)召开的国际超弦会议所做会议总结中提到的,超弦理论不仅是一个统一物质及其相互作用的候选理论,它也是一个模型,对我们已知的四维世界的引力、手征费米子、规范相互作用、对称性破缺等提供了很好的描述,特别它具备我们一个自洽的量子引力理论所具备的特征及要求;它还是一个工具,例如通过该理论获得的 AdS/CFT 对应可以使很多强相互作用系统,如夸克-胶子等离子体、强子物理、凝聚态物理中的量子相变、冷原子系统等得到广泛应用;最后它还是一种语言,如在普朗克能标时量子引力变得重要,此时时空将不存在,必须从更基本的结构导出,因此我们需要一个全新的更基本的语言来描述这一结构。换言之,超弦理论所担负的角色不仅是一个上述意义下的候选者,也是一个模型,是一个工具,更是一种全新的语言。

图 18.49 2006 年国际超弦学术会议(北京)

(三)超弦的基本概念

在 1970 年,芝加哥大学的南部阳一郎、斯坦福大学的萨斯坎德(LSusskind)和丹麦的哥本哈根玻尔研究所的尼尔松(H. Nielson)提出所谓弦模型:在弦的振动模式与基本粒子之间有对应关系。以图 18.50 为例,左图为夸克和反夸克构成的介子,夸克和反夸克用弦连接;而右图则为"Y"型弦,连接的 3 个夸克所构成的重子。南部阳一郎的弦理论中,弦无质量,有弹性,其端点以光速运动。用弦的张力表示粒子的质量。如果两根弦并合为一根弦,或一根弦断开为二,则可以表示粒子与粒子的相互作用。曼德尔斯塔姆(S. Mandelstam)对此进行详尽描述。

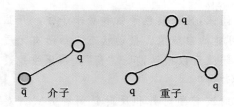

图 18.50　弦理论中的介子和重子

简言之,弦分两类:开弦与闭弦。弦的端点表示夸克。一根弦断开,则在弦断开处的两端出现 1 个夸克 1 个反夸克。重子由 3 个夸克构成,则可用 Y 形弦表示之。如所示,每个端点表示 1 个夸克。但是这个理论需要 26 维。一般来说,弦的振动模式代表不同的强子,例如弦的不同驻波花纹实际上可以用一圈、两圈等表示。

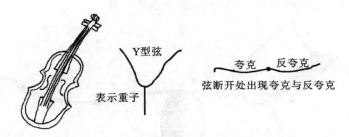

图 18.51　弦理论中的驻波表示不同的强子

在此期间,许瓦兹、斯切克(J. Scherk)、纳维等不断对弦理论进行改进和充实。1976 年斯切克与意大利都灵大学的格略兹(F. Gliozzi)、伦敦帝国学院的奥里佛(D. Olive)正式提出"超弦"理论,将超引力理论并入到弦理论中。但斯切克旋即意外去世,另两人又转换课题。

"超弦"理论的大旗,许瓦兹与格林(M. Green)毅然树起,许氏在 1979 年夏天与刚从剑桥大学毕业的格林都在欧洲核子中心工作。经过两年极为艰苦的努力,他们证明超弦论是可以重整化的,可以包含自然界的所有相互作用,容纳现在所有的已知基本粒子。这就是所谓第一次超弦革命。

1984 年夏天,他们在奥斯彭(Aspen)宣布,"超弦理论是国王",看来这就是可以解决一切的终极理论(theory of everything,TOE)。1 年后,普林斯顿大学的格罗斯、哈维(J. Havey)、玛丁尼克(E. Martinec)和若姆(R. Rohm)提出所谓杂化超弦理论("heterotic"string model)。这是一种包含杨-米尔斯理论的封闭弦模型。换言之,这是规范理论,也是目前最好的弦论。20 世纪 90 年代以后,又有什么两重性模型、M 理论,但在本质上变化不大。

这种理论,用小环(tingloop)描述基本粒子,而不是以前的点。环的典型长度为普朗克长度,约 10^{-35} 米;这个尺度只有核子的 100 亿亿分之一。这些环与质子的尺度相比,如同太阳系中的微尘。实际上,我们永远也看不到它们。弦的振动模式对应基本粒子,频率高者对应质量大的粒子,反之则对应质量小的粒子。

弦分为开弦和闭弦,又分玻色子弦和费米子弦。开弦的两端有"荷",弦亦可振动,具有无穷多可能的自旋值。振动状态包括所有无质量的媒介(规范)粒子,但要除去引力子。闭弦可以振动,但无"荷"。杂化弦是最重要的闭弦,它们通过"弦本身"传播,也有"荷"。

在闭环中传播的波有顺时针和反时针两种方式。对应顺时针行波的是 10 维理论,而对应反时针行波的是 26 维理论。超引力理论的主要问题之一,是无法解释中微子只有左旋的,即所谓"手征性"问题。在引进左"行"与右"行"的波(left and right running waves)后,超弦理论可以自然包括"手征性"了。

如果将时间包括在弦问题中,我们所面临将不是一根弦,而是弦随时间延展所得到的"世界膜"(worldsheet),参见图 18.52。就闭弦而言,所得到的可能是膜,也可能是不规则的柱面,参见图 18.53。这种膜可以想象为肥皂(膜)泡。微风拂过,泡发生轻微颤动,这就和弦膜的振动一样。

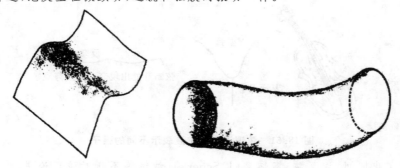

图 18.52   一个时空膜(在时空中延展的弦 10 维,左图)
和在时空中延展的闭弦(不规则柱面,右图)

与在通常粒子物理用费曼图描写相互作用相似,在超弦理论中弦相互作用的主要类型有一根弦断开为两根弦,和两根弦黏合为一根弦两大类。对于封闭弦则分为一个柱面断开为两个较小的柱面,或两个柱面拼合为一个不规则图形,参见图 18.53。

图 18.53   在两个时空中延展的闭弦的黏合

为了考察单个弦,只需垂直于时间轴通过膜作"薄片"(slice)。结果表明,在弦论中的此类费曼图比通常费曼图一般更简单。

我们可以将通常的四维时空(空间三维,时间一维)与这里的 10 维进行对应,在超弦理论中,应将额外的六维紧致化消除。宾夕法尼亚大学的卡拉比(E.

Calabi)与加利福尼亚大学的姚斯同(Shing-Tung Yau)发现一种奇怪空间,叫卡拉比-姚流形。普林斯顿大学的维滕证明紧致化可能导致这个流形。姚斯同后来证明,实际还有几个流形也可以满足上述的对应性。

在超弦理论框架中,标准粒子物理模型可以嵌入到一个更大的可以重整化理论中,即超标准模型(super standard model)。该模型包括 12 个玻色子,同样数目的费米子,一些黑格斯粒子,以及上述粒子超伴侣。超弦理论预言存在一种奇怪的轻粒子——轴子(axion),以及"影物质"(shadow)。

在所谓超弦第一次革命期间(1984—1985年),人们发现存在 5 种量子力学意义下自洽的微扰弦理论,其中有的超弦理论如杂化弦还明显包含规范自由度,因而包括了除引力外的其他 3 种相互作用。因此弦理论不仅将引力量子化,给出有限的计算结果(不像通常量子场论计算中有无穷大出现),就是说理论是可以重整化的,而且理论本身的自洽性自然地将引力和其他 3 种相互作用统一起来。总之,超弦理论可以将 4 种相互作用自然地统一起来。微扰弦理论的成功当时极大

图 18.54 爱德华·威顿(1951—)

地引起了人们对该理论的兴趣,并得到了科学界如诺贝尔物理奖获得者如盖尔曼和温伯格(及近期格罗斯)以及号称数学界诺贝尔奖的菲尔兹奖获得者爱德华·威顿(Edward Witten)等对该理论研究的强力支持。其中威顿在后期超弦论的发展中起到了特别重要的作用。

(四) 微扰超弦理论的困惑

但是微扰超弦理论存在如下问题。

一是不具有唯一性。如果统一理论的确存在,应具有唯一性。但我们有 5 种在理论上不同却都自洽的微扰弦理论,这说明除非它们都是等价的,我们必须对弦理论的非微扰性质进行研究,以确定最终的统一理论。

二是难以检验。5 种微扰弦的自洽性都要求 10 维时空和时空超对称(1 种联系玻色子和费米子之间变换的对称性),其自然能标为 10^{19} GeV。在可以预见的将来,我们不可能建造人工加速器能够产生如此高的能量来对弦理论进行直接检验。因此,要对弦模型进行实验检验就得要求,至少某种微扰弦理论能够给出 4 维时空下可观察的物理模型,如粒子物理的标准模型。研究结果表明,可以从微扰弦理论导出一个几乎与低能粒子物理标准模型相同,但又不完全相同的模型。这说明,现有的微扰弦理论是不完整的。建立一个能与现实世界有联系的弦理论,必须考虑弦理论的非微扰贡献。

三是极限理论。微扰弦理论假定时空具有平坦性,并要求弦的相互作用强度很小以使弦微扰展开有效,因此假定了弦真空及相关性质。这些假定与终极理论的要求相悖。作为一个终极理论,弦真空及相关性质应由其动力学决定。换句话说,所有微扰弦理论都是极限理论,绝不可能成为终极理论。

四是弦理论与 11 维超理论不自洽。我们知道五种微扰弦的低能极限给出

相应的超引力理论,而更低维的超引力理论对应于紧致化的超弦低能理论。基于微扰弦理论,无法对 11 维超引力的存在给出解释。但如将 11 维时空的一维空间维数看成为一个极小的圆圈,11 维超引力这时就给出其中一种超弦的低能有效理论。而此小圆圈的半径与此弦理论的相互作用强度成正比。由此可见,11 维超引力应与这种弦的非微扰理论的低能理论有关。换句话说,只有了解弦理论的非微扰性质才能解释 11 维超引力。

结论是必须对弦非微扰性质进行研究。

(五)超弦第二次革命与 M 理论

任何理论非微扰性质及其动力学的处理手段都很有限,我们试探索研究弦理论非微扰性质的线索。我们发现每种微扰超弦理论的低能极限与当时已知的相应的 10 维超引力理论一一对应,这似乎暗示相应的超引力理论作为低能有效理论的地位和重要性为探索指明了方向。但超引力理论本身的建立早于微扰弦理论,完全基于玻色子和费米子之间的一种称为超对称性的局域化所致。特别相应的、建立在对称性基础上的超对称代数与弦耦合常数(更一般地与真空选取)无直接关联,这暗示着超引力理论本身不应仅仅被看成为微扰弦的低能有效理论,而应该是非微扰弦理论的低能有效理论,且相对微扰弦它应包含更多的非微扰信息。这其中最简单、非平庸的就是探讨弦的非微扰态或孤子谱。研究发现非微扰弦理论除了包括一维的弦外,还有二维面,三维体等高维客体通称为膜。这一发现给当时弦理论研究领域的人们一个惊奇,完全超出了当时弦理论家们的想象。

在此以前,国际上研究超弦理论主要集中在美国各主要大学和一些研究机构,而按类似思路研究超膜(其空间维数大于 1)的主要集中在欧洲,特别是英国的一些主要大学。当时研究超弦理论的主流认为,超弦与空间维数大于 1 的超膜是不相关的理论,它们之间是没有联系的。这是因为当从其二维世界叶角度,超弦理论可看成为 (1+1) 维世界叶上的共型场论,并具有一个特殊的共型对称性。该对称性使得超弦世界叶上的引力与超弦本身的动力学自由度完全退耦。从而超弦世界叶可以在给定有限大小的区域内设为平坦,使得该共型场论的量子化变成一个 (1+1) 维具有多个自由标量场简单系统的量子化。对于超弦来说,只要时空维数取为 10,共型对称性及上述相关的一些性质在量子意义上也得到保持。加上时空超对称的要求(除掉弦理论中的快子态),超弦理论成为在微扰意义上完全自洽、有限的量子引力理论。而对于其他膜,我们无法做到类似超弦理论意义下的微扰量子化。这就是当时人们认为一维弦与高维膜无关的主要理由。

根据非微扰超弦的低能有效理论,即"超引力理论",人们发现 NSNS 5-膜和一类现称为 D_p 膜(其中 $p=0,1,2,\cdots,9$ 代表相应膜的空间维数),首次揭示了弦与其他膜是紧密相关的,只是它们之间的联系是建立在非微扰意义上的。这些膜都保持一半时空超对称性,从而被称为 1/2 BPS 稳定态。其中具有 5 个空间维数的 NSNS 5-膜就是通常所熟悉意义下弦的孤子,如该膜的质量与弦的耦合常数平方成反比关系。D_p 膜是一类新的非微扰弦特有的非微扰态,例如其质量与弦耦合常数本身而不是其平方成反比关系。这些非微扰态是从非微扰弦的低能有效理论中发现的，它们保持一定的超对称性，使得其质量等于相应的守恒荷，对应的就是所谓的稳定的 BPS 态。这种态的特点是：如果一个理论的某种近似理论存在这种解或态，那么它们一定也是完整理论的解或态，且从近似理论获得这种态的质量是精确的，没有高阶修正。例如，从非微扰弦理论的低能有效理论获得的这些非微扰 BPS 态，尽管其相应的位形可能有量子修正，但由此位形算出的质量却是精确的，不会有任何量子修正，这些态也是完整非微扰弦理论的态。

　　这一发现为解决微扰弦理论中存在的各种问题或困惑提供了基础。如果我们的现实世界与非微扰弦相关，即与较大的弦耦合常数区域相关，那么这些新发现的膜的动力学就不可忽略，这些膜的动力学甚至比弦的动力学还重要。这可以从上述提到的膜的质量与弦耦合常数的关系来理解。此时膜的能量标度刻画的是相应动力学客体的动力学自由度具有重要动力学效应时对应的能量标度。由此可以看出，当弦的耦合系数较大时，膜的能量标度比弦还要小，也就是膜的动力学自由度比弦的还要轻，因此具有更重要的动力学效应。换句话说，只要我们的现实世界与非微扰弦相关，那么这些膜的动力学效应就不可忽略，这暗示着 5 种微扰弦理论在非微扰意义上可能并不独立，11 维超引力可能与非微扰 ⅡA 弦相关。

　　反之，当弦的耦合常数 $g \to 0$ 时，其他膜的能标都变成无穷大，相应的动力学自由度都变得无穷重，因此其动力学冻结，结果膜与弦的动力学自由度退耦。这样最轻的动力学自由度完全来自弦，所有的动力学完全由弦来描述。这也解释了为什么仅对弦存在微扰理论而其他膜没有。当弦的耦合常数 $g \to \infty$，这时 D_0 膜的能标最小，且所有其他膜的能标相对 D_0 膜的都为无穷大，因此都冻结而退耦。这说明当弦耦合常数为无穷时，表述 M 理论的动力学客体是 D_0 膜，这也是后面提到的 M 理论矩阵表述的基础。

　　这些高维膜的发现帮助我们建立 5 种弦理论和 11 维超引力之间的各种对偶或等价关系。例如考虑非微扰效应后，非微扰 ⅡA 弦对应的就是一个以 11 维超引力作为低能有效理论的非微扰理论，而且该理论包括称为 M_2 和 M_5 膜等作为该理论基本动力学客体，其弱耦合极限给出的就是通常的微扰 ⅡA 弦理论；Type Ⅰ So(32) 弦理论与 So(32) 的杂交弦之间也是一种强弱对偶关系，即一种在强耦合区域的弦理论可以用一种完全等价的弱耦合的弦理论来描述，我们就将 5 种弦理论和 11 维理论在非微扰意义上完全联系等价起来。这样我们就在微扰弦理论原有的统一量子力学和广义相对论的基础上将一维弦与其他超膜联系起来，同时也将所有的超膜统一在一个理论框架内，且这些超膜作为该理论的基本动力学客体，由此预言了一个更大理论的存在，即目前称为 M 理论的存在性（近年来非微扰弦方面取得的重大进展称为第二次超弦革命）。

　　早期发现的 5 种微扰弦理论和 11 维超引力仅仅作为 M 理论的不同极限理论。M 理论中存在许多奇妙的对偶关系及结果，极大地鼓舞了从事该领域研究的科研工作者。总而言之，超弦理论的第一次革命统一了量子力学和广义相对论,发现了量子自洽的 5 种微扰弦理论;而第二次革命统一了 5 种不同的弦理论和 11 维超引力,预言了一个更大的 M 理论的存在。对 M 理论的研究揭示了相互作用、时空以及经典和量子的一些本质、暗示它们的模糊性和非基本性。例如,闭弦和开弦对 D-膜的等价表述暗示着常规引力与规范相互作用的联系,暗示着相互作用的模糊性。另外这种等价表述下经典的闭弦计算结果可以看成开弦的单圈量子效应是否也隐含着经典和量子的某种模糊性。弦理论中时空的非对易性应该是量子引力的自然结果,隐含着时空的非基本性或模糊性,这在 M 理论的矩阵表述中是显然的。另外,弦/M 理论预言额外维和超对称性的存在,首次为一些黑洞熵提供了微观解释,该理论的 AdS/CFT 对偶关系(一个定义在 AdS 时空上的弦理论与一个规范理论的等价关系)为解决量子色动力学的强耦合行为,如夸克-胶子等离子态、强子物理等提供了新的途径。

(六)存在问题及近期进展

M 理论的最大问题是,本身理论框架还没有被完全建立,对非微扰行为知之甚少,甚至于该理论中强耦合的定义如何也不完全清楚;基于局域场论的自由度概念在这里是否适用也是个问题。尤其是弦/M 理论的真空问题令人头疼:弦/M 理论有各种真空态,这些真空态的集合统称为弦景况(string landscape),基于其有效理论的保守估计,有约 10^{500} 这样的真空,且每个真空附近的物理常数与宇宙学常数不一样,有大有小。近期宇宙学观察告知,我们的宇宙具有一个小的正宇宙学常数,它支配着目前宇宙的加速膨胀,构成了宇宙中主要物质组分(暗能量组分),如何从众多的真空中选择我们现有的真空并给予第一原理性的解释,是弦/M 理论需要回答的问题。另外,回答暗能量的起源和本质问题也是弦/M 理论作为基本量子引力统一理论所不可回避的。用弦/M 理论描述宇宙早期行为,如暴涨行为是该领域目前热点研究方向之一,突破了原认为的不可能性,取得了相当大的进展,实现了符合观察的一些宇宙学模型。这些基于弦理论的宇宙学模型的特征预言是宇宙极早期的张量扰动远小于标量扰动,这两者的比值 r 远远低于可探察水平,但不违背目前的由观察得出的极限 $r \leqslant 0.3$。未来的观察可能给不出下限但也可能给出该比值的下限为 $r \geqslant 10^{-2} \sim 10^{-3}$,如果是后者的话,至少会给现有的弦宇宙学模型提出挑战。另外,弦宇宙学模型可以描述最新观察发现的有关功率谱可能的非高斯性。精确宇宙学时代的到来为实验检验弦/M 理论提供了一定的可能,同时也为其进一步发展提供了实验指导。

现有的基于弦理论相关构造,如 KKLT 构造给出的弦宇宙学模型,它们给出暴涨时期的张量扰动相对于标量扰动是非常小的,这是源于暴涨时期的哈勃常数值不应超过引力子超对称引力子(gravitino)的质量。从粒子物理有关超对称破缺的唯象考虑,引力子的质量不应超过通常认为的超对称破缺能标,即 $m_{3/2} \leqslant 0(1 \text{ TeV})$。正是这一较低能标的约束使得目前的弦宇宙模型几乎没有张量扰动。

弱电统一能标与普朗克能标巨大差异的标度等级问题实际上与粒子物理中的大沙漠问题相关,看来最佳解决途径是通过超对称自发破缺。基于长寿命亚稳态的动力学超对称破缺是目前弦理论及超对称规范理论的研究热点之一。通常的超对称自发破缺总伴随着一个所谓 R-对称性的出现。但这种整体对称性的出现会造成规范场的超对称规范子(gaugino)难以获得质量,也无法避免实验上没有观察到的轻 R-轴子(R-axions)。近期研究发现,基于所谓亚稳态的动力学超对称破缺对应的只是近似的 R-对称性,因此有可能避免上述问题的出现。要使得这种动力学超对称破缺具有现实意义,该破缺应是自发的,且在场空间该亚稳态要远离真正的超对称真空,从而使得从亚稳态到超对称真空的隧穿被极大地压制,给出亚稳态的寿命大于宇宙的年龄。

从唯象角度来说,要使得规范场超对称规范子获得质量,R-对称性破缺应发生在超对称破缺标度的能区上。这种破缺可以是自发或明显的,或两者都有。但如果该对称性破缺是自发的,就会导致被实验上否认的轻 R-轴子的出现。由此可见,R-对称性破缺必须是明显的。具体要看在超对称及 R-对称性破缺标度下,相应的模型是否能给出足够大的 R-轴子的质量,从而可以逃脱实验的探察。在引力退耦的情况下,我们就必须在相应的场论中引入明显破缺 R-对称性的项。从超对称破缺与 R-对称性的联系,这必然隐含着该情形下超对称破缺基态是亚稳的。换句话说,对具有现实意义的动力学超对称破缺,亚稳态是不可避免的。目前该领域的研究主要是构造满足所有要求同时具有现实意义基于亚稳态的动力学超对称破缺模型。

弦/M 理论自身的发展,尤其是理论的非微扰方面,最近也取得了可喜的进展。在弦/M 理论中,一些表面上为非微扰的情形通过某种对偶关系可以将之转化为微扰的情形,从而可以用熟知的微扰方法加以研究,但也存在一些固有的非微扰情形,如对 M_2、M_5 和 NSNS 5-膜的动力学,一直缺乏一般的非微扰方法去研究其相关性质。近期,人们提出了多个 M_2 膜的低能非微扰共型理论,通过相应的 AdS4/CFT3 对应以及从 AdS5/CFT4 对应已获得的知识和经验,可为研究该膜的固有非微扰动力学行为打开缺口。

近期的研究热点还涉及如 de Sitter 空间的量子引力问题、四维时空下 $N=8$ 超引力的有限性问题,基于弦理论研究的一些启示如 AdS/CFT 对应而发展起来的一套定义在扭曲空间上,(twistor space)可应用于计算规范和引力理论微扰振幅的全新技术,Kerr/CFT 对应等。

必须指出,我国在超弦第一次革命和第二次革命中贡献甚少。在当前的超弦理论研究中,中国科学技术大学和中国科学院理论物理所有一批生气勃勃年青的科学工作者,在该领域从事创造性的工作,如在弦/M 理论本身的发展、微扰弦散射振幅的圈图计算及其对 QCD 圈图计算的应用、弦/M 理论相关的宇宙学暴涨及暗能量模型方面和利用 AdS/CFT 研究强耦合 QCD 等方面在国际上有一定的影响。

作者认为,超弦论在理论上取得了重要成果,似乎是解决当前物理学基础理论中的瓶颈问题有希望的途径。但是,其最大的问题在于,其理论预测在可以预见的将来难以通过实验检验。物理学归根结底是建立在实证基础上的,因此,我们很难在短期内鉴别超弦论的正确与否。

阅读材料 18-4

1998—2010 年诺贝尔物理学奖

1998 年

罗伯特·劳克林(Robert B. Laughlin,1950—)、霍斯特·施特默(Horst L. Stormer,1949—)和崔琦(Daniel C. Tsui,1939—)因发现了一种具有分数电荷激发状态的新型量子流体,共同分享了 1998 年度的诺贝尔物理学奖。劳克林,韩国科学技术大学(KAIST)校长;施特默为纽约哥伦比亚大学教授;崔琦为普林斯顿大学教授。

图 18.55 罗伯特·劳克林(左)、霍斯特·施特默(中)和崔琦(右)

1980 年德国物理学家克劳斯·冯·克利青在实验中发现了量子霍尔效应,即霍尔电阻随磁感应强度的变化不是线性的而是台阶式的,出现台阶处的电阻值与材料的性质无关,而是由一个常数 h/e^2 除以不同的整数。克利青因此获得了 1985 年度的诺贝尔物理学奖(参见本书第十七章第一节,和相关的图 17.1)。两年之后,施特默、崔琦及其同事们采用更低的温度和更强的磁场对霍尔效应进行了细致的研究,发现了分数量子霍尔效应。在霍尔电阻随磁感应强度的变化的曲线中,他们发现曲线不但呈现台阶式的变化,而且出现了一些使他们非常惊奇的新台阶,这些新台阶的高度都能表示为 h/e^2 除以不同的分数。

分数量子霍尔效应发现一年后,劳克林等(包括安东和帕普流)提出了理论解释。他们指出,在量子霍尔效应情形下,电子体系凝聚成了某种新型的量子流体。而且,他们还提出一个多电子体系的波函数,用以描述电子间有相互作用的量子流体的基态。劳克林还证明,在基态和激发态之间有一能隙,激发态内存在分数电荷的"准粒子"。

分数量子霍尔效应本身就是对新型的量子流体理论的一个间接检验。后来,几个研究小组成功地观察到了这种新粒子。

量子霍尔效应是固体(可以简化为二维电子气的固体)在极端条件下(极低温和强磁场)出现的一种特殊现象,在精密测量中得到广泛应用。例如:量子霍尔效应测量精细结构常数,精度超过 10^{-6};在使用中,人们经常应用量子霍尔效应作为标定电阻标准值的方法。

1999 年

赫拉尔杜斯·特霍夫特(Gerardus't Hooft,1946—)和马丁努斯·韦尔特曼

(Martinus Veltman,1931—)因解释了物理学中的电弱相互作用的量子结构,共同分享了 1999 年度的诺贝尔物理学奖。特霍夫特,荷兰科学院院士,在乌得勒支大学任物理学教授;韦尔特曼是美国密歇根大学的退休教授。

图 18.56　特霍夫特(左)和韦尔特曼(右)

　　弱电统一理论是 20 世纪最伟大的科学成就之一。在建立弱电统一理论时,需要解决 3 个基本问题:其一,不同于电磁理论的对称性,弱电统一理论遵从什么样的对称性,即选择什么对称性合适? 其二,不同于光子没有静止质量,在弱电统一理论中,传递弱力的规范粒子质量应该很大,那么怎样使传递弱力的粒子获得质量? 其三,这样的理论能否像量子电动力学(QED)一样,可以实现量子化和重整化? 前两个问题,被格拉肖、温伯格和萨拉姆解决了(这 3 人在 1979 年获得了诺贝尔物理学奖):弱电统一理论遵从一种特殊对称性,用数学符号表示,就是群 $SU(2) \otimes U(1)$。至于规范粒子,科学家利用所谓希格斯机制让它获得质量。关于希格斯机制可参阅第一章和第七章有关的内容。

　　第三个问题,则是由本年度的诺贝尔奖金获得者特霍夫特和韦尔特曼在 1971 年至 1972 年解决的,前者是后者的博士研究生。这一问题具有高度的挑战性。因为对于简单得多的 QED 的量子化和重整化,就使科学家伤透了脑筋。量子化的必要性无须解释,但重整化就要多说两句了。原来所有的量子理论,在计算中都会遇到一个发散困难,就是当微扰计算进行到高阶计算时,往往就变成无穷大。无穷大在物理上是没有意义的。在 1945—1947 年之间,美国和日本的一些科学家发明了一种重整化的计算方法,可以免除在高阶计算中的发散困难,并且能得到与实验高度吻合的精确结果。这些科学家都得到了诺贝尔物理学奖。弱电统一理论是一种高度非线性的理论——非阿贝尔规范理论,比 QED 复杂得多,这个理论可以重整化吗? 许多科学家耗费了大量的精力,结果无功而返。特霍夫特和韦尔特曼提出了一个适用于非阿贝尔规范理论的方案,证明了对称性自发破缺不破坏该规范理论的可重整性。这种方案后来称为维度正规化方案。他们不仅阐明了非阿贝尔规范场是有物理意义的,而且为这种理论提供了一种计算量子修正的方法。这是一个突破性的重大进展,使得很多物理过程可以计算,并且其结果能与实验观测相比较,从而能做物理预言。例如,传递弱作用的规范粒子——中间玻色子 W 和 Z 早就被弱电统一理论预言,但是,更加精确地预言 W 和 Z 粒子性质的物理量却只能通过特霍夫特和韦尔特曼的工作才能进行。

20 世纪 80 年代初,在欧洲核子中心(CERN)的 LEP 加速器上测量 W 和 Z 粒子性质的实验结果与他们理论上的预言非常一致。再如,用特霍夫特和韦尔特曼的计算方法预言了顶夸克的质量,1995 年,在美国费米国家实验室首次观察到了这个夸克,测得的质量值与他们的理论预言值相符。

2000 年

泽罗斯·阿尔弗罗夫(Zhores I. Alferov,1930—)和赫伯特·克罗默(Herbert Kroemer,1928—)因发展了用于高速光电子学的半导体异质结结构,杰克·基尔比(Jack S. Kilby,1923—2005)因在发明集成电路中所作出的贡献,共同分享了 2000 年度的诺贝尔物理学奖。阿尔费罗夫为白俄罗斯艾奥费物理技术学院院长;克罗默是美籍德国科学家,圣塔芭芭拉加利福尼亚大学科学家;基尔比原为德州仪器公司的工程师,于 2005 年 6 月 20 日,基尔比在与癌症作了艰难的搏斗之后,在德州达拉斯市的家中与世长辞,享年 81 岁。

图 18.57　阿尔弗罗夫(左)、克罗默(中)和杰克·基尔比(右)

这是一个迟来三四十年的诺贝尔物理学奖。这份殊荣,因为得奖时间相隔愈久,也就愈突显它的成就。迄今为止,正全面改造人类的个人电脑、移动电话等 3C 产品,皆源于他们的发现和发明。

第一个关于异质结结构晶体管的建议是赫伯特·克罗默于 1957 年提出的,他的理论研究工作表明,异质结结构晶体管比传统的晶体管要优越,尤其是在电流放大器和高频中的应用。在异质结结构晶体管中已经有了高达 600 GHz 的频率,它要比最好的普通晶体管高出大约 100 倍。另外,由这些元件组成的放大器是低噪音的。异质结结构在半导体激光器的发展中起到了重要作用。1963 年,泽罗斯·阿尔弗罗夫和赫伯特·克罗默各自独立地提出了异质结结构激光器的原理,这是一项和异质结结构晶体管同样重要的发明。

异质结结构在技术中非常重要。在卫星通信中,应用由异质结结构晶体管制成的低噪音高频放大器,改善了移动通信中的信噪比。根据异质结结构制成的半导体激光器可应用于光纤通信中的光数据存储,如 CD 激光唱机、条形码识别器、激光标识器等。异质结结构对科学研究也具有非常重要的意义,在半导体接触层中形成的二维电子气所具有的特性是研究量子霍尔效应的出发点。

基尔比的重要贡献是证明集成电路具有实际可能性。现代电子技术的发展要求使用越来越多的电子管,但由此又增加了系统的复杂性,这就意味着电路中使用电子管的数目是有限制的。最高限度大约是 1 000 个电子管。1947 年圣诞节前夕晶体管的发明是现代半导体技术发展的开端。晶体管作为元件比电子管更小、更可靠,而且能耗更低。通过把很多晶体管焊接在一块印刷电路板上。印刷电路的晶体管数目可达 1 万以上。但是,晶体管的数目显然是计算机产业的制约因素。早在 20 世纪 50 年代初,就有在组合半导体块中制造晶体管、电阻器和电容器,即制备具有高度集成型的所谓集成电路的思想。年轻的工程师杰克·基尔比证明了集成电路具有实用可能性,与此同时,年轻的罗伯特·诺伊斯也独立完成了相应证明。

集成电路的研制成功不仅导致了半导体技术的发展,而且也促进了器械和仪器设备的巨大发展,特别是促进了信息技术的大发展。

2001 年

埃里克·康奈尔(Eric A. Cornell,1961—)、沃尔夫冈·克特勒(Wolfgang Ketterle,1957—)和卡尔·维曼(Carl E. Wieman,1951—)因在稀薄的碱金属气体中实现了玻色-爱因斯坦凝聚,以及在对这种凝聚物的特性进行早期的基础研究中所取得的杰出成就,共同分享了 2001 年度诺贝尔物理学奖。康奈尔是美国科罗拉多大学教授;克特勒为麻省理工学院物理系教授;维曼现为美国科罗拉多大学教授。

图 18.58 埃里克·康奈尔(左)、沃尔夫冈·克特勒(中)和卡尔·维曼(右)

1924 年,年轻的印度学者玻色撰写了一篇论文,用完全不同于经典电动力学的统计方法,导出了普朗克黑体辐射公式。他将论文寄给著名物理学家爱因斯坦,爱因斯坦马上认识到该文的价值,随即将其译成德文发表。随后,爱因斯坦又将玻色的方法推广应用到单原子理想气体,并预言这些原子在极低的温度下,当它们之间的距离在足够近、热运动速度足够慢时将会发生相变,变成一种新的物质状态——玻色-爱因斯坦凝聚。处在这种状态的气体原子,其总自旋一定为整数,即为玻色子。当温度足够低时,这些原本各自独立的气体原子会变成一群"统一行动"的原子,即"凝聚"在一个相同的能量最低的量子态,形成一个新的宏观物质状态。爱因斯坦的论文发表后,尽管引起了物理学家的普遍关注,但是,由于凝聚体出现的条件过于苛刻,一直将它视为难以实现的理想状态。

经过 70 多年的努力,尤其在朱棣文等科学家发明了所谓激光冷却新技术方法,直到 1995 年,才由美国科罗拉多州博耳德实验天体物理联合研究所(JILA)

的康奈尔和维曼以及麻省理工学院(MIT)的克特勒先后在实验中真正获得了玻色-爱因斯坦凝聚。

应当指出,要获得玻色-爱因斯坦凝聚,就必须将单原子气体冷却到绝对零度之上 100 亿分之一摄氏度,这是十分困难的。大约在 1990 年,维曼应用朱棣文等人发展起来的激光冷却和原子阱囚禁技术,拟定了一个在碱原子中实现玻色-爱因斯坦凝聚的实验方案:先在磁阱中用激光冷却碱原子,然后再应用射频"蒸发"冷却除掉在磁阱中那些速度快的原子,以达到玻色-爱因斯坦凝聚所必需的低温。美国 JILA 小组的康奈尔和维曼采用上述方案使铷原子系统的温度降低至 170 nK,并通过在样品上加上足够快的旋转磁场来避免阱中心原子的丢失,终于在 1995 年 6 月,成功地实现了铷原子的玻色-爱因斯坦凝聚。几乎同时,美国 MIT 普里特查德(D. E. Pritchard)小组的克特勒用类似的方法实现了钠原子的玻色-爱因斯坦凝聚。由于他通过聚焦在阱中心的强大激光束来阻止原子的丢失,得到了包含更多原子数的凝聚物,使得测量这些凝聚物的性质成为可能。

在这三位诺贝尔奖得主所做的开创性实验之后,又有 20 多个研究小组获得了玻色-爱因斯坦凝聚物。但是,在这个研究领域,这三位诺贝尔奖得主所在的研究小组始终保持着他们的领先地位。

研究玻色-爱因斯坦凝聚不仅有重要的科学意义,而且在芯片技术、精密测量和纳米技术等领域也有非常广泛的应用前景。以芯片技术为例,目前的芯片都是利用普通光线的激光来完成集成电路的光刻,而普通光线的波长是有限度的,所以集成电路的密度已经接近极限。如果利用碱金属原子稀薄气体的玻色-爱因斯坦凝聚,作为原子激射来完成集成电路的"光刻",将会大大提高集成电路的密度,从而大大提高电脑芯片的运算速度。原子激射器是一种新型的"激光"技术,激光是由单色性、方向性和会聚性极强光子构成,而原子激射则是由单色性、方向性和会聚性极强原子构成。原子激射器的原型在美国一些大学的实验室已经出现。

2002 年

雷蒙德·戴维斯(Raymond Davis Jr,1914—2006)和小柴昌俊(Masatoshi Koshiba,1926—)因在宇宙中微子探测方面所作的贡献,里卡尔多·贾科尼(Riccardo Giacconi,1931—)因发现宇宙 X 射线源,共同分享了 2002 年度诺贝尔物理学奖。戴维斯,曾为美国宾夕法尼亚大学物理学和天文学系名誉教授;小柴昌俊是日本东京大学国际基本粒子物理中心(ICEPP)高级顾问和东京大学荣誉教授、神冈实验室资深学术顾问;贾科尼现为美国国家射电天文台的台长及联合大学公司的主席。

早在 1930 年,著名理论物理学家泡里鉴于在 β 衰变中,反应前后能量不守恒,有一部分能量失踪了,就预言了中微子的存在。他认为,中微子不带电,静止质量为零,因此中微子几乎不与任何物质发生作用(除了强度极小,而且作用范围极短的弱相互作用),因此,尽管每秒有上万亿个中微子穿过我们的身体,但是我们很难发现它的踪影。25 年之后,科恩(C. L. Cowan)和莱因斯(F. Reines)领

图 18.59　雷蒙德·戴维斯(左)、小柴昌俊(中)和里卡尔多·贾科尼(右)

导的小组第一次通过实验直接证实了中微子的存在,从而解决了 β 衰变中一部分能量失踪问题。他们的工作获得诺贝尔物理学奖。

中微子在元素核合成理论中扮演重要角色。科学家普遍相信像太阳一类恒星的能量来自于核聚变反应。在核聚变反应过程中,会放出大量中微子。天体物理学家建立了比较可信的标准太阳模型,但是,实验测得的太阳中微子流的强度仅为标准太阳模型预期值的一小半,这就是 30 多年来人们一直在谈论的"太阳中微子失踪之谜"。在粒子物理的标准模型中,人们提出了一种 3 代中微子的假说,如果认为中微子具有极其微小的静止质量,则 3 代中微子之间便会出现一种相互转换的中微子振荡现象。

戴维斯和小柴昌俊的工作进一步证实了太阳中微子的存在,并且证实了中微子振荡现象确实存在。戴维斯通过 $\nu + {}^{37}Cl \rightarrow {}^{37}Ar + e^-$ 反应来探测中微子,其实验装置是一个埋在胡姆斯塔克(Homestake)1 500 米深矿井中的装有 615 吨 C_2Cl_4 液体的大容器。当液体中的 ${}^{37}Cl$ 被中微子碰撞后就会放出电子并转变为 ${}^{37}Ar$,只要探测到 ${}^{37}Ar$ 的存在,便能证实中微子的存在。戴维斯持续了 30 年时间,才探测到约 2 000 个太阳中微子。观测到太阳中微子就直接证明了太阳内部确实进行着核聚变反应。小柴昌俊在日本神冈建造了另一台大型中微子探测器,是一个装有 2 140 吨水的大容器,在水箱的周围装有上千个光电倍增管。中微子有可能与水中的电子或质子相互作用,产生一个高能电子,这个电子可引起微弱的闪光,探测这种微弱的闪光就可证实中微子的存在。小柴昌俊的探测器探测到了来自太阳的中微子,并证实了戴维斯的实验结果。

两个小组的实验结果与中微子振荡模型是相符的,换言之,他们解决了太阳中微子的失踪问题。在某种意义上,他们的实验结果是中微子具有静止质量的证明。

另外,小柴昌俊的探测器还探测到了 1987 年 2 月 23 日在大麦哲伦星云中爆发的那颗超新星所释放出的中微子,这是人类第一次观测到太阳以外的宇宙中微子。

包括太阳在内的所有恒星都在不断地发射各种波长的电磁波,不仅有可见光,而且还有我们肉眼看不见的 X 射线、γ 射线等。由于 X 射线很容易被地球的大气层吸收,所以要探测来自宇宙空间的 X 射线,就必须把探测器放到太空中。

贾科尼领导研制了世界上第一个宇宙X射线探测器"爱因斯坦X射线天文望远镜"并首次获得了精确的宇宙X射线图像;第一个探测到了太阳系以外的X射线源;第一个证实了宇宙中存在X射线辐射背景;第一个探测到了可能来自黑洞的X射线。另外,他还倡导研制了"钱德拉X射线望远镜"并于1999年送入太空,这对探测星系、类星体和恒星,以及寻找黑洞、暗物质的踪迹有着非常重要的意义。

戴维斯和小柴昌俊在"探测宇宙中微子"方面取得的成就导致了中微子天文学的诞生;贾科尼在"发现宇宙X射线源"方面取得的成就同样导致了X射线天文学的诞生。

2003 年

阿列克谢·阿布里科索夫(Alexei Abrikosov,1928—)、安东尼·莱格特(Anthony Leggett,1938—)和维塔利·金茨堡(Vitaly Ginzburg,1916—2009)由于在超导体和超流体理论方面做出的开拓性的贡献,共同分享了2003年度诺贝尔物理学奖。阿布里科索夫在阿尔贡国家实验室工作;金茨堡为前苏联科学院院士,2009年因病在莫斯科逝世,享年93岁;莱格特,英国物理学家,1938年生于伦敦,现为美国伊利诺伊大学厄巴纳-尚佩恩分校教授。

图18.60　阿列克谢·阿布里科索夫(左)、安东尼·莱格特(中)和维塔利·金茨堡(右)

1911年,荷兰物理学家昂内斯(H. K. Onnes)在极低温(4.15 K)下发现了金属汞的超导电性。直到1957年,物理学家巴丁(J. Bardeen)、库珀(L. Cooper)和施里弗(R. Schrieffer)才提出了解释超导现象的BCS理论:超导相的出现,是由于费米面附近动量和自旋均相反的两个电子在电子-声子相互作用下形成库珀对,而库珀对作为复合玻色子发生玻色凝聚的结果。昂内斯因对物质低温性质的研究和液氦的制备荣获1913年度诺贝尔物理学奖;巴丁、库珀和施里弗因发现BCS理论共同分享了1972年度诺贝尔物理学奖。

在对超导电性深入研究的过程中,迈斯纳(W. Meissner)和奥谢菲尔德(R. Ochsenfeld)于1933年发现了超导体的迈斯纳效应,即只要磁场强度小于临界值H_c,磁场就进入不了处于超导态的超导体内部,也就是说,超导体内磁感应强度总是为零;而磁场太强,超导电性则会消失。迈斯纳效应可从理论上解释如下:超导体在磁场中,其表面形成了超导的面电流,称作迈斯纳电流,它所产生的磁场可以抗拒外磁场在超导体内部的存在。除了具有迈斯纳效应的超导体,还有一类超导体具有两个临界磁场强度 H_{C_1} 和 H_{C_2}。1953 年，当时在莫斯科卡皮查物理研究所工作的年轻人阿布里科索夫将其命名为第 II 类超导体，并对其进行了理论研究。他发现：当外加磁场强度小于 H_{C_1} 时，它和第 I 类超导体一样有迈斯纳效应；在 H_{C_1} 和 H_{C_2} 之间，磁场以磁通线的形式进入超导体而形成所谓的混合态，即超导体的基体处于超导态，而一根一根磁通线的芯子则是正常态，当磁场强度增加时，磁通线的密度增加；最后，当外磁场大于 H_{C_2} 时，相邻磁通线正常态的芯子彼此相连，超导体转变为正常态。阿布里科索夫关于第 II 类超导体的研究基础是 GL 理论。

GL 理论是 20 世纪 50 年代初期由金茨堡和朗道(L. D. Landau)提出的。这种理论是一种唯像科学理论，试图描述当时所知道的所有超导体的超导电性和临界磁场强度。该理论引入一个描述材料中超导冷凝物密度的序参量，而一旦引入了这个参量，并且发现当其达到这个特征值的大约 0.71 倍时，就会出现一个对称性的破缺点；原则上存在两类超导体。对于水银，这个特征值大约为 0.16；当时所知道的其他超导体的特征值也与此接近。阿布里科索夫完善了这个理论，通过计算表明第 II 类超导体精确地具有这些特征值。

现在我们知道，根据超导体的不同，第一类超导体的临界磁场强度，H_{C_1} 在 $10^{-3} \sim 10^{-1}$ 特斯拉范围，第二类超导体临界磁场强度 H_{C_2} 可达几十特斯拉。第二类超导体的特点是能将磁通线固定在其缺陷和应力集中处而降低系统的能量，使系统更稳定，从而"钉"住进入其内部的磁通线，在通大电流的情况下，磁通线也不会因电磁相互作用而发生运动，产生能量损耗，破坏超导电性。这就是所谓钉扎效应。这是第 II 类超导体在强磁场下仍能无阻承载大电流的基础。这个特性导致第 II 类超导体在强电、强磁方面的重要应用，例如，用于制造超导强磁体。

液体 ^{4}He 是最简单的玻色子体系，其原子具有满壳层的电子结构。液氦 ^{4}He 的超流现象在 1938 年就由卡皮查(P. L. Kapitza)等科学家发现，朗道基于玻色-爱因斯坦凝聚对 ^{4}He 的超流现象做出了合理的解释。^{3}He 是 ^{4}He 的同位素，原子核中少一个中子，核自旋为 1/2，是最简单的费米子体系。1972 年，李(D. Lee)、奥谢罗夫(D. Osheroff)和理查森(R. Richardson)在 10^{-3}K 级的低温下，发现了 ^{3}He 的超流相。作为费米子液体的 ^{3}He 超流相，类似于金属合金中电子系统的超导相变，也是 ^{3}He 原子匹配成库珀对然后作为复合玻色子发生玻色-爱因斯坦凝聚。不同之处在于：在 BCS 超导体中，电子对的总自旋为零，两个电子是各向同性的；而在超流 ^{3}He 中，库珀对是各向异性的，每个对要用两个矢量描述。

莱格特关于超流 ^{3}He 理论的中心点是：在超流相变时，发生玻色-爱因斯坦凝聚的这些对的行为必需一致，不仅是它们的质心运动要一致，而且其内部结构和相对取向也要一致，所有对的自旋取向和角动量矢量取向均应相同，自旋取向和角动量矢量取向的旋转对称性分别地并同时地发生破缺。整个超流液体需要两个特征矢量描述：一个涉及其自旋性质；一个联系于轨道运动性质，是各向异性的超流。核自旋间的磁偶极相互作用导致具有各向异性特征的相互作用。总之，莱格特理论对于了解超流^{3}He中库珀对或序参量的结构是极为重要的，他的理论为解释实验结果提供了理论的框架，特别是，他发现的在凝聚态物质中可以发生几种对称性的同时自发破缺，对了解发生在其他领域（例如液晶物理、粒子物理和宇宙学）中的复杂相变，有着普遍的重要性。

顺便指出，朗道（Lev Davidovich Landau，1908—1968）因对凝聚态物质的开创性研究，特别是创立了液氦的超流动性理论，获得了 1962 年度诺贝尔物理学奖。

2004 年

戴维·格罗斯（David Gross，1941—）、戴维·普利策（David Politzer，1949—）和弗兰克·维尔切克（Frank Wilczek，1951—）因发现强相互作用理论中的渐近自由性质而获得 2004 年诺贝尔物理学奖。戴维·格罗斯、戴维·普利策和弗兰克·维尔切克目前分别在加利福尼亚大学圣巴巴拉分校、加利福尼亚理工学院和麻省理工学院工作。

图 18.61　戴维·格罗斯(左)、戴维·普利策(中)和弗兰克·维尔切克(右)

1967 年，美国斯坦福直线加速器中心（SLAC）做了"深度非弹性散射"实验，即用高能量的电子去轰击质子，然后观测散射出来的粒子。实验结果显示，质子内部有更小的夸克。电子和质子的非弹性散射可以看成是电子和夸克的弹性碰撞，而且这些夸克是近乎自由、彼此没有相互作用的粒子。该实验结果，可以作为对 20 世纪 60 年代初提出的夸克模型的支持，证实了夸克的存在。就像 1911 年英国科学家卢瑟福用 α 粒子轰击铍原子，证实原子内存在原子核一样。但是这一实验结果却又给物理学家提出了一个难题：夸克既然挤在质子内很小的空间之中，应该是被很强烈地束缚着，怎么可能是近乎自由的呢？

物理学家常用"荷"来表示相互作用的强度大小，例如，在电磁相互作用中，带电粒子参与电磁相互作用的强度正比于带电粒子的电荷。但是，由于带电粒子使周围真空极化，这对粒子的电荷有屏蔽作用，使观察到的粒子电荷的有效值是屏蔽后的结果，粒子的有效电荷将随着距离粒子的长度的减小而增大。这说明，如果通过高能碰撞来观测带电粒子的有效电荷，那么入射粒子能量越高，离靶粒子越近，测得的靶粒子的有效电荷就越大。换言之，入射粒子跟带电粒子的距离越小，相互排斥力就越大。但是 SLAC 的实验却告诉我们，在核子内部的夸克相距极近时它们之间的相互作用居然神奇地消失了。理论物理学家很快就发现有一种叫做非阿贝尔规范场，具备这种神奇的性质，我们现在称为渐进自由。

理论物理学家研究指出：如果一种相互作用是由某种规范场来实现的，则这种相互作用的有效耦合常数随着能量的变化行为与这种相互作用的 β 函数取值有关。若 β 函数为正，则这种相互作用的有效耦合常数随能量的增加而增加（相当于距离越来越小），电磁相互作用就是这种情形。我们现在知道，描述电磁相互作用的规范理论是阿贝尔规范理论，用数学符号表示为 U(1) 规范理论。

　　1973 年春天，普林斯顿大学教授格罗斯和他的学生维尔切克，以及普利策分别在《物理评论快报》上发表了两篇论文，提出了 SU(3) 色规范群下非阿贝尔规范场论可以作为强相互作用的量子场论，其 β 函数是负的。就是说相互作用的粒子距离越近，有效耦合常数随之不断减小，趋近于零，表现为渐近自由的性质。在这一场论中，表示相互作用耦合强度称为色荷，传递强相互作用的媒介子是无质量的胶子，胶子是带色荷的，与电磁相互作用中电中性的光子不同。光子不带电，因此光子与光子之间没有相互作用，它们只是传递带电粒子的相互作用。但是，胶子本身也带有色荷，可以放出或吸收胶子，即有"自作用"。当然，胶子是色相互作用规范场的媒介子。

　　为什么色相互作用会有渐近自由的性质呢？这是因为夸克带有色荷，而带色荷的夸克会使周围的真空色极化，这将屏蔽夸克，因此观察到的夸克色荷的有效值是屏蔽后的结果。这一点与量子电动力学里的情况类似。但是在量子电动力学中，带电粒子周围的真空激化不包括光子的影响。夸克周围的真空极化中还要包括胶子的贡献，胶子的"自作用"能够产生相反的效果，使得放在真空中的色荷能够吸引真空极化中产生的胶子，在它的周围聚集相同的色荷，造成反屏蔽效应。当反屏蔽效应超过屏蔽效应时，就出现了强相互作用的所谓渐近自由性质。

　　30 多年来，世界上各大高能物理实验室做了大量的实验，测量了不同能量下色相互作用有效耦合常数的值，得到它确实是随能量的增加而减少，实验和理论计算符合得很好，渐近自由得到了很好的检验。由于格罗斯、普利策和维尔切克 3 位物理学家提出的 SU(3) 色规范群下非阿贝尔规范场论，包含了渐近自由性质，并且理论预测和实验吻合很好。科学家一致认为，他们的理论是描述强相互作用的严格基础理论，并且称之为量子色动力学理论。因此，在该理论提出30 余年后，荣获了科学界的最高奖赏——诺贝尔物理学奖。

图 18.62　罗伊·格劳伯(左)、约翰·霍尔(中)和特奥多尔·亨施(右)

2005 年

罗伊·格劳伯（Roy J. Glauber，1925—）因在光的相干性量子理论方面的贡献，约翰·霍尔（John L. Hall，1934—）和特奥多尔·亨施（Theodor W. Hänsch，1941—）因在发展基于激光的超精密光谱技术（包括光学频率梳状发生器技术）方面的贡献，共同分享了 2005 年度诺贝尔物理学奖。格劳伯为哈佛大学物理学教授，霍尔为美国实验天体物理联合研究所教授及科罗拉多大学物理系讲师，亨施现为德国巴伐利亚慕尼黑大学教授。该年度奖金前者一半，另一半由后两者平分。

光是人类认识世界的重要工具。早在 1 个多世纪以前，爱因斯坦就指出了光的波粒二象性。但是，在 1960 年发明激光以后，人们发现激光的很多特性难以从理论上加以解释。20 世纪 60 年代，格劳伯利用量子力学建立了光的量子理论，成功地解释了激光（相干光）与白光（非相干光）的区别，这种理论后来发展成一个新的研究领域——量子光学。

光就是电磁波，有波峰与波谷，但光又具有粒子性，使得由光子组成的电磁场在其描述波峰与波谷特性的振幅与相位上有量子起伏。两束光产生干涉，这种现象早就发现了，并且知道产生干涉的条件极为苛刻：两束光振动的频率、方向一致，并且彼此之间的相位差保持恒定。因此，从光的量子理论来看，相干光就意味着光场的光子各自的波长、振幅与相位都比较一致，即光场的量子起伏较小，激光就是符合这种条件的电磁波，因此有很好的相干性。而白光的光子的波长、振幅与相位都不一致，其电磁场的量子起伏较大。量子光学从理论上证实和预见了许多有用的实验现象。例如，它给出了由"量子噪声"所限制的物理实验的测量极限；它提出了一种称为"压缩态"的特殊量子状态，利用这种状态可以使测量精度大大提高。量子光学的发展也产生了一系列新的应用，如量子密码通信、量子计算等。这些技术为下一代通信和计算机技术的发展开辟了崭新的途径，对于未来科技的进步具有重大影响。相关内容可以参阅本书第六章第四节。

在激光器发明之后，霍尔和亨施开始了激光频率的精密光谱测量的研究。精密光谱是用频率确定的激光照射原子、分子系统而得到的。这里有一个理想的前提，就是要求激光频率非常单一和稳定。但实际上激光频率总有一个分布范围，叫做"线宽"，而且总随时间而变化。因此，要得到精密光谱，首先要压缩激光的线宽，把激光频率做得非常稳定。

在压缩激光的线宽和获得稳定激光频率这两方面，霍尔和亨施两人都取得了空前的成就。他们发展了甲烷分子等稳频激光技术和饱和吸收光谱技术，精密地测量了光速，并利用激光精密测量技术测定了氢原子 1S～2S 的跃迁波长，以及相关原子、分子的结构、跃迁概率等参数，由此大大提高了里德伯常数、超精细结构常数等重要物理常数的精度。

霍尔和亨施还共同发展了飞秒激光光梳技术，其基本思想是将在时间域内等间距的脉冲激光转换到频率域变成等间距的频率梳。由于频率梳的间隔是已知的，很容易通过已知的激光频率来测定未知的激光频率。因此，这种光频测量为开发"光钟"奠定了基础。所谓"光钟"，就是光波频率的原子钟。利用精密光谱做成的"光钟",可以把定时的准确度和稳定度从现在无线电波原子钟的15位数提高到18位数。激光精密测量技术,特别是飞秒激光光梳技术,不但为验证基本物理常数、检验广义相对论与狭义相对论、测量脉冲星,以及原子与分子精密光谱测量等基础研究提供了新的方法与技术,也将为应用领域,如时间与频率计量、长距离时钟同步、甚长基线干涉测量(VLBI)、高精度全球定位系统、遥远星空跟踪与探测、地球旋转的监测、无线通信网络同步等提供新的技术。

2006 年

约翰·马瑟(John Mather,1946—)和乔治·斯穆特(George Smoot,1945—)因对宇宙微波背景辐射的黑体谱和各向异性的发现而分享了2006年诺贝尔物理学奖。约翰·马瑟是美国国家航空航天局戈达德航天中心的高级天体物理学家。斯穆特是美国伯克利加州大学的物理学教授、天体物理学家、宇宙学家。

图 18.63　约翰·马瑟(左)和乔治·斯穆特(右)

1915年,爱因斯坦发表广义相对论,为宇宙学的研究奠定了理论基础。1929年,哈勃发现宇宙在膨胀,表明宇宙曾经有过一个起点,这促使伽莫夫于1946年提出宇宙大爆炸学说:宇宙是从一个均匀的高温高密状态经膨胀降温降密演化而来的。这个学说可以通过计算来描绘宇宙的演化历程,结果表明:宇宙大爆炸至今,它的黑体谱温度应降到约3 K。彭齐亚斯和威尔逊于1964—1965年间所发现的微波背景辐射正具有这种性质,他们测定出的温度为3.5 ± 1.0 K,这给予了宇宙大爆炸学说以直接的、有力的支持。

彭齐亚斯和威尔逊观测到微波背景辐射的一个主要特征,在其测量的精度范围内,辐射在空间分布上具有高度各向同性。但是,大爆炸学说预言,微波背景辐射应有$10^{-3}\sim10^{-5}$量级的各向异性。原因很简单,如果完全没有各向异性,就不可能形成今天的星系和星系团这种大尺度结构。为了解释这种大尺度结构,如果宇宙间只存在普通的可见物质,那么可以估算出微波背景辐射应有10^{-3}量级的各向异性,而在计及暗物质后,因暗物质更有利于引力成团效应,微波背景辐射各向异性的估算值就要降低到10^{-5}。能否观测到这个量级的各向异性,就成为对宇宙大爆炸学说的重要检验。关于各向异性的微波背景辐射,可以参阅本书第七章前几节。

1974年,马瑟提出了宇宙微波背景探测卫星(COBE)计划,并和斯穆特展开了合作。在COBE项目中,马瑟负责总体协调,斯穆特主要负责测量宇宙微波背景辐射的各向异性。由于种种原因,这颗卫星直到1989年才得以升空。COBE成功地记录了宇宙微波背景辐射谱,它非常精确地符合温度为 2.728 ± 0.004 K 的黑体辐射谱。COBE的这一发现比彭齐亚斯和威尔逊的工作,更令人信服、更确切地验证了宇宙大爆炸学说。斯穆特领导的COBE组确实测出了微波背景辐射具有 10^{-5} 量级的各向异性。因为这个各向异性是现今星系和星系团的早期种子,也是人们所能直接拍摄到的最早、最远的宇宙幼年的照片,因此,斯穆特戏称这是看到了"上帝"的脸!

COBE的工作开启了"精确宇宙学"时代的大门,支持并完善了大爆炸宇宙学,使之可以自恰地描写从宇宙极早期的量子涨落直到现今由星系、恒星组成的宇宙大尺度结构,而微波背景辐射的各向异性正是这个相应的宇宙演化的证据,它正好代表复合时期前后两个阶段的演化所遗留的痕迹。

2007 年

阿尔贝·费尔(Albert Fert,1938—)和彼得·格伦贝格(Peter Grünberg,1939—)因发现巨磁电阻效应,共同分享了2007年度诺贝尔物理学奖。阿尔贝·费尔目前为巴黎第十一大学物理学教授,彼得·格伦贝格为德国于利希研究中心退休教授。

图 18.64　阿尔贝·费尔(左)和彼得·格伦贝格(右)

传统电子学只考虑电子电荷移动产生的电流,而完全不讨论电子自旋对电流的影响,150多年前,著名英国物理学家开尔文勋爵在研究铁磁性金属中电流的时候,发现外加磁场可以引起磁阻变化,其变化率在 3%～5% 之间,这就是所谓磁阻效应。从本质上来说,外加磁场,对于电子的自旋产生影响,从而引起电阻的变化。磁阻效应表明,电荷的流动是与电子自旋有关的。

格伦贝格长期致力于铁磁性金属薄膜表面和界面的磁有序状态的研究,其研究对象是一个"三明治"结构的薄膜:两层厚度约 10 nm 的铁层之间夹有厚度为 1 nm 的铬层。之所以要选择这样的材料系统,一方面是因为,金属铁和铬都是周期表上相近的元素,具有类似的电子壳层,容易实现两者的电子状态匹配;另一方面,金属铁和铬的晶格对称性和晶格常数都相同,它们之间晶格结构也是匹配的。1986年,格伦贝格和他的同事采用分子束外延(MBE)方法制备薄膜,样品成分还是"三明治"结构的铁-铬-铁三层膜,只是样品已经为结构完整的单晶。他们发现:在铁-铬-铁"三明治"中,两边的两个铁磁层的磁矩可以从较强磁场下的彼此平行转变为弱磁场下的反平行,换句话说,对于非铁磁层铬的某个特定厚度,没有外磁场时,两边铁磁层的磁矩可以是反平行的。而且,两个磁矩反平行时,对应高电阻状态;平行时,对应低电阻状态,这种电阻的差别可以高达 10%。

1988 年,费尔小组将铁、铬薄膜交替制成几十个周期的铁-铬超晶格,他们发现:当改变磁场强度时,超晶格薄膜的电阻下降近一半,即磁电阻比率达到50%。他们称这个由磁场改变引起的电阻的巨大变化为巨磁电阻(Giant Magnetoresistance,GMR)效应,并且指出:GMR 效应的物理机制来源于英国物理学家莫特(N. F. Mott)于 1936 年提出的"两电流模型"。在较低温度下,电子自旋弛豫长度(即移动中电子自旋方向保持不变的距离)远远大于平均自由程,因此,在讨论电子输运过程(电阻行为)时,假定散射过程中移动电子的自旋方向保持不变是合理的。所谓"两电流模型",就是将电子按照自旋取向(向上或向下)分成两类来处理:总电流是两类自旋电流之和;总电阻是两类自旋电流的并联电阻。显然,周期性多层膜可以被看成是若干个格伦贝格"三明治"的重叠。因此,费尔和格伦贝格分别独立发现的实际上是同一物理现象。

在 GMR 效应发现前后,磁盘存储技术正举步维艰。由于数据存储点需要有足够的磁场,因此不能做得太小,否则磁场太弱无法检测。当时人们认为,磁电阻效应很难再有大的提高,磁场传感器的灵敏度也不可能再有质的飞跃,因此无法大幅度地提高硬盘的存储密度,只能用光盘取代磁盘。1997 年,基于 GMR 效应的硬盘读出磁头进入市场,使硬盘的记录密度、容量和小型化程度不断提高,从而解决了上述难题。最近出现的灵敏度更高的隧道结磁电阻读出磁头更是 GMR 效应的进一步发展。GMR 效应的发现开创了一个新的分支学科——自旋电子学。该学科,同时利用电子的电荷和自旋这两个特性,进行自旋相关导电机理、层间交换耦合、隧道结磁电阻、庞磁电阻、磁性半导体和自旋注入的理论与实验研究,以及磁性随机存储器和磁性逻辑元件等的开发与应用研究。

2008 年

南部阳一郎(Yoichiro Nambu,1921—)因发现亚原子物理的对称性自发破缺机制,小林诚(Makoto Kobayashi,1944—)和益川敏英(ToshihideMaskawa,1940—)因发现对称性破缺的来源并预言自然界存在 3 代夸克,共同分享了2008 年度诺贝尔物理学奖。南部阳一郎取得奖金的一半,其他两人平分剩下的一半。南部阳一郎为美籍日裔芝加哥大学恩里科费米研究所名誉教授;小林诚现就职于日本筑波高能加速器研究社,为高能加速器研究机构名誉教授;益川敏英为名古屋大学的特招教授。

1911 年昂内斯发现了金属汞的超导电性;1957 年,巴丁、库珀和施里弗提出了解释超导现象的微观理论——BCS 理论。1959 年,南部阳一郎试图从量子场论的角度来理解 BCS 超导理论,他发现,超导现象背后的基本物理是对称性及其破缺,理解超导理论的关键在于对称性的自发破缺。他还将对称性自发破缺机制从凝聚态物理引入到粒子物理学领域,发现当有质量为零或近似为零的赝

图 18.65　南部阳一郎(左)、小林诚(中)和益川敏英(右)

标量粒子——哥德斯通粒子出现时,就意味着理论中一个精确的或近似的对称性自发破缺了。

1961 年,哥德斯通发表文章指出:在量子场论中,当系统拉氏量的连续对称性自发破缺时,就会出现质量为零的玻色子。这类伴随着对称性自发破缺出现的零质量粒子,后来被称为南部-哥德斯通玻色子。对称性自发破缺之所以重要,是因为它直接导致了弱电统一理论的建立。1964 年,英国物理学家希格斯等发现:如果系统具有连续的局域对称性,也就是规范对称性,那么该对称性的自发破缺并不需要引入质量为零的南部-哥德斯通玻色子,而是使相应的规范玻色子获得质量。这种形式的规范对称性自发破缺,后来被称为希格斯机制。1967 年至 1968 年,温伯格和萨拉姆首次完整地建立了统一描述弱相互作用和电磁相互作用的弱电统一理论。该理论认为,在弱电对称性自发破缺后,规范玻色子吸收掉 3 个南部-哥德斯通粒子而获得质量,成为中间玻色子 $W_\pm$ 和 Z_0,剩余自由度对应一个标量粒子,即希格斯粒子。弱电统一理论与描述强相互作用的量子色动力学一起被称为粒子物理学的标准模型。现今,标准模型所预言的中间玻色子 $W_\pm$ 和 Z_0 已经在实验中全部被发现,但是,被戏称为"上帝粒子"的希格斯粒子一直未发现。

1973 年小林诚和益川敏英发表了题为《弱相互作用可重整化理论中的 CP 对称性破坏》的文章,把温伯格模型推广到强子系统,旨在找出标准弱电相互作用理论中 CP(电荷-宇称)对称性破坏的来源。他们直接从拉氏量出发,在逐一检查了各个相互作用项的 CP 变换性质之后,把可能的 CP 破坏的来源归结于带电流相互作用中的 CKM 矩阵,并且指出:当标准弱电模型包含 3 代 6 个夸克时,CKM 矩阵可以被 3 个欧拉角和 1 个复相位参数化,后者就是 CP 破坏的来源。1977 年和 1995 年,实验上先后发现了小林诚和益川敏英预言的第 3 代的底夸克和顶夸克。另外,小林诚和益川敏英还指出:B 介子有可能是研究 CP 对称性破坏的最理想的场所,这也被 2000 年至 2001 年间在美国 SLAC 和日本 KEK 的 B 介子工厂的实验所证实。如今 CKM 矩阵中的 3 个夸克混合角和 1 个 CP 破坏复相位都得到了相当精确的实验测量,并且不同的测量方式所取得的实验结果相互自洽。

2009 年

高锟(1933—)因光在纤维中传输,以及将其用于光学通信方面取得了突破性成就，乔治·史密斯(George E. Smith，1930—)和威拉德·博伊尔(Willard Boyle，1924—2011)因发明了半导体成像的电荷耦合器件(CCD)的图像传感器，共同分享了2009年度诺贝尔物理学奖。高锟为香港中文大学工程学荣誉讲座教授；威拉德·博伊尔，加拿大物理学家，曾任职于美国贝尔实验室，因肾病于2011年5月7日不幸逝世，享年87岁；乔治·史密斯是美国贝尔实验室设备概念部门的负责人。

图18.66　高锟(左)、乔治·史密斯(中)和威拉德·博伊尔(右)

信息产业的巨大发展应该归功于电子和无线电技术的进步。电话用户急剧增加、电视播送迅速发展，都要求更高的传输容量。20世纪50年代，金属电缆通信已发展到极限，不再能满足日益增长的通信需求。相比之下，红外线或可见光能够承载的信息容量要比无线电波高出千万倍，因此，光通信因其巨大的潜力而成为人们研究的热点。但是，当时用来传输光信号的光纤是用硅玻璃或高分子有机材料制造的，由于利用硅玻璃导光，信号衰减非常大，因此将其作为光信号的传播媒质，显然是没有前途的。寻求新的低耗、价廉的光通信媒质实际上是人类通信事业发展的关键问题。高锟的工作解决了这一问题。

1966年1月，高锟发表论文指出：光纤的高损耗并非产生于硅玻璃本身，而完全是由杂质产生的，因此，高纯度光纤的传输损耗可以下降到很低。他用实际演算证明，高纯度石英光纤就是光通信传输的最佳媒介。演算表明，光信号在石英光纤中的传输距离，完全可以达到100 km以上。6月，高琨与其合作者又发表文章，详细分析了光波在圆柱形波导光纤中的传播，深入讨论了引起光波衰减的散射和吸收效应、信息容量，以及其他相关问题，并指出一种带有包层、用玻璃材料制作的光纤将在未来的全新的通信中具有实用价值。他们还进一步预言：光纤损耗可达到20 dB/km，甚至更低。在高锟研究的基础上，1970年，美国康宁公司研究出损耗降低到20 dB/km的光纤，它标志着传播技术将有重大突破。

在光纤中传播的光波经过“调制”，把电话、电视等信息荷载到光波上，就可以沿光纤远距离传播。光纤传输不受外界电磁场的干扰，性能稳定，具有非常大的带宽，容量极大，而且光纤不会生锈变质，制造、铺设光缆的费用又较低，因此，近年来发展得非常快，可以说，光纤和光纤通信的出现已经成为光学发展史上的一个重要里程碑。光纤、光缆已形成巨大的产业。据统计，1998年，全球光缆消费量为146亿美元，到2008年，已增长至400亿美元以上。

CCD 技术的核心是光电效应的应用。所谓光电效应,就是当光线照射到金属表面时,会有电子从金属中逸出的现象。该现象是赫兹在 1887 年发现的;1905 年,爱因斯坦提出了光子的概念,成功地对它进行了解释。通过光电效应,光信号可被转变成易于后续处理的电信号。1970 年,威拉德·博伊尔和乔治·史密斯首先提出了 CCD 的概念,随后又建立了以一维势阱模型为基础的 CCD 基本理论。CCD 的发明,使得在短时间内规则地捕捉读取光信号成为可能。

CCD,英文全称为 Charge-coupled Device,中文全称为电荷耦合元件。可以称为 CCD 图像传感器。CCD 是一种半导体器件,能够把光学影像转化为数字信号。CCD 上植入的微小光敏物质称作像素(Pixel)。一块 CCD 上包含的像素数越多,其提供的画面分辨率也就越高。CCD 的作用就像胶片一样,但它是把图像像素转换成数字信号。CCD 上有许多排列整齐的电容,能感应光线,并将影像转变成数字信号。经由外部电路的控制,每个小电容能将其所带的电荷转给它相邻的电容。

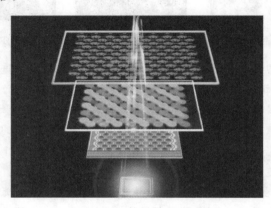

图 18.67　CCD 工作原理

CCD 成像探测器的主要功能是:光电转换、电荷储存、电荷转移、电子图像的生成和输出。CCD 的基本单元(像元)是光敏二极管。所谓光敏二极管,就是由杂质浓度较低的 p 型硅片作衬底,在其上扩散一个 n+ 区,形成的 p-n 结二极管。在硅片表面覆盖一层二氧化硅绝缘层,在其上做有金属铝电极,当对该电极施加正偏压时,在硅片靠近绝缘层附近就形成空穴耗尽区,它将随正偏压的增大而向硅片内部延伸,于是就形成所谓的 CCD 势阱。当光照射到光敏单元上时,会激发出光电子,这些由入射光激发出的光电子注入上述势阱存储起来,便实现了 CCD 的光电转换和储存。当相邻金属电极的正偏压不同时,在硅片的对应处就形成不同深度的势阱。如果对相邻的各电极施加按一定规律变化的偏压,硅片上相邻的势阱深浅就会按一定规律变化,存放在势阱内的电荷就会随势阱的深浅变化而由浅势阱转向深势阱。这样,当相邻电极的偏压按节拍由小到大变化时,在势阱内的电荷就会沿势阱由浅至深的方向转移,实现了电荷的转移,亦即电信号的传输。

40 年来,CCD 器件及其应用技术的研究取得了惊人的进展,特别是在图像传感和非接触测量领域的发展更为迅速。随着 CCD 技术和理论的不断发展,

CCD技术应用的广度与深度必将越来越大。CCD是使用一种高感光度的半导体材料集成，它能够根据照射在其面上的光线产生相应的电荷信号，在通过模数转换器芯片转换成"0"或"1"的数字信号，这种数字信号经过压缩和程序排列后，可由闪速存储器或硬盘卡保存，即将光信号转换成计算机能识别的电子图像信号，可对被测物体进行准确的测量、分析。

含格状排列像素的CCD应用于数码相机、光学扫瞄仪与摄影机的感光元件。其光效率可达70%（能捕捉到70%的入射光），优于传统菲林（底片）的2%，因此CCD迅速获得天文学家的大量采用。CCD已经广泛应用到哈勃空间天文望远镜、登月空间飞行器和火星探测器，等等，同时在我们日常生活中的很多器具，如手机、照相机、电视等都离不开的成像探测器。

2010年

安德烈·海姆（Andre Geim，1958—）和康斯坦丁·诺沃肖罗夫（Konstantin Novoselov，1974—）因在石墨烯材料方面的卓越研究，分享了2010年度诺贝尔物理学奖。安德烈·海姆，英国曼彻斯特大学科学家，父母为德国人，出生于俄罗斯西南部城市索契，拥有荷兰国籍，1987年在俄罗斯科学院固体物理学研究院获得博士学位；康斯坦丁·诺沃肖洛夫，英国曼彻斯特大学科学家，1974年出生于俄罗斯的下塔吉尔，具有英国和俄罗斯双重国籍。2004年诺沃肖洛夫在荷兰奈梅亨大学获得博士学位。在读博士期间，他就与安德烈·海姆开始了合作研究。

图18.68　安德烈·海姆(左)和康斯坦丁·诺沃肖洛夫(右)

金刚石和石墨是人们熟悉的三维结构碳材料。1985年，零维富勒烯的发现第一次从维度上丰富了碳材料。1991年，碳纳米管的出现再一次将碳材料的维度扩展到一维空间。当零维、一维和三维的碳材料被成功合成后，探寻碳的二维晶体结构成为材料科学领域的热点。

对二维晶体结构实际存在的可能性，科学界一直存在着争论。传统理论认为，准二维晶体结构因为本身的热力学不稳定性，在通常条件下会迅速分解，自然界中不能稳定存在。2004年，海姆和诺沃肖洛夫首次从高定向热解石墨上成功分离出单层石墨片——石墨烯。海姆等人采用了一种微机械剥离法分离制备出石墨烯。首先将具有多层结构的高定向热解石墨剪裁成较小的碎片。然后挑选出其中较薄的碎片，用胶带黏住，把有黏性的一面对折，再把胶带撕开，石墨薄片就会一分为二。不断重复这个过程，石墨片越来越薄，最终即可得到只有一层原子厚度的石墨烯。石墨烯是由单层碳 6 元环紧密排列而成的二维蜂窝状点阵结构。那么,石墨烯的出现是否真正颠覆了传统理论呢? 实际上,石墨烯是表面有众多微小起伏的"准"平面结构。另外,在微米尺度,自由悬浮的石墨烯表面存在褶皱,或边缘发生卷曲。从这个角度来看,石墨烯的存在与理论是不矛盾的。

图 18.69　二维碳晶体结构——石墨烯

目前,石墨烯已经一跃成为万众瞩目的研究热点。原因是其结构的特殊,独一无二的性能和诱人的应用前景。因此,具有重大研究价值。首先是石墨烯在基础理论研究中,具有不可替代的价值。我们知道,研究相对论和量子力学,需要极为苛刻的研究条件和设备,例如超低温、超真空条件或巨型加速器。但是,石墨烯的诞生改变了这个状况。在石墨烯中可以对相对论力学的诸多效应和量子霍尔效应进行直接验证。这是因为电子在石墨烯中的运动不能用经典的理论来解释。其中的电子呈现出与经典半导体完全不一样的运动规律。石墨烯的能隙为零,电子在运动时几乎不受任何束缚,速度可以达到光速的 1/300,其行为表现为无质量的相对论粒子。同时石墨烯可以作为"微型加速器",为相对论的研究提供了全新的研究思路和方法。

石墨烯在应用技术中有广泛的应用前景。石墨烯晶体管的性能远远优于硅晶体管,在未来的应用中,石墨烯极有可能成为下一代半导体元器件的核心材料。另外,人们利用石墨烯优异的光学性能来制备液晶显示屏。目前,已实现了石墨烯在太阳能电池、液晶显示器、触摸屏等领域的应用。而且,由于其结构的特殊性,可以预见,石墨烯构成的高强度、低密度、超薄、柔性的结构和器件,将对人类未来生活产生深远的影响。有关石墨烯的论述可参考本书第十七章的有关内容。

（1）请从诺贝尔物理学奖获奖者的国籍分布的变化,分析 100 多年来物理学研究的中心的变化趋势,进而分析这种变化的内在原因。

（2）诺贝尔物理学奖在物理学各个分支的分布大致情况如何？100多年来在物理学的各分支中获奖最多的是什么分支？近30年来分布较多的前3个分支是什么？这种分布的不平衡所反映的物理学发展的基本图像是什么？

（3）自17世纪以来自然科学学科细化、分支化，不断有新兴学科、分支学科从基础学科、主干学科分离出来的潮流，请你举出实例说明之。

（4）物理学的发展和整个自然科学的发展具有整体化、网络化和全球化的态势吗？近年来物理学各个分支的发展，以及物理学与其他自然科学学科的发展具有相互交叉相互融合的趋势吗？请举实例说明。除本章提到的内容以外，你还可以举出其他实例吗？
（例如：物理学和数学之间的交叉和融合）

（5）现代物理学的基础是什么？100余年的现代物理学的新发展动摇了这个基础么？

（6）你认为现代物理学基础面临的基本矛盾是什么？量子论和相对论是否彼此完全包容？为什么一个自洽的逻辑严整的量子引力理论至今尚未建立？

（7）有一些物理模型、物理理论，如超弦论等，可以在理论上解决量子论和相对论之间的不相容问题，但是许多物理学家对其抱有严重的怀疑态度。原因何在？为什么威顿获得了数学界的菲尔兹奖而无缘于诺贝尔物理学奖？

（8）请你列举近年来我国科学工作者兴建的一系列基础研究的科学大工程，其中有许多已投入运行。请你展望在最近的未来在这些大工程中会取得具有世界领先水平的突破。

结语

　　本书对新世纪物理学前沿进行了认真的审视,并提取和梳理了前沿研究中所蕴含的人文精神和科学精神,我们有如下结论。

　　(1) 新世纪物理学的基石依然是量子论和相对论。量子论和相对论尽管在发展中遇到一些问题,遇到一些不能解释的新现象,但是在物理学的天空上没有 20 世纪初期时的"两朵乌云"。新世纪的物理学看来要在一个相当长的时间内继续在这两块基石上构筑大厦。

　　(2) 物理学发展面临的基本困难依然是两块基石彼此不相容。从纯理论的角度,物理学家提出了许多克服基本困难的理论模型,如超弦论、圈量子引力论等,似乎可以构建令人信服的引力量子理论,甚至于所有 4 种相互作用的超统一理论。但是这些工作一般说来还停留在基础理论研究阶段。至今没有任何一个确凿的实验支持这些方案。这些模型的最大问题是在最近的将来很难看到实验验证,而且他们在解决引力量子化的同时,付出了太多的代价。这些理论预言了许多的新粒子和新现象,至今还在乌有之乡。我们以为当前的任务是探索更多、更确凿的所谓标准模型以外的新现象,这才是发展新物理学最可靠的途径。理论和实验的有机结合是发展物理学的康庄大道。

　　(3) 物理学在经过了 20 世纪的迅猛发展,其前进的步伐在新世纪也没有放慢,其涵盖的领域和探索的深度都在不断扩大和加深。物理学对其他自然学科具有强大的辐射力,当然也经受其他学科的滋润,物理学之树的树干更加坚实高大,同时根深叶茂,在不断地相互影响和交融之中,许多新的分支学科、许多相关的交叉学科如雨后春笋般地涌现出来。

　　(4) 物理学革命引发了 3 次技术革命和产业革命,一直是科技革命的火车头。现代物理学引发的第 3 次技术革命和产业革命,自 20 世纪中期持续到现在,其势头之迅猛,波及领域之广袤,影响世纪经济之深远,都是前所未见的。新世纪以来,这种态势有增无减,新世纪物理学理所当然地扮演着先锋的角色。

（5）基础研究的成果转化为高新技术的周期，高新技术转化为产业集群的周期都越来越短。科学和技术的创新引领人类的经济发展。我国经济经历了 30 余年的高速发展，进一步的发展必须依赖科技创新。

参考文献

[1]　Physics Survey Committee(Board on physics and Astronomy Commission on Physical Sciences,Mathematics,and Resourses National Research Council)[M].
Physics through the 1990s:
An Overview（Ⅰ）;
Elementary Particles Physics（Ⅱ）;
Nuclear Physics（Ⅲ）;
Atom,Molecular,and Optical Physics（Ⅳ）;
Condensed-Matter Physics（Ⅴ）;
Gravitation,Cosmology,and Cosmic Ray Physics（Ⅵ）;
Plasma and Fluids（Ⅶ）;
Scientifid Interfaces and Technological Application（Ⅷ）,
National Academy Press,Washington,D.C（1986）.

[2]　张端明,何敏华.21世纪物理学[M].武汉:湖北教育出版社,2012.

[3]　中国物理学会.物理学学科发展报告(2007—2008)[M].北京:中国科学技术出版社,2008.

[4]　中国材料研究学会.材料科学学科发展报告(2006—2007)[M].北京:中国科学技术出版社,2007.

[5]　中国空间科学学会.空间科学学科发展报告(2014—2015)[M].北京:中国科学技术出版社,2016.

[6]　张端明,何敏华.神秘失踪的中微子[M].石家庄:河北科学技术出版社,2015.

[7]　张端明,曹小艳,刘经熙.宇宙创世纪史诗[M].石家庄:河北科学技术出版社,2015.

[8]　张端明,何敏华.小宇宙探微[M].武汉:湖北教育出版社,2013.

[9]　张端明,何敏华.大宇宙奇旅[M].武汉:湖北教育出版社,2013.

[10]　张端明,等.脉冲激光沉积动力学原理[M].北京:北京科学出版社,2011.

[11]　张端明,李小刚,何敏华.应用群论[M].北京:科学出版社,2013.

[12] （美）阿拉伯罕·派斯.基本粒子物理学史[M].关洪,等,译.武汉:武汉出版社,2002.

[13] 张端明.大宇宙与小宇宙[M].武汉:湖北教育出版社,1992.

[14] 俞允强.热大爆炸宇宙学[M].北京:北京大学出版社,2001.

[15] 俞允强.物理宇宙学讲义[M].北京:北京大学出版社,2002.

[16] 龚云贵.宇宙学基本原理[M].北京:科学出版社,2014.

[17] G. Weiglern et al.. LHC/LC Study Group[J]. Phys. Rept. 426,47,2006.

[18] E. T. Atommssa. PHENIX Collaboration[J]. Nucl. Phys. A 830,331c,2009.

[19] A. Afanasiev et al.. (PHENIX Collaboration)[J]. Phys. Rev. C 80,024909,2009.

[20] The ALICE Collaboration[J]. Phys. Rev. Lett. 105,252302,2010.

[21] 张端明.极微世界探极微[M].武汉:湖北科技出版社,2002.

[22] 徐勘农,倪凯旋.暗物质及其探测[J].科学,Vol 62(5),7-10,2010.

[23] 程辐臻.哈勃空间望远镜辉煌的 19 年[J].科学,Vol 61(4),22-25,2009.

[24] R. Pohl. Shrinking The Proton[J]. Nature,466:213,2010.

[25] 孙保华,孟杰.原子核质量精密测量的研究进展[J].物理,2010,39(10):666-673.

[26] 潘垣,庄革,张明,王之江,丁永华,于克训.国际热核实验反应堆计划及其对中国核能发展战略的影响[J].物理,2010,39(6):379-384.

[27] 李彦波,魏福林,杨正.磁性隧道结的隧穿磁电阻效应及其研究进展[J].物理,2009,38(6):420-426.

[28] 叶飞,苏刚.拓扑绝缘体及其研究进展[J].物理,2010,39(8):564-569.

[29] Duanming Zhang, Chen, Zhi-Yuan, et al.. Dynamic behavior of non-uniform granular gases system with the fractal characteristic in one dimension[J]. PHYSICA A,2007,374(1):187-202.

[30] K. S. Novoselov, A. K. Geim, S. V. Morozov, et al.. Two-Dimensionnal Gas of Massless Dirac Fermions in Graphere[J]. Nature,2005,438:197-200.

[31] 杨培志,刘黎明.神奇的石墨烯[J].科学,2011,63(1):51-53.

[32] R. Albert and A-L Barabási. Statistical mechanics of complex networks[J]. Rev. Mod. Phys. ,2002,74:47-97.

[33] S. Boccaletti, V. Latora, Y. Moreno, M. Chavez, D. U. Hwang. Complex networks: Structure and dynamics[J]. Physics Reports,2006,424:175-308.

[34] Duanming Zhang, Yanping Yin, et al.. Corrections to scaling and probability distribution of avalanches for the stochastic Zhang sandpile model[J]. Physica A,2006,363:299-306.

[35] Guijun Pan, Duanming Zhang, Yanping Yin, et al.. Sandpile on directed small-world networks[J]. Physica A,2007,383:435-442.

[36] Duanming Zhang, Guijun Pan, et al.. Moment analysis of different stochastic directed sandpile model[J]. Physics Letters A,2005,337:285-291.

[37] Guijun Pan, Duanming Zhang, et al.. Critical behavior in non-Abelian deterministic directed sandpile[J]. Physics Letters A,2006,338:163-168.

[38] Duanming Zhang, Min-Hua He, et al.. Mean-field equations and stable behaviour in an epidemic model of mobile individuals[J]. Phys. Scr. ,2006,73:73-78.

[39] Minhua He, Duanming Zhang, et al.. Criticality of Epidemic Spreading in Mobile Individuals Mediated by Environment [J]. CHIN. PHYS. LETT. 2009, 26 (1):010502.

[40] Minhua He, Duanming Zhang. Public opinion evolution model with the variable topology structure based on scale free network[J]. Acta Physica Sinica,2010,59 (8):5175-5181.

[41] 宋菲君,张莉. 激光 50 华诞[J]. 物理,2010,39(7):445-461.

[42] J. Hechi. Advancing the laser:50 years and into the future [A]. Laser Focus World,SPIE Press,2010.

[43] Xinyu Tan, Duanming Zhang, Zhihua Li, et al.. Ionization effect to plasma expansion study during nanosecond pulsed laser deposition[J]. Physics Letters A, Vol. 370:64-69,2007.

[44] Duanming Zhang, Dan Liu, et al.. Thermal model for nanosecond laser sputtering at high fluences[J]. Applied Surface Science 253:6144-6148,2007.

[45] NianWei, Duanming Zhang, et al.. Effect of electrical conductivity on the polarization behaviour and pyroelectric, piezoelectric property prediction of 0-3 ferroelectric composites[J]. J. Phys. D:Appl. Phys. 40:2716-2722,2007.

[46] NianWei, Duanming Zhang, et al.. Synthesis and Mechanism of Ferroelectric Potassium Tantalate Niobate Nanoparticles by the Solvothermal and Hydrothermal Processes[J]. J. Am. Ceram. Soc. ,90 [5]:1434-1437,2007.

[47] Ranran Fang, Duanming Zhang, et al.. Improved thermal model and its application in UV high-power pulsed laser ablation of metal target [J]. Solid State Communication. 145 (11-12):556-560 MAR,2008.

[48] Xinyu Tan, Duanming Zhang, et al.. A new model for studying the palsma plume expansion property during nanosecond pulsed laser deposition[J]. J. Phys. D: Appl. Phys. 41 035210,2008.

[49] Yang Feng-Xia, Duanming Zhang, et al.. The influence of ferroelectric KTN particles on electric properties of 0-3 ferroelectric composites[J]. J. Phys. D: Appl. Phys. 41 055408,2008.

[50] Bin Yang, Duanming Zhang, et al.. Hysteresis loops of first-order ferroelectric bilayers or superlattices and their size effect[J]. J. Phys. D:Appl. Phys. 40:5696-5702,2007.

[51] Duanming Zhang, Nian Wei, et al.. A new comprehensive model for the pyroelectric property of 0-3 ferroelectric composites[J]. J. Phys. D:Appl. Phys. 39:1963-1969,2006.

[52] Li Li, Duanming Zhang, et al.. Effect of the dynamic absorptance of a metallic target surface on pulsed laser ablation[J]. Phys. Stat. Sol. (a)203,No. 5,2006.

[53] Duanming Zhang, Guan Li, et al. . Simulation of island aggregation influenced by substrate temperature, incidence kinetic energy and intensity in pulse laser deposition[J]. Applied surface Science, 253, 2006.

[54] Xinyu Tan, Duanming Zhang, et al. . A quasi-molecular dynamics simulation study on the effect of particles collisions in pulsed-laser desorption[J]. Physica A 363: 307-314, 2006.

[55] ZhiHua Li, Duanming Zhang, Boming Yu, et al. . plasma shock waves in pulsed laser deposition process[J]. Europe Physics Journal: Applied physics, 28: 205-211, 2004.

[56] Fengxia Yang, Duanming Zhang, Boming Yu, et al. . Pyroelectric properties of ferroelectric ceramic/ferroelectric polymer 0-3 composites[J]. Journal of applied physics, Vol. 94(4): 2553-2558, 2003.

[57] Duanming Zhang, Fengxia Yang, et al. . The coupled theroelectroelastic behaviors of biphasic piezocomposites [J]. Journal of Applied Physics, 98: 036103-036105, 2006.

[58] 魏晓云, 张彤, 张端明. 新世纪的第一只燕子——2001 年度诺贝尔物理学奖述评 [J]. 物理, 31(12): 629-634, 2002.

[59] 张元仲. 狭义相对论的实验基础 [M]. 北京: 科学出版社, 1994.

[60] 高芬, 周泽兵. 等效原理空间实验检验[J]. 物理, 39(1): 38-43, 2010.

[61] 卢建新. 超弦理论及其进展[J]. 科学通报, 54(8): 999-1007, 2009.

[62] 李森. 超弦理论与宇宙学的挑战[J]. 物理, 34(9): 545-549, 2005.

[63] A. Einstein, B. Podolsky, N. Rosen. Can quantum-mechanical description of physical reality be considered complete? [J]. Phys. Rev, 47: 777, 1935.

[64] 许金时, 李传锋, 张永生, 郭光灿. 量子关联[J]. 物理, 39(11): 729-736, 2010.

[65] 厉光烈, 赵洪明. 诺贝尔物理学奖百年回顾(续)[J]. 现代物理知识, 23(2): 14-21, 2010.

[66] 神干, 殷春浩, 等. 诺贝尔物理学奖获奖者统计[J]. 现代物理知识, 23(2): 10-13, 2010.

[67] 姜春华, 杨民, 王征. 大型强子对撞机上的 CMS 探测器[J]. 物理, 39(7): 476-479, 2010.

[68] The ALICE Collaboration. Observation of a Centrality-Dependent Dijet Asymmetry in Lead-Lead Collisions at $sNN^{1/2} = 2.76$ TeV with the ATLAS Detector at the LHC[J]. Phys. Rev. Lett. 105, 252302, 2010.

[69] Gordon Kane. 质量是怎么来的? [J]. 科学, 2005, 第 9 期, 31-37.

[70] Graham P. Collins 人造低温反物质[J]. 科学, 2005, 第 8 期, 49-55.

[71] 胡中卫. 2006 年诺贝尔物理学奖获得者的成果——宇宙微波背景辐射与宇宙学 [J]. 科学中国, 2007, 第 9 期.

[72] H. Dehmelt, Experiments on the structure of an individual elementary particle[J]. Science 247(Feb. 2)539-545, 1990.

物理发现
启思录

608

[73] 孙保华,孟杰.原子核质量精密测量的研究进展[J].物理 39(10):666-673,2010.

[74] 周小红,颜鑫亮,涂小林,王猛.原子核质量的高精度测量[J].物理,2010,39(10):659-665.

[75] 彭先觉,师学明.核能与聚变裂变混合能源堆[J].物理,2010,39(6):385-389.

[76] 李有观.层出不穷的新材料[J].科学中国,2007,第 11 期:34-35.

[77] 董帅,刘俊明编译.(根据 Physics Today[(10):(38)(2010)].多铁性材料:过去、现在、未来[J].物理,39(10):714-715,2010.

[78] 李世亮,戴鹏程.超导与自旋涨落[J].物理,40(6):353-359,2011.

[79] 理论发现物质的拓扑相和拓扑相变——2016 年诺贝尔物理学奖简介[J].物理通报,11:2-3,2016.

[80] 秦雪.三位美国拓扑相变研究者获 2016 年诺贝尔物理学奖[J].世界科学,11:7-8,2016.

[81] 戴希.凝聚态材料中的拓扑相与拓扑相变——2016 年诺贝尔物理学奖解读[J].物理,12:757-768,2016.

[82] J. I. impert, F. ROser, T. Sehreiber, et al.. High—power uhrafast fiber laser systems[J]. IEEE J. Sel. Top. Quantum Electron. ,12(2):233-244,2006.

[83] B. Ortac,J. Limpert. A. Ttinnermann. High-energy femtoseeond Yb. doped fiber laser operating in the anomalous dispersion regime[J]. opt. Len. , 32: 2149-2151,2007.

[84] Song Youjian, Hu Minglie. Liu Bowen, et al.. High energy femtosecond Yb—doped single polarization large-mode-area photonie crystal fiber laser works in soliton regime[J]. Actahvsica. Sin. 57(10):6425-6429,2008.

[85] Chen Zhi-Yuan, Duanming Zhang, et al.. The effects of quasi Gaussian size distributions on dynamic behavior of a one-dimensional granular gas [J]. Powder Technology,188 (3):206-212,2009.

[86] Duanming Zhang, Chen Zhi-Yuan, et al.. Dynamic behavior of non-uniform granular gases system with the fractal characteristic in one dimension [J]. Physical-Statistical Mechanics And Its Applications,374 (1):187-202,2007.

[87] Chen Zhi-Yuan,Duanming Zhang. Spatial Density Distributions and Correlations in a Quasi-one-Dimensional Polydisperse Granular Gas[J]. Communications In Theoretical Physics,51 (2):259-264,2009.

[88] Chen Zhi-Yuan,Duanming Zhang. Effects of fractal size distributions on velocity distributions and correlations of a polydisperse granular gas[J]. Chinese Physics Letters,25 (5):1583-1586,2008.

[89] Duanming Zhang, Zhu Hong-Ying, et al.. Steady state properties of one-dimensional non-uniform granular gases subjected to Gaussian white noise driving [J].Communications In Theoretical Physics,48 (4):737-744,2007.

[90] Chen Zhi-Yuan, Duanming Zhang, et al.. Global pressure of one-dimensional polydisperse granular gases driven by Gaussian white noise[J]. Communications

In Theoretical Physics,48（3）:481-486,2007.

[91]　Li Rui，Duanming Zhang，et al.. Dynamic properties of two-dimensional polydisperse granular gases[J]. Communications In Theoretical Physics,48（2）: 343-347,2007.

[92]　Chen Zhi-Yuan,Duanming Zhang,et al.. Non-Gaussian and clustering behavior in one-dimensional polydisperse granular gas system ［J］. Communications In Theoretical Physics,47（6）:1135-1142,2007.

[93]　Li Rui,Duanming Zhang，et al.. Effects of continuous size distributions on pressures of granular gases[J]. Chinese Physics Letters,24（6）:1482-1485,2007.

[94]　任文才,成会明. 石墨烯:丰富多彩的完美二维晶体［J］. 物理,39（12）:855-859,2010.

[95]　K. S. Novoselov, D. Jiang, F. Fchedin, et al.. Two-dimensional atomic crystals ［J］. Proc. Natl. Acad. Sic. USA,102:10451,2005.

[96]　K. S. Novoselov, A. K. Geim, S. V. Morozov, et al.. Electric field effect in atomically thin[J]. Science,306:666,2004.

[97]　C. Toninelli, G. Biroli, et al.. Jamming percoationand glass transitions in lattice models[J]. Phys. Rev. E,75:061302,2007.

[98]　L. Viana,A. Bray. Phase diagrams for dilute spin glasses[J]. J. Phys. C:Soid state Phys. 18:3037-3051,1985.

[99]　M. E. J. Newman. The structure and function of complex networks[J]. SIAM Review 45:167-224,2003.

[100]　X. F. Wang. Complex networks:topology,dynamics and synchronization[J]. Int. J. Bifurcation & Chaos,12:885,2002.

[101]　M. Faloutsos,P. Faloutsos and C. Faloutsos. On power-law relationships of the Internet topology[J]. Computer Communications Review,29:251,1999.

[102]　S. Boccaletti, V. Latora, Y. Moreno, M. Chavez, D. U. Hwang. Complex networks:Structure and dynamics[J]. Physics Reports,424:175-308,2006.

[103]　R. Paster-Satorras, and A. Vespignani. Epidemic Spreading in Scale-Free Networks[J]. Phys. Rev. Lett. 86:3200-3203,2001.

[104]　Duanming Zhang, Yanping Yin, et al.. Corrections to scaling and probability distribution of avalanches for the stochastic Zhang sandpile model[J]. Physica A,363:299-306,2006.

[105]　Yanping Yin, Duanming Zhang, Guijun Pan, et al.. Sandpile on scale-free networks with assortative mixing[J]. Physica Scripta,76:606-612,2007.

[106]　Yanping Yin,Duanming Zhang,Guijun Pan,et al.. Sandpile dynamics driven by degree on scale-free networks[J]. Chin. Phys. Lett. 24:2200,2007.

[107]　Yanping Yin, Duanming Zhang, Jin Tan, Guijun Pan, et al.. Multiple partial attacks on complex networks[J]. Chin. Phys. Lett. 25:769,2008.

[108]　Yanping Yin, Duanming Zhang,Jin Tan,Guijun Pan,et al.. Continuous weight

attack on complex networks[J]. Commun. Theor. Phys. 49:797-800,2008.

[109] Guijun Pan, Duanming Zhang, Yanping Yin, et al.. Sandpile on directed small-world networks[J]. Physica A,383:435-442,2007.

[110] Guijun Pan, Duanming Zhang, Yanping Yin, et al.. Avalanche Dynamics in Quenched Random Directed Sandpile Models[J]. Chin. Phys. Lett. 23: 2811-2814,2006.

[111] Duanming Zhang, Guijun Pan, Hongzhang Sun, Yanping Yin, et al.. Moment analysis of different stochastic directed sandpile model[J]. Physics Letters A, 337:285-291,2005.

[112] Guijun Pan, Duanming Zhang, Hongzhang Sun and Yanping Yin. Universality classes in Abelian sandpile models with stochastic toppling rules[J]. Commun. Theor. Phys. 44:483-486,2005.

[113] Guijun Pan, Duanming Zhang, Zhihua Li, Hongzhang Sun, Yanping Yin, et al.. Critical behavior in non-Abelian deterministic directed sandpile [J]. Physics Letters A,338:163-168,2005.

[114] Duanming Zhang, Hongzhang Sun, Guijun Pan, Boming Yu, Yanping Yin, et al.. Moment analysis of a rice-pile model [J]. Commun. Theor. Phys. 43: 483-486,2005.

[115] Duanming Zhang, Hongzhang Sun, Zhihua Li, Guijun Pan, Boming Yu, Yanping Yin, et al.. Critical behaviors in a stochastic one-dimensional sand-pile model[J]. Commun. Theor. Phys. 44:316-320,2005.

[116] Duanming Zhang, Fan Sun, Boming Yu, Guijun Pan, Hongzhang Sun, Yanping Yin, et al.. Self-organized Criticality in an earthquake model on random network [J]. Commun. Theor. Phys. 45:293-296,2006.

[117] Duanming Zhang, Hongzhang Sun, et al.. Anomalous scaling behavior in a rice-pile model with two different driving mechanisms[J]. Commun. Theor. Phys. 44: 99-102,2005.

[118] Duanming Zhang, Min-Hua He, Xiao-Ling Yu, Gui-Jun Pan, Hong-Zhang Sun, Xiang-Ying Su, Fan Sun, Yan-Ping Yin, et al.. Mean-field equations and stable behaviour in an epidemic model of mobile individuals [J]. Phys. Scr. 73: 73-78,2006.

[119] Duanming Zhang, Min-Hua He, Xiao-Ling Yu, Gui-Jun Pan, Hong-Zhang Sun, Xiang-Ying Su, Fan Sun, Yan-Ping Yin, et al.. Steady state in SIRS epidemical model of mobile individuals[J]. Commun. Theor. Phys. 45:105-108,2006.

[120] Minhua He, Duanming Zhang, et al.. Criticality of Epidemic Spreading in Mobile Individuals Mediated by Environment [J]. CHIN. PHYS. LETT. 26 (1): 010502,2009.

[121] Minhua He, Duanming Zhang. Spatiotemporal Characteristic of Epidemic Spreading in Mobile Individuals[J]. CHIN. PHYS. LETT. 25(2):393-396,2008.

[122] Minhua He, Duanming Zhang. Criticality of Parasitic Disease Transmission in a Diffusive Population[J]. Commun. Theor. Phys. 50 (6):1351-1354,2008.

[123] Minhua He, Duanming Zhang. Public opinion evolution model with the variable topology structure based on scale free network[J]. Acta Physica Sinica,59(8): 5175-5181,2010.

[124] Xu,J (Xu,Jie); DM Zhang(Duanming Zhang); Yang,FX (Yang,Fengxia); Li, ZH (Li,Zhihua); Pan,Y (Pan,Yuan). A three-dimensional resistor network model for the linear magnetoresistance of Ag2 + delta Se and Ag2 + delta Te bulks [J]. Journal Of Applied Physics,104 (11):Art. No. 113922,2008.

[125] Xu,J (Xu,Jie); DM Zhang(Duanming Zhang); Yang,FX (Yang,Fengxia); Li, ZH (Li,Zhihua); Deng,ZW (Deng,Zongwei); Pan,Y (Pan,Yuan). A metal-semiconductor composite model for the linear magnetoresistance in high magnetic field [J]. Physica B-Condensed Matter,403 (21-22):4000-4005,2008.

[126] Xu,J (Xu Jie); DM Zhang(Duanming Zhang); Deng,ZW (Deng Zong-Wei); Yang,FX (Yang Feng-Xia); Li,ZH (Li Zhi-Hua); Pan,Y (Pan Yuan). Quasi-Random Resistor Network Model for Linear Magnetoresistance of Metal-Semiconductor Composite [J]. Chinese Physics Letters, 25 (11): 4124-4127,2008.

[127] Xu Jie, Duanming Zhang. Longitudinal Magnetoresistance and "Chiral" Coupling in Silver Chalcogenides [J]. Commun. Theor. Phys. 55 532,2011.

[128] Ranran Fang, Duanming Zhang, et al.. Laser-target interaction during high-power pulsed laser deposition of superconducting thin films[J]. Phys. stat. sol. (a)Vol. 204,page 4241-4248,2007.

[129] Duanming Zhang, Ranran Fang, Zhihua Li, Li Guan, Li Li, Xinyu Tan, Dan Liu, Gaobin Liu, Dezhi Hu. A new synthetical model of high-power pulsed laser ablation[J]. Communications in theoretical physics 48pp. 163-168,2007.

[130] Xinyu Tan, Duanming Zhang, Zhihua Li, et al.. Ionization effect to plasma expansion study during nanosecond pulsed laser deposition [J]. Physics Letters A,vol. 370:64-69,2007.

[131] Duanming Zhang,Dan Liu,et al.. Thermal model for nanosecond laser sputtering at high fluences[J]. Applied Surface Science 253:6144-6148,2007.

[132] Zhong, ZC (Zhong Zhi-Cheng); DM Zhang (Duanming Zhang), et al.. Hydrothermal and solvothermal preparation of nanocrystalline KTN powders [J]. Journal of Inorganic Materials,22 (1):45-48,2007.

[133] Li Guan, Duanming Zhang. Substrate temperature evolution in ions-surface interaction processes of pulsed laser deposition [J]. Physica B: Condensed Matter,V 387,N 1-2,pp. 194-202,2007.

[134] Nian Wei, Duanming Zhang, et al.. Effect of electrical conductivity on the polarization behaviour and pyroelectric, piezoelectric property prediction of 0-3

ferroelectric composites[J]. J. Phys. D:Appl. Phys. 40,2716-2722,2007.

[135] Nian Wei,Duanming Zhang,et al.. Synthesis and Mechanism of Ferroelectric Potassium Tantalate Niobate Nanoparticles by the Solvothermal and Hydrothermal Processes[J]. J. Am. Ceram. Soc. ,90 [5]1434-1437,2007.

[136] Li Guan,Duanming Zhang,et al.. Role of pulse repetition rate in film growth of pulsed laser deposition [J]. Nuclear Instruments and Methods in Physics Research B,2007.

[137] Ranran Fang,Duanming Zhang,Zhihua Li,Fengxia Yang,Li Li,Xinyu Tan,Min Sun. Improved thermal model and its application in UV high-power pulsed laser ablation of metal target[J]. Solid State Communication. 145 (11-12):556-560 MAR,2008.

[138] Ranran Fang,Duanming Zhang,Hua Wei,et al.. A unified thermal model of thermophysical effects with pulsewidth from nanosecond to femtosecond[J]. Eur. Phys. J. Appl. Phys. 42,229-234,2008.

[139] Ranran Fang,Duanming Zhang,Hua Wei,Zhihua Li,Fengxia Yang,and Xinyu Tan. Effect of pulse width and fluence of femtosecond laser on the electron-phonon relaxation time[J]. Chinese Physics Letters. Vol. 25,No. 10,3716,2008.

[140] Xinyu Tan,Duanming Zhang,et al.. A new dynamics expansion mechanism for plasma during pulsed laser deposition[J]. Chinese Physics Letters. Vol. 25,No. 1,198,2008.

[141] Xinyu Tan,Duanming Zhang,et al.. A new model for studying the palsma plume expansion property during nanosecond pulsed laser deposition[J]. J. Phys. D: Appl. Phys. 41,035210,2008.

[142] Bin Yang,Duanming Zhang,et al.. Control of morphology and orientation of grains in chemical solution deposited BiNdTiO thin film[J]. Journal of Crystal Growth. 310:4511-4515,2008.

[143] Yang Feng-Xia,Duanming Zhang,Deng Zhong-Wei,Cheng Zhi-Yuan and Jiang Sheng-Lin. The influence of ferroelectric KTN particles on electric properties of 0-3 ferroelectric composites[J]. J. Phys. D:Appl. Phys. 41,055408 (5pp.),2008.

[144] Yunyi Wu, Duanming Zhang, Jun Yu, et al.. Effect of excess Bi_2O_3 on the ferroelectric and dielectric properties of $Bi_{3.25}La_{0.75}Ti_3O_{12}$ thin films by RF sputtering method[J]. Materials Science and Engineering B 149:34-40,2008.

[145] Yunyi Wu,Jun Yu,Duanming Zhang,et al.. Effect of Bismuth Excess on the Crystallization of $Bi_{3.25}La_{0.75}Ti_3O_{12}$ Ceramic and Thin Film [J]. Integrated Ferroelectrics 98:11-25,2008.

[146] Yunyi Wu, Duanming Zhang, Jun Yu, et al.. Microstructure and electrical properties of Bi_2O_3 excess $Bi_{3.25}La_{0.75}Ti_3O_{12}$ ferroelectric ceramics[J]. Materials Chemistry and Physics. 113 422-427,2009.

[147] Xiangyun Han, Duanming Zhang, Zhicheng Zhong, Fengxia Yang, Nian Wei,

Keyu Zheng, Zhihua Li, Yihua Gao. Theoretical design and experimental study of hydrothermal synthesis of KNbO₃ [J]. Journal of Physics and Chemistry of Solids. 69 193-198,2008.

[148] Bin Yang, Duanming Zhang, Chao-Dan Zheng, JunWang and Jun Yu. Hysteresis loops of first-order ferroelectric bilayers or superlattices and their size effect[J]. J. Phys. D: Appl. Phys. 40 5696-5702,2007.

[149] Duanming Zhang, Nian Wei, et al.. A new comprehensive model for the pyroelectric property of 0-3 ferroelectric composites[J]. J. Phys. D: Appl. Phys. 39:1963-1969,2006.

[150] Duanming Zhang, Li Li, et al.. Non-Fourier heat conduction studying on high-power short-pulse laser ablation considering heat source effect[J]. Eur. Phys. J. Appl. Phys. 33:91-96,2006.

[151] Duanming Zhang, Guan Li, et al.. Influence of kinetic energy and substrate temperature on thin film growth in pulsed laser deposition [J]. Surface & Coatings Technology,200:4027-4031,2006.

[152] Guan Li, Duanming Zhang, et al.. Effect of Incident Intensity on Films Growth in Pulsed Laser Deposition[J]. Chin. Phys. Lett, Vol. 23, No. 8, 2006.

[153] Duanming Zhang, Dan Liu, et al.. Effect of Plasma Shielding on Pulsed Laser Ablation[J]. Mod. Phys. Lett B, Vol 20, No. 15, 2006.

[154] Li Li, Duanming Zhang, et al.. Effect of the dynamic absorptance of a metallic target surface on pulsed laser ablation[J]. Phys. Stat. Sol. (a)203, No. 5, 2006.

[155] Li Li, Duanming Zhang, et al.. The investigation of optical characteristics of metal target in high power laser ablation[J]. Physica B 383:194-201,2006.

[156] Duanming Zhang, Guan Li, et al.. Simulation of island aggregation influenced by substrate temperature, incidence kinetic energy and intensity in pulse laser deposition[J]. Applied surface Science,253,2006.

[157] Duanming Zhang, Nian Wei, Fengxia Yang, et al.. A new comprehensive model for the pyroelectric property of 0-3 ferroelectric composites[J]. J. Phys. D: Appl. Phys. 39:1963-1969,2006.

[158] Xinyu Tan, Duanming Zhang, et al.. A quasi-molecular dynamics simulation study on the effect of particles collisions in pulsed-laser desorption[J]. Physica A 363:307-314,2006.

[159] Duanming Zhang, Xiangyun Han, Zhihua Li, et al.. A study of the dielectric propertics of PZT and PT ceramics depending on the lattice distortion [J]. Canadian Journal of Physics, Vol. 83(5):527-540,2005.

[160] Duanming Zhang, Dan Liu, Zhihua Li, A new model of pulsed laser ablation and plasma shielding[J]. Physica B,562:82-87,2005.

[161] Duanming Zhang, Li Li, Zhihua Li, et al.. Non-Fourier conduction model with thermal source term of ultra short high power pulsed laser ablation and

temperature evolvement before melting[J]. Physics B, Condensed matter, 364: 285-293, 2005.

[162] Duanming Zhang, Xingyu Tan, et al.. Thermal regime and effect studying on the ablation process of thin films prepared by nanosecond pulsed laser[J]. Physica B, 357, 348, 2005.

[163] Xingyu Tan, Duanming Zhang. Vaporization effect studying on high-power nanosecond pulsed laser deposition[J]. Boming Yu, et al.. Physica B, Vol. 358: 86-92, 2005.

[164] ZhiHua Li, DuanMing Zhang, Boming Yu, et al.. plasma shock waves in pulsed laser deposition process[J]. Europe Physics Journal: Applied physics, 28: 205-211, 2004.

[165] 王晓东, 彭晓峰, 张端明. PLD 法在透明石英单晶(100)上制备高取向 KTN 薄膜[J]. 中国科学 G 辑, Vol 34(4): 430-438, 2004.

[166] ZhiHua Li, DuanMing Zhang, BoMing Yu, et al.. Global-space propagating characteristics of pulsed laser-induced shock waves[J]. Modern Physics Letter: B, Vol. 17(19): 1057-1066, 2003.

[167] 彭芳明, 张端明, 等. 铽锰基化物 $TbMn_6Sn_6$ 的结构和磁性[J]. 中国稀土学报, Vol. 15(3): 208-211, 1997.

[168] 张端明, 等. 重稀土锰基化合物 $Gd(Mn,Co)Si$ 的结构和磁性[J]. 磁性材料和器件, Vol. 28(2): 19-22, 1997.

[169] Duanming Zhang, et al.. The magnetic properties of $R_2(Fe_{1-x}Si_x)_{17}$ compounds (R=Dy, y)[J]. J. Appl. Phys. (U. S. A) Vol. 76(11): 7452-7455, 1994.

[170] Duanming Zhang, et al.. Model for calculating Tc of pluralislic magnetic Component Compounds[J]. J. Appl. Phys. (U. S. A), Vol. 76(11): 7446-7450, 1994.

[171] Gao Yihua, Duanming Zhang, et al.. Magnetic-interaction in $R_2(Fe_{1-x}Ga_x)_{17}$ (R=Dy, y) Compounds[J]. J. Magnetism and Magnetic Materials (Holand), Vol. 137(3): 275-280, 1994.

[172] 张永德, 吴盛俊, 等. 量子信息论——物理原理和某些进展[M]. 武汉: 华中师范大学出版社, 2002.

[173] 费少明. 解说量子纠缠理论[J]. 物理, 39(11): 816-824, 2010.

[174] 刘治, 张端明. 贝尔不等式及其实验验证[J]. 湖北大学学报(自然科学版), 24(2): 131-135, 2002.

[175] 童鹰. 百年辉煌——诺贝尔与诺贝尔奖[M]. 武汉: 武汉出版社, 2000.

[176] 杨建邺, 李继宏. 走向微观世界——从汤姆逊到盖尔曼[M]. 武汉: 武汉出版社, 2000.

[177] 杨建邺, 徐绪森. 蘑菇云下的阴影——诺贝尔奖与原子弹[M]. 武汉: 武汉出版社, 2002.

[178] Y. Nambu. "Quarks"[M]. World Scientific, 1985.

[179]　（美）米切奥·卡库，詹妮弗·汤普森.超越爱因斯坦[M].陈一新,陆志成,译.吉
　　　　林:吉林人民出版社,2001.

[180]　基普·索恩.黑洞与时间弯曲——爱因斯坦的幽灵[M].李泳,译.长沙:湖南科学
　　　　技术出版社,1999.

[181]　尼科里斯,普利高津.探索复杂性[M].罗久里,陈奎宁,译.重庆:四川教育出版
　　　　社,1986.

[182]　史蒂芬·温伯格.最初三分钟[M].冼鼎钧,译.北京:科学出版社,1981.

后记

　　本书历经一年多的艰辛劳动,洋洋数十万言,终于完稿即将付梓。首先,我要感谢华中科技大学前校长、教育部第一～第三届高等学校文化素质教育指导委员会主任委员杨叔子院士。没有他极力创导将人文素质教育与科学精神的传扬紧密结合,没有他对于出版事业的关心和对华中科技大学出版社的信任,没有他对于本书作者的学识和素养的高度信任和极力推荐,本书是不可能问世的。华中科技大学出版社是我非常景仰和尊重的出版社。1986 年,我所翻译的《高等量子理论》(美国 P. 罗曼著)作为改革开放后最早出版的研究生教材之一,就是该社出版的,并且被载入《中国优秀科技图书要览》;其后,2001 年,我所撰写的研究生教材《应用群论导引》在该社出版以后也广受欢迎。难能可贵的是,这本属于销路很少的学术著作,居然还一再印刷。现在《物理发现启思录》一书的出版,没有华中科技大学出版社阮海洪社长、总编辑姜新祺和人文社科分社副社长周晓方诸位领导盛情邀请之,热诚鼓励之,谆谆关心之,细致照顾之,我以 76 岁的高龄,是不敢接受这个艰巨任务的。即使接受了,也是难以如此顺利高效完成的。本书的写作体例,颇有创新,但是这个创意的来源却是周晓方女士。

　　出版社原副总编辑包以健先生是我的老朋友,以 80 余岁的高龄兢兢业业、一丝不苟,完成了浩大繁重的编辑工作,指出了原稿中的许多疏误,甚至于提供了最新的信息材料,供我参考。由于彼此配合默契、相互尊重,合作十分愉快。因而使得本书的最后文本不仅避免了许多不应有的疏漏和错误,而且改善了语句的流畅性和语义的畅通。我尤其要感谢的是,华中科技大学物理学院杜欣怡同学。她不仅担负了绝大部分本书的打印、输入和电子版的排版任务,而且在本书的材料收集和选择,本书插图的修饰(甚至于个别插图的绘制)等工作中,不畏劳苦、成效卓著。我最后要提到的是该出版社编辑杨玲博士,在出版社与作者之间的协调方面起到了特殊的不可替代的作用,对于本书的出版功不可没。

本书的写作宗旨在绪论中已详细论及。简言之，通过最新的物理学领域的突破和发现，普及其中蕴含的科学精神和科学方法，进而从中提取更深层次的人文领悟和启示，从而使读者在丰富科学知识的同时，提升自身的科学精神和人文素质。因此在材料的选取上，突出材料的科学性、前沿性和时效性。21 世纪以来，物理学与整个自然科学领域一样，发展态势有不断加快之势，特别是我国物理学的发展极为迅猛，大有一日千里之势。本书写作时间不算长，但由于不断有新的重大发现出现，其间已几易其稿，仍然不能完全反映最新的事态发展。好在读者能够鉴谅，毕竟专著不能像报纸、电台、电视和杂志一样容易及时反映现实。

为减少遗憾，在此我们提及 2016 年的诺贝尔物理学奖和国际物理学科领域在本书未涉及的几个重大进展，以供读者参考。

索利斯（1934—）（左）、霍尔丹（1951—）（中）和科斯特利兹（1942—）（右）

2016 年诺贝尔物理学奖授予华盛顿大学教授大卫·J·索利斯（David J. Thouless）、普林斯顿大学教授 F·邓肯·M·霍尔丹（F. Duncan M. Haldane）和布朗大学教授 J. 迈克尔·科斯特利兹（J. Michael Kosterlitz），以表彰他们在拓扑材料的拓扑相变和拓扑相研究领域做出的重要理论发现。三位获奖者为大家打开了一扇新世界的大门。在过去的 10 年中，这个领域发展迅速，拓扑材料极有可能成为下一代全新的电子和超导材料，也可以应用于未来的量子计算机。

也许应该说明，本书作者利用华中科技大学新建的国家工程中心——脉冲强磁场工程中心的平台，对拓扑绝缘体材料进行了前瞻性的理论和实验研究。本书作者是国际上较早进入该领域的学者之一，与其博士杨凤霞（后为博士后）在 2003 年就成功研制出一种拓扑绝缘体材料，在初步对其性质进行了表征以后，结果随即在国际刊物上发表。其后进一步测量出该材料具有特异的正磁阻效应：在高达 60 特斯拉的强磁场下，依然保持线性规律不变。这个发现是当时国际上该领域最好的结果之一。上述工作于 2006 年发表在《Journal of Applied Phyiscs，98：036103～036105》上。2014 年我们发表了进一步的测试结果。[见 Fengxia Yang，Duanming Zhang. J. Alloy. Compd. 555，708（2014）.] 与此同时，本书作者与其博士生徐洁合作，利用两维杨-米尔斯场成功地构建了这种材料的物理模型，模拟表明，这种材料不仅应该具有奇异的正磁阻效应，而且还应具有奇异的纵向霍尔效应。这个物理模型表明这种材料的拓扑性质应该是同伦群 Z_2 所描述的。这项工作于 2008 年 12 月发表在《Journal of Applied Phyiscs，104（11）：Art. No. 113922》上。可惜的是，由于本书作者当时正面临退休，其博士毕业，而且身体不好、行动不便，加之强磁场中心新建，测试设备尚不够稳定，以致耽误了大好时间，没有将理论和实验的结果综合在一起，及时作为"重磅炸弹"发表。

至于我国物理学在 2016 年重大进展，正文中未提到或需要补充的，我觉得应有如下几项。

一、天宫二号和神舟十一号载人飞行任务圆满成功

2016 年 9 月 15 日，天宫二号空间实验室成功发射并进入预定轨道。10 月 17 日，神舟十一号载人飞船成功发射，并于 19 日凌晨与天宫二号成功对接，两名航天员景海鹏、陈冬进入天宫二号空间实验室，开展了为期 30 天的科学实验。天宫二号是中国第一个真正意义上的空间实验室，第一次实现航天员中期驻留，并成功开展了 50 余项空间科学实验与应用实验。天宫二号与神舟十一号载人飞行任务是最接近未来中国空间站要求的一次载人飞行，也标志着中国具备了开展较大规模空间应用的基础条件。这是中国发射第一个真正意义上的空间实验室。

神舟十一号升空

二、我国可控核聚变出现巨大进展

据香港《南华早报》2016 年 12 月 8 日报道，我国合肥等离子体研究院在他们研制的 EAST（先进超导托卡马克实验装置）中让电离气体稳定燃烧了两次，聚变实验持续了 100 多秒，其中被极强电磁场屏蔽的一个环形室中的等离子体被控制在一种高效稳定态 H-mode（高约束模式）。这是一次具有里程碑意义的事件，它增强了人类利用核聚变能的信心。这将有助于加快政府批准建设世界第一座核聚变电站——拟建的中国聚变工程试验堆（CFETR）——的速度，中国在合肥启动强流氘氚聚变中子源（HINEG），目标是用核聚变技术生成世界最强的中子束。拟建的 CFETR 将在 2030 年投入运转，最初的发电量为 200 兆瓦，在随后 10 年把发电量提升至 1 000 兆瓦左右，超过大亚湾所有商业裂变反应堆的发电量。

我国研制的 EAST（先进超导托卡马克实验装置）

三、科学家发现距离地球最近的宜居行星

2016 年 8 月 25 日,英国伦敦玛丽王后大学的科学家吉列姆·安格拉达-埃斯契德 (Guillem Anglada-Escude)在《自然》杂志上宣布,他利用欧洲南方天文台(ESO)的望远镜,以及其他天文观测设施,找到了一颗围绕比邻星运行的宜居行星,它是人类已发现的 3 500 颗系外行星中最接近地球的一颗。比邻星是距离太阳系最近的恒星(一颗红矮星),仅有 4.2 光年的距离。这颗行星被命名为比邻星 b,是 1995 年以来发现的 3 500 颗系外行星中,最接近地球的一颗。而且,科学家认为比邻星 b 的表面温度允许水以液态的形式存在,温和的红矮星也可能给这颗行星营造一个适合生命繁衍生息的环境。

比邻星 b

四、量子计算机首次成功模拟高能物理实验

2016 年 6 月,奥地利物理学家在《自然》杂志上宣称,他们利用 4 个"量子比特"组成的量子计算机,实现了第一个高能物理实验的完整模拟。

量子计算机模拟实验示意图

此次实验,在真空电磁场中,4 个离子排成一行,每个离子编码为 1 个量子比特,组成了一台"菜鸟"量子计算机。研究人员用激光束操控离子的自旋,诱导离子执行逻辑运算。100 多步计算后,科学家们对量子电动力学的一个预言成功地进行了证实:高能 γ 光子的能量转化成物质,产生一个电子和其反粒子(一个正电子)。模拟结果让人兴奋。

在本书付梓前夕,我国科技战线传来振奋人心的喜讯,我国首创,世界首条量子通信保密干线"京沪干线"已于 2017 年 9 月 4 日通过总技术验收,这意味着世界第一条量子保

密通信骨干线路已具备开通条件。实际上，这是量子通信科学首次进入人类的应用技术领域，标志着我国在量子技术的实用化和产业化方面继续走在世界前列。

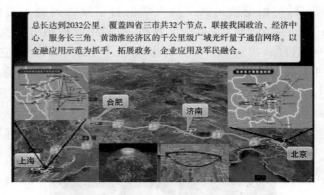

总长达到2032公里，覆盖四省三市共32个节点，联接我国政治、经济中心，服务长三角、黄渤淮经济区的千公里级广域光纤量子通信网络。以金融应用示范为抓手，拓展政务、企业应用及军民融合。

合肥　济南　上海　北京

"京沪干线"/图片来自中国科学技术大学网站

作为世界首条量子保密通信干线——"京沪干线"于2016年全线贯通，全长2000多公里，从北京出发，经过济南、合肥，到达上海，全线覆盖4省3市。在本书正文已经谈到，2016年8月，以"墨子号"命名的全球首颗量子科学实验卫星成功发射。至2017年8月10日，"墨子号"圆满完成了三大科学实验任务：量子纠缠分发、量子密钥分发、量子隐形传态，从而开启了全球化量子通信、空间量子物理学和量子引力实验检验的大门，为中国在国际上抢占了量子科技创新制高点，成为了国际同行的标杆，实现了从"跟踪者"到"领跑者"的角色转变。

京沪干线北京接入点实现与"墨子号"量子科学实验卫星兴隆地面站的连接，全线密钥率大于5 kbps，已形成星地一体的广域量子通信网络雏形，大大扩展了京沪干线应用能力。不久的将来，"京沪干线"将真正作为一条实用化和商用化的量子通信骨干网络向金融、电力、广电、政务等各行业开放，为广大用户提供量子层面的安全服务，从而大力推动以量子创新技术驱动新兴产业和市场发展的战略需求。

2016年11月9日，在河北兴隆观测站，"墨子号"量子科学实验卫星过境，科研人员在做实验（合成照片）。新华社资料图

本书涉猎范围极广，领域极多，尽管作者在理论物理和凝聚态物理领域从事多年科研

工作和教学实践，对本书的内容反复核对材料的可靠性和真实性，编审者又反复斟酌，但恐怕谬误之处在所难免，切望各位先进贤达不吝指教。作者诚挚希望读者、青年才俊们在阅读、学习本书的过程中，多提宝贵的意见，尤其是建设性的修改意见，以便在本书再版时进一步修改提高。

张端明

于 2017 年 9 月 17 日